内容简介

兽医药剂学是研究兽用药物制剂的基本理论、处方设计、制备工艺、质量控制和合理使用的一门综合性应用技术科学。本书共分15章，内容包括：绪论、药物制剂基本理论、液体制剂、灭菌制剂与无菌制剂、群体给药固体制剂、个体给药固体制剂、半固体制剂及栓剂、中兽药制剂、缓释和控释制剂、兽药制剂新技术、兽药制剂稳定性、生物药剂学、兽药制剂产品的包装、兽药制剂的配伍变化、兽药新制剂的研发和注册。另外，本书还附有实验指导，共包括涉及各种制剂制备技术的17个实验内容。书后附有专业名词英汉对照。

本书是全国高等农业院校药物制剂（动物类）、动物药学专业本科生教材，也可供兽医、兽药、畜牧科研人员、兽药和饲料生产技术人员等从事相关专业的工作者参考。

全国高等农林院校"十一五"规划教材

兽医药剂学

胡功政　主编

中国农业出版社

主　编　胡功政

副主编　李继昌　李英伦

编　者　（按姓氏笔画排列）

　　　　　　王志强（扬州大学）

　　　　　　李英伦（四川农业大学）

　　　　　　李继昌（东北农业大学）

　　　　　　吴俊伟（西南大学）

　　　　　　余祖功（南京农业大学）

　　　　　　邹　明（青岛农业大学）

　　　　　　张素梅（河南农业大学）

　　　　　　胡功政（河南农业大学）

审　稿　陈杖榴（华南农业大学）

　　　　　　佟恒敏（东北农业大学）

前　言

本书为全国高等农林院校"十一五"规划教材，是药物制剂（动物类）、动物药学专业本科学生的教材用书。为适应兽药生产和兽医临床用药以及动物药学学科不断进步的需要，国内不少高校近十年来相继在动物医学、药物制剂（动物类）及动物药学本科专业中开设了"药物制剂学"课程，并编写了自编教材，积累总结了一定的教学经验。但由于缺乏统编教材，给本课程的规范教学带来一定的影响。为满足教学需要，我们组织国内7所农业院校从事兽医药剂学教学科研第一线的教师编写了这本教材。

在编写本教材过程中，我们力求体现"思想性、科学性、先进性和实用性"原则，做到既反映学科和生产发展的现实成就，又把握好本科层次学生的需要。在体系组织上，力求注重药物制剂学本身的内部联系、规律性、系统性和完整性，按基本概念、基本理论（第一、第二章）、各种常规剂型（第三至第八章）到具有不同作用特点的缓释控释制剂（第九章），从常规制剂工艺技术到兽药制剂新技术（第十章），再到制剂的质量控制或评价（第十一、第十二章），从具体制剂的制备到制剂产品的包装和合理使用（第十三、第十四章），最后是兽药新制剂的研发与注册（第十五章）的顺序组织编排各章。其思路是：使学生和读者在掌握基本概念、基本理论的基础上，熟悉各种常规剂型的制备工艺，学习药物制剂新技术，了解制剂的质量控制或评价方法，了解制剂产品的包装和合理使用，并具有一定的新制剂设计研发的能力。在具体内容安排上，力求体现兽医药物制剂的重点和特色，即重点论述与兽医临床用药相关的剂型、制备工艺、质量检查、实例等，除突出猪、禽规模化给药剂型（如群体给药固体制剂）、大中家畜个体给药剂型（如注射剂等）、局部给药剂型（如皮肤给药的外用溶液剂、软膏剂、乳膏剂、糊剂、凝胶剂等）外，也兼顾大家畜（如大丸剂、乳房灌注剂）、犬猫（如项圈）、水产动物（水产药饵）特有的给药剂型，以求更好地满足兽药生产、兽医临床和畜牧业发展的需要。由于部分院校动物药学专业开设有药物动力学课程，本书对生物药剂学与药物动力学仅做了简要的介绍。

本教材按 80~100 学时编写,各院校在使用本教材时,可结合自己学校的学时安排和实际情况进行选择、取舍。

参加本书编写的人员分工如下:胡功政,第一章;张素梅,第二章;吴俊伟,第三章、第四章、第十章;余祖功,第五章、第十三章;张素梅、余祖功,第六章;李继昌,第七章、实验指导;邹明,第八章;李英伦,第九章、第十一章、第十五章;王志强,第十二章、第十四章。

为了确保教材质量,编写组于 2006 年 4 月在河南农业大学召开了第一次编写会议,讨论、制订了编写计划和编写大纲。初稿完成后,主编和副主编进行了交叉审阅和修改,并于 2007 年 1 月在东北农业大学进行了初审修改,2007 年 5 月在四川农业大学召开了定稿会,全部作者逐章进行讨论修改。华南农业大学陈杖榴教授、东北农业大学佟恒敏教授对本教材进行了审阅,他们从编写体系、编写内容都提出了许多指导性的修改意见,尤其是陈杖榴教授对本教材进行了两次阅读修改,对如何突出兽医药物制剂的重点、体现兽医药物制剂的特色,逐章提出了很多很好的指导性修改意见,对定稿起到了很关键的作用。河南大学药学院王玮副教授、华南农业大学黄显会副教授对本书部分章节提出了建设性修改意见;河南农业大学牧医工程学院张素梅副教授、兽医药理研究生李胜利编排了本书的英汉对照,并做了大量文字校对工作;本书的编写过程中,得到河南农业大学牧医工程学院、四川农业大学动物科技学院领导的大力支持;初稿、定稿过程中河南农业大学莫娟、潘玉善老师做了许多有益的工作,谨此一并致以诚挚的谢意。

鉴于教材编写的难度大,本书又是国内第一本兽医药剂学统编教材,加上编者知识水平所限,书中不妥之处在所难免,恳请读者批评指正。

编 者

2008 年 2 月

目　　录

前言

第一章　绪论 ... 1

第一节　概述 ... 1
一、兽医药剂学的概念 ... 1
二、兽医药剂学的常用术语 ... 1
三、兽医药剂学的研究内容和作用 ... 2
四、兽医药剂学的发展历史 ... 4

第二节　药物剂型 ... 5
一、药物剂型的分类 ... 5
二、药物剂型的重要性 ... 7

第三节　兽药管理法规和标准 ... 8
一、兽药管理法规 ... 8
二、兽药标准 ... 10

思考题 ... 10

第二章　药物制剂基本理论 ... 11

第一节　表面活性剂 ... 11
一、表面现象、表面张力和表面活性剂 ... 11
二、表面活性剂的结构和分类 ... 12
三、表面活性剂的性质 ... 15
四、表面活性剂的应用 ... 20

第二节　药物的溶解度和溶解速度 ... 22
一、溶解度及其影响因素 ... 22
二、溶解速度及其影响因素 ... 25

第三节　流变学基础 ... 26
一、弹性形变和黏性流动 ... 26
二、牛顿流动与非牛顿流动 ... 27
三、流变学在药剂学中的应用 ... 29

第四节　粉体学基础 ... 29
一、粉体的特性 ... 30
二、超微粉 ... 35
三、粉体学在药剂学中的应用 ... 36

思考题 ... 37

第三章　液体制剂 ··· 38

第一节　概述 ··· 38
一、液体制剂的特点和质量要求 ·· 38
二、液体制剂的分类 ··· 39

第二节　液体制剂的溶剂和附加剂 ··· 39
一、液体制剂常用的溶剂 ·· 39
二、液体制剂的附加剂 ··· 41

第三节　低分子溶液剂 ·· 44
一、溶液剂 ··· 44
二、糖浆剂 ··· 45
三、酊剂 ·· 45

第四节　高分子溶液剂 ·· 46
一、高分子溶液的性质 ··· 46
二、高分子溶液的制备 ··· 46

第五节　溶胶剂 ·· 47
一、溶胶的构造 ··· 47
二、溶胶的性质 ··· 47
三、溶胶剂的制备 ·· 48

第六节　混悬剂 ·· 48
一、概述 ·· 48
二、混悬剂的物理稳定性 ·· 49
三、混悬剂的稳定剂 ··· 50
四、混悬剂的制备 ·· 52
五、混悬剂的质量评定 ··· 53

第七节　乳剂 ··· 54
一、概述 ·· 54
二、乳化剂 ··· 55
三、乳剂的形成条件 ··· 58
四、乳剂的制备 ··· 59
五、乳剂的不稳定性 ··· 60
六、乳剂的质量评定 ··· 62

第八节　其他外用液体制剂 ·· 63
思考题 ·· 64

第四章　灭菌制剂与无菌制剂 ·· 65

第一节　空气净化技术与空气滤过技术 ··· 65
一、空气净化技术 ·· 65
二、洁净室的净化标准 ··· 65
三、空气滤过技术 ·· 66

四、洁净室的设计 67
第二节　灭菌与无菌技术 69
　　一、概述 69
　　二、灭菌与无菌技术 70
第三节　滤过 73
　　一、滤过机理与影响因素 73
　　二、滤过器 74
第四节　热原 76
第五节　注射剂 78
　　一、概述 78
　　二、注射剂的溶剂和附加剂 79
　　三、注射剂的容器及其处理方法 85
　　四、小容量注射剂的制备 87
　　五、小容量注射剂制备举例 91
第六节　大容量注射剂 92
　　一、概述 92
　　二、大容量注射剂渗透压的调节 93
　　三、大容量注射剂的制备 94
第七节　注射用无菌粉末 97
　　一、注射用无菌分装产品 98
　　二、注射用冻干制品 98
思考题 100

第五章　群体给药固体制剂（粉剂、预混剂、颗粒剂和水产药饵） 101
第一节　概述 101
第二节　固体制剂基本操作 102
　　一、粉碎 102
　　二、过筛 106
　　三、混合 109
第三节　固体制剂辅料 113
　　一、概述 113
　　二、固体制剂常用辅料 113
第四节　粉剂 119
　　一、概述 119
　　二、粉剂制备 120
　　三、粉剂质量检查 122
　　四、粉剂制备举例 123
第五节　预混剂 124
　　一、概述 124

二、预混剂制备 ……………………………………………………………… 124
　　三、预混剂质量检查 …………………………………………………………… 126
　　四、预混剂制备举例 …………………………………………………………… 126
第六节　颗粒剂 …………………………………………………………………… 127
　　一、概述 ………………………………………………………………………… 127
　　二、颗粒剂制备 ………………………………………………………………… 128
　　三、颗粒剂质量检查 …………………………………………………………… 128
　　四、颗粒剂制备举例 …………………………………………………………… 129
第七节　水产药饵 ………………………………………………………………… 129
　　一、概述 ………………………………………………………………………… 129
　　二、水产药饵制备 ……………………………………………………………… 130
　　三、水产药饵制备举例 ………………………………………………………… 131
第八节　群体给药固体制剂的矫味和着色 ……………………………………… 131
　　一、制剂矫味和着色的作用及意义 …………………………………………… 131
　　二、味觉产生的生理基础 ……………………………………………………… 132
　　三、常用的矫味剂及选用注意事项 …………………………………………… 133
　　四、制剂掩味技术与应用 ……………………………………………………… 134
　　五、常用着色剂及选用原则 …………………………………………………… 135
思考题 ……………………………………………………………………………… 136

第六章　个体给药固体制剂（片剂、胶囊剂） ………………………………… 137
第一节　片剂 ……………………………………………………………………… 137
　　一、概述 ………………………………………………………………………… 137
　　二、片剂的药物和辅料 ………………………………………………………… 139
　　三、片剂制备 …………………………………………………………………… 140
　　四、片剂包衣 …………………………………………………………………… 146
　　五、压片过程中可能出现的质量问题和解决方法 …………………………… 147
　　六、片剂质量检查 ……………………………………………………………… 149
　　七、片剂制备举例 ……………………………………………………………… 151
第二节　胶囊剂 …………………………………………………………………… 152
　　一、概述 ………………………………………………………………………… 152
　　二、硬胶囊剂制备 ……………………………………………………………… 153
　　三、软胶囊剂制备 ……………………………………………………………… 155
　　四、胶囊剂质量检查 …………………………………………………………… 155
　　五、胶囊剂制备举例 …………………………………………………………… 156
思考题 ……………………………………………………………………………… 157

第七章　半固体制剂及栓剂 ……………………………………………………… 158
第一节　概述 ……………………………………………………………………… 158
第二节　软膏剂 …………………………………………………………………… 159

  一、软膏剂常用基质 ……… 159
  二、软膏剂的附加剂 ……… 161
  三、软膏剂制备 ……… 162
  四、软膏剂质量检查 ……… 163
  五、软膏剂制备举例 ……… 163
 第三节 乳膏剂 ……… 164
  一、乳膏剂常用基质 ……… 164
  二、乳膏剂制备 ……… 167
  三、乳膏剂质量检查 ……… 168
  四、乳膏剂制备举例 ……… 168
 第四节 凝胶剂 ……… 168
  一、凝胶剂常用基质 ……… 168
  二、凝胶剂制备 ……… 170
  三、凝胶剂质量检查 ……… 170
  四、凝胶剂制备举例 ……… 170
 第五节 糊剂 ……… 171
  一、糊剂制备 ……… 171
  二、糊剂质量检查 ……… 171
  三、糊剂制备举例 ……… 171
 第六节 栓剂 ……… 172
  一、概述 ……… 172
  二、栓剂的基质和附加剂 ……… 173
  三、栓剂制备 ……… 176
  四、栓剂的质量检查及包装、贮藏 ……… 177
  五、栓剂制备举例 ……… 177
 思考题 ……… 178

第八章 中兽药制剂 ……… 179

 第一节 浸提和精制 ……… 179
  一、浸提 ……… 179
  二、精制 ……… 186
  三、浸出液的浓缩和干燥 ……… 188
 第二节 常用中药浸出制剂 ……… 190
  一、概述 ……… 190
  二、汤剂 ……… 191
  三、中药合剂（口服液） ……… 192
  四、酊剂 ……… 193
  五、流浸膏剂和浸膏剂 ……… 193
  六、煎膏剂 ……… 194
 第三节 中药注射剂和中药灌注剂 ……… 195

一、中药注射剂 ··· 195
　二、中药灌注剂 ··· 197
　三、注射用无菌粉末 ··· 198
第四节　常用中药固体制剂 ··· 199
　一、中药散剂 ·· 199
　二、中药颗粒剂（冲剂） ·· 200
　三、中药片剂 ·· 201
　四、中药丸剂 ·· 203
思考题 ··· 209

第九章　缓释、控释制剂 ·· 211
第一节　概述 ··· 211
第二节　缓释、控释制剂释药原理和方法 ·· 212
　一、溶出原理和方法 ··· 212
　二、扩散原理和方法 ··· 212
　三、溶蚀与扩散、溶出结合 ··· 214
　四、渗透压原理和方法 ··· 214
　五、离子交换作用 ·· 215
第三节　缓释、控释制剂的设计 ·· 215
　一、影响内服缓释、控释制剂设计的因素 ····································· 215
　二、缓释、控释制剂的设计 ··· 217
第四节　缓释、控释制剂制备举例 ··· 222
　一、内服缓释、控释制剂制备举例 ··· 222
　二、可注射缓释制剂制备举例 ··· 225
　三、植入剂 ··· 227
　四、项圈 ··· 228
第五节　缓释、控释制剂体内、体外评价 ·· 229
思考题 ··· 231

第十章　兽药制剂新技术 ·· 232
第一节　固体分散技术 ·· 232
　一、概述 ··· 232
　二、固体分散体的分类 ··· 232
　三、固体分散体的常用载体及特性 ··· 233
　四、固体分散体的制备 ··· 234
　五、固体分散体的质量评价 ··· 235
　六、固体分散体制备举例 ·· 235
第二节　包合技术 ·· 236
　一、概述 ··· 236
　二、β-环糊精的结构和性质 ··· 237

三、β-环糊精包合物的制备 ················ 237
　　四、影响包合工艺的因素 ················ 238
　　五、β-环糊精包合物的质量评价 ············ 239
　　六、环糊精包合技术应用举例 ·············· 239
第三节　脂质体技术 ···················· 240
　　一、概述 ························ 240
　　二、脂质体的制备 ··················· 241
　　三、影响脂质体载药量的因素 ············ 243
　　四、脂质体的质量评价 ··············· 243
　　五、脂质体制备举例 ················ 244
第四节　微囊技术 ···················· 244
　　一、概述 ······················ 244
　　二、常用囊材 ···················· 245
　　三、微囊的制备 ·················· 246
　　四、微囊的质量评价 ················ 248
　　五、微囊制备技术应用举例 ············· 248
思考题 ························· 249

第十一章　兽药制剂稳定性 ················ 250
第一节　兽药制剂的稳定性影响因素和稳定化方法 ········ 250
　　一、处方因素和稳定化方法 ············· 250
　　二、非处方因素和稳定化方法 ············ 253
　　三、制剂稳定化的其他方法 ············· 256
第二节　兽药制剂稳定性试验 ·············· 256
　　一、兽药制剂稳定性试验内容 ············ 256
　　二、兽药制剂稳定性重点考察项目 ·········· 257
思考题 ························ 258

第十二章　生物药剂学 ·················· 259
第一节　概述 ······················ 259
　　一、生物药剂学概述 ················· 259
　　二、药物动力学概述 ················· 260
　　三、生物药剂学与药物动力学的关系 ········· 262
第二节　药物的体内过程 ················ 262
　　一、药物的吸收 ·················· 262
　　二、药物的分布、代谢和排泄 ············ 270
第三节　生物利用度和生物等效性 ············ 272
　　一、生物利用度概述 ················ 272
　　二、生物利用度的测定方法 ············· 273
　　三、体外溶出度和生物利用度 ············ 275

四、生物等效性概述 …………………………………………………………………… 276
　思考题 ………………………………………………………………………………………… 277

第十三章　兽药制剂产品的包装 …………………………………………………… 278

　第一节　概述 ……………………………………………………………………………… 278
　　一、兽药包装的概念和分类 ………………………………………………………… 278
　　二、兽药包装的作用 ………………………………………………………………… 278
　第二节　药包材 …………………………………………………………………………… 279
　　一、药包材的种类 …………………………………………………………………… 279
　　二、常用药包材 ……………………………………………………………………… 280
　第三节　不同兽药制剂产品的包装 …………………………………………………… 285
　第四节　兽药包装及标签、说明书的相关法规 ……………………………………… 286
　思考题 ………………………………………………………………………………………… 288

第十四章　兽药制剂的配伍变化 …………………………………………………… 289

　第一节　概述 ……………………………………………………………………………… 289
　　一、兽药或其制剂配伍使用的目的 ………………………………………………… 289
　　二、兽药制剂的配伍变化 …………………………………………………………… 289
　第二节　物理性和化学性配伍变化 …………………………………………………… 290
　　一、常见的物理性和化学性配伍变化的类别 ……………………………………… 290
　　二、影响物理性和化学性配伍变化的主要因素 …………………………………… 291
　　三、物理性和化学性配伍变化的处理原则和方法 ………………………………… 292
　第三节　药理性配伍变化 ………………………………………………………………… 293
　　一、药物动力学方面的相互作用 …………………………………………………… 293
　　二、药效学方面的相互作用 ………………………………………………………… 294
　第四节　固体制剂的配伍变化 …………………………………………………………… 294
　　一、固体制剂配伍变化的种类及产生原因 ………………………………………… 294
　　二、避免固体制剂发生配伍变化的方法 …………………………………………… 295
　第五节　溶液剂和注射剂的配伍变化 ………………………………………………… 296
　　一、溶液剂和注射剂配伍变化的种类 ……………………………………………… 296
　　二、影响溶液剂和注射剂配伍变化的主要因素 …………………………………… 297
　　三、避免溶液剂和注射剂发生配伍变化的方法 …………………………………… 298
　第六节　配伍变化的研究方法 …………………………………………………………… 298
　思考题 ………………………………………………………………………………………… 300

第十五章　兽药新制剂的研发和注册 ……………………………………………… 301

　第一节　概述 ……………………………………………………………………………… 301
　第二节　兽药新制剂研发前的准备工作 ……………………………………………… 302
　第三节　兽药新制剂设计的基本要素 ………………………………………………… 306

第四节　兽药新制剂处方的优化设计 ………………………………………………………… 309
　　第五节　兽药新制剂的注册和申报 ……………………………………………………………… 311
　　第六节　兽药新制剂的研制程序 ………………………………………………………………… 316
　　思考题 ………………………………………………………………………………………………… 318

实验指导 ………………………………………………………………………………………………… 319
　　实验一　溶液剂的制备 …………………………………………………………………………… 319
　　实验二　胶体溶液的制备 ………………………………………………………………………… 321
　　实验三　混悬剂的制备 …………………………………………………………………………… 324
　　实验四　乳剂的制备 ……………………………………………………………………………… 326
　　实验五　注射液的制备 …………………………………………………………………………… 330
　　实验六　粉剂及颗粒剂的制备 …………………………………………………………………… 333
　　实验七　片剂的制备 ……………………………………………………………………………… 335
　　实验八　浸出制剂的制备 ………………………………………………………………………… 337
　　实验九　栓剂的制备 ……………………………………………………………………………… 340
　　实验十　膏剂的制备 ……………………………………………………………………………… 342
　　实验十一　水杨酸的透皮渗透试验 ……………………………………………………………… 345
　　实验十二　脂质体的制备 ………………………………………………………………………… 347
　　实验十三　微囊的制备 …………………………………………………………………………… 349
　　实验十四　磺胺甲基异噁唑的在体小肠吸收实验 ……………………………………………… 351
　　实验十五　维生素C注射液的稳定性实验 ……………………………………………………… 355
　　实验十六　兽药制剂的配伍变化与相互作用 …………………………………………………… 357
　　实验十七　制剂制备的综合设计实验 …………………………………………………………… 360

主要专业名词英汉对照 ……………………………………………………………………………… 364

主要参考文献 ………………………………………………………………………………………… 371

第一章 绪 论

第一节 概 述

一、兽医药剂学的概念

兽医药物制剂学（veterinary pharmaceutics）简称兽医药剂学、药剂学，是研究药物制剂的基本理论、处方设计、制备工艺、质量控制和合理使用等内容的一门综合性应用技术科学。它是以兽用药物剂型和制剂为研究对象，研究一切与药物原料加工成制剂成品有关内容的科学。其特点是密切结合现代化的畜牧生产和兽医临床用药实践，将药物设计制备成安全、有效、稳定、使用方便的临床给药形式，以利于药物最大限度地达到治疗、诊断和预防动物疾病的目的。

药物制剂的基本要素为安全性、有效性、稳定性以及制剂质量的可控性。兽医药剂学既涉及兽药生产，具有原料药物加工科学的属性，又涉及兽药应用，必须保证加工生产出来的兽药制剂具有良好的理化性质和生理、药理活性。兽医药剂学不仅与无机化学、有机化学、物理化学、高分子材料学、机械原理、高等数学、药物分析等密切相关，而且还与动物生物化学、兽医药理学以及基础兽医学、预防兽医学、临床兽医学等生命科学密切相关。如物理化学的基本原理可用于指导药剂学中有关剂型性质的研究，主要揭示药物与剂型的共性和各种物理、化学的变化规律和机制，以此来指导药物制剂实践。又如兽医药理学和动物生理学理论和实际操作技术对制剂或新制剂的临床前药效及毒性评价提供指导，是新兽药评价的核心内容之一。预防兽医学、临床兽医学对于兽药制剂的临床研究和评价、剂量的临床监控等具有重要的实用价值。兽医药剂学以上述学科的理论为基础，结合具体药物的理化性质、体内动力学特点、作用及作用机理、临床用途等，采用药剂学的方法和手段，将药物制成符合兽医临床需要的药物制剂，并实现规模化生产。兽医药剂学与多个学科相互影响和渗透，促进了制剂和剂型的迅速发展。

二、兽医药剂学的常用术语

1. **兽药** 兽药（veterinary drug）是指用于预防、治疗、诊断动物疾病，或者有目的地调节动物生理机能的物质，包括血清制品、疫苗、诊断制品、微生态制剂、中药材、中成药、化学药品、抗生素、生化药品、放射性药品及外用杀虫剂、消毒剂等。兽药的使用对象为家畜、家禽、宠物、水生动物、蜂、蚕等。

2. **新兽药** 新兽药（new veterinary drug）是指未曾在中国境内上市销售的药品（化学药品的原料及制剂，中药、天然药物的原药、有效部位及制剂）。已上市销售的化学药品改变药物的酸根或碱基、改变药物的成盐成酯，或人用药物转为兽药，及已上市销售的中兽药改变剂型、改变工艺的制剂，按新兽药管理。

3. **辅料** 辅料（adjuvant）是指生产药品和调配处方时所用的赋形剂和附加剂。辅料是药物制剂中不可缺少的重要组成部分，可起到增溶、助悬、增稠、乳化、娇味、控制溶出、改善可压性等作用。

4. **剂型** 任何经化学、生物合成或提取、精制的原料药物，都不能直接用于临床，必须制成具有一定形状和性质，适合于临床使用的不同给药形式，称作药物剂型，简称剂型（dosage form）。剂型属于集合名词，一般是指药物制剂的类别，如颗粒剂、胶囊剂、片剂、溶液剂、乳剂、混悬剂、注射剂等。不同的药物可以制成同一剂型，如氟苯尼考预混剂、赛地卡霉素预混剂、硫酸安普霉素预混剂等；同一种药物也可制成多种剂型，如恩诺沙星片、恩诺沙星可溶性粉、恩诺沙星溶液、恩诺沙星注射液等。

5. **制剂** 将原料药物按某种剂型制成具有一定规格的药剂，即各种剂型中的任何一个具体药品称为药物制剂，简称制剂（pharmaceutical preparation）。如阿莫西林可溶性粉、葡萄糖注射剂、阿维菌素片等。研究制剂的理论和制备工艺的科学称为制剂学（pharmaceutical engineering）。制剂主要在制药企业生产。

6. **中兽药** 中兽药（traditional chinese veterinary drug）是指在中兽医基础理论指导下用以防治动物疾病的药物，亦称传统兽药。中兽药包含中药材、中药饮片、中成药等。

三、兽医药剂学的研究内容和作用

（一）兽医药剂学的研究内容与基本任务

兽医药剂学的基本任务是将药物制成适于兽医临床应用的剂型，并能批量生产，具有有效性、安全性、稳定性、均一性的药品。其根本任务是研究提高兽药制剂的生产水平和在临床治疗中的应用水平，以满足兽医临床和畜牧业生产的需要。兽医药剂学的主要任务及研究内容可概述如下。

1. **药剂学基本理论的研究** 药剂学的基本理论是指药物制剂的配制理论，即处方设计、制备工艺、质量控制、合理应用等方面的基本理论。如增溶、助溶以及片剂成型理论对液体、固体药剂的制备；缓控释、透皮等理论对缓控释制剂、透皮给药制剂等新型药物传递系统（drug delivery system，DDS）的研究、开发等，均奠定了理论基础。还有粉体性质对固体物料的处理过程和制剂质量的影响；流变学性质对乳剂、混悬剂、软膏剂等质量的影响；生物药剂学和药物动力学的研究为正确评价药剂质量，改进药物制剂和临床合理用药提供科学依据；表面活性剂在药剂学中的重要作用等，对开发兽药剂型、新技术、新产品，提高产品质量有着重要的指导意义。

2. **生产技术的创新** 药剂学研究的核心内容是药物的处方及其制备工艺设计，以及高效率生产技术的推广，这对全面改进药物制剂生产和提高产品质量具有一定的指导意义。如微粉技术、固体分散技术、微囊技术、环糊精包合技术等对促进和控制药物释放和吸收；干法制粒技术、粉末直接压片技术等对湿、热不稳定药物制剂的制备；流化床干燥、制粒、包衣技术，微波干燥、灭菌等技术在药物制剂生产上的应用等，均有效地提高了药物制剂的生产效率。

3. **新剂型和新制剂的研究与开发** 制剂是药物发挥药效的最后阶段。当前药物制剂的发展已进入以达到药效最大化、持久化为目的的药物传递系统（DDS）时代，对定向、定时、缓释、控释、靶向制剂、脂质体、微囊、植入剂等新剂型的研究是提高我国兽药制剂质量的前提。药物在靶部位选择性集中，且能维持必要的药效时间，之后迅速而完全排泄，尽量不对脏器和组织产生毒副作用，这是DDS的理想剂型，也是我们今后应实施的研究课题。对新剂型的研究也同时包括复方制剂的开发，复方制剂以其增强疗效、降低毒性、减少不良反应和降低耐药性产生等方面的组合优势而走俏市场，在畜禽和宠物疾病的防治上发挥着巨大的作用。

目前，我国兽医药剂学的研究水平与发达国家相比还有较大差距，剂型种类和制剂品种较少，且能够出口的制剂更不多。因此，积极开发新剂型和新制剂是当前兽医药剂学研究的一个主要任务，其根本目的是：最大限度地降低毒副作用，提高药物临床疗效，增加稳定性。根据我国国情，新兽药的研发应立足畜禽等食品动物，加强水产养殖类、宠物和特种经济动物群体的用药开发。针对不同动物种类疾病治疗的需要，科学地、配套性地开发针对性强、使用方便的新剂型和新制剂，如牛羊用驱虫浇泼剂、微乳剂、大丸剂、促生长埋植剂；奶牛用抗菌乳房注射剂、乳头擦剂、腔道栓剂；仔猪用凝胶剂、滴剂；鸽子用微丸剂；水产用微囊剂，泡腾、膨化剂；宠物用洗涤剂；消毒用气雾剂等。

4. 药用新辅料的应用研究 处方设计是剂型和制剂成败的关键。制剂处方中除药物外，大量借助于应用各种辅料，以满足成型性、稳定性及生物药剂学指标（如缓释、控释或提高生物利用度等）的需要。因此，药用辅料的开发和应用，在剂型设计、特别是新剂型设计中起十分能动和关键的作用。目前，药用辅料正向安全性、功能性、适应性、高效性等方向发展，并在实践中不断得到广泛应用。药用辅料的应用研究对兽药制剂整体水平的提高具有重要意义。

5. 中兽药新剂型的研究与开发 在继承和发扬中兽药传统剂型（丸、散、膏、汤等）的同时，应用先进的现代科学技术、方法、手段，并遵循严格的规范标准，研制出优质、高效、安全、稳定、质量可控、使用方便并具有现代剂型的新一代中兽药、中西兽药复方制剂。中兽药制剂的研究和创新不仅要吸取西药制剂的长处，将中兽药制剂西药化，而更应从中兽药的作用出发，采用适合中兽药的制剂技术（如固体分散技术、微粉技术等），以提高中药制剂的疗效。

6. 兽药制剂新机械和新设备的应用研究 制剂生产正从机械化、联动化向封闭式、高效型、多功能、连续化、自动化及程控化的方向发展。例如固体制剂生产使用一步制粒机，最近又开发出搅拌流化制粒机、挤出滚圆制粒机、离心制粒机等使制粒物更加致密、球形化，得到广泛应用；高效全自动压片机的问世，使片剂的质量和产量大大提高。在注射剂的生产方面，入墙层流式注射灌装生产线、高效喷淋式加热灭菌器、粉针灌封机与无菌室组合整体净化层流装置等减少了人员走动和污染机会。研究应用适合我国实际情况的新型机械和设备，对提高生产效率，降低生产成本，提高兽药制剂质量，具有重要意义。

（二）兽医药剂学的地位和作用

兽医药剂学既为兽药剂型服务，又对发展兽药剂型具有指导作用。剂型是一切药物用于动物机体前的最终形式，必须保证具体制剂符合各项规定要求。在兽药新剂型的开发、剂型的处方设计、制备工艺的选择、制剂的稳定性研究和质量控制等研究领域，必须具备坚实的药剂学理论和实践知识才能完成；在兽药生产领域如新产品的试制、中试放大等过程，更需要药剂学理论作为指导。制剂生产中出现的各种各样的困难和问题，需要有丰富的药剂学理论知识和生产实践经验的药剂学技术人才去解决。在兽药的合理使用、认识和介绍药品特点（如缓、控释制剂的作用特点）等兽药的使用领域和销售环节，也都涉及很多药剂学知识，都离不开药剂学理论知识的指导。兽医药剂学是一门综合性应用技术学科，是药物制剂、动物药学等专业的一门主要专业课程，同时也是与兽药实际应用最接近的研究领域，在兽医临床和兽药生产实践中占据着极其重要的地位，对兽药工业、畜牧业及其相关科学的发展具有较大的推动作用。

四、兽医药剂学的发展历史

兽医药剂学是药剂学的组成部分，是以兽用药物剂型和制剂为研究对象的药剂学范畴的丰富和发展。兽医药剂学的发展与药剂学、兽医药理学的发展密不可分。

药剂学在19世纪即成为一门独立的学科，在20世纪40年代之前，药剂学的主要内容是阐明原料药物制成剂型的工艺、经验、用法和色味等外观方面的各项要求。绝大多数的制剂质量几乎都是以外观、定性及一些经验方法评价，在质量标准中经常是主观性指标多于客观性指标。从古代药剂学、近代药剂学发展到以现代科学理论为指导的现代药剂学，实现了"量变"到"质变"的跨越，经历了漫长的历史岁月。其中，我国古代医药学起源极早，药物制剂的制造也较早，剂型较多，对世界药学的发展有重大贡献。

我国中医药的发展历史悠久，早在神农时代的古书即有"神农尝百草，始有医药"的记载。在商代即已使用汤剂，为应用最早中药剂型之一。夏商周时期的医书《五十二病方》、《甲乙经》、《山海经》中已有汤剂、丸剂、散剂、膏剂及酒剂等剂型的记载。东汉张仲景的《伤寒论》和《金匮要略》中记载有栓剂、洗剂、软膏剂、糖浆剂等10余种剂型，并记载了可以用动物胶、炼制的蜂蜜和淀粉糊为黏合剂制成丸剂。唐代颁布了我国第一部，也是世界上最早的国家药典——唐《新修本草》。后来编制的《太平惠民和剂局方》是我国最早的一部国家制剂规范，比英国最早的局方早500多年。明代李时珍（1518—1593）总结了16世纪以前我国的医药实践经验，编著了著名的《本草纲目》一书，收载的药物达1892种，剂型近40种，附方11 096则，充分展现了我国古代医药学中丰富的药物剂型。历代本草书中都含有兽用本草的内容，我国最早的兽医著作是明代的《元亨疗马集》（约1 608），收载药物400多种，方400余则。

在19世纪初至20世纪50年代的100多年间，国外医药技术对我国药剂学的发展产生了一定影响，如引进一些技术并建立一些药厂，将进口的原料药加工生产成注射剂、胶囊剂、片剂等制剂，但规模较小、水平较低、产品质量较差。在20世纪80年代之前，我国药剂学研究工作几乎处于停滞阶段。随着改革开放政策的实施，综合国力逐渐增强，我国医药事业进入了快速发展时期。近30年来，在药用辅料的研究方面：先后开发出粉末直接压片用辅料——微晶纤维素、可压性淀粉；黏合剂——聚乙烯吡咯烷酮；崩解剂——羧甲基淀粉钠、羟丙基纤维素等。在生产技术及设备方面：高速旋转压片机的应用使粉末直接压片技术得到了广泛的应用；在制粒技术方面广泛应用流化制粒、高速搅拌制粒、喷雾制粒技术等提高了固体制剂的产量；空气净化技术与GMP的实施使注射剂的质量大大提高。在新制剂的研究方面：缓控释制剂、经皮给药制剂的新产品上市；脂质体、微球、纳米粒等靶向、定位给药系统的研究也取得很大进展。进入21世纪，我国药剂学已从近代药剂学逐渐向现代药剂学时期发展，其研究内容更加丰富深入，涉及领域更为广泛，新制剂、新剂型层出不穷。药剂学的发展使新剂型在临床应用中向着发挥高效、速效、延长作用时间和减少不良反应方向发展。

20世纪80年代至90年代中期，伴随着我国经济体制的改革，畜牧业经历了一个高速发展的时期，也同时带动了兽用药品行业的全面发展，兽药的研究和生产取得了长足的进步。我国推行实施兽药GMP至今已近20个年头，到目前全国已有约1 500家兽药企业通过了农业部兽药GMP认证，成为GMP合格企业，这标志着我国兽药生产水平总体上了一个台阶。自1987年《兽药管理条例》颁布实施至今，农业部批准了300多种兽用化学药品和新生物制品，市场上相继开发出较新的剂型，如阿维菌素浇泼剂、伊维菌素控释丸、大蒜素微囊剂、丙硫咪唑和吡喹酮脂质体等。但是和一些发达国家及人用药相比，仍存在很大差距，新上市的药品数量和质量还不能满足目前畜牧养殖业发展的需要，自主开发的新兽药寥寥无几。在制剂方面，国外一种原料药能做成十种或十几种制剂，而我国平均一种原料药只能做3种制剂，这对于我国这样一个世界上的畜牧大国来讲很不相配。积极开发新剂型和新制剂是当前兽医药剂学研究的一个重要任务。

我国兽医药剂学的建立应是改革开放以后的事，20世纪80年代中期，部分农业院校兽医专业开始开设兽医药剂学选修课，90年代后期一些农业院校增设药物制剂、动物药学专业，正式开设兽医药剂学课程，部分院校还编写了兽医药剂学试用教材。近年来，一批批药物制剂专业本科毕业生陆续走入兽药研发、生产、营销、药检等领域，许多兽医药理方面的硕士、博士生也从事兽医药剂学方面的科学研究，兽药新制剂的研究也取得了许多成果，为保障兽医临床用药和畜牧业发展起到了重要的作用。

第二节　药物剂型

一、药物剂型的分类

药物剂型繁多，常用的分类方法如下。

（一）按形态（物态）分类

是按物理外观来进行分类，具有直观、明确的优点。形态相同的剂型，其制备工艺有类似之处，例如制备液体剂型时多采用溶解、分散等方法；制备固体剂型多采用粉碎、混合等方法；半固体剂型多采用融化、研和等方法。形态不同的剂型，药物发挥作用的速度不同，如气体剂型（如气雾剂）发挥作用最快，固体剂型较慢。这种分类方法对药物的设计、生产、检查、保存与应用都很有利。药物剂型按形态可分为以下几种：

1. **液体剂型**　如溶液剂、注射液、合剂、洗剂、酊剂、搽剂等。
2. **固体剂型**　如散剂（内服粉剂、预混剂、可溶性粉）、丸剂、片剂、硬胶囊剂等。
3. **半固体剂型**　如软膏剂、乳膏剂、眼膏剂、糊剂、凝胶剂、硬膏剂、栓剂等。
4. **气体剂型**　如气雾剂、喷雾剂等。

（二）按给药途径分类

将给药途径相同的剂型列为一类，这种分类法与临床使用结合密切，且能反映给药途径与应用方法对剂型制备的特殊要求。但一种剂型可有多种给药途径。例如溶液剂可以在内服、皮肤、黏膜、直肠等多种给药途径出现，尚不能反映剂型内在的特性。

1. 经胃肠道给药剂型 是指药物制剂经内服后进入胃肠道，起局部或经吸收后发挥全身作用的剂型。如溶液剂、乳剂、混悬剂、散剂、颗粒剂、胶囊剂、片剂等。

2. 非胃肠道给药剂型 是指除内服给药以外的所有其他剂型，包括以下几种：

（1）注射给药：如注射剂，包括静脉注射、肌内注射、皮下注射、穴位注射及腔内注射等。

（2）皮肤给药：如外用溶液剂（涂剂、浇泼剂、滴剂、乳头浸剂、浸洗剂等）、搽剂、软膏剂、乳膏剂、糊剂、酊剂、凝胶剂、硬膏剂、局部用粉剂等。给药后可在局部起保护或治疗作用，或经皮吸收发挥全身作用。

（3）黏膜给药：如滴眼剂、滴鼻剂、眼膏剂及局部用粉剂等，黏膜给药可起局部作用，也可经黏膜吸收发挥全身作用。

（4）呼吸道给药：如喷雾剂、气雾剂、粉雾剂等。

（5）乳房注入给药：如溶液剂、乳剂、混悬剂、乳膏剂、无菌粉等，通过乳头管注入乳池，用于预防、治疗泌乳期、泌乳后期和干乳期动物的乳腺炎。

（6）腔道给药：如栓剂、气雾剂、泡腾剂、滴剂及滴丸剂等。用于直肠、阴道、鼻腔、耳道等。腔道给药可起局部作用或吸收后发挥全身作用。

（三）按分散系统分类

凡一种或几种物质的粒子，分散在另一种物质中所形成的体系称为分散系统，被分散的物质称为分散相；容纳分散相的物质称为分散介质，在液体药剂中，亦称为分散剂或分散媒。按分散系统分类是根据各种剂型内在的结构特性，把所有剂型都看作是各种不同的分散系统加以分类，这种分类法便于应用物理化学原理阐明制剂特征，但不能反映用药部位与用药方法对剂型的要求，甚至一种具体剂型由于所用介质和制法不同，可分为几种分散体系，如注射剂就有溶液型、混悬型、乳剂型及粉针剂等类型等。按此分类，无法保持剂型的完整性。其分类方法如下。

1. 溶液型 也称低分子溶液。由药物均匀分散于分散介质中形成的均匀分散体系，药物以分子或离子状态存在。如溶液剂、糖浆剂、甘油剂、醑剂、溶液型注射剂等。

2. 胶体溶液型 也称高分子溶液。药物主要以高分子分散在分散介质中形成的均匀分散体系。如胶浆剂、涂膜剂等。

3. 乳剂型 是指液体分散相和液体分散剂经乳化剂乳化后所组成的非均匀分散体系，如内服乳剂、静脉注射乳剂、部分搽剂。

4. 混悬型 主要是难溶性固体药物以微粒状态分散在液体分散介质中所形成的非均匀分散体系，如混悬剂、洗剂、合剂等。

5. 气体分散型 主要是液体或固体药物以微粒状态分散在气体分散介质中所形成的分散体系。如气雾剂。

6. 固体分散型 主要是固体药物以聚集状态存在的分散体系。如片剂、散剂、丸剂、颗粒剂、胶囊剂等。

7. 微粒分散型 药物以不同大小微粒呈液体或固体状态分散。如微囊制剂、微球制剂、纳米囊制剂等。

（四）按制备方法分类

将用同样方法制备的剂型列为一类，该分类方法不能包含全部剂型，而且制剂的制备方法随着科学的发展而不断改变，故不常用。

1. **浸出制剂** 是用浸出方法制成的剂型。如酊剂、流浸膏剂、浸膏剂等。
2. **无菌制剂** 是用灭菌方法或无菌技术制成的制剂。如注射剂、眼膏剂、乳房注入剂、滴眼剂等。

（五）按一次用药适合于防治的动物数量的多少分类

本分类法的优点是反映了动物用药的特点，缺点是与药物的物态关系不十分密切。

1. **群体给药制剂** 一次用药可防治动物群体疾病的制剂，如粉（散）剂、预混剂、颗粒剂等。
2. **个体给药制剂** 一次用药可防治动物个体疾病的制剂，如注射剂、片剂、胶囊剂、滴眼剂、滴鼻剂、眼膏剂、局部用粉剂等。
3. **既可群体给药又可个体给药制剂** 如内服液体制剂等。

（六）按使用对象分类

1. **多种动物通用制剂** 适合于畜禽等食品动物、经济动物及观赏动物等的制剂，如注射剂、片剂、胶囊剂、溶液剂。
2. **少数动物用特殊制剂** 如马、牛特有的大丸剂，宠物特有的项圈，水产动物特有的药饵等。

（七）按作用特点分类

按作用特点可分为长效制剂、缓释制剂、控释制剂、靶向制剂等。

（八）综合分类法

上述分类方法，各有其优缺点，但均不完善。实际中常还采用以剂型为基础的综合分类方法。

1. **给药途径与物态结合分类** 如内服溶液剂、内服乳剂、内服混悬剂、阴道药栓、乳房注入剂等。
2. **用药特点与物态结合分类** 如群体给药固体制剂、群体给药液体制剂、个体给药固体制剂、个体给药液体制剂等。

二、药物剂型的重要性

剂型是药物的传递物，将药物输送到体内发挥疗效。药物与剂型之间有着辩证的关系，药物本身的疗效固然是主要的，而剂型对疗效的发挥，在一定条件下，也起着积极作用。

（一）药物剂型与给药途径

药物剂型的选择与给药途径密切相关，动物共有10余种给药途径：即内服；腔道，如直肠、子宫、阴道、乳管、耳道、鼻腔；呼吸道，如气管、肺部；血管组织，如皮内、皮下、肌肉、静脉等；其他，如皮肤、眼等。上述给药途径除注射和皮肤给药外，全都通过黏膜吸收药物。例如，注射给药必须选择液体制剂，包括溶液剂、乳剂、混悬剂等；皮肤给药多用软膏剂、液体制剂；内服给药可选择多种剂型，如片剂、颗粒剂、胶囊剂、溶液剂、乳剂、混悬剂等；直肠给药宜选择栓剂；眼结膜给药途径以液体、半固体剂型最为方便。但同时也要考虑药物性质对制备某种剂型的可能性。总之，药物剂型必须与给药途径相适应。

（二）药物剂型的重要性

剂型是药物适合临床应用的形式，对药物药效的发挥极为重要。剂型的重要性主要包括以下方面。

1. 剂型可以改变药物作用的性质 多数药物改变剂型后治疗作用不变，但有些药物不同剂型能改变治疗作用。如硫酸镁制成内服剂型作为泻药、利胆药，但制成注射液静脉注射则为抗惊厥药。

2. 剂型能调节药物作用速度 药物在不同剂型中作用速度不同。按疾病治疗需要可选用不同作用速度的制剂。如对急症患畜，为使药效迅速，宜采用注射剂、吸入气雾剂等速效制剂；对于需要药物持久、延缓的则可用丸剂、植入剂、缓释及控释等长效制剂。

3. 改变剂型可降低或消除药物的毒副作用 如硫酸新霉素肌肉注射吸收后有严重的肾毒性，制成可溶性粉可避免出现这种毒副作用。

4. 某些剂型有定位靶向作用 如脂质体制剂是一种具有微粒结构的制剂，在体内能被单核-巨噬细胞系统的巨噬细胞所吞噬，使药物在肝、肺等器官分布较多，能发挥药物剂型的靶向作用。肠溶制剂在胃中不溶，而在肠中定位释药。

5. 剂型可改变药物的稳定性 某些药物制成固体剂型改变稳定性。如青霉素的钾盐和钠盐在水溶液中不稳定，耐热力亦降低，在室温放置易失效，故不能制成溶液型注射剂。但制成注射用无菌粉末，其性质较稳定，在室温中可保持数年而不失去抗菌效能。

第三节　兽药管理法规和标准

一、兽药管理法规

（一）《兽药管理条例》和配套法规

兽药是特殊的商品，既要保证疗效，又要保证对靶动物、对生产和使用兽药的人、对动物性食品的消费者及对环境的安全，因此必须对兽药的研制、生产、经营、使用过程等依法进行严格管理。我国的兽药管理法规主要包括《兽药管理条例》和农业部颁布的部门规章，如《兽药注册办法》、《处方药和非处方药管理办法》、《兽药标签和说明书管理办法》、《兽药生产质量管理规范》、《兽药经营质量管理规范》、《兽药非临床研究质量管理规范》和《兽药临床试验质量管理规范》等。

我国第一个《兽药管理条例》（以下简称《条例》），是1987年5月21日由国务院发布的，它标志着我国兽药法制化管理的开始。《条例》自1987年发布以来，分别在2001年和2004年经过较大的修改。现行的《条例》于2004年11月1日起实施，对兽药的研制、生产、经营、进出口、使用、监督管理等做出了规定。农业部颁布的部门规章主要是根据新《条例》的规定和授权，对某些具体事项做出如何实施的规定。

（二）兽药 GMP、GLP、GCP 和 GSP

《条例》第三章规定,从事兽药生产活动,必须具备相应的技术人员、厂房设施、生产环境、质量管理和检验机构等基本条件,经农业部检查验收合格,并取得兽药生产许可后,方可按《兽药生产质量管理规范》的要求组织生产。新《条例》第一次将《兽药生产质量管理规范》作为兽药生产企业准入的条件。《兽药生产质量管理规范》(Good Manufacturing Practice for Veterinary Drugs)简称兽药GMP,是兽药生产的优良标准,是在兽药生产全过程中,用科学、合理、规范化条件和方法,来保证生产优良兽药的一整套系统的、科学的管理规范,是兽药生产和管理的基本准则。兽药GMP适用于兽药制剂生产的全过程和原料药生产中影响成品质量关键工序,也是新建、改建和扩建兽药企业的依据。

《条例》第二章规定,研制新兽药,应当进行安全性评价。从事兽药安全性评价的单位,必须经农业部认定,并遵守《兽药非临床研究质量管理规范》和《兽药临床质量管理规范》。《兽药非临床研究质量管理规范》(Good Laboratory Practice for Non-clinical Laboratory in Respect of Veterinary Drugs)简称兽药GLP,是指药物用于临床前必须进行的研究,主要用于兽药的安全性评价,以保证使用的安全性。《兽药临床试验管理规范》(Good Clinical Practice for Veterinary Drugs)简称兽药GCP,是指药物在靶动物(疾病或健康动物)进行的系统性研究,以证实或揭示试验用兽药的疗效和不良反应。

《条例》要求兽药经营企业购销兽药必须遵守兽药经营质量管理规范的规定。《兽药经营质量管理规范》(Good Sale Practice for Veterinary Drugs)简称兽药GSP,是指国家为了加强兽药经营管理的一整套文件,是国家对兽药经营企业、兽药经营质量进行监督检查的一种手段,以保证兽药在流通领域的质量。

(三)处方、兽用处方药和兽用非处方药

1. 处方 《条例》规定,兽药经营企业销售兽用处方药的,应当遵守兽用处方管理规定。处方(prescription)是指兽医医疗和兽药生产企业用于药剂配制的一种重要书面文件,按其性质、用途,主要分为法定处方(又称制剂处方)和兽医师处方两种。

(1)法定处方:是指兽药典、兽药标准收载的处方,具有法律约束力,兽药厂在制造法定制剂和药品时,均需按照法定处方所规定的一切项目进行配制、生产和检验。

(2)兽医师处方:是兽医师为预防和治疗动物疾病,针对就诊动物开写的药名、用量、配法及用法等的用药书面文件,是检定药效和毒性的依据,一般应保存一定时间以备查考。

兽医师处方作为临床用药的依据,反映了兽医、兽药、动物养殖者各方在兽药治疗活动中的法律权利与义务,并且可以作为追查医疗事故责任的证据,具有法律上的意义;兽医师处方记录了兽医师对患畜药品治疗方案的设计和正确用药的指导,具有技术上的意义;兽医师处方是兽药费用支出的详细清单,也可作为兽药消耗的单据及预算采购的依据,具有经济上的意义。因此,在书写处方和调配处方时,都必须严肃认真,以保证用药安全、有效与经济。

2. 兽用处方药和兽用非处方药 《条例》规定,国家对兽药实行处方药与非处方药分类管理制度。兽用处方药(veterinary prescription drug)是指凭执业兽医处方才能购买和使用的兽药。兽用非处方药(veterinary non-prescription drug)是指由农业部公布的,不需要凭执业兽医处方就可以购买和使用的兽药。非处方药在国外又称为"可在柜台上买到的药物"(over the counter, OTC)。

二、兽药标准

（一）兽药质量标准的概念

兽药质量标准（quality standards of veterinary drugs）是国家为了使用兽药安全有效而制订的，控制兽药质量、规格和检验方法的技术规定。兽药质量标准是兽药生产、经营、销售和使用的质量依据，亦是检验和监督管理部门共同遵循的法定技术依据。

（二）兽药国家标准

兽药国家标准（national standards of veterinary drugs）是指国家为保证兽药质量所制定的质量指标、检验方法等的技术要求，包括国家兽药典委员会拟定的、国务院兽医行政管理部门发布的《中华人民共和国兽药典》和国务院兽医行政管理部门发布的其他兽药标准。也就是说，兽药只有国家标准，不再有地方标准。兽药国家标准属法定的、强制性标准。强制性标准是必须执行的标准。

（三）《中华人民共和国兽药典》

《中华人民共和国兽药典》（The Chinese Veterinary Pharmacopoeia）（以下简称《中国兽药典》）是我国兽药的国家标准，是国家为保证兽药产品质量而制定的具有强制约束力的技术法规，是兽药生产、经营、使用、检验和监督管理部门共同遵守的法定技术依据。《中国兽药典》的颁布和实施，对规范我国兽药的生产、检验及临床应用起到了显著效果。

《中国兽药典》先后于1990年、2000年和2005年出版发行三版。2005年版《中国兽药典》分为一部、二部、三部，一部收载化学药品、抗生素、生化药品及制剂共446种；二部收载中药材、中药成方制剂共685种；三部收载生物制品共115种。2005年版《中国兽药典》为了与国际接轨，更好地指导科学、合理用药，把2000年版一部标准中的"作用与用途"、"用法与用量"和"注意"等内容适当扩充，独立编写成《兽药使用指南》（化学药品卷）和《兽药使用指南》（生物制品卷），作为兽药典的配套丛书。

思 考 题

1. 简述药剂学、剂型、制剂的概念及其区别。
2. 概述兽医药剂学的内容与任务。
3. 举例说明药物剂型的不同分类方法及其优缺点。
4. 药物剂型有何重要性？
5. 何谓兽药质量标准、兽药典、兽药GMP？
6. 什么是兽医师处方？它有何意义？

第二章 药物制剂基本理论

药物制剂从处方设计到剂型选择,都与药物制剂的基本理论密不可分。药物制剂的基本理论主要包括表面活性剂、药物溶解度、溶解速度、流变学、粉体学等方面的基本理论。

表面活性剂含有固定的亲水亲油基团,能使液体的表面张力显著下降,在液体制剂中应用广泛,可作为增溶剂、乳化剂、润湿剂、分散剂、去污剂、消毒剂、消泡与起泡剂等。药物的溶解度是药物的固有物理性质,直接影响到药物剂型的设计与制备。流变学是研究有关固体变形和液体流动的科学,其对药剂学中混悬剂、乳剂、胶体溶液、软膏剂和栓剂等的处方设计、质量评价以及制备工艺确定等方面具有重要指导意义。粉体学是研究具有各种形状粒子集合体的粒径大小与分布、粒子的形态、比表面积、密度与空隙率、流动性、充填性、吸湿性与润湿性等及其应用的科学。粉体学对制剂的处方设计、制备、质量控制、包装等都具有重要的指导意义。如粉体的流动性在制剂的制备过程中直接影响药物的粉碎、过筛、混合、沉降、滤过等过程及各种剂型的成型与生产。

学好药物制剂的基本理论是学好药物普通剂型、新剂型和新技术的基础,也是正确理解后继各章节内容的前提。

第一节 表面活性剂

一、表面现象、表面张力和表面活性剂

(一)表面现象

固体与液体、两种互不相溶的液体之间的交界面即为界面。固相、液相与气相间的交界面称为表面。表面或界面上所发生的一切物理化学现象统称为表面现象(surface phenomenon)或界面现象(interfacial phenomenon)。表面现象不仅是胶体、粗分散体系(乳液、混悬液)等的理论基础之一,而且还与某些剂型的稳定性、制备、贮存、应用等有着密切的关系。

(二)表面张力

液体表面层分子与液体内部分子四周受力不对称,垂直于表面而向内的吸引力较大,使液体自身产生了一种使表面分子向内收缩到最小面积的力,这种力就叫表面张力(surface tension)。这就是悬挂着的液滴总是呈球形的主要原因。

(三)表面活性剂

表面活性剂(surfactant,surface active agent)是指具有很强的表面活性,能使液体的表面张力显著下降的物质。

二、表面活性剂的结构和分类

表面活性剂之所以能降低表面或界面的表面张力,主要是由于表面活性剂大多为长链($C>8$)的有机化合物,具有性质相反的亲水基团和亲油基团。亲水基团主要是一些电负性较强的原子团或原子,与水分子有较强的亲和力或容易与水分子键合;亲油基团多为碳氢链结构,对非极性物质有较强的亲和力。如肥皂是脂肪酸类表面活性剂,结构为R—COO—,其中R—为亲油基团,COO—为亲水基团。

根据表面活性剂分子组成特点和极性基团的解离性质可将其分为离子型和非离子型两大类(表2-1)。

表2-1 表面活性剂的分类

分类		类别	常用品种
离子型	阴离子	肥皂类	硬脂酸钠、硬脂酸钾、硬脂酸钙、三乙醇胺皂
		硫酸化物	十二烷基硫酸钠、十六烷基硫酸钠、十八烷基硫酸钠
		磺酸化物	二辛基琥珀酸磺酸钠(商品名阿洛索-OT)、二己基琥珀酸磺酸钠(商品名阿洛索-18)、十二烷基苯磺酸钠、甘胆酸钠、牛磺胆酸钠
	阳离子	季铵化物	苯扎氯铵、苯扎溴铵
	两性离子	卵磷脂	豆磷脂、蛋磷脂
		氨基酸型、甜菜碱型	Tego(N-十二烷基氨基乙基甘氨酸)
非离子型		脂肪酸甘油酯	脂肪酸单甘油酯、脂肪酸二甘油酯
		蔗糖脂肪酸酯	蔗糖单酯、蔗糖二酯、蔗糖三酯及蔗糖多酯
		脂肪酸山梨坦(商品名司盘)	司盘20(月桂山梨坦)、司盘40(棕榈酸山梨坦)、司盘60(硬脂酸山梨坦)、司盘65(三硬脂酸山梨坦)、司盘80(油酸山梨坦)和司盘85
		聚山梨酯(商品名吐温)	吐温20、吐温40、吐温60、吐温65、吐温80和吐温85
		聚氧乙烯脂肪酸酯(商品名卖泽)	聚氧乙烯40硬脂酸酯等。
		聚氧乙烯脂肪醇醚(商品名苄泽)	西土马哥、平平加O、埃莫尔弗
		聚氧乙烯-聚氧丙烯共聚物,又称泊洛沙姆(商品名为普郎尼克)	泊洛沙姆188

(一)离子型表面活性剂

离子型表面活性剂是指在水中发生解离的一类表面活性剂。根据其解离后起作用部分的离子所带电荷的性质,将其分为以下3类:

1. 阴离子表面活性剂 起表面活性的作用部分是阴离子,即带负电荷。

(1)肥皂类:系高级脂肪酸的盐,通式为$(RCOO—)_n M^{n+}$。脂肪酸烃链R一般在$C_{11} \sim C_{17}$

之间，以硬脂酸、油酸、月桂酸等较常用。根据 M 的不同，可分为碱金属皂，如硬脂酸钠、硬脂酸钾等；碱土金属皂，如硬脂酸钙等；有机胺皂，如三乙醇胺皂等。它们均具有良好的乳化性能，但易被酸破坏，一般供外用。

(2) 硫酸化物：主要是硫酸化油和高级脂肪醇硫酸酯类，通式为 $R \cdot O \cdot SO_3^- M^+$。其中脂肪烃链 R 在 $C_{12} \sim C_{18}$ 之间。硫酸化油中硫酸化蓖麻油，俗称土耳其红油，为黄色或橘黄色黏稠液体，有微臭，可与水混合，为无刺激性的去污剂和润湿剂，可代替肥皂洗涤皮肤，也可用于挥发油和水不溶性杀菌剂的增溶。高级脂肪醇硫酸酯类有十二烷基硫酸钠（SDS，又称月桂醇硫酸钠 SLS）、十六烷基硫酸钠、十八烷基硫酸钠等。它们的乳化性很强，且较稳定，主要用作软膏剂的乳化剂，有时也用作片剂等固体制剂的润湿剂或增溶剂。

(3) 磺酸化物：主要有脂肪族磺酸化物和烷基芳基磺酸化物等，通式为 $R \cdot SO_3^- M^+$。常用的有二辛基琥珀酸磺酸钠（商品名阿洛索-OT）、二己基琥珀酸磺酸钠（商品名阿洛索-18）、十二烷基苯磺酸钠等，后者为广泛应用的洗涤剂。此外，属于此类的还有甘胆酸钠、牛磺胆酸钠等胆酸盐。

2. 阳离子表面活性剂 与阴离子表面活性剂不同，阳离子表面活性剂起表面活性作用的部分是阳离子，因此称为阳性皂。其分子结构的主要部分是一个五价的氮原子，为季铵化物。其特点是水溶性大，在酸性与碱性溶液中较稳定，除具有良好的表面活性外，还具有良好的杀菌作用。常用品种有苯扎氯铵（洁尔灭）和苯扎溴铵（新洁尔灭）等。

3. 两性离子表面活性剂 这类表面活性剂的分子结构中具有正、负电荷基团，在不同 pH 介质中可表现为阳离子或阴离子表面活性剂的性质。有天然制品，也有人工合成制品。

(1) 天然两性离子表面活性剂：这类表面活性剂的代表为卵磷脂。卵磷脂由磷酸型的阴离子部分和季铵盐型的阳离子部分组成，其主要来源是大豆和蛋黄。根据来源不同，可分为豆磷脂或蛋磷脂。卵磷脂的组成十分复杂，包括脑磷脂、磷脂酰胆碱、磷脂酰乙醇胺、丝氨酸磷脂、肌醇磷脂、磷脂酸等，还有糖脂、中性脂、胆固醇和神经鞘脂等。其基本结构为：

$$\begin{array}{l} H_2C-O-OCR_1 \\ HC-OOCR_2 \\ H_2C-O-\overset{O}{\underset{O^-}{P}}-O-CH_2CH_2-\overset{|}{\underset{|}{N^+}}- \end{array}$$

卵磷脂为透明或半透明的黄色或黄褐色油脂状物质，对热十分敏感，在 60℃ 以上数天可变为褐色，在酸和碱及酯酶作用下易水解。由于卵磷脂含有 R_1 和 R_2 两个疏水基团，故不溶于水，溶于氯仿、乙醚、石油醚等有机溶剂，对油脂的乳化作用较强，是制备注射用乳剂及脂质体制剂的主要辅料。

(2) 合成两性离子表面活性剂：这类表面活性剂主要有氨基酸型和甜菜碱型。其分子结构中阴离子部分主要是羧酸盐，阳离子部分为胺盐或季铵盐。由胺盐构成者即为氨基酸型（$R \cdot {}^+NH_2 \cdot CH_2CH_2 \cdot COO^-$）；由季铵盐构成者即为甜菜碱型（$R \cdot {}^+N \cdot (CH_3)_2 \cdot CH_2 \cdot COO^-$）。两性离子表面活性剂在碱性水溶液中呈阴离子表面活性剂的性质，具有很好的起泡、去污作用；在酸性溶液中则呈阳离子表面活性剂的性质，具有很强的杀菌能力。氨基酸型两性离子表面活性剂"Tego"（N-十二烷基氨基乙基甘氨酸）杀菌力很强，1‰TegoMHC（十二烷基双（氨乙基）-甘氨酸盐，又称 Dodecin HCL）水溶液的喷雾消毒能力强于相同浓度的洗必泰和苯扎溴铵及70%乙醇，而其毒性小于阳离子表面活性剂，但在其等电点时亲水性减弱，并可能产生沉淀。而甜菜碱型则在酸性、中性及碱性溶液中均易溶，并在等电点时不产生沉淀。

（二）非离子表面活性剂

非离子表面活性剂是指在水中不发生解离的一类表面活性剂，其分子结构中亲水基团是甘油、聚乙二醇和山梨醇等多元醇，亲油基团是长链脂肪酸或长链脂肪醇以及烷基或芳基等，它们以酯键或醚键与亲水基团结合。由于其在水中不解离，不受电解质和溶液pH影响，毒性和溶血性小，能与多数药物配伍，所以在药物制剂中应用较广。常用作增溶剂、分散剂、乳化剂、混悬剂等，可用于外用制剂、内服制剂和注射剂，个别品种也用于静脉注射剂。常用的品种有以下几类：

1. 脂肪酸甘油酯 主要有脂肪酸单甘油酯和脂肪酸二甘油酯。脂肪酸甘油酯为黄色或白色的油状或蜡状物质，熔程在30~60℃，不溶于水，在水、热、酸、碱及酶等作用下可水解为甘油和脂肪酸。亲水亲油平衡值（HLB）为3~4，主要用作油包水（W/O）型乳剂的辅助乳化剂。

2. 蔗糖脂肪酸酯 简称蔗糖酯，是蔗糖与脂肪酸生成的多元醇型非离子表面活性剂。根据与脂肪酸反应生成酯的取代数不同，有单酯、二酯、三酯及多酯。改变取代脂肪酸及酯化度，可得到不同HLB值（5~13）的产品。蔗糖酯为白色至黄色粉末，在室温下稳定，在酸、碱和酶的作用下可水解，本品不溶于水，可溶于丙二醇、乙醇及一些有机溶剂，在水和甘油中加热可形成凝胶，为水包油（O/W）型乳化剂、分散剂。

3. 脂肪酸山梨坦 是失水山梨醇脂肪酸酯，商品名为司盘（Span）。根据反应的脂肪酸不同可分为司盘20（月桂山梨坦）、司盘40（棕榈酸山梨坦）、司盘60（硬脂酸山梨坦）、司盘65（三硬脂酸山梨坦）、司盘80（油酸山梨坦）和司盘85（三油酸山梨坦）等。其结构式为：

式中$RCOO^-$为脂肪酸根，山梨醇为六元醇，因脱水而环合。

脂肪酸山梨坦为黏稠的白色至黄色油状液体或蜡状固体。其HLB值在1.8~3.8之间，常在W/O型乳剂中与吐温配合使用作为乳化剂。本品不溶于水，易溶于乙醇，在酸、碱和酶的作用下容易水解。

4. 聚山梨酯（polysorbate） 是聚氧乙烯脱水山梨醇脂肪酸酯类，商品名为吐温（Tween）。与司盘的命名相对应，有吐温20（聚山梨酯20）、吐温40（聚山梨酯40）、吐温60（聚山梨酯60）、吐温65（聚山梨酯65）、吐温80（聚山梨酯80）和吐温85（聚山梨酯85）等多种型号。其结构式为：

式中$-(C_2H_4O)_xO^-$为聚氧乙烯基。

聚山梨酯为黏稠的黄色液体，对热稳定；在水和乙醇及多种有机溶剂中易溶，低浓度时在水中形成胶束，其增溶作用不受溶液 pH 影响。由于其分子结构中增加了亲水性的聚氧乙烯基，使其亲水性增加，故为水溶性的表面活性剂，常用作 O/W 型乳化剂、增溶剂、分散剂和润湿剂。

5. 聚氧乙烯脂肪酸酯 系由聚乙二醇与长链脂肪酸缩合而成的酯，商品名为卖泽（Myrij），通式为 $R \cdot COO \cdot CH_2(CH_2OCH_2)_nCH_2 \cdot OH$。该类表面活性剂有较强水溶性，乳化能力强，为 O/W 型乳化剂。常用的有聚氧乙烯 40 硬脂酸酯（polyoxyl 40 stearate）等。

6. 聚氧乙烯脂肪醇醚 系由聚乙二醇与脂肪醇缩合而成的醚。商品名为苄泽（Brij），通式为 $R \cdot O \cdot (CH_2OCH_2)_nH$。因聚氧乙烯基聚合度和脂肪醇的不同有不同的品种。如 Brij 30 和 Brij 35 分别为不同分子质量的聚乙二醇与十二醇（俗称月桂醇）的缩合物；西土马哥（Cetomacrogol）为聚乙二醇与十六醇的缩合物；平平加 O（Peregal O）为 15 个单位氧乙烯与 9-正十八碳烯醇（又称油醇）的缩合物；埃莫尔弗（Emlphor）为一类聚氧乙烯蓖麻油化合物，由 20 个单位以上的氧乙烯与油醇缩合而成，HLB 值为 12～18，为淡黄色油状液体，具有较强的亲水性，常用作增溶剂及 O/W 型乳化剂。

7. 聚氧乙烯-聚氧丙烯共聚物 又称泊洛沙姆（Poloxamer），商品名为普郎尼克（Pluronic），通式为 $HO(C_2H_4O)_a-(C_3H_6O)_b-(C_2H_4O)_bH$。本品有各种不同相对分子质量的产品（表 2-2）。该类产品随着分子质量的增加从液体逐渐变为固体，且随着聚氧丙烯比例增加，亲油性增强；随着聚氧乙烯比例增加，亲水性增强，所以 HLB 值在 0.5～30 之间。本品具有乳化、润湿、分散、起泡和消泡等多种优良性能，但增溶能力较弱。该类表面活性剂对皮肤无刺激性和过敏性，对黏膜刺激性小，毒性也比其他非离子型表面活性剂小。Poloxamer188（pluronic F68）可作为 O/W 型乳化剂，用本品制备的乳剂能够耐受热压灭菌和低温冰冻，是目前用于静脉乳剂的极少数合成乳化剂之一。

表 2-2 常用泊洛沙姆对应的普郎尼克型号及其相对分子质量

Poloxamer	Pluronic	平均相对分子质量	a	b	水中
108	F38	5 000	46	16	易溶
188	F68	8 350	80	27	易溶
237	F87	7 700	64	37	易溶
338	F108	15 000	141	44	易溶
401	L121	4 400	6	67	不溶
407	F127	12 000	101	56	易溶

注：其中 a、b 分别为聚氧乙烯-聚氧丙烯共聚物中聚氧乙烯、聚氧丙烯聚合度。

三、表面活性剂的性质

（一）表面活性剂胶束

1. 临界胶束浓度 表面活性剂溶于液体时，被吸附于液体的表面，在溶液表面层的浓度大于溶液内部的浓度，这种表面活性剂在液体表面聚集的现象称为正吸附。当表面活性剂的正吸附达到饱和后继续加入表面活性剂，其分子则转入溶液中。在水溶液中的表面活性剂，与水分子间的排斥力远大于吸引力，导致表面活性剂分子自身依赖范德华力相互聚集，形成亲油基团向内、亲水基团向外、在水中稳定分散、大小在胶体粒子范围的胶束（micelles）。表面活性剂分子缔合形成胶束的最低浓度即为临界胶束浓度（critical micell concentration，CMC）。不同表面活性剂的CMC不同，通常在0.02%～0.5%之间。具有相同亲水基的同系列表面活性剂，亲油基团越大，CMC越小。到达CMC时，分散系统由真溶液变成胶体溶液，同时会发生表面张力降低，增溶作用增强，起泡性能和去污力加大，渗透压、导电度、密度和黏度等突变，出现丁达尔现象等理化性质的改变。在到达CMC后的一定范围内，单位体积内胶束数量和表面活性剂的总浓度几乎成正比。

2. 胶束的结构　研究表明：在一定浓度范围的表面活性剂溶液中，胶束多呈球形结构，其碳氢链无序缠绕构成内核，碳氢链上一些与亲水基相邻的次甲基形成整齐排列的栅状层，亲水基则分布在胶束表面。对于离子型表面活性剂，则有反离子吸附在胶束表面，随着溶液中表面活性剂浓度增加（20%以上），胶束不再保持球形结构，则形成具有更高分子缔合数的棒状胶束及六角束状结构，表面活性剂浓度更大时成为板状或层状结构。在层状结构中，表面活性剂分子的排列已接近于双分子层结构（图2-1）。并非某一种表面活性剂的胶束只以某种特定的形状出现，在一个表面活性剂溶液体系中往往是几种形状的胶束共存，并且胶束的主要形态与表面活性剂的浓度关系密切。

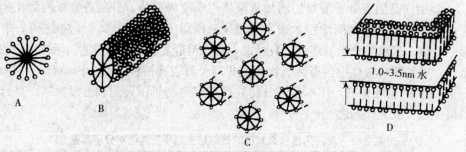

图2-1　胶束的结构
(引自毕殿洲等，药剂学，第四版，2002)
A. 球形　B. 棒状　C. 束状　D. 层状

在高浓度的表面活性剂水溶液中，如有少量非极性溶剂存在则可形成反向胶束，即亲水基团向内，亲油基团朝向非极性液体。油溶性表面活性剂如钙肥皂、丁二酸二辛基磺酸钠和司盘类表面活性剂在非极性溶剂中也可形成类似反向胶束。

胶束的形状从表观上看不到，通过光散射法对胶束的研究发现，胶束的主要结构如图2-1所示。

（二）亲水亲油平衡值

1. 概念　表面活性剂分子由亲水基团和亲油基团组成，其对水或油的亲和力强弱取决于其分子结构中亲水基团和亲油基团的多少。表面活性剂分子中亲水和亲油基团对水或油的综合亲和力称为亲水亲油平衡值（hydrophile-lipophile balance，HLB）。HLB是表面活性剂分子中亲水基团与亲油基团之间在大小和力量上的平衡程度的量度。根据经验，一般将表面活性剂的HLB值范围限定在0～20，即完全由疏水碳氢基团组成的石蜡分子的HLB值为0；完全由亲水性的氧乙烯基组成的聚氧乙烯的 HLB 值为 20，其他的表面活性剂的 HLB 值则介于两者之间。

引入和确定 HLB 值的根本目的，是在表面活性剂的结构与应用之间建立一定的对应关系。研究表明：表面活性剂的 HLB 值与其应用性质有密切关系。HLB 值在 1～3 的适合用作消泡剂；在 3～6 的适合用作 W/O 型乳化剂；在 8～18 的适合用作 O/W 型乳化剂；在 15～18 的适合作为增溶剂；在 7～9 的适合作为润湿剂（图 2-2）。

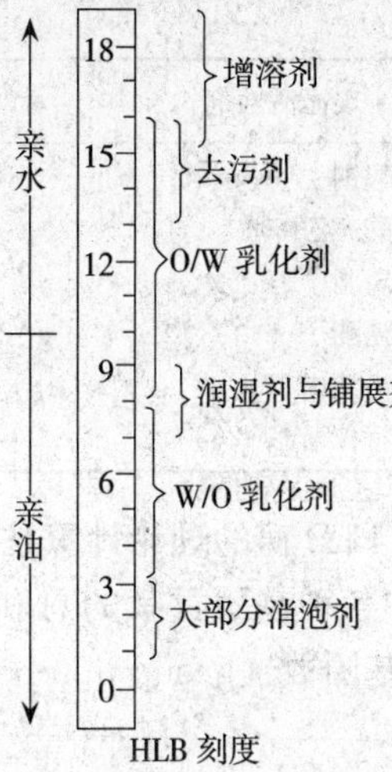

HLB 值是确定表面活性剂应用的重要依据，但不是衡量其性质的唯一标准。因为 HLB 值相同的表面活性剂因其结构与分子质量等的差异而使其性质有所差异。正确确定表面活性剂应用的方法是在 HLB 值基础上，综合考虑其亲油基团、亲水基团、分子形态和分子质量等其他因素。

非离子表面活性剂的 HLB 值具有加和性，如简单的二组分非离子表面活性剂的 HLB 值计算方法如下：

$$HLB_{ab} = \frac{HLB_a \times W_a + HLB_b \times W_b}{W_a + W_b}$$

式中，HLB_a、HLB_b、HLB_{ab} 分别为 a、b 两物质及 a、b 两物质混合物的亲水亲油平衡值；W_a、W_b 分别为 a、b 两物质的质量。

例如，用 45% 司盘 60（HLB=4.7）和 55% 吐温 60（HLB=14.9）组成的混合表面活性剂的 HLB 值为 10.31。但上式不能用于混合离子型表面活性剂 HLB 值的计算。

常用表面活性剂的 HLB 值见表 2-3。

图 2-2 不同 HLB 值表面活性剂的适用范围

表 2-3 常用表面活性剂的 HLB 值

表面活性剂	HLB 值	表面活性剂	HLB 值
阿拉伯胶	8.0	吐温 20	16.7
西黄蓍胶	13.0	吐温 21	13.3
明胶	9.8	吐温 40	15.6
单硬脂酸丙二酯	3.4	吐温 60	14.9
单硬脂酸甘油酯	3.8	吐温 61	9.6
二硬脂酸乙二酯	1.5	吐温 65	10.5
单油酸二甘酯	6.1	吐温 80	15.0
十二烷基硫化钠	40.0	吐温 81	10.0
司盘 20	8.6	吐温 85	11.0
司盘 40	6.7	卖泽 45	11.0
司盘 60	4.7	卖泽 49	15.0
司盘 65	2.1	卖泽 51	16.0
司盘 80	4.3	卖泽 52	16.9
司盘 83	3.7	聚氧乙烯 400 单月桂酸酯	13.1
司盘 85	1.8	聚氧乙烯 400 单硬脂酸酯	11.6
油酸钾	20.0	聚氧乙烯 400 单油酸酯	11.4

(续)

表面活性剂	HLB 值	表面活性剂	HLB 值
油酸钠	18.0	苄泽 35	16.9
油酸三乙醇胺	12.0	苄泽 30	9.5
卵磷脂	3.0	西土马哥	16.4
蔗糖酯	5.0~13.0	聚氧乙烯氢化蓖麻油	12.0~18.0
泊洛沙姆 188	16.0	聚氧乙烯烷基酚	12.8
阿特拉斯 G-263	25.0~30.0	聚氧乙烯壬烷基酚醚	15.0

2. HLB 值的理论计算法 Davies 经过反复研究，采用分割计算法将 HLB 值用表面活性剂的分子中各种基团贡献的总和表示。每个基团对 HLB 值的贡献可以用数值表示，这些数值称为 HLB 基团数（group number），将各个 HLB 基团数代入下式，即可求出表面活性剂的 HLB 值。

$$HLB = \sum (亲水基团 HLB 数) - \sum (亲油基团 HLB 数) + 7$$

如十二烷基硫酸钠的 HLB 值为：$HLB = 38.7 - (0.475 \times 12) + 7 = 40.0$

表面活性剂的一些常见基团及其 HLB 基团数可从手册或书中查到。

（三）克氏点和昙点

1. 克氏点 温度会影响表面活性剂的溶解度。离子型和部分非离子型表面活性剂在水中的溶解度随温度上升而增大，当温度上升至某一温度时，其溶解度急剧升高，溶液由浑浊变澄清，该温度称为克氏（Krafft）点，相对应的溶解度即为该表面活性剂的临界胶束浓度（图 2-3 中虚线）。在 Krafft 点时，表面活性剂单分子溶液和胶束平衡共存。Krafft 点越低，说明该表面活性剂的低温水溶液越好；Krafft 点越高，其溶解度越低。如图 2-3 所示，当溶液中表面活性剂的浓度未超过其溶解度时（区域Ⅰ）溶液为真溶液；当继续加入表面活性剂时则有过量的表面活性剂析出（区域Ⅱ）；此时再升高温度，体系又成为澄明溶液（区域Ⅲ），但与Ⅰ相不同，Ⅲ相是表面活性剂的胶束溶液。

表面活性剂在低于 Krafft 点温度下使用时不可能形成胶束，因而也不存在胶束的一系列

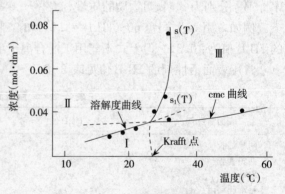

图 2-3 十二烷基硫酸钠溶解度曲线
（引自毕殿洲等，药剂学，第四版，2002）

胶体性质和应用性能。因此，Krafft 点是表面活性剂应用温度的下限，只有在温度高于 Krafft 点时表面活性剂才能更大程度地发挥作用。例如十二烷基硫酸钠和十二烷基磺酸钠的 Krafft 点分别约为 8℃和 70℃，显然后者在室温的表面活性不够理想。

2. 昙点 某些含聚氧乙烯基的非离子表面活性剂的溶解度随着温度升高达某一温度时，其溶解度急剧下降，使溶液变混浊，甚至产生分层，但降低温度后又可恢复澄明。非离子表面活性剂这种由澄明变混浊的现象称为起昙（clouding formation），此时的温度称为浊点或昙点（cloud point）。产生这一现象的原因主要是当温度升高时，聚氧乙烯型非离子表面活性剂的聚氧乙烯链与水分子之间形成的氢键断裂，溶解度减小所致。因此，昙点是非离子型表面活性剂应用温度的

上限。

聚氧乙烯聚合度低的表面活性剂与水的亲和力小，浊点低；反之，则浊点升高。所以不同的表面活性剂有不同的浊点。如吐温20、吐温60、吐温80的浊点分别为90℃、76℃、93℃。大多数此类表面活性剂的浊点在70～100℃之间。一般加入盐类、碱性物质能降低其浊点。

含有能发生起浊现象表面活性剂的制剂，在温度达到其浊点时析出表面活性剂，其增溶性能与乳化性能发生变化。如作为增溶剂时被增溶的物质可能析出；作为乳化剂时则乳剂的物理稳定性被破坏。有些在温度下降后能恢复原状，有些则难以恢复。因此，应注意含起浊现象表面活性剂制剂的灭菌问题。

（四）表面活性剂的复配

表面活性剂相互间或与其他化合物配合使用称为复配。合理的复配有利于发挥表面活性剂的作用。

1. 与中性无机盐的复配

（1）中性无机盐对离子表面活性剂的影响：在离子表面活性剂中加入可溶性的中性无机盐后，由于反离子结合率增加，少量的无机盐即可引起表面活性剂的CMC下降，相同用量的增溶性提高。但中性无机盐减少了极性增溶质的有效增溶空间，故降低了极性物质的增溶量。当溶液中存在多量反离子时，则可能降低表面活性剂的溶解度，产生盐析现象。

（2）中性无机盐对非离子表面活性剂的影响：低浓度中性盐对非离子的表面活性剂影响较小，但高浓度盐（>0.1mol/L）的存在可出现盐析或盐溶作用。盐析即影响亲水链的水化，浊点下降，溶解度下降，降低表面张力，但不改变最低表面张力。盐溶即具有较强电性、本身水化能力强的多价阳离子及H^+、Ag^+、Li^+及阴离子I^-、SCN^-促使亲水链水化。对于聚氧乙烯型表面活性剂，无机阴离子的影响强于阳离子。

2. 与有机化合物的复配 向表面活性剂溶液中添加烃类等非极性化合物，会使其增溶于表面活性剂胶束内部而使胶束胀大，有利于极性有机物插入胶束的亲水性"栅栏"中，提高了极性有机物的增溶程度。同样，添加极性有机物后，其增溶于亲水性"栅栏"中，使非极性碳氢化合物增溶的空间变大，增溶量增加。表面活性剂和碳原子12以上的脂肪醇复配能形成混合胶束，增溶量增大；和短链醇如C_1～C_6醇复配则破坏胶束，增溶量减小。极性有机物如尿素、N－甲基乙酰胺、乙二醇等均可使表面活性剂的CMC升高，增溶量下降。

3. 与水溶性高分子复配 明胶、聚乙烯醇（PVA）、聚乙二醇（PEG）及聚维酮（PVP）等水溶性高分子对表面活性剂会产生吸附作用，减少溶液中游离表面活性剂分子数量从而使其CMC增大，增溶量下降。

4. 表面活性剂相互配合

（1）同系物：两个同系物表面活性剂混合物的表面活性介于两者之间而更趋于活性较高（即碳链更长）的同系物。即混合后混合物的CMC降低，增溶量增加。

（2）非离子与离子表面活性剂混合物：易形成混合胶束，其混合物的CMC介于两者之间或因潜在协同作用会使CMC降低。

（3）阳离子与阴离子表面活性剂混合物：阳离子与阴离子表面活性剂分子间会产生强烈相互吸引作用，适当配伍可形成具有很高活性的分子复合物。混合胶束具有两种表面活性剂的应用特点，如增溶、乳化、润湿、杀菌等。阳离子、阴离子表面活性剂混合物的增效程度与两者混合的比例及碳链长度有关，并非任意比例和方法的混合都能增加表面活性。等电荷表面活性剂混合物不受反离子或电解质影响。

（五）表面活性剂的生物学性质及毒性

1. 表面活性剂对药物吸收的影响 表面活性剂可能增加药物的吸收也可能降低药物的吸收。如果药物被增溶在胶束内，则药物从胶束中扩散的速度和程度及胶束与胃肠道生物膜融合的难易程度，都对吸收具有重要影响。如果药物可以顺利从胶束内扩散或胶束本身迅速与胃肠黏膜融合，则增加吸收。表面活性剂溶解生物膜脂质能增加上皮细胞的通透性，从而改善吸收。如十二烷基硫酸钠能改进头孢菌素钠、氨基苯磺酸等药物的吸收。

2. 表面活性剂与蛋白质的相互作用 阳离子或阴离子表面活性剂可与发生解离的蛋白质分子发生电性结合。此外，表面活性剂还可能破坏蛋白质二级结构中的盐键、氢键和疏水键，从而使蛋白质各残基之间的交联作用减弱，螺旋结构变得无序或受到破坏，最终使蛋白质发生变性。

3. 表面活性剂的毒性 实验表明，阳离子表面活性剂的毒性最大，其次是阴离子表面活性剂。非离子表面活性剂毒性相对较小，两性离子表面活性剂的毒性小于阳离子表面活性剂。表面活性剂用于静脉给药的毒性大于内服给药。

4. 表面活性剂的刺激性 长期应用表面活性剂或高浓度使用可能造成皮肤或黏膜的损害。例如季铵盐类化合物高于1%、十二烷基硫酸钠高于20%、一些聚氧乙烯类高于5%可产生损害作用。吐温类对皮肤和黏膜的刺激性较低。

四、表面活性剂的应用

表面活性剂能够显著降低体系的表面张力，当其浓度超过CMC后，在溶液内部形成胶束，从而产生增溶、乳化、润湿、分散、去污、消毒、消泡与起泡等多方面的作用。

（一）增溶作用

1. 胶束增溶

（1）增溶概念：由于表面活性剂胶束的存在，一些水不溶性或微溶性物质在胶束溶液中的溶解度可显著增加，形成透明胶体溶液，这种作用称为增溶（solubilization）。在增溶过程中非极性物质如苯和甲苯可完全进入胶束内烃核非极性环境而被增溶，而水杨酸这种带极性基团的分子，则以其非极性基插入胶束烃核，极性基则伸入胶束的栅状层和亲水层；一些极性较强的分子，如对羟基苯甲酸，由于分子两端都有极性基团，可完全被胶束的亲水基团所增溶。例如甲酚在水中的溶解度仅2%左右，但在肥皂溶液中却能增加到50%。在药物制剂中，一些难溶性的药物可加入表面活性剂提高其溶解度。

（2）最大增溶浓度：胶束增溶体系是热力学稳定和平衡体系。增溶作用的基础是胶束的形成，在CMC以上，表面活性剂浓度越大，形成的胶束越多，增溶量也相应增加。当表面活性剂用量为1g时增溶药物达到饱和时的浓度即为其最大增溶浓度（maximum additive concentration，MAC）。表面活性剂CMC及缔合数不同，MAC不同。CMC越低、缔合数越大，MAC就越高。

2. 影响增溶的因素

（1）温度：温度对增溶存在三个方面的影响，即影响胶束的形成、增溶质的溶解、表面活性剂的溶解度。多数情况下，温度升高，增溶作用加大。对于离子型表面活性剂，温度升高主要是增加增溶质在胶束中的溶解度以及增加表面活性剂的溶解度；对于含有聚氧乙烯基的非离子表面活性剂，温度升高主要是破坏了聚氧乙烯与水分子之间的氢键，使其水化作用减弱，胶束容易生成，聚集数增加。表面活性剂的溶解受克氏点和昙点的影响。

（2）增溶剂的性质：增溶剂的种类不同，其增溶量不同，即使是同一系列的增溶剂也会由于其分子质量大小的不同而产生不同的增溶效果。同系列的增溶剂，其碳链越长，其增溶量越多。对极性或非极性溶质，非离子型增溶剂的 HLB 值愈大，其增溶效果愈好。但对低极性药物则相反。

（3）药物的性质：在同系列药物中，其分子质量越大，增溶量越小。因增溶剂所形成的胶团体积大体是一定的，药物分子量增大时则摩尔体积也增大，使其在一定浓度增溶剂中的增溶量减少。

（4）药物加入顺序：一般先将药物与增溶剂混合，再加水稀释。如吐温类增溶维生素 A 棕榈酸酯和冰片，若先将吐温溶解，再加维生素 A 棕榈酸酯和冰片则几乎不溶；如将吐温和维生素 A 棕榈酸酯或冰片混合再加水稀释，则能较好溶解。

（5）增溶剂的量：在一定温度下，增溶剂的用量不当则得不到澄清溶液，或稀释时变混浊，增溶剂的用量一般由实验确定。

（二）乳化作用

表面活性剂含有较强的亲水基和亲油基，因此具备较强的乳化作用（emulsification），容易在乳滴周围形成较强的乳化膜而制备油乳剂。常用的阴离子型乳化剂有：硬脂酸盐、十二烷基硫酸钠（SDS）、十六烷基硫酸化蓖麻油等。非离子型乳化剂主要有：脂肪酸山梨坦、聚山梨酯、卖泽、苄泽、泊洛沙姆等。其中硬脂酸盐、脂肪酸山梨坦、聚山梨酯等在兽用油乳剂灭活苗注射剂中应用广泛。

（三）润湿作用

表面活性剂能够增加疏水性药物微粒如磺胺、恩诺沙星、阿司匹林等与分散介质间的润湿性，以产生较好的分散效果而具备润湿作用（wetting）。具备润湿作用的表面活性剂称为润湿剂（wetting agent）。润湿剂可被吸附于微粒表面，增加其亲水性，产生较好分散效果。能产生润湿作用的表面活性剂类有：聚山梨酯类的吐温 80、聚氧乙烯-聚氧丙烯共聚物类的泊洛沙姆 188、聚氧乙烯脂肪醇醚类的埃莫尔弗等。这些物质均具有较强的亲水性。

（四）起泡与消泡作用

泡沫是气体分散在液体中的分散体系。一些表面活性剂具有较强的亲水性和较高的 HLB 值，可降低液体的表面张力，增加液体的黏度，并使泡沫稳定，这种表面活性剂称为起泡剂（foaming agent）。另一些表面活性剂具有较强的亲油性和较低的 HLB 值，其表面活性大，可吸附在泡沫的表面上，取代原来的起泡剂，由于本身碳链短不能形成坚固的液膜，使泡沫破坏，这种用来消除泡沫的表面活性剂称为消泡剂（antifoaming agent），如 $C_5 \sim C_6$ 醇、醚、硅酮以及其他 HLB 值在 1.5~3 的表面活性剂。

(五) 去垢作用

用于去除污垢的表面活性剂称为去垢剂（detergent）或洗涤剂。HLB值在13～16之间的表面活性剂可用作去垢剂或洗涤剂。常用的有油酸钠和其他脂肪酸的钠皂、钾皂、十二烷基硫酸钠或十二烷基磺酸钠等阴离子表面活性剂。去污作用主要包括润湿、分散、混悬、乳化、增溶、起泡等过程。

(六) 其他作用

大多数阳离子表面活性剂和两性离子表面活性剂都可用作消毒剂（disinfectant）或杀菌剂（bactericidal agent），少数阴离子表面活性剂也有类似的作用。表面活性剂可使细菌生物膜蛋白质变性或破坏，如苯扎氯铵和苯扎溴铵等。此外，表面活性剂还可作为助悬剂及其他应用。

第二节 药物的溶解度和溶解速度

一、溶解度及其影响因素

溶解是物质在介质中分子分散的过程。在溶解过程中，溶质、溶剂的理化性质及各种因素如浓度、压力、pH等均可影响物质的溶解度。在药物制剂中，溶解过程及各种因素对药物的溶解非常重要，因为药物在跨过生物膜被吸收之前必须是分子分散状态，即必须是溶解状态。

(一) 溶解度及其测定方法

1. 溶解度的表示方法 药物的溶解度（solubility）是指在一定温度（气体在一定压力）下，在一定量的溶剂中溶解药物的最大量。一般以一份溶质（1g或1mL）溶于若干毫升溶剂中表示。溶解度是药物的一个重要物理性质。《中国兽药典》2005年版规定兽药的近似溶解度以下列名词术语表示。

极易溶解：指溶质1g（mL）能在溶剂不到1mL中溶解。易溶：指溶质1g（mL）能在溶剂1mL至不到10mL中溶解。溶解：指溶质1g（mL）能在溶剂10mL至不到30mL中溶解。略溶：指溶质1g（mL）能在溶剂30mL至不到100mL中溶解。微溶：指溶质1g（mL）能在溶剂100mL至不到1 000mL中溶解；极微溶解：指溶质1g（mL）能在溶剂1 000mL至不到10 000mL中溶解。几乎不溶或不溶：指溶质1g（mL）在溶剂10 000mL中不能完全溶解。

药物的溶解度分为特性溶解度（intrinsic solubility）和平衡溶解度（equilibrium solubility），平衡溶解度又称为表观溶解度（apparent solubility）。特性溶解度是指药物不含任何杂质的纯品在溶剂中既不发生解离又不和其他物质发生相互作用所测定的溶解度。药物的特性溶解度是新药的重要参数，对制剂的剂型选择以及对处方、工艺、药物的晶型、粒子大小等有不同的影响。在一般情况下药物约75%为弱酸性药物，约25%为弱碱性药物，所以测定的溶解度多是药物在酸性或碱性溶液中溶解平衡时的平衡溶解度。

2. 溶解度的测定方法 药物溶解度的测定一般测定平衡溶解度和pH-溶解度曲线。测量的具体方法是取数份药物配制成从不饱和到饱和的系列溶液置恒温条件下振荡至平衡，测定药物在溶液中的实际浓度（S）并对配制溶液浓度（C）作图，图中的转折点即为该药的平衡溶解度。测定时应注意：①同离子效应的影响。②对于可解离型药物，溶解度（S）为解离部分与非解离部分之和，如 S＝SHA＋SA⁻。③对于非解离型药物，可加入非极性溶剂改善其溶解度。④溶解度的测定一般平衡时间为 60～72h。

《中国兽药典》2005 年版规定药物溶解度的试验方法为：除另有规定外，称取研成细粉的供试品或量取液体供试品，置于 25℃±2℃ 一定容量的溶剂中，每隔 5min 强力振摇 30s；观察 30min 内的溶解情况，如无目视可见的溶质颗粒或液滴时即视为完全溶解。

（二）影响药物溶解度的因素

1. **药物的极性** 根据相似相溶原理，药物的极性与溶剂的极性相似者相溶。一般情况下，药物分子间的作用力小于药物与溶剂间的作用力，则药物溶解度大。但药物空间结构也影响药物的溶解度，如丁烯二酸顺式（马来酸）的熔点 130℃，溶解度为 1∶5；而反式（富马酸）熔点 200℃，溶解度为 1∶1 500。

2. **溶剂的极性** 溶剂的极性对药物的溶解度影响极大。极性溶剂能切断盐类药物的离子结合，使药物离子溶剂化而溶解。在极性溶剂中氢键对药物的溶解度影响较大，如果药物分子与溶剂分子之间可形成氢键，则溶解度增大；如果药物分子内形成氢键，则其在极性溶剂中的溶解度减小，而在非极性溶剂中的溶解度增大。非极性药物溶于非极性溶剂中，通过药物分子与溶剂分子之间形成诱导偶极－诱导偶极结合而溶解。

3. **温度** 温度对溶解度的影响也较大。当溶解过程为吸热过程时，溶解度随温度升高而增加；当溶解过程为放热过程时，溶解度随温度升高而降低。温度与溶解度的关系可用下式表示：

$$\ln X = \frac{\Delta H_f}{R}\left(\frac{1}{T_f}-\frac{1}{T}\right)$$

式中，X 为溶解度（摩尔分数）；T_f 为药物熔点；T 为溶解时的温度；ΔH_f 为摩尔熔解热；T 为气体常数。

可见 $\ln X$ 与 $1/T$ 成正比。ΔH_f 为正，溶解度随温度升高而增加；ΔH_f 为负，溶解度随温度升高而降低。$T_f > T$ 时，ΔH_f 越小、T_f 越低，X 越大。

4. **药物的晶型** 药物有结晶型和无定型。同一结构的药物形成结晶时由于结晶条件不同使其分子排列与晶格结构不同而使其具有多种晶型，称为多晶型。多晶型药物因晶格排列不同，晶格能不同，使其多晶型间的溶解度有很大差别，其中稳定型溶解度小，亚稳定型溶解度大。无定型为无结晶结构的药物，无晶格束缚，自由能大，溶解度和溶解速度较结晶型大。如新生霉素有无定型和结晶型；维生素 B_2 有 3 种晶型，它们的溶解度均有很大差别。

5. **粒子大小** 粒子大小对可溶性药物溶解度影响不大；而对难溶性药物，一般情况下溶解度与药物粒子大小无关，但当药物粒径处于微粉状态时，根据 Ostwald-Freundlich 方程式，药物溶解度随粒径减小而增加。Ostwald-Freundlich 方程如下：

$$\lg\frac{S_2}{S_1}=\frac{2\sigma M}{\rho RT}\left(\frac{1}{r_2}-\frac{1}{r_1}\right)$$

式中，S_1、S_2 分别是半径为 r_1、r_2 的药物溶解度；σ 为表面张力；ρ 为固体药物的密度；M 为分子质量；R 为气体常数；T 为绝对温度。

6. **溶剂 pH 与同离子效应** 多数药物为有机弱酸、弱碱及其盐，这些药物在水中的溶解度受溶剂 pH 及相关离子的影响很大。对于电解质药物，当水溶液中含有其解离产物相同的离子时，溶解度会降低。

(三) 增加药物溶解度的方法

增加药物溶解度的目的是使药物溶解度达到临床所需要的浓度。可采用制成盐类、更换溶媒或选用复合溶媒、加入助溶剂、添加增溶剂等方法来提高药物的溶解度。

1. 制成可溶性盐 难溶性的弱酸和弱碱性药物，在不改变其生物利用度的情况下可制成盐而增加其溶解度。含酸或碱性基团药物如羟酸、磺胺基、亚氨基加碱或酸后生成盐；巴比妥类、磺胺类、黄酮苷类、乙酰水杨酸、对氨基水杨酸加入氢氧化钠、氢氧化铵、碳酸钠、碳酸氢钠可生成盐；生物碱、普鲁卡因加入盐酸、硫酸、磷酸、硝酸、氢溴酸、枸橼酸、酒石酸、醋酸等生成盐。但应注意选用的物质除了改变药物的溶解度以外，也会影响制成盐后药物的稳定性、刺激性、毒性、疗效等。

2. 引入亲水基团 难溶性药物分子中引入亲水基团可增加其在水中的溶解度。如维生素 B_2 在水中溶解度为 1:3 000 以上，引入—PO_3HNa 后形成维生素 B_2 磷酸酯钠，溶解度增加 300 倍。又如维生素 K_3 分子中引入—SO_3HNa 则成为维生素 K_3 亚硫酸氢钠，可制成注射剂。

3. 加入助溶剂 助溶是在药物溶解（配制）时，加入第三种物质，使其形成络合物、复盐以及分子缔合物以增加其在溶媒中的溶解度的过程。在上述过程中加入的第三种物质就称为助溶剂（solution adjuvant）。如咖啡因在水中的溶解度为 1:50，加入助溶剂苯甲酸钠后可制成溶解度为 1:1.2 的复盐苯甲酸钠咖啡因；又如茶碱溶解度 1:120，加入助溶剂乙二胺后可生成溶解度为 1:5 的分子缔合物氨茶碱。

助溶机理复杂，助溶剂的选择一般没有规律性。应用时根据药物的性质选择能与药物形成络合物、复盐以及分子缔合物，并不影响药物作用的物质。常用的助溶剂分为三大类：第一类是有机酸及其钠盐，如苯甲酸钠、水杨酸钠、对氨基苯甲酸等；第二类是酰胺类化合物，如乌拉坦、尿素、烟酰胺、乙酰胺等。第三类为低分子无机化合物，如碘化钾等。助溶剂的用量应通过实验来确定，兽药制剂中常用的助溶剂见表 2-4。

表 2-4 常见的难溶性药物及其助溶剂

难溶性药物	助溶剂
氟苯尼考	二甲基甲酰胺、二甲基乙酰胺
地克珠利	二甲基甲酰胺
四环素、土霉素、痢菌净	烟酰胺、水杨酸钠、甘氨酸钠
扑热息痛	赖氨酸
阿司匹林	赖氨酸
葡萄糖酸钙	乳酸钙、氯化钠、枸橼酸钠
咖啡因	苯甲酸钠、对氨基苯甲酸钠、水杨酸钠等
茶碱	二乙胺、烟酰胺、苯甲酸钠、其他脂肪胺
安络血	水杨酸钠、烟酰胺、乙酰胺
氢化可的松	苯甲酸钠、二乙胺、烟酰胺等
核黄素（维生素 B_2）	烟酰胺、乙酰胺、尿素、枸橼酸
红霉素	乙酰胺琥珀酸酯、维生素 C
碘	碘化钾
阿莫西林	苯甲酸钠

4. 使用混合溶剂　在兽药生产上，如果一种溶剂不能使药物达到需要的浓度，为了提高难溶性药物的溶解度，常常使用两种或多种混合溶剂。混合溶剂是指能与水以任意比例混合，能与水分子形成氢键结合并增加它们的介电常数，能增加难溶性药物溶解度的溶剂。如乙醇、甘油、丙二醇、聚乙二醇等与水组成的混合溶剂。

在混合溶剂中各溶剂在某一比例时，药物的溶解度比在各单纯溶剂中溶解度增大，并出现最大值，这种现象称为潜溶（cosolvency），这种混合后溶剂称为潜溶剂（cosolvent）。如在磺胺甲基异噁唑注射液中加入40%的丙二醇、8%的乙醇与注射用水组成的潜溶剂可保证甲氧苄啶（TMP）、磺胺甲基异噁唑（SMZ）在水中充分溶解并不会析出。

药物在混合溶剂中的溶解度通常是各单一溶剂溶解度的相加平均值。如苯巴比妥在90%乙醇中有最大溶解度，90%乙醇就是苯巴比妥的潜溶剂。

5. 加入增溶剂　增溶（solubilization）是指某些难溶性药物在表面活性剂的作用下，使其在溶剂中（主要指水）的溶解度增大，并形成澄清溶液的过程。具有增溶能力的表面活性剂称为增溶剂（solubilizing agent）。常用的增溶剂有聚氧乙烯脂肪酸酯类（卖泽）和聚山梨酯类（吐温）等。被增溶的物质称为增溶质（solubilizate），每1g增溶剂能增溶药物的克数称为增溶量。增溶的原理主要是药物可以不同形式分散在表面活性剂形成的胶束中。例如煤酚在水中的溶解度仅3%左右，但在表面活性剂肥皂（高级脂肪酸盐）溶液中，却能增加到50%左右，这就是"煤酚皂"溶液。

二、溶解速度及其影响因素

（一）药物溶解速度的表示方法

溶解速度（dissolution rate）是指单位时间内溶解药物的量，一般用单位时间内溶液浓度增加量表示。固体药物的溶解是一个溶解扩散过程，符合Noyes-Whitney方程：

$$dC/dt = KS(C_s - C), \quad K = \frac{D}{V\delta}$$

式中，C_s为固体表面药物的饱和浓度；C为溶液主体中药物的浓度；K为溶出速度常数；D为药物的扩散系数；δ为扩散边界层厚；V为溶出介质的量；S为溶出介质面积。

在漏槽条件（sink condition）下，即当C_s远大于C，或$C \to 0$时，也可理解为药物溶出后立即被移出时，上式可变为：

$$dC/dt = KSC_s$$

从上式可以看出，药物从固体表面层扩散进入溶液主体时的溶解速度与溶解速度常数（K）、药物粒子的表面积（S）、药物的溶解度（C_s）成正比。

（二）影响药物溶解速度的因素

由Noyes-whitney方程可知，影响药物溶解速度的因素主要包括以下几个方面：

1. 温度　升高温度会加快药物分子从扩散层向溶液中扩散的速度，使药物溶解度（C_s）增加，溶解速度加快。

2. 扩散层的厚度　搅拌可减小扩散层的厚度，增加药物向溶液中扩散的量，使溶解速度增加。

3. **药物表面积** 药物粉碎后总表面积增加,分散度增大,可使固体药物的溶解速度增加。

4. **溶出介质的体积** 药物溶解速度受溶出介质体积的影响较大。溶出介质体积小,则溶液中药物的浓度大,药物的溶解速度就慢;反之则快。

5. **扩散系数** 药物在溶出介质中的扩散系数越大,溶出速度越快。在一定温度下,扩散系数与溶出介质的黏度和药物的分子大小有关。

第三节 流变学基础

流变学(Rheology)是指研究固体变形和液体流动的科学。流变性是物体在外力作用下表现出来的变形性和流动性,是物体中质点相对运动的结果。变形是与理想固体弹性有关的性质表现,流动则是与理想液体黏性有关的性质表现。在外力的作用下,对弹性体和黏性体在两种性质上的表现是物体固有的流变学特性的反映。如液体能流动,油膏有塑性,橡胶则有弹性。

目前,流变学已在许多领域应用。药剂学中的混悬剂、乳剂、胶体溶液、软膏剂和栓剂等,在处方设计、质量评价以及制备工艺确定等方面都涉及到流变学的理论,所以流变学对这些制剂的质量控制具有重要指导意义。

一、弹性形变和黏性流动

(一)弹性形变

当给固体施加外力时,其内部各部分的形状与体积发生变化,即所谓的变形。有时物体在外力作用下变形,此时物体在单位面积上存在的内力为内应力。外力解除时,物体恢复到原有的形状,这种可逆的形状变化称为弹性形变(elastic deformation),而非可逆性变性称为塑性形变(plastic deformation)。弹性形变时,与原形状相比变形的比率称为应变(strain)。应变分为常规应变(normal strain)和剪切应变(shear strain),应变的大小与应力成正比。

在药剂学中物料的弹性与塑性形变与物料的硬度或韧性和脆性有关。

(二)黏性流动

液体在应力作用下将沿应力方向移动平衡位置,引起液体的流动,即产生变形,液体流动的难易程度与其本身的黏性有关,可视为一种非可逆性变形过程。黏性(viscosity)是液体内部存在的阻碍液体流动的摩擦力,称内摩擦。由于液体黏性存在,使液体水平流动时任意两层流体之间将互使作用力以阻碍各层流体之间的相对运动,这种现象称为黏滞现象。1687年牛顿首先发表了他的剪切流动实验结果,也就是著名的一维黏性流动的牛顿黏性定律(Newtonian equation)。

该实验证明:流体可看作是由许多相互平行流动的液层组成,在液层间产生相对运动的外力称为剪切力,在单位液层面积上所施加的力叫剪切应力(S),单位为$N \cdot m^{-2}$;剪切速度或切变速度(rate of shear)以D表示,$D = d\gamma/dt$,式中γ为应变,$d\gamma/dt$为单位时间应变的增加,D的单位为时间的倒数(如S^{-1})。剪切应力与剪切速度是表征体系流变性质的两个基本参数。切变速度的大小与制剂的应用操作难易有重要关系。如皮下注射时液体的剪切速度 D 为 4 000 S^{-1}。

二、牛顿流动与非牛顿流动

根据流动和变形形式不同,物质可分为牛顿流体与非牛顿流体。牛顿流体遵循牛顿流动法则,而非牛顿流体则不遵循牛顿流动法则。

(一) 牛顿流动

理想的液体或纯液体和多数低分子溶液的流动服从牛顿黏性定律,这种液体称为牛顿流体(Newtonian fluid)。牛顿流体的流动形式称为牛顿流动,即切变速度 D 与切应力 S 之间呈直线关系,且直线通过原点,如图 2-4 中 A 线所示,用公式表示为:

$$S=F/A=\eta D$$

式中,D 为切变速度;S 为切应力;F 为 A 面积上施加的力;η 为黏度系数,单位为 Pa·s,或称动力黏度,简称黏度。在流体力学中除了用黏度系数外,还常用到运动黏度,它是 η 与同温度的密度 ρ 之比值 (η/ρ),再乘以 106,单位为 m^2/s;流度(fluidity)φ 为黏度的倒数,即 $\varphi=1/\eta$。

牛顿液体具有一定的特点:①一般为低分子的纯液体或稀溶液;②在一定温度下,牛顿液体的黏度 η 为常数,它只是温度的函数,随温度升高而减小,可用 Andrade 公式 $\eta=A^{E/RT}$ 表示,式中 A 为常数,E 为流动活化能(液体开始流动所施加的能量),R 为气体常数,T 为绝对温度。由实验所得到的牛顿定律只能满足一些分子结构简单的流体,如空气、水等。

(二) 非牛顿流动

很多流体流动时切变速度 D 与切应力 S 之间不呈直线关系,称为非牛顿流动,这种液体称为非牛顿液体(Non-Newtonian fluid),如乳剂、混悬剂、高分子溶液、胶体溶液等。非牛顿液体流动时切变速度 D 随切应力 S 变化的规律曲线称黏度曲线(viscosty curve)或流动曲线(flow curve)。流动方程式是表示流动曲线形状的数学关系式。按非牛顿液体的流动曲线类型可将其分为塑性流体、假塑性流体、胀性流体、触变体和黏弹体,它们分别具有塑性流动、假塑性流动、胀性流动、触变流动和黏弹性等性质。图 2-4 为各种液体的流动曲线示意图。

1. 塑性流动 塑性流动(plastic flow)的流体曲线不通过原点,如图 2-4 中 B 线所示。引起流动的最低切应力称作屈服值 S_0,为塑性流动的流动曲线中直线部分外延与横轴 S 的交点;当切应力 S 小于 S_0 时,形成向上弯曲的曲线,这时液体在剪切应力作用下不发生流动,而表现为弹性变形;当切应力 S 大于 S_0 时,液体开始流动,且切变速度 D 和切应力呈直线关系。塑性液体的流动公式为:

$$D=(S-S_0)/\eta_{pf}$$

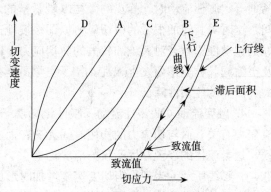

图 2-4 各种类型液体流动曲线
(引自平其能等,工业药剂学)

式中，D 为切变速度；S 为切应力；S_0 为屈服值（yield value）；η_{pf} 为塑性黏度（plastic viscosity）。

在制剂中表现为塑性流动的剂型有浓度较高的乳剂、混悬剂、涂剂、单糖浆剂等。当乳剂、混悬剂处于絮凝状态时其粒子为网状结构，当对其施加的切应力小于粒子絮凝作用力和粒子间的摩擦力时，不产生流动；当对其施加的切应力达到屈服值 S_0 时，产生流动，这时微粒作相对运动，网状结构被破坏，塑性黏度不断下降。当切应力消除后，液体又重新成为絮凝状态，这时液体内部结构不发生永久性改变。

2. **假塑性流动**　假塑性流动（pseudoplastic flow）的流动曲线过原点，流动曲线中没有直线部分，没有屈服值，随着切应力 S 的增大，液体黏度下降，液体变稀，称切变稀化。如图 2-4 中 C 线所示。

假塑性流体的流动曲线因无直线部分，所以液体的黏度不是定值，只能用曲线上任意点的切线斜率表示该切变速度下的表观黏度（apparent viscosity）。假塑性液体的流动公式为：

$$D = S^n / \eta_a \text{ 或 } \log D = \log 1/\eta_a + n \log S$$

式中，D 为切变速度；S 为切应力；η_a 为表观黏度（随切变速度的不同而不同）；n 为指数，n 越大，液体的非牛顿性越强，当 n 等于 1 时为牛顿流动。

假塑性流体的应变率越大，黏度愈小，流动性愈好。在制剂中表现为假塑性流动的有某些亲水性高分子溶液，如甲基纤维素、西黄蓍胶、海藻酸钠等链状高分子以及微粒分散体系处于絮凝状态的液体。产生假塑性流动的高分子溶液，当对其施加切应力时，其由相互交错的长链高分子沿流动方向排成直线，使流动阻力减弱，液体变稀，黏度下降，易于流动。

3. **胀性流动**　胀性流动（dilatant flow）的流动曲线过原点，没有屈服值。切应速度很小时，液体流动速度较大；当切应速度逐渐增加时，液体流动速度逐渐减小，液体对流动的阻力增加，表观黏度增加，这种变化称为切变稠化（shear thickening flow），流动曲线向上弯曲，相当于假塑性液体的流动公式中 n 小于 1 的情况，胀性流体随切应力结构变化如图 2-4 中 D 线所示。

在制剂中表现为胀性流动的剂型为含有大量固体微粒的高浓度混悬剂，如 50% 淀粉混悬剂、糊剂等。胀性流动时，静止的微粒以最紧密的填充方式排列，分散剂分散于微粒的周围及空隙间，这时对其施加很低的剪切应力，即缓慢地进行搅拌，粒子排列并不发生紊乱，流体表现为较好的流动性；但若对其施加较大的剪切应力，即快速地进行搅拌，分散剂难于分散于微粒的周围及空隙间，粒子排列发生紊乱，粒子空隙不能很好地吸收水分而成块状集合体，粒子间摩擦力增大，流体的流动性降低。

4. **触变流动**　假塑性流动、胀性流动属于非时变性非牛顿流动，这类流体的表观黏度只与应变力有关，而与切应力的作用时间无关；而触变流动（thixotropic flow）属于时变性非牛顿流动，这类流体的表观黏度不仅与应变力有关，而且与切应力的作用时间有关。其流动曲线如图 2-4 中 E 线所示。表现为当切变速度增加时形成向上的流动曲线，称上行线；当切变速度减小时形成向下的流动曲线，称下行线，上行线和下行线不重合而包围成一定的面积，此现象称滞后现象，这种性质称触变性（thixotropy），所围成的面积称滞后面积（area of hysteresis），滞后面积的大小是由切变时间和切变速度两因素决定。

流体产生触变性的原因是对流体施加切应力后，破坏了液体内部的网状结构，当切应力减小时，液体又重新恢复原有结构，但恢复过程所需时间较长，因而上行线和下行线不重合。如有些混悬剂、乳剂及软膏剂在进行搅拌时其黏度下降，流动性增加，放置一段时间后又恢复原来的黏性。等温的溶胶和凝胶的可逆转换是触变流动的特点。

塑性流体、假塑性流体、胀性流体中多数具有触变性，它们分别称为触变性塑性液体、触变性假塑性液体、触变性胀性液体。

三、流变学在药剂学中的应用

流变学在药剂学中具有广泛的应用，特别是在混悬剂、乳剂、胶体溶液、软膏剂和栓剂的剂型设计、处方组成、制备以及质量控制中具有特别重要的意义。

（一）流变学在混悬剂中的应用

混悬剂属于非均相分散体系，影响其物理稳定性的因素除微粒间的作用力、微粒的沉降速度、分散相的浓度与温度以外，流动性是一个很重要的影响因素。混悬剂若为牛顿流体，静置时药物微粒沉降，黏结成块，难以重新分散；若为非牛顿流动，这时混悬剂具有触变性，在静止时黏度很大，有利于防止药物微粒的沉降，使用时振摇，流动性增大，有利于使用。

混悬剂中的分散微粒在沉降时的黏性以及经过振荡后从容器中流出时的流动性都会发生变化，能自由流动是形成理想混悬剂的最佳条件。使用混合助悬剂时应选择具有塑性和假塑性流动的高分子化合物，并选择合适的配比，因其可表现出较好的假塑性流动和触变性，具有触变性的助悬剂对混悬剂的稳定性十分有利，可使混悬剂自由流动。

（二）流变学在乳剂中的应用

乳剂在制备和使用过程中往往受到各种剪切力的影响使其流动性发生改变，进而影响其物理稳定性。对乳剂的流动性影响较大的因素主要有乳剂中油水两相的体积比（简称相比），分散微粒的粒度分布、内相固有的黏度等。乳剂在相比较低时，如0.05以下，其表现为牛顿流动；随着相比的增加，乳剂的流动性下降，表现为假塑性流动；而当相比较高时，如接近0.74时，则引起相转移，这时乳剂黏度增大，利于稳定。此外，如分散体系中粒度分布越窄，乳化剂的浓度越大，则其黏度越大，体系越稳定。

（三）流变学在半固体制剂中的应用

半固体制剂的流动属于非牛顿流动。适宜的流动性有助于半固体制剂或其基质从容器中取出或使其具有良好的涂展性。此外，屈服值和塑性黏度还影响药物扩散到皮肤的速度和透皮性能。一般情况下，屈服值、塑性黏度和触变系数越大，半固体的涂展性越好，所以应根据半固体制剂的使用要求，设计具有最佳黏度特性的处方与制备工艺。一般情况下，半固体的黏度在 $1.0\times10^6 \sim 1.0\times10^7$ 为宜。

第四节　粉体学基础

粉体学（Micromeritics）是研究具有各种形状的粒子集合体性质及其应用的科学。粉体学对制剂的处方设计、制备、质量控制、包装等都具有重要的指导意义。粉体或称微粉是无数固体粒子的集合体，粒子是粉体运动的最小单元。粉体中粒子的粒径一般在 0.1～100μm 之间，有些粒子大的可达 1 000μm，小的只有 0.001μm。通常将小于 100μm 的粒子叫"粉"，大于 100μm 的粒子叫"粒"。在一般性况下，粒径小于 100μm 的粒子间容易产生相互作用，使其流动性减小；而粒径大于 100μm 的粒子由于自重大于粒子间的相互作用而流动性较好。粉体的流动性在制剂的制备过程中直接影响药物的粉碎、过筛、混合、沉降、滤过等过程及各种剂型的成型与生产。

粉体属于固体分散在空气中形成的粗分散体系，除具有一定的流动性之外，还具有类似气体的压缩性和固体的抗变形能力。粉体因其粒子细小，单位（或质量）物质表面能急剧增加，可使其理化性质发生变化，从而影响其基本性质。粉体的基本特性（如粒子大小、表面积）亦直接影响药物的释放与疗效。

一、粉体的特性

粉体与制剂关系密切的特性主要有粉体的粒径大小、粒子的形态、比表面积、密度与空隙率、流动性、充填性、吸湿性与润湿性等。

（一）粒子大小及其测定

1. 粒子大小的表示方法 粉体粒径的大小直接影响其基本性质。粒子的形状不同，测定方法不同，其直径的测定值也不同。粉体粒子大小是以粒子直径的微米（μm）数为单位来表示的，代表粒径大小的表示方法有：几何学粒径、有效粒径、比表面积径、筛分径等。

（1）几何学粒径（geometric diameter）：是指用显微镜看到的实际长度的粒子径。表示方法有以下几种：

长径：粒子最长两点间距离，如图 2-5a。

短径：粒子最短两点间距离，如图 2-5b。

定向径：全部粒子按同一方向测得的粒子径，如图 2-5c。

等价径：与粒子投影面积相等的圆的直径，如图 2-5d。

外接圆等价径：粒子投影外接圆的直径，如图 2-5e。

图 2-5 不同粒径表示方法

(引自毕殿洲等，药剂学，第四版，2002)

（2）有效粒径（effect diameter）：有效粒径相当于在液相中具有相同沉降速度的球形颗粒的直径，又因该粒径可用 Stocks 公式（详见液体制剂一章）求得，因此又称 Stocks 径，记作 D_{Stk}。

常用以测定混悬剂的粒子径。

(3) 比表面积径（equivalent specific surface diameter）：与待测粒子具有相等比表面积的球的直径，记作 D_{sv}。采用透法、吸附法测得比表面积后计算求得。这种方法求得的粒径为平均径。

(4) 筛分径（sieving diameter）：又称细孔通过相当径。粒子通过粗筛网且被截留在细筛网时，粗细筛子直径的算术或几何平均值称为筛分径，记作 D_A。

2. 粒径的测定方法 粒径的测定方法可分为直接测定法和间接测定法。

(1) 直接测定法：直接测定法主要有光学显微镜法和筛分法。显微镜法可用于混悬剂、乳剂、混悬软膏剂、散剂等粒径的测定。光学显微镜可测定的粒径在 $0.2\sim100\mu m$ 之间，电子显微镜可测定小于 $0.2\mu m$ 的粒径。筛分法是制剂中测定比较大的粒径如 $45\mu m$ 以上粒子常用的方法，可用质量百分比，即药粉通过不同筛号的筛后，由各筛上残留的粉末质量求得不同粒径质量百分数，由此获得以质量为基准的筛分粒径分布及平均粒径，本方法测定的粒径由于过筛时的载重量、时间及振动强度不同而使测定的误差较大。微孔筛可筛分直径小于 $10\mu m$ 的粒径。

(2) 间接测定法：间接测定法主要有沉降法和库尔特计数法。沉降法可分 Andreasen 吸管法、离心法、比浊法、沉降天平法、光扫描快速粒度测定法等。库尔特计数法（Coulter counter）主要是利用电阻与粒子的体积成正比的关系，用一定的装置将电信号换算成粒径而计算粒径的方法。本方法测定的粒径为等体积球相当径，可求得以个数或体积为基准的粒度分布。可用于混悬剂、乳剂、脂质体、粉末药物等的粒径测定。此外，气体吸附法和透过球法可测定粒子的比表面积径。

（二）粒子的形态

粒子的形态是指一个粒子的轮廓或表面上各点所构成的图像，包括形状、大小、分布等。由于粒子的形态千差万别，除一般的球形、立方形、柱形等规则而对称的形态和一些针状、片状、板状等晶体外，其他形状的粒子很难精确用一名词或形容词描述。因此一些研究工作者提出了一些对微粒形态的表示方法，例如用显微镜观察微粒的形状并测定粒子 3 个轴的长 (l)、宽 (b)、高 (h) 等，并用三者的关系定量地表示其形态，如用扁平度 (b/l)、延伸度 (l/b) 等。

（三）比表面积

微粒的比表面积（specific surface area）是指单位质量或容量微粉所具有的表面积。

常用的比表面积表示方法有体积比表面积（$S_v=6/d$）（单位体积粉体的表面积）、质量比表面积（$S_w=6/d\rho$）（单位质量粉体的表面积），式中 d 为粒径，ρ 为粉体的粒密度。

微粉的比表面积大小与其某些性质有着密切关系。例如活性炭的吸附力强，是因为它具有很大的比表面积；有的中药"燥性"大，也是因为其表面粗糙，有较大的比表面积。

（四）粉体的密度与空隙率

1. 粉体密度 粉体的密度是指单位体积粉体的质量。粉体的密度根据其体积测定方法不同有不同的表示方法。其表示方法主要有以下几种：

(1) 真密度（true density）ρ_t：是指粉体质量（W）除以不包括颗粒内外空隙的体积（即真体积 V_t）求得的密度，即 $\rho_t=W/V_t$。

(2) 粒密度（granule density）ρ_g：是指粉体质量除以包括开口细孔与封闭细孔在内的颗粒

体积 V_g 所求得的密度，即 $\rho_g = W/V_g$。

(3) 松密度（bulk density）ρ_b：是指粉体质量除以该粉体所占容器的体积 V 求得的密度，亦称堆密度，即 $\rho_b = W/V_p$。

2. 粉体空隙率　空隙率（porosity）是指粉体层中空隙所占有的比率。因为空隙包括颗粒内和颗粒之间的空隙，所以将孔隙率分为颗粒内空隙率、颗粒之间空隙率、总空隙率等。微粉的"轻质"与"重质"主要与该微粉的总孔隙率有关。

（五）粉体的流动性

粉体的流动性（flowability）与粒子的形状、大小、表面形态、密度、空隙率及表面摩擦力等有关。一般微粉的粒径小于 $10\mu m$ 时产生胶黏性，流动性降低。粉体的流动性直接影响散剂、预混剂、颗粒剂、片剂、胶囊剂的质量差异，在制剂学中具有重要的意义。粉体流动性的表示方法较多，常用的主要有以下几种。

1. 休止角　休止角（angle of repose）是表示微粒作用力的主要方法之一。当微粒在粉体堆积层的自由斜面上滑动时，同时受到重力和粒子间摩擦力的作用，当这些力处于平衡静止状态时粉体堆积层斜面与水平面所形成的最大角就是休止角。

休止角的测定方法是使微粉经一漏斗流下并成圆锥体堆，设锥体高为 H，锥体底部半径为 R，则 $tg\theta = H/R$，θ 即为休止角。休止角是检验粉体流动性好坏的最简便方法。

休止角越小，说明摩擦力越小，流动性越好，一般认为 $\theta \leqslant 30°$ 时流动性好，$\theta \leqslant 40°$ 时可以满足生产中流动性的需求。如压片时要制颗粒是因为药物颗粒的休止角一般为 $40℃$ 左右，而粉末的休止角一般为 $65℃$ 左右，故颗粒的流动性优于粉末。粉体的流动性常用的测定方法有注入法、排出法、倾斜角法等。但测定方法不同，所得数据也会有所不同，重现性较差，不能将其视为粉体的物理常数。

2. 流出速度　将微粉装入圆筒中，下部中央开孔，测定其单位时间内流出的微粉量即流动速度（flow velocity）。一般来说微粉的流速快，则其流动均匀性好，流动性好。

3. 压缩度　将一定量的粉体轻轻装入量筒后测量其最松状态下体积，计算其最松密度 ρ_0，然后采用轻敲法使粉体处于最紧状态测量其最紧状态下的体积，计算其最紧密度 ρ_f，压缩度（compressibility）用最松密度 ρ_0 与最紧密度 ρ_f 表示为：

$$压缩度\ C = [(\rho_f - \rho_0)/\rho_f] \times 100\%$$

压缩度可以反映粉体的凝聚性、松软状态，是粉体流动性的重要指标。压缩度小于 20% 时其流动性好，大于 40% 时流动性下降到不易从容器中自动流出。

4. 粉体流动性的影响因素和改善方法　粉体的粒子大小、形状、空隙率、密度、粒子表面积等均对粉体流动性有决定性影响。

(1) 粒子大小：休止角与粉体粒径的大小有关，粒径增大休止角变小。一般粒径大于 $200\mu m$，休止角小，流动性好；粒径在 $100\sim 200\mu m$ 之间，粒子间的内聚力和摩擦力开始增加，休止角也增大，流动性减小。粒径小于 $200\mu m$，内聚力超过粒子重力，粒子易发生聚集。在临界粒子径以上时，随粒径增加，粉体流动性也增加。

有些粉末松散并能自由流动，有的则具有黏着性（stikiness）。一般微粉的粒径小于 $10\mu m$ 时可产生胶黏性；当把小于 $10\mu m$ 的微粒除去或将小于 $10\mu m$ 的微粒吸附在较大微粒上时其流动性可以提高。对于黏附性粉状粒子可进行造粒，增大粒径，减少粒子间的接触点数，降低附着力、凝聚力等来改善其流动性。

（2）粒子形态与表面粗糙度：粒子形状越不规则，表面越粗糙，休止角就越大，流动性也越小。如前所述，休止角小于等于30°通常为自由流动，大于等于40°不再自由流动，可产生聚集。加入润滑剂，减少表面粗糙，减少摩擦力可增加粉体的流动性。但润滑剂的加入量对粉体的休止角影响有时会出现临界值，即润滑剂的加入量在此百分比时粉体的休止角最小，流动性最好。

（3）含湿量：粉体吸湿性大，休止角也大，在一定范围内休止角随吸湿量的增大而增大。但吸湿量达到某一值后，休止角又逐渐减小，主要由于孔隙被水充满而起到润滑作用。将粉体干燥，减少水分，以减少粒子表面由于水分增加而增加的粒子间黏着力可提高粉体的流动性。

（六）粉体的充填性

粉体的充填性是粉体集合体的基本性质，在散剂、预混剂、片剂、胶囊剂的装填过程中具有重要意义。

1. 粉体充填性的表示方法 粉体的充填性可用松比容（specific volume）即粉体单位质量（g）所占的体积、松密度（bulk density）即粉体单位体积（cm^3）的质量、空隙率即粉体的堆体积中空隙所占的体积比、空隙比（void ratio）即粉体空隙体积与粉体真体积之比、充填率（packing fraction）即粉体的真体积与松体积之比、配位数（coordination number）即一个粒子周围相邻的其他粒子数来表示。

2. 颗粒的排列模型 颗粒的装填方式直接影响到粉体的体积与空隙率。粒子的排列方式中最简单的模型是大小相等的球形粒子的充填方式。由 Graton 研究的著名 Graton-Fraser 模型可以了解到：球形颗粒在规则排列时，接触点数最小为 6，其空隙率最大（47.6%），接触点数最大为 12，此时空隙率最小（26%）。理论上球形粒子的大小不影响空隙率及接触点数，但在粒子径小于某一限度时，其空隙率变大，接触点数变小。这主要是由于当粒径小于一定程度时，其自重小，附着、聚结作用增强，使其在较少的接触点数情况下能够被互相支撑。

3. 助流剂对充填性影响 助流剂的粒径较小，一般约 40μm 左右，与粉体混合时在粒子表面附着，减弱了粒子间的黏附而使其流动性增加，增大充填密度。如马铃薯淀粉中加入微粉硅胶，使淀粉粒子表面的 20%～30% 被硅胶覆盖，防止粒子间的直接接触，黏着力下降到最低，松密度上升到最大。助流剂的添加量一般在 0.05%～0.1%（W/W）之间，过量的加入反而减弱粉体的流动性。

（七）粉体的吸湿性与润湿性

1. 吸湿性 吸湿性（moisture absorption）是指粉体表面吸附水分的现象。当空气中的水蒸气分压大于药物粉末本身（结晶水或吸附水）所产生的饱和水蒸气压时，则发生吸湿或潮解；而含结晶水药物本身的饱和水蒸气压较大时，则发生风化（失去或部分失去结晶水）。将药物粉末置于湿度较大的空气中容易发生不同程度的吸湿现象，致使粉末的流动性下降，出现固结、润湿、液化等，甚至发生化学反应使药物的稳定性降低。

（1）水溶性药物的吸湿性：水溶性药物在相对湿度较低的环境下，几乎不吸湿，而当相对湿度增大到一定值时，吸湿性急剧增加，一般把这个吸湿量开始急剧增加的相对湿度称为临界相对湿度（critical relative humidity，CRH）。CRH 是水溶性药物的特征参数，水溶性药均有固定的

CRH值,可从相关书籍中查阅,如葡萄糖的CRH为82%,果糖的CRH为53.5%。CRH值可作为粉剂吸湿性大小的衡量指标,CRH值越小越易吸湿;反之,则不易吸湿。

水溶性药物混合物的CRH值则比其中任何一种药物的CRH值低。Elder假设:"混合物的CRH值约等于各药物的CRH的乘积(即$CRH_{AB}=CRH_A \cdot CRH_B$),而与各组分的比例无关"。例如葡萄糖和抗坏血酸钠的CRH值分别为82%和71%,按Elder假设计算两者混合物的CRH为58.3%,而实验测得值为57%,基本相符。Elder假设对大部分水溶性药物的混合物是适用的,但不适用于能相互作用或受共同离子影响的药物,如盐酸硫胺($CRH=88\%$)与盐酸苯海拉明($CRH=77\%$)含相同离子,其混合物实测CRH值为75%,而按Elder假设计算则为68%。常见水溶性药物的临界相对湿度(37℃)见表2-5。

表2-5 水溶性药物的临界相对湿度(37℃)

药物名称	CRH值(%)	药物名称	CRH值(%)
果糖	53.5	氯化钾	82.3
溴化物(二分子结晶水)	53.7	枸橼酸钠	84.0
盐酸毛果芸香碱	59.0	蔗糖	84.5
尿素	69.0	硫酸镁	86.6
枸橼酸	70.0	安乃近	87.0
苯甲酸钠咖啡因	71.0	苯甲酸钠	88.0
酒石酸	74.0	盐酸硫胺	88.0
氯化钠	75.1	烟酰胺	92.8
盐酸苯海拉明	77.0	葡萄糖醛酸内酯	95.0
水杨酸钠	78.0	半乳糖	95.5
乌洛托品	78.0	抗坏血酸	96.0
葡萄糖	82.0	烟酸	99.5

(2)水不溶性药物的吸湿性:水不溶性药物的吸湿性随着相对湿度的变化而缓慢发生变化,没有临界点(无CRH值)。由水不溶性药物组成且互不发生作用的混合物,其吸湿量具有相加性,即与由各成分的分量及吸湿量算出的结果基本一致。

(3)CRH的测定:测定CRH值,通常采用粉末吸湿法。具体方法是:称取一定量样品,在一定温度下,分别置于一系列不同湿度容器中,待样品达到吸湿平衡后,取出样品称重,求出样品在不同湿度中的吸湿量,以相对湿度对吸湿量做吸湿平衡曲线即得。

实际生产时,利用CRH值,应控制生产环境的相对湿度低于药物混合物的CRH值,以免药物吸湿而降低其流动性,影响分剂量和产品质量。对易吸湿的药物分装,分装室应采用除湿设备,样品包装应采用不透水、气的材料,密封贮存并附硅胶等干燥剂。

(4)测定CRH的意义:测定CRH在药物制剂中具有重要的意义:①CRH值可作为药物吸湿性指标,一般CRH愈大,愈不易吸湿。②为生产、贮藏环境提供参考,一般应将生产及贮藏的相对湿度控制在CRH以下,防止吸湿;③为选择防湿性辅料提供参考,一般应选择CRH值大的物料作为辅料。

2. 润湿性

(1)润湿性:润湿性(wetting)是指固体界面由固-气界面变为固-液界面的现象。粉体的润湿性对片剂、颗粒剂等固体制剂的崩解性、溶解性等具有重要意义。固体的润湿性用液滴与固体表

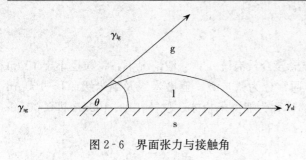

图 2-6 界面张力与接触角

面的接触角 θ 表示。接触角是液滴在固、液接触边缘的切线与固体平面间的夹角（图 2-6）。

当 $\theta=0°$，完全润湿；$\theta=180°$，完全不润湿；液滴在固体表面上所受的力达平衡时符合 Yong's 公式：

$$\gamma_{sg}=\gamma_{sl}+\gamma_{lg}\cos\theta$$

式中，γ_{sg}、γ_{sl}、γ_{lg} 分别为固-气、固-液、气-液间的界面张力；θ 为接触角。

（2）接触角的测定方法：接触角的测定方法主要有：①压缩成平面，水平放置后滴上液滴直接用量角器测定。②在圆筒管里精密充填粉体，下端用滤纸轻轻堵住后接触水面，测定水在管内粉体层中上升的高度和时间。根据 Washburn 公式计算接触角：

$$h^2=rt\gamma_1\cos\theta/2\eta$$

式中，h 为 t 时间内液体上升的高度；γ_1、η 分别为液体的表面张力与黏度；r 为粉体层内毛细管半径。

由于毛细管半径不好测定，常用于比较相对润湿性。Washburn 公式对预测片剂的崩解性有一定的指导意义。

（八）粉体的黏附性和凝聚性

粉体在加工处理过程中经常会出现黏附器壁或凝聚的现象。黏附性（adhesion）是指不同分子间产生的引力，如粉体粒子与器壁间的黏附；凝聚性（cohesion，或黏着性）是指相同分子间产生的引力，如粉体粒子之间发生黏附而形成聚集体（random floc）。产生黏附性和凝聚性的原因主要是：①在干燥状态下主要由于范德华力与静电力引起；②在润湿状态下主要由粒子表面存在的水分形成液体桥或由水分的蒸发而产生固体桥引起。

（九）粉体的压缩性

粉体具有一定程度的压缩成形性。片剂的制备过程就是将具有良好压缩性和成形性的粉末或颗粒压缩成一定形状固体制剂的过程。压缩性（compressibility）表示出了粉体在压力下体积减少的能力。成形性（compactibility）表示物料紧密结合成一定形状的能力。压缩性和成形性在片剂的制备过程中对于处方的筛选与工艺的选择具有重要意义。

固体物料的压缩成形性机理由于涉及因素较多，其机制尚不清楚。目前比较认可的说法有几种：①压缩后粒子间的距离很近，使粒子间易产生范德华力、静电引力等；②粒子在受力时产生的塑性变形使粒子间的接触面积增大；③粒子受压后产生的新生表面具有较大表面自由能；④粒子在受压变形时相互嵌合而产生机械结合力；⑤物料在压缩过程中由于摩擦力而产生热，特别是颗粒间支撑点处局部温度较高，使熔点较低的物料部分熔融，解除压力后重新固化而在粒子间形成"固体桥"；⑥水溶性成分在粒子的接触点处析出结晶而形成"固体桥"等。

二、超微粉

超微粉碎技术是 20 世纪 60～70 年代发展起来的一种高新技术，是指将物料颗粒粉碎至粒径在30μm以下的一种粉碎技术。

(一) 基本概念

关于超微粉（superfine powder）的基本概念至今没有统一。一般情况下，将粒径小于10μm的粉体都称为超微粉体或超细粉体。超微粉体通常分为微米级、亚微米级及纳米级。1～100μm之间的粉体称为微米粉体；0.1～1μm之间的粉体称为亚微米粉体；粒径在1～100nm即0.001～0.1μm之间的粉体称为纳米粉体。

(二) 超微粉碎的目的及意义

药物经超细粉碎（micronization）后可增加其利用效率，提高生物利用度，同时也为新剂型特别是中兽药新剂型的开发创造了条件。中药经超微粉碎后可达到以下目的：

(1) 提高中兽药复方制剂的均匀度：中兽药大部分是复方制剂，制剂中各药材经微粉化后，药材细胞破壁，细胞内的水分及油分迁出，使粒子和粒子之间形成半稳定的粒子团，每一个粒子团都包含相同比例的中药成分，这种结构可使成分均匀地被机体吸收，增强药物的作用效果。

(2) 增加中兽药有效成分在体内的释放速率：中药材（植物及动物）的细胞尺度一般在10～100μm之间，其有效成分通常分布于细胞内与细胞间质，而以细胞内为主。常规中药粉碎后其粉末细度为150～180μm，由数个或数十个细胞所组成，细胞的破壁率极低。而经超微粉碎后其粉末细度为3～5μm，可将细胞打碎，使其破壁，破壁率可达到95%以上。药材细胞破壁后药物的表面积相应增大，有效成分不需要通过细胞壁和细胞膜就能释放出来，提高了药物的释放速度和释放量。

(3) 提高中兽药有效成分的生物利用度：由于细胞壁在微粉化时大部分被破坏，进入机体后，可溶性成分迅速溶解，溶解度低的成分也因被超微粉碎而具有较大的附着力，紧紧黏附在肠黏膜上，有利于药物的吸收和生物利用度的提高。因此，小剂量的超微药材细粉就可达到大剂量普通粉碎药材的药效。

(4) 有利于保留生物活性成分：微粉化根据不同药材的需要，可在不同的温度下进行，最大限度地保留生物活性成分，从而提高药效。既可用干法粉碎，也可用湿法粉碎。

(5) 可节省原料，降低成本：中药材经微粉化后，用小于原处方的药量即可达到或高于原处方的疗效。中兽药经微粉后，不再进行煎煮、浸提等处理，因而可减少有效成分的损耗，提高药材利用率和生产效率，降低生产成本。

(6) 有利于开发新剂型：药物微粉化后其微粒的性质发生改变，可制备出新的剂型，方便临床用药。

随着超微粉碎技术的应用，一些中兽药可以直接粉碎后制备成注射剂、饮水剂等。这将对中兽药的理论研究、资源开发和临床应用等产生巨大的影响，在兽药制剂中具有广阔的发展前景。目前超微粉的研究主要集中于微粉化对药物有效成分或部位的体外溶出及药效的影响、微粉化制备工程学研究、微粉的稳定性研究、微粉最适粒度的筛选和确定等。

三、粉体学在药剂学中的应用

散剂、颗粒剂、胶囊剂、片剂等固体制剂都是以粉末为原料，这些制剂的质量都与粉体的特性有关。

（一）微粉理化特性对制剂工艺的影响

1. 对混合的影响 混合是固体制剂生产的关键工序。微粉的密度、粒子形态、大小等都会影响到混合的均匀度。

2. 对分剂量的影响 粉体的堆密度除决定于药物本身的密度外，还与粒子大小、形态有关，在分剂量（自动化）中一般是粉粒自动流满定量容器，所以其流动性（即粉粒的大小、形态、含湿量）与分剂量的准确性有关。

3. 对可压性的影响 结晶型药物的形态与片剂成型的难易有关。如结晶粒子小，比表面积大，接触面积大，结合力强，压出的片子硬度就大。

4. 对片剂崩解的影响 微粒的孔隙率、孔隙径及润湿性等对片剂的崩解以及药物的溶出都有重要的影响。

（二）微粉理化特性对制剂疗效的影响

对于难溶性药物，其制剂疗效与其溶出与比表面积有关。如果粒子小，比表面积大，溶解性能好，可改善疗效。目前减小粒径，增加比表面积、改善润湿性是提高难溶性药物溶出度和疗效的主要方法。

思 考 题

1. 什么是表面活性剂？常见的表面活性剂分为哪几类？
2. 表面活性剂的性质与作用是什么？
3. 常用的增加药物溶解度的方法有哪些？影响增溶的因素有哪些？
4. 流变学在药物制剂中有哪些应用？
5. 什么叫粉体学？粉体学有哪些特性？粉体的填充性与流动性对药物制剂有哪些影响？
6. 什么是超微粉？超微粉对制剂工艺与疗效有哪些影响？

第三章 液体制剂

第一节 概 述

液体制剂是指药物分散在适宜的分散介质中制成的可供动物内服、外用以及环境使用的液体形态制剂,包括供动物胃肠道、体表皮肤、腔道黏膜以及环境使用的口服液(合剂)、涂剂、浇泼剂、乳头浸剂、浸洗剂、酊剂、糖浆剂、滴剂、消毒液、杀虫剂等。液体制剂通常是将药物(包括固体、液体和气体药物),以不同的分散方法(包括溶解、胶溶、乳化、混悬)和不同的分散程度(包括离子、分子、胶粒、液滴和微粒状态)分散在适宜的分散介质中制成的液体分散体系。液体制剂不仅可以直接使用于兽医临床,而且也是制备注射剂、软膏剂、气雾剂等剂型的基础,在药物制剂学中具有极其重要的意义。

一、液体制剂的特点和质量要求

(一)液体制剂的特点

液体制剂与固体制剂(散剂、片剂等)相比具有以下优点:①药物的分散度大,吸收更快,能迅速发挥药效;②内服液体制剂适于畜禽群体饮水用药,易与饮水、饲料混合均匀;③给药途径广泛,既可内服,也可外用于环境、皮肤和黏膜;④液体制剂可以使用喷雾设备给药;⑤流动性较大,适合于腔道给药。

但液体药剂也具有比较突出的缺点:①大部分液体药剂以水为溶媒,稳定性较差,易发霉变质;②包装要求较为严格,一旦发生破损,会造成较大的损失;③非水溶剂均有一定药理作用,会造成一定的副作用;④生产成本较高。

(二)液体制剂的质量要求

根据《中国兽药典》2005版对液体制剂的要求,内服溶液剂、内服混悬剂、内服乳剂在生产与贮藏期间应符合下列有关规定:

(1)内服溶液剂的溶剂、内服混悬剂的分散介质常用纯化水。

(2)根据需要可加入适宜的附加剂,如防腐剂、分散剂、助悬剂、增稠剂、助溶剂、润湿剂、缓冲剂、乳化剂、稳定剂、矫味剂以及色素等。

(3)不得有发霉、酸败、变色、异物、产生气体或其他变质现象。

(4)内服乳剂应成均匀的乳白色,以半径为10cm的离心机4 000r/min的转速(约1 800×g)离心15min,不应有分层现象。

(5)内服混悬剂的混悬物应分散均匀,放置后有沉降物经振摇应易再分散,并应检查沉降体积比。

（6）内服滴剂包装内一般应附有滴管、吸球或其他量具。

（7）除另有规定外，应密封、遮光贮存。

（8）内服混悬剂在标签上应注明"用前摇匀"；以滴计量的滴剂在标签上要注明每毫升或每克液体制剂相当的滴数。

二、液体制剂的分类

（一）按分散系统分类

1. 均相液体制剂 药物以分子、离子状态均匀分散的澄明溶液，为热力学稳定体系，包括以下两类：

（1）低分子溶液：以低分子药物溶解在分散介质中形成的均相液体制剂，也称溶液剂。

（2）高分子溶液、缔合胶体（胶体分散体系）：由高分子化合物分散在分散介质中形成的均相液体制剂。

2. 非均相液体制剂 为热力学不稳定的多相分散体系，药物微粒与分散介质之间有界面存在，包括以下3类：

（1）溶胶剂：分散相质点为多分子聚集体的胶体溶液，又称疏水胶体溶液。

（2）混悬剂：由不溶性固体药物以微粒状态分散在分散介质中形成的不均匀分散体系。

（3）乳剂：由不溶性液体药物以小液滴的形式分散在分散介质中形成的不均匀分散体系。

（二）按给药途径分类

1. 内服液体制剂 如内服溶液剂、合剂，内服混悬剂，内服乳剂。

2. 外用液体制剂

（1）皮肤用液体药剂：如涂剂、浇泼剂、滴剂、乳头浸剂、浸洗剂、搽剂、蚕用蜕皮液等。

（2）阴道、子宫用液体药剂：如子宫冲洗剂、灌注液等。

（3）环境用液体制剂：如消毒剂、杀虫剂。

3. 注射用液体制剂 注射液、溶液型乳房注入剂。（该类制剂需要灭菌或无菌操作，另章叙述。）

第二节 液体制剂的溶剂和附加剂

一、液体制剂常用的溶剂

液体制剂的分散介质，对低分子或高分子溶液剂来说可称为溶剂，对溶胶剂、混悬剂、乳剂来说，不是溶解而是分散，所以称为分散剂或分散介质。

液体制剂的溶剂对药物起溶解和分散的作用，其本身质量直接影响制剂的制备和稳定性。其质量要求如下：①对药物具有较好的溶解性和分散性；②化学性质稳定，不与药物或附加剂发生反应；③不影响药效的发挥和含量测定；④安全性好、毒性小、无刺激性，对动物有较好的适口性。

1. 水 水（water）是最常用的溶剂，本身无药理作用，能与乙醇、甘油、丙二醇等溶剂任意比例混合。水能溶解大多数的无机盐类和有机药物，能溶解药材中的生物碱类、苷类、糖类、树胶、黏液质、鞣质、蛋白质、酸类及色素等，但水性液体制剂中的药物不稳定，容易产生霉变，故不宜长久贮存。

根据使用范围不同，制药用水分为饮用水、纯化水、注射用水和灭菌注射用水。

制药用水的原水通常为饮用水，为天然水经净化处理所得的水，其质量必须符合国家标准GB 5749—85《生活饮用水卫生标准》。饮用水可作为药材净制时的漂洗、制药用具的粗洗用水。除另有规定外，也可作为药材的提取溶剂。液体制剂应采用纯化水或注射用水，不能使用饮用水。

纯化水为原水经蒸馏法、离子交换法、反渗透法或其他适宜的方法制得的供药用的水，不含任何附加剂，其质量应符合《中国兽药典》纯化水项下的有关规定。纯化水可作为配置普通药物制剂用的溶剂或试验用水；可作为中药注射剂、滴眼剂等灭菌制剂所用药材的提取溶剂；内服、外用制剂配制用溶剂或稀释剂；非灭菌制剂用器具的精洗用水；也用作非灭菌制剂所用药材的提取溶剂。

注射用水为纯化水经蒸馏所得的蒸馏水，其质量应符合《中国兽药典》注射用水项下的有关规定；注射用水可作为配置注射剂用的溶剂或稀释剂及注射用容器的精洗；也可作为滴眼剂配制的溶剂。

灭菌注射用水为注射用水照注射剂生产工艺制备所得，主要用作注射用无菌粉末的溶剂或注射液的稀释剂，其质量应符合《中国兽药典》灭菌注射用水项下的有关规定。

2. 甘油 甘油（glycerin）为无色黏稠性澄明液体，有甜味、毒性小、能与水、乙醇、丙二醇等以任意比例混合，可以内服，也可外用。甘油对皮肤有保湿、滋润、延长药物局部药效等作用。甘油对某些药物的刺激性有缓和作用，含10%甘油的水溶液对皮肤和黏膜无刺激性。甘油能溶解硼酸、鞣质、苯酚等药物。在外用液体制剂中，甘油常作为黏膜用药物的溶剂，如酚甘油、硼酸甘油、碘甘油等。在内服液体制剂中甘油含量在12%以上时，制剂带有甜味且能防止鞣质的析出。

3. 乙醇 乙醇（alcohol）也是兽药生产上常用的溶剂，可与水、甘油、丙二醇等溶剂任意比例混合。能溶解大部分有机药物和中药材中的有效成分，如生物碱及其盐类、苷类、挥发油、树脂、鞣质、有机酸和色素等。含乙醇20%以上的水溶液即有防腐作用，但有一定的生理作用，有易挥发、易燃烧等缺点。

4. 丙二醇 丙二醇（propylene glyeol，PG）可作为内服及肌内注射液溶剂。黏度较小，介于水和甘油之间。能溶解多种药物，与水、乙醇而不与脂肪相混溶，能溶解于乙醚或氯仿中。能延缓许多药物的水解，增加其稳定性。丙二醇的水溶液对药物在皮肤和黏膜上有一定的促渗透作用，刺激性，毒性均较小。常作为注射液、口服液、外用搽剂的溶剂，如磺胺类药物、伊维菌素的溶剂。

5. 聚乙二醇 聚乙二醇（polyethylene glycol，PEG）常用聚乙二醇400，为无色澄明液体。理化性质稳定，能与水、乙醇、丙二醇、甘油等溶剂任意混合。聚乙二醇不同浓度的水溶液是一个良好溶剂，能溶解许多水溶性无机盐和水不溶性的有机药物。本品对一些易水解的药物有一定的稳定作用。

6. **二甲基甲酰胺** 二甲基甲酰胺（N，N-dimethylformamide，DMF）为无色澄明的液体，微有氨臭，能与水、乙醇、氯仿和乙醚等多种有机溶剂混溶，微溶于苯，遇火可燃，遇水会分解。与氧化剂、酸性物质发生反应，远离火源。本品有一定毒性。本品常用作溶剂和助溶剂。在药剂中常用于制备注射液、前体药物制剂等，如地克珠利溶液。

7. **二甲基乙酰胺** 二甲基乙酰胺（N，N-dimethylacetamine，DMAC）为无色或近似无色澄明的液体，能与水、醇任意混合。极易溶于有机溶媒和矿物油中。与氧化剂、酸性物质发生配伍反应。本品在药剂中用作溶剂和助溶剂。本品有一定毒性，小鼠腹腔注射，LD_{50}为3.236g/kg。本品有溶血作用，当浓度小于10％时，加入0.9％氯化钠有一定阻止效果。置于密闭容器中，贮于阴凉、干燥处，不得与氧化剂共同贮运，远离火源。作为助溶剂多用于制备注射剂。

8. **甘油缩甲醛** 甘油缩甲醛（glycerol formal）为无色透明的黏稠液体，任意比例溶于乙醚、丙酮、精炼油、乙醇和水。为新型药用溶剂，是甘油及丙二醇的代用品。可用于非水注射液、含水注射液、杀虫剂等，如伊维菌素注射液、长效土霉素注射液。

9. **脂肪油** 脂肪油（fatty oil）为常用非极性溶剂，如麻油、豆油、花生油、橄榄油、棉子油等植物油。植物油不能与极性溶剂混合，而能与非极性溶剂混合。能溶解脂溶性药物如激素、挥发油、游离生物碱和许多芳香族药物。易酸败，也易受碱性药物的影响而发生皂化反应，影响制剂的质量。作为乳剂型液体药剂的油相和外用制剂的溶剂，如维生素D_2注射液的溶剂，亚硒酸钠维生素E注射液的溶剂。

10. **液体石蜡** 液体石蜡（liqiud paraffin）是从石油产品中分离得到的液状烃的混合物，分为轻质和重质两种，前者相对密度为0.828～0.860，后者为0.860～0.890，为无色透明油状液体，无色无臭。化学性质稳定，但接触空气易氧化，产生不良臭味，可加入油性抗氧剂。本品能与非极性溶剂混合，能溶解生物碱、挥发油及一些非极性药物等。本品在肠道中不分解也不吸收，能使粪便变软，有润肠通便作用。常用作内服制剂和搽剂的溶剂，在兽医生物制品上常用来作为溶剂的白油即为液体石蜡。

11. **乙酸乙酯** 乙酸乙酯（ethyl acetate）为无色油状液体，微臭。相对密度（20℃）为0.897～0.906。有挥发性和可燃性，在空气中容易氧化、变色，需加入抗氧剂。本品能溶解挥发油、甾体药物及其他脂溶性药物，如伊维菌素溶液。

二、液体制剂的附加剂

液体制剂的附加剂主要有增溶剂、助溶剂、防腐剂等。

（一）增溶剂

具有增溶能力的表面活性剂称增溶剂，被增溶的物质称为增溶质。对于以水为溶剂的药物，增溶剂的最适HLB值为15～18。每1g增溶剂能增溶药物的克数称为增溶量。在中药注射液、脂溶性药物的制剂中应用较多，如柴胡注射液等，常用的增溶剂为聚山梨酯和聚氧乙烯脂肪酸酯类，其中土温80最常用。

（二）助溶剂

助溶剂（hydrotropy agent）多为低分子化合物（不是表面活性剂），与药物形成络合物。如碘在水中溶解度为 1∶2 950，加适量的碘化钾，可明显增加碘在水中溶解度，能配成含碘 5% 的水溶液，碘化钾为助溶剂，增加碘溶解度的机制是碘化钾与碘形成了分子间的络合物 KI_3。另外，水杨酸钠常作为痢菌净注射液的助溶剂。

（三）防腐剂

具有抑制微生物生长繁殖的物质称防腐剂（preservative）或抑菌剂。

1. 防腐的意义 以水为溶媒的液体药剂，易被微生物污染而发霉变质，尤其是含中药、糖类、蛋白质的液体制剂更易发生这种现象，即便是抗菌类药物的水溶液如果没有采取防腐措施也易被微生物污染而出现腐败变质，因此防腐可以避免造成经济损失以及对动物健康的危害。在《中国兽药典》2005 版的制剂通则中规定了口服液体制剂不得发霉、酸败和产气，并对微生物限度进行了规定，所以防腐对液体制剂的稳定性和安全使用具有重要的意义。

2. 防腐措施

（1）防止污染：防止微生物污染是防腐的重要措施，特别是要防止酵母、青霉菌等的污染，防止附着在空气尘埃上的细菌，如枯草杆菌、产气杆菌等微生物的污染。通常可以采用以下措施加以防范：①加强车间的环境卫生管理，强化机械设备的清洗、维护、清扫制度；②加强操作人员个人卫生管理与教育，注重操作人员的健康状况；③加强操作过程的卫生管理；④做好接触药物包装材料的洗涤、灭菌；⑤尽量缩短生产周期和药剂的暴露时间；⑥减少制剂中的空气（控制氧气含量）；⑦妥善处理车间内产生的废弃物品；⑧成品应在阴凉、干燥处贮藏。

（2）造成不利于微生物生长的条件：微生物的生长繁殖常常需要水、碳素、氮素、环境 pH、温度等条件，而液体制剂又正好为其提供了这样的条件，这是许多液体制剂发生腐败变质的原因，但也可以从以下几个方面来加以控制：①调节 pH：霉菌最适 pH 为 4~6，细菌最适 pH 为 6~8，pH 大于 9 几乎没有微生物生长。②隔绝氧气：绝大部分霉菌都需要 O_2，细菌有需氧型，有厌氧型，通入气体氮气、二氧化碳可置换其中的氧气。③控制温度：细菌在 37℃ 时易生长，降低温度（如 4℃ 以下）或升高温度（80℃ 以上）均可抑制细菌的生长。

（3）加防腐剂：在液体制剂的制备过程中完全避免微生物污染是很困难的，有少量的微生物污染时可加入防腐剂，抑制其生长繁殖，以达到防腐目的。

3. 防腐剂的要求

（1）防腐剂本身用量小，无毒性和刺激性。

（2）在制剂中能溶解至有效浓度。

（3）性质稳定，在贮存时不发生理化变化，也不与制剂成分或包装材料发生反应。

（4）没有特殊的气味或味道。

（5）有较好的抑菌谱。

4. 常用防腐剂

(1) 羟苯烷基酯类（parabens）：也称尼泊金类，这是一类很有效的防腐剂，无毒、无味、无臭、不挥发、化学性质稳定。在酸性、中性溶液中均有效，但在酸性溶液中作用较强，对大肠杆菌作用最强。在弱碱性溶液中作用减弱，是因为酚羟基离解所致。羟苯烷基酯类的抑菌作用随烷基碳数增加而增加，但溶解度减小，丁酯抗菌力最强，溶解度最小，混合使用有协同作用。通常是乙酯和丙酯（1∶1）或乙酯和丁酯（4∶1）合用，浓度均为 0.01%～0.25%。吐温 20、吐温 60、PEG 等与本类防腐剂能产生络合作用，能增加在水中的溶解度，但不增加其抑菌能力。本类防腐剂遇铁能变色，遇弱碱或强酸易水解。

(2) 苯甲酸与苯甲酸钠（benzoic acid and sodium benzoate）：苯甲酸在水中溶解度为 0.29%，在乙醇中为 43%（20℃），通常配成 20% 醇溶液备用。用量一般为 0.03%～0.1%。苯甲酸未解离的分子抑菌作用强，所以在酸性溶液中抑菌效果较好，最适 pH 是 4。溶液 pH 增高时解离度增大，防腐效果降低。苯甲酸防霉作用较尼泊金类为弱，而防发酵能力则较尼泊金类强。甲酸 0.25% 和尼泊金 0.05%～0.1% 联合应用对防止发霉和发酵最为理想，特别适用于中药液体制剂。

苯甲酸钠在水中溶解度为 1∶1.8，乙醇中为 1∶1.75（25℃），沸水中为 1∶1.4。在酸性溶液中苯甲酸钠的防腐作用与苯甲酸相当，用量为 0.1%～0.2%，pH 超过 5 时苯甲酸和苯甲酸钠的抑菌效果都明显降低，这时用量应不少于 0.5%。

(3) 山梨酸（sorbic acid）：本品为白色至黄白色结晶性粉末，无味，有微弱臭味，熔点 133℃。溶解度在水中（30℃）为 0.125%，沸水中为 3.8%，丙二醇（20℃）中 5.5%，无水乙醇或甲醇中 12.9%，甘油中 0.13%，冰醋酸中 11.5%，超过 80℃升华。对细菌最低抑菌浓度为 2～4mg/mL（pH<6.0），对酵母、真菌最低抑菌浓度为 0.8%～1.2%。本品空气中久置易被氧化，在水溶液中尤其敏感，遇光时更甚，可用没食子酸、苯酚使其稳定，在 pH 为 4 的酸性水溶液中效果较好。山梨酸与其他抗菌剂或乙二醇联合使用产生协同作用，在塑料容器中活性会降低。

(4) 苯扎溴铵（benzalkonium bromid）：又称新洁尔灭，为阳离子表面活性剂。淡黄色黏稠液体，低温时形成蜡状固体，极易潮解，有特臭、味极苦，无刺激性。溶于水和乙醇，微溶于丙酮和乙醚。水溶液呈碱性，水溶液振摇产生大量泡沫。对金属、橡胶、塑料无腐蚀作用，在酸性和碱性溶液中稳定，耐热压，作为防腐剂使用浓度为 0.02%～0.2%。

(5) 醋酸氯己定（chorhexide acetate）：又称醋酸洗必泰（hibetane），微溶于水，溶于乙醇、甘油、丙二醇等溶剂中，为广谱杀菌剂，用量为 0.02%～0.05%。

(6) 其他防腐剂：邻苯基苯酚（ophenylphenol）微溶于水，具杀菌和杀真菌作用，用量为 0.005%～0.2%；桉叶油（eucalyptus oil）的使用浓度为 0.01%～0.05%；桂皮油为 0.01%；薄荷油为 0.05%。

（四）其他附加剂

除了上述附加剂外，为增加液体制剂的稳定性，在制备液体制剂时常还需加入其他附加剂，如抗氧剂、络合剂、助悬剂、絮凝剂、矫味剂和着色剂等，详见相关章节。

第三节 低分子溶液剂

一、溶 液 剂

溶液剂（solution）是指小分子药物分散在溶剂中制成的均匀分散的液体制剂。溶液剂可以内服、外用，同时也是制备注射液重要的基础，溶液剂应是澄清液体。

根据需要溶液剂中可加入助溶剂、抗氧剂等附加剂。

(一) 溶液剂的制备

1. 制备方法

(1) 溶解法：是将固体药物直接溶于溶剂中的制备方法，适用于易溶性药物。其制备过程是：药物的称量→溶解→滤过→质检→包装。具体方法是：取处方总量1/2～3/4的溶剂，加入称好的药物，搅拌使其溶解（处方中如有附加剂或溶解度小的药物，应先将其溶解于溶剂中），滤过，并通过滤过器加溶剂至全量，滤过后的药液应进行质量检查，制得的药物溶液应及时分装、密封、贴标签及进行外包装。

(2) 稀释法：是先将药物制成高浓度溶液或易溶性药物制成贮备液，再用溶剂稀释至需要浓度即得。用稀释法制备溶液剂时应注意浓度换算，挥发性药物浓溶液稀释过程中应注意挥发损失，以免影响浓度的准确性。

2. 溶液剂制备时应注意的问题 对某些溶解缓慢的易溶性药物，在溶解过程中应采用粉碎、搅拌、加热等措施；溶解度较小的药物，应先将其溶解后再加入其他药物；难溶性药物可加入适宜的助溶剂或增溶剂使其溶解；易氧化的药物溶解时，溶剂加热放冷后再溶解药物，同时应加适量抗氧剂。对易挥发性药物应在最后加入，以免因制备过程而损失。

(二) 溶液剂制备举例

1. 内服溶液剂 是指药物溶解于适宜溶剂中制成供内服的澄清液体制剂。

例：恩诺沙星溶液（enrofloxacin solution）。

【处方】恩诺沙星　　　　　25.0g
　　　　EDTA - 2Na　　　　0.1g
　　　　氢氧化钠溶液　　　　适量
　　　　纯化水　　　　　　　加至1 000mL

【制备】取适量纯化水，加入EDTA-2Na搅拌并溶解，再用（1mol/L）氢氧化钠溶液适量将溶液pH调节到11.0左右，加入处方量恩诺沙星原料，搅拌溶解，加入纯化水至全量，并调节pH在11.0～12.0范围内，滤过，分装即得。

【作用与用途】喹诺酮类抗感染药。

2. 外用溶液剂 是指药物溶解于适宜溶剂中制成供外用的澄清液体制剂。

例：复方碘溶液（compound iodine solution），又称鲁格氏液（Lugol's solution）。

【处方】碘　　　　　50g
　　　　碘化钾　　　100g

　　　　纯化水　　　适量
　　　　共制成 1 000mL
【制备】取碘化钾，加蒸馏水 100mL 溶解后，加碘搅拌使溶，再加适量蒸馏水量成1 000mL 即得。

【作用与用途】外用，用作黏膜的消毒剂。

二、糖浆剂

糖浆剂（syrup）是由药物与蜂蜜或蔗糖等制成的溶液剂，以蜂蜜制成的又称为药蜜，以蔗糖制成的又称为药性糖浆。糖浆剂主要用于蜜蜂。

糖浆一般是按蜂蜜与水 2∶1，蔗糖与水 1∶1 的比例煮沸制成，药物可以是化学药物，也可以是中药浸出物，制备工艺按溶液型液体药剂制备。

例：链霉素糖浆（streptomycin syrup）。

【处方】链霉素　　　20 万 IU
　　　　糖浆　　　　1 000mL

【制备】将链霉素与糖浆混合均匀，即得。

【作用与用途】适用于由蜂房链球菌、蜂房芽胞杆菌、蜜蜂链球菌、蜂房杆菌引起的欧洲幼虫腐臭病。

三、酊　　剂

酊剂（tincture）是指药物用规定浓度的乙醇浸出或溶解制成的澄清液体制剂，亦可用流浸膏稀释制成。酊剂的浓度除另有规定外，含有剧毒药品的酊剂，每 100mL 相当于原药品 10g；其他酊剂，每 100mL 相当于原药物 20g。含有剧毒药的酊剂，应对半成品测定其含量后加以调整，使符合规定。

酊剂一般采用稀释法、溶解法、浸渍法和渗漉法制备。制备酊剂时，应根据有效成分的溶解性选用适宜的乙醇，以减少酊剂中杂质含量，缩小剂量，便于使用。酊剂久贮会发生沉淀，可滤过除去，再测定乙醇含量，并调整乙醇至规定浓度，仍可使用。要严格控制所用药材的质量。浸出用乙醇浓度应适宜，使有效成分提取完全。在浸渍和渗漉过程中要防止乙醇挥发，要注意季节温度变化，以免影响浸出效果。

例：碘酊（iodine tincture）。

【处方】碘　　　　　　1.0g
　　　　碘化钾　　　　0.8g
　　　　乙醇　　　　　25mL
　　　　纯化水加至　　50mL

【制备】取碘化钾，加水约 1mL 溶解后，加碘及乙醇，搅拌使溶解，再加水适量使成 50mL，搅匀，即得。

【注解】碘在水中的溶解度为1:2950，加入碘化钾可与碘生成易溶于水的络合物KI_3，同时使碘稳定不易挥发，并减少其刺激性。

【作用与用途】消毒防腐药。

第四节 高分子溶液剂

高分子溶液剂是指高分子化合物溶解于溶剂中制成的均匀分散的液体制剂。以水为溶剂制备的高分子溶液剂称为亲水性高分子溶液剂，或称胶浆剂（mucilage）。以非水溶剂制备的高分子溶液剂，称为非水性高分子溶液剂。高分子溶液剂属于热力学稳定系统。

有的高分子溶液如明胶水溶液、琼脂水溶液等，在温热条件下为黏稠性流动液体，但在温度降低时，呈链状分散的高分子形成网状结构，分散介质水可被全部包含在网状结构中，形成不流动的半固体状物，称为凝胶，形成凝胶的过程称为胶凝。凝胶可分脆性与弹性两种，前者失去网状结构内部的水分后就变脆，易研磨成粉末，如硅胶；而弹性凝胶脱水后，不变脆，体积缩小而变得有弹性，如琼脂和明胶。

有些胶体溶液，如硬脂酸铝分散于植物油中形成的胶体溶液，在一定温度条件下静止时，逐渐变为半固体状溶液，当振摇时，又恢复成可流动的胶体溶液。胶体溶液的这种性质称为触变性，这种胶体称为触变胶。

一、高分子溶液的性质

（一）高分子的荷电性

高分子水溶液中高分子化合物结构的某些基团因解离而带电，有的带正电，有的带负电。某些高分子化合物所带电荷受溶液pH的影响，当溶液的pH大于等电点时，蛋白质带负电荷，如淀粉、阿拉伯胶、西黄蓍胶等。当溶液的pH小于等电点时，蛋白质带正电荷，如琼脂、血红蛋白、碱性染料等。高分子溶液的这种性质在药剂学中有重要的意义。

（二）高分子溶液的聚结特性

高分子化合物含有大量亲水基，能与水形成牢固的水化膜，可阻止高分子化合物分子之间的相互聚凝，使高分子溶液处于稳定状态。但高分子的水化膜和荷电发生变化时易出现聚结沉淀，这些现象包括：向溶液中加入大量的电解质，由于电解质的强烈水化作用破坏高分子的水化膜，使高分子凝结而沉淀，这一过程称为盐析；向溶液中加入脱水剂，如乙醇、丙酮等也能破坏水化膜而发生聚结；其他原因，如盐类、pH、絮凝剂、射线等的影响使高分子化合物凝结沉淀，称为絮凝现象；带相反电荷的两种高分子溶液混合时，由于相反电荷中和而发生凝结沉淀。

二、高分子溶液的制备

制备高分子溶液多采用溶解法，要经过溶胀过程，包括有限溶胀和无限溶胀两个过程。溶胀是指水分子渗入到高分子化合物分子间的空隙中，与高分子中的亲水基团发生水化作用而使体积膨胀，结果使高分子空隙间充满了水分子，这一过程称有限溶胀。由于高分子空隙间存在水分子降低了高分子间的范德华力，溶胀过程继续进行，最后高分子化合物完全分散在水中形成高分子溶液，这一过程称为无限溶胀，无限溶胀常需搅拌或加热等过程才能完成。形成高分子溶液的这一过程称为胶溶。

胶溶过程的快慢取决于高分子的性质和工艺条件。制备明胶溶液时，先将明胶碎成小块，放于水中泡浸3～4h，使其吸水膨胀，这是有限溶胀过程，然后加热并搅拌使其形成明胶溶液，这是无限溶胀过程。琼脂、阿拉伯胶、西黄蓍胶、羧甲基纤维素钠等在水中均属于这一过程。甲基纤维素则需溶于冷水中完成这一制备过程。淀粉遇水立即膨胀，但无限溶胀过程必须加热至60～70℃才能制成淀粉浆。胃蛋白酶、蛋白银等高分子药物，其有限溶胀和无限溶胀过程都很快，需将其撒于水面，待其自然溶胀后再搅拌可形成溶液，如果将它们撒于水面后立即搅拌则形成团块，这时在团块周围形成了水化层，使溶胀过程变得相当缓慢，给制备过程带来困难。

例：胃蛋白酶合剂（pepsin mixture）。

【处方】胃蛋白酶（1∶3 000）　　20g　　　橙皮酊　　　　　　　20mL
　　　　稀盐酸　　　　　　　　20mL　　　5%羟苯乙酯醇液　　　10mL
　　　　单糖浆　　　　　　　　100mL　　 纯化水加至　　　　　1 000mL

【制法】将单糖浆、稀盐酸加入到纯化水中，搅匀，再将胃蛋白酶撒于液面，使其自然溶胀、溶解。然后将橙皮酊缓缓加入溶液，取事先用100mL纯化水溶解好的羟苯乙酯醇液，缓缓加入上述溶液中，再加纯化水至全量，搅匀，即得。

【作用与用途】助消化药。

第五节　溶　胶　剂

溶胶剂（sols）是指固体药物微细粒子分散在水中形成的非均匀状态的液体分散体系，又称疏水胶体溶液。溶胶剂中分散的微细粒子粒径在1～100nm之间，胶粒是多分子聚集体，有极大的分散度，属热力学不稳定体系。将药物分散成溶胶状态，它们的药效会出现显著的变化。

一、溶胶的构造

溶胶中分散相的质点可因吸附或解离而表面带电，此时，溶液中必然有数量相当的反离子存在，以保证整个体系是电中性的。其中的一部分反离子紧密吸附在胶粒表面，此时胶粒表面既有使其带电的离子，也含一部分紧密吸附的反离子，这个带电层的厚度约为1～2个离子，称为吸附层；另外一部分反离子分散在胶粒周围，越靠近胶粒，反离子越多；越远离胶粒，反离子越少，这部分反离子称为扩散层，吸附层和扩散层构成了微粒胶体离子的双电层结构。

二、溶胶的性质

1. **光学性质**　当强光线通过溶胶剂时从侧面可见到圆锥形光束，称为丁达尔效应（Tyndall

effect)。这是由于胶粒粒度小于自然光波长引起光散射所致。溶胶剂的浑浊程度用浊度表示,浊度越大表明散射光越强。溶胶剂的颜色与光线的吸收和散射有密切的关系。不同溶胶剂对不同的特定波长的吸收,使溶胶剂产生不同的颜色,氯化金溶胶呈深红色,碘化银溶胶呈黄色,蛋白银溶胶呈棕色。

2. **电学性质** 溶胶剂由于双电层结构而荷电,可以荷正电,也可以荷负电。在电场的作用下胶粒和分散介质产生移动,在移动过程中产生电位差,这种现象称为界面动电现象。溶剂的电泳现象就是界面动电现象所引起的,动电电位越高电泳速度就越快。

3. **动力学性质** 溶胶剂中的胶粒在分散介质中有不规则的运动,这种运动称为布朗运动。布朗运动是由于胶粒受溶胶水分子不规则地撞击产生的。胶粒越小运动速度越大,溶胶粒子的扩散速度、沉降速度及分散介质的黏度等都与溶胶的动力学性质有关。

4. **稳定性** 溶胶剂属热力学不稳定系统,主要表现为有聚结不稳定性和动力不稳定性。但由于胶粒表面电荷产生静电斥力,以及胶粒荷电所形成的水化膜,都增加了溶胶剂的聚结稳定性。由于重力作用胶粒产生沉降,但由于胶粒的布朗运动又使其沉降速度变得很慢,增加了动力稳定性。

三、溶胶剂的制备

1. **分散法**
(1) 机械分散法:常采用胶体磨进行制备。分散药物、分散介质以及稳定剂从加料口处加入胶体磨中,胶体磨以10 000r/min 的转速高速旋转将药物粉碎成胶体粒子范围,可以制成质量很好的溶胶剂。
(2) 胶溶法:亦称解胶法,它不是使脆的粗粒分散成溶液,而是使刚刚聚集起来的分散相又重新分散的方法。
(3) 超声分散法:用20 000Hz 以上超声波所产生的能量使分散粒子分散成溶胶剂的方法。

2. **凝聚法**
(1) 物理凝聚法:改变分散介质的性质使溶解的药物凝聚成为溶胶。
(2) 化学凝聚法:借助于氧化、还原、水解、复分解等化学反应制备溶胶的方法。

第六节 混 悬 剂

一、概 述

混悬剂(suspension)是指难溶性固体药物以微粒状态分散于分散介质中形成的非均匀的液体制剂。混悬剂中药物微粒粒径一般在 $0.5\sim10\mu m$ 之间,小者可为 $0.1\mu m$,大者可达 $50\mu m$ 或更大。混悬剂属于热力学不稳定的粗分散体系,所用分散介质大多数为水,也可用植物油。

1. **药物制备成混悬剂的条件**
(1) 凡难溶性药物需制成液体制剂供临床应用时。

(2) 药物的剂量超过了溶解度而不能以溶液剂形式应用时。
(3) 两种溶液混合时药物的溶解度降低而析出固体药物时。
(4) 为了使药物产生缓释作用制成混悬剂。

但为了安全起见，毒剧药或剂量小的药物不应制成混悬剂使用。

2. 混悬剂的质量要求　药物本身的化学性质应稳定，在使用或贮存期间含量应符合要求；混悬剂中微粒大小根据用途不同而有不同要求；粒子的沉降速度应很慢，沉降后不应有结块现象，轻摇后应迅速均匀分散；混悬剂应有一定的黏度要求；外用混悬剂应容易涂布。

大多数混悬剂为液体制剂，但也有干混悬剂，它是按混悬剂的要求将药物用适宜方法制成粉末状或颗粒状制剂，使用时加水即迅速分散成混悬剂，这有利于解决混悬剂在保存过程中的稳定性问题。

二、混悬剂的物理稳定性

混悬剂的分散相微粒应大于胶粒，微粒的布朗运动不显著，易受重力作用而沉降，因而属于热力学不稳定体系。因微粒有较大的界面能，容易聚集，使混悬微粒具有较高的表面自由能而处于不稳定状态，疏水性混悬剂比亲水性药物存在更大的稳定性问题。

（一）混悬粒子的沉降速度

混悬剂在静置时液体中的微粒受各种因素的影响会以一定的速度沉降，一般情况下开始沉降速度较快，随着粒子不断沉降其速度逐渐减慢。沉降速度可用 Stokes 定律公式来计算：

$$V = 2r^2 (\rho_1 - \rho_2) g / 9\eta$$

式中，V 为沉降速度（cm/s）；r 为微粒半径（cm）；ρ_1 和 ρ_2 分别为微粒和介质的密度（g/mL）；g 为重力加速度（cm/s^2）；η 为分散介质的黏度（Pa·s）。

从 Stokes 公式得出，微粒沉降速度与微粒半径的平方、微粒和分散介质的密度差成正比，与分散介质的黏度成反比。其中微粒半径对沉降速度的影响最大，减小一半的粒径可使沉降速度下降为原来的 1/4。由于混悬剂微粒沉降速度越大，微粒越易结饼并最终导致混悬剂重新分散性降低，给临床使用造成困难甚至产品废弃。为了增加混悬剂的沉降稳定性，可以采取减小粒径 r、增加介质黏度 η、调节介质密度以降低 ($\rho_1 - \rho_2$) 等方法。

（二）微粒的荷电与水化

在水性混悬剂中的微粒可因药物的解离或吸附分散介质中的离子而带上电荷，粒子的周围会形成球形的双电层结构，并产生 ξ 电势。其原因是微粒表面荷电，水分子可在微粒周围形成水化膜，这种水化作用的强弱随双电层厚度而改变。微粒荷电使微粒间产生排斥作用，加之有水化膜的存在，阻止了微粒间的相互聚结靠拢，混悬剂将更加稳定。如果在混悬剂中加入少量的电解质（如枸橼酸钠）可以改变双电层的构造和厚度，从而影响混悬剂微粒的聚结并产生絮凝，疏水性药物混悬剂的微粒水化作用很弱，对电解质更敏感。亲水性药物混悬剂微粒除荷电外，本身具有水化作用，受电解质的影响较小。

（三）絮凝与反絮凝

混悬剂中的微粒具有双电层结构，即 Zeta 电位。Zeta 电位受外加电解质的影响较大。当 Zeta电位相对较高时（±25mV或更高），微粒间斥力大于引力，微粒间无法聚集而处于分散状态，甚至当搅拌或随机运动使微粒接触时，由于高表面电位的存在，微粒也不会聚集，这种状态称为反絮凝状态。

在混悬剂中加入与微粒表面电荷相反的某种电解质后可使微粒的Zeta电位下降，若将Zeta电位调节至±20～25mV（即微粒间的斥力稍低于引力），此时微粒互相接近，形成疏松的絮状聚集体，经振摇又可恢复成均匀的混悬液，这种状态称为絮凝状态。使混悬剂的Zeta电位降低，使微粒絮凝的电解质称为絮凝剂（flocculating agent）；使混悬剂Zeta电位增加，防止其絮凝的电解质称为反絮凝剂（deflocculating agent）。同一电解质可因用量不同，在混悬剂中可以起絮凝（降低Zeta电位）或反絮凝（升高Zeta电位）作用。

电解质的絮凝效果与离子价数有关，二价离子的絮凝作用较一价离子约大10倍，三价离子较一价离子约大100倍。

（四）结晶增长与转型

由于混悬剂中药物微粒大小不同，在放置过程中微粒的大小与数量在不断变化，即小的微粒数目不断减少，大的微粒不断增大，使微粒的沉降速度加快，结果必然影响混悬剂的稳定性，研究发现其溶解度与微粒大小有关。药物微粒粒径小于$0.1\mu m$时，这一规律可以用Ostwald Freundlich方程式表示：

$$\lg(S_2/S_1) = (2\sigma M/\rho RT) \times (1/r_2 - 1/r_1)$$

式中，S_1、S_2分别是半径为r_1、r_2的药物溶解度；σ为表面张力；ρ为固体药物的密度；M为分子质量；R为气体常数；T为绝对温度。

由上式可知，当药物处于微粉状态时，若$r_2 < r_1$，r_2的溶解度S_2大于r_1的溶解度S_1。混悬剂溶液在总体上是饱和溶液，但小微粒的溶解度大而在不断的溶解，对于大微粒来说过饱和而不断地增长变大，这时必须加入抑制剂以阻止结晶的溶解和生长，以保持混悬剂的物理稳定性。

（五）分散相的浓度和温度

在同一分散介质中，分散相的浓度增加，混悬剂的沉降稳定性下降。温度通过影响混悬剂的黏度影响微粒的沉降速度，温度还能促使结晶长大及晶型转化。溶解度-温度曲线的斜率越大的药物，受温度的影响越明显。因此，混悬剂的贮存、运输过程中应考虑到气温变化或地区温差对混悬剂稳定性的影响。

三、混悬剂的稳定剂

在制备混悬剂时，为增加混悬剂的稳定性，常需加入能使混悬剂稳定的附加剂，称为稳定剂，主要包括助悬剂、润湿剂、絮凝剂和反絮凝剂等。

（一）助悬剂

助悬剂（suspending agent）是指能增加分散介质的黏度以降低微粒的沉降速度或增加微粒亲水性的附加剂，其对混悬剂的稳定作用在于增加分散介质的黏度以降低微粒的沉降速度；吸附于微粒表面防止或减少微粒间的吸引；延缓结晶的转化和成长。

理想的助悬剂应具备助悬效果好、不黏壁、重分散容易、絮凝颗粒细腻、无药理作用等特点。常用的助悬剂有以下几类。

1. 低分子助悬剂 常用的有甘油、糖浆、山梨醇等。在外用制剂中经常使用甘油，具有助悬和润湿作用。亲水性药物的混悬剂可少加，疏水性药物可多加。在内服制剂中经常使用糖浆和山梨醇，起助悬和矫味双重作用。

2. 高分子助悬剂

(1) 天然高分子助悬剂：主要是树胶类，如阿拉伯胶、西黄蓍胶、桃胶等。阿拉伯胶和西黄蓍胶可用其粉末或胶浆，其用量前者为5%～15%，后者为0.5%～1%。还有植物多糖类，如海藻酸钠、琼脂、淀粉浆等。

(2) 合成或半合成高分子助悬剂：纤维素类，如甲基纤维素、羧甲基纤维素钠、羟丙基纤维素。其他如卡波普、聚维酮、葡聚糖等。此类助悬剂大多数性质稳定，受pH影响小。但应注意某些助悬剂能与药物或其他附加剂有配伍变化。

(3) 硅皂土：是天然的含水硅酸铝，为灰黄或乳白色极细粉末，直径为$1\sim150\mu m$，不溶于水或酸，但在水中膨胀，体积增加约10倍，形成高黏度并且有触变性和假塑性的凝胶，在pH>7时，膨胀性更大，黏度更高，助悬效果更好。

(4) 触变胶：利用触变胶的触变性，即凝胶与溶胶恒温转变的性质，静置时形成凝胶防止微粒沉降，振摇时变为溶胶有利于倒出。使用触变性助悬剂有利于混悬剂的稳定。单硬脂酸铝溶解于植物油中可形成典型的触变胶，一些具有塑性流动和假塑性流动的高分子化合物水溶液常具有触变性，可选择使用。

(二) 润湿剂

润湿剂（moistening agent）是指能增加疏水性药物微粒被水湿润的附加剂。有很多疏水性、难溶性药物，其表面可吸附空气，不能被水所润湿，这些疏水性药物在制备混悬剂时，必须加入润湿剂。润湿剂可破坏疏水微粒表面的气膜或降低固液两相的界面张力，有利于微粒分散于水中。最常用的润湿剂是HLB值在7～11之间的表面活性剂，如聚山梨酯类、聚氧乙烯蓖麻油类、泊洛沙姆等。

(三) 絮凝剂和反絮凝剂

常用的絮凝剂和反絮凝剂有枸橼酸盐、酒石酸盐、酒石酸氢盐、磷酸盐等。在选用絮凝剂和反絮凝剂时，要注意以下几个原则。

(1) 从用药目的、混悬剂的综合质量以及絮凝剂和反絮凝剂的作用特点来选择，对于大多数需储放的混悬剂，宜选用絮凝剂。絮凝体系的沉降物疏松，易于再分散。

(2) 充分考虑絮凝剂和反絮凝剂之间的变化：同一电解质可因在混悬剂中用量不同而呈现絮凝作用或反絮凝作用。如在Zeta电位较高的混悬剂中加入带有相反高价电荷的电解质，由于电荷中和，Zeta电位下降，微粒间的斥力降低而絮凝，此时电解质起到絮凝剂的作用；持续加入这种电解质，可使Zeta电位降至零。若在继续加入同种电解质，微粒又可因吸附溶液中的高价离子而带原粒子的相反电荷，随着带电量增加，微粒间斥力增强，微粒重又回到单个分子状态，此时电解质起到反絮凝作用。

(3) 絮凝剂的配伍禁忌：处方设计时，必须注意絮凝剂和助悬剂之间是否有配伍禁忌。常用的高分子助悬剂一般带负电荷，若混悬剂中的微粒亦带负电荷，此时加入的絮凝剂（带正电荷）

会导致助悬剂凝结并失去助悬作用。

四、混悬剂的制备

(一) 制备原则

首先使粉粒润湿并在液体分散介质中均匀分散，防止结块；混悬的粉粒分散在助悬剂中，使其具有较大的黏度，不易沉降；控制絮凝，在体系中加入絮凝剂；可在体系中再加入助悬剂，但应注意配伍禁忌。

(二) 制备方法

1. 分散法 分散法是将粗颗粒的药物粉碎成符合混悬剂要求的分散程度，再分散于分散介质中制备混悬剂的方法，该法制备混悬剂与药物的亲水性有密切关系。

(1) 亲水性药物分散法：将药粉一份置乳钵或研磨机中，加入 0.4~0.6 份水性液体并充分研磨。研细后加等量液体继续研磨，稍停，倾出上层混悬液，沉淀再加适量液体研磨，直至药物完全混悬并倾出。最后加液体至全量，摇匀，即得。

(2) 疏水性药物分散法：先加一定量的润湿剂与药粉研磨均匀后，再加液体研匀，即得。

粉碎时，采用加液研磨法，可使药物更易粉碎，微粒可达 $0.1 \sim 0.5 \mu m$。对于硬度大的药物，可采用中药制剂常用的"水飞法"，即在药物中加适量的水研磨至细，再加入较多量的水，搅拌，稍加静置，倾出上层液，将残留于底部的粗粉再研磨，反复如此直到符合分散度为止。

例1：油制普鲁卡因青霉素注射液。

【处方】普鲁卡因青霉素 G　　　　30 000万 IU
　　　　单元硬脂酸铝　　　　　　2%
　　　　注射用中性油　　　　　　加至1 000mL

【制备】将中性花生油或麻油，经 G_3 干燥垂熔玻璃漏斗滤过，然后移置干热灭菌器中加热至 160~170℃之间，灭菌 1h 后，取出放冷至 60~80℃以下，与以油浸泡的单元硬脂酸铝配成 8%油胶，并加温至 120℃（温度应逐渐升高，并不得超过 132℃，以免单元硬脂酸铝炭化），保持 1h，再稀释至 2%，油胶稀释不宜太快，以防结块，用 60 号绢筛抽滤，检验合格后备用。按处方称取普鲁卡因青霉素和单元硬脂酸铝油胶于搅拌器中充分搅匀，再在胶体磨中磨细至合格，经 64 号纱绢抽滤以除去异物。然后将滤液静置 24h，待易沉淀物（为未搅匀的单元硬脂酸铝等）沉淀凝结后，即可分装。

例2：复方氢氧化铝混悬液。

【处方】氢氧化铝　　　　40.0g　　　　三硅酸镁　　　　80.0g
　　　　羧甲基纤维素钠　　1.6g　　　　Avicel RC 591　　10.0g
　　　　苯甲酸钠　　　　2.0g　　　　羟苯甲酯　　　　1.5g
　　　　柠檬香精　　　　4.0mL　　　　纯化水　　　　适量
　　　　共制成 1 000mL

【制备】将苯甲酸钠、羟苯甲酯溶入纯化水中，与羧甲基纤维素钠制成胶浆，将氢氧化铝、三硅酸镁用羧甲基纤维素钠胶浆研匀，加柠檬香精混匀即得。

【注解】Avicel RC 591 是由微晶纤维素与 11% 羧甲基纤维素组成，作为助悬剂、分散剂。
【作用与用途】抗酸药。

2. 凝聚法

（1）化学凝集法：两种或两种以上的化合物发生化学反应而生成不溶性的药物，再混悬于分散介质中制备混悬剂的方法。为使微粒细小均匀，化学反应应在稀溶液中进行并应急速搅拌。

例：磺胺嘧啶混悬剂（sulfadiazine suspension）。

【处方】
磺胺嘧啶	100g	枸橼酸	29g
枸橼酸钠	50g	4%羟苯乙酯	100mL
单糖浆	400mL	纯化水	适量
氢氧化钠	16g		
共制成1 000mL			

【制备】取磺胺嘧啶混悬于 200mL 纯化水中；将氢氧化钠加适量纯化水溶解后，缓慢加入磺胺嘧啶混悬液中，边加边搅拌，使磺胺嘧啶与氢氧化钠反应生成钠盐溶解。另将枸橼酸钠与枸橼酸加适量纯化水溶解后过滤；滤液缓慢加入上述钠盐溶液中，不断搅拌，析出磺胺嘧啶；最后加入单糖浆、羟苯乙酯溶液，加纯化水至全量，搅匀，即得。

【注解】本法所制混悬剂在兔体内的生物利用度，明显高于分散法所制的混悬剂；本法所制磺胺嘧啶粒径均在 30μm 以下，如直接将磺胺嘧啶分散制成混悬剂，其粒径 30~100μm 的占 90%，大于 100μm 的占 10%。

（2）物理凝集法（微粒结晶法）：是将分子或离子分散状态分散的药物溶液加入于另一分散介质中凝集成混悬液的方法。一般将药物制成热饱和溶液，在搅拌下加至另一种不同性质的液体中，使药物快速结晶，可制成粒径 10μm 以下（占 80%~90%）微粒，再将微粒分散于适宜介质中制成混悬剂。

五、混悬剂的质量评定

（一）微粒大小测定

混悬剂中微粒的大小不仅关系到混悬剂的质量和稳定性，也会影响到混悬剂的药效和生物利用度。所以测定混悬剂中微粒大小及其分布，是评定混悬剂质量的重要指标。显微镜法、库尔特计数法、浊度法、光散射法、漫散射法等很多方法都可测定混悬剂粒子大小。

（二）沉降容积比测定

沉降容积比（sedimentation rate）是指沉降物的容积与沉降前混悬剂的容积之比。

测定方法：将混悬剂放于量筒中，混匀，测定混悬剂的总容积 V_0，静止一定时间后，观察沉降面不再改变时沉降物的容积 V，其沉降容积比 F 为：

$$F=V/V_0=H/H_0$$

沉降容积比也可用高度表示，H_0 为沉降前混悬液的高度，H 为沉降后沉降面的高度。F 值在 1~0 之间。混悬颗粒开始沉降时，沉降高度 H 随时间而减小。所以沉降容积比 H/H_0 是时间的函数，以 H/H_0 为纵坐标，沉降时间 t 为横坐标作图，可得沉降曲线，曲线的起点最高点为

1,以后逐渐缓慢降低并与横坐标平行。根据沉降曲线的形状可以判断混悬剂处方设计的优劣。沉降曲线缓慢降低可以认为处方设计优良,但较浓的混悬剂不适用于绘制沉降曲线。

(三) 絮凝度测定

絮凝度(flocculation value)是比较混悬剂絮凝程度的重要参数。絮凝度是指由于絮凝剂的加入引起沉降物体积增加的程度。可用下式表示:

$$\beta = F/F_\infty$$

式中,F 为絮凝混悬剂的沉降容积比;F_∞ 为去絮凝混悬剂的沉降容积比。

β 值越大,絮凝程度越高,絮凝效果越好。用絮凝度评价絮凝剂的效果,可预测混悬剂的稳定性。

(四) 重新分散实验

优良的混悬剂经过贮存后,不可避免的发生沉降,但振摇时沉降物应能很快重新分散,这样才能保证服用时的均匀性和分剂量的准确性。

试验方法是:将混悬剂放在 100mL 的量筒内放置一定时间(大于 24h),使其沉降,然后以 20r/min 的速度旋转,经一定时间,量筒底部的沉降物应宜重新分散均匀,说明混悬剂再分散性良好。

(五) 流变学测定

主要用各种黏度计测定混悬剂的流动曲线,判断其流动类型,以评价混悬剂的流变学性质。若为触变流动、塑性触变流动和假塑性触变流动,能有效缓解混悬剂微粒的沉降速度。

第七节 乳 剂

一、概 述

乳剂(emulsion)是指两种互不相溶的液体经乳化剂制成的非均相分散体系的乳状液体药剂。其中一种液体往往是水或水溶液,另一种则是与水不相溶的有机液体,又称为"油"。一种液体以细小液滴的形式分散在另一种液体中,分散的液滴称为分散相、内相或不连续相,包在液滴外面的另一种液体称为分散介质、外相或连续相。一般分散相液滴的直径为 0.1~10μm。

(一) 乳剂的基本组成

乳剂由水相(W)、油相(O)和乳化剂组成,三者缺一不可。根据乳化剂的种类、性质及相体积比(Φ)形成水包油(O/W)或油包水(W/O)两种:油为分散相,分散在水中,称为水包油(O/W)型乳剂;水为分散相,分散在油中,称为油包水(W/O)型乳剂。水包油(O/W)型乳剂和油包水(W/O)型乳剂的主要区别见表 3-1。

表 3-1 水包油(O/W)型乳剂和油包水(W/O)型乳剂的主要区别

鉴别方法	(O/W)型乳剂	(W/O)型乳剂
外观	通常为乳白色	接近油的颜色
稀释	可用水稀释	可用油稀释

(续)

鉴别方法	(O/W) 型乳剂	(W/O) 型乳剂
导电性	导电	不导电或几乎不导电
水溶性染料	外相染色	内相染色
油溶性染料	内相染色	外相染色

(二) 乳剂的类型

根据乳滴的大小，将乳剂分类为普通乳、亚微乳、纳米乳。

1. **普通乳** 普通乳（emulsion）液滴粒径一般在 $1\sim100\mu m$ 之间，这时乳剂形成乳白色不透明的液体。

2. **亚微乳** 粒径大小一般在 $0.1\sim0.5\mu m$ 之间。亚微乳常作为胃肠外给药的载体。静脉注射乳剂应为亚微乳，粒径可控制在 $0.25\sim0.4\mu m$ 范围内。

3. **纳米乳** 当乳滴粒子小于 $0.1\mu m$ 时，乳剂粒子小于可见光波长的 1/4，即小于 120nm 时，乳剂处于胶体分散范围，这时光线通过乳剂时不产生折射而是透过乳剂，肉眼可见乳剂为透明液体，这种乳剂称为纳米乳（nanoemulsion）或微乳（microemulsion）或胶团乳（micellar emulsion）。纳米乳的粒径在 $0.01\sim0.10\mu m$ 范围内。

乳剂中的液滴具有很大的分散度，其总表面积大，表面自由能很高，属热力学不稳定体系。

(三) 乳剂的特点

(1) 乳剂中液滴的分散度很大，药物吸收和药效的发挥很快，生物利用度高。
(2) 油性药物制成乳剂能保证剂量准确，而且使用方便。
(3) 水包油型乳剂可掩盖药物的不良臭味，并可加入矫味剂。
(4) 外用乳剂能改善对皮肤、黏膜的渗透性，减少刺激性。
(5) 静脉注射乳剂注射后分布较快、药效高、有靶向性。
(6) 静脉营养乳剂，是高能营养大容量注射液的重要组成部分。

二、乳 化 剂

分散相分散于分散介质中形成乳剂的过程是乳化，凡可以阻止分散相聚集而使乳剂稳定的第三种物质叫乳化剂（emulsifier）。乳化剂的作用是降低表面张力，在分散相液滴的周围形成坚固的界面膜。

(一) 乳化剂的基本要求

乳化剂应具备以下要求：
(1) 具有明显的表面活性作用，能降低表面张力至 10N/cm 以下。
(2) 能迅速吸附在液滴的周围，阻止液滴的聚集。
(3) 使液滴带电荷，形成双电层，且具有适宜的电位，使液滴互相排斥。
(4) 增加乳剂的黏度。
(5) 有效浓度不应太高，不妨碍药物吸收。
(6) 制成乳剂的分散度大，贮存时对酸、碱、盐稳定。

(7) 受温度变化的影响小。

(二) 乳化剂的种类

常用乳化剂根据其性质不同可分为 4 类，即表面活性剂、天然乳化剂、微粒型乳化剂及辅助乳化剂。

1. 表面活性剂

(1) 阴离子型表面活性剂：如硬脂酸钠（钾，O/W 型）、油酸钠（钾，O/W 型）、硬脂酸钙（W/O 型）、肥皂、十二烷基硫酸钠或十六烷基硫酸钠（O/W 型）等，后两者常与鲸醋醇合用作乳化剂。

(2) 阳离子型表面活性剂：许多含有高分子烃链或稠合环的胺和季铵化合物，有不少还具有抗菌活性，与鲸醋醇合用形成阳离子型混合乳化剂，同时还有防腐作用。

(3) 非离子型表面活性剂：如聚山梨酯类（即吐温，O/W 型）、脂肪酸山梨坦类（即司盘，W/O 型）、卖泽（O/W 型）、苄泽（O/W 型）、泊洛沙姆（O/W 型）等。

2. 天然乳化剂 亲水性强，在水中黏度大，对乳化液有较强稳定作用，易霉变而失去乳化作用，宜新鲜配制使用。使用这类乳化剂需加入防腐剂。

(1) 阿拉伯胶：为阿拉伯胶的钙、镁、钾等盐的混合物，适用于乳化植物油形成 O/W 型乳剂，作为内服制剂的乳化剂，使用浓度为 10%～15%，在 pH4～10 范围内乳浊液较稳定，单用时易分层，常与西黄蓍胶、果胶、琼脂等合用。

(2) 西黄蓍胶：O/W 型乳化剂，乳化能力较差，很少单独使用，常与阿拉伯胶配伍使用，黏度在 pH 为 5 时最大。

(3) 白芨胶：本品为植物胶质，溶于水中可形成浓稠的胶浆，2%～3% 白芨胶对植物油、脂肪、液体石蜡或挥发油均有乳化作用，形成 O/W 乳剂可作为阿拉伯胶的代用品。

(4) 卵黄：卵黄含 7% 卵磷脂，因卵磷脂有较强极性基团，通常易形成 O/W 型乳剂，为内服或外用制剂的良好乳化剂，但应防腐。

(5) 羊毛脂：羊毛脂可形成 W/O 型乳剂，多用于外用软膏。

3. 微粒型乳化剂

一些颗粒细微的、不溶性固体粉末可作为水、油两相的乳化剂，乳化时可被吸附在油水界面，形成乳剂。形成乳剂的类型由接触角 θ 决定，一般 $\theta < 90°$ 易被水润湿，形成 O/W 型乳剂；$\theta > 90°$ 易被油润湿，形成 W/O 型乳剂。

(1) O/W 型乳剂：$Mg(HO)_2$、$Al(OH)_3$、SiO_2 硅皂土等；

(2) W/O 型乳剂：$Ca(OH)_2$、$Zn(OH)_2$、硬脂酸镁等。

4. 辅助乳化剂 是指与乳化剂合并使用能增加乳剂稳定性的乳化剂。辅助乳化剂的乳化能力一般很弱或无乳化能力，但能提高乳剂的黏度，并能增强乳化膜的强度，防止乳滴合并。

(1) 增加水相黏度的辅助乳化剂：羧甲基纤维素钠、甲基纤维素、羟甲基纤维素钠、羟丙基纤维素、海藻酸钠、琼脂、西黄蓍胶、阿拉伯胶、黄原胶、果胶、琼脂、硅皂土等。

(2) 增加油相黏度的辅助乳化剂：蜂蜡、鲸蜡醇、硬脂酸、硬脂醇、单硬脂酸甘油酯等。

(三) 乳化剂的选择

乳化剂应分散度大，稳定性好，受外界因素影响小，分散相浓度增大时不转相，不受微生物分解和破坏，毒性和刺激性小。乳化剂的选择应根据乳剂的类型、给药途径、所含药物的性质、乳化方法等综合考虑，适当选择。

1. **根据乳剂的类型选择** O/W型乳剂应选择O/W型乳化剂，或W/O型乳剂应选择W/O型乳化剂。乳化剂的HLB值为这种选择提供了重要的依据。

2. **根据乳剂给药途径选择**

（1）内服乳剂：为供内服的稳定的O/W型乳剂，所用的乳化剂必须无毒、无刺激性。一般应选择天然高分子乳化剂，如西黄蓍胶、阿拉伯胶等。根据需要也可选择毒性较小的非离子型表面活性剂，如聚山梨酯类、泊洛沙姆等。

（2）外用乳剂：可选用局部无刺激性的表面活性剂。W/O型乳剂可在皮肤上留下保护油层，且不易洗去，通常用肥皂、长链的胺和醇及固体微粒作为乳化剂。因高分子溶液干后易结膜，一般不宜作为外用乳剂的乳化剂。

（3）肌内注射乳剂：可选用非离子型表面活性剂，如吐温80等。

（4）静脉注射乳剂：可选用非离子型表面活性剂，如普郎尼克（Pluronic）F-68或精制豆磷脂、卵磷脂等。

3. **根据乳化剂的性能选择** 选择乳化剂时还要考虑乳化剂的性能以及温度、电解质的影响，油相所需的HLB值与乳化剂的HLB值相接近时（保持0.5~1.0差值范围内为好），才能制得稳定的乳剂。

4. **混合乳化剂的选择** 为了发挥乳化剂的良好效果，增强乳剂的稳定性，调节乳剂的柔润性和涂展性能，通常将两种或以上的乳化剂混合使用，以求达到最佳效果。乳化剂混合使用，必须符合油相对HLB值的要求。

混合乳化剂的优点：①每种油都需一定的HLB值的乳化剂，HLB值高的与HLB值低的混合使用，可调节HLB，以改变乳化剂的亲油亲水性。如磷脂与胆固醇混合比例为10:1时，可形成O/W型乳剂，比例为6:1时，则形成W/O型乳剂。②可产生稳定的复合凝集膜，使乳剂更稳定。如油酸钠为O/W型乳化剂，与鲸蜡醇、胆固醇混合使用，可形成络合物，增强乳化膜的牢固性。③改善乳剂的黏度，提高乳剂的稳定性。

非离子型乳化剂可混合使用，如聚山梨酯类与脂肪酸山梨坦类等。非离子型乳化剂也可与离子型乳化剂混合使用，但阴离子型乳化剂不能与阳离子型乳化剂混合使用。乳化剂混合使用，必须符合油相对HLB值的要求。乳化油相所需HLB值见表3-2。

表3-2 乳化油相所需HLB值

名称	所需HLB值		名称	所需HLB值	
	W/O型	O/W型		W/O型	O/W型
液体石蜡（轻）	4	10.5	鲸蜡醇	—	15
液体石蜡（重）	4	10.5~12	硬脂醇	—	14
棉子油	5	10	硬脂酸	—	15
植物油	—	7~12	精制羊毛脂	8	15
挥发油	—	9~16	蜂蜡	5	10~16

三、乳剂的形成条件

乳剂是由水相、油相和乳化剂制成，但要制成符合要求的稳定的乳剂，首先必须提供足够的能量使分散相能够分散成微小的乳滴，其次是提供使乳剂稳定的必要条件。

（一）降低表面张力

当水相与油相混合时，用力搅拌即可形成液滴大小不同的乳剂，但很快会合并分层。这是因为形成乳剂的两种液体之间存在界面张力，两相间的界面张力越大，界面自由能也越大，形成乳剂的能力就越小。两种液体形成乳剂的过程，也是两相液体间新界面形成的过程，乳滴越细，新增加的界面就越大，而乳剂粒子的界面自由能也就越大。这时乳剂就有很大的降低界面自由能的趋势，促使乳滴变大甚至分层。为保持乳剂的分散状态和稳定性，必须加入乳化剂，降低两相液体间的界面张力。

（二）加入适宜的乳化剂

加入适宜的乳化剂的意义在于：①乳化剂被吸附于乳滴的界面，使乳滴在形成过程中有效地降低表面张力或表面自由能，有利于形成和扩大新的界面。②同时在乳剂的制备过程中不必消耗更大的能量，以至用简单的振摇或搅拌的方法，就能形成具有一定分散度和稳定的乳剂。所以适宜的乳化剂，是形成稳定乳剂的必要条件。

乳化剂分子中含有亲水基和亲油基。形成乳剂时，亲水基伸向水相，亲油基伸向油相。若亲水基大于亲油基时，乳化剂伸向水相的部分较大，使水的表面张力降低很大，可形成 O/W 型乳剂；若亲油基大于亲水基时，则可形成 W/O 型乳剂。所以乳化剂亲水、亲油性是决定乳剂类型的主要因素。

（三）形成牢固的乳化膜

乳化剂被吸附于乳滴周围，有规律的定向排列成膜，不仅降低油、水间的界面张力和表面自由能，而且可阻止乳滴的合并。在乳滴周围形成的乳化剂膜称为乳化膜（emulsifing layer）。乳化剂在乳滴表面上排列越整齐，乳化膜就越牢固，乳剂也就越稳定。乳化膜有以下 4 种类型。

1. **单分子乳化膜**　表面活性剂类乳化剂被吸附于乳滴表面，有规律的定向排列成单分子乳化剂层，称为单分子乳化膜，增加了乳剂的稳定性。若乳化剂是离子型表面活性剂，形成的单分子乳化膜是离子化的，乳化膜本身带有电荷，由于电荷互相排斥，阻止乳滴的合并，使乳剂更加稳定。

2. **多分子乳化膜**　亲水性高分子化合物类乳化剂，在乳剂形成时被吸附于乳滴的表面，形成多分子乳化剂层，称为多分子乳化膜。强亲水性多分子乳化膜不仅阻止乳滴的合并，也增加分散介质的黏度，使乳剂更稳定，如阿拉伯胶作为乳化剂就能形成多分子乳化膜。

3. **固体微粒乳化膜**　作为乳化剂使用的固体微粒对水相和油相有不同的亲和力，因而对油、水两相界面张力有不同程度的降低，在乳化过程中固体微粒被吸附于乳滴表面，在乳滴表面上排列成固体微粒膜，起阻止乳滴合并的作用，增加乳滴的稳定性。这样的固体微粒层称为固体微粒乳化膜，如硅皂土、氢氧化镁等都可作为固体微粒乳化剂使用。

4. **复合凝聚膜**　由两种或两种以上的不同乳化剂组成的界面膜，称为复合凝聚膜。如胆固醇与十六烷基硫酸钠、鲸蜡醇与硬脂酸钠等，制成的乳剂非常稳定。

四、乳剂的制备

（一）乳剂的制备方法

处方设计原则：①连续相体积大于分散相体积；②根据乳剂的不同类型，选用和油相 HLB 值相等或接近的乳化剂或混合乳化剂；③根据不同的给药途径，选择适宜的辅助乳化剂以调节乳剂的黏度，从而使乳剂具有合适的流变性；④乳剂中应根据原料的不同以及乳剂的用途，加入相应的防腐剂和抗氧剂。

（二）制备工艺

1. **湿胶法** 亦称水中乳化剂法。先将乳化剂（胶）溶解或混悬于水中研匀，然后逐渐加入油相研磨或用力搅拌使之分散成初乳，最后加水至全量，混匀即得。初乳中油、水、胶的比例与干胶法相同。

2. **干胶法** 亦称油中乳化剂法。将乳化剂（胶）先与全量油相混合研磨均匀，再加一定量的水，继续研磨使其分散成初乳，再逐渐加水至全量。初乳中油、水、胶有一定的比例，植物油类的比例是 4∶2∶1；挥发油的比例是 2∶2∶1；液体石蜡的比例是 3∶2∶1。所用胶粉通常是阿拉伯胶或阿拉伯胶与西黄蓍胶的混合胶，用其他胶做乳化剂时其比例应有所改变。

干胶法举例：鱼肝油乳剂。

【处方】鱼肝油　　　　　　500mL　　　　　糖精钠　　　　　　0.1g
　　　　挥发杏仁油　　　　1mL　　　　　　尼泊金乙酯　　　　0.5g
　　　　阿拉伯胶（细粉）　125g　　　　　　西黄蓍胶（细粉）　7g
　　　　纯化水　　　　　　加至 1 000mL

【制备】取鱼肝油、西黄蓍胶粉和阿拉伯胶粉置干燥乳钵内，研匀后一次加入纯化水 250mL，不断用力向一个方向研磨至稠厚的初乳，加糖精钠水溶液（糖精钠加少许纯化水）、挥发杏仁油、尼泊金乙酯，加适量纯化水使成 1 000mL，研匀即得。

【作用与用途】维生素类药，用于防治夜盲症、骨软化症、佝偻病等。

【注解】①西黄蓍胶是辅助乳化剂，糖精钠是矫味剂，尼泊金乙酯具有防腐作用，挥发杏仁油为芳香剂。②本品为 O/W 型乳剂，但在制备初乳时，添加的水不足或加水过慢易形成 W/O 型初乳，加水研磨稀释，难以转型且极易破裂。③本品也可用湿胶法制备。

3. **交替加液法** 此法是将油和水分次少量地交替加入乳化剂中。如制 O/W 乳剂，将一部分油加入所有的油溶性乳化剂中混合，在搅拌条件下加入含全部水溶性乳化剂的等量水溶液，研磨乳化，剩余部分的油和水交替加入，如此交替相加 3~4 次即可制成最终的乳剂。此法由于两相液体的少量交替混合，黏度较大而有利于乳化，如用琼脂、海藻酸钠和卵磷脂等乳化剂制备乳剂时常用此法。

4. **转相乳化法** 先将乳化剂在油相中溶解或熔化，然后在缓慢搅拌下将预热的水相加入热的油相中，开始形成 W/O 型乳剂，随着水相体积的增加，黏度突然下降，转相变型为 O/W 型乳剂。若制备 W/O 型乳剂，则先将油相加入水相中，由 O/W 型乳剂转型为 W/O 型乳剂，这种方法制得的乳剂粒径较细。

5. 新生皂法 此法是将植物油与含有碱的水相分别加热至一定的温度，混合搅拌使发生皂化反应，生成的皂类乳化剂随即乳化而制得稳定的乳剂。由于植物油中一般含有少量的游离脂肪酸，故可以和碱如氢氧化钙、氢氧化钠等发生皂化反应。一般来说，和氢氧化钠、氢氧化钾或三乙醇胺等生成的一价皂是 O/W 型乳化剂；和氢氧化钙等生成的二价皂是 W/O 型乳化剂。

6. 直接匀化法 此法主要适合于含表面活性剂的乳剂制备。由于表面活性剂乳化能力强，直接将预热好的水相和油相及处方成分加入乳化设备中（如高效匀乳器）乳化即得。

（三）乳剂中药物加入的方法

若药物能溶于油相，可先加于油相液体中，然后制成乳剂；若药物溶于水相，则将药物先溶于水相液体中再制成乳剂；若药物不溶于油相也不溶于水相，可与亲和性大的液相研磨，再制成乳剂；也可以在制成的乳剂中研磨药物，使药物均匀混悬。

（四）影响乳剂制备的因素

乳化过程一般不能自发进行，而要受到很多因素的影响。

1. 温度 乳剂的黏度越大，所需乳化功越大，乳化越困难。升高温度，不但能降低黏度而且能降低界面张力，因此温度升高易于乳化。但属于胶体物质的乳化剂在高温下其网状结构易于破坏，所以适宜的乳化温度在 70℃ 左右。若是非离子型表面活性剂为乳化剂时，乳化温度不应超过该表面活性剂的昙点。

2. 界面张力 乳化所需的功越小，就越容易制备成乳剂，加入能降低界面张力的乳化剂，需要的乳化功小，制备的乳剂也稳定。如分别用表面活性剂和阿拉伯胶作为乳化剂，前者需要的乳化功小，只要用手振摇或机械搅拌就能制得乳剂；后者需借助乳匀机搅动，用很大的乳化功才能制得相等分散度的乳剂。

3. 乳化时间 完成乳化所需的时间取决于乳化剂的乳化能力的大小、乳剂量、分散度要求、乳化器械效率等情况。乳化剂的乳化能力越大、乳化器械效率高，所需时间短；制备乳剂的量大、均匀分散度要求高，所需时间长。

4. 乳化剂的用量 乳化剂一经选定，其用量一般为乳剂的 0.5%～10%，用量过少不能够完全包裹小液滴，形成的乳剂必然不稳定；用量过多也可能会引起乳化剂不完全溶解，或外相过于黏稠不利于倾倒等。因此制备不同乳剂时，乳化剂的最佳用量应通过小量试制来确定。

5. 水质 制备乳剂需用纯化水，不能使用硬水，因硬水中 Ca^{2+}、Mg^{2+} 对乳剂的稳定产生不良影响，特别是一价肥皂类乳化剂容易发生转型。

五、乳剂的不稳定性

乳剂属于热力学不稳定的非均相体系，其稳定性与自身的性质和外界条件有关。乳剂的不稳定性主要表现在分层、破裂、转型和酸败等方面。

（一）分层

乳剂在放置过程中，分散相液滴会逐渐集中在顶部和底部，这种现象称为分层（creaming）

（或称乳析）。这是由于体系中分散相和连续相的密度不同，分散相小液滴在体系中运动，因油的密度小于水，故 O/W 型乳剂会出现分散相上浮，W/O 型乳剂会出现分散相下沉的现象。两相密度差越大、液滴半径越大、外相黏度越小，分层速度就越快。离心可使重力加速度增大，而使分层速度增大。因此，可用减慢两相分离来防止分层。具体方法有两种：

1. **减小分散相粒径** 分散相液滴半径缩小一半，分层速度可减小 4 倍。
2. **增加连续相的黏度** 连续相黏度的增大，使分散相液滴的运动速度减小，也减小了连续相互相碰撞的机会。所以，常加入亲水胶如琼脂、羧甲基纤维素等来增加连续相黏度以阻止分层。

分层后的乳剂、分散相的小液滴并未破碎，因此稍加振摇即可重新分散成均匀的乳剂。

（二）絮凝

乳剂中分散相液滴发生可逆的聚集现象称为絮凝。分散相液滴界面所带电荷和界面膜，能阻止聚集的液滴合并。絮凝与合并的区别在于絮凝仍有界面膜的作用，保持液滴的完整。乳剂分散相的絮凝与黏度、流变性有关，絮凝作用限制了粒子的移动，产生了网状结构，使乳剂黏度增大，但絮凝的出现说明乳剂的稳定性已降低，通常是乳剂破裂的前奏。

（三）转型

乳剂由 O/W 型转变为 W/O 型或由 W/O 转变为 O/W 的现象称为转型或转相（phase inversion）。其原因主要是乳化剂 HLB 值的改变和相体积比的改变。

当乳剂中加入了某些反型乳化剂或使用的混合乳化剂的混合比例改变时，如用油酸钠作为 O/W 乳剂的乳化剂，若在此乳剂中加入一定 $CaCl_2$ 溶液，油酸钠变成油酸钙，则成为 W/O 型的乳化剂，使乳剂的类型发生改变。乳剂的类型主要取决于乳化剂的性质，但当分散相的体积比达到 74% 以上时，乳剂容易转型或破裂，如在 W/O 型的乳剂中加很多的水，可能会转变为 O/W 型乳剂。

（四）破裂

因各种原因使乳剂的分散相液滴合并进而分成油水两层，振摇也不能恢复成原有乳剂的现象称为破裂。乳剂因破裂发生的分层、合并是不可逆的。

影响因素主要有：①温度的升高使乳化剂变性或水解，界面膜发生改变，乳化剂失去乳化能力，加速了乳剂的破裂；②加入了两相均能溶解的液体，如丙酮等；③电解质或某些脱水剂（如乙醇等）的加入，使亲水胶盐析失去乳化能力；④加入了类型相反的乳化剂，破坏了原有的界面膜；⑤pH 的改变影响了亲水胶黏度和乳剂界面膜的机械强度以及离子型乳化剂的乳化能力；⑥微生物的污染等。

（五）酸败

乳剂受外界因素（光、热、空气等）及微生物的影响，使乳剂中的成分如油脂、乳化剂等发生变化，引起变质的现象称为乳剂的酸败。乳剂长期露置于空气中，植物油易酸败；挥发油、乳化剂及部分药物可能发生自氧化反应；微生物繁殖时产生的代谢物；水解或氧化等，都是乳剂酸败的原因。所以，乳剂中常加入一些抗氧剂、防腐剂如抗坏血酸、苯甲酸及其盐类、山梨酸、尼泊金等以防止乳剂的酸败。

六、乳剂的质量评定

乳剂给药途径不同，其质量要求也各不相同，很难制定统一的质量标准，但对乳剂的质量必须有最基本的评定。

（一）乳剂粒径大小的测定

乳剂粒径大小是衡量乳剂质量的重要指标。不同用途的乳剂对粒径大小的要求不同，如静脉注射乳剂，其粒径可在 $0.5\mu m$ 以下。其他用途的乳剂粒径也都有不同要求。乳剂粒径的测定方法有以下几种：

1. **显微镜测定法** 用光学显微镜可测定粒径范围在 $0.2\sim100\mu m$ 的粒子，测定粒子数不少于 600 个。

2. **库尔特计数器测定法** 库尔特计数器可测定粒径范围为 $0.6\sim150\mu m$ 粒子和粒度分布。方法简便、速度快，可自动记录并绘制分布图。

3. **激光散射光谱法** 样品制备容易，测定速度快，可测定粒径 $0.01\sim2\mu m$ 范围的粒子，最适于静脉乳剂的测定。

4. **透射电镜（TEM）法** 可测定粒子大小及分布，可观察粒子形态，测定粒径范围 $0.01\sim20\mu m$。

（二）分层现象的观察

乳剂经长时间放置，粒径变大，进而产生分层现象。这一过程的快慢是衡量乳剂稳定性的重要指标。为了在短时间内观察乳剂的分层，用离心法加速其分层，用 4 000r/min 离心 15min，如不分层可认为乳剂质量稳定。此法可用于比较各种乳剂间的分层情况，以估计其稳定性。将乳剂置 10cm 离心管中以 3 750r/min 速度离心 5h，相当于放置 1 年的自然分层的效果。

（三）乳滴合并速度测定

乳滴合并速度符合一级动力学规律，其直线方程为：

$$\mathrm{Log}N=\mathrm{log}N_0-Kt/2.303$$

式中，N、N_0 分别为 t 和 t_0 时间的乳滴数；K 为合并常数；t 为时间。

测定随时间 t 变化的乳滴数 N，求出合并速度常数 K，估计乳滴合并速度，用以评价乳剂稳定性大小。

（四）稳定常数的测定

乳剂离心前后光密度变化百分率称为稳定常数，用 K_e 表示，其表达式如下：

$$K_e=(A_0-A)/A\times100\%$$

式中，A_0 为未离心乳剂稀释液的吸光度；A 为离心后乳剂稀释液的吸光度。

测定方法：取乳剂适量于离心管中，以一定速度离心一定时间，从离心管底部取出少量乳剂，稀释一定倍数，以蒸馏水为对照，用比色法在可见光某波长下测定吸光度 A。同法测定原乳剂稀释液吸收度 A_0，代入公式计算 K_e。离心速度和波长的选择可通过试验加以确定，K_e 值越小乳剂越稳定，本法是研究乳剂稳定性的定量方法。

第八节 其他外用液体制剂

除外用溶液剂外,兽医临床上使用的其他外用液体制剂主要是涂剂、浇泼剂、滴剂、乳头浸剂和浸洗剂,这些制剂是指药物与适宜溶剂或分散介质制成的,通过体表给药以产生局部或全身作用的溶液、混悬液或乳状液以及供临用前稀释的高浓度液体制剂。

(一) 涂剂

涂剂(pigmentum)系指药物与适宜溶剂、透皮促进剂制成的涂于动物特定部位,通过皮肤吸收而达到治疗目的的液体制剂。

涂剂一般以醇或其他有机溶剂作为赋形剂,内含药物大多数具有抑制霉菌、腐蚀或软化角质等作用,其特点在用药方法上限于局部患处。由于刺激性较强,使用时应注意勿沾染正常皮肤或黏膜。

溶剂除纯化水外,常用乙醇、甘油、氮酮、丙酮等。应注意避免挥发损失,应密闭、避光、阴凉处保存。

例:复方乳酸涂剂。

【处方】 乳酸　　　500mL
　　　　 碘酊　　　500mL
　　　　 乙醇　　　适量
　　　　 共制成 1 000mL

【制备】取乳酸、碘酊(10%),再加乙醇至全量,混匀,分装,即得。

【作用与用途】抗真菌药。用于治疗家畜皮肤癣症。

(二) 浇泼剂

浇泼剂(pour-on solution)是指药物与适宜溶剂制成的浇泼于动物体表的澄清液体制剂。由于浇泼剂在皮肤上分散和吸收,故使用量通常在 5mL 以上,使用时沿动物的背中线进行浇泼。如阿维菌素浇泼剂。

(三) 滴剂

滴剂(drops)是指药物与适宜溶剂或分散介质制成的,滴至动物的头、背等部位进行局部给药的液体制剂。滴剂的使用量通常在 10mL 以下。

(四) 乳头浸剂

乳头浸剂(nipple infusion)是指药物与适宜溶剂或分散介质制成的,用于乳头浸洗的液体制剂。乳头浸剂供奶牛挤奶前或挤奶后(必要时)浸洗乳头用,降低乳头表面的病原微生物污染,通常含有保湿剂以滋润和软化皮肤。

(五) 浸洗剂

浸洗剂(bathing preparation)是指药物与适宜溶剂或分散介质制成的,对动物进行全身浸浴的液体制剂。

思 考 题

1. 液体制剂有何特点？常用的溶剂有那些？
2. 常用的防腐剂及其用量是什么？
3. 影响混悬剂沉降稳定性的因素有哪些？
4. 乳剂常见的不稳定现象有哪些？

第四章 灭菌制剂与无菌制剂

灭菌制剂与无菌制剂主要是指直接注入动物体内或直接接触创伤面、黏膜等的一类制剂。灭菌制剂（sterilize preparation）是指采用某一物理、化学方法杀灭或除去所有活的微生物繁殖体和芽胞的一类药物制剂。无菌制剂系指采用某一无菌操作方法或技术制备的不含任何活的微生物繁殖体和芽胞的一类药物制剂。

灭菌制剂与无菌制剂包括注射剂，如小容量注射剂、大容量注射剂、注射用无菌粉末等；眼用制剂；植入型制剂；子宫灌注剂、乳房注入剂等。

第一节 空气净化技术与空气滤过技术

一、空气净化技术

空气净化是指以创造洁净空气为目的的空气调节措施。根据不同行业的要求和洁净标准，可分为工业净化和生物净化。空气净化技术是指为达到某种净化要求所采用的净化方法，是一项综合性技术，该技术不仅着重采用合理的空气净化方法，而且必须对建筑、设备、工艺等采用相应的措施和严格的维护管理。

工业净化是指除去空气中的悬浮的尘埃粒子，以创造洁净的空气环境，如电子工业等。在某些特殊环境中，可能还有除臭、增加空气负离子等要求。生物净化是指不仅除去空气中悬浮的尘埃粒子，而且要求除去微生物等以创造洁净的空气环境。如制药工业、生物学实验室、医院手术室等均需要生物净化。

二、洁净室的净化标准

洁净室的净化标准在世界各国均有规定，一般是参照国际通行标准并结合自身国家的具体情况而制定。我国兽药 GMP 对净化室的要求也是参照美国的联邦标准 209 修订而成。

（一）含尘浓度的表示方法

主要有计数浓度和质量浓度，即单位体积空气中所含粉尘的个数（计数浓度）或质量（质量浓度）。

（二）常用的净化方法

常见的净化方法可分为三大类：

1. **一般净化** 以温度、湿度为主要指标的空气调节，可采用初效滤过器。
2. **中等净化** 除对温度、湿度有要求外，对含尘量和尘埃粒子也有一定指标（如允许含尘量为 0.15～0.25mg/m³，尘埃粒子不得≥1.0μm)。可采用初、中效二级滤过。

3. 超净净化 除对温、湿度有要求外，对含尘量和尘埃粒子有严格要求，含尘量采用计数浓度。该类空气净化必须经过初、中、高效滤过器才能满足要求。

（三）空气净化标准

目前世界各国在净化度标准方面尚未统一。我国《兽药生产质量管理规范》中净化度标准见表 4-1。

表 4-1 《兽药生产质量管理规范》规定的空气洁净度级别

洁净级别	尘粒最大允许数（m³）		微生物最大允许数（静态）		换气次数
	≥0.5μm	≥5μm	浮游菌（m³）	沉降菌（φ90皿·0.5h）	
100 级	3 500	0	5	0.5	附注
10 000 级	350 000	2 000	50	1.5	≥20 次/h
100 000 级	3 500 000	20 000	150	3	≥15 次/h
300 000 级	10 500 000	60 000	200	5	≥10 次/h

注：0.8m 高的工作区的截面最低流速：垂直单向流 0.25m/s，水平单向流 0.35m/s。

从表 4-1 可知，洁净室必须保持正压，即按洁净度等级的高低依次相连，并有相应的压差，以防止低级洁净室的空气逆流至高级洁净室中。除有特殊要求外，我国洁净室要求，室温为 18～26℃，相对湿度为 40%～60%。

三、空气滤过技术

洁净室的空气净化技术一般采用空气滤过法，当含尘空气通过具有多孔滤过介质时，粉尘被微孔截留或孔壁吸附，达到与空气分离的目的。该方法是空气净化中经济有效的关键措施之一。

（一）空气滤过机理与影响因素

1. 空气滤过机理 按尘粒与滤过介质的作用方式，可将空气滤过机理分为拦截作用和吸附作用。

（1）拦截作用：是指当粒径大于纤维间的间隙时，由于介质微孔的机械屏障作用截留尘粒，属于表面滤过。

（2）吸附作用：是指当粒径小于纤维间隙的细小粒子通过介质微孔时，由于尘埃粒子的重力、分子间范德华力、静电、粒子运动惯性及扩散等作用，与纤维表面接触被吸附，属于深层滤过。

2. 影响空气滤过的主要因素

（1）粒径：粒径越大，拦截、惯性、重力沉降作用越大，越易除去；反之，越难除去。

（2）滤过风速：在一定范围内，风速越大，粒子惯性作用越大，吸附作用增强，扩散作用降低，但过强的风速易将附着于纤维的细小尘埃吹出，造成二次污染，因此风速应适宜；风速小，扩散作用强，小粒子越易与纤维接触而吸附，常用极小风速捕集微小尘粒。

(3) 介质纤维直径和密实性：纤维越细、越密实，拦截和惯性作用增强，但阻力增加，扩散作用减弱。

(4) 附尘：随着滤过的进行，纤维表面沉积的尘粒增加，拦截作用提高，但阻力增加，当达到一定程度时，尘粒在风速的作用下，可能再次飞散进入空气中，因此滤过器应定期清洗，以保证空气质量。

（二）空气滤过器与滤过特性

1. 空气滤过器 空气滤过器常以单元形式组成，即将滤材装入金属或木质框架内组成一个单元滤过器，再将一个或多个单元滤过器安装到通风管道或空气滤过箱内，组成空气滤过系统。单元滤过器一般可分为板式、契式、袋式和折叠式空气滤过器。

(1) 板式空气滤过器：是最常用的初效滤过器，亦称预滤过器。通常置于上风侧的新风滤过，主要滤除粒径大于 $5\mu m$ 的浮尘，且有延长中、高效滤过器寿命的作用。

(2) 契式和袋式空气滤过器：用于中效滤过，两种空气滤过器的外形、结构均相似，仅滤材不同，主要用于滤除大于 $1\mu m$ 的浮尘，一般置于高效滤过器之前。

(3) 折叠式空气滤过器：由于滤材折叠装置，减小了通滤过材的有效风速，对微米级尘粒捕集效率高，用于高效滤过，主要滤除小于 $1\mu m$ 的浮尘，对粒径 $0.3\mu m$ 的尘粒的滤过效率在99.97%以上，一般装于通风系统的末端，必须在中效滤过器保护下使用。其特点是效率高、阻力大、不能再生、有方向性（正反方向不能倒装）。

2. 空气滤过器的特性

(1) 滤过效率（η）：是滤过器主要参数之一，具有评价滤过器除去尘埃能力大小的作用，滤过效率越高，除尘能力越大。

$$\eta = (C_1 - C_2)/C_1 = 1 - C_2/C_1$$

式中，C_1、C_2 分别表示滤过前后空气的含尘量；当含尘量以计数浓度表示时，η 为计数效率；当含尘量以质量表示时，η 为计重效率。

在空气净化过程中，实际上，一般采用多极串联滤过，其滤过效率为：

$$\eta = (C_1 - C_n)/C_1 = 1 - (1-\eta_1)(1-\eta_2)\cdots(1-\eta_n)$$

(2) 穿透率（K）和净化系数（K_c）：穿透率 K 是指滤器滤过后和滤过前的含尘浓度比，表明滤过器没有滤除的含尘量，穿透率 K 越大，滤过效率越差，反之亦然。

$$K = C_2/C_1 = 1 - \eta$$

净化系数 K_c 是指滤过后含尘浓度降低的程度。以穿透率的倒数表示，数值越大，净化效率越高。

$$K_c = 1/K = C_1/C_2$$

(3) 容尘量：是指滤过器允许积尘的最大量。一般容尘量定为阻力增大到最初阻力的两倍或滤过效率降至初值的 85% 以下的积尘量。超过容尘量，阻力明显增加，捕尘能力明显下降，且易发生附尘的再飞散。

四、洁净室的设计

兽药生产企业应按照药品生产种类、剂型、生产工艺和要求等，将生产厂区合理划分区域。

通常可分为一般生产区、控制区、洁净区和无菌区。根据 GMP 设计要求，一般生产区无洁净度要求；控制区的洁净度要求为 10 万级；洁净区的洁净度要求为 1 万级（亦称一般无菌工作区）；无菌区的洁净度要求为 100 级。本节主要介绍 1 万级洁净室的设计。

(一) 洁净区的布局

洁净区一般分为洁净室、风淋、缓冲室、更衣室、洗澡室和卫生间等区域构成。

各区域的连接必须在符合生产工艺的前提下，明确人流、物流和空气流的流向（洁净度从高到低），确保洁净室内的洁净度要求。基本原则是：洁净室面积应合理，室内设备布局尽量紧凑，尽量减少面积；同级别洁净室尽可能相邻；不同级别的洁净室由低级向高级安排，彼此相连的房间之间应设隔离门，门应向洁净度高的方向开启，各级洁净室之间的正压差一般设计在 10Pa 左右；洁净室内一般不设窗户，若需窗户，应以封闭式外走廊隔离窗户和洁净室；洁净室门应密闭，人、物进出口处装有气阀；光照度应大于 300lx；无菌区紫外灯一般安装在无菌工作区上方或入口处。

(二) 洁净室对人、物及内部结构的要求

洁净室的设计方案、所用材料是保证洁净室洁净度的基础，但洁净室的维护和管理同样十分重要。一般认为设备和管理不善造成的污染各占 50%。

1. 人员要求 人员是洁净室粉尘和细菌的主要污染源。如人体皮屑、唾液、头皮、纤维等污染物质。为了减少人员污染，操作人员进入洁净室之前，必须水洗（洗手、洗脸、淋浴等），更换衣、鞋、帽，风淋。服饰应专用，头发不得外露，尽量减少皮肤外露；衣料采用发尘少、不易吸附、不易脱落的编制紧密尼龙、涤纶等化纤织物。

2. 物件要求 物件包括原料、仪器、设备等，这些物件在进入洁净室前均需洁净处理。长期置于洁净室内的物件应定时净化处理，流动性物料一般按一次通过方式，边灭菌边送入无菌室内。如安瓿和大容量注射液瓶经洗涤、干燥、灭菌后，采用输送带将灭菌容器经洁净区隔离的传递窗送入无菌室。由于传递窗一般设有气幕或紫外灯，以及洁净室内的正压，可防止尘埃进入洁净室。亦可将灭菌柜（一般为隧道式）安装在传递窗内，一端开门于生产区，另一端开门于洁净室，物料从生产区装入灭菌柜，灭菌后经另一端（洁净室）取出。

3. 内部结构要求 主要对地面和墙壁所有材料以及设计有一定的要求：材料应防湿、防霉、不易裂开、燃烧、耐磨性、导电性好，经济实用等；而设计应满足不易染尘、便于清洗等。

(三) 洁净室的空气净化系统

1. 空气净化系统的设计要求 空气净化系统是保证洁净室洁净度的关键，该系统的优劣直接影响产品质量。

空气中所含尘粒的粒径分布较广，为了有效地滤除各种不同粒径的尘埃，高效空气净化系统采用三级滤过装置：初效滤过→中效滤过→高效滤过。中效空气净化系统采用二级滤过装置：初效滤过→中效滤过。系统中风机不仅具有送风作用，而且使系统处于正压状态。洁净室常采用侧面和顶部的送风方式，回风一般安装在墙下。

局部净化是彻底消除人为污染，降低生产成本的有效方法，特别适合于洁净度需 100 级要求的区域。一般采用洁净操作台、超净工作台、生物安全柜和无菌小室等，安装在 10 000 级洁净区内。局部净化对大容量注射液和注射液的灌封、滴眼剂和粉针的分装等局部工序具有较好的实用价值。

超净工作台是最常用的局部净化装置,其工作原理是使洁净空气(经高效滤过器后)在操作台形成低速层流气流,直接覆盖整个操作台面,以获得局部100级的洁净环境。送风方式有水平层流和垂直层流。其特点是设备费用少,可移动,对操作人员的要求相对较少。

2. 气流要求 由高效滤过器送出的洁净空气进入洁净室后,其流向的安排直接影响室内洁净度。气流形式有层流和乱流。

层流亦称平行流,是指空气流线呈同向平行状态,各流线间的尘埃不易相互扩散。该气流即使遇到人、物等发尘体,进入气流中的尘埃也很少扩散到全室,而是随平行流迅速流出,保持室内洁净度,常用于100级洁净区。

层流分为水平层流和垂直层流。垂直层流以高效滤过器为送风口,布满顶棚,地板全部为回风口,使气流自上而下的流动;水平层流的送风口布满一侧墙面,对应墙面为回风口,气流以水平方向流动。

乱流亦称紊流,是指空气流线呈不规则状态,各流线间的尘埃易相互扩散。乱流可获得10 000~100 000级的洁净空气。

第二节 灭菌与无菌技术

一、概 述

采用灭菌与无菌技术的主要目的是杀灭或除去所有微生物繁殖体和芽胞,最大限度地提高药物制剂的安全性,保护制剂的稳定性,保证制剂的临床疗效。因此,研究、选择有效的灭菌方法,对保证产品质量具有重要意义。

(一)灭菌和灭菌法

1. 灭菌(sterilization) 是指用物理或化学等方法杀灭或除去所有致病和非致病微生物繁殖体和芽胞的过程。

2. 灭菌法(the technique of sterilization) 是指杀灭或除去所有致病和非致病微生物繁殖体和芽胞的方法或技术。灭菌法可分为:物理灭菌法(包括干热灭菌、湿热灭菌、射线灭菌和滤过灭菌法)和化学灭菌法(包括气体灭菌法和化学药剂灭菌法)。

(二)无菌和无菌操作法

1. 无菌(sterility) 是指在任一指定物体、介质或环境中,不得存在任何活的微生物。

2. 无菌操作法(aseptic technique) 是指在整个操作过程中利用或控制一定条件,使产品避免微生物污染的一种操作方法或技术。

(三)防腐和消毒

1. 防腐(antisepsis) 是指用物理或化学方法抑制微生物的生长与繁殖,亦称抑菌。具有抑制微生物生长繁殖的物质称抑菌剂或防腐剂。

2. 消毒(disinfection) 是指用物理或化学等方法杀灭或除去病原微生物的过程。能杀灭或除去病原微生物的物质称消毒剂。

二、灭菌与无菌技术

灭菌与无菌技术包括灭菌法和无菌操作法。灭菌法又包括物理灭菌法和化学灭菌法。

(一) 物理灭菌法

根据蛋白质和核酸具有遇热、遇射线不稳定的特性，采用加热、射线和滤过方法，破坏或除去蛋白质与核酸的技术，称为物理灭菌技术，亦称物理灭菌法。

1. 干热灭菌法 是指在干燥环境（如火焰或干热空气）中进行灭菌的技术。

(1) 火焰灭菌法：是指用火焰直接灼烧灭菌的方法。该法灭菌迅速、可靠、简便，适合于耐火焰材质（如金属、玻璃及瓷器等）的物品与用具的灭菌，不适合于药品的灭菌。

(2) 干热空气灭菌法：是指用高温干热空气灭菌的方法。该法适合于耐高温的玻璃和金属制品以及不允许湿气穿透的油脂类（如油性软膏基质、注射用油等）和耐高温的粉末化学药品的灭菌，不适于橡胶、塑料及大部分药品的灭菌。

在干燥状态下，由于热穿透力较差，微生物的耐热性较强，必须长时间受高热作用才能达到灭菌的目的。因此，干热空气灭菌法采用的温度一般比湿热灭菌法高。为了确保灭菌效果，一般规定为：135～145℃灭菌3～5h；160～170℃灭菌2～4h；180～200℃灭菌0.5～1h。

2. 湿热灭菌法 是指用饱和蒸汽、沸水或流通蒸汽进行灭菌的方法。由于蒸汽潜热大，穿透力强，容易使蛋白质变性或凝固，因此该法的灭菌效率比干热灭菌法高，是药物制剂生产过程中最常用的方法。湿热灭菌法可分类为：热压灭菌法、流通蒸汽灭菌法、煮沸灭菌法和低温间歇灭菌法。

(1) 热压灭菌法：是指用高压饱和水蒸气加热杀灭微生物的方法。该法具有很强的灭菌效果，灭菌可靠，能杀灭所有细菌繁殖体和芽胞，适合于耐高温和耐高压蒸汽的所有药物制剂、玻璃容器、金属容器、瓷器、橡胶塞、滤膜、滤过器等。

在一般情况下，热压灭菌法所需的温度（蒸汽表压）与时间的关系为：115℃（67kPa），30min；121℃（97kPa），20min；126℃（139kPa），15min。在特殊情况下，可通过实验确定合适的灭菌温度和时间。

影响湿热灭菌的主要因素有：①微生物种类与数量：微生物的种类不同，耐热、耐压性能存在很大差异；微生物的不同发育阶段对热、压的抵抗力不同，其耐热、耐压的次序为芽胞＞繁殖体＞衰老体；微生物数量越少，所需灭菌时间越短。②蒸汽性质：蒸汽有饱和蒸汽、湿饱和蒸汽和过热蒸汽。饱和蒸汽热含量较高，热穿透力较大，灭菌效率高；湿饱和蒸汽因含有水分，热含量较低，热穿透力较差，灭菌效率较低；过热蒸汽温度高于饱和蒸汽，但穿透力差，灭菌效率低，且易引起药品的不稳定。因此，热压灭菌应采用饱和蒸汽。③药品性质和灭菌时间：一般而言，灭菌温度越高，灭菌时间越长，药品被破坏的可能性越大。因此，提高灭菌温度和延长灭菌时间时，必须考虑药品的稳定性。在灭菌条件的设计时，应遵循在达到有效灭菌的前提下，尽可能降低灭菌温度和缩短灭菌时间。④其他：介质pH对微生物的生长和活力具有较大影响。一般情况下，在中性环境微生物的耐热性最强，碱性环境次之，酸性环境则不利于微生物的生长和发育；介质中的营养成分越丰富（如含糖类、蛋白质等），微生物的抗热性越强，灭菌温度应适当提高和延长灭菌时间。

卧式热压灭菌柜是一种常用的大型灭菌设备，该设备全部采用合金制成，具有耐高压性能，带有夹套的灭菌柜内备有带轨道的格车。压力表和温度表置于灭菌柜顶部，两压力表分别指示夹套内和柜内蒸汽压力，两表中间为温度表。灭菌柜顶部安有排气阀，以便开始通入加热蒸汽时排尽不凝性气体。

具体操作方法：先开夹套中蒸汽加热 10min，当夹套压力上升至所需压力时，将待灭菌物品置于金属编制篮中，排列于格车架上，推入柜室，关闭柜门，并将门闸旋紧。待夹套加热完成后，将加热蒸汽通入柜内，当温度上升至规定温度（如 121℃）时，计时（此时即为灭菌开始时间），柜内压力表应固定在规定压力（如 97kPa 左右）。灭菌完成后，先关闭蒸汽阀，排气至压力表降至"0"点，开启柜门，灭菌物品冷却后取出。

使用热压灭菌柜时，为保证灭菌效率，应注意以下几点事项。①必须使用饱和蒸汽。②必须排尽灭菌柜内空气。若有空气存在，压力表的指示压力并非纯蒸汽压，而是蒸汽和空气二者的总压，灭菌温度难以达到规定值。实验证明，加热蒸汽中含有 1% 的空气时，传热系数降低 60%。因此，在灭菌柜上往往附有真空装置，以便在通入蒸汽前将柜内空气尽可能抽尽。③灭菌时间应以全部药液温度真正达到所要求的温度时开始计时。由于灭菌柜的表头温度是指灭菌柜内温度，而非灭菌物内温度，最好设计直接测定被灭菌物内温度的装置或使用温度指示剂。④灭菌完毕后的操作必须按照先停止加热，逐渐减压至压力表指针为"0"后，放出柜内蒸汽，使柜内压力与大气压相等，稍稍打开灭菌柜，10~15min 后全部打开，以免柜内外压力表和温度差太大，造成被灭菌物冲出或玻璃瓶炸裂而伤害操作人员，确保安全生产。

（2）流通蒸汽灭菌法：是指在常压下，采用 100℃ 流通蒸汽加热杀灭微生物的方法，灭菌时间通常为 30~60min。该法适用于消毒及不耐高热制剂的灭菌。但不能保证杀灭所有的芽胞，是非可靠的灭菌法。

（3）煮沸灭菌法：是指将待灭菌物置沸水中加热灭菌的方法。煮沸时间通常为 30~60min。该法灭菌效果较差，常用于注射器、灭菌针等器皿的消毒。必要时可加入适量的抑菌剂，如三氯叔丁醇、甲酚、氯甲酚等，以提高灭菌效果。

（4）低温间歇灭菌法：是指将待灭菌物置 60~80℃ 的水或流通蒸汽中加热 60min，杀灭微生物繁殖体后，在室温条件下放置 24h，让待灭菌物中的芽胞发育成繁殖体，再次加热灭菌、放置，反复多次，直至杀灭所有芽胞。该法适合于不耐高温、热敏感物料和制剂的灭菌。其缺点是费时、功效低、灭菌效果差，加入适量抑菌剂可提高灭菌效果。

3. 射线灭菌

（1）辐射灭菌法：是指采用放射性同位素（^{60}Co 和 ^{137}Cs）放射的 γ 射线杀灭微生物和芽胞的方法，辐射灭菌剂量一般为 2.5×10^4 Gy（戈瑞，$1Gy=1J/kg$）。本法适合于热敏物料和制剂的灭菌，常用于维生素、抗生素、激素、生物制品、中药材、中药制剂、医疗器械、药用包装材料及药用高分子材料等物质的灭菌。其特点是不升高产品温度，穿透力强，灭菌效率高；但设备费用较高，对操作人员存在潜在的危险性，对某些药物（特别是溶液型）可能产生药效降低或产生毒性物质和发热物质等。

（2）微波灭菌法：采用微波（频率为 300~300 000MHz）照射产生的热能杀灭微生物的芽

胞的方法。

该法适合液体和固体物料的灭菌,且对固体物料具有干燥作用,其特点是微波能穿透到介质和物料的深部,可使介质和物料表里一致地加热;且具有低温、常压、高效、快速(一般为2～3min)、低能耗、无污染、易操作、易维护、产品保质期长(可延长1/3以上)等特点。

微波灭菌机是利用微波的热效应和非热效应(生物效应)相结合实现灭菌目的的设备,热效应使微生物体内蛋白质变性而失活,非热效应干扰了微生物正常的新陈代谢,破坏微生物生长条件。微波的生物效应使得该技术在低温(70～80℃)时即可杀灭微生物,而不影响药物的稳定性。对热压灭菌不稳定的药物制剂(如维生素C、阿司匹林等),采用微波灭菌则较稳定,降解产物较少。

(3) 紫外灭菌法:是指用紫外线(能量)照射杀灭微生物和芽胞的方法。用于紫外灭菌的波长一般为200～300nm,灭菌力最强的波长为254nm。该方法属于表面灭菌。

紫外线不仅能使核酸蛋白变性,而且能使空气中氧气产生微量臭氧,而达到共同杀菌作用。该法适合于照射物表面、无菌室空气及蒸馏水的灭菌;不适合于药液及固体物料深部的灭菌。由于紫外线是以直线传播,可被不同的表面反射或吸收,穿透力微弱,普通玻璃即可吸收紫外线,因此装于容器中的药物不能用紫外线灭菌。紫外线对人体有害,照射过久易发生结膜炎、红斑及皮肤烧灼等伤害,故一般在操作前开启1～2h,操作时关闭;必须在操作过程中照射时,对操作者的皮肤和眼睛应采用适当的防护措施。

4. 滤过除菌法 是指采用滤过法除去微生物的方法,属于机械除菌方法,所用机械称为除菌滤过器。该法适合于对热不稳定的药物溶液、气体、水等物品的灭菌。灭菌用滤过器应有较高的滤过效率,能有效地除尽物料中的微生物,滤材与滤液中的成分不发生相互交换,滤器易清洗,操作方便等。

为了有效地除尽微生物,滤器孔径必须小于芽胞体积。常用的除菌滤过器有 $0.22\mu m$ 和 $0.3\mu m$ 的微孔滤膜滤器和 G_6 号垂熔玻璃滤器。滤过灭菌应在无菌条件下进行操作,为了保证产品的无菌,必须对滤过过程进行无菌检测。

(二) 化学灭菌法

化学灭菌法是指用化学药品直接作用于微生物而将其杀灭的方法。

对微生物具有触杀作用的化学药品称杀菌剂,可分为气体杀菌剂和液体杀菌剂。杀菌剂仅对微生物繁殖体有效,不能杀灭芽胞。化学灭菌剂的杀灭效果主要取决于微生物的种类与数量、物体表面光洁度或多孔性以及杀菌剂的性质等。化学灭菌的目的在于减少微生物的数目,以保持一定的无菌状态。

1. 气体灭菌法 气体灭菌法是指采用气态杀菌剂(如环氧乙烷、甲醛、丙二醇、甘油和过氧乙酸蒸气等)进行杀菌的方法。该法特别适合环境消毒以及不耐加热灭菌的医用器具、设备和设施等的消毒,也用于粉末注射剂灭菌。但应注意杀菌剂的残留量和与药物可能发生的相互作用。

2. 药液杀菌剂 药液灭菌法是指采用杀菌剂溶液进行杀菌的方法。该法常用作其他灭菌法的辅助措施,适合于皮肤、无菌器具等设备的消毒。常用消毒液有:75%乙醇、1%聚维酮碘溶液、0.1%～0.2%新洁尔灭(苯扎溴铵)、酚或煤酚皂溶液等。

(三) 无菌操作法

无菌操作法是指整个操作过程控制在无菌条件下进行的一种操作方法。该法适合一些不耐热药物的注射剂、腔道用制剂的制备。按无菌操作法制备的产品，一般不再灭菌，但某些特殊（耐热）品种亦可进行再灭菌（如青霉素G等）。最终采用灭菌的产品，其生产过程一般采用避菌操作（尽量避免微生物污染），如大部分注射剂的制备等。

1. 无菌操作室的灭菌　常采用紫外线、气体和液体灭菌法对无菌操作室进行灭菌。

紫外线灭菌是无菌室灭菌的常规方法，应用于间歇和连续操作过程中。一般在每天工作前开启紫外线灯1h左右，操作间歇中亦应开启0.5～1h时。气体灭菌法主要是甲醛溶液加热熏蒸法，无菌较彻底。液体灭菌法是无菌室较常用的辅助灭菌方法，主要用0.1%～0.2%苯扎溴铵溶液或75%乙醇喷洒或擦拭，用于无菌室的空间、墙壁、地面等的灭菌。

2. 无菌操作　无菌操作室、层流洁净工作台和无菌操作柜是无菌操作的主要场所。无菌操作所用的一切物品、器具及环境，均需进行灭菌，如安瓿应150～180℃、2～3h干热灭菌，橡皮塞应在121℃、1h热压灭菌等。操作人员进入无菌操作室前应洗澡，并更换已灭菌的工作服和清洁的鞋子，不得外露头发和内衣，以免造成污染。

大量无菌制剂的生产在无菌操作室内进行，小量无菌制剂的制备常在层流洁净工作台上进行，制剂试制阶段常在无菌操作柜中进行。

第三节　滤　过

滤过（filtration）是指将固液混合物强制通过多孔性介质，使固体沉积或截留在多孔性介质上，而使液体通过，从而达到固—液分离的操作。用于截留固体物质的介质称为滤过介质或滤材。被滤材截留下来的固形物称为滤饼，通过滤材的液体为滤液。溶液型液体药剂、注射液、某些浸出药剂配制后必须经滤过澄清，除去异物（如白点、纤维、未溶结晶或活性炭等）才能进行分装。

滤过有粗滤（预滤）与精滤（末端滤过）两步，粗滤常用的滤材有滤纸、长纤维脱脂棉、绸布、尼龙布、涤纶布等；精滤则多采用滤器如砂滤棒、垂熔玻璃漏斗、滤球、滤棒等。

一、滤过机理与影响因素

(一) 滤过机理

注射液的滤过靠介质的拦截作用。根据固体粒子被截留的方式不同，其滤过机理有以下3种：

1. 过筛（表面）表面滤过　滤过介质的孔道小于待滤液中颗粒的大小，滤过时固体颗粒被截留在介质表面，如滤布、滤纸与微孔滤膜、超滤膜、反渗透膜的滤过作用。

2. 深层滤过　分离过程发生在介质的"内部"，介质的孔道大于待滤液中颗粒的大小，但当颗粒随液体流入介质孔道时，靠惯性碰撞、扩散沉积以及静电效应被沉积在孔道和孔壁上，使颗粒被截留在孔道内。如砂滤棒、垂熔玻璃漏斗、多孔陶瓷等的滤过作用。

3. 滤饼滤过 也称架桥滤过。滤过时固体颗粒聚集在介质表面上起滤饼作用,由于滤过介质的架桥作用,滤过开始时在滤过介质上形成初滤层,随滤过而逐渐增厚的滤饼层起截留颗粒的作用。

(二) 滤过速度及其影响因素

假定滤过时液体流过致密滤渣层的间隙,且间隙为均匀的毛细血管聚束,此时液体的流动遵循 Poiseuile 公式:

$$V = P\pi r^4 t / 8\eta l$$

式中,V 为滤过容量;P 为操作压力;r 为流过层中毛细管半径;l 为滤层厚度长度;η 为滤液黏度;t 为滤过时间。

V/t 即为滤过速度,由此可知影响滤过速度的因素有:①操作压力越大,滤速越快;②孔径越窄,阻力越大,滤速越慢;③滤过速度与滤器的表面积成正比(这是在滤过初期);④黏度越大,滤速越慢;⑤滤速与毛细管长度成反比,因此沉积的滤饼量越多,滤速越慢。

根据以上影响滤过的因素,增加滤速的方法有:①加压或减压以提高压力差;②升高滤液温度以降低黏度;③先进行预滤,以减少滤饼厚度;④设法使颗粒变粗以减少滤饼阻力等。

二、滤 过 器

(一) 滤过器的种类和选择

滤器的选用、洗涤和保养对注射液的质量影响很大,因此必须掌握各种滤器的性能,注意防止滤材对药液所引起的化学变化、对药液的吸附及其机械性的脱落等。常用的滤器有以下几类。

1. 垂熔玻璃滤器 是采用优质中性玻璃的均匀细粉,在接近其熔点时熔合而成的均匀孔径的滤板,再熔接于不同规格的漏斗、滤球、滤棒上制成的滤器,具有化学性质稳定,对药液不起作用,不影响 pH,无吸附作用,滤过时无碎渣脱落,滤器滞留药液少,洗涤容易等优点。垂熔玻璃滤器根据滤板孔径大小分为 1~6 号 6 种规格,其号数越大,孔径越小,常用的是 3 号与 4 号,因 4 号孔径小,通常在减压或加压抽滤注射液时选用。由于生产厂家不同,代号亦有差异,选用时应加注意。使用垂熔玻璃滤器时,应先用自来水冲去滤器中的灰尘和药液。使用时可在垂熔漏斗内垫上绸布滤纸,这样可防止污物堵塞滤孔,以利清洗,同时可提高滤液质量。这种滤器,操作压力不能超过 98.06kPa,可以热压灭菌。垂熔玻璃滤器用后要用水抽洗,并以 1%~2%硝酸钠-硫酸液浸泡处理。

2. 砂滤棒(滤柱) 砂滤棒国内生产主要有两种:一种是硅藻土滤棒(苏州滤棒),是由糠灰、黏土、白陶土、废砂滤棒在 1 000℃高温烧结而成。主要成分为 SiO_2、Al_2O_3。一般按滤速分 3 种规格(滤速按自然滴滤):快速(粗号)600~1 000mL/min,中速(中号)300~600mL/min,慢速(细号)100~300mL/min。此种滤器质地较疏松,较易脱砂,一般适用于黏度高,浓度大的药液滤过。注射剂生产中常用中号。另一种是多孔素瓷滤棒(唐山滤棒),是由白陶土烧制而成的瓷质滤柱,根据滤孔大小分成八级,号数越大,孔径越小。此种滤器质地致密、不易"脱砂",坚固耐用,但滤过速度较慢,适用于低黏度药液的滤过。砂滤棒滤器近年在兽药生产企业的注射液车间已经较少使用。

3. 板框压滤器 板框压滤器是由多个中空的滤框和支撑滤过介质的实心滤板组装而成。此种滤器一般在某些特殊注射剂生产中作粗滤使用。因为它滤过面积大，截留固体量多，且滤材可以任意选择，经济耐用，适于大生产。其主要缺点是装配和清洗较麻烦，如果装配不好，容易泄漏。

4. 微孔滤膜滤过器 微孔滤膜是一种高分子薄膜滤过材料，在薄膜上分布有很多穿透性的微孔，孔径从 0.025～14μm，分成多种规格。微孔总面积占薄膜总面积的 80%，孔径大小均匀，比孔径大的微粒即使加快滤速或加大压力也不会泄露，故滤过效果好，大大提高了注射液的澄明度。

微孔滤膜的种类有醋酸纤维膜、硝酸纤维膜、醋酸纤维和硝酸纤维混合脂膜、聚酰胺膜、聚四氟乙烯膜、聚碳酸酯膜、聚砜膜等。近年来还发明一种核微孔滤膜，它是用聚碳酸酯、聚酯膜（涤纶）作基膜，用核技术制作而成，膜厚 6～12μm，孔径规格 0.01～12.0μm，有良好的生物相容性和化学相容性，一般有机溶剂均可使用。而且韧性好，强度高，是一种理想的微孔滤膜材料，国内已有生产。微孔滤膜滤速快，在滤过面积相同截留颗粒大小相同的情况下，膜滤器的流速比其他滤器（如砂滤棒或垂熔玻璃滤器）快 40 倍，且滤膜用后弃去，不会在产品之间发生交叉污染。滤膜吸附性小，不滞留药液，不影响药液的 pH，因此在注射液生产中已广泛使用。滤膜的缺点是易于堵塞，所以在用薄膜滤过前，最好用其他滤材进行预滤过。使用时，还应在滤膜的上下两侧，衬（盖）网状的保护材料，以防止滤过液冲压、滤膜破裂。微孔滤膜在使用前一般先用蒸馏水冲洗后，继续浸泡 24h 方可使用。也可用 70℃左右蒸馏水浸泡 1h 后，将水倒出再用温蒸馏水浸泡 12～24h 备用。用前应对着日光灯检查有无破损或漏孔，再用注射用水冲洗后，装入滤器。常用的滤器有圆盘形模滤器（又叫板式压滤器）和圆筒形膜滤器。

除菌滤过也是微孔滤膜应用的一个重要方面，特别对于一些不耐热的产品，可用 0.3μm 或 0.22μm 的滤膜做无菌滤过。辅酶 A、胰岛素等品种均可用滤膜做无菌滤过。

此外，微孔滤膜还可用于无菌检查，灵敏度高，效果可靠。

5. 钛滤器 钛滤器有钛滤棒与钛滤片，是用粉末冶金工艺将钛粉末加工制成的滤过元件。钛滤器抗热抗震性能好，强度大，质量轻，不易破碎，滤过阻力小，滤速大。注射剂配制中的脱碳滤过，可以使用 $F_{2000}G_{30}$ 钛滤片，该片气泡试验最大孔径不大于 30μm，厚度 1.0μm，直径 145μm。钛滤器在注射剂生产中是一种较好的预滤材料，国内一些制剂生产单位已开始应用。

（二）滤过装置

注射剂的滤过装置常用的有高位静压滤过、减压滤过、加压滤过及微孔滤膜滤过装置等，一般采用两种滤器联合使用，多数将滤棒、板框压滤器做粗滤，垂熔滤球、膜滤器做精滤。

1. 高位静压滤过装置 此种装置适用于生产量不大、缺乏加压或减压设备的情况，特别在有楼房时，药液在楼上配制，依靠药液本身的液位差来进行滤过，推动力的大小由药液的高度决定，通过管道滤到楼下进行灌封。本法设备简单、压力稳定，但滤速慢、生产能力低，在大量生产中较少采用。

2. 减压滤过装置 这种装置滤过是用真空泵抽真空形成负压，适合于各种滤器。滤过装置式样很多。合理设计就可以做到连续滤过，并使整个系统处于密闭状态，进入滤过系统的空气经滤过处理后就可以使药液不受污染。缺点是压力有时不稳定，容易使滤层松动而影响滤过质量。

又由于整个滤过系统是负压,一旦系统的某处出现裂痕则容易将污物吸入。

3. 加压滤过装置 这种装置是借助于离心泵或齿轮泵加压,使药液通过滤器达到滤过目的。特点是压力大而稳定,流速快,并可使全部装置处于正压,密闭性好,空气中杂质、微生物等不易进入滤过系统。药液又可以反复连续滤过,所以滤过质量好,特别适宜大量生产。但此法需要离心泵和压滤器等耐压设备,适于配液、滤过及灌封工序在同一平面的情况。无菌滤过宜采用此法,有利于防止污染。注射液经水泵输送通过砂滤棒与滤球预滤后,再经微孔滤膜精滤。

此外,还可根据灌注速度的需要,在贮液缓冲瓶下安装一个自动控制系统。在有楼房的情况下,往往先在楼上用加压滤过器进行预滤后,将滤液盛装载在贮液缸中。再以高位静压通过微孔薄膜滤器精滤,能取得较好的效果。

第四节 热 原

热原(pyrogens)是指能引起恒温动物体温异常升高的物质总称,药剂学中说的热原是指微生物的尸体及其代谢物。大多数细菌都能产生热原,致热能力最强的是革兰阴性杆菌的产物。霉菌甚至病毒也能产生热原。热原普遍存在于天然水、自来水,甚至被微生物污染的注射用水中。

一些适宜于微生物生长的药物(如葡萄糖)、制备注射剂用的容器、管道等在操作不慎时,也会污染热原。若给动物注入含热原的药液,大约 0.5h 后,就会出现发冷、寒战、体温升高、出汗等症状,有时体温可升至 40℃,严重者出现昏迷、虚脱、甚至有生命危险,临床上称为"热原反应"。所以,《中国兽药典》规定注射用水及静脉注射剂,均须做热原检查。

(一) 热原的组成

热原是微生物的一种内毒素。内毒素由磷脂、脂多糖和蛋白质组成,其中脂多糖是内毒素的主要成分,具有特别强的致热活性。脂多糖的化学组成因菌种不同而异,从大肠杆菌分离出来的脂多糖中有 68%～69% 的糖(葡萄糖、半乳糖、庚糖、氨基葡萄糖、鼠李糖等),12%～13% 的类酯化合物,7% 的有机磷和其他一些成分。热原的相对分子质量一般为 1×10^6 左右,分子质量越大,致热活性越强。

(二) 热原的性质

1. 耐热性 一般说来,热原在 60℃加热 1h 不受影响,120℃加热 4h 破坏 98%,250℃加热 30～45min 或 650℃加热 1min 可被彻底破坏。但在通常注射剂灭菌的条件下,往往不足以使热原破坏,这点必须引起注意。

2. 水溶性 热原能溶于水,其浓缩水溶液往往带有乳光。

3. 不挥发性 热原本身不挥发,但在蒸馏时,往往可随水蒸气雾滴带入蒸馏水中,故蒸馏水器均应有隔沫装置。

4. 滤过性 热原体积小,粒径为 1～5μm,故一般滤器均可通过,即使是微孔滤膜,也不能截留,但热原可被活性炭或石棉滤器所吸附。

5. 易被氧化性 热原能被强酸、强碱或强氧化剂等破坏,如盐酸、硫酸、氢氧化钠、高锰酸钾、过氧化氢等。另外,超声波或某些离子交换树脂也能破坏或吸附热原。

（三）热原的污染途径

1. **经溶剂中带入**　这是注射剂出现热原的主要原因。由于蒸馏器结构不合理，操作及贮存不当，注射用水放置时间过长等都会被污染热原，故应使用新鲜注射用水。

2. **经原料中带入**　容易滋长微生物的药物，如葡萄糖，因贮存日久或质量及包装不好常会污染热原。用生物方法制造的药品如右旋糖酐、水解蛋白或抗生素等常因致热物质未除尽而引起热原反应。

3. **经容器、用具和管道等带入**　工作前配置注射剂的器具等没有洗净或灭菌，均易产生热原，因此在生产中应按规定严格处理，合格后才能使用。

4. **生产过程中的污染**　在整个生产过程中，由于室内卫生条件差，操作时间长，装置不密闭等均可增加污染细菌的机会，因而会产生热原。

5. **灭菌不完全或包装不严**　注射剂在灌封或分装之后，因灭菌温度、时间或操作不当等原因，使注射剂灭菌不彻底，造成微生物在药液中继续繁殖产生热原。另外，如包装封口不严，大容量注射液瓶口不圆整，薄膜及胶塞质量不好等，均会带入细菌而产生热原。

（四）除去热原的方法

1. **高温法**　对于注射用的针筒或其他玻璃器皿洗涤清洁后再烘干，于250℃加热30min以上，可使热原破坏。

2. **酸碱法或氧化还原法**　因热原能被强酸、强碱或氧化剂破坏，所以玻璃容器、用具及大容量注射液瓶等可先用重铬酸钾硫酸清洁液浸洗或用2%氢氧化钠溶液处理。如砂滤棒等洗净后，经灭菌或用双氧水洗涤，可将热原破坏。

3. **吸附法**　常用的吸附剂为活性炭，其对热原有较强的吸附作用，同时有助于过滤脱色作用，常在配液时加入0.1%～0.5%的针用活性炭，煮沸并搅拌15min，即能除去大部分热原。但活性炭也会吸附部分药液，使用时需注意。

4. **离子交换法**　国内有用301弱碱性阴离子交换树脂10%与122弱酸性阳离子交换树脂8%成功地除去丙种胎盘球蛋白注射液中的热原的事例。

5. **凝胶滤过法**　国内已用二乙氨基乙基葡聚糖凝胶（分子筛）制备无热原去离子水。

6. **反渗透法**　用反渗透法通过三醋酸纤维膜除去热原，这是近几年发展起来的有实用价值的新方法。

但上述方法都有局限性，积极的防止热原的措施应是严格控制注射剂生产全过程，尽量减少微生物污染及产生热原的机会。如严格控制注射用的原辅料和溶剂、注射用水蒸馏后的放置时间、盛装注射用水的容器（要定期用10%双氧水处理，有的要用75%乙醇擦洗）和注意环境卫生。

（五）热原的检查

1. **家兔发热实验法**　《中国兽药典》2005年版规定的方法为家兔发热试验法，属限度试验。选用家兔作为试验动物，是因为家兔对热原的反应与其他动物是相同的。本法是将一定剂量的供试品，静脉注入家兔体内，在规定时间内，观察家兔体温升高的情况，以判定供试品中所含热原的限度是否符合规定。

2. **鲎试验法**　鉴于家兔发热试验法费时、操作繁琐，近年来发展了体外热原试验，即鲎试验法。本法具有灵敏度高、经济、快速、操作简便、重现性好等许多优点，因而特别适用于生产过程中的热原控制及某些不能用家兔进行热原检测的品种,如放射性药剂等。但本法对革兰阴性菌以外的内毒素不够敏感,故尚不能代替家兔发热试验法。其原理是利用鲎的变形细胞溶解物与细菌内毒素之间的凝集反应。因为鲎细胞中含有一种凝固酶原和一种凝固蛋白原,前者经内毒素激活而转化成具有活性的凝固酶,使凝固蛋白原转变为凝固蛋白而凝集。试验前先应制备或购买鲎热原试剂即鲎变形细胞溶解物。

第五节 注 射 剂

一、概 述

注射剂(injection)俗称针剂,是指专供注入动物体内的一种制剂。其中包括灭菌或无菌溶液、乳浊液、混悬液及临用前配成液体的无菌粉末等类型。注射剂由药物、溶剂、附加剂及特制的容器所组成,是临床应用最广泛的剂型之一。注射给药是一种不可替代的临床个体给药方法,对没有食欲以及危重病症的患畜用药尤为重要。

(一)注射剂分类

1. 按形态(物态)分类 可分为液体注射剂和注射用无菌粉末。

(1)液体注射剂:按分散系统不同可分为3类。

①溶液型:包括水溶液和油溶液,如安乃近注射液、氟苯尼考注射液等。

②混悬型:水难溶性或要求长效的药物,可制成水或油的混悬液。如普鲁卡因青霉素注射液(油混悬剂)。

③乳剂型:水不溶性药物,根据需要可制成乳剂型注射液。如维丁胶性钙注射液等。

(2)注射用无菌粉末:亦称粉剂,是指采用无菌操作法或冻干技术制成的注射用无菌粉末或块状制剂。如青霉素、链霉素类粉针剂等。

2. 按装量大小分类

(1)小容量注射剂(small volume injection):也称为小体积注射剂,装量小于50mL,如10mL的替米考星注射液。

(2)大容量注射剂(large volume injection):也称为大体积注射剂,装量大于50mL,如100mL的恩诺沙星注射液、500mL的葡萄糖注射液。

(二)注射剂的特点

1. 药效迅速、作用可靠 注射剂无论以液体针剂还是以粉针剂贮存,在临床应用时均以液体状态直接注入动物组织、血管或器官内,所以吸收快,作用迅速。特别是静脉注射,药液可直接进入血液循环,更适用于抢救危重病症。并且注射剂不经胃肠道,故不受消化系统及食物的影响,剂量准确,作用可靠。

2. 适用于不宜内服的药物 如青霉素G。

3. 适用于缺乏食欲、饮欲的动物 在临床上许多动物发病后,特别是一些发烧性疾病,动物常常食欲减退或废绝,患消化系统障碍的动物均不能内服给药,采用注射剂是有效的给药途径。

4. 可以产生局部定位作用 如局麻醉剂。

5. **使用不便** 由于注射剂是一类直接注入动物组织、血管或器官内的制剂，所以质量要求比其他剂型更严格，使用不当更易发生危险，并且需要专业的兽医人员才能用药。

6. **其他** 制造过程复杂，生产费用较大，价格较高。

（三）注射剂的给药途径

1. **皮下注射** 是将药物注射于皮下组织内，经毛细血管、淋巴管吸收，一般经 5~10min 呈现效果。凡是易溶解无强烈刺激性的药品及疫苗、菌苗等均可皮下注射。如氯化氨甲酰甲胆碱注射液、猪瘟疫苗。

2. **皮内注射** 注射于表皮与真皮之间，一次剂量小于 0.5mL，如牛结核菌素的变态反应试验、绵羊痘预防接种。

3. **肌内注射** 注射入肌肉组织中，一次剂量为 1~10mL，大动物甚至达到 50mL。注射油溶液、混悬液及乳浊液具有一定的延效作用。

4. **静脉注射** 分为静脉推注和静脉滴注，药效快。用于急救、补充体液和供给营养。油溶液、混悬型注射液、导致红细胞溶解或使蛋白质沉淀的药物不能用做静脉注射。

5. **腹膜腔注射** 当动物心力衰竭，静脉注射出现困难时，可通过腹膜腔进行补液。腹膜吸收能力很强，多用于中、小动物，大家畜有时也可采用。

6. **气管内注射** 直接将药物注入动物气管内，注射的药液应该是可溶性并容易吸收的，剂量不宜过多。

7. **乳室内注射** 利用乳导管插入乳头，然后将药物注入到动物乳室内，多用于乳房炎的治疗。

（四）注射剂的质量要求

根据《中国兽药典》2005 年版有关注射剂的制剂通则，注射剂在生产与贮藏期间应符合下列有关规定：

1. **澄明度** 溶液型注射液应该澄明，不得有肉眼可见的混悬物或异物。

2. **无菌** 不应含有任何活的微生物，必须符合兽药典无菌检查的要求。

3. **无热原** 无热原是注射剂的重要质量指标，特别是供静脉注射的制剂。

4. **安全性** 注射剂不会对组织产生刺激或毒性反应，特别是一些非水溶剂及一些附加剂，必须要经过必要的动物实验，以确保安全。

5. **pH** 要求与血液相等或接近（血液 pH 约 7.4），一般应控制在 4~9 的范围内。

6. **稳定性** 因注射剂多系水溶液，所以稳定性问题比较突出，故要求注射剂具有必要的物理稳定性和化学稳定性，以确保产品在贮存期内安全有效。

7. **渗透压** 其渗透压要求与血浆的渗透压相同或相近，静脉大容量注射液应尽可能与血液等渗。

二、注射剂的溶剂和附加剂

注射剂的溶剂包括注射用水、注射用油及其他非水溶剂。

（一）注射用水

纯化水经蒸馏所得的蒸馏水为注射用水，注射用水照注射剂生产工艺制备所得为灭菌注射用水。纯化水不得用于注射剂的配制,只有注射用水才可配制注射剂,灭菌注射用水主要用做注射用无菌粉末的溶剂或注射液的稀释剂。

1. 注射用水的质量要求 《中国兽药典》2005年版有严格规定。除氯化物、硫酸盐、硝酸盐、亚硝酸盐、钙盐、二氧化碳、易氧化物、不挥发物和重金属按蒸馏水检查应符合规定外,pH要求5.0~7.0,氨含量不超过0.000 02%,细菌内毒素应小于0.25EU/mL。

2. 注射用水的制备方法 蒸馏法是制备注射用水最可靠最经典的方法。兽药典要求供蒸馏法制备注射用水的水源应为纯化水,故原水需经过滤、除离子等过程纯化后方可使用。

注射用水的制备工艺流程:

原水(经预处理)→常水(经过滤、电渗析或反渗透)→一级纯化水(经阳离子树脂、脱气塔、阴离子树脂、混合树脂或二级反渗透)→二级纯化水→蒸馏→注射用水

(1) 原水的预处理:为保证注射用水的质量,制备时水源的选择十分重要,应根据不同水源的实际情况,采取有效的方法和措施,有针对性地进行预处理。一般原水中含有悬浮物、无机盐、有机物、细菌及热原等杂质,首先应将这些原水进行预处理,使之成为具有一定澄清度的常水,然后再进行净化处理。原水只有经过预处理和净化处理后,方可用来制备注射用水。

①滤过吸附法:原水中含有悬浮物较多时可采用本法。一般直接将原水通过砂滤桶、砂滤缸或砂滤池,滤层通常由碎石、粗砂、细砂、活性炭(粒状活性炭或质地较好的木炭)等组成,经过滤吸附,可有效除去原水中悬浮的粒子,得到澄清的水。

②凝聚澄清法:原水中加入凝聚剂,使水中的悬浮物等杂质加速凝聚成絮状沉淀而被除去。常用的凝聚剂有明矾,用量一般为0.01~0.2g/L;硫酸铝用量一般为0.007 5~0.15g/L;碱式氯化铝,用量一般为0.05~0.1g/L。

③石灰高锰酸钾法:当原水质量差、污染严重,采用滤过吸附法、凝聚澄清法处理不能满足要求时,可采用本法处理。具体操作是首先在原水中加入少量石灰水至pH为8(对酚酞指示剂显粉红色),然后加入1%高锰酸钾溶液(一般用量为0.1~0.5mL/L),使水呈淡紫色,以15min内不褪色为度,再加入1%~2%硫酸锰溶液适量,使高锰酸钾紫色褪去,滤过澄清即可。本法可除去原水中存在的Ca^{2+}、Mg^{2+}、HCO_3^-等离子,有效降低水的硬度,在处理过程中产生的新生态氧对微生物和热原也有破坏作用。

(2) 纯化水的制备:原水经过预处理后其悬浮物、有机物、细菌及热原等杂质大大减少,为制备纯化水减少负担,也有利于设备的长久使用。纯化水的制备方法有离子交换法、电渗析法和反渗透法。

①反渗透法:渗透-反渗透的基本原理:U形管内的纯水与盐溶液被半透膜隔开,该半透膜只允许水分子通过而其他分子不能通过。这样,纯水通过半透膜扩散至盐溶液一侧,使其液面不断上升直至达到渗透的动态平衡,两液面的高度差为盐溶液所具有的渗透压,该过程称渗透过程,可自发进行。若开始时在盐溶液一侧施加大于该溶液渗透压的压力,则盐溶液中的水将向纯水一侧扩散,使水与盐分离,该过程即为反渗透(reverse osmosis)过程(图4-1)。反渗透法纯化原水一般选用的半透膜膜材为醋酸纤维膜和聚酰胺膜。

有机微粒、胶体物质和微生物等有机物排除的机理为机械过筛,这与有机物的分子质量有关。当膜的表层孔隙大小为1~2nm,相对分子质量大于300的物质几乎全部除净,因此可除去

热原。使用一级反渗透装置除离子的能力为：一价离子 90%～95%，二价离子 98%～99%（除氯离子达不到注射用水的要求，需使用二级反渗透装置才能彻底除去氯离子）。本法具有耗能低，水质高，设备使用及保养方便等优点。虽然反渗透法国内目前主要用于原水的纯化，但使用这一技术制备注射用水正在进行深入研究。

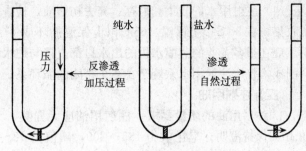

图 4-1 渗透与反渗透原理示意图

②电渗析法：电渗析法是依据离子在电场作用下定向迁移和交换膜的选择透过性而除去离子的。此法不需消耗离子交换树脂再生所用的酸和碱，较离子交换法经济，但制得的水纯度较低，比电阻一般为 5 万～10 万 $\Omega \cdot cm$。

③离子交换法：离子交换法处理原水是通过离子交换树脂进行的。最常用的离子交换树脂是 732 苯乙烯强酸性阳离子交换树脂和 717 苯乙烯强碱性阴离子交换树脂。一般采用阳离子树脂床、阴离子树脂床、混合树脂床串联的组合方式，在阳离子树脂床后加一脱气塔，除去水中二氧化碳，以减轻阴离子树脂的负担。此法所得水化学纯度高，比电阻可达 100 万 $\Omega \cdot cm$ 以上，设备简单，节约燃料和冷却水，成本低；离子交换一段时间后树脂老化，出水质量不合格，可用酸碱液将树脂再生后继续使用，这一方法现在使用越来越少了。

（3）蒸馏：小量生产一般用塔式蒸馏水器，主要包括蒸发锅、隔沫装置和冷凝器三部分。制备注射用水的蒸馏水器，应安装有效的隔沫装置，以确保不带入热原。现在大部分企业已基本不用塔式蒸馏水器，使用最多的是多效蒸馏水机。

多效蒸馏水机的最大特点是节能效果显著，热效率高，能耗仅为单蒸馏水机的 1/3，并且出水快、纯度高、水质稳定，配有自动控制系统，成为目前药品生产企业制备注射用水的重要设备；其基本结构见图 4-2。

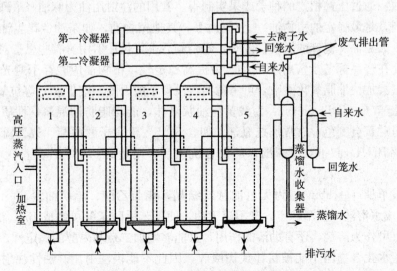

图 4-2 多效蒸馏水机结构示意图

(4) 注射用水的收集和贮存：弃去初馏液，检查合格后采用带有无菌过滤装置的密闭收集系统收集，在80℃以上保温、65℃以上保温循环或4℃以下无菌状态下贮存，并于制备12h内使用。现在很多企业的蒸馏水机的出水口都直接与贮水罐相连，并且贮水罐都是带夹层的不锈钢材料制成，整个注射用水系统是在一个密闭的循环系统中，确保了注射用水的质量。

（二）注射用油

1. 注射用油的质量要求 注射用油应无异臭、无酸败味，色泽不得深于规定的标准色液。在10℃保持澄明，皂化值为185～200，碘值为78～128，酸值在0.56以下。凡能符合以上要求，本身无毒，在注射用量内对机体无害，不影响主药疗效，并能被组织吸收，都可用作注射用油。

（1）酸值：指中和1g油脂中含有的游离酸所需氢氧化钾的毫克数。酸值表明了油脂中游离脂肪酸的多少。游离脂肪酸愈多，油脂水解酸败愈严重。游离脂肪酸对机体易引起刺激性和影响某些药物的稳定性，所以规定注射用油的酸值在0.56以下而加以限制。

（2）皂化价值：指皂化1g油脂所需氢氧化钾的毫克数。皂化值的大小表示油脂中脂肪酸分子质量的大小，即脂肪酸碳原子的多少。皂化值太低，说明油脂中脂肪酸分子质量较大或油脂中含有较多的不皂化物。反之，皂化值较高则脂肪酸分子质量较小。

在一般情况下，脂肪酸分子质量过大或含较多不皂化物则油脂接近固体而难以注射且吸收困难。分子质量过小，亲水性较强，则失去油脂的性质。所以规定油脂的皂化值范围为185～200，使油脂中脂肪酸分子的碳原子数控制在C_{16}～C_{18}之间，以利于在机体组织中完全吸收。

（3）碘值：指100g油脂与碘加成反应时所需碘的克数。碘值表明油脂中不饱和脂肪酸的多少。一般情况下，碘值过低的油含有不与碘作用的杂质，如固醇、蜡或矿物油等。碘值过高的油脂，不饱和键多，容易氧化而不稳定，也易与氧化性药物起作用，故都不适合做注射剂溶剂。

2. 常用注射用油

（1）植物油：通过压榨植物的种子或果实制得。常用的注射用油为麻油（最适用的注射用油含天然的抗氧剂，是最稳定的植物油）、大豆油等。其他植物油，如茶油、花生油、玉米油、橄榄油、棉子油、大豆油、蓖麻油及桃仁油等，经精制后也可供注射用。有些患畜对某些植物油有变态反应，因此在产品标签上应标明名称。为提高稳定性，植物油应贮存于避光、密闭的容器中，日光、空气会加快油脂氧化酸败，可考虑加入没食子酸丙酯、维生素E等抗氧剂。

（2）油酸乙酯（aethylis oleas）：为浅黄色油状液体，能与脂肪油混溶，性质与脂肪油相似而黏度较小。但贮藏会变色，故常加抗氧剂，如含37.5%没食子酸丙酯、37.5%BHT（二叔丁对甲酚）及25%BHA（叔丁对甲氧酚）的混合抗氧剂，用量为0.03%（W/V）效果最佳，可150℃、1h灭菌。

（3）苯甲酸苄酯（ascabin）：为无色油状或结晶，能与乙醇、脂肪油混溶。如二巯基丙醇（BAL）虽可制成水溶液，但不稳定，又不溶于油，使用苯甲酸苄酯可制成BAL油溶液供使用。苯甲酸苄酯不仅可作为溶剂，还有助溶的作用，且能够增加二巯基丙醇的稳定性。

矿物油和碳水化合物因不能被机体代谢吸收，因此不能供注射用。油性注射剂只能供肌内注射。

(三) 其他非水溶剂

1. 乙醇 本品为无色易挥发的液体，沸点大约为78℃，无水乙醇凝固点为-130℃。与水、甘油、挥发油等可任意混合。乙醇注射给药毒性较小，对小鼠的LD_{50}，静脉注射为每千克体重1.973g，皮下注射为每千克体重8.285g。采用乙醇为注射用溶媒时，乙醇浓度可高达50%，可供肌内或静脉注射，但浓度超过10%肌内注射或皮下注射刺激性较大，因此浓度不宜过大。作静脉注射用溶媒时在配方浓度与实施注射时浓度上要注意其溶血作用。

有些在水中溶解度小或在水中不稳定，但在乙醇中溶解度较大而又稳定的药物如洋地黄毒苷、氢化可的松等，可用适当浓度的乙醇为溶媒制成注射液。

2. 甘油 本品为无色澄明具黏性的液体，可与水、乙醇任意混合，在醚、氯仿、挥发油、脂肪油中均不溶。甘油对小鼠的LD_{50}，皮下注射为每千克体重10mL，肌肉注射为每千克体重6mL，大鼠静脉注射LD_{50}为每千克体重5～6g，注射高浓度甘油溶液时，由于对中枢神经的直接作用和渗透障碍，可以引起溶血或产生一些毒副作用。

3. 丙二醇 本品为无色澄明黏稠液体，与水、乙醇、甘油相混溶，但不能与脂肪油混溶。在注射剂中使用的是1,2-丙二醇。在一般情况下本品稳定，但在高温下（250℃以上）可被氧化成丙醛、乳酸、丙酮酸及醋酸。

丙二醇对小鼠LD_{50}，腹腔注射为每千克体重9.7g，皮下注射为每千克体重18.58g，静脉注射为每千克体重5～8g。本品注射药毒性较小，慢速静脉注射时动物耐受剂量较大，但注射速度快时可使动物致死。

4. 聚乙二醇 本品为环氧乙烷水解产物的聚合物，其通式为$HOCH_2(CH_2OCH_2)_nCH_2OH$，PEG200～600的制品，中等黏度、无色略带微臭的液体，略有吸湿性，较甘油更不易挥发，化学性质稳定。本品能与水、乙醇混合，不溶于醚。

5. 二甲基甲酰胺 本品为澄明的中性液体，能与水、乙醇任意混合，极易溶于有机溶媒和矿物油中。对小鼠腹腔注射LD_{50}为每千克体重3.236g。从本品的溶血试验表明在各种浓度下都会造成人红细胞全溶血。当浓度小于10%时加入0.9%氯化钠有一定阻止溶血效果。本品溶解范围较广，已在混合溶媒中试用。

(四) 注射剂的附加剂

1. 注射剂附加剂的选用原则 注射剂除主药外，可适当加入其他物质以增加注射剂的稳定性及有效性，这些物质称为附加剂（统称为辅料）。选用附加剂的原则是必须对机体无毒性，与主药无配伍禁忌，不影响主药疗效与含量测定。

2. 常用的附加剂 可分为增溶剂、助溶剂、表面活性剂、抗氧剂、惰性气体、防腐剂、pH调节剂、填充剂、等渗调节剂等。

(1) 增加主药溶解度的附加剂：在注射剂制备时，增加主药溶解度的方法有多种。如加表面活性剂或其他适宜的物质，对主药产生增溶或助溶作用，采用非水溶媒或混合溶媒增加主药溶解度，加酸、碱使难溶解药物生成可溶性的盐；在主药的分子结构上，导入亲水基团以增加其溶解度等。

(2) 帮助主药混悬或乳化用的附加剂：为了制备稳定而又具有良好通针性的混悬、乳剂注射液，必须分别加入助悬剂或乳化剂。常用于注射剂的助悬剂、乳化剂应符合一定的质量要求：

①无抗原性、无毒性、无热原、无刺激性、不溶血。②有高度的分散性和稳定性，用少量即可达到目的。③耐热：在灭菌条件下不失效。④供静脉注射用助悬剂、乳化剂还必须严格控制其粒径大小，一般应小于 $1\mu m$，个别粒径不应大于 $5\mu m$。

（3）防止主药氧化的附加剂：许多注射药物在灭菌后或贮存期间，由于氧化作用逐渐发生变色、分解、析出沉淀，或使药效减弱、消失或毒性增大。药物氧化过程比较复杂，多半是由于这些药物分子结构上某些基团如酚羟基物（肾上腺素、多巴胺、吗啡、水杨酸钠等）、芳胺类药物（磺胺类钠盐、盐酸普鲁卡因胺等）。

①抗氧剂：药物制剂中使用的抗氧剂，其含义已超出原有范围，不仅限于氧化电位低的还原剂，而把凡能延缓氧对药物制剂产生氧化作用的物质均称为抗氧剂。抗氧剂抗氧化的作用，主要是从不同角度影响自氧化过程的各阶段，起到还原剂、阻滞剂、协同剂与螯合剂的作用，以提供电子或有效氢原子供游离基接受，使自氧化的链反应中断为主。

亚硫酸氢钠：本品水溶液呈酸性，具还原性，在药剂中主要用作抗氧剂，适用于偏酸性药物。用于液体制剂，最常用于注射制剂，使用浓度一般为 0.1%～0.2%。

亚硫酸钠：本品水溶液显弱碱性，不宜与酸性药物配伍，通常用作碱性药物的抗氧剂，常用浓度为 0.1%～0.5%。

硫代硫酸钠：别名次亚硫酸钠、大苏打、海波。本品用作药物制剂的抗氧剂、洗涤剂等。因其水溶液呈中性或微碱性，遇酸可产生沉淀，故适用于作偏碱性药物的抗氧剂。常用浓度为 0.1%～0.25%。

②金属络合剂：用得最多的络合剂为依地酸二钠（$EDTANa_2$）或依地酸钙钠（$EDTA-Na_2Ca$），其他如二乙基三胺五醋酸、二巯基丙醇等。

乙二胺四乙酸二钠：本品为白色结晶状粉末。无臭，味微酸。能溶于水，微溶于醇、氯仿、乙醚中几乎不溶。1%的去二氧化碳水溶液 pH 为 4.3～4.7。本品稳定，加热至 120℃ 失去结晶水。本品为螯合剂，能与金属离子络合，在药剂中用作水的软化剂、抗氧增效剂和稳定剂。常和其他抗氧剂合并使用，以增强抗氧效果。使用浓度一般为 0.005%～0.02%。

③惰性气体：主要用来置换溶液中的氧气，以免发生氧化反应。常用的是氮气、二氧化碳。

（4）抑制微生物增殖的附加剂：所有的注射剂都不得含有微生物，为了防止注射剂在制造过程中或在使用过程中污染的微生物，往往加入抑制细菌增殖的抑菌剂，能破坏或杀灭细菌的物质称为杀菌剂。但杀菌剂与防腐剂的区分往往不是绝对的，杀菌剂浓度减低时就可能变为抑菌剂。常用的抑菌剂请参见液体制剂相关章节。

（5）调节 pH 的附加剂：许多药物的注射液需要一定范围的 pH，才能确保其有效性、安全性及稳定性。所以常用酸碱或缓冲剂来调节注射液的 pH。血液 pH 为 7.4 左右，由于血液中含有重碳酸盐、碳酸盐及磷酸盐，故机体本身具有缓冲作用。只要不超过血液的缓冲极限，即能自行调整 pH，所以一般注射液 pH 在 3～10 之间，不能过酸或过碱，否则可引起局部组织的刺激疼痛或坏死。对于大量静脉注射液要求 pH 在 4～9 之间，否则大量静脉注射后有引起酸、碱中毒的危险。pH 还与一些药物的溶解度有关，一般弱酸性或弱碱性的药物在偏酸或偏碱性溶液中溶解度就会减小，甚至产生混浊或沉淀。

（6）调节渗透压的附加剂：注射液的渗透压在体内若与血浆的渗透压（相当于0.9%氯化钠溶液的渗透压）相等时，称此种注射液为等渗溶液，当注射液渗透压超过机体耐受范围时，肌内注射往往会产生刺激，而且影响到药物吸收。肌内注射时可耐受的渗透压范围相当于0.45%～2.7%氯化钠溶液所产生的渗透压。

（7）减轻疼痛与刺激的附加剂：有的注射液由于药物本身或其他原因，对组织产生刺激或引起疼痛，应酌加局部止痛剂。常用止痛剂有1%～2%苯甲醇、0.3%～0.5%三氯叔丁醇、0.5%～2%盐酸普鲁卡因等。

三、注射剂的容器及其处理方法

（一）注射剂的容器种类

1. **安瓿**（ampoule） 广泛使用的是曲颈易折安瓿，其容积常用的有1mL、2mL、5mL、10mL、20mL等几种规格。

一般多用无色安瓿。棕色或蓝色安瓿可以阻止紫外线透入，适用于对光敏感的药物，但由于有色安瓿的玻璃原料中含有氧化铁，痕量的铁离子进入药液能降低某些药物的稳定性，而且有色安瓿成本高，又影响澄明度的检查，故少用。

2. **西林瓶** 指带有橡皮塞的玻璃瓶，用铝盖将橡皮塞密封于瓶口上，内装药液或药粉，可供多次注射用，也有供单剂量一次注射用。有管制和模制两种类型，前者壁薄但均匀一致，质量较轻，后者壁厚且不均匀，质量较重。

3. **大剂量容器** 如玻璃制的250mL、500mL、1 000mL等规格的大容量注射液瓶或由无毒聚氯乙烯制成袋状的大容量注射液容器。

（二）玻璃容器的质量对注射剂稳定性的影响

1. **玻璃的组成** 玻璃的基本组成为二氧化硅，此种玻璃质地较脆，且熔化温度高，因此不能满足安瓿的基本要求。为此，常在玻璃基本骨架中加入钠、钾、钙、镁、铝、铁、硼、钡、锆等元素的氧化物改变其理化性能。玻璃中这些元素的氧化物含量越低，玻璃的化学稳定性及耐热性越高。常用于注射剂的玻璃有3种：中性玻璃，为低硼硅酸盐玻璃，可作为pH中性或弱酸性注射剂的容器，如葡萄糖注射液、注射用水等均可用该种玻璃；含钡玻璃，此种玻璃耐碱性能好，可作为碱性注射剂的溶剂，如磺胺嘧啶钠注射液；含锆玻璃，化学稳定性好、耐酸、耐碱，可用于各种注射液，如乳酸钠、酒石酸锑钾等注射剂。

2. **玻璃容器应符合下面要求**

（1）安瓿玻璃应无色透明、干净、无污物附着，以便于检查澄明度和药液变质情况。

（2）具有较低的膨胀系数和优良的耐热性，能经受灭菌高温处理而不冷爆破裂。

（3）有足够的机械强度、抗张强度和耐冲击强度，能耐受热压灭菌时所产生的较大的压力差以减少生产、运输中的破损。

（4）具有较高的化学稳定性，不改变药液pH又不易被药液腐蚀。

（5）熔点较低易于熔封。

（6）不得有气泡、麻点及砂粒。

3. 玻璃容器对药物的影响 注射液的制备过程需经高温灭菌，而且注射剂要经历长时间的贮存，包装注射液的玻璃容器由于直接与不同性质的药液接触，相互产生影响。因此，玻璃容器必须具有良好的化学、热稳定性。含有过多的游离碱时，将引起注射液 pH 升高，可使酒石酸锑钾、生物碱、胰岛素、肾上腺素注射液等变色、沉淀、毒性增大或失效。玻璃容器若不耐水腐蚀，灭菌和长期贮藏后将显著增加水的 pH，有时也产生严重"脱片"现象。不耐碱腐蚀的玻璃容器，若用于制备磺胺嘧啶钠等碱性较大的注射液或枸橼酸钠、碳酸氢钠、乳酸钠、氯化钙等盐类的注射液时，灭菌后或长期贮存时发生"小白点"、"脱片"，甚至混浊现象。

（三）安瓿的质量检查

1. 物理检查

（1）安瓿的外观：包括身长、身粗、丝粗等几部分，均应抽样用卡尺检查，同时检查外观缺陷是否有歪丝、歪底、色泽、麻点、砂粒、疙瘩、螺纹、细隙、油污及铁锈红粉等。

（2）清洁度：将清洗洁净烘干的安瓿，灌入滤过澄明注射用水，封口。经灯光检查待合格者置热压灭菌器中，用 121℃ 加热 30min 后进行澄明度检查。检查项目包括玻屑、小白点、黑点、脱片、纤维等。

（3）耐热性：耐热性不好的安瓿，在受热后易破损。检查时可将洗净的安瓿，灌注射用水熔封，经热压灭菌处理，安瓿破损率 1～2mL 安瓿不超过 1%，5～20mL 安瓿不超过 2%。

（4）应力检查：将空安瓿放在偏光仪（应力应变测定仪）上检查，其应变色泽不得有明显的和两种以上的色泽存在，不明显的淡蓝色允许存在，但 1～20mL 安瓿不得超过 15%。

2. 化学检查 主要是玻璃容器的耐酸、碱性和中性检查，可按药典中相应的规定进行。

（四）安瓿的洗涤

安瓿首先要进行热处理，其目的使瓶内外壁的灰尘和附着的砂粒经加热处理后除去，同时加热处理过程也是一种化学处理，使玻璃表面的硅酸盐水解，微量的游离碱和金属离子溶解，使安瓿的化学稳定性有所提高。

热处理可用去离子水、蒸馏水或酒精、0.5%～1% 的盐酸水溶液。以 100℃、30min 加热蒸煮，可在特制的机械内或热处理联动机内进行。

1. 安瓿甩水洗涤法 将盛满安瓿的盘子放在灌水机转送带上经滤过符合澄明度要求的纯化水，从灌水机上部淋下灌满安瓿，再送入灭菌箱中加热蒸煮处理。经蒸煮处理后的安瓿，可乘热用甩水机将安瓿内水甩干。然后再在灌水机上灌满水，再用甩水机将安瓿内水甩干，如此反复两次，即可达到清洗目的。此法生产效率高，适合工厂生产使用，但洗涤质量不如气水加压喷洗法好。

2. 气水加压喷射洗涤法 是目前生产上采用的有效洗瓶方法，特别适用于大安瓿与曲颈安瓿的洗涤。

（五）安瓿的干燥与灭菌

安瓿洗涤后，可在电烘箱内 120～140℃ 烘干，盛装无菌操作或低温灭菌制剂的分装瓶可采用 350℃、15min 灭菌处理。大量生产时多用隧道式烘箱，此设备主要由红外线发射装置和安瓿自动传送装置两部分。隧道内平均温度在 200℃ 左右，安瓿的干燥时间也缩短为 20min 左右，有利于连续化生产。为了防止污染,可在电热红外线隧道式自动干燥灭菌机中附带局部层流装置,安瓿在连续的层流洁净空气的保护下极为洁净,灭菌好的安瓿存放柜应有净化空气保护,安瓿存放时间不应超过 24h。

四、小容量注射剂的制备

(一) 生产工艺流程
小容量注射剂生产洁净区域划分及工艺流程见图 4-3。

(二) 车间管理
1. 洁净室的管理 人员应经淋浴、更衣、风淋后才能入内;服装及各种物料、用具均需通过缓冲间或传递窗经清洁、灭菌后才能进入;工作服的色泽或式样应有特殊规定,无菌衣应为上下连体式,宜连袜、帽,特别是头发要彻底洗净并不得外露。

洁净室每日要清洁消毒,以消毒清洁剂擦拭门窗、地面、墙面、室内用具及设备外壁,并每周进行室内消毒(如用甲醛蒸熏消毒)。

应制定详细的监测计划,主要监测项目有温度、湿度、风速、空气压力(室内外压差)、微粒数、菌落数等。高效滤过器每年测试一次风量,当风量降至原风量的 70% 时,应及时更换,以保证各项指标符合要求,确保产品质量。

2. 工艺规程 每种产品必须制定工艺规程。工艺规程应全面规定该产品的处方、工艺操作、质量标准、注意事项等内容。随着生产技术的发展,要定期修订,以发挥其对生产的指导作用,严格遵守工艺操作规程,保证产品质量。

3. 生产记录 注射剂每个生产工序,必须有详细生产记录。这项工作是技术分析的基础,应根据工艺程序、操作要点和技术参数等内容设计、编号。操作人员在填写原始记录时,要内容真实,及时完整,签名负责,并保存一定时间备查。

(三) 配液和滤过
1. 原辅料的质量要求 原料、辅料必须按药典或其他药品质量标准中规定的各项质量指标检查,符合各项规定才能使用。在原辅料出现质量不稳定时,往往还需做小样试制。即按大生产工艺条件配制少量制品以观察灭菌前后 pH、澄明度、色泽、含量等变化情况,以避免造成损失。化学试剂应做安全试验,证明无害后方可使用,活性炭应该使用针用规格炭,注射用水要求新鲜制备,贮藏期不超过 12h。

在称量药品原料前,应按处方规定和配液量计算出各原辅料用量,再进行精确称量配制。

2. 投料量计算 在配制注射液之前,先要按照处方和配液量计算出各种原料及附加剂的投料量,再进行精确称量配制。投料量可按以下公式计算:

$$原料实际用量 = \frac{原料理论用量 \times 成品标示量}{原料实际含量}$$

$$原料理论用量 = 实际配液量 \times 成品含量$$

$$实际配液量 = 实际灌注量 + 实际灌注损耗量$$

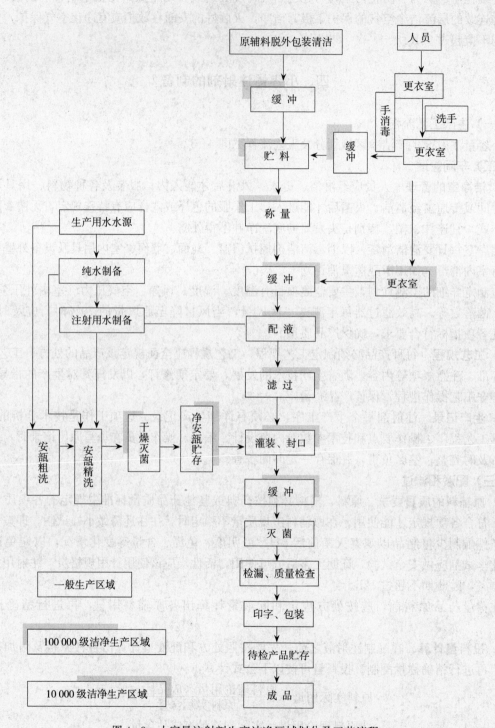

图 4-3 小容量注射剂生产洁净区域划分及工艺流程

3. 配液用具及其处理 大量生产时，配液中使用的容器，多采用不锈钢配液缸、搪瓷或玻璃反应锅，并装有搅拌器，反应锅夹层可通蒸汽加热，或通冷却水冷却。上述容器应是化学性质稳定耐腐蚀的材料。

使用前，要用洗涤剂或硫酸清洁液处理洗净。临用前用新鲜注射用水荡洗或灭菌后备用。每次配液后，一定要立即刷洗干净，玻璃容器可加入少量硫酸清洁液或75%乙醇放置，用时再依法洗净。

4. 药液的配制 根据原料药的质量情况，配制方法分浓配法与稀配法两种。

（1）浓配法：即将全部药物原料加入部分溶媒中，配成浓溶液，加热滤过或冷藏滤过。这种方法可将溶解度较小的杂质析出滤除，质量较差的原料可采用此法配液。

（2）稀配法：即将全部药物原料加入溶媒中，一次配成所需浓度，再行滤过。

配液中应注意：①配制剧毒药品注射液，要特别谨慎，用具、仪器宜分开使用，以防止交叉污染。②对性质不稳定的药剂，先将增加稳定性的附加剂溶于溶媒中，再加入不稳定的药物进行溶解，有时还要控制温度与避光操作。③配制含量小的注射剂，应将药物先在少量溶媒中完全溶解后再加入大量溶媒中，以防损失或浓度不均匀。④对于原料药质量较差或药液不易滤清时，可加入配液量0.02%～1%针剂用活性炭吸附分离处理。

影响配液的因素：①原辅料的质量：供注射用的原料药，必须符合《中国兽药典》2005年版所规定的各项杂质检查与含量限度。不同批号的原辅料，生产前必须做小样试制，检验合格后方能使用。不易获得注射用级别的，而医疗又确实需要的辅料必须将其精制，使之符合注射用辅料标准，并经有关部门批准后方可使用。活性炭要使用针剂用的炭。②原辅料的投料：按处方规定计算其用量，如果注射剂灭菌后含量有下降时，应酌情增加投料量。在称量计算时，如原料含有结晶水应注意换算。

5. 滤过 注射液滤过时，可根据药液的性质以及生产规模等选择滤器。目前在大部分兽药生产企业所使用的滤器是板框式滤过器和微孔滤心滤过器。前者一般使用0.45～0.8μm的微孔滤膜作为滤过介质，一次使用完后即作废。后者使用微孔滤心，可反复冲洗使用。有关滤过的详细内容请参见本章第三节。

（四）灌封

应在灌装后立即封口，灌封室环境卫生要严格控制在尽可能高的洁净度或在灌封区采用局部层流净化空气装置。灌装要求装量准确，灌注针头及药液不得碰到安瓿瓶口。送入安瓿的量要比标示量稍多，以补偿在安瓿内或注射器中的损失，在灌前与生产之中必须定时抽查装置是否合乎规定。安瓿封口要求严密不漏气，顶端圆整光滑，无歪头、尖头、泡头和焦头。

封口的方法分顶封与拉丝封口两种。拉丝法封口严密，但顶端区的玻璃比较薄，容易破碎。顶封法有时易出现极细的毛细孔，甚至检漏也不易检出。粉末安瓿或具广口的其他安瓿都宜用拉丝法封口。

1. 手工灌封 手工灌封适合于小量生产，设备简单，但操作掌握不当易产生焦头、玻屑或封口不严密、不圆整光滑的缺点。手工灌注器有竖式与横式两种，另外还有双针或多针头的脚踏式灌注器。

2. 机械灌封 灌封包括灌注药液和熔封，灌封间是无菌制剂生产的关键区域，其洁净度要求特别严格，应达到10 000级。

（1）灌注：为了保证注射剂使用时有足够的剂量，以补偿在给药时由于瓶壁黏附和注射器及针头在吸液时造成的损失，安瓿中注射液的实际灌注量应等于标示量加上附加量。对注射剂附加量的规定见表4-2。

灌注时要求做到：①装量准确，每次灌注前必须先试灌若干支，按照《中国兽药典》规定的"注射剂的装量检查法"进行检查，符合规定后再行灌注。②灌注时应注意尽量不使灌注针头与安瓿颈内壁碰撞，以免玻屑落入安瓿。③药液不可黏附在安瓿颈壁上，以免产生焦头或爆裂。

常用的灌注器有：手工竖式灌注器、手工横式灌注器、双针或多针灌注器、电动灌封机等。

（2）熔封：安瓿的熔封应严密，无缝隙、不漏气；安瓿封口应长短一致，颈端应圆整光滑，无尖锐易断的尖头及易破碎的球状小泡。小量生产常采用双焰熔封灯进行熔封，属"拦腰封口"。大量生产时多采用自动安瓿灌封机，为顶端自然熔封，目前多采用拉封法。

表4-2 小容量注射剂灌注时应增加的灌注量

标示装量（mL）	增加量	
	易流动液（mL）	黏稠液（mL）
0.5	0.10	0.12
1.0	0.10	0.15
2.0	0.15	0.25
5.0	0.30	0.50
10.0	0.50	0.70
20.0	0.60	0.90

3. 通惰性气体 许多产品遇空气极易氧化，熔封后安瓿空间部分存在的空气也会促使这些产品氧化变质，所以在灌注药液后，可通入惰性气体，以置换安瓿空间的空气后再熔封。常用的惰性气体为氮气与二氧化碳气，使用低纯度的氮气时，先通入缓冲瓶，经硫酸洗气瓶洗去水分，再通过碱性焦性没食子酸洗气瓶除去氧气，然后再经1％高锰酸钾洗气瓶除去还原性有机物，最后经注射用水洗气瓶导出。二氧化碳可用装有浓硫酸、1％硫酸铜溶液、1％高锰酸钾溶液的洗气瓶处理，分别除去二氧化碳中的水分、硫化物、有机物和微生物，最后再经注射用水洗气瓶除去SO_2和水中可溶物，导出使用。

（五）灭菌和检漏

1. 灭菌 灭菌方法有多种，主要根据药液中原辅料的性质来选择。灭菌方法和灭菌条件的选择，既要考虑保证药效，又要保证灭菌完全，必要时可采取几种灭菌方法联合使用。

在避菌条件较好的情况下生产的注射剂，一般1～2mL安瓿多采用流通蒸汽100℃、30min灭菌；10～20mL安瓿使用100℃、45min灭菌。灭菌的时间和温度，在保证灭菌质量的条件下，根据药物对热稳定性和工艺质量而定。

对热不稳定产品可以适当缩短灭菌时间和降低灭菌的温度，如地塞米松磷酸钠注射液，为流通蒸汽 100℃、15min 灭菌。肾上腺素注射液不能高温灭菌，则在溶液中加抑菌剂而采用低温灭菌。

2. **检漏** 由于安瓿在熔封时没有严密熔合而存在着毛细孔或微小裂缝。这样的漏气安瓿，药液容易流出或贮存期间空气与微生物侵入使药物变质发生变色、沉淀或长团等现象，故必须通过检漏将漏气安瓿剔除。

检漏一般应用灭菌检漏两用检漏器。灭菌完毕后，稍开锅门，从进水管放进冷水淋洗安瓿使温度降低，然后关紧锅门并抽气，灭菌器内压力逐渐降低。如有漏气安瓿，则安瓿内空气被抽出。当真空度达到 85.3～90.6kPa（640～680mmHg）后，停止抽气。将有色水吸入灭菌锅中至盖过安瓿后，然后关闭有色水阀，放开气阀，再将有色水抽回贮器中，开启锅门，将注射剂车架推出，淋洗后检查，剔去带色的漏气安瓿。也可在灭菌后，趁热立即于灭菌锅内放入有色水，安瓿遇冷内部气体收缩，压力下降，有色水即从漏气的毛细孔或裂缝进入而被检出。此外，还可将安瓿倒置或横放于灭菌器内，灭菌与检漏同时进行或用仪器检查安瓿裂缝。

（六）质量检查

1. **注射剂澄明度的检查** 由于注射剂在生产中所使用的原辅料、容器、用具及生产环境空气洁净度不好等因素，就会造成注射液被微粒所污染。注射液中微粒已被鉴别出来的有：炭黑、碳酸钙、氧化锌、纤维素、纸屑、黏土、玻璃屑、细菌、真菌、芽孢和结晶体等。这些微粒异物注入动物体后所造成的危害已引起人们的普遍重视。

为了保证用药安全，各国药典对微粒大小及允许限度都做了规定。注射剂的澄明度检查，我国兽药典对注射液澄明度检查所用的装置、检查人员条件、检查数量、检查的方法、时限和判断标准等均有详细规定。

2. **热原检查** 凡有热原检查项的制剂均应进行热原检查，具体方法见本章第四节。

3. **无菌检查及其他** 对灭菌后的注射剂或采用无菌操作制备的注射剂，必须按《中国兽药典》2005 年版规定做无菌检查，还必须进行注射剂装量检查以及鉴别、含量测定、pH 测定、毒性试验、刺激性试验、过敏性试验等，不同的产品有不同的质量要求。

（七）印字包装

经检查合格的注射剂，应印字或贴标签以注明注射剂的品名、规格、批号或厂名等。安瓿注射剂印字分手工印字和机器印字。手工印字是将刻好的蜡纸放在涂油墨的橡胶板或纸垫上，将安瓿在蜡纸上轻轻滚动印出。安瓿印字机可用于水针、粉针安瓿印字，这类设备装有超越离合器，可方便调整输送方式和调换铅字或不同规格的安瓿等优点，印出的字迹清晰、规范、完整。

五、小容量注射剂制备举例

例1：安乃近注射液（metaminzole sodium injection）。

【处方】安乃近　　　　　　3 000g
　　　　亚硫酸氢钠　　　　20g

苯甲醇　　　　　　　200mL
依地酸二钠　　　　　1g
注射用水　　　　　　加至10 000mL

【制备】将各种药物放入配液容器中，加注射用水至全量，搅拌使溶解，加活性炭0.5g，搅拌15min，滤过，滤液在二氧化碳或氮气流下灌于安瓿并熔封，用100℃流通蒸汽灭菌30min，即得。

【作用与用途】解热镇痛药。用于发热、风湿痛、关节痛。

【注解】

(1) 安乃近是取安替比林亚硝基化、还原与甲烷化等反应，然后与甲醛及亚硫酸氢钠作用制之。安乃近的结构上导入甲基磺酸钠基团后，以增加其对水的溶解度（1∶1.5），且所得水溶液几乎接近中性。

(2) 安乃近注射液极易氧化变色，开始时微带黄色，日久色泽变深。影响变色的因素很多，主要是与空气中的氧气（溶液中溶解的氧和安瓿中的残余量）接触，故要用新鲜注射用水，并在二氧化碳或氮气流下灌注和熔封。高温、日光或有微量金属离子如 Mn^{2+}、Cu^{2+}、Mg^{2+}、Fe^{3+}、Sn^{3+}、Sn^{2+}、Co^{2+} 等存在时，均能促使氧化变色加速，可加入依地酸二钠等络合剂，消除金属离子对安乃近的催化作用，以提高稳定性。在pH4.8～8.8范围内，以pH7.8较稳定。

(3) 为了防止安乃近的氧化，可加入甲醛合次硫酸钠（$HO·CH_2SO_3Na$）、硫脲、亚硫酸氢钠、焦亚硫酸钠、葡萄糖等作抗氧剂。但若加亚硫酸盐为抗氧剂对碘量法含量测定有影响。

(4)《中国兽药典》2005年版规定本品pH应为5.0～7.0。

例2： 普鲁卡因青霉素注射液（procaine benzylpenicillin injection）。

【处方】普鲁卡因青霉素　　30 000IU　　　无水枸橼酸钠　　　14.4g
　　　　羧甲基纤维素钠　　4.8g　　　　　聚山梨酯80　　　　0.86g
　　　　三氯叔丁醇　　　　50g　　　　　　注射用水　　　　　加至1 000mL

【制备】取无水枸橼酸钠、羧甲基纤维素钠、聚山梨酯80、三氯叔丁醇放入配液容器中，加注射用水至全量，搅拌使溶解，过夜，滤过，100℃流通蒸汽30min灭菌，放冷后作为溶媒。在无菌室加入普鲁卡因青霉素制备混悬液，灌封即得。

【作用与用途】青霉素类抗菌药。

第六节　大容量注射剂

一、概　　述

(一) 大容量注射液的分类

大容量注射剂根据给药途径可分为两类。

1. 静脉滴注大容量注射剂　通常称为输液（infusion solution），是指由静脉滴注输入动物体内的大剂量注射剂。如1 000mL葡萄糖氯化钠注射液。可分为以下3类：

(1) 电解质输液：用以补充体内水分、电解质，纠正体内酸碱平衡等。如氯化钠注射液、复方氯化钠注射液、乳酸钠注射液等。

（2）营养输液：有糖类输液、氨基酸输液、脂肪乳输液等。

（3）胶体输液：有多糖类、明胶类、高分子聚合物类输液等。如右旋糖酐衍生物、明胶、聚维酮等。

2. 非静脉大容量注射剂 是指由静脉以外途径（如肌内、皮下注射等）注入动物体内的大容量注射剂。如 100mL 的氟苯尼考注射液。

（二）大容量注射剂的应用特点

输液主要用于补充体液、电解质及营养，并可作为血浆代用液维持血压。特别是新型的复方氨基酸注射剂及静脉脂肪乳剂的应用，为不能从正常途径获得营养的患畜提供营养创造了条件，通过静脉迅速进入动物体内，在抢救危重及急症中发挥重要作用。非静脉大容量注射剂较小容量注射剂更适合规模化养殖畜群、禽群使用，也可减少容器处理、灌封等劳动的强度。

（三）大容量注射剂的质量要求

非静脉大容量注射剂的质量要求与小容量注射剂相同，输液与小容量注射剂基本一致，但输液对无菌、无热原及澄明度等质量要求更高。输液渗透压应为等渗或偏高渗，不能引起血象的任何异常变化。输液中不得添加任何抑菌剂，也不能有产生过敏反应的异性蛋白及降压物质。乳液型或混悬型输液，还要求微粒直径小于 $1\mu m$。

二、大容量注射剂渗透压的调节

溶剂通过半透膜由低浓度溶液向高浓度溶液的扩散现象称为渗透，阻止渗透所需施加的额外压力即渗透压。生物膜一般具有半透膜的性质，制作注射剂等剂型时必须考虑渗透压，以防溶血现象发生。

表 4-3 列出一些药物的 1‰ 水溶液的冰点降低数据，根据这些数据可以计算该药物配成等渗溶液的浓度。

表 4-3 一些药物水溶液的冰点降低值与氯化钠等渗当量

名　　称	1% (g/mL) 水溶液冰点降低值（℃）	1g 药物氯化钠等渗当量（E）
氯化钠	0.58	
硫酸阿托品	0.08	0.10
盐酸可卡因	0.09	0.14
无水葡萄糖	0.10	0.18
葡萄糖（含水）	0.091	0.16
碳酸氢钠	0.381	0.65
青霉素 G 钾		0.16
吐温 80	0.01	0.02
盐酸普鲁卡因	0.12	0.18

血浆的冰点为 $-0.52℃$，因此任何溶液，只要其冰点降低值为 $0.52℃$，即与血浆等渗。低渗溶液可以加入适量的氯化钠、葡萄糖或其他适宜的等渗调节剂调整，需要加入的量可由下式计算：

$$W = 0.52 - a/b$$

式中，W 为配制等渗溶液需要加入的等渗调节剂的质量；a 为未经调节的药物溶液的冰点降低值；b 为用以调节的等渗剂 1% 溶液的冰点降低值。

例：用氯化钠配制 1 000mL 等渗溶液，需要多少氯化钠？

从表 4-3 中查得，1% 氯化钠溶液的冰点降低值 $b=0.58℃$，纯水 $a=0$，血浆的冰点为 $-0.52℃$。按上式计算得 $W=0.9\%$，即 0.9% 氯化钠为等渗溶液，即配制 1 000mL 等渗氯化钠溶液需 9g 氯化钠。

也可设氯化钠在等渗溶液中的浓度为 x，则：$1\% : x = 0.58 : 0.52$。解之得 $x=0.9\%$。

三、大容量注射剂的制备

（一）大容量注射剂的生产工艺流程

大容量注射剂生产洁净区域划分及工艺流程图见图 4-4。

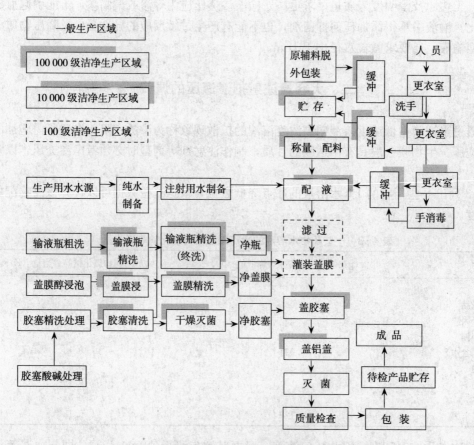

图 4-4 大容量注射剂生产洁净区域划分及工艺流程

（二）大容量注射剂的容器及其附件处理

1. **玻璃大容量注射液瓶**(玻璃输液瓶) 瓶口内径必须符合要求,光滑圆整、大小一致,否则将影响密封程度,造成贮存期间污染长菌。大容量注射液瓶的材料一般采用硬质中性玻璃,具有耐酸、耐碱、耐药液腐蚀及能进行热压灭菌的特点。

大容量注射剂容器洗涤工艺的设计与容器原来的洁净程度有关。

(1) 水洗法:国内有些药厂自己生产大容量注射液瓶,而且制瓶车间洁净度较高,瓶子出炉后,立即密封,这种情况只要用滤过注射用水冲洗即可。

(2) 酸洗法:已存放一定时间的大容量注射液瓶以本法处理为好,即用重铬酸钾清洁液荡洗。重铬酸钾清洁液既有强力的消灭微生物及热原的作用,还能对瓶壁游离碱起中和作用。但对设备腐蚀性大,操作不便,劳动保护要求高。

(3) 碱洗法:是用2%氢氧化钠溶液(50~60℃)冲洗,也可用1%~3%的碳酸钠溶液,由于碱对玻璃有腐蚀作用,故碱液与玻璃接触时间不宜过长(不超过数秒钟)。碱洗法操作方便,易组织生产流水线,也能消除细菌与热原。但其作用比酸洗法差,故适用于新瓶及洁净度较好的大容量注射液瓶的洗涤,国内采用滚动式洗瓶机可大大提高洗涤效率。

酸碱处理后的瓶子,依次应用常水、纯化水、注射用水洗净后备用。

2. **橡胶塞** 玻璃大容量注射液瓶所用橡胶塞对大容量注射剂澄明度影响很大,其质量要求如下:①富于弹性及柔软件,针头刺入和拔出后应立即闭合,并能耐受多次穿刺无碎屑脱落。②耐溶性,不致增加药液中的杂质。③可耐受高温灭菌。④有高度的化学稳定性,不与药物成分发生相互作用。⑤对药物或附加剂的吸附作用应达最低限度。⑥无毒性及溶血作用。

橡胶塞的处理:新橡胶塞先用0.5%~1%的氢氧化钠或3%~5%的碳酸钠溶液煮沸30min,以除去表面的硬脂酸及硫化物。用水洗掉碱以后,加1%盐酸溶液煮沸30min,以除去表面的氧化锌、碳酸钙等。用水洗掉酸以后,再用纯化水煮沸30min,最后用注射用水洗净。

3. **隔离膜** 目前国内主要使用涤纶膜,它的特点是:对电解质无通透性、理化性能稳定,用稀酸或水煮均无溶解物脱落,耐热性好,并有一定的机械强度,压塞时不易破碎。

涤纶膜的处理:用95%乙醇浸泡8~12h,使薄膜逐张散开,使醇溶性成分及吸附的颗粒脱落。或放入纯化水中于112~115℃加热处理15~30min,再用注射用水动态漂洗至漂洗水澄明度合格为止。对于某些碱性药液如碳酸氢钠,可考虑使用聚丙烯薄膜。

(三) 大容量注射剂的制备要点

1. **车间洁净度** 非静脉大容量注射剂与小容量注射剂从配液到灌封均可在10 000级洁净度下进行,但静脉大容量注射剂要求更高,配液可在10 000级洁净度下进行,但对滤过及到灌封等关键操作要求洁净度达到100级。

2. **配液** 配液必须用新鲜注射用水,配制方法多采用浓配法,并且采用0.1%~0.5%的活性炭吸附热原、杂质及色素。

3. **滤过** 为保证大容量注射剂的质量,大多采用加压三级滤过装置,即砂滤棒—垂熔玻璃滤球—微孔滤膜;末端滤过也可采用双层微孔滤膜,第一层孔径$3\mu m$,第二层孔径$0.8\mu m$。也有的工厂在微孔滤膜后加上超滤膜,不仅除去尘粒、细菌,而且除去热原,提高了大容量注射液的质量。

4. **灌封** 灌封是大容量注射剂关键操作,由灌注、加膜、盖橡胶塞、轧铝盖四步完成。目前大容量注射剂的灌封除加膜外均已实现了机械化联动化,自动灌注机、翻塞机及落盖轧口机大大提高工作效率及产品质量,灌封结束后应检查轧口是否松动并将不合格的剔除。

5. **灭菌** 为减少微生物污染的机会,应尽量使整个生产过程连贯进行,并于灌装结束后立即灭菌。一般从配液到灭菌不宜超过 4h。灭菌采用热压灭菌,预热时间 20～30min,当达到灭菌温度后,维持 30min,然后停止加热,放除锅内蒸汽,同时应遵守操作注意事项。

(四)大容量注射剂的质量检查

非静脉大容量注射剂与相应的小容量注射剂的质量检查相同。输液对澄明度、热原、无菌的检查更为严格。

1. **澄明度** 由于肉眼只能检出 $50\mu m$ 以上的微粒,因此输液澄明度除目检应符合有关规定外,《中国兽药典》还规定了注射液中不溶性微粒检查法。检查方法有显微计数法及光阻法。

2. **热原** 每一批输液都必须按《中国兽药典》规定的热原检查法或细菌内毒素检查法检查热原。

3. **无菌** 除与小剂量注射剂相同外,国外对输液的无菌检查,更注重灭菌的工艺过程,各项工艺参数(如温度、时间、饱和蒸汽压、F_0 值及其他关键参数)均应达到要求,以保证最后的无菌检查合格。

4. **稳定性评价** 与小容量注射剂相似,但要求更高,如乳液或混悬液,应按要求检查粒度,粒径大小应80%小于$1\mu m$,微粒大小均匀,不得有大于 $5\mu m$ 的微粒,色泽和降解产物也应合格等。

5. **酸碱度和含量测定** 按不同品种进行测定。

(五)大容量注射剂的制备举例

例:25%葡萄糖注射液。

【处方】葡萄糖(含1分子结晶水)　　　250g
　　　　1%盐酸　　　　　　　　　　　适量
　　　　注射用水　　　　　　　　　　　加至1 000mL

【制备】

(1)取注射用水适量(约总需水量的 80%),加热煮沸,加葡萄糖搅拌溶解,用盐酸调节pH 至 3.8～4.0。加活性炭处理后,先用多孔滤器衬滤纸绢布滤过,除去活性炭。再添加注射用水至总量,用垂熔玻璃滤器等精滤,灌封,用热压蒸汽115℃灭菌30min,即得。

(2)取注射用水适量,加热煮沸,将葡萄糖加入,不断搅拌,配成 50%～60%的浓溶液,加1%盐酸调节 pH 至 3.8～4.0。加活性炭,搅拌煮沸 15～30min,趁热滤过脱炭。滤液加注射用水稀释至所需浓度,测定 pH(3.5～5.5)及含量合格后,滤至澄明,即可灌封,其他同上。

上述两种制法,第一种方法溶液浓度较稀,容易滤过,如原料的质量较纯,可用此法配制。第二种方法为浓配法,如有杂质可在浓溶液中析出除去,以保证成品的质量。

【作用与用途】葡萄糖用以供热能。25%～30%的葡萄糖注射液静注,用于急性中毒、流血过多、虚脱、尿闭症、肾脏或心脏性浮肿等。

【注解】

(1) 本品用作静脉注射，故在制造时，各步操作均必须非常谨慎。对原料的选择尤为重要，应采用注射用葡萄糖，否则注射后常发生不良反应（发冷发热等），或成品检查时会产生白色微细颗粒或絮状沉淀，导致废品率增加。

(2) 原料中糊精的检查极为重要，应绝对不含糊精，否则溶解后，溶液浑浊，即使用活性炭多次处理亦无效。在糊精检查中，加醇经回流煮沸后，如溶液澄明，即表示不含糊精。有时回流煮沸后，虽溶液澄明，但含有小白点，此种情况可能因原料中含有微量可溶性蛋白质，在醇中凝固，则于制成的安瓿中经热压灭菌后，有析出微粒沉淀之虞。如遇此情况，可将配成的溶液加适量盐酸及活性炭，煮沸或置热压锅中加热一次，促使糊精水解及蛋白质等胶体杂质凝聚，可滤过除去。

(3) 活性炭用以吸附葡萄糖溶液中的霉菌、热原、色素、蛋白质类及其他杂质等，用量需视活性炭本身的吸附力或葡萄糖的纯度决定。如原料品质较纯，则可少用，0.1%～0.8%足矣；如原料品质较差（勉强通过规定标准者），则用量必须增加至1%～2%，甚至2%以上。有时活性炭本身含有磷酸盐及其他金属杂质，溶液经活性炭处理后，常于加热灭菌后发生浑浊，或产生微细的絮状沉淀。活性炭应严格检验，如发现有微量杂质，可先将活性炭用碱液（0.1%NaOH）冲洗，继用酸液（0.1% HCl）煮沸洗涤，最后用蒸馏水洗涤，使不含氯化物为止。

(4) 葡萄糖有无水（$C_6H_{12}O_6$）与含水（$C_6H_{12}O_6 \cdot H_2O$）两种。注射液所示的浓度除等渗葡萄糖注射液以无水葡萄糖计算外，其他浓度的注射液照含水葡萄糖（含1分子结晶水）计算。如用无水葡萄糖为原料，应按照分子质量换算成含水葡萄糖的用量。

(5) 葡萄糖注射液颜色易变黄，影响变色的关键是灭菌温度和溶液的pH。本品灭菌温度超过120℃，时间超过30min则溶液开始变色，温度越高、时间越长、浓度愈高，变色愈深。

本品经热压灭菌后，待压力降至常压时，应立即从锅中取出，用冷水冲冷，以免受热过久，溶液颜色变黄。

(6) 葡萄糖易于滋长微生物，而导致热原污染，除选择原料必须特别注意外，工艺中尽量避免污染，必要时加适量活性炭以吸附热原，提高注射液澄明度。目前还采用微孔滤膜滤过，进一步除去溶液中的微粒，提高质量。

第七节　注射用无菌粉末

凡是在水溶液中不稳定的药物，如某些抗生素（如青霉素G）、一些酶制剂及血浆等生物制剂均需制成注射用无菌粉末。近年也有将中药注射剂制成粉针以提高其稳定性，如双黄连粉针、茵栀黄粉针等。

根据生产工艺条件，注射用无菌粉末分为两大类：①注射用冷冻干燥产品，是将药物配制成无菌水溶液，经冷冻干燥法制得的粉末密封后得到的产品。②注射用无菌分装产品，是采用灭菌溶剂结晶法、喷雾干燥法制得的无菌原料药直接分装密封后得到的产品。

注射用无菌粉末通常在临用前加入灭菌注射用水或0.9%氯化钠注射液溶解后使用。注射用无菌粉末的生产必须在无菌室内进行,特别是一些关键工序,更应严格要求,可采用层流洁净装置,保证无菌无尘。

一、注射用无菌分装产品

(一) 概述

在兽药生产上,无菌分装产品主要是一些有无菌原料而其又不能配制成注射液的制剂,如青霉素、链霉素等。这类制剂主要是使用现成的原料按照无菌操作法在无菌环境下直接分装,因此对环境要求较高,特别是温度和湿度极其重要,否则很容易造成产品的质量不稳定或者出现成批的报废。

有些药物粉末,由于剂量太小,分装操作困难,装量不易准确控制,可加入适宜赋形剂或填充剂,将其稀释至适当质量或容量。有时为了增加某些药物的稳定性、调节pH或抑菌防腐等,需要加入某些附加剂。所加入的辅料,应当是经过精制、灭菌的注射用品。

常用的赋形剂有蔗糖、乳糖、甘露醇等;附加剂有维生素C、磷酸盐、枸橼酸盐、尼泊金、无水氯化镁、去氧胆酸钠、无水碳酸钠、水解明胶、氯化钠等。

(二) 生产工艺

1. 容器处理

(1) 西林瓶:采用超声波洗瓶剂和纯化水洗涤瓶子的外壁和内壁,然后用注射用水冲洗干净,并使用洁净的压缩空气吹干,最后180℃干热灭菌1.5h。

(2) 胶塞:先用酸碱处理。用常水冲洗干净,然后加硅油进行硅化,最后于125℃灭菌2.5h。

(3) 铝盖:先用清洁液洗涤,然后用纯化水洗,最后180℃灭菌1h。

灭菌好的空瓶存放柜应有净化空气保护,瓶子存放时间不超过24h,用无菌溶剂结晶法、喷雾干燥法制备无菌原料药,必要时需进行粉碎、过筛等操作,在无菌条件下制得符合注射用的灭菌粉末。

2. 分装 分装必须在高度洁净的无菌室中按照无菌操作法进行,目前使用的分装机械有插管分装机、螺旋自动分装机、真空吸料分装机等。分装好后小瓶应立即加塞并用铝盖密封,在瓶口暴露的所有环节应有局部层流装置。

3. 异物检查 异物检查一般在传送带或灯检机上,用目检视。

4. 印字包装 目前生产上均已实现机械化。此外,青霉素分装车间应与其他车间严格分隔并专用,防止交叉污染。

二、注射用冻干制品

(一) 冷冻干燥产品的特点

注射用冷冻干燥产品具有以下优点:①可避免药品因高热而分解变质。②所得产品质地疏松,加水后迅速溶解恢复药液原有的特性。③含水量低,一般在1%~3%范围内,同时干燥在真空中进行,故不易氧化,有利于产品长期贮存。④产品中的微粒物质比直接分装生产者少。

⑤产品剂量准确,外观优良。

冷冻干燥产品不足之处在于溶剂不能随意选择;某些产品重新溶解时出现浑浊。此外,本法需特殊设备,成本较高。

(二) 冷冻干燥产品的辅料

冷冻干燥产品处方中固体的百分含量应该在7%～25%之间。为使结晶均匀,色泽一致,质量良好,具有较大的溶解度,可加入一些赋形剂和附加剂。常用的赋形剂为盐类或有机物类,盐类常用磷酸二氢钠、磷酸氢二钠和氯化钠等。但单独使用盐类时,冻干后饼状物的体积多显著缩小。有机物类常用乳糖、葡萄糖、甘露醇、水解明胶、甘氨酸、聚乙烯吡咯烷酮等,可适当增加冷冻物的固体量。还常用混合赋形剂,如乳糖与甘露醇(1:1)、水解明胶与甘露醇等。处方中加入的辅料,在减压条件下应不挥发,尽可能不加抑菌剂。

(三) 生产工艺

注射用冷冻干燥产品生产工艺见图4-5。

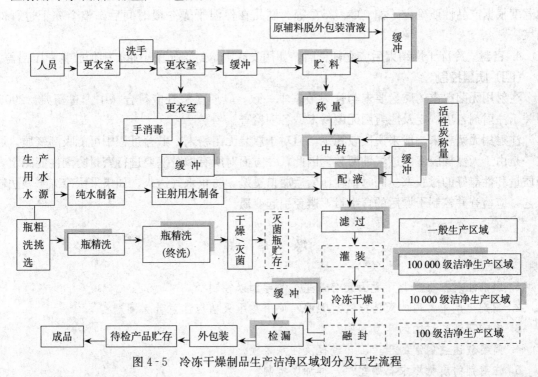

图4-5 冷冻干燥制品生产洁净区域划分及工艺流程

产品在冻干之前的操作,基本上与水溶液注射剂相同,即配液、滤过、分装,但分装时溶液厚度要薄。分装后的工艺一般包括以下几方面:

1. 预冻 产品在干燥之前必须进行预冻,未预冻而直接抽真空,当压力降低到一定程度时,溶于溶液中的气体迅速逸出而引起类似"沸腾"现象,部分药液可能冒出瓶外。预冻温度应低于产品的低共熔程10～20℃,否则抽真空时则有少量液体"沸腾"而使产品表面凹凸不平。预冻方法可采用在产品进箱之前,先把冻干箱温度降到-45℃以下,再将产品装入箱内速冻,形成细微冰晶的速冻法,其制得产品疏松易溶,而且对于生物产品引起蛋白质变性的几率很小,故对于酶类、活菌、活病毒的保存有利。

2. 升华干燥　升华干燥可采用一次升华法或反复预冻升华法。

(1) 一次升华法：先将处理好的产品溶液在干燥箱内预冻至低共熔点以下 10～20℃，同时将冷凝器温度下降至-45℃以下。启动真空泵，当干燥箱内真空度达 13.33Pa 以下关闭冷冻机，通过搁置板下的加热系统缓缓加温，提供升华过程所需热量，使产品的温度逐渐升高至-20℃左右，使药液中的水分升华。该法适用于低共熔程在-10～20℃的产品，而且溶液浓度、黏度不大，装量厚度在 10～15mm 的情况。

(2) 反复冷冻升华法：如产品的低共熔点为-25℃，可将温度降至-45℃，然后升温到低共熔点附近(-27℃)，维持 30～40min，再降温至-40℃。如此反复，使产品结构改变，外壳由致密变为疏松，有利于水分升华。此方法适用于某些低共熔点较低，或结构比较复杂、黏稠等难于冻干的产品，如蜂蜜、蜂王浆等。

3. 再干燥　当升华干燥阶段完成后，为尽可能除去残余的水，需要进一步再干燥。再干燥的温度根据产品性质确定，如 0℃、25℃等。制品在保温干燥一段时间后，整个冻干过程即告结束。

4. 密封　冷冻干燥结束后应立即密封，如用安瓿则熔封，如用小瓶，则加胶塞和压铝盖。

(四) 质量控制

注射用无菌粉末的质量要求与注射液基本一致，其质量检查应符合《中国兽药典》2005 年版关于注射剂各项规定及注射用无菌粉末的各项检查。

注射用无菌粉末一般来说比较稳定，但对于瓶装无菌粉末，贮存过程中可能吸潮变质，原因之一是由于天然橡胶塞的透气性所致。因此，一方面对所有橡胶塞要进行密封防潮性能测定，选择质量和性能好的橡胶塞。同时铝盖压紧后瓶口烫蜡，防止水气透入。如果采用冷冻干燥法制备工艺，应检查并控制干燥后的含水量，避免引起变质。

思　考　题

1. 影响注射剂生产的环境因素有哪些？怎样加以控制？
2. 制剂生产中常用的灭菌方法有哪些？使用热压灭菌应注意什么问题？
3. 影响药液滤过的因素有哪些？
4. 简要叙述注射液的生产工艺过程及注意事项。
5. 注射剂的质量要求有哪些？怎样加以控制？

第五章

群体给药固体制剂（粉剂、预混剂、颗粒剂和水产药饵）

第一节 概　　述

（一）固体制剂的分类、特点

根据动物用药的方法特点，固体制剂可分为群体给药固体制剂和个体给药固体制剂两类。群体给药固体制剂主要有粉剂、预混剂、颗粒剂和水产药饵，个体给药固体制剂主要有片剂、胶囊剂、丸剂、饼剂和舔剂等。

与液体制剂比较，固体制剂的物理、化学稳定性好，制备成本较低，给药简便，运输、携带方便。尤其是粉剂和预混剂，工艺简单，适合畜禽群体化给药模式，饵剂适合水产群体化给药，颗粒剂除适合畜禽群体化给药外，膨化颗粒剂还适合水产群体化给药。

（二）固体制剂的制备工艺流程

固体制剂的制备工艺如图5-1所示。前处理操作单元基本相似，首先是将药物（或药物与辅料混合物）进行粉碎、过筛，与辅料或其他组分混合处理，得到药物辅料均匀混合物，才能加工成各种固体剂型。如将混合均匀物料，通过分剂量直接分装，可获得粉剂或预混剂；将均匀物料继续进行制粒、干燥处理后分装，可得到颗粒剂、丸剂、预混剂或药饵等；将均匀物料或制粒颗粒装入胶囊，可制成胶囊剂等；将均匀物料或制粒颗粒压缩成型，可制备片剂、饼剂、舔剂或饵剂等。

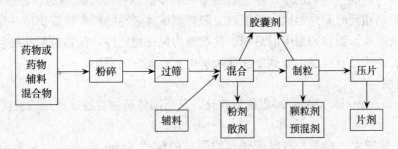

图5-1　固体制剂的制备工艺流程

固体制剂的制备，物料的混合度、流动性、充填性非常重要。药物和辅料混合均匀与否，直接关系到固体制剂产品药物含量均匀、外观和疗效。物料良好的流动性、充填性可以保证固体制剂产品的准确剂量和含量。固体制剂的前处理操作单元，如粉碎、过筛、混合等，目的就是为了保证药物含量均匀度及分剂量准确性。制粒操作或加入助流剂同样是改善流动性、充填性的主要措施之一。

（三）固体制剂的溶出与吸收

可溶性粉剂虽以固体剂型存在，但以药物溶液形式给药，内服（摄饮）后能直接被机体吸收。其余固体制剂，内服给药进入体内后，必须首先经过药物的崩解或溶出过程，即药物从固体制剂中溶出（溶解）于胃肠液中，才能通过胃肠道上皮细胞膜进入血液循环。主药在胃肠道的溶解吸收不仅受溶解度的影响，还受溶出速度的影响，特别是溶解度低的药物，溶出速度是重要因素。如果药物的溶出速度小，则吸收就慢，血药浓度就很可能难以达到有效治疗浓度。对一些难溶性药物，药物的溶出过程有可能成为药物吸收的限速过程。影响药物的溶出（解）因素可用Noyes-Whitney 方程表示（见第二章）。

粉剂、预混剂或颗粒剂因没有崩解过程，迅速分散后具有较大的比表面积，故药物的溶出、吸收和起效较快。胶囊剂内服后必须先经硬胶囊壳或软胶囊壳裂解过程，然后药物分子从颗粒中溶出被机体吸收。片剂内服后必须先崩解成细颗粒，然后药物分子从颗粒中溶出被机体吸收。丸剂崩解速度慢，药物溶出及吸收最慢。固体制剂内服吸收的快慢顺序，一般是可溶性粉剂＞不溶性粉剂和预混剂＞颗粒剂＞胶囊＞片剂＞丸剂。

实际生产中，可通过粉碎减小粒径，增大药物的溶出面积；加强搅拌，减少药物扩散边界层厚度或提高药物的扩散系数；提高温度，改变晶型等措施，提高药物的溶解度，改善药物的溶出速度。

第二节 固体制剂基本操作

一、粉 碎

（一）粉碎的目的

粉碎（comminute）是指利用机械力将大块固体药物破碎成适宜粒度的细粉的操作过程。

粉碎是药物制剂生产的基本操作单元之一，其目的主要是增加药物的表面积，促进药物的溶解和吸收，提高药物的生物利用度，便于制备多种剂型。如可溶性粉剂药物粒径达到一定细度，可使药物在规定的用药时间内溶出。预混剂、胶囊剂或片剂药物粉末也要保证一定粒度，才能保证药物能溶出被吸收。液体剂型中混悬剂、乳剂等为保证稳定性，药物颗粒亦必须在规定的粒度范围内。中药粉碎到适宜粒度也有利于加速药材中有效成分的浸出。

（二）粉碎度

粉碎度（comminution degree）也称粉碎比，是指固体药物在粉碎前后的粒度之比，即：

$$n = d_1/d_2$$

式中，n 为粉碎度；d_1 为粉碎前固体药物颗粒的粒径（mm 或 μm）；d_2 为粉碎后固体药物颗粒的粒径（mm 或 μm）。

由上式可知，粉碎度越大，所得药物颗粒的粒径就越小。可见，粉碎度是衡量粉碎效果的一个重要指标，也是选择粉碎设备的重要依据。

药物粉碎度不仅关系到粉剂的物理性质（外观、均匀性、流动性），并且粒度大小还会影响药物的溶出、吸收和作用起效时间等，可直接影响其疗效和毒副作用。药物粉碎度的选择，应根据药物的性质、给药方法和临床要求而定。一般而言，水溶性药物，粒度对药物的溶出、吸收和疗效影响较小；难溶性药物，粒度愈小，药物愈易溶出、吸收，起效愈快。作用于胃肠道局部的药物，其粉末越细，分散作用面积越大，作用越强。但粒度过细，有时会导致药物对胃肠道的刺激性增加。内服粉剂中，凡易溶于水的药物，可不必粉碎得太细，如水杨酸钠等；难溶性药物，为了加速其溶解和吸收，应粉碎得细些，如磺胺类药物等；不溶性药物如氢氧化铝等用于治疗胃溃疡时，必须制成最细粉，以利于发挥其保护作用及药效。红霉素等在胃中不稳定的药物，若增加其细度，则可加速其在胃液中的降解，反而降低药效。外用粉剂主要用于皮肤、黏膜和伤口，其中多为不溶性成分，如白陶土、滑石、磺胺、冰片等，这些药物应粉碎成细粉，以减轻其对组织或黏膜的刺激性，并提高分布性能。

粉碎操作也可能对药物产生不良影响。例如，多晶型药物的晶型在粉碎过程中可能会遭到破坏，从而导致药效下降或出现不稳定晶型；粉碎操作产生的热效应可能引起热敏性药物的分解；易氧化药物粉碎后会因比表面积增大而加速氧化；如果药物粉碎不均，不仅不能使药物彼此混合，还使其制剂的剂量或含量不准确，反而影响疗效。

(三) 粉碎原理和方法

粉碎主要是利用外加机械力，部分地破坏物质分子间的内聚力来达到粉碎的目的。固体药物的机械粉碎过程，就是用机械方法增加药物的表面积，即机械能转变成表面能的过程。

极性的晶体物质具有相当的脆性，较易粉碎；非极性的晶体物质缺乏脆性且易变形，阻碍了它们的粉碎，可加入少量挥发性液体以利粉碎；非晶型物质具有一定弹性，可通过降低温度的方法来增加其脆性，以利粉碎。

粉碎的方法主要有干法粉碎、湿法粉碎、低温粉碎3种。

1. **干法粉碎** 是通过干燥处理使药物的含水量降至一定限度（一般应少于5%）后再进行粉碎的方法。药物适宜的干燥方法选用要根据药物性质，一般温度不宜超过80℃。某些有挥发性及遇热易起变化的药物，可用石灰干燥器（或橱）进行干燥。

2. **湿法粉碎** 是在药物中加入适量液体进行研磨粉碎的方法。常用于樟脑、冰片、薄荷脑、水杨酸等药物的粉碎，还用于某些刺激性较强的或有毒的药物，以避免干法粉碎时粉尘飞扬。通常液体的选用是以药物遇湿不膨胀、两者不起变化、不妨碍药效为原则。对某些难溶于水的药物如炉甘石、珍珠、滑石，要求特别细度时，还可采用水飞法进行粉碎。

3. **低温粉碎** 是利用物料在低温状态的脆性，借机械拉引应力而破碎的粉碎方法。适用于常温下粉碎有困难的药物，如软化点和熔点较低的药物、热可塑性药物、某些热敏性药物及含水、含油较少的物料等。如树脂、树胶、干浸膏等，可获得更细的粉末，且可保存物料中的香气及挥发性有效成分。低温粉碎常采用以下方法：①物料先行冷却，迅速通过高速撞击式粉碎机粉碎，碎料在机内滞留的时间短暂。②粉碎机壳通入低温冷却水，在循环冷却下进行粉碎。③将干冰或液化氮气与物料混合后进行粉碎。④组合应用上述冷却方法进行粉碎。

粉碎操作中必须随时分离细粉，以使粗粉有充分机会接触机械能，避免细粉留在粉碎系统中，消耗机械能且产生大量不需要的过细粉末。粉碎机上装置筛子或利用空气可将细粉吹出。

物质经过粉碎，表面积增加，自由表面能也增加，导致已粉碎的粉末有重新结聚的倾向。粉碎与结聚同时进行，粉碎过程达到动态平衡，粉碎便停止在一定阶段。用混合粉碎的方法，使一种药物吸附于另一种药物表面，使其自由能不致明显增加，阻止其结聚，粉碎便能继续进行。此外，难溶性晶体药物与微晶纤维素按一定比例混合研磨，制成的混合物，其溶解速率增大。

（四）粉碎设备

1. 辊式粉碎机 图5-2是常见的双辊式粉碎机的工作原理示意图。它有两个互相平行的辊子，一个安装在固定轴承上，另一个支撑于活动轴承上，活动轴承由弹簧与机架相连。工作时，两个辊子均由电动机驱动，转速相等，但方向相反。固体药物自上而下进入两辊之间，被挤压成较小的颗粒后，由下部排出。

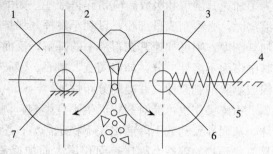

图5-2 双辊式粉碎机工作原理示意图
1、3. 辊子 2. 固体物料 4. 机架 5. 弹簧
6. 活动轴承 7. 固定轴承

辊子的表面可以是光面，也可以是带齿的。光面辊子表面不易磨损，可用于坚硬及腐蚀性物料的粉碎，软质药物的粉碎，粉碎度通常为6~8，且粒度较小。带齿辊子的粉碎效果较好，但抗磨损能力较差，不适用于腐蚀性药物的粉碎，可用于大颗粒黏性药物的粉碎，粉碎度通常为10~15。

辊式粉碎机运行平稳、振动较轻、过粉碎较少，常用于固体药物的粗碎、中碎、细碎和粗磨。

2. 锤式粉碎机 锤式粉碎机是一种撞击式粉碎机，一般由加料器、转盘（子）、锤头、衬板、筛板（网）等部件组成（图5-3）。锤头安装在转盘上，并可自由摆动。固体药物由加料斗加入，并被螺旋加料器送入粉碎室，高速旋转的圆盘带动其上的T形锤对固体药物进行强烈锤击，使药物被锤碎或与衬板相撞而破碎。粉碎后的微细颗粒通过筛板由出口排出，不能通过的粗颗粒则继续在室内粉碎。选用不同规格的筛板（网），可获得粒径为4~325目的药物颗粒。

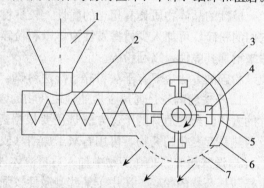

图5-3 锤式粉碎机结构示意图
（引自王志祥，制药工程学，2005）
1. 加料斗 2. 螺旋加料斗 3. 转盘 4. 锤头
5. 衬板 6. 外壳 7. 筛板

锤式粉碎机操作安全，粉碎能耗小，生产能力大，产品粒度比较均匀。缺点是锤头易磨损，筛孔易堵塞，物料易过细，粉尘较多。常用于脆性药物的中碎或细碎，不适用于黏性固体药物的粉碎。

3. 球磨机 如图5-4所示，球磨机的结构主体是一个不锈钢或瓷制的圆筒体，筒体内装有直径为25~150mm的钢球或瓷球，即研磨介质，装入量为筒体有效容积的25%~45%。

当筒体转动时，研磨介质随筒体上升至一定高度后向下滚落或滑动。固体药物由进料口进入筒体，逐渐向出料口运动。在运动过程中，药物在研磨介质的连续撞击、研磨和滚压下而逐渐粉碎成细粉，并由出料口排出。

球磨机筒体的转速对粉碎效果有显著影响。转速过低，研磨介质随筒壁上升至较低的高度后即沿筒壁向下滑动，或绕自身轴线旋转，此时研磨效果很差，应尽可能避免。转速适中，研磨介质将连续不断地被提升至一定高度后再向下滑动或滚落，且均发生在物料内部（图5-5a），此时

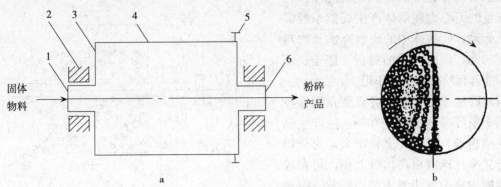

图 5-4 球磨机结构与工作原理示意图
a. 纵切面 b. 横切面
1. 进料口 2. 轴承 3. 端盖 4. 圆筒体 5. 大齿圈 6. 出料口

研磨效果最好。转速更高时,研磨介质被进一步提升后将沿抛物线轨迹抛落(图 5-5b),此时研磨效果下降,且容易造成研磨介质的破碎,并加剧筒壁的磨损。当转速再进一步增大时,离心力将起主导作用,使物料和研磨介质紧贴于筒壁并随筒壁一起旋转(图 5-5c),此时研磨介质之间以及研磨介质与筒壁之间不再有相对运动,药物的粉碎作用将停止。

图 5-5 研磨介质在球磨机筒体内的运动方式
a. 滑落或滚落 b. 抛落 c. 离心运动

研磨介质开始在筒体内发生离心运动时的筒体转速称为临界转速,它与筒体直径有关,可用下式计算:

$$N_c = 42.2/D^{1/2}$$

式中,N_c 为球磨机筒体临界转速(r/min);D 为球磨机筒体内径(m)。

球磨机粉碎效果最好时的筒体转速称为最佳转速。一般情况下,最佳转速为临界转速的 60%~85%。

球磨机结构简单,运行可靠,可密闭操作,操作粉尘少,常用于结晶性或脆性药物的粉碎。密闭操作时,可用于毒性药、贵重药以及吸湿性、易氧化性和刺激性药物的粉碎。缺点是其体积庞大,笨重;运行时有强烈的振动和噪声;工作效率低,能耗大。

4. 振动磨 振动磨是利用研磨介质在有一定振幅的筒体内对固体药物产生冲击、摩擦、剪切等作用而达到粉碎药物的目的。如图 5-6 所示,筒体支承于弹簧上,主轴穿过筒体,轴承装在筒体上。当电动机带动主轴快速旋转时，偏心配重的离心力使筒体产生近似于椭圆轨迹的运动，使筒体中的研磨介质及物料呈悬浮状态，研磨介质的抛射、撞击、研磨等均能起到粉碎药物的作用。

与球磨机相比，振动磨研磨介质直径小，填充率可高达60%~70%，能产生强烈的高频振动，研磨表面积增大，对药物的冲击频率比球磨机高出数万倍，可在较短的时间内将药物研磨成细小颗粒。振动磨粉碎比较高，粉碎速度较快，能使药物混合均匀，并能进行超细粉碎。缺点是机械部件的强度加工要求较高，运行时振动和噪声较大。

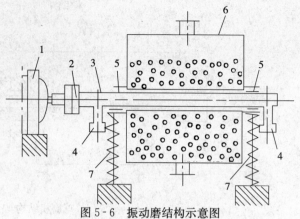

图 5-6 振动磨结构示意图
(引自王志祥，制药工程学，2005)
1. 电动机　2. 挠性轴套　3. 主轴
4. 偏心配重　5. 轴承　6. 筒体　7. 弹簧

5. **气流粉碎机**　又称流能磨。如图 5-7 所示，在空气室的内壁上装有若干个喷嘴，高压气体由喷嘴以超音速喷入粉碎室，固体药物由加料口经高压气体引射进入粉碎室。在粉碎室内，调整气流带着固体药物颗粒，并使其加速到 50~300m/s。在强烈的碰撞、冲击及调整气流的剪切作用下，固体颗粒被粉碎。粗、细颗粒均随气流高速旋转，但所受离心力的大小不同。细小颗粒因所受的离心力较小，被气流夹带至分级涡并随气流一起由出料管排出，而粗颗粒因所受离心力较大在分级涡外继续被粉碎。

气流粉碎机结构简单、紧凑；粉碎成品粒度细，可获得粒径 5~1μm 以下的超微粉；经无菌处理后，可达到无菌粉碎的要求；由于压缩气体膨胀时的冷却作用，粉碎过程中的温度几乎不升高，适用于热敏性药物，如抗生素、酶等的粉碎。缺点是能耗高，噪声大，运行时会产生振动。

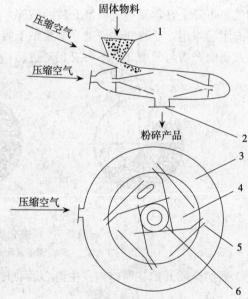

图 5-7 气流粉碎机工作原理示意图
(引自王志祥，制药工程学，2005)
1. 加料斗　2. 出料管　3. 空气室
4. 粉碎室　5. 喷嘴　6. 分级涡

二、过　筛

(一)概述

固体药物粉碎后，粉末中的颗粒有粗有细，相差悬殊。为了获得粒度比较均匀的物料，用筛(或箩)将粉末按规定的粒度要求分离开来的操作过程叫做过筛(sieving)。

一般情况下，机械粉碎所得的粉末是不均匀的。粉末的粒度分布可用粉末粗细的分布曲线图表示。如图5-8所示,如果固体药物粒径在粉碎前是正态分布曲线,经过粉碎过程后,细粉逐渐增多,粗粉减少,得到一定粗细粉末的非正态分布,再经过一定时间粉碎后又可得到近似正态分布的曲线。

(二)药筛及粉末分等

1. **药筛** 是指按药典规定用于药物筛分的筛,又称标准筛(standard sieve)。按制作方法的不同,药筛可分为编织筛和冲制筛。编织筛的筛网常用金属丝、化学纤维、绢丝等织成,编织筛在使用时易于移位而变形。冲制筛系在金属板上冲压一定形状的筛孔而制成的筛,其筛孔不易变形。《中国兽药典》2005版所规定的药筛,系选用国家标准的R40/3系列(表5-1)。

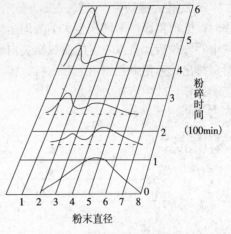

图5-8 固体药物粉碎过程中的粉末粗细分布曲线

表5-1 我国兽药典规定的药筛标准

筛号	1	2	3	4	5	6	7	8	9
筛孔内径(平均值)(μm)	2 000	850	355	250	180	150	125	90	75
相当的标准筛(目)*	10	24	50	65	80	100	120	150	200

注:*每英寸(25.4mm)筛网长度上的孔数称为目,如每英寸有100个孔的标准筛称为100目筛。

2. **粉末分等** 粉碎后的粉末必须经过筛选才能得到比较均匀的粉末。筛过的粉末包括所有能通过该药筛筛孔的全部粉粒,例如通过1号筛的粉末,不都是2mm直径的粉粒,包括所有能通过2~9号药筛甚至更细的粉粒在内。药物的使用要求不同,对粉末的粒度要求也不同。《中国兽药典》2005版将粉末划分为6级,其标准如表5-2所示。

表5-2 粉末等级标准

序号	等级	标 准
1	最粗粉	能全部通过1号筛,但混有能通过3号筛不超过20%的粉末
2	粗粉	能全部通过2号筛,但混有能通过4号筛不超过40%的粉末
3	中粉	能全部通过4号筛,但混有能通过5号筛不超过60%的粉末
4	细粉	能全部通过5号筛,但混有能通过6号筛不超过95%的粉末
5	最细粉	能全部通过6号筛,但混有能通过7号筛不超过95%的粉末
6	极细粉	能全部通过6号筛,但混有能通过9号筛不超过95%的粉末

(三)过筛设备

过筛设备有双曲柄摇动筛、旋转式振动筛、电磁振动筛、悬挂式偏重筛等。

1. **双曲柄摇动筛** 双曲柄摇动筛主要由筛网、偏心轮、连杆等组成(图5-9)。筛网通常为长方形,放置时保持水平或略有倾斜,筛框支承于摇杆或悬挂于支架上。工作时,旋转的偏心轮通过连杆使筛网做往复运动,物料由一端加入,其中的细颗粒通过筛网落于网下,粗颗粒则在筛网上运动至另一端排出。双曲柄摇动筛生产能力较低,常用于小规模生产。

2. 旋转式振动筛 旋转式振动筛主要由筛网、电动机、重锤、弹簧等组成（图 5-10）。工作时，上部重锤使筛网产生水平圆周运动，下部重锤则使筛网产生垂直运动。当固体药粉加到筛网中心部位后，将以一定的曲线轨迹向器壁运动，其中的细颗粒通过筛网落到斜板上，由下部出料口排出，而粗颗粒则由上部出料口排出。旋转式振动筛占地面积小，质量轻，分离效率高，可连续操作，故生产能力较大。

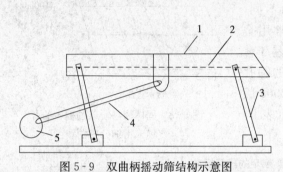

图 5-9 双曲柄摇动筛结构示意图
1. 筛框　2. 筛网　3. 摇杆　4. 连杆　5. 偏心轮

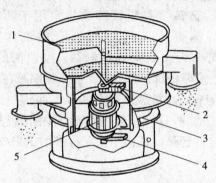

图 5-10 旋转式振动筛结构示意图
1. 筛网　2. 上部重锤　3. 弹簧　4. 下部重锤　5. 电动机

3. 电磁振动筛 电磁振动筛是一种利用较高频率（>200 次/s）和较小振幅（<3mm）往复振荡的筛分装置，主要由接触器、筛网、电磁铁等部件或元件组成（图 5-11）。筛网一般倾斜放置，也可水平放置。筛网的一边装有弹簧，另一边装有衔铁。当弹簧将筛拉紧而使接触器相互接触时，电路接通。此时，电磁铁产生磁性而吸引衔铁，使筛向磁铁方向移动；当接触器被拉脱时，电路断开，电磁铁失去磁性，筛又重新被弹簧拉回。此后，接触器又重新接触而引起第二次的电磁吸引，如此往复，使筛网产生振动。由于筛网的振幅较小，频率较高，因而药粉在筛网上呈跳动状态，有利于颗粒的分散，使细颗粒很容易通过筛网。

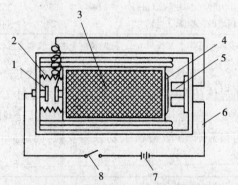

图 5-11 电磁振动筛工作原理示意图
（引自王志祥，制药工程学，2005）
1. 接触器　2. 弹簧　3. 筛网　4. 衔铁
5. 电磁铁　6. 电路　7. 电源　8. 开关

电磁振动筛的筛分效率较高，可用于黏性较强的药物如含油或树脂药粉的筛分。

（四）影响过筛效率的因素

在过筛过程中，并非所有小于筛孔的粉末都能通过筛孔，实际上有部分可筛过粉末与不可筛过粉末一起自筛上排出，筛过粉末常常少于可筛过粉末。筛过粉末与可筛过粉末的数量越接近，则筛选过程越完善。筛过粉末数量与可筛过粉末数量之比（以百分率表示）称为过筛效率。筛的正确应用可以提高过筛效率。影响过筛效率的因素有以下几方面：

1. 药粉的运动方式和运动速度 在静止情况下，由于药粉相互摩擦及表面能的影响，往往形成粉堆而不能通过筛孔。当加以外力振动迫使粉末移动，各种力的平衡受到破坏，小于筛孔的粉末才能过筛孔，故筛选时需要振动。在振动情况下，药粉在筛网上的运动由滑动和跳动两种方式结合在一起进行的。粉末运动速度不宜太大，否则可筛过粉末来不及与筛网接触而混于不可筛过粉末之中。适当降低运动速度和增加粉末在筛上所经过的距离，可以提高过筛效率。但运动速度过低会降低过筛的生产效率。

过筛时表面能的影响随粉末细度的增加而增加。一般用增加振动力、用毛刷搅动粉堆或用鼓风等方法，部分地克服表明能的影响，有助于提高过筛效率。

2. **粉尘厚度** 药筛内的药粉不宜太多，必须留有足够的余地，让粉末能较远地分开，以减小其摩擦和表面相互饱和的趋向。但粉尘太薄也会影响过筛的效率。

3. **粉末干燥程度** 粉末湿度及含油脂量不能太大。药粉中水分含量较高时，应充分烘干除去水分后，再行过筛。药粉湿度大，对细粉过筛的影响特别显著。易于吸湿的药粉，应在干燥环境中过筛。富含油脂的药粉易于黏着成团块，很难通过较细的筛网，应先行脱脂方能顺利过筛。如含油脂不多时，可先将其冷却再过筛，这样可减轻黏着现象。

4. **药物性质、形状和带电性** 粉末表面越粗糙，相互间摩擦的影响越大，对过筛的影响也就越大。一般晶体物常破裂为细小的颗粒，而中草药的粉粒常呈长形的条状，故晶体药物较中草药的粉末易于通过筛孔。富含纤维或多毛的中草药，常因粉粒多呈长形而易于彼此绞合成团，难以过筛，如与较硬的药物共同粉碎可在一定程度上加以克服。某些药物由于摩擦而产生电荷，能使药物吸附在金属筛网上堵塞筛孔，可通过装接地的导线克服。

三、混 合

混合（mixing）是指用机械方法使两种或两种以上的固体颗粒相互分散而达到均匀状态的操作过程。混合是粉剂、预混剂、颗粒剂、片剂、胶囊剂、丸剂等固体制剂的重要工艺过程。混合目的是使药物各组分在制剂中分散均匀、色泽一致，以保证含量准确，用药安全有效。

（一）混合设备

混合设备通常由两个基本部件构成，即容器和提供能量的装置。按照结构和运行特点的差异，混合设备大致可分为三类，即固定型、回转型和复合型（表5-3）。常用混合设备有混合筒、槽式混合机、锥形混合机等。

表5-3 混合设备的类型

操作方式	型式	机型举例
间歇混合	回转型①	V形、S形、立方形、圆筒形、双圆锥形、水平锥形、倾斜圆锥形
	固定型②	螺旋桨形（垂直、水平）、喷流形、搅拌釜形
	复合型③	回转容器内装有搅拌器的形式
连续混合	回转型	水平圆锥形、连续V形、水平圆筒形
	固定型	螺旋桨形（垂直、水平）、重力流动无搅拌形
	复合型	回转容器吹入气流的形式

注：①运行时容器可以转动；②运行时容器固定；③具有固定型和回转型的特点。

1. **回转型混合机** 回转型混合机的特征是有一个可以转动的混合筒。混合筒安装于水平轴上，形状可以是圆筒形、双圆锥形或V形等（图5-12）。工作时，混合筒能绕轴旋转，使筒内物料反复分离与汇合，从而达到混合物料的目的。

回转型混合机的混合效果主要取决于旋转速度。转速太低，筒内物料分离与汇合的趋势将减弱，混合时间将延长。反之，转速太快，不同药物或粒径的细粉容易发生分离，导致混合效果下降，甚至会使物料附着于筒壁上而出现不混合的状况。因此，适宜转速是回转型混合机的一个重要参数。对粒径均一的物料进行混合，适宜转速可用下式计算：

$$N_0 = K / (D^{0.47} \cdot \phi^{0.14})$$

式中，N_0 为回转型混合机的适宜转速（r/min）；K 为与物料性质有关的常数，可取 54~74；D 为混合筒内径（m）；ϕ 为混合筒内物料装填率（%）。

对粒径不均一的物料进行混合，适宜转速可用下式计算：

$$N_0 = K \cdot [(d_p \cdot g)/D]^{1/2}$$

式中，K 为与物料性质有关的常数，由实验确定；d_p 为固体颗粒的平均粒径（m）；g 为重力加速度（m/s²）。

回转型混合机具有结构简单、操作方便、运行和维修费用低等优点，是一种较为经济的混合机械。缺点是多采用间歇操作，生产能力较小，且加料和出料时会产生粉尘。此外，由于仅依靠混合筒的运动来实现物料之间的混合，故仅适用于密度相近且粒径分布较窄的物料混合。

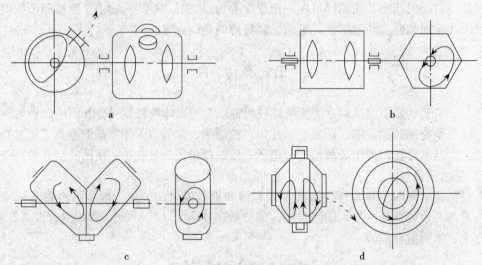

图 5-12　回转型混合机及筒体内物料的运动情况
a. 水平圆筒形混合机（球磨机）　b. 水平六角形混合机　c. V 形混合机　d. 双锥形混合机

2. 固定型混合机　固定型混合机的特征是容器内安装有螺旋桨、叶片等机械搅拌装置，利用搅拌装置对物料所产生的剪切力使物料混合均匀。

（1）槽式混合机：槽式混合机主要由混合槽、搅拌器、机架和驱动装置组成（图 5-13）。搅拌器通常为螺带式，水平安装于混合槽内，其轴与驱动装置相连。当螺带以一定的速度旋转时，螺带表面将推动与其接触的物料沿螺旋方向移动，从而使螺带推力面一侧的物料产生螺旋状的轴向运动，而四周的物料则向螺带中心运动，以填补因物料轴向运动而产生的"空缺"，结果使混合槽内的物料上下翻滚，从而达到使物料混合均匀的目的。

槽式混合机结构简单，操作维修方便，在药品生产中有着广泛的应用。缺点是混合强度小，混合时间长。此外，当物料颗粒密度相差较大时，密度大的颗粒易沉积于底部，故仅适用于密度相近的物料混合。

（2）锥形混合机：锥形混合机主要由锥形壳体和传动装置组成，壳体内一般装有一至两个与锥体壁平行的螺旋式推进器（图5-14）。工作时，螺旋式推进器既有公转又有自转。由于双螺旋的自转带动物料自下而上提升，结果形成两股对称的沿锥体壁上升的螺柱形物料流。同时，旋转臂带动螺旋杆公转，使螺柱体外的物料不断混入螺柱体内。整个锥体内的物料不断混掺错位，并在锥体中心汇合后向下流动，从而使物料在短时间内混合均匀。

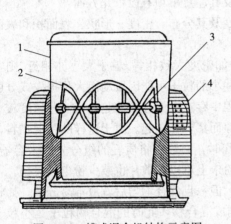

图 5-13　槽式混合机结构示意图
（引自王志祥，制药工程学，2005）
1. 混合槽　2. 螺带　3. 固定轴　4. 机架

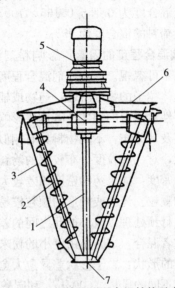

图 5-14　双螺旋锥形混合机结构示意图
（引自王志祥，制药工程学，2005）
1. 拉杆　2. 螺旋杆　3. 锥形筒体　4. 传动装置
5. 减速机　6. 进料口　7. 出料口

锥形混合机具有混合效率高、清理方便、无粉尘、可密闭操作等优点，对大多数粉粒状物料均能满足其混合要求，因而在制药工业中有着广泛的应用。

（二）混合程度及其影响因素

1. 混合程度　混合程度常用混合度和混合均匀度表示。

（1）混合度（mixedness，M）：混合度定义为：

$$M = N_L/N_H \times 100\%$$

式中，N_L 为各样品中控制组分的最低含量；N_H 为各样品中控制组分的最高含量。

显然，混合度愈接近于1，混合程度愈高。但单纯混合度并不能全面反映混合效果，因其不包括样品量。

（2）混合均匀度：投料量和取样量的大小将直接影响控制组分的混合和测定结果。如果从不同混合机械中分析得到相同的混合度，在取样份数和取样量相同的情况下，投料量大的混合机械代表更好的混合程度，混合均匀度（U）即是与样品量有关的参数，其定义为：

$$U=A/W$$

式中，A 为取样质量（g）；W 为混合机械投料量（g）。

对于大生产混合机械而言，其混合均匀度一般分为 4 级：一级，$U \leqslant 1 \times 10^{-6}$；二级，$1 \times 10^{-6} < U \leqslant 10 \times 10^{-6}$；三级，$10 \times 10^{-6} < U \leqslant 100 \times 10^{-6}$；四级，$100 \times 10^{-6} < U \leqslant 1\,000 \times 10^{-6}$。级数越高表示混合均匀性越好。

(3) 混合程度表示方法：对于混合程度的完整表示为，在一定时间内混合机按某级均匀度所达到的混合度。例如：某混合机内投料为 50kg，混合 5min 后在不同部位各取 5g，并测得其中控制组分的含量分别为 0.156g、0.158g、0.165g，则其混合均匀度级数为 $5/50\,000 = 100 \times 10^{-6}$（三级），其混合度为 $0.156/0.165 \times 100\% = 95\%$，该混合机的混合效率为 5min 内按三级均匀度，药物及辅料的混合度为 95%。

2. 影响混合程度的因素　影响粉剂混合程度的因素除混合机械、混合速度、混合时间外，物料因素也不可忽视。影响粉剂混合程度的物料因素及其注意事项有以下几方面：

(1) 物体粒子的物理特性：药物或辅料粒子的粒度及其分布、密度、形状、表面积和表面电荷等物理特性对混合的均匀性有重要影响。

①粒度及其分布：不同物料具有相似的物理形态，如密度大致相等，粒子大小亦相近，则容易混匀；反之，对一些粒度分布较宽的物料，混合中一些小的粒子可能因振动而大量损失或分层。

②粒子密度：如果药物密度相差较大，在混合过程中存在自然分离的趋势，一些密度较大和粒子较小的颗粒、光滑或圆形的颗粒较易穿过粒子间隙而集合在一起。对于这样的待混物料，一般应对其进行预处理以减小彼此之间的差异。小量调配时，一般宜将质轻的组分先放入容器中，再加入质重者混合，以防止密度小的粉末在密度大的粉末上难以分散，也减少粉尘的飞扬。

③粒子的形状：粒子形状差异愈大愈难混合均匀，但一旦混合均匀后就愈不易分离。如将两种颗粒形状不同的乳糖（600μm）和碳酸钙（3μm）制成混合物，此时的混合物粒子是小粒子的碳酸钙吸附在大粒子的乳糖表面，二者一旦混匀，就不易分离。

④粒子的表面积：表面积愈大，所需混合时间愈长，混合愈均匀。表面光滑的圆形粒子较易混匀，亦较易分离；表面粗糙的不规则粒子较难混匀，但混匀后则不易分离。

⑤粒子的表面电荷：某些粒子表面常带有静电荷，在长时间混合过程中因粒子间摩擦产生表面电荷，由此引起粉粒间的排斥，造成混合不匀，并伴随有团块的形成。故在保证混合均匀的情况下，需尽可能缩短混合时间。在处方许可时，加入少量液体（如醇或表面活性剂）或在较高湿度（>40%）下混合，某些润滑剂或有针对性地加入抗静电剂等均可以减轻分离和结块现象，提高混合效果。

(2) 混合组分的比例：组分比例量相差悬殊时，应采用等量递加混合法（亦称等体积递增配研法，倍增法），即将量大的药物或组分研细后，取出部分与量小药物约等量先混合研匀，如此反复倍量增加量大的药物直至全部混匀。这类操作在调配一些毒性较大，药效很强或贵重小剂量药物散剂时，显得尤为重要。先取与药物等体积的辅料（如乳糖、淀粉、蔗糖、白陶土、沉降碳酸钙等）与药物混合均匀，取该混合物再与等体积辅料混匀，如此倍量增加。

(3) 混合中的液化或润湿：因组分性质，混合过程中，药物间或药物与辅料之间可能出现低共熔、吸湿或失水而导致混合物出现液化或润湿现象。

①低共熔：当两种及以上粉末经混合后，导致混合物熔点降至室温，出现润湿或液化的现

象，如樟脑与水杨酸苄酯的混合。此现象在研磨混合时通常出现较快，其他方式的混合有时需若干时间后才出现。低共熔混合物的产生，若发生在药物必需组分之间，应根据形成后的药理作用采用不同措施。若无影响时，可直接采用，同时加入一定量的惰性吸附辅料分散，以保证粉剂的质量；药理作用增强时，应减少剂量（通过试验确定）；药理作用减弱时，应设法避免出现。若发生在药物与辅料之间，则有利于提高药物作用速度或稳定性的应保留；无明显有利，毒副作用增加，疗效降低者，应改换辅料。

②失水或吸潮：一些含结晶水或吸湿性较强的药物，由于其他组分的加入，在混合过程中可能释放出结晶水，可用无水物替代；氯化钠、氯化铵易吸湿潮解，制备粉剂时，应在干燥环境中迅速操作，并密封包装防潮；而水杨酸钠和安替比林混合后易潮解，单独放置不吸湿，可采用分别包装或包衣后混合。

③处方液体组分：处方中若含有少量液体组分，如挥发油、酊剂、流浸膏等，可利用处方中其他固体组分吸附；若含量较多时，需加入一定量的适宜吸收剂（如磷酸钙、白陶土等）吸收至不显潮湿为度。

④混合机械的吸附性：混合容器内表面常易吸附少量药粉，在混合开始时，常加入处方中量大的辅料或药物先行混合，然后加入小剂量组分，以保证粉剂的质量。

⑤组分间的化学反应：含有氧化和还原性或其他混合后易起化学变化的药物组分，应分别将药物混合，各自包装，服用时混合；或将某组分粉末包衣后混合。

第三节 固体制剂辅料

一、概　　述

（一）固体制剂辅料的作用

固体制剂辅料是固体制剂中除主药（原料药）以外的所有添加成分的总称。

药物制剂成型，必须添加适宜辅料，以保持药物的稳定性、安全性或均质性，方便贮运和使用。除此之外，优良的辅料还能增强主药的稳定性，延长药剂的有效期；调控主药在体内的释放速率；改变药物在体内的吸收，增加药物生物利用度等。药用辅料越来越受到人们的关注和重视，新型固体制剂辅料的开发和利用已成为改进和提高制剂质量的关键因素之一。

（二）固体制剂辅料的分类

固体制剂辅料种类十分丰富，按用途可分为填充剂（稀释剂和载体）、润湿剂、黏合剂、崩解剂、润滑剂、助流剂和抗黏剂等。

二、固体制剂常用辅料

（一）填充剂

1. 概念　填充剂（filler）是主要用于增加药物的质量与体积，以利于固体制剂成型和分剂量的赋形剂。粉剂、预混剂、颗粒剂、胶囊剂及片剂等固体制剂的制备中，由于主药用量较小，不利于成型和单剂的称量，均需要加入填充剂以增加药物的质量或体积。

2. 分类

（1）根据所起作用分类：填充剂可分为稀释剂和载体或吸收剂两类。

①稀释剂（diluent）：是指掺入到一种或多种药物中仅起稀释作用而对药物组分的物理特性不会发生明显变化的填充辅料。稀释剂一般表面光滑，粒度较细，流动性好，如粒度较细的玉米粉、葡萄糖、磷酸二氢钙、硫酸钠等均是粉剂、预混剂常用的稀释剂。

②载体（carrying agent）：是指表面粗糙或内部有非常多的毛细孔，除具有稀释固体药物外，还能够承载药物活性成分，改善其流散性，并具有良好稳定性和一定吸附性的辅料。能吸收少量液体成分的载体又称为吸收剂（absorbent）。载体（或吸收剂）具有吸收少量水、油等液体物质的性能，使液体药物或添加剂固体化，方便运输和使用；制剂添加适量的吸收剂，在贮存过程中，吸收剂首先吸收水分，避免了制剂的潮解或黏结，有稳定制剂的作用。常用的载体有麦麸、脱脂米糠、二氧化硅、碳酸钙、膨润土等。

（2）根据化学组成分类：填充剂可分为无机和有机两类。

①无机类：包括钙盐类（轻质碳酸钙、天然碳酸钙、磷酸钙、磷酸二氢钙、磷酸氢二钙）、二氧化硅、石灰石粉、碳酸氢钠、硫酸钠、高岭土、膨润土、硅藻土、沸石粉、麦饭石、贝壳粉、食盐等。

②有机类：包括淀粉、糖类（葡萄糖、蔗糖、乳糖）、玉米粉、微晶纤维素、麦麸、糠（脱脂米糠、稻壳粉）、玉米秸秆粉、花生壳粉、玉米心粉等。

（3）按水溶性分类：填充剂可分为水溶性和水不溶性两类。

①水溶填充剂：包括乳糖、葡萄糖、可溶性淀粉等。

②水不溶性填充剂：包括微晶纤维素、硫酸钙等。

3. 填充剂选用的注意事项 固体制剂的制备，填充剂的选用必须要综合考虑药物成分与填充剂的性质，保证制剂的均匀性和稳定性。应注意以下几点：

（1）物理化学性质应稳定，不与主药发生配伍变化，无生理活性，不影响主药的溶出与释放，不影响制剂的鉴别、检查和含量测定。

（2）注意主药的吸湿性和填充剂本身的吸湿性。

（3）根据药物不同剂型的特点和要求选择适宜的填充剂。

（4）同等条件下，注意节约经济。

4. 固体制剂常用的填充剂

（1）可溶性粉剂常用的填充剂：有葡萄糖、蔗糖、乳糖等。

（2）不可溶性粉剂、预混剂常用的填充剂：

①玉米心粉：含干物质86%，粗蛋白2%，粗脂肪0.5%，粗纤维35%，多缩戊糖40%，木质素9%，pH为4.8。玉米心表面粗糙，内部有非常多的毛细孔，表面积大，承载能力比麸皮强，具有良好的流散性。但含脐根的玉米心，粒度和均匀度较差。

②麦麸：含干物质87%，水分12%，粗蛋白15%，粗脂肪3%，粗纤维10%，无氮浸出物50%，pH为6.4。其内表面有许多皱褶，具有良好的承载能力。

③稻壳粉（砻糠）：稻壳粉碎就得到砻糠。含水分7.5%～15%，纤维素35.5%～43%，木

质素 24%~32%，多缩戊糖 16%~22%，粗蛋白 2.5%~3%，灰分 13%~22%。其表面粗糙，毛孔分开均匀，含有大量无定型二氧化硅，是良好的载体。

④碳酸钙：有无定型和结晶型两种。白色极细微的结晶性粉末，无臭、无味，难溶于水和乙醇，在含铵或二氧化碳的水中微溶，遇稀醋酸、稀盐酸或稀硝酸即发生泡沸并溶解，在空气中稳定，有轻微的吸潮性。本品在临床上用作抗酸剂，在药剂中可用作稀释剂、载体（吸收剂）和 pH 调节剂。除广泛用于制备预混剂、颗粒剂外，也常用于片剂、胶囊剂和中药制剂。

⑤硫酸钠：即无水芒硝、元明粉。白色细小结晶或粉末，味苦咸，能溶于水、甘油，不溶于乙醇，水溶液呈中性，pH 为 6~7.5，暴露于空气中易吸湿成为含水硫酸钠。内服作为泻药、重金属解毒剂，还可作为饲料添加剂，补钠、补硫，调节日粮中离子平衡。药剂制备中，可作为粉剂、预混剂辅料，也可作为色素稀释剂等。

⑥碳酸氢钠：白色结晶性粉末，无臭，味咸，能溶于水，不溶于乙醇，在潮湿空气中即缓缓分解，水溶液放置稍久，或振摇，或加热，碱性即增强。本品在药剂中通常用作碱化剂、泡腾崩解剂、pH 调节剂、弱碱缓冲剂等。

⑦二氧化硅：白色、蓬松、吸湿、粒度非常细小的无定形粉末或絮状粉末，不溶于水、酸和有机溶剂，溶于热的浓碱液，对其他化学品稳定，耐高温，多孔，比表面积大，内表面积高达 $200m^2/g$ 以上，有吸附性和吸水性，在空气中吸收水分后成为聚集的细粒。在药剂生产中，本品主要用作崩解剂、抗黏剂、助流剂，可大大改善颗粒的流动性，提高松密度；在颗粒剂制造中，还可作为内干燥剂，增强药物的稳定性。此外，本品还可用作助滤剂、澄清剂以及液体制剂的助悬剂等。

⑧磷酸二氢钙：无色或白色结晶性粉末，无味，易溶于水，水溶液呈酸性，不溶于醇，在湿空气中易结块。药剂中，可作为粉剂、预混剂的稀释剂，但需注意其水溶液 pH 呈酸性，可影响可溶性粉剂药物溶解度和稳定性。也可作为饲料添加剂，补磷、补钙，调节日粮的离子平衡。

(3) 颗粒剂、片剂常用的填充剂

①淀粉（starch）：淀粉种类很多，有马铃薯淀粉、玉米淀粉、小麦淀粉等，其中玉米淀粉最为常用。淀粉不溶于水、乙醇和乙醚，其性质稳定，可与大多数药物配伍。淀粉在颗粒剂、片剂的制备中是良好的赋形剂，具有吸收、稀释、黏合、崩解等作用。但淀粉的可压性、流动性差，使用时不宜太多，以免压成的片剂松散，必要时与具有较强黏合力的糊精、蔗糖等合用，可改善其可压性。目前，淀粉由于其质优价廉，被广泛应用于片剂生产中。

②糊精（dextrin）：糊精是淀粉水解的中间产物，为白色或微黄白色粉末。微溶于冷水，不溶于乙醇，较易溶于沸水并形成黏胶状溶液。糊精因淀粉的水解程度不同而有不同规格，其黏度也不相同。糊精使用时量要少，并与淀粉、糖粉合用为宜，因其易造成片剂的麻点和水印，并影响片剂的崩解度和主药含量测定，从而使小剂量药物、难溶性药物测得含量偏低。

③无机钙盐（inorganic calcium salt）：无机钙盐类由于廉价易得在兽药片剂中被广泛应用。主要包括硫酸钙、碳酸钙、磷酸氢钙等。

④糖粉（sugar）：为蔗糖低温干燥而成，色白味甜，易吸水受潮结块，具有稀释、矫味、黏合等作用。含有糖粉的片剂长期贮存会使片剂的硬度过大而易引起崩解迟缓、溶出困难等。一般不单独使用，常与淀粉、糊精配合使用。另外，糖粉还会由于吸湿受潮，造成片剂发霉变质。

⑤乳糖（lactose）：为白色略带甜味的结晶性粉末，由等分子的葡萄糖与半乳糖组成。易溶于水，化学性质稳定，无吸湿性，适用于具有引湿性药物压片。乳糖是一种优良稀释剂，可压性好，制成的片剂光洁明亮美观，对主药含量测定无影响，可用于粉末直接压片。一般所说的乳糖就是 α-乳糖，溶解度很小，在加热至93.5℃时，由 α-乳糖转化为 β-乳糖，溶解度增大，适用于做溶液片或注射用片。但由于乳糖价格昂贵，很少单独使用，一般由淀粉77.8%、糊精11.1%、糖粉11.1%（7∶1∶1）的混合物替代。

⑥轻质氧化镁、碳酸镁、氢氧化铝：为挥发油的良好吸收剂，也可作为黏合剂和助流剂。其中氧化镁的吸油性大于碳酸镁，但氧化镁的化学性质没有碳酸镁稳定，易吸潮结块。三者均具有碱性，不宜与酸性药物配伍。

⑦可压性淀粉：可压性淀粉亦称预胶化淀粉（pregelatinized starch），又称 α-淀粉，是新型的药用辅料，具有良好的流动性、可压性、自身润滑性和干黏性，并有较好的崩解作用，可作为多功能辅料，常和微晶纤维素合用，多用于粉末直接压片。

⑧微晶纤维素（microcrystalline cellulose，MCC）：是由纤维素部分水解而制得的聚合度较小的结晶性纤维素，为白色或稍带黄色无臭无味的粉末，不溶于水及稀酸等，具有良好的可压性和结合力。压成的片剂有较大硬度，可作为粉末直接压片的"干黏合剂"使用。片剂中含20%微晶纤维素时崩解较好。用量大于20%时具有崩解和填充作用。

⑨糖醇类：甘露醇、山梨醇等呈颗粒状或粉末状，具有一定的甜味，价格昂贵。

（二）润湿剂与黏合剂

1. 润湿剂（moistening agent） 某些药物粉末本身具有黏性，只需加入适当的液体就可将其本身固有的黏性诱发出来，这时所加入的液体称为湿润剂。湿润剂本身没有黏性，但能诱发待制粒物料的黏性，以利于制粒。主要有以下几种：

（1）纯化水（purified water）：蒸馏水或去离子水等纯化水是片剂制备中最常用的湿润剂，为无色、无臭、无味的液体。水本身无黏性，适用于遇水能诱发出黏性的制粒物料。用水作为润湿剂时，因干燥温度高，干燥时间长，故对湿热敏感药物的不适用。此外，由于水易被物料迅速吸收，难以分散均匀，易造成结块，制成的颗粒松紧不匀等而影响片剂的质量。

（2）乙醇（ethanol）：乙醇的极性很强，常用浓度为30%~70%，适用于本身黏性很强、遇水易变质或能被诱发出较强黏性的物料。使用乙醇会造成湿度不均匀、制粒困难、颗粒干后变硬、压出的片剂不易崩解等现象。中药浸膏片常用乙醇做湿润剂，但应注意迅速操作，以免乙醇挥发而产生强黏性团块。

2. 黏合剂（adhesive） 当药物粉末本身不具有黏性或黏性较小，需要加入淀粉浆等黏性物质，才能使其黏合起来，这时所加入的淀粉浆等黏性物质就称为黏合剂。黏合剂是指对无黏性或黏性不足的物料给予黏性，从而使物料聚结成粒的辅料。常用的黏合剂有以下几种：

（1）淀粉浆：淀粉浆是片剂中最常用的黏合剂，适用于在湿热40℃以下稳定的药物，为最经济、廉价、实用的黏合剂，常用浓度为8%~15%，有的高达20%。淀粉浆的制法主要有煮浆和冲浆两种方法，主要是利用了淀粉能够糊化的性质。

冲浆是将淀粉混悬于少量（1~1.5倍）冷水中，然后根据浓度要求冲入一定量的沸水，不断搅拌糊化而成；煮浆是将淀粉混悬于全部量的冷水中，在夹层容器中加热并不断搅拌（不宜用直火加热，以免焦化），直至糊化。

(2) 糊精：本品系为高纯度糊精与水加热，经喷雾干燥而制得的白色细微粉末，作为固体黏合剂，用于粉末状药物的压片。

(3) 淀粉蔗糖混合浆：本品为淀粉、蔗糖各占一定的比例的黏合剂，适用于轻质药物粉末或容易失去结晶水又需极强黏合的药物，如制备中药全粉末片就需这种黏合剂。糖浆根据需要可制成红、黄、蓝等颜色。

(4) 阿拉伯胶浆：本品为黏性极强的黏合剂，常用浓度为10%～25%，适用于极易松散的药物，压出的片剂不易崩解。

(5) 明胶浆（gelatin）：本品为明胶的水溶液，具有较强黏性，常用浓度为2%～10%，适用于松散性药物。

(6) 聚乙二醇（PEG）：本品为新型黏合剂，根据分子质量的不同有多种规格，其中PEG4000、PEG6000较常用，制备的颗粒压缩成形性好，可用于全粉末直接压片。但制备的片剂，有顶裂或硬度不足的缺点。可先将其压成大片，粉碎成颗粒后再压片。本品遇水杨酸钠、阿司匹林等水杨酸类药物时熔点会降低，造成黏冲现象。此外，本品还具有润滑作用。

(7) 纤维素衍生物：本品为天然纤维素处理后制成的衍生物。常用的有以下几种：

①羧甲基纤维素钠（carboxymethylcellulose sodium，CMC-Na）：本品系纤维素的羧甲基醚化物的钠盐，溶于水，不溶于乙醇。其黏性较强，常用于可压性较差的药物，常用浓度一般为1%～2%。有时会造成片剂硬度过大或崩解超限。本品可用于全粉末直接压片，如维生素C等片剂的制备等。

②甲基纤维素（methylcellulose，MC）：本品是纤维素的甲基醚化物，具有良好的水溶性，应用于水溶性或水不溶性物料的制粒，颗粒压缩成形性好，且不随时间变硬，常用浓度为2%～10%。

③羟丙基纤维素（hydroxypropylcellulose，HPC）：是纤维素的羟丙基醚化物，易溶于冷水，可溶于甲醇、乙醇、异丙醇和丙二醇中。其羟丙基含量为7%～19%的低取代物称为低取代羟丙基纤维素，即L-HPC，见崩解剂。本品既可作为湿法制粒的黏合剂，也可作为全粉末直接压片的黏合剂。

④羟丙基甲基纤维素（hydroxypropylmethylcellulose，HPMC）：本品是纤维素的羟丙甲基醚化物，易溶于冷水，不溶于热水，常用浓度为2%～10%，也是一种最为常用的薄膜衣材料。制备HPMC水溶液时，最好先将HPMC加入到总体积1/5～1/3的热水（80～90℃）中，充分分散与水化，然后在冷却条件下，不断搅拌，加冷水至总体积。

⑤乙基纤维素（ethylcellulose，EC）：本品是纤维素的乙基醚化物，不溶于水，可溶于乙醇等，可作为水敏感性药物的黏合剂，常用浓度为2%～10%。本品的黏性较强且在胃肠液中不溶解，会对片剂的崩解及药物释放产生阻滞作用。目前，常用于制备缓、控释制剂的包衣材料。

(8) 聚乙烯吡咯烷酮（polyvinylpyrrolidine，PVP）：本品又称聚维酮，为黄色高分子聚合物，根据分子质量不同可有多种规格。常用型号为K_{30}，其相对分子质量为6万。本品溶于水和乙醇，化学性质稳定，适用于水溶性或水不溶性以及对水敏感性药物的制粒，还可以作为全粉末直接压片的干黏合剂。常用浓度为5%～25%。

(9) 其他黏合剂：如聚乙烯醇（PVA，常用浓度为5%~20%）、蔗糖（常用浓度为50%~70%）、液体葡萄糖、丙烯酸树脂、玉米朊、麦芽糖醇、泊洛沙姆、海藻酸钠、单月桂酸酯等。

（三）崩解剂

崩解剂（disintegrant）是促进颗粒剂、片剂在胃肠液中迅速碎裂成细小颗粒的辅料，片剂中一般占片重的5%~20%。崩解剂的作用是使颗粒剂、片剂中的药物快速崩解，易于吸收，并达到有效的生物利用度。

在生产中，颗粒剂崩解剂一般采用内加法，片剂崩解剂可采用外加法、内加法或"内外加法"来达到预期的崩解效果。常用的崩解剂主要有以下几种：

1. 淀粉 是最常用的崩解剂，多用玉米淀粉，用量一般占处方量的5%~20%。本品适用于不溶于水或微溶于水的颗粒剂、片剂制备。对易溶性药物的崩解作用较差，这主要是因为易溶性药物遇水溶解产生浓度差，使片剂外面的水不易通过溶液层而透入到片剂的内部，阻碍了片剂内部淀粉的吸水膨胀。本品是亲水性的毛细管形成剂，可增加孔隙率而改善片剂的渗水性。淀粉经过改良变性后，得到一系列衍生物，如羧甲基淀粉钠（CMS-Na），常用浓度为1%~8%；预胶化淀粉（pregelatinized starch），常用浓度为2%~10%；改良淀粉，遇水后具有较大的膨胀特性。

2. 表面活性剂（surfactant） 表面活性剂的功能主要是增加片剂的湿润性，使水分借毛细管作用，迅速的渗透到片心内部，而引起片剂崩解。本品单独使用效果欠佳，与其他崩解剂合用，起辅助崩解剂的作用。常用的表面活性剂有：吐温80、月桂醇硫酸钠、硬脂醇磺酸钠等。表面活性剂作为辅助崩解剂，有三种加法：①溶于黏合剂内；②与崩解剂混合后加入颗粒中；③制成醇溶液，喷在颗粒上。

3. 纤维素类 如5%~20%的微晶纤维素（MCC）、5%~10%的交联羧甲基纤维素钠（croscarmellose sodium, CCNa）、2%~5%低取代羟丙基纤维素（L-HPC）、1%~8%羧甲基纤维素钙（CMC-Ca）等。而甲基纤维素（MC）、羧甲基纤维素钠（CMC-Na）崩解效果欠佳。

4. 泡腾崩解剂（effervescent disintegrant） 泡腾崩解剂主要利用酸碱中和原理，产生二氧化碳气体，使片剂崩解来制备泡腾颗粒剂、泡腾崩解片。常用的酸碱为：枸橼酸、酒石酸、碳酸钠、碳酸氢钠等。

5. 其他崩解剂 如0.5%~5%交联聚维酮（cross-linked polyvinyl pyrrolidone，亦称交联PVPP）、5%~10%海藻酸、2%~5%海藻酸钠、胶体二氧化硅、硅酸铝镁等。

（四）润滑剂

为了使压片能顺利进行，压制的片剂光滑美观，药物粉末或颗粒在压片前需加入润滑剂（lubricant）。广义的润滑剂根据其作用机理不同可分为润滑剂、助流剂、抗黏着剂。

1. 润滑剂 润滑剂的作用是降低颗粒间及颗粒与冲头和模孔壁间的摩擦力，以保证压片时应力分布均匀，被推出的片剂完整。常用的润滑剂有硬脂酸、硬脂酸钙、硬脂酸镁等。

硬脂酸镁为白色细腻的粉末状疏水性润滑剂，具有良好的附着性，与颗粒混匀后不易分离，压片后片面光滑美观，应用广泛。用量一般为0.1%~1%，用量过大时，由于其疏水性，会造成片剂的崩解（或溶出）迟缓。本品含有微量的碱性杂质，因而遇碱易起变化的乙酰水杨酸等药物不宜使用。

2. 助流剂 助流剂（glidant）的作用是可黏附在颗粒或粉末的表面将粗糙表面的凹陷处填平，降低颗粒之间摩擦力，改善颗粒流动性。一般在压片前加入。常用的助流剂有滑石粉和微粉硅胶等。

（1）滑石粉（talc）：滑石粉具有良好的润滑性和流动性，与硬脂酸镁合用，具有助流和抗黏着作用，可降低颗粒表面的粗糙性，从而达到降低颗粒间摩擦力、改善颗粒流动性的目的。但由于压片过程中的机械震动，可能会使其与颗粒间产生相分离。常用量一般为0.1%~3%，一般不超过5%。

（2）微粉硅胶（colloidal silicon）：本品为轻质的无臭无味白色粉末，不溶于水及酸。本品化学性质稳定，比表面积大，常用作片剂的助流剂，以促进物料的流动性，特别适用于全粉末直接压片时使用。常用量为0.1%~0.3%。

3. 抗黏着剂（antiadherent） 指压片前加入，用以防止颗粒、片剂黏着于冲模表面上的赋形剂。常用的有滑石粉、硅酸镁等。

其他可作为润滑剂的有：液体石蜡、二甲硅油、十六醇、十二烷基硫酸镁、甘油三硬脂酸酯、聚乙二醇等。常用润滑剂的特性见表5-4。

润滑剂在使用前一般要过80~120目筛，然后再与颗粒均匀混合压片，用量不宜过多，否则会影响到片剂的硬度和崩解度。润滑剂加入方法有两种：一种是润滑剂直接加到干颗粒中混匀后压片；另一种是用60目筛从干颗粒中筛出部分细粉，润滑剂与此粉均匀混合，然后再与干颗粒适当混合后压片；还有一种是将润滑剂溶于适宜的溶剂中喷到干颗粒中，混匀后挥去溶剂，然后再压片，本法适用于水溶性润滑剂的使用。

表5-4 常用润滑剂的特性

润滑剂	添加浓度（%）	助流性	润滑性	抗黏着性
硬脂酸盐	1以下	无	优	良
硬脂酸	1~2	无	良	不良
滑石粉	1~5	良	不良	优
蜡类	1~5	无	优	不良
小麦淀粉	5~10	优	不良	优

第四节 粉　　剂

一、概　　述

（一）粉剂的概念和分类

粉剂（powders）是指一种或一种以上的药物（可含或不含辅料）经粉碎、均匀混合制成的干燥粉末状制剂。几种中药粉末的混合物常称为散剂。

粉剂按用途主要分为内服粉剂（oral powder）和局部用粉剂（powder for external use）。内服粉剂中，药物能溶于水，并专门用于饮水给药的称为可溶性粉剂（soluble powder）；不能溶于水，通过拌料给药的称为不可溶性粉剂（insoluble powder）。局部用粉剂主要用于皮肤、黏膜和创伤等疾患，亦称为撒粉。

（二）粉剂的特点

粉剂是动物用药制剂中最常用的剂型之一。粉剂不含液体，相对稳定，制法简便，成本较低，剂量容易控制，运输携带方便，尤其适应于集约化养殖的拌料、混饮群体给药方式。可溶性粉剂是群体给药优先选择的剂型之一，混饮给药时药物成分先溶解在水中，以药物溶液方式摄饮吸收。不溶性粉剂也易分散，具有较大的比表面积，内服给药，药物的溶出和起效均较快。

（三）粉剂的质量要求

根据需要，粉剂可加入适宜的分散剂（dispersing agent）、防腐剂，可溶性粉剂还可加入助溶剂等。粉剂成分必须粉碎恰当，干燥、松散，混合均匀，色泽一致。除另有规定外，内服粉剂应能通过五号筛；局部用粉剂应能通过六号筛。

制备含有毒药、剧药或药物浓度低的粉剂时，应采用适宜的方法使药物分散均匀。水中不溶或分散性差、水溶液不稳定、挥发性大的药物不宜制成可溶性粉剂。用于深部组织创伤或皮肤损伤的粉剂应无菌。一些腐蚀性较强，遇光、湿或热易变质的药物，因药物粉碎后比表面积增大，刺激性及化学活性等相应增加，某些挥发性成分易散失等原因，一般不宜制成粉剂。

二、粉剂制备

粉剂制备过程一般包括粉碎、过筛、混合、分剂量、质量检查、包装等工序（图5-15）。

图5-15 粉剂的制备工艺流程图

因成分或数量的不同，某些粉剂制备中，可将其中的几步操作结合进行。用于深部组织创伤及皮肤损伤的粉剂，要求应在清洁无菌条件下制备。

粉剂除可作为药物剂型直接应用外，其制备的基本操作单元如粉碎、过筛和混合，也是制备其他剂型如散剂、预混剂、颗粒剂、胶囊剂、片剂、丸剂及混悬剂等的基础，故粉剂制备的基本工艺操作在兽药制剂学上具有普遍意义。

（一）粉碎

制备粉剂用的固体原料（药物和辅料），除细度已达到《中国兽药典》要求外，均需进行粉碎。

药物粉碎方法主要取决于药物性质、使用要求和设备条件等，较常用干法粉碎或湿法粉碎。炉甘石等难溶于水的药物，要求极细粉时，可采用"水飞法"。微晶结晶法，是将药物的过饱和溶液，在急速搅拌下骤然降低温度快速结晶或经转换溶剂而得微粉，可获得 $10\mu m$ 以下的微粉。超微粉碎，可获得 $10\sim0.5\mu m$ 的微粒，更有利于药物的溶出和吸收。混合粉碎法，即将药物与辅料混合在一起粉碎，此时辅料细粉能饱和药物粉末的表面能而阻止其聚结，有利于粉碎，可得到更细的粉末。两种药物的混合，彼此也有稀释作用，从而减少热的影响，可缩短混合时间。

（二）过筛

固体药物粉碎后，粉末的粗细是不均匀的。采用过筛法，将粉末粗细分级。

（三）混合

混合是粉剂制备的重要工艺过程，也是制剂工艺的基本工序之一。实际工作中，配制小量粉剂多用搅拌或研磨混合；较大量粉剂常用搅拌和过筛混合相结合；大规模生产，多采用槽式混合机或V型混合机。尤其是高效三维混合机，混合过程在混合筒中完成，具有混合精度高、效率高、能耗小等优点。影响混合的因素参见本章第二节，此处强调以下几点：

1. **粉剂辅料的选择** 粉剂辅料应选择无显著药理作用，本身较稳定的惰性物质，粒度、密度最好与主药相接近。常用的有乳糖、葡萄糖、淀粉、蔗糖、糊精、碳酸氢钠、硫酸钠，以及其他无机物如沉降碳酸钙、沉降磷酸钙、碳酸镁或白陶土等。注意可溶性粉剂辅料的选择必须要满足制剂水溶性的要求，必要时选择具有助溶性质的辅料，尚可增加主药的溶解性和稳定性。

2. **药物稀释倍数** 一般情况，粉剂药物的含量规格或稀释比例宜与药物临床给药的剂量或浓度相适应。如酒石酸泰乐菌素可溶性粉剂，临床用药浓度为500mg/L，常制备5g（500万IU）、10g（1 000万IU）、20g（2 000万IU）原粉的可溶性粉剂；地克朱利粉剂，饲料推荐添加浓度为0.000 1%，常制成0.2%、0.5%粉剂（预混剂）。

3. **混合方法** 两种物理状态和粉末粗细相似的等量药物混合时，一般容易混合均匀。若组分堆密度相差较大时，一般将堆密度小的药物先放入研钵内，再加堆密度大的药物；若组分比例量相差悬殊时，应采用"等量递增"混合法。有时，加适量的着色剂如胭脂红、亚甲蓝等，将粉剂染成一定的颜色，借颜色的深浅以鉴别主药的浓度。有时，加少量表面活性剂以提高表面导电性或加入适量植物油性物质，在较高湿度（40%以上）下混合，可防止药物粉末的带电性。

（四）分剂量

混合均匀的粉剂，按需要的单位制剂规格分成等重份数的过程叫分剂量。常用分剂量的方法有目测法（又称估分法）、质量法和容量法。

1. **目测法** 是将一定重量的粉（散）剂，根据目测分成所需的等份。此法简便，适合于小量粉剂调配用，但误差较大，对含有细料和剧毒药物的粉剂不宜使用。

2. **质量法** 是根据每一单位制剂规格的要求，采用适宜称量器具（如天平），逐一称量后灌装。该法必须严格控制粉剂的含水量，否则容易造成误差。

3. **容量法** 是根据每一单位制剂规格的要求，采用适宜体积量具逐一分装。采用此法时，粒度和流动性是分剂量是否准确的关键因素。

目测法误差较大，不适用于大生产；质量法较精确，但效率较低，难以机械化；容量法效率较高，只是准确性较差。药物的物理性状如流动性、堆密度、吸湿性及分剂量的速度等如发生变化，均影响分剂量的准确性。

（五）粉剂的吸湿、包装和贮存

1. **粉剂的吸湿** 一般粉剂的比表面积较大，故其吸湿性较显著。吸湿后的粉剂不仅会发生结块、色泽不均、流动性差等外观物理变化，有的甚至发生变色、降解或效价降低等化学变化，潮湿的环境还有利于微生物的生长，易发生霉变等微生物污染。因此，防湿是保证粉剂质量的重要措施。

2. 粉剂的包装和贮存 粉剂的分散度大，吸湿性或风化性较显著。包装材料的透湿性会直接影响粉剂在贮存期的物理、化学及生物学稳定性。粉剂的包装应根据吸湿性强弱采用不同的包装材料。除防湿防挥发外，温度、微生物及光照等对粉剂的质量均有一定影响，应予以重视。粉剂应密闭贮存。

三、粉剂质量检查

粉剂的质量检查是保证质量的重要措施，《中国兽药典》2005版一部附录规定，粉剂主要的检查项目是外观均匀度、干燥失重、装量差异限度和含量均匀度等。可溶性粉剂还应检查其溶解性，局部用粉剂应检查是否无菌。

1. 外观均匀度 粉剂应色泽一致，混合均匀。外观均匀度具体检查方法是：取粉剂供试品适量，置光滑纸上，平铺约 $5cm^2$，将其表面压平，在亮的背景下观察，应呈现均匀的色泽，无花纹、色斑。

2. 干燥失重 除另有规定外，取供试品 1g，置与供试品相同条件下干燥至恒重的扁形称量瓶中，精密称定，除另有规定外，在105℃干燥至恒重。由减失的质量和取样量计算供试品的干燥失重。减失质量不得超过2%。

3. 装量差异 除另有规定外，取供试品5个（50g以上者3个），除去外盖和标签，容器用适宜的方法清洁并干燥，分别精密称定质量，除去内容物，容器用适宜的溶剂洗净并干燥，再分别精密称定空容器的质量，求出每个容器内容物的装量与平均装量，均应符合表5-5的有关规定。如有一个容器装量不符合规定，则另取5个（或3个）复试，应全部符合规定。

表5-5 粉剂装量差异限度规定

标示装量	固体	
	平均装量	每个容器装量
20g以下	不少于标示装量	不少于标示装量的93%
20～50g	不少于标示装量	不少于标示装量的95%
50～500g	不少于标示装量	不少于标示装量的97%
500g以上	不少于标示装量	不少于标示装量的98%

4. 含量均匀度 主药含量小于2%者，照含量均匀度检查法检查（见《中国兽药典》2005版附录101页），应符合规定。检查此项的药物，不再测定含量，可用此平均含量结果作为含量测定结果。复方制剂仅检查符合上述条件的组分。

5. 溶解性 可溶性粉剂，除另有规定外，取供试品适量，置纳氏比色管中，加水制成50mL的溶液（浓度为临床使用时高剂量浓度的2倍），在（25±2）℃上下翻转10次，供试品应全部溶解，静置30min，不得有浑浊或沉淀生成。

四、粉剂制备举例

例1：复方口服补液盐可溶性粉剂。

【处方1】 A. 氯化钠　　　　　　　　　　3.5g
　　　　　　葡萄糖（含1分子结晶水）　　22g
　　　　　B. 氯化钾　　　　　　　　　　1.5g
　　　　　　碳酸氢钠　　　　　　　　　2.5g
【处方2】 氯化钠　　　　　　　　　　　3.5g
　　　　　氯化钾　　　　　　　　　　　1.5g
　　　　　枸橼酸钠　　　　　　　　　　2.9g
　　　　　无水葡萄糖　　　　　　　　　20g

【制备】处方1：取氯化钠、葡萄糖研细，混匀（必要时过筛），装入一大塑料薄膜袋（A）中；另取氯化钾、碳酸氢钠研细，混匀（必要时过筛），封装于另一小塑料薄膜袋（B）中；将B袋装入A袋中，封口，即得。

【作用与用途】补充体内电解质和水分，用于腹泻、呕吐等引起的轻度和中度脱水。

【注解】我国药用葡萄糖含1分子结晶水，本品因主药易吸湿，易致葡萄糖变色。处方1制备中将主药分别包装成A、B两袋，就是为了避免粉剂混合致CRH过低，以减少吸湿性，提高葡萄糖的稳定性。用时，取A、B各一袋，加温开水1 000mL溶解后内服。处方2将含1分子结晶水的葡萄糖换成无水葡萄糖，碳酸氢钠变为枸橼酸钠，减少了吸湿的可能性，稳定性提高，可混在一起包装，密封，效力与处方1相等。

例2：5%氟苯尼考粉剂。

【处方1】 氟苯尼考　　　　　　　　　50g
　　　　　淀粉　　　　　　　　　　　950g
【处方2】 氟苯尼考超微粉　　　　　　50g
　　　　　无水葡萄糖　　　　　　　　950g

【制备】处方1：选用淀粉作为稀释剂，常规等量递增法制备氟苯尼考粉剂。处方2：首先将氟苯尼考经超微粉碎处理，制成粒径≤15μm的微粒，再与无水葡萄糖粉按等量递增法混匀，分装，即得。

【作用与用途】抗菌药物，用于细菌感染性疾病。

【注解】氟苯尼考难溶于水，采用常规方法（处方1）制备氟苯尼考粉剂，仅能用于拌料给药。处方2将氟苯尼考，经超微粉碎处理，大大提高了氟苯尼考的溶出速度，本品每100g对水100kg时溶解，使其能用于饮水给药，增加摄饮后的药物吸收速度，提高了动物摄药的顺应性。

例3：硫酸新霉素粉剂。

【处方1】 硫酸新霉素　　　　　　　　65g
　　　　　无水葡萄糖　　　　　　　　923g
　　　　　维生素C　　　　　　　　　适量

	抗黏剂	适量
	蔗糖加至	1 000g
【处方2】	硫酸新霉素	154g
	玉米麸、大豆麸（或砻糠粉）	846g
	矿物油或大豆油	适量

【制备】处方1、2均按常规等量递增法制备。

【作用与用途】抗菌药物，用于细菌感染性疾病。

【注解】硫酸新霉素极易吸湿，易溶于水，故制剂需防止潮解、结块。处方1是硫酸新霉素可溶性粉剂，选择添加了适量抗黏剂以防湿，并以蔗糖为稀释剂。因蔗糖溶于水，故可饮水给药。处方2是硫酸新霉素预混剂，选用具有一定吸湿性的载体如砻糠粉等，还加入了适量大豆油，起助流和稳定的作用。因基质不溶于水，仅可拌料给药。

第五节 预混剂

一、概 述

（一）预混剂的概念

预混剂（premix）是指药物与适宜的基质均匀混合制成的粉末状或颗粒状制剂。

预混剂通过饲料以一定的药物浓度给药。药物粉末状预混剂与药物不溶性粉剂基本相同，二者没有严格的界定。习惯上将主要用于治疗目的的称作粉剂，而稀释适当倍数，添加在饲料中的药物或营养调节物，称作预混剂。

现代养殖实践中，饲料中常添加微量成分，如微量矿物质、维生素、酶制剂、抗生素及其他药物性添加剂等，对提高动物生产性能和防治疾病极为重要。但此类微量活性成分过量或不足均能对动物生长产生较大的负面影响。为了保证这些微量添加的活性成分能在全价料中的均匀分布，首先需将这些微量成分生产成预混剂，通过载体和稀释剂使微量成分得到稀释，并均匀混合，从而使它们能比较容易的均匀分散到配合饲料中。

（二）预混剂的质量要求

预混剂中的药物应先粉碎、干燥；除另有规定外，应全部通过四号筛，允许混有能通过五号筛不超过10.0%的粉末；预混剂基质应稳定，流动性良好，与药物及饲料易于混合等；预混剂制备时，宜按药物性质，用适当的方法使药物分散均匀；预混剂应流动性良好，易与饲料混合均匀；除另有规定外，预混剂应密闭贮存，含挥发性药物或易吸潮药物的预混剂应密闭贮存，并进行微生物限度检查。

二、预混剂制备

（一）预混剂制备工艺

预混剂制备流程见图5-16。粉末状预混剂的制备与粉剂的制备基本相同，颗粒状预混剂的制备同颗粒剂基本相似。相关操作及制备工艺可参考有关章节。

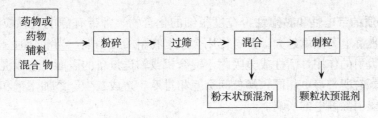

图 5-16 预混剂的制备工艺流程图

预混剂的填充剂，又叫基质，包括稀释剂和载体等。稀释剂是仅起稀释作用的物料，如玉米粉、葡萄糖、磷酸二氢钙、硫酸钠等。载体不仅具有稀释作用，还能承载微量成分，提高物料的流散性，使微量药物活性成分更容易均匀分布到饲料中去，如麦麸、脱脂米糠、膨润土等。吸收剂是能吸收少量液体成分的载体，是少量液体成分固化的重要方式，如二氧化硅等。

（二）预混剂制备的注意问题

预混剂基质的选择及保证均匀混合是控制预混剂质量的重要因素。正确处理基质的选择与用量、药物与基质混合均匀的影响因素，是保证预混剂品质的关键。

1. **基质选择的基本要求**　基质应稳定，流动性好，与药物及饲料成分易于混匀；含脂基质应先行脱脂；一般宜用单一的基质；如选用一种以上基质时，其密度及粒度应接近，以免在运输和贮存过程中出现分层现象；基质中含重金属不得超过 2×10^{-5}；含砷盐不得超过 2×10^{-6}。

2. **药物与基质的比例**　药物与基质比例相差过大时，难以混合均匀，此时应该采用等量递增混合法进行混合。

3. **药物与基质的水分及吸湿性**　稀释剂和载体的水分宜控制在合适水平上。水分过高，易结块，影响物料混合，并易导致降解或霉变损失；水分过低，物料间静电作用加大，易造成粉尘，也不利于混合。一般无机基质和有机基质干燥失重分别不得超过 3.0% 和 8.0%，药物和维生素载体的水分要求在 5% 以下。

稀释剂和载体，一般不要求其具有较强的亲水性和吸湿性，以防吸水、潮解或结块。必须使用的易结块基质，可加入抗黏剂如二氧化硅等增强其流动性。

4. **药物与基质的粒度和密度大小**　粒度大小是影响载体和稀释剂的堆密度、表面特性、流动性的主要因素。一般要求，载体的粒度比承载的微量活性组分大 2~3 倍，且其承载的活性组分的承载量不能超过自身重。稀释剂的粒度一般要求比载体小。

基质与药物的密度相接近时，能保证药物在混合过程中分布均匀，从而降低输送过程中的分离现象。各成分间密度差及粒度差较大时，先装密度小的或粒径大的物料，后装密度大的或粒径小的物料，并且混合时间应适当，以避免密度小者浮于上面，密度大者沉于底部而不易混匀。一般应根据药物的密度来选择载体和稀释剂。如在配制维生素和矿物质预混剂时，选用的基质就有所不同。一般维生素选择砻糠作为载体，玉米心作为稀释剂；微量矿物质预混剂则需采用密度大的碳酸钙作为载体。对载体来说，主要强调它们对微量活性成分的承载性能，因为微量组分吸附在载体上后，密度有了增加，混合后一般不易分离，因此可以选用密度较小但承载能力强的物质作为载体。

5. 药物与基质的带电性和黏附性　粒度很细的化合物，常带有静电。颗粒越小，化合物越纯，越干燥，所带静电荷数就越大。静电作用会影响物料的流动性，当混合时，带电小颗粒与其他材料发生静电吸引的作用，活性成分吸附于混合机或输送设备的表面，造成混合不均匀和活性成分的损失。若颗粒所带静电相同，颗粒间会互相排斥，造成灰尘。添加不饱和的植物油或糖蜜等抗静电物质，能消除静电的影响。

三、预混剂质量检查

预混剂应混合均匀、色泽一致、流动性好、干燥松散、易与饲料混合。除另有要求外，预混剂应进行以下相应检查。

1. 外观均匀度　预混剂应色泽一致，混合均匀。具体检查方法是：取预混剂供试品适量，置光滑纸上，平铺约 $5cm^2$，将其表面压平，在亮背景下观察，应呈现均匀的色泽，无花纹、色斑。

2. 干燥失重　除另有规定外，取供试品，按《中国兽药典》2005 版附录干燥失重测定法（69 页）检查，在 105℃ 干燥至恒重，减失质量无机基质不得超过 3.0%，有机基质不得超过 8.0%。

3. 装量差异　除另有规定外，取供试品 5 个（50g 以上者 3 个），除去外盖和标签，容器用适宜的方法清洁并干燥，分别精密称定质量，除去内容物，容器用适宜的溶剂洗净并干燥，再分别精密称定空容器的质量，求出每个容器内容物的装量与平均装量，均应符合《中国兽药典》2005 版的有关规定。如有一个装量不符合规定，则另取 5 个（或 3 个）复试，应全部符合规定。

4. 含量均匀度　主药含量小于 2% 者，照含量均匀度检查法检查（《中国兽药典》2005 版附录 101 页），应符合规定。检查此项的药物，不再测定含量，可用此平均含量结果作为含量测定结果。复方制剂仅检查符合上述条件的组分。

四、预混剂制备举例

例 1：2.5% 牛至油预混剂。

【处方】牛至油　　　2.5g
　　　　碳酸钙　　　适量
　　　　淀粉　　　　适量

【制备】将碳酸钙和部分淀粉混匀后，将牛至油喷洒于其表面，再将其余淀粉混匀，即可。

【作用与用途】抗菌药物。

【注解】牛至油是液体，制备预混剂，需选用适宜的吸收剂固化。

例 2：盐酸氨丙啉、乙氧酰胺苯甲酯预混剂。

【处方】 盐酸氨丙啉　　　　250g
　　　　乙氧酰胺苯甲酯　　16g
　　　　脱脂玉米淀粉　　　734g
　　　　大豆油　　　　　　适量

【制备】将盐酸氨丙啉和乙氧酰胺苯甲酯分别粉碎，过4号筛，取适量玉米淀粉按等量递增法混合，加入适量大豆油，混合均匀，即可。

【作用与用途】抗球虫药。

【注解】本处方中盐酸氨丙啉和乙氧酰胺苯甲酯的含量相差较大，宜按等量递增法混合；加入适量大豆油，目的是增加流动性及防止分层。

第六节　颗　粒　剂

一、概　　述

（一）颗粒剂的概念和分类

1. 概念　颗粒剂（granule）是将药物与适宜的辅料混合制成干燥颗粒状的内服制剂。颗粒剂既可拌料使用，又可溶解或混悬在水中服用。

2. 分类　根据在水中的溶解情况，颗粒剂分为可溶性颗粒剂、混悬性颗粒剂、泡腾性颗粒剂。颗粒剂还可经包衣，并依包衣材料的性质，使颗粒具有肠溶性、缓释性，因而有肠溶颗粒剂、缓释颗粒剂、控释颗粒剂。

（二）颗粒剂的特点

与粉剂相比，颗粒剂具有以下特点：①飞散性、附着性、聚结性、吸湿性等均较小；②流动性好，有利于分剂量，服用方便；③可适当加入芳香剂、矫味剂、着色剂等，制成色、香、味俱全的药物颗粒制剂；④多颗粒的混合物，若粒子大小或粒密度差异较大，易产生离析分层，导致剂量不准确。

（三）颗粒剂质量要求

颗粒剂在生产与贮存期间应符合有关规定：①药物与辅料应均匀混合，凡属挥发性药物或遇热不稳定的药物在制备过程应注意控制适宜的温度条件，凡遇光不稳定的药物应遮光操作；②颗粒剂应干燥，色泽一致，无吸潮、结块、潮解等现象；③根据需要可加入适宜的矫味剂、芳香剂、着色剂、分散剂和防腐剂等；④颗粒剂的溶出度、释放度、含量均匀度等应符合要求，必要时，包衣颗粒应检查残留溶剂；⑤除另有规定外，颗粒剂应密封，置干燥处贮存，防止受潮，并应进行微生物限度的控制；⑥单剂量包装的颗粒剂在标签上要标明每个袋（瓶）中活性成分的名称及含量，多剂量包装的颗粒剂除应有确切的分剂量方法外，在标签上要标明颗粒中活性成分的名称和质量。

二、颗粒剂制备

颗粒剂制备的流程见图 5-17。

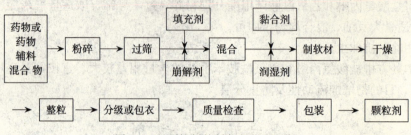

图 5-17 颗粒剂的制备工艺流程图

药物或药物辅料混合物的粉碎、过筛、混合的操作与要求，同粉剂的制备流程；制软材、制粒、干燥和整粒的操作与要求，同片剂的制备。

1. **制软材和湿颗粒** 将药物或药物与辅料的混合物经过粉碎、过筛处理，与适当的填充剂（常用淀粉、蔗糖或乳糖等），必要时还加崩解剂（常用淀粉、纤维素衍生物等）均匀混合；均匀混合后的物料，加入黏合剂溶液或润湿剂混合制成软材；软材一般用挤出制粒法制成湿颗粒。将软材用手工或机械挤压过筛即得。

2. **干燥** 湿颗粒用烘箱加热法、真空干燥或流化床干燥法等干燥。

3. **整粒与分级** 干燥过程中，颗粒间有可能发生相互粘连，使部分颗粒呈块状或条状，需要通过解碎或整粒操作，制成一定粒度的均匀颗粒。整粒即过筛，按粒度规定的上限，过一号筛，把不能通过筛孔的部分进行适当解碎，然后再按粒度规格的下限，过五号筛，进行分级，除去粉末部分。芳香性成分或香料一般溶于适量95%乙醇中，雾化喷洒在干燥的颗粒上，混合后密闭放置规定时间后再进行分装。

4. **包衣** 为达到矫味、矫臭、稳定、缓释、控释或肠溶等目的，可对颗粒剂进行包衣，一般常用薄膜衣。

三、颗粒剂质量检查

除另有规定外，颗粒剂应进行以下相应检查。

1. **粒度** 除另有规定外，取单剂量包装的 5 包（瓶）或多剂量的 1 包（瓶），称定质量，置药筛内筛动 3min。不能通过一号筛（2 000μm）和能通过五号筛（180μm）的颗粒和粉末总量不得超过供试量的 15%。

2. **干燥失重** 除另有规定外，照《中国兽药典》2005 版附录干燥失重测定法（86 页）检查，在 105℃干燥至恒重，含糖颗粒应在 80℃减压干燥，减失质量不得超过 2%。

3. **溶化性** 可溶性颗粒，取供试品 10g，加热水 200mL，搅拌 5min，应全部溶化或轻微浑浊，但不得有异物。泡腾颗粒剂，取供试品 10g，置盛有 200mL 水的烧杯中，水温为 15~25℃，应迅速产生气体而成泡腾状，5min 内均应完全分散或溶解在水中。混悬颗粒剂或已规定检查溶出度或释放度的颗粒剂，可不进行溶化性检查。

4. **装量差异** 按最低装量检查法（见粉剂）检查，应符合要求。

四、颗粒剂制备举例

例 1：硬脂酸红霉素颗粒剂。

【处方】 硬脂酸红霉素　　2.5kg
　　　　淀粉　　　　　　34.5kg
　　　　蔗糖　　　　　　10kg
　　　　食用香精　　　　500mL
　　　　打浆淀粉（10%）　3kg

【制法】蔗糖、红霉素、淀粉粉碎，过 100 目筛，备用；淀粉冲成 10% 淀粉浆，放凉至 50℃ 以下，备用；分别称取红霉素、蔗糖粉、淀粉，放入混合搅拌机中，混合 10~15min，加入淀粉浆制成软材，经摇摆颗粒机过 14 目筛制粒，湿颗粒于 50~60℃ 干燥，干颗粒再过 14 目筛整粒；在缓慢的搅拌下，喷入食用香精，并闷 30min；含量测定后，计算每袋的颗粒量；然后分装，密封，包装，即得。

【作用与用途】抗菌药物，用于细菌感染性疾病。

例 2：复方维生素颗粒剂。

【处方】 盐酸硫胺　　1.2g　　　苯甲酸钠　　4.0g
　　　　核黄素　　　0.24g　　　枸橼酸钠　　2.0g
　　　　盐酸吡多辛　0.36g　　　橙皮酊　　　20mL
　　　　烟酸胺　　　1.20g　　　糖粉　　　　986g
　　　　混悬泛酸钙　0.24g

【制法】将核黄素加糖粉混合粉碎 3 次，过 80 目筛；将盐酸吡多辛、混悬泛酸钙、橙皮酊、枸橼酸、苯甲酸钠溶于水中作为润湿剂；另将盐酸硫胺、烟酸胺等与上述稀释的核黄素搅拌均匀后制粒，60~65℃ 干燥，整粒分级；分装，密封，包装，即得。

【作用与用途】维生素类药物，补充多维，增强机体抵抗力。

【注解】本处方中，核黄素有黄色，必须与辅料充分混匀；加入枸橼酸使颗粒呈弱酸性，以增加主药的稳定性。另外，核黄素对光敏感，操作时应尽量避免直射光线，并贮存于棕色瓶中。

第七节　水产药饵

一、概　述

水产药饵，即将药物与水产饲料（基料、饵料）按一定比例拌匀，以一定的剂型为载体，制成防治鱼类疾病的含药饵料。药饵与鱼类日常饵料形态相同,剂型选择多种多样,可制成颗粒剂、丸剂、预混剂或糊剂等。

采用投喂药饵方法防治鱼病,具有针对性强、制作简便、效果好、易于贮存、运输和投喂等优点。近年来,颗粒饲料投喂技术在渔业中推广普及,拓宽了药饵的应用空间。

二、水产药饵制备

水产药饵一般由药物、基础料、诱食剂、黏合剂组成,它们按比例搅拌混合均匀,加入适量的水,揉成团状,根据受药对象的摄食习性,做成适宜大小的颗粒状药饵或其他形状,备用。各相关制剂的工艺流程参见有关章节。针对给药对象、水体环境的影响,药饵制备时,应注意以下问题:

1. **基料选择** 药饵基料的选择,必须是病鱼所喜食的种类,制成药饵后的浮沉应与鱼的栖息习性相似。如草鱼、鳊用新鲜嫩草作为基料,制成药饵后投放在草料浮框内;鲤、鲫用饼粕、糠麸等,并做成沉性颗粒或饼状食团;青鱼用新鲜螺肉,鳗鲡可用鱼粉,鲶类可用杂鱼、畜禽下脚料等。规模养殖生产中,投喂的全价颗粒饲料也是最佳基料。此外,玉米粉、小麦、花生粉、米糠、麸皮等及其糊状物也常用作基料。

2. **药物粒度要细,混合均匀** 为了让病鱼都能均衡地摄入药物,应尽量将药物与饲料混合均匀。药物、基料原料应粉碎,越细越好;药物宜逐步与基料倍比递增混合;或将药物水溶液,喷洒在基料上,搅拌均匀。

3. **黏合剂用量适当** 药饵黏合剂的选择与用量非常重要。黏合剂黏合凝固药物作用的强弱,直接影响药饵在水中成型时间的长短。药饵成型时间长,鱼类摄食时间延长,摄食量增大,对鱼病防治起到直接加强的作用。反之,药饵成型时间短,鱼药在水中散失快,鱼类摄食时间短,摄食量少,减弱对鱼病防治的作用。不同鱼类摄食习性不同,药饵在水中稳定的时间要求也不同,相应的黏合剂种类与用量也不同。面粉是最常用的药饵黏合剂,黏性强、价格低、使用方便。其他如红薯淀粉、糯米淀粉等也常用,用量宜偏大。

4. **适当加入诱食剂** 有些内服药物,异味大,鱼不喜食。鱼类的味觉比较敏感,故在制备药饵时,除多加鱼粉、豆面、小麦粉或酵母粉外,还可添加适量的诱食剂,如氨基酸、甜菜碱、谷氨酸钠、食盐、芳香味中草药(如八角、丁香、大蒜等),增加香味,激发鱼类摄食欲望,诱鱼进食。

5. **确保药饵在水体中的稳定性** 不论何种剂型的药饵,除了具有良好的适口性外,还应有足够的稳定性。如果药饵在水体中的稳定性较差,药饵入水后很快散开,则病鱼就吃不到足够数量的药物,也就达不到防治鱼病的目的。一般速食性鱼类如鲤、草鱼等要求较低,药饵耐水性较短;慢食性动物如虾、蟹等则要求很高,药饵在水体中保持时间较长。

6. **剂型选择与受药对象日常饵料相适应** 药饵具体以何种剂型存在,要根据受药对象的生活、摄食特性,灵活选择。实际生产中,主要药饵类型有以下几类:

(1) 吞食性鱼类药饵:将药物与商品饲料、黏合剂(如淀粉、面粉等)按比例均匀混合,根据鱼体口裂大小加工成适口颗粒状或杆状。

（2）草食性鱼类药饵：根据鱼体大小先把草食性鱼类爱吃的嫩草切成适口小段，再将药物与适量黏合剂（如麦粉、山芋粉等）混合，加温热水调制成糊状，冷却后附于草料上，晾干直接投喂。

（3）底栖食性和抱食性水产动物药饵：将药物与豆饼粉、麸皮、鱼粉等均匀混合，加入黏合剂（1∶0.2）和适量水压制成沉性软颗粒料，直接投喂（或晒干备用）。

（4）滤食性鱼类药饵：将药物与粉碎的商品饲料（如饼粉、糠麸等）按比例均匀混合制成干质浮性药饵。这类药饵的制作，也可先将商品饲料制成膨化小颗粒，再加适量水拌和药物，现制现喂。

（5）啄食性鱼类药饵：将商品配合饲料（粉状）和药物按比例混合，加入黏合剂和适量植物油，调制成软硬适中的团块状，可作为鳗、泥鳅等的药饵。

（6）摄食动物性活饵类水产动物药饵：可先用较多量的相关药物饲料投喂饵料动物（如小杂鱼、野生蟒鲜等），待饵料动物吃饱后立即捕起，再转投给药物防治对象（如牛蛙等）。

颗粒状药饵药量易掌握，药效损失少，投喂更方便，弥补了以往药物拌料直接撒喂的不足，治疗鱼病见效快，效果好，在药饵剂型中，颗粒状药饵比较具有优势。

三、水产药饵制备举例

例：盐酸氯苯胍药饵。

【处方】盐酸氯苯胍　　　0.8～1.0kg
　　　　左旋咪唑　　　　1.4～1.5kg
　　　　沸石粉　　　　　8～10kg
　　　　维生素C　　　　 适量
　　　　银鲫预混剂　　　加至1 000kg

【制备】先将氯苯胍粉碎至适度粒度，加适量的沸石粉混匀后；再按等量递增法与其他药物和银鲫预混料混匀，常规制备，即得。

【作用与应用】抗寄生虫药，治疗银鲫成鱼黏孢子虫病。

【注解】盐酸氯苯胍易结晶，不溶于水，毒性较大，药饵加工过程中必须充分拌和。若混合不均，或药物颗粒太大，会形成结晶状微小颗粒，鱼类食用后立即死亡。本工艺预先将氯苯胍粉碎至细粉末，再按1∶10的比例加入100目的沸石粉，倍比稀释混匀，再将其余药物和基料拌匀制得。

第八节　群体给药固体制剂的矫味和着色

一、制剂矫味和着色的作用及意义

药物的味道和颜色主要取决于其自身的结构和性质，如生物碱类药物多具苦味，卤族盐类药物多具咸味，硝基呋喃类药物多显黄色等。药物制剂作为特殊商品，除确保质量稳定与疗效外，还应注意适口性与外观美好。内服给药制剂包括液体制剂、固体制剂，因其摄取过程经过口腔，与味蕾接触时间较长，药物制剂的味道和颜色影响较大。尤其是群体用药时，如药剂适口性差，会影响动物的摄食和摄饮行为，进而影响药物的摄入和吸收。

目前，掩盖药物不良味道的方法包括：化学技术掩盖，对药物结构进行改造，制成无苦味的前体药物；制剂手段掩盖，如包衣、包合、微囊等技术，将药物与口腔黏膜上的味蕾隔开；制剂调配方法掩盖，如加入矫味剂等掩盖药物不良味道。

规模化养殖的家禽、猪等动物的给药方式，主要是以内服为主的群体给药。选用无苦味的前体药物、采用适当的制剂掩味技术、应用适宜的矫味剂与着色剂，一定程度上掩盖与矫正药物的恶味或改善药品的外观，对保证药物治疗正常、顺利进行具有十分重要的意义。

应注意的是，药品的色、臭、味是药品的外观特征，又是药品稳定性的标志。但着色剂和矫味剂的添加会混淆因药品质量状况发生变化引起的变色、异臭、异味等；有些药物与某些矫味剂之间可能产生配伍禁忌，反而增加了制剂的复杂性和不稳定性；着色剂（色素）具有一定的毒性，不可滥用。

二、味觉产生的生理基础

味道主要指进食过程中的味觉、嗅觉、触觉、视觉等的生理、生化作用的综合感觉，其中以味觉、嗅觉与口腔黏膜对化学刺激物感应占主要地位。味蕾是辨别滋味的主要器官，主要分布于舌端、舌缘和舌根，是上皮细胞的一部分。味蕾的内腔中分布着味觉感受器和味觉细胞。味觉感受器有特殊味神经纤维，穿过味蕾分支于味觉细胞表面而能反应甜、酸、苦、咸 4 种基本味道。一种味蕾仅能反映一种味道，不同味蕾分布的区域亦不同，反映甜味、咸味的味蕾多集中在舌尖，反映酸味者多在舌两边，反映苦味者多在舌根。

真正能被味蕾所感觉的味道只有酸、甜、苦、咸，其他味道往往要配合嗅觉感受。因某种原因（如感冒鼻塞）致嗅觉下降时，很多味道则不能辨别。此外，制剂的稠度往往亦能影响味觉感应。稀薄溶液如加胶类物质增稠后，味道可改变，这是因为黏稠物质影响了药物向味蕾的扩散。温度能影响物质的挥发程度，低温能使味觉感应减弱。

不同种类动物或不同个体之间，对味道和颜色的感知不一样。鸡略有味觉，但嗅觉不发达，对苦味感知差，比较适宜内服给药，矫味剂少用；乳猪偏好母乳味道，对有机酸的味道较偏好，大猪对酸香味、甜蜜味、鲜肉味较偏好；牛对甜味及挥发性脂肪酸味有偏好，犊牛尤其如此，但对化学合成的香味剂不敏感；羊对苦味的耐受力强于牛，对糖蜜甜味的偏好不如牛；水产动物香味剂的使用有特殊意义，氨基酸对鱼类的嗅觉刺激相当明显，但不同鱼类之间效果差别较大。

不同给药方式下，药物味道和颜色的影响亦不一样。如内服给药，颜色和味道影响较大；而非胃肠道给药时，颜色和味道的影响较小。

总之，药物的不良臭味来源于多方面，主要与药物的性质、不同个体对味道的敏感程度、给药的不同方式等有关。掩盖药物不良臭味的方法应该针对不同性质的药物采用不同的方法，或从不同途径、不同角度加以掩盖。

三、常用的矫味剂及选用注意事项

矫味剂（flavoring agents）是能改变味觉的物质，添加在药剂中用于掩盖药物的异味和改进药剂的味道。有些矫味剂还具有矫臭（smelling）的作用，而香味剂（spices；flavor agent）主要以矫臭为主。除矫味矫臭外，多数矫味剂还能促进动物食欲，提高采食量，促进饲料的消化吸收与利用，故也称诱食剂（feeding promoting agent）。矫味剂在畜禽日常饲料中已普遍应用，改善饲料的适口性，提高动物的生长和生产性能。药物制剂中添加矫味剂，则是为了提高患病或应激动物采食（摄饮）量，保证药物治疗能顺利进行。

（一）常用矫味剂

常用的矫味剂依功用分为甜味剂、香味剂、鲜味剂、酸味剂、辣味剂等。动物用药物制剂中，甜味剂、香味剂、鲜味剂较常用。

1. **甜味剂** 甜味剂（sweetener）是具有甜味的物质。使用甜味剂使药剂呈现甜味，掩盖药品原来的不良味道，提高动物采食或摄饮药物的顺应性，有利于药物的摄取。对幼龄动物如雏鸡、仔猪等，甜味剂还具有诱导采食或摄饮的作用。常用的甜味剂分为天然和人工合成两大类。

（1）天然甜味剂：有蔗糖、单糖浆、果糖、麦芽糖等，以单糖浆和蔗糖应用最广。应用单糖浆时添加适量的甘油、山梨醇等多元醇可防止蔗糖结晶析出。植物中提取的甘草酸二钠、糖蜜和甜菊苷等也属于此类，甜度较蔗糖高。可溶性粉剂中常用的填充剂如葡萄糖、乳糖，虽有一定甜味，使用时被水稀释，浓度很低时，不足以产生甜味。

（2）人工合成甜味剂：主要有糖精及糖精钠等。糖精钠（sodium saccharin）是无色至白色菱形结晶或结晶性粉末，易溶于水，略溶于酒精，水溶液呈微碱性。有强甜味，后味稍带苦，甜度为蔗糖的 300~500 倍。对热稳定，水溶液常温下长时间放置后易分解，甜味下降。糖精钠在体内不被利用，无营养价值，毒性低、无残留、安全性高。本品甜味持久，但甜中带苦，故糖精钠与蔗糖（或单糖浆）合用效果更佳。饲料（饮水）中添加终浓度常为 50~150mg/kg，不超过 300mg/kg。

2. **香味剂** 香味剂（spice；flavor agent）又称风味剂，即制剂中添加的香料和香精。香料是具有挥发性的香气物质，分天然香料和合成香料两类。香精也称调和香精，是由人工合成香料添加一定量的溶剂调和而成的混合香料。香味剂提高饲料的适口性、增进食欲、刺激消化道腺体分泌和促进动物生长，在幼畜、宠物及水产饲料中已普遍应用。

天然香料包括植物性香料和动物性香料。常用天然植物香料提纯的挥发油或其芳香制剂，如薄荷油、桂皮油、橙皮油、留兰香油、薄荷水、复方橙皮酊等，多为芳香族有机化合物的混合物，如桂皮油主要成分为桂皮醛等。这些挥发油除矫味作用外，也有一定的防腐效能。合成香料有醇、醛、酮、酸、胺、酯、萜、醚、缩醛类等。国内常用的香精有香蕉香精、菠萝香精、橘子香精、柠檬香精等。

3. **鲜味剂** 鲜味剂（flavors enhance）又称风味增强剂，主要是添加在制剂中能改善或增强制剂风味，增进动物食欲和促进动物采食（摄饮）的物质，包括谷氨酸钠、肌苷酸钠（disodi-

um 5′-inosinate）和鸟苷酸钠（disodium 5′-guanylate）等。我国应用最广泛的鲜味剂是谷氨酸钠。

谷氨酸钠（monosodium L-glutamate）又称味精，无色至白色棱柱形结晶或结晶性粉末，无臭，味鲜，略有甜味或咸味。易溶于水，微溶于乙醇。无吸湿性，对光稳定，水溶液加热稳定。5％水溶液pH为6.7～7.2。本品毒性低、无残留、安全性高。常用量为0.1％～0.2％。酸性饲料中比普通饲料多加20％，效果更好。与食盐、肌苷酸钠或鸟苷酸钠并用，可显著增加其呈味作用。本品在高温、强酸或强碱条件下不稳定，易失去呈味力。鱼、猪、鸡对味精反应较敏感。

4. 酸味剂 酸味剂（acidifying agent）是赋予制剂酸味的添加剂，分有机弱酸和无机弱酸两大类，常用的有柠檬酸、酒石酸、乳酸、醋酸、苹果酸、富马酸等。酸化剂用于药物制剂，主要目的是改善主药的溶解度起助溶剂作用；维护主药稳定性起pH调节剂作用；少量药剂中加入酸味剂是为了改善药物的适口性的，酸味给味觉以爽快的刺激，具有增进动物食欲的作用。现代研究表明，酸化剂还能刺激消化系统的发育和功能的完善，激活消化酶，提高饲料中营养成分的消化等作用，已发展成为一大类饲料添加剂药物。

5. 辣味剂 辣味剂（pungent agent）是赋予制剂辣味的添加剂，常用的有辣椒粉、大蒜及相关制剂等。猪、鸡等对辣味有一定的偏好。

（二）矫味剂的选用注意事项

制剂制备时矫味剂的选择与使用，应当是在不影响药品质量要求和保证用药安全与有效的前提下，依药物的不同性质对所含不良味道加以矫味和矫臭，以消除或减少患畜对服药的憎恶感，达到应有的治疗效果。选用矫味剂必须通过小量试验筛选，选择宜慎重，用量宜适中。选用矫味剂应注意以下几个方面：

（1）矫味剂必须符合国家药品有关标准，或在规定可供食用的范围内，严格按规定量添加。

（2）必须根据靶动物对矫味剂的敏感性，采用不同类型的矫味剂。如乳猪对乳香味、有机酸味较敏感；大猪对糖蜜味、酸香味较偏好；鸡仅对天然甜味物质敏感，对人工合成的糖精钠及香味剂作用不大。

（3）不同矫味剂对不同味觉的掩蔽效果不同，实践中应根据需掩盖的味道选择不同的矫味剂。如巧克力型的香味掩盖生物碱、抗生素、抗组胺药的苦味较好；薄荷脑或薄荷油的局部麻痹作用对苦味的掩蔽也有效；橙皮、甘草等糖浆掩蔽药物的咸味能力较好；胶浆剂能增加药剂的稠度，减低药物的涩味、酸味和药物的刺激性。

（4）注意矫味剂对主药或佐药有无配伍禁忌。如甜味剂、酸化剂自身酸碱度会影响液体制剂的pH，使用时需保证主药的稳定性。将酊剂加至较大量的糖浆时，因乙醇浓度降低，可能有沉淀析出。

（5）本来是利用苦味作用的药剂如苦味健胃剂，如将苦味矫除，使其带甜味，则失去用药目的。

四、制剂掩味技术与应用

随着科学的进一步发展，除添加上述掩味剂外，越来越多的制剂新技术、新剂型也应用到了传统药物及新药物的不良臭味掩盖方面。

1. **包衣** 包衣工艺是在固体制剂的表面包上适宜材料的衣层,可达到较好的掩盖药物不良味道的目的,如包衣颗粒、包衣片等。

2. **胶浆剂和泡腾剂** 胶浆剂具有黏稠、缓和的性质,干扰味蕾的味觉而起到矫味作用。常用胶体有阿拉伯胶、西黄蓍胶、羧甲基纤维素钠、甲基纤维素、海藻酸钠、琼脂、明胶等。如琼脂糖浆(琼脂0.25%、苯甲酸0.1%、蔗糖70%)对磺胺类药物的恶味有良好的矫味作用。胶浆剂中加入甜味剂(如0.02%糖精钠)可增加胶浆剂矫味的效果。

泡腾剂是应用有机酸(如柠檬酸、酒石酸等)与碳酸氢盐产生的二氧化碳溶于水,呈酸性,麻痹味蕾而呈矫味作用。常用于苦味盐类泻药中。

3. **胶囊剂** 将药物装于硬胶囊或软胶囊中制成的胶囊剂,有外表整洁、美观、易于吞服的优点,且可以掩盖药物的苦味和不良臭味。这种方法较为传统,却应用广泛。

4. **环糊精包合** 环糊精是由6~12个葡萄糖分子组成的环状低聚糖化合物,结构为中空圆筒形,与药物形成包合物,当这些药物被环糊精包合,进入其环状中空圆筒形结构后,药物本身所含的不良臭味就被有效掩盖。

5. **微囊或微球包裹** 一些具有苦味和不良臭味的药物,采用羟丙甲纤维素邻苯二酸酯(HPMCP)或乙基纤维素等囊材,微囊化后,再制成内服制剂,可以有效掩盖药物的不良气味或苦味。如黄连素微囊,解决了黄连素味苦造成的服药不便。大蒜素微囊也用于解决大蒜素不良臭味。

6. **离子交换树脂** 可离解的药物与适宜的离子交换树脂相互作用,形成药物-树脂复合物,即所谓的药树脂。由于药树脂在纯水中不溶解也不释放药物,实际上没有味道。但药树脂与胃肠液接触后,复合物迅速分解,药物从药树脂中释放出来,进入溶液被吸收,而树脂通过胃肠道不被吸收。如喹诺酮类药物以甲基丙烯酸聚合物作为离子交换树脂载体,形成药树脂复合物,消除喹诺酮类药物的苦味,从而使口服液体剂型口感适于临床使用。

五、常用着色剂及选用原则

(一)常用着色剂

着色剂(colouring agent,pigment)又称色素或染料,是在制剂中加入的着色物质。药物制剂中添加着色剂,目的是为了美化药剂外观;或使药物制剂成品的色泽一致;或作为区别药品的标志,如外用药常着红色,醒目,便于识别,防止误服。

着色剂按来源分为天然色素和人工合成色素。天然色素又分无毒植物性色素和矿物性色素。可供食用者称为食用色素,只有食用色素才能作为内服制剂的着色剂。对食用色素,各国药典和兽药典均做出了明确规定。由于人工合成色素色泽鲜艳、品种多而用量小,因此天然色素已渐渐被合成染料所代替,在动物用液体制剂、粉剂、预混剂、丸剂、胶囊剂、片剂中较为广泛应用。

1. **天然色素** 供食用和内服制剂着色的主要是植物性色素。植物性色素呈红色的有甜菜红、胭脂虫红等;黄色的有姜黄、胡萝卜素等;绿色的有叶绿酸铜钠盐;蓝色的有松叶兰、乌饭树叶;棕色的有焦糖;矿物性色素有棕红色氧化铁等。

2. **合成色素** 人工合成色素色泽鲜艳、价格低廉、品种多。目前我国批准的可供内服的合成色素有苋菜红、胭脂红、柠檬黄、胭脂蓝和日落黄等,通常配成1%储备液使用,最大的使用量均为10^{-4}。外用色素有伊红(适用于中性或弱碱性溶液)、品红(适用于中性或弱酸性溶液)、美蓝(适用于中性溶液)等。人工合成色素多数毒性较大,用量不宜过多。如不加选择地使用或用量过大,会对机体健康产生不良影响。

可溶性色素用于固体制剂着色时,在制备加工、贮存中常出现可溶性色素转移而引起色斑现象,影响产品质量,较难克服,若使用水不溶性色素,便可解决此现象。上市的色锭即为此类色素,它通常是用氧化铝、不含石棉的滑石粉或硫酸钡粉作为吸附剂,将水溶性染料沉淀并永远吸附在吸附剂上,成为具有覆盖力的不溶性染料。

着色剂按功效又分药剂或饲料用着色剂和动物产品着色剂两种,前者仅用于改变药剂(或饲料)的外观颜色,而不具备在动物(尤其是家禽)体内、体表和产品(如蛋黄)中沉积的能力,多为人工合成色素,通过改变药剂或饲料颜色,刺激畜禽食欲,提高动物采食量;后者经动物吸收后,能转移到动物(鸡)的皮肤、腿、脂及蛋黄沉积并着色等,包括天然着色剂和部分人工合成的着色剂,改善动物体色或动物产品的外观,呈现人们喜爱的颜色,提高动物产品的商品价值。

(二)着色剂的选用原则

着色剂最好能耐受较广泛的温度,能溶于水或油,在光线下可经久暴露,与其他着色剂可混合,抵抗氧化或还原作用,且无致癌嫌疑等。着色剂合理选用还应注意以下问题:

(1)遵守国家有关规定,严格限制使用品种和剂量。着色剂被动物利用后,最终要被人类摄入,因此着色剂的安全问题是人们最关注的。药剂用着色剂必须是对人类无毒害的。各国药典和兽药典均对可食用色素的品种和剂量做出了明确地规定,使用时应严格遵守国家相关规定严格限制使用品种和剂量。

(2)按制剂的性质及含量、溶液的pH范围进行选择和配色。许多色素在不同的酸碱溶液中显示不同的色调或强度,如胭脂红溶液在中性pH原为红色,但在碱性pH变为暗红色,在强酸性pH则有褪色并产生沉淀的可能。

(3)注意着色剂与制剂应用动物的种类相协调,注意色素与药物味、臭协调。

思 考 题

1. 固体剂型制备工艺的共性特点有哪些?
2. 粉碎的方法有哪些?如何提高粉碎效率?
3. 影响混合的因素有哪些?
4. 粉剂制备时应注意哪些问题?
5. 如何利用制剂手段,解决可溶性粉剂中主药溶解度较小的问题?
6. 如何制备预混剂?
7. 设计诺氟沙星可溶性粉剂、预混剂、颗粒剂的工艺流程。
8. 如何制备颗粒剂?
9. 设计鲫用氟苯尼考颗粒药饵。
10. 如何在制剂中合理使用矫味剂和着色剂?

第六章
个体给药固体制剂
（片剂、胶囊剂）

第一节 片 剂

一、概 述

（一）片剂的概念和特点

1. 概念 片剂（tablet）是指药物与适宜的辅料均匀压制而成的圆片状或异形片状的固体制剂。其形状除圆形外，也有异形的，如三角形、椭圆形、菱形等。片剂以内服普通片为主，也有泡腾片、缓释片、控释片、肠溶片等，可供内服或他用。

片剂是在丸剂使用基础上发展起来的，它创用于19世纪40年代；19世纪末随着压片机械的出现和不断改进，片剂的生产和应用得到了迅速发展。20世纪末，片剂在生产技术、机械设备、辅料等方面有了较大的发展，如出现了沸腾制粒、全粉末直接压片、半薄膜包衣以及生产联动化等。此外，随着新技术和新辅料的应用，使片剂不仅能够内服给药，而且可以饮水给药、外用给药等，使传统的片剂更适合于目前的集约化养殖。总之，目前片剂已成为品种多、用途广、使用和贮运方便、质量稳定的剂型之一。

2. 特点

（1）片剂的优点：①片剂含量均匀，以片数为剂量单位给药，剂量准确。②体积小，使用、运输方便。③利用包衣技术可提高药物稳定性，并对药物矫味和减轻对胃肠道的刺激。④机械化生产产量大，成本低。⑤可制成不同临床需要的片剂，如泡腾饮水片、控释片等。

（2）片剂的缺点：①病畜不易吞服。②压片时加入的辅料会影响药物的溶出。③含挥发性成分的片剂贮存较久时含量下降。④片剂中药物的溶出速率较散剂及胶囊剂慢，其生物利用度相对较低。

（二）片剂的分类与质量要求

1. 片剂的分类 片剂按兽医临床给药途径分类如下：

（1）内服片：内服片是兽医临床应用最广泛的一种片剂，内服后在胃肠道内崩解吸收而发挥疗效。

①压制片（compressed tablet）：压制片是药物与辅料混合压制而成的、未包衣的普通片剂。与下述的包衣片相对而言，亦称其为素片或片心，其质量一般为0.1～0.5g。如磺胺嘧啶片、恩诺沙星片等。

②包衣片（coated tablet）：包衣片是在上述压制片的外表面包上一层包衣膜的片剂，如牛黄解毒片、盐酸黄连素片等。根据包衣材料不同可分为以下几类：

糖衣片（sugar coated tablet）：包衣材料主要为蔗糖，现逐渐被薄膜材料代替。

薄膜衣片（film coated tablet）：包衣材料主要为高分子成膜材料，如羟丙甲纤维素等。

肠溶衣片（enteric coated tablet）：是指用肠溶性的包衣材料进行包衣的片剂。这类高分子材料主要有醋酸纤维素酞酸酯（CAP）等。如阿司匹林肠溶衣片等。

③缓释片（sustained release tablet）：是指在水中或规定的释放介质中缓慢地非恒速释放药物的片剂。这类片剂含有延缓崩解物料，能使药物缓慢释放而延长其作用。如阿莫西林漂浮缓释片等。

④控释片（controlled release tablet）：是指在水中或规定的释放介质中缓慢地恒速或接近恒速释放药物的片剂。这类片剂具有血药浓度稳定、服药次数少、疗效持久等优点。如丙硫苯咪唑瘤胃控释片。

⑤多层片（multilayer tablet）：是指片剂各层含有不同赋形剂组成的颗粒或不同的药物，可以避免复方药物的配伍变化，使药片在体内呈现不同的疗效或兼有速效与长效的作用。如用速效、长效两种颗粒压成的双层复方氨茶碱片。

⑥微囊片（microcapsule tablet）：微囊片是指固体或液体药物为了达到速释与缓释的目的，利用微囊化工艺制成干燥粉粒，经压制而成的片剂。如维生素C微囊片等。

（2）饮水片：饮水片是目前在兽医临床使用较多的一种片剂，可分为以下几种：

①分散片（dispersible tablet）：分散片是遇水迅速崩解并均匀分散的片剂，可内服或加水分散后饮用。其在（21±1）℃的水中3min即可崩解分散并通过180μm孔径的筛网，吸收快，生物利用度高，不易引湿，不需特殊材料，遇水迅速分解为黏性混悬液。分散片药物主要为难溶性的药物，也可为易溶性的药物，片剂中不加入泡腾剂。如阿莫西林分散片、阿司匹林分散片等。

②泡腾片（effervescent tablet）：泡腾片是指含有碳酸氢钠和有机酸，遇水可产生气体而呈泡腾状的片剂。泡腾片中的药物应是易溶性的，加水产生气泡后应能溶解。有机酸一般用枸橼酸、酒石酸、富马酸等。泡腾片与分散片不同，可供饮水或外用。如乳酸环丙沙星泡腾片、复方乳酸恩诺沙星泡腾片、甲磺酸培氟沙星泡腾片、三氯异氰脲酸泡腾片等。

③溶液片（solution tablet）：溶液片是指临用前加入缓冲溶液或水溶解后使用的片剂。可加入饮水中饮水给药，或将其溶解成为一定浓度供消毒或洗涤伤口用。外用溶液片的组成成分必须均为可溶物。如阿维菌素速溶片等。

（3）其他片剂：

①植入片（implant tablet）：植入片是将无菌药片植入皮下后缓缓释药，维持疗效几周、几月直至几年的片剂。适用于需长期且频繁使用的药物。一般灭菌后单片无菌包装。

②皮下注射用片（hypodermic tablet）：皮下注射用片是指经无菌操作制备的片剂，使用时将其溶解于无菌注射用水中，供皮下或肌内注射的片剂，现使用较少。

③腔道片：直接使用于阴道、子宫等腔道部位，使其产生局部或全身作用的片剂，如消炎、杀菌、杀虫等。如治疗慢性子宫内膜炎的鱼腥草素外用片等。

2. 质量要求 根据《中国兽药典》2005年版附录中片剂的制剂通则，片剂应符合以下要求：

（1）原料药与辅料应混合均匀。含药量小或含毒、剧药物的片剂，应采用适宜的方法使药物分散均匀。

(2) 凡属挥发性或对光、热不稳定的药物,在制片过程中应遮光、避热,以避免成分损失或失效。
(3) 压片前的物料或颗粒应控制水分,以适应制片工艺的需要,防止片剂在贮存期间发霉、变质。
(4) 泡腾片等可根据需要加入矫味剂、芳香剂和着色剂。
(5) 为增加稳定性、掩盖药物的不良气味、改善片外观等,可对片剂进行包衣。
(6) 片剂应外观完整光洁,色泽均匀,具有适宜的硬度和耐磨性。除另有规定外,对于非包衣片,应符合片剂脆碎度检查法的要求,防止包装、运输过程中发生磨损或破碎。
(7) 片剂的溶出度、释放度、含量均匀度等应符合要求。
(8) 片剂应进行微生物限度的控制。
(9) 除另有规定外,片剂应密封贮存。

二、片剂的药物和辅料

片剂的原料包括药物和辅料。

(一) 片剂的药物

制备片剂的药物可以是化学药物,也可以是中兽药。化学药物除个别品种可直接压片外,大多数需在压片前经过粉碎;中兽药则根据需要制备成全粉末、浸膏或半浸膏等。具体要求参见片剂的制备。

(二) 片剂的辅料

片剂的辅料又称为赋形剂,是指在压片过程中,为了改善药物的性质,使其尽可能地达到片剂制备与应用要求,便于制片过程顺利完成的一切附加物质。主要包括填充剂(稀释剂)、润湿剂与黏合剂、崩解剂、润滑剂等。根据需要还可加入矫味剂、着色剂等。

片剂辅料应有一定的要求:性质稳定,不与药物起反应,不影响药物的疗效和含量测定,对畜禽无毒、副作用,价廉易得,用量省等。一种辅料可以有一种功能,也可以有多种功能,如淀粉可作为吸收剂、稀释剂、崩解剂和黏合剂。掌握好这种特性,可在处方中灵活运用。

片剂辅料按其作用不同可分为以下几类:

1. **填充剂** 填充剂(fillers)可分为稀释剂和吸收剂。填充剂的作用主要是为了增加片剂的质量和体积,便于压片。

片剂的直径一般不能小于 6mm,片重多在 100mg 以上,如果片剂中的主药只有几毫克或几十毫克时,不加入适当的填充剂,将无法制成片剂。因此,稀释剂在这里起到了较为重要的、增加体积助其成型的作用。如果片剂处方中含有较多的油类或其他液体时,则需加入一定量的吸收剂来吸收液体成分,以便于压片。

片剂常用的填充剂有:水不溶性填充剂,如淀粉、糊精、碳酸钙、磷酸氢钙、硫酸钙、微晶纤维素、可压性淀粉等;水溶性填充剂,如乳糖、葡萄糖、糖粉、甘露醇等,这些填充剂均有矫味作用(详见本书第五章)。

2. **润湿剂与黏合剂** 常用的润湿剂有纯化水、乙醇。常用的黏合剂有淀粉浆、糊精淀粉蔗糖混合浆、阿拉伯胶浆、明胶浆、聚乙二醇 4000、纤维素衍生物、聚乙烯吡咯烷酮等。

3. **崩解剂** 崩解剂的品种和用量对片剂崩解度有着重要影响。除了缓(控)释片以及某些特殊用途的片剂以外，一般的片剂中都应加入崩解剂。由于崩解剂具有很强的吸水膨胀性，能够瓦解片剂的结合力，实现片剂的崩解，所以有利于片剂中主药的溶解和吸收。

崩解剂的作用机理主要有毛细管作用、膨胀作用、润湿热、产气作用、酶解作用等，不同的崩解剂有不同的作用机理。

片剂生产中崩解剂的加入方法有外加法、内加法或"内外加法"三种。外加法是在压片之前将崩解剂加入到干颗粒中，片剂的崩解发生在颗粒之间，一旦通湿便迅速崩解。外加法由于颗粒内无崩解剂，颗粒不易破碎，溶出度差。内加法是在制粒过程中加入一定量的崩解剂，片剂的崩解发生在颗粒内部。在片剂成型后，具有吸湿膨胀崩解的作用，一旦遇湿便迅速崩解。内外加法是内加一部分崩解剂，然后再外加一部分崩解剂，使片剂的崩解既发生在颗粒内部又发生在颗粒之间，从而达到良好的崩解效果。通常外加崩解剂量占崩解剂总量的25%～50%，内加崩解剂量占崩解剂总量的75%～50%。

常用的崩解剂主要有干淀粉、表面活性剂（吐温80、月桂醇硫酸钠、硬脂醇磺酸钠等）、纤维素类、泡腾崩解剂等。

4. 润滑剂 包括润滑剂、助流剂、抗黏着剂。

5. 色、香、味调节剂 有时为了改善片剂的外观和便于识别，在片剂中常加入着色剂。着色剂即色素，包括天然色素和人工色素。一般使用无毒、稳定的不溶性色素，最大用量不超过0.05%。有时在制备泡腾片时可加入芳香剂、甜味剂等矫味剂以及着色剂。

三、片剂制备

片剂的生产有多种工艺，常用的制备工艺分为制粒压片法和直接压片法。制粒压片法又分为湿法制粒压片法和干法制粒压片法；直接压片法又分为直接粉末结晶压片法和半干式颗粒压片法。其中湿法制粒压片法在生产中最常用。

在压片过程中，物料应具备三个基本要素，即流动性、压缩成形性和润滑性：①流动性好：使流动、充填等粉体操作顺利进行，减少片重差异。②压缩成形性好：不出现裂片、松片等不良现象。③润滑性好：片剂不黏冲，可得到完整、光洁的片剂。

（一）湿法制粒压片法

湿法制粒压片法适用于对湿热稳定的药物，其工艺流程为：

原、辅料 $\xrightarrow{检验}$ 粉碎 → 过筛 $\xrightarrow{稀释剂}$ 混合 $\xrightarrow{润湿剂或黏合剂}$ 制软材 → 湿颗粒 → 干颗粒 → 整粒 $\xrightarrow{润滑剂崩解剂或挥发性成分}$ 混合 → 压片 →（包衣）→ 质量检查 → 包装 → 入库。

1. 处方的拟定 老产品如改变个别条件，应需少量试制，取得经验后，再大批生产。开发新产品，在尚无处方时，应根据主药的性质、分剂量的要求，选择适宜的辅料，拟出试行处方，通过少量试验，调整辅料的比例量，或调换某一辅料，改进生产工艺条件等，直至生产出各方面均符合要求的片剂，再确定处方，大批量生产。

2. 原料、辅料的准备与预处理 片剂所用的原料、辅料均应符合质量规定。投料前，原料、辅料必须经过鉴定、物理性状和含量测定、干燥或中药提取以及粉碎、过筛等预处理。如原料、辅料为极细粉末,不含杂质,不需粉碎。但如果含有杂质必需过筛,如淀粉就应过 100 目筛后再用。如原料、辅料为较大结晶颗粒,或不是结晶但颗粒在 80 目以下,均应进行粉碎。一般粉碎细度化药为 80～100 目;中药为 80～120 目;毒剧、贵重及有色原料、辅料为 100～140 目。

另外,车间领取的原料、辅料,要在指定地方拆包,擦净后,放入配料室,并检查各种设施及设备运转是否正常等。

3. 称量与混合 按处方量准确称取原料、辅料,放入混合搅拌机中,有液体成分时,应先用辅料吸收并混匀。各种原料、辅料称完放入混合机按照生产工艺要求进行混合,注意混合机中死角部位残存药物,使混合完全均匀。

4. 制软材 在混匀的原料、辅料中,加入适当的润湿剂或黏合剂,利用槽型或其他混合机混合均匀,制成适宜的软材。软材的湿度多凭经验掌握,即达到"轻握成团,轻压即散"即可。

5. 制粒 除少数颗粒型结晶药物直接压片外,一般药物均需制成颗粒后,才能压片。制粒的目的主要是为了增加物料的流动性和可压性。

(1) 制粒目的:制粒主要有以下目的:

①增加物料流动性:细粉流动性差,且易结块聚集,不易均匀、顺利地流入模圈中,流入模圈中的量时多时少,影响片重差异。

②避免细粉分层:制剂处方中有多种原料、辅料粉末,尽管混合均匀,但因密度不一,易受压片机震动而导致轻、重质成分分层。轻者上浮,重者下沉,使片剂药物含量不准。

③避免粉末飞扬:在压片过程中,形成的气流易使粉末飞扬,使具有黏性的粉末粘于冲头表面,造成黏冲现象。

④减少细粉吸附和容存的空气:粉末之间具有一定的空隙,因而含有一定量的空气。在冲头施加压力时,空气不能及时逸出而进入片剂内部;在压力解除时,片剂内部空气很快膨胀,易使片剂出现松、裂等质量问题。

⑤减少松片、裂片:颗粒表面不平整,当施加压力时,其表面有互相嵌合的作用,使颗粒间接触紧密,从而能克服松片、裂片等质量问题。

(2) 制粒的方法和设备:常用的制粒方法与设备有以下几种:

①挤压制粒的方法和设备:将适宜的软材强迫通过适当的筛网,得到所需湿颗粒的方法称为挤压制粒。挤压制粒方法是先将药物粉末与处方中的辅料混匀后加入黏合剂制成软材,然后通过挤压制粒机制粒。常用的挤压制粒机有螺旋式、旋转式、摇摆式等。生产中,常采用摇摆式颗粒机(图6-1)制粒,0.3g 以上的片剂常选用 10～14 目筛网,0.3g 以下的片剂常选用 16～20 目筛网。挤压制粒的特点是:颗粒的粒度由筛网的孔径大小调节,粒子为圆柱状,粒度分布较窄;颗粒的松软程度由黏合剂及其用量而定;制粒过程经过混合、制软材等,程序多、劳动强度大;制备小粒径颗粒时筛网的寿命短等。

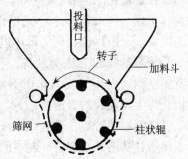

图 6-1 摇摆挤压式制粒机示意图

②转动制粒的方法与设备:转动制粒是在药物粉末中加入一定的量的黏合剂,在转动、摇动、

搅拌等作用下使粉末结聚成具有一定强度的球形粒子的方法。转动制粒的特点是粒度分布较宽，在使用中受到一定限制，多用于制备粒径2～3mm以上的药丸。

③高速搅拌制粒的方法与设备：高速搅拌制粒方法是先将药物粉末和辅料加入到高速搅拌制粒机（图6-2）内，搅拌混合后加入黏合剂制粒的方法。

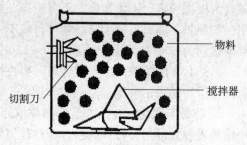

图6-2 高速搅拌制粒机示意图

高速搅拌制粒的机理是在搅拌器的作用下使物料进行混合、翻动、结块，形成较大的颗粒，在切割刀的作用下将大颗粒打碎、压实、切割，并协同搅拌作用使大颗粒得到挤压而形成需要的颗粒。

高速搅拌制粒的主要影响因素有：黏合剂的种类、加入量、加入方式、原料粉末的粒度、搅拌速度、搅拌器的形状与角度、切割刀的位置等。高速搅拌制粒的特点主要是：颗粒的粒度由外部破坏力与颗粒内部团聚力所平均的结果决定；可制备致密、高强度的适于胶囊剂的颗粒，也可制成松软适合压片的颗粒；制粒过程工序少、操作简单、快速。

④流化床制粒的方法与设备：流化床制粒是当物料粉末在容器内自下而上的气流作用下保持悬浮的流化状态时，液体黏合剂喷入流化层使粉末聚结成颗粒的方法。流化床制粒是在一台机器内完成混合、制粒、干燥过程，所以又称"一步制粒法"。

影响流化床制粒的因素较多，主要有黏合剂的种类、加入量；原料粉末的粒度；操作的条件，如空气的空塔速度、温度；黏合剂的喷雾量、喷雾速度、喷雾高度等。

流化床制粒的特点是：制得的颗粒为多孔性柔软颗粒，密度小、强度小，且颗粒的粒度均匀、流动性、压缩成形性好；工艺简化，省时省力。图6-3为流化床制粒机示意图。

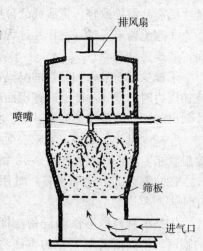

图6-3 流化床制粒机示意图

⑤复合型制粒的方法与设备：复合型制粒机是搅拌制粒、转动制粒、流化床制粒等各种制粒技能结合在一起，使混合、制粒、干燥、包衣等多个单元操作在一个机器内进行的新型方法设备。一般以流化床为母体进行多种组合。

⑥喷雾制粒的方法与设备：喷雾制粒是将药物溶液喷雾于干燥室内，在热气流的作用下使雾滴中的水分迅速蒸发以直接获得干燥颗粒的方法。

喷雾制粒的特点主要有：由液体直接得到粉状固体颗粒；物料受热时间短，干燥速度快，适用于热敏性物料颗粒制备；制备的颗粒中空粒子多，颗粒具有较好的溶解性、分散性和流动性；但黏性较大料液易黏壁，使用受到限制；适用于抗生素粉针、微囊、固体分散体的制备以及中药提取液的干燥等；设备大，耗能多，费用高。

6. 干燥 干燥是利用热能使物料中的液体成分（水分或其他溶剂）汽化，并利用气流或真空带走汽化的液体成分，从而获得干燥产品的操作。使液体汽化的加热方式有：热传导加热、对流加热、热辐射加热、介电加热等。制备好的湿颗粒应立即干燥，以免结块受压变形。

(1) 干燥温度：颗粒干燥时干燥温度由原料性质而定，一般为 40~60℃。对湿热较稳定者，干燥温度可适当提高至 80~100℃。干燥时温度应逐渐升高，否则颗粒表面干燥后结成一层硬膜影响内部水分的蒸发，造成"外干内湿"现象。颗粒的干燥程度，根据具体的药物进行确定，可通过测定含水量控制。颗粒的含水量也可凭经验来掌握，即用手紧握颗粒，松手后颗粒不应黏结成团，手掌也不应有细粉黏附。干燥过程中注意翻动。

(2) 颗粒质量：干颗粒需具备一定的质量要求。

①具有一定的流动性、可压性。主药含量均匀，且符合要求。

②含水量适宜：颗粒的含水量，一般化学药品在 1%~3% 之间，但个别药物除外，如四环素在 10%~14% 之间；阿司匹林在 0.3%~0.6% 之间；中药在 3%~5% 之间，有些浸膏片在 4%~6% 之间。

③细粉含量：颗粒中通过二号筛的细粉一般在 20%~40% 之间，细粉过多，易引起松片、裂片、黏冲等现象，也会造成片重差异和含量差异不符合要求等。一般情况下，片重在 0.3g 以上时，细粉含量要求控制在 20% 左右；片重在 0.1~0.3g 时，细粉含量要求控制在 30% 左右；片重在 0.1g 以下时，细粉含量要求控制在 40% 左右。

④硬度及大小：干颗粒硬度要适中，如果过硬，压成片剂表面会有麻点；如果过软，则会产生顶裂现象。一般以手指轻捻后能碎开并且有粗糙感为宜。大小一般能通过二号筛。一般制备大片用的颗粒比小片的大。

(3) 干燥设备：颗粒干燥的设备主要有以下几种：

①厢式干燥器：设备简单，适应性强，适用于小批量生产。

②流化床干燥器：适用于热敏性物料的干燥，应用广泛。但不适宜于含水量高、易黏结成团的物料，要求粒度适宜。

③喷雾干燥器：同喷雾制粒。

④红外干燥器：受热均匀、干燥快、质量好，但电能消耗大。

⑤微波干燥器：加热迅速、均匀、干燥快、热效率高，对含水物料的干燥特别有利；操作控制灵活、方便。但成本高，对有些物料的稳定性有影响。

在生产中使用较多的为厢式干燥器。

(4) 影响因素：影响干燥效果的因素较多，主要有以下几方面：

①湿颗粒层厚度：厚度一般不宜超过 2.5cm，对于受热易变质的颗粒应更薄一些。②调温速度：在一定范围内，温度越高，干燥效果就越好。但调温时，应逐渐升高，以免湿颗粒中的淀粉或糖类等物质因受骤热而产生糊化或熔化，最后形成"外干内湿"现象。③翻动时间：为了使湿颗粒受热均匀，缩短烘干时间，所以需要定时翻动湿颗粒。

7. 整粒 湿颗粒在干燥过程中因受挤压和黏结等因素的影响，使部分湿颗粒黏结成块。因而，在压片前，干颗粒必须经过处理才能达到压片要求。

整粒用筛一般比制粒用筛的孔径小一号，因为湿颗粒干燥后体积缩小。一般选用二号筛，但根据颗粒的松紧情况而定。如疏松颗粒选孔径大的筛，粗硬颗粒选孔径小的筛。

如果处方中含有挥发油，或主药的含量很小，或对湿热敏感的药物可将其溶解于乙醇中喷洒在干燥颗粒中密封一定时间，使其进入颗粒内后室温干燥。

整粒后可加入干颗粒质量0.5%~1%的硬脂酸镁或其他润滑剂、助流剂、外加崩解剂、挥发性物质，经均匀混合后进行含量测定、片重计算，最后上压片机压片。

8. **压片** 在开始压片前，首先检查生产设施和生产设备是否正常。凡直接与药品接触的机械部件，均应擦拭洁净，最后用75%乙醇液再擦拭一遍，以达到洁净度的要求。

(1) 片重计算：颗粒的制备，需要经过一系列的操作过程，所用原辅料往往有一定的损失。为此，压片前必须对干颗粒进行含量测定，测定后再进行片重计算。计算片重的方法如下：

①按主药含量计算：本方法适用于化学药品及有含量测定方法的药物片重计算。

$$片重 = \frac{每片应含主药量}{干颗粒测得的主药百分含量}$$

例如，制备土霉素片，每片含土霉素0.05g，制成颗粒后主药含量为10%，则每片的片重=$\frac{0.05}{10\%}$=0.5（g/片）

②按干颗粒总重计算：

$$片重 = \frac{干颗粒重 + 压片前加入的辅料重}{应压总片数}$$

例如，制备每片含恩诺沙星5mg的片剂，今投料50万片，共制得干颗粒重272.5kg，在压片前又加入润滑剂2.5kg，则片重=$\frac{(272.5+2.5) \times 1000}{500000}$=0.55（g/片）

(2) 压片机：

①压片机分类：常用压片机按其结构分为单冲压片机和旋转压片机；按压制片形分为圆形片压片机和异形片压片机；按压缩次数分为一次压制压片机和二次压制压片机；按片层分为双层压片机和有心压片机等。

②压片机结构：常用的压片机有单冲撞击式和多冲旋转式压片机两种类型。主要部件包括：加料器，如加料斗；压缩部件，如上、下冲和模圈；各种调节器，如压力调节器、片重调节器、推片调节器等。

单冲压片机的产量一般为80~100片/min，最大压片直径12mm，最大填充深度11mm，最大压片厚度6mm，多用于新产品试制。单冲压片机的结构和压片流程如图6-4所示。

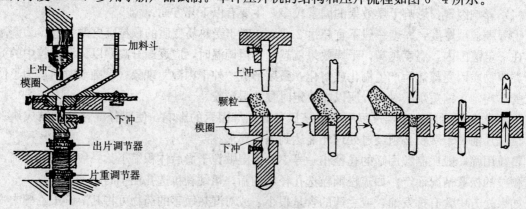

图6-4 单冲压片机的结构和压片流程示意图

多冲压片机主要工作部件有：机台、压轮、片重调节器、压力调节器、加料斗、饲粉器、刮粉器、保护装置等。机台分三层，上层装有若干上冲，在中层对应的位置上装有模圈，在下层对应的位置上装有下冲。压片过程为填充→压片→推片。旋转压片机（图6-5）按冲数分为16冲、19冲、27冲、33冲、55冲、75冲压片机等。

（3）压片：压片机安装的顺序是先上冲模，再上下冲，最后上上冲，拆解顺序则相反。压片时根据生产计划安排选择适宜的冲模，检查上、下冲长短是否一致；冲头有无卷边豁口等破损，有无锈迹；冲模内壁是否光滑；冲头与冲模之间的间隙是否合适等。

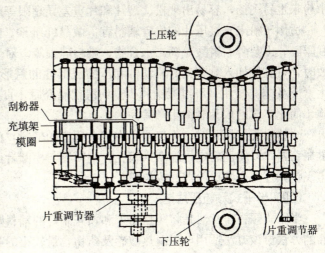

图6-5 旋转压片机压片过程示意图

将检验合格的干颗粒加入到加料斗中，用手盘转试若干片，反复调节片重调节器、压力调节器，直至符合要求。然后启动压片机再调整片重、压力，合格后正式压片。在压片过程中，必须经常检查片剂的质量，并随时观察压片机的运转情况。

（二）干颗粒法压片工艺

干颗粒法压片是将不用润湿剂和液体黏合剂制成的颗粒，即用干法制备的颗粒进行压片的方法。本法适用于热敏性及遇水易分解的药物。采用干法制粒时应注意高压引起的药物晶型转变及活性降低等问题。

1. 结晶性药物直接压片法 具有一定流动性和可压性的结晶性药物，粉碎后通过12～20目筛网，选出颗粒大小一致的晶体，必要时干燥，然后加入一定量的辅料混合均匀后直接压片。本法适用于具有适宜流动性和可压性的某些结晶性或颗粒性药物，如阿司匹林、溴化钾、硫酸亚铁和部分中药干浸膏等片剂的制备。

2. 滚压法 滚压法（pressure roll process）是将药物和辅料混合后，通过滚压机加压滚轧1～3次后制成薄片，薄片再通过摇摆式颗粒机粉碎成大小适宜的颗粒，最后加入润滑剂混匀后进行压片。本法的特点是粉体内空气易排出，产量较高。

3. 重压法 重压法（double compression）又称"大片剂法"，指药物和辅料混合后，用强力压片机直接压制成直径为19mm以上的片剂，然后再通过摇摆式颗粒机粉碎、过筛，最后加入一定的润滑剂后经普通压片机压制而成的方法。本法的特点是设备操作简单，但生产效率低。

（三）全粉末直接压片工艺

全粉末直接压片是指将制剂处方中的药物和辅料分别过筛后，均匀混合，不经制粒直接压片的方法，本法适用于对湿热不稳定的药物。

全粉末直接压片的特点是：生产工序少，设备简单，便于自动化连续生产，生产效率相应提高。符合GMP简化工艺的要求。但粉末的可压性和流动性以及辅料的要求相应提高，压片过程中粉末也易飞扬,容易出现松、裂片和片重差异超限等问题。

适用于粉末直接压片的优良辅料有:微晶纤维素、无水乳糖、喷雾干燥乳糖、可压性淀粉、甘露醇、山梨醇、磷酸氢钙二水合物、微粉硅胶等。对于非结晶型药物粉末,遇湿、热易分解失效时,可直接加入具有良好流动性和压缩成形性的赋形剂进行压片。如维生素C片,便是将维生素C粉末与羧甲基纤维素钠和少量润滑剂混合后,直接压成的片。随着GMP规范化管理的实施,简化工艺已成为制剂生产关注的热点之一。

全粉末直接压片时,不仅要考虑加入适宜的辅料,而且还要考虑在压片机的加料斗上安装电磁振荡器,以使药粉定量地填入模孔。刮粉器与模圈台面要紧密接合,防止漏粉。如果压片时粉尘飞扬,还需安装吸粉器回收药粉。

(四)半干式颗粒压片法

半干式颗粒压片法是将药物粉末和预先制好的辅料颗粒即不含药物的空白颗粒混合后进行压片的方法。该方法适用于对湿热敏感及药物含量较小的药物片剂的制备。

四、片剂包衣

为了进一步保证压制片质量和便于服用,有些压制片还需要在其上面包一层物质,使片剂中的药物与外界隔离。这一层物质称为"衣"、"衣料",被包的压制片称为片心。包成的片剂称为包衣片。包衣工序始于我国早期的丸剂。

(一)包衣的目的

片剂的包衣主要有以下几种目的:

(1)增加药物的稳定性,因药片包衣后可防潮、避光、隔绝空气等。

(2)掩盖药物的不良气味,如苦味、腥味等。

(3)控制药物的释放部位,根据药物的性质和临床用药需求可做成胃溶片或肠溶片。如对胃有刺激作用的药物、能被胃酸或酶破坏的药物或必须在肠道中溶解吸收的药物均可包上肠溶衣制成肠溶片。

(4)控制药物的释放速度。用不同的包衣材料可使片剂达到缓、控释的目的。

(5)防止药物有配伍禁忌。把一些成分制成片心,个别成分作为包衣层包于片外,制成多层片。

(6)采用不同颜色包衣,可提高识别能力,也可提高外表美观。

(二)包衣的种类

1. 糖衣

(1)常用材料:包糖衣常用的材料有10%明胶液(或桃胶液)、70%~80%单糖浆、食用色素(苋菜红、柠檬黄、胭脂红、靛蓝)、滑石粉、虫蜡粉等。

(2)方法和工艺:主要方法和工艺为:片心──→包隔离层──→包粉衣层──→包糖衣层──→包有色糖衣层──→打光等。

2. 薄膜衣

(1)常用材料:薄膜衣常用的材料主要分为胃溶型、肠溶型和水不溶型3类。

①胃溶型:即在胃中溶解的一些高分子材料,适用于一般的片剂薄膜包衣,主要用于吸潮和

防止粉尘污染,如羟丙甲基纤维素(HPMC)、羟丙基纤维素(HPC)、丙烯酸树脂Ⅵ号、聚乙烯吡咯烷酮(PVP)等。

②肠溶型:即在肠中能溶解的一些高分子材料,如邻苯二甲酸醋酸纤维素(CAP)、邻苯二甲酸羟丙基甲基纤维素(HPMCP)、邻苯二甲酸聚乙烯醇酯(PVAP)、丙烯酸树脂等。

③水不溶型(缓释型):常用的有甲基丙烯酸酯共聚物和乙基纤维素(EC)。

在包衣材料中可加入增塑剂来改变高分子薄膜的物理机械性质,使其更具柔顺性。也可加入释放速度调节剂,如蔗糖、NaCl、表面活性剂、PEG等,使薄膜材料溶水后形成一个多孔膜作为扩散屏障。此外,加入固体物料可防止颗粒或片剂的粘连。如聚丙烯酸酯中加入滑石粉、硬脂酸镁;EC中加入胶态二氧化硅等。有时在包衣的过程中加入色料,主要是为了便于鉴别、防止假冒、满足产品美观及遮光等作用。

(2) 方法和工艺:为便于薄膜衣材料在片剂表面均匀分布,应用喷雾法加入。常用方法为滚转包衣法、悬浮包衣法等。

(三)包衣设备

常用的包衣设备主要有倾斜包衣锅、埋管包衣锅、高效水平包衣锅、转动包衣装置、流化包衣装置以及压制包衣装置等。

五、压片过程中可能出现的质量问题和解决方法

(一)松片

片剂的硬度不够,受压震动后出现松散成粉末的现象,称为松片。出现松片的原因和解决方法如下:

(1) 主要是由于黏合剂或润湿剂选择不当或用量不足;干颗粒质地较松且细粉较多;植物药材中含纤维太多,质地疏松造成。可尝试更换黏合剂或增加其用量;改进制粒工艺;制软材时多搅拌;干颗粒混合均匀等方法来解决。

(2) 颗粒中含水量不当。含水量太少的颗粒具有较大的弹性,压成的片剂硬度较差。含有结晶水的药物,在颗粒干燥时因失去了一部分结晶水,颗粒变得松脆,也易出现松片。可在干颗粒中喷入适量的浓度在 50%~60% 之间的乙醇,以恢复其适当的湿度,再混合均匀后压片。

(3) 压力过小引起的松片可适当提高压力来解决。

(4) 冲头长短不一,片剂所受压力不同,受压过小产生松片。为此,需调换冲头。

(5) 冲模中干颗粒充填量不足引起的松片,可设法调节下冲下降灵活性,使冲模中干颗粒填满。

物料的黏性较差、压片时压力不足是产生松片的主要原因。

(二)裂片

片剂受到震动或贮存时出现从片剂腰间裂开的现象,称为裂片。通常把片剂从顶部裂开或剥落的现象称为顶裂。

裂片的主要原因主要是:压力过大;黏合剂选择不当或用量不足;干颗粒中细粉过多或过粗、过细;冲头与冲模不符,或模圈中模孔中间大、两端小;干颗粒中含水量过少或失去结晶

水;压速过快等。为此,可通过采取相应的措施来解决。

(三) 黏冲

冲头或冲模上黏有细粉,导致片面不平有凹痕的现象,称为黏冲。

黏冲的主要原因有:干颗粒中含水量过多;操作环境湿度过高;含有引湿性易受潮的药物;润滑剂使用不当;冲头表面粗糙或有刻字,冲模表面粗糙;压片机异常发热等,可通过采取相应的措施来解决。

(四) 崩解迟缓

片剂的崩解时限超过《中国兽药典》2005年版规定标准的现象称为崩解迟缓。

崩解迟缓的主要原因及解决方法为:

(1) 由崩解剂选择不当或用量不足引起,可以通过更换崩解剂或增加崩解剂的用量来解决。

(2) 由黏合剂、滑润剂使用不当或用量过大引起,可通过更换黏合剂、润滑剂或减少其用量来解决。

(3) 由中草药浸膏黏性强引起,可通过在浸膏中增加适量药材粉末,混匀后制粒来解决。

(4) 由压片时压力大引起时,可通过将压力调节适度来解决。

(5) 贮存的影响。一般情况下,片剂经过贮存后崩解时间延长,延长的多少与选用的辅料如黏合剂的种类和数量等有关。

(五) 片重差异超限

片重差异超过《中国兽药典》2005年版规定限度的现象称为片重差异超限。片重差异超限的主要原因及其解决办法为:

(1) 由颗粒粗细悬殊、细粉过多引起,可通过筛去部分细粉,留待下批中加入来解决。

(2) 由颗粒流动性差引起,则通过干燥颗粒使其水分含量在5%以下(含结晶水药物除外),或酌情增加助流剂或抗黏结剂来解决。

(3) 由冲模长短不齐,粗细不等而引起,则通过应定期检查冲模,即时更换来解决。

(4) 压片机的填充方式及压片机上是否加有搅拌或振动装置等都会影响片重差异,另外带有复式冲或旋转式压片机的冲和模孔的精度也会影响片重差异。

(5) 颗粒的堆密度。在湿法制粒时,混合机内某个部位的软材有时受到反复挤压导致颗粒堆密度增大;或干颗粒粒径分布宽,压片时小颗粒沉于下层,使饲粉器中颗粒的堆密度不一致从而引起片重差异超限。

(六) 变色或色斑

变色或色斑是指片剂表面的颜色变化或出现色泽不一的斑点,导致片剂外观不符合要求的现象。

变色或色斑的主要原因及其解决办法为:

(1) 由混合不均匀引起,可延长混合时间并多翻动死角部位的药料使之均匀。

(2) 由颗粒过粗引起,可将其粉碎或重新整粒,并检查筛网是否破裂。

(3) 由压片机机油污染引起,可通过加强清洁卫生解决。

(七) 叠片

叠片是指两个片剂叠压在一起的现象。

叠片主要是由于出片调节器调节不当;上冲头黏片;加料斗故障;润滑剂用量不足;吸收剂

用量不足等引起的。为此，可通过重新调试出片调节器；补加适量润滑剂或吸收剂；检修加料斗；更换冲头等方法来解决。

(八) 卷边

冲头和模圈碰撞，使冲头卷边，致使片剂表面出现半圆形刻痕的现象，称为卷边。可通过更换冲头和重新调节压片机来解决。

(九) 溶出超限

片剂在规定时间内未能溶解出规定量药物的现象称为溶出超限。主要是由于片剂不崩解、颗粒过硬、药物的溶解度差等原因造成的，应根据实际情况解决。

(十) 片剂中药物含量不均匀

片剂中药物含量不均匀的原因及解决方法主要有：

(1) 由于制软材前混合时间不足使软材中药物不均匀或由于部分药品相对密度（比重）较大造成的，可适当延长混合时间或采用其他方法使之混合均匀；用量小和相对密度（比重）大的药物，事先应粉碎成极细粉末，混合时按等量递加混合法预混后再加入大搅拌机内进行混合。

(2) 水溶性药物成分在干燥时由于水分向外表扩散，被转移到颗粒外表面，即由于可溶性成分迁移造成的则应注意干燥时进行翻动。

六、片剂质量检查

应依照《中国兽药典》2005版附录中规定的标准进行片剂质量检查。

(一) 物理学检查

1. 外观检查 片剂外观应完整光洁，色泽均匀，不得有斑点、麻面、缺边、卷沿，每片厚薄应一致，并在规定的有效期内保持不变。具体方法是：一般取样品100片平铺于白底板上，置于75W光源下60cm处，在距片剂30cm处以肉眼观察30s。

2. 质量差异 《中国兽药典》2005版中规定片剂的质量差异限度见表6-1。

表6-1 片剂的质量差异限度

平均片重或标示片重	质量差异限度
0.30g以下	±7.5%
0.30～1.0g以下	±5.0%
1.0g及1.0g以上	±2.0%

检查方法：取供试品20片，精密称定总质量，求得平均片重后，再分别精密称定每片的质量，每片质量与平均质量相比较（凡无含量测定的片剂，每片质量应与标示片重相比较），按表6-1中的规定，超出质量差异限度的不得多于2片，并不得有1片超出限度1倍。

3. 硬度与脆碎度检查 硬度（hardness）与脆碎度（breakage，BK）是评价片剂压缩特性的一种方法。片剂应具备一定的硬度与脆碎度，以保证其在包装和运输中不破损或不破碎。

硬度虽然是片剂的重要质量标准，但迄今各国药典未规定其测定方法和标准。生产中常用的方法为：

(1) 硬度检查：取药片置中指和食指之间，以拇指用适当的力压向药片中心部位，如立即分成两半，则表示硬度不够。但在测试中要注意药片在中指和食指间的位置，以及拇指所加的压力大小。本方法在生产中最常用。

使用孟山都（Monsanto）硬度计、片剂四用测定仪中的硬度测定部分来检查。一般片剂应承受 19.62×10^4 Pa 以上的压强。

(2) 脆碎度检查：脆碎度反映片剂的抗磨损和抗震动能力，是片剂质量检查的重要项目，用片剂脆碎度检查仪检查。

检查方法为：片重为 0.65g 或以下者取若干片，使其总重约为 6.5g；片重大于 0.65g 者取 10 片。用吹风机吹去脱落的粉末，精密称重，置圆筒中，转动 100 次。取出，同法除去粉末，精密称重，减失质量不得过 1%，且不得检出断裂、龟裂及粉碎的片。

在进行片剂脆碎度检查时，脆碎度检查仪转鼓的转速为 (25 ± 1) r/min，转动 4min 共计 100 转。脆碎度计算公式为：

$$脆碎度 = (试验前片重 - 试验后片重)/试验前片重 \times 100\%$$

4. 崩解时限检查 崩解是指内服固体制剂在规定条件下全部崩解溶散或成碎粒，除不溶性包衣材料或破碎的胶囊壳外，应全部通过筛网。如有少量不能通过筛网，但已软化或轻质上漂且无硬心者，可做符合规定论。

凡规定检查溶出度、释放度或融变时限的制剂，不再进行崩解时限检查。

(1) 一般规定：①普通片剂在 15min 内应全部崩解；②糖衣片、浸膏片、薄膜片应在 30min 内全部崩解；③含有浸膏、树脂、油脂、糊化淀粉的片剂，有部分颗粒状物未通过筛网，但已软化或无硬性物质者，可认为符合规定；④肠溶衣片，先在酸性溶液中检查 2h，不得有裂缝、软化或崩解现象。取出洗净后，再放在 pH 为 6.8 的磷酸盐缓冲液中，在 1h 内全部崩解；⑤泡腾片则应在 5min 内全部崩解。

(2) 检查方法：片剂的崩解时限采用升降式崩解仪检查，其主要结构为一能升降的金属支架与下端镶有筛网的篮，并附有挡板，具体参见《中国兽药典》2005 年版附录。

检查时将吊篮通过上端的不锈钢轴悬挂于金属支架上，浸入 1 000mL 烧杯中，并调节吊篮位置使其下降时的筛网距烧杯底部 25mm，烧杯内盛有温度为 $(37\pm1)℃$ 的水，调节水位高度使吊篮上升时筛网在水面下 15mm 处。

除另有规定外，取供试品 6 片，分别置于上述吊篮的玻璃管中，启动崩解仪进行检查，各片均应在 15min 内全部崩解。

薄膜衣片，按上述装置与方法，先在盐酸溶液（9→1 000）中检查，应在 30min 内全部崩解。如有 1 片不能完全崩解，应另取 6 片复试，均应符合规定。

肠溶衣片，按上述装置与方法，先在盐酸溶液（9→1 000）中检查 2h，每片均不得有裂缝、崩解或软化现象；然后将吊篮取出，用少量水洗涤后，每管加入挡板一块，再按上述方法在磷酸盐缓冲液（pH6.8）中进行检查，1h 内全部崩解。如有 1 片不能完全崩解，应另取 6 片复试，均应符合规定。

泡腾片，取 1 片，置 250mL 烧杯中，烧杯内盛有 200mL 水，水温为 15~20℃，有许多气泡放出，当片剂或碎片周围的气体停止逸出时，片剂应溶解或分散在水中，无聚集的颗粒剩留。除另有规定外,同法检查 6 片,各片均应在 5min 内全部崩解。如有 1 片不能完全崩解,应另取 6 片复试,均应符合规定。

(二) 化学检查

1. **定性检查** 随机取样,按《中国兽药典》2005 年版规定的方法进行鉴别试验和杂质检查。

2. **含量测定** 随机取样 10～20 片,混合研细,精密称取一定量的样品,按照《中国兽药典》2005 年版规定的方法进行测定,并计算出主药含量,然后与标示量相比较,求得的含量百分率,应在允许的范围内。

3. **含量均匀度检查** 含量均匀度是指小剂量或单剂量的固体制剂、半固体制剂和非均相液体制剂的每片(个)含量符合标示量的程度。

检查方法:除另有规定外,取供试品 10 片(个),照各品种项下规定的方法,分别测定每片(个)以标示量为 100 的相对含量 X,求其平均值 $\overline{X}$ 和标准差 $S\left[S=\sqrt{\dfrac{\sum(X-\overline{X})^2}{n-1}}\right]$ 以及标示量与均值之差的绝对值 A ($A=|100-\overline{X}|$)。如 $A+1.80S\leqslant15.0$,则供试品的含量均匀度符合规定;若 $A+S>15.0$,则不符合规定;若 $A+1.80S>15.0$,且 $A+S\leqslant15.0$,则应另取 20 片(个)复试。根据初试、复试结果,计算 30 片(个)的均值差 $\overline{X}$、标准差 S 和标示量与均值的绝对值 A:如 $A+1.45S\leqslant15.0$,则供试品的含量均匀度符合规定;若 $A+1.45S>15.0$,则不符合规定。含量均匀度的限度应符合各品种项下的规定。

4. **溶出度、释放度检查** 溶出度是指药物从片剂、胶囊剂或颗粒剂等固体制剂在规定的条件下溶出的速度和程度;释放度是指药物从缓释制剂、控释制剂及肠溶制剂等在规定条件下释放的速度和程度。

检查方法可参见《中国兽药典》2005 年版附录中片剂的溶出度、释放度检查。

除另有规定外,片剂应进行质量差异、崩解时限的检查。凡规定检查溶出度、释放度的片剂,不再进行崩解时限检查。

七、片剂制备举例

例 1:复方磺胺甲基异噁唑片。

【处方】磺胺甲基异噁唑 (SMZ)　　　　400g
　　　　三甲氧苄氨嘧啶 (TMP)　　　　80g
　　　　干淀粉　　　　　　　　　　　　23g (4%)
　　　　10%淀粉浆　　　　　　　　　　24g
　　　　硬脂酸镁　　　　　　　　　　　3g (0.5%)

【制备】先将药物 SMZ 和 TMP 过 80 目筛,然后用淀粉浆制成软材后,用 14 目筛制湿颗粒,70～80℃烘干,整粒,加入干淀粉和硬脂酸镁,混匀,最后压制成 1 000 片。

【作用与用途】预防和治疗鸡球虫病、霍乱、仔猪白痢、兔球虫病、猪弓形虫病以及畜禽一般细菌性感染。

【注解】SMZ 和 TMP 为主药,淀粉浆为黏合剂,干淀粉为崩解剂,硬脂酸镁为润滑剂。

例2：复方乙酰水杨酸片。

【处方】乙酰水杨酸　　　　　　268g　对乙酰氨基酚（扑热息痛）　　136g
　　　　咖啡因　　　　　　　　33.4g　淀粉　　　　　　　　　　　266g
　　　　淀粉浆（15%～17%）　　85g　滑石粉　　　　　　　　　　25g（5%）
　　　　轻质液体石蜡　　　　　2.5g　酒石酸　　　　　　　　　　2.7g

【制备】将对乙酰氨基酚和咖啡因与1/3量的淀粉混匀后加淀粉浆制成软材，过14目或16目尼龙筛制湿颗粒，70℃干燥后过12目筛整粒，然后将此颗粒与乙酰水杨酸及酒石酸混匀，最后加淀粉与吸附有液体石蜡的滑石粉，共同混匀后再过12目筛，压片即可，共制1 000片。

【作用与用途】解热、镇痛、消炎、抗风湿。

【注解】处方中液体石蜡可使滑石粉更易于黏附于颗粒表面，在压片时不易脱落；酒石酸可防止乙酰水杨酸水解及产生副作用；高浓度淀粉浆可提高乙酰水杨酸的可压性。

例3：阿苯达唑片。

【处方】阿苯达唑　　　　　　25g
　　　　淀粉　　　　　　　　5.5g
　　　　磷酸氢钙　　　　　　8g
　　　　淀粉浆（10%）　　　适量
　　　　硬脂酸镁　　　　　　适量

【制备】将阿苯达唑、磷酸氢钙、淀粉混匀后加入热淀粉浆（或45%乙醇）适量，制成软材并过16目筛制成湿颗粒，80～85℃干燥后过14目筛整粒，加硬脂酸镁后混匀压制成一定规格的阿苯达唑片。

【作用与用途】广谱抗蠕虫药。

【制法】此为疏水性药物成方制剂，方中阿苯达唑具疏水性，在水中几乎不溶。热淀粉浆或乙醇作为润湿剂，淀粉浆为黏合剂，干淀粉为崩解剂，硬脂酸镁为润滑剂，磷酸氢钙为填充剂。

第二节　胶　囊　剂

一、概　述

（一）胶囊剂的概念和分类

1. **概念**　胶囊剂（capsule）是指将药物装于空的硬胶囊或软胶囊中所制成的固体制剂。填装的药物可为粉末、液体或半固体。

2. **分类**　胶囊剂分为硬胶囊剂、软胶囊剂（胶丸）和肠溶胶囊剂。

（1）硬胶囊剂（hard capsule）：是将药物粉末或药材细粉直接充填于空胶囊中，或者先将一定量的药物（药物粉末或提取物）加适宜的辅料（如稀释剂、助流剂、崩解剂等）制成均匀的粉末或颗粒，充填于空胶囊中制成。

（2）软胶囊剂（soft capsule）：是指一定量的液体药物直接被包封，或将固体药物溶解或分散在适宜的赋形剂中制成溶液、混悬液、乳状液或半固体状物，密封于球形或椭圆形的软质囊材中制成的制剂。

(3) 肠溶胶囊剂（enteric capsule）：是在胶囊外面涂上肠溶性材料或将肠溶性材料包衣的颗粒或微丸装入胶囊，不溶于胃液，但能在肠液中崩解或溶解而释放出胶囊中的药物。

如先将一种或多种药物制成不同时间释放的包衣颗粒或小丸，单独充填或混合均匀后充填于空心胶囊中，还可制成速释、缓释和控释胶囊剂。

(二) 胶囊剂的特点

胶囊剂具有以下特点：①掩盖药物的苦味及臭味，利于服用；②胃肠道中分散较快，生物利用度较高；③药物不受湿气和空气中氧、光线的作用，避免氧化、分解、吸潮、结块变质等现象发生，提高对光敏感或遇湿热不稳定药物如维生素、抗生素等的稳定性；④含油量高或液态的药物难以制成片剂时，可制成胶囊剂；⑤对服用剂量小、难溶于水、胃肠道内不易吸收的药物，溶于适当的油中，制成软胶囊剂，从而弥补其他固体剂型的不足。

二、硬胶囊剂制备

可选单纯药物（或药物辅料混合物）粉末或颗粒装填入空胶囊中制得。硬胶囊剂制备流程见图6-6。

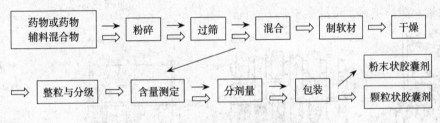

图6-6 硬胶囊剂的制备工艺流程图

胶囊剂的辅料见粉剂、片剂，粉碎、过筛、混合同粉剂，制粒和整粒过程同片剂、颗粒剂。

(一) 空胶囊的选用

空胶囊是由质硬而具有弹性的圆筒状囊帽和囊体两节紧密套合而成。通常有3种规格：透明（不含色素及二氧化钛）、半透明（含色素但不含二氧化钛）以及不透明（含二氧化钛）。制备空胶囊的主要材料是明胶，可适当加入少量附加剂，如羧甲基纤维素钠、羟丙纤维素、山梨醇或甘油等。为了增加美观、便于鉴别，可加入各种食用染料着色。对光敏感的药物，可加入遮光剂（如二氧化钛）制成不透光的空心胶囊。

目前，市售的空心胶囊有普通型和锁口型两类，相应的囊体、囊帽两部分套合方式也有平口与锁口两种。普通型胶囊由帽节和体节两部分组成，药物充填后，需用制备空心胶囊相同浓度的明胶液，在帽节和体节套合处封上一条胶液，烘干后即得。锁口型空心胶囊，囊帽和囊体有闭合用槽圈，药物填充后，囊体和囊帽会立即咬合锁口，套合后不易松开，药物不易泄漏，空气也不易在缝间流通，以保证硬胶囊剂在生产、运输和贮存过程中不易漏粉。

空胶囊的规格共8种，由大到小分为000、00、0、1、2、3、4、5号，0～3号常用。由于药物填充多用容积计量控制，而各种药物或辅料的密度、晶形、细度以及剂量不同，所占的体积亦不同，故必须选用适宜大小的空胶囊。一般通过试装或凭经验来确定。

（二）填充物料的制备和填充

1. 手工填充 一般少量制备，可用手工填充药物（图6-7）。将药物平铺在适当的平面上，其厚度为囊体高度的 1/3～1/4，捏取囊体，切口向下插进物料层，反复多次，直至装满整个囊体，套上囊帽即可。手工填充，生产效率低，装量差异较大，药尘飞扬严重。

2. 自动填充 大量硬胶囊剂生产，普遍采用自动填充机。确定药物剂量和胶囊型号以后，其充填量靠计量盘的粉面高度和冲杆压力进行调节。

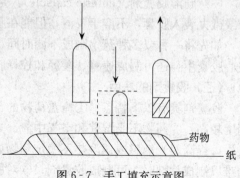

图6-7 手工填充示意图

填充机的样式、型号很多（图6-8），主要根据药物的物理性质进行选择：a、b型适用于具有良好流动性的药粉，如盐酸诺氟沙星等。c型适用于自由流动性的药物，如乙酰水杨酸与玉米淀粉的混合物。为改善其流动性，可加入2%以下的润滑剂，如乙二醇酯、聚硅酮、二氧化硅、硬脂酸、滑石粉、羟乙基纤维素、甲基纤维素及淀粉等。d型适用于聚集性较强的药物，通常为针状结晶或易潮解的药物，可加入黏合剂如矿物油、食用油或微晶纤维素等，先在填充管内将药物压成单位量，然后填充于空胶囊中。

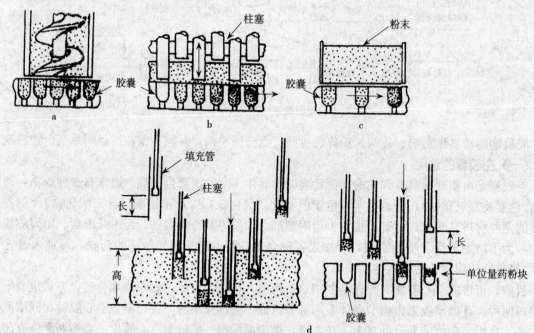

图6-8 硬胶囊剂药物填充机的类型
（引自毕殿洲，药剂学，第四版）
a. 由螺旋进料器压进药物　b. 用柱塞上下往复将药物压进　c. 药物自由进入
d. 先在填充管内将药物压成单位量药粉块后再填充于胶囊中

（三）胶囊的封口

药物填充进胶囊后,即可套合囊帽。目前多使用锁口型空胶囊,密闭性好,不必封口;如使用非锁口型空胶囊,为了防止泄漏,封口是一道重要工序。封口常用材料是与制备空胶囊相同浓度的明胶液(如明胶20%、水40%、乙醇40%),保持胶液50℃,在囊帽与囊体套合处封上一条胶液,烘干即得。也可用PVP(平均分子质量40 000u)2.5份、聚乙烯聚丙二醇共聚物0.1份、乙醇97.5份的混合液封口,其质量较明胶好。也可利用超声波进行胶囊封口。

使用锁口型空胶囊,药物填充后,体、帽套上后即咬合锁口,药物不易泄漏。

胶囊填充后,囊外往往附有药粉,应清洁和磨光。

三、软胶囊剂制备

软胶囊剂的制备有滴制法或压制法。生产软胶囊时,成型与填充药物是同时进行的。软质囊材由明胶、甘油或其他适宜的药用材料制成。软胶囊有球形(亦称胶丸)、椭圆形等多种形状。

(一)滴制法

利用明胶与油状药物为两相,通过滴制机(图6-9)的喷头使这两相按不同速度喷出,使一定量的明胶液将定量的油状液包裹后,滴入另一种不相混溶的冷却液中,明胶液在冷却液中因表面张力作用而形成球形,并逐渐凝固成软胶囊剂,如鱼肝油胶丸等。

影响滴制软胶囊质量的因素主要有胶液的组成与黏度。胶液组成以药胶:甘油:水=1:(0.3~0.4):(0.7~1.4)为宜,否则胶囊壳会过软或过硬。药液、胶液及冷却液三者密度应能保证软胶囊在冷却液中有一定的沉降速度,又有足够时间使之冷却成型。以鱼肝油软胶囊为例,液状石蜡冷却液的密度为0.86g/mL,药液密度为0.9g/mL,胶液密度为1.12g/mL。胶液、药液应保持在60℃,喷头处应为75~80℃,冷却液应为13~17℃,软胶囊干燥温度应为20~30℃,且配合鼓风的条件。

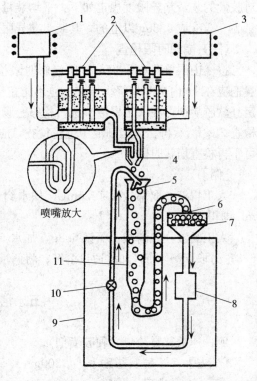

图6-9 滴制软胶囊示意图
1.药液贮槽 2.定量装置 3.明胶液贮槽 4.喷头 5.液体石蜡出口 6.胶丸出口 7.过滤器 8.液体石蜡贮箱 9.冷却箱 10.循环泵 11.冷却柱

(二)压制法

是用明胶与甘油、水等溶解后制成胶板(或胶带),再将药物置于两块胶板之间,用钢模压制成型。在连续生产时,可采用自动旋转轧囊机旋转模压法制备。

四、胶囊剂质量检查

胶囊剂的质量检查,除主药含量测定外,还应检查外观、装量差异、崩解时限和溶出度等。

(一) 外观检查

取胶囊 100 粒，平铺于白纸或白瓷盘上，于自然光亮处检视。胶囊剂应外观整洁，颜色均匀，大小一致，无斑点；胶囊应无粘连、变形、破裂、漏药等现象；内容物不应结块、霉变或有异臭等；软胶囊的气泡和畸形丸不得超过 5%。

(二) 装量差异检查

取胶囊 20 粒，分别精密称定质量后，倾出内容物（不得损失囊壳）。硬胶囊用小刷或其他适宜用具拭净，软胶囊用乙醚等易挥发性溶剂洗净，置通风处使溶剂自然挥发尽。分别精密称定囊壳质量，求出每粒内容物的装量与平均装量；每粒的装量与平均装量（或标示装量）相比较，超出装量差异限度的胶囊不得多于 2 粒，并不得有 1 粒超出限度的 1 倍。《中国兽药典》2005 年版对胶囊的装量差异限度规定如下：平均装量为 0.30g 以下的，其装量差异限度为 ±10%；平均装量为 0.30g 或 0.30g 以上的，其装量差异限度为 ±7.5%。

(三) 崩解时限检查

按《中国兽药典》2005 年版崩解时限检查法检查：硬胶囊剂应在 30min 内全部崩解；软胶囊剂应在 1h 内全部崩解。如有 1 粒不能完全崩解，应另取 6 粒，按上述方法复试，均应符合规定。软胶囊剂可在人工胃液中进行检查。肠溶胶囊剂的崩解时限，应先在 0.1mol/L 盐酸溶液中检查 2h，然后再在人工肠液中进行检查，应在 1h 内全部崩解。凡检查溶出度或释放度的胶囊剂可不再检查崩解时限。

[附]

人工胃液：取稀盐酸 16.4mL，加水约 800mL 与胃蛋白酶 10g，摇匀后，加水稀释至 1 000mL 即得。

人工肠液：取磷酸二氢钾 6.8g，加水 500mL 溶解，用 0.1mol/L 氢氧化钠溶液调节 pH 至 6.8；另取胰酶 10g，加水适量溶解；将两液混合后，加水稀释至 1 000mL 即得。

五、胶囊剂制备举例

例：速效感冒胶囊（硬胶囊剂）。

【处方】
对乙酰氨基酚	300g	维生素 C	100g
咖啡因	3g	胆汁粉	100g
扑尔敏	3g	10%淀粉浆	适量

【制备】将上述各药分别粉碎，过 80 目筛；将 10%淀粉浆分成 A、B、C 三份，A 加入食用胭脂红少量制成红糊，B 加入食用橘黄少量（不超过 10^{-4}）制成黄糊，C 不加入色素为白糊；将对乙酰氨基酚分为三份，一份与扑尔敏混匀后加入红糊，一份与胆汁粉、维生素 C 混匀后加入黄糊，一份与咖啡因混匀后加入白糊，分别加淀粉浆制成软材，过 14 目尼龙筛制湿颗粒，70℃干燥至水分 3% 以下；将上述三种颜色颗粒混匀，填入空胶囊中，即得。共制 1 000 粒。

【作用与用途】用于感冒的对症治疗。

【注解】为防止混合不均匀和填充不均匀，采用制粒的方法先制得流动性良好的颗粒，再进行填充；加入食用色素可使颗粒呈不同的颜色，如选用透明胶囊壳，可使制剂外观更好。

思 考 题

1. 片剂的特点是什么？片剂常用的辅料有哪些？各有什么作用？
2. 常用的片剂制备工艺有哪些？
3. 简述湿法制粒压片工艺。
4. 简述压片过程中常出现的质量问题及解决方法。
5. 如何制备硬胶囊剂？

第七章

半固体制剂及栓剂

第一节 概　　述

半固体制剂是指药物与适宜的基质混合制成均匀的、可供动物内服和外用的半固体形态制剂，主要包括软膏剂、乳膏剂、糊剂、凝胶剂和眼膏剂，栓剂在常温下为固体，因在动物腔道内的体温作用下，又可迅速软化，故在本章中介绍。

（一）半固体制剂的作用特点

本类制剂主要外用于动物体表皮肤、黏膜，发挥局部的抗菌、消炎、镇痛等治疗作用，如氧化锌软膏、醋酸氟轻松乳膏、吲哚美辛凝胶剂、四环素醋酸可的松眼膏等。眼膏剂在兽医上较少使用。

近年来，也有一些制剂已尝试应用于透皮吸收而发挥全身治疗作用，如恩诺沙星凝胶剂经皮给药以预防仔猪黄白痢。糊剂除可外用，也有供动物内服使用的，如经口给药治疗畜禽痢疾的中药糊剂。栓剂在动物腔道内可迅速软化熔融或溶解于分泌液中，逐渐释放药物而产生润滑、抗菌、消炎、杀虫、收敛、止痛、止痒等局部治疗作用，兽医临床常用阴道栓、肛门栓、乳房栓等。尤其是阴道药栓，在母畜特别是奶牛阴道疾病治疗中有重要价值。为了适应兽医临床治疗的需要或不同性质药物的要求，发挥解热、镇痛、镇静、兴奋、扩张血管等全身治疗作用的双层栓、中空栓、泡腾栓、凝胶缓释栓也将受到重视。

（二）半固体制剂的质量要求

半固体制剂的制备特点是多需熔化和研匀过程，根据《中国兽药典》要求，各制剂在生产和贮藏期间均应符合下列有关规定：

（1）根据各剂型的特点、药物性质、制剂的疗效和产品的稳定性选用基质，各种基质均应无刺激性、无毒性、无过敏性。外用软膏剂、乳膏剂、糊剂、凝胶剂、眼膏剂基质应均匀、细腻，且眼膏剂基质应过滤并灭菌，不溶性药物应预先制成极细粉；栓剂基质在室温时应有适宜的硬度，塞入腔道时不致变形或碎裂，在体温下易软化、熔化或溶解。

（2）在外观上，软膏剂、乳膏剂应具有适当的黏稠度，糊剂稠度一般不大。但均应易涂布于皮肤或黏膜上，不熔化，稠度随季节变化应很小。无酸败、异臭、变色、变硬。乳膏剂不得有油水分离及胀气现象；凝胶剂在常温时保持凝胶状，不干涸或液化；栓剂可根据腔道和使用需要制成适宜的形状，外形完整光滑，贮藏时稳定，需要有一定的硬度和韧性，使用时必须坚实以便塞入腔道。

（3）软膏剂、乳膏剂根据需要可加入保湿剂、防腐剂、增稠剂、抗氧剂及透皮促进剂等；供眼部手术、伤口、角膜穿通伤用的眼膏剂应无菌，均不应加抑菌剂或抗氧剂或不适当的缓冲剂，且应包装于无菌容器内供一次性使用；水性凝胶剂润滑作用差，易失水和霉变，需添加保护剂和防腐剂，且用量较大；栓剂必要时可加入表面活性剂使药物易于释放和被机体吸收。

（4）各种制剂均应避光、密闭贮存，并且乳膏剂宜置25℃以下贮存，不得冷冻；凝胶剂也应防冻；栓剂应置于30℃以下贮存，防止受热、受潮而变形、发霉、变质。

第二节 软 膏 剂

软膏剂（ointment）是指药物与油脂性或水溶性基质混合制成的均匀的半固体外用制剂。

因药物在基质中分散状态不同，有溶液型软膏和混悬型软膏之分。溶液型软膏为药物溶解（或共熔）于基质或基质组分中制成的软膏剂；混悬型软膏为药物细粉均匀分散于基质中制成的软膏剂。

软膏剂一般具有保护皮肤和收敛、防腐等局部作用，有的兽用软膏剂（如鱼石脂软膏）也可作为外用的局部刺激药。近年来，以脂质体和传递体（transfersome）为载体的局部外用制剂的研制也得到了广泛关注，其具有加强药物进入角质层和增加药物在皮肤局部累积的作用，还可形成持续释放。新基质和新型高效皮肤渗透促进剂的出现促进了新制剂的发展，提高了软膏剂的疗效。

良好的软膏剂应均匀、细腻；有适当的黏稠性，易涂布于皮肤或黏膜等部位而不熔化；性质稳定，应无酸败、变质等现象，且能保持药物的固有疗效；无不良刺激性，用于创面的软膏还应无菌。

一、软膏剂常用基质

软膏剂由药物和基质两部分组成。基质（bases）作为软膏剂的赋形剂和药物载体，是软膏剂形成和发挥药效的重要组成部分。软膏剂的基质应具备下列质量要求：①具有适当稠度，润滑、无刺激性；②性质稳定，能与多种药物配伍，不发生配伍禁忌；③不妨碍皮肤的正常功能，有利于药物的释放吸收；④有吸水性，能吸收伤口分泌物。实际应用中，没有一种基质能完全符合上述要求，应根据临床治疗用途及皮肤的生理病理状况，使用混合基质或添加附加剂，以保证制剂的质量。

软膏剂常用的基质有油脂性基质和水溶性基质两类。

（一）油脂性基质

油脂性基质是指烃类、类脂及动植物油脂等，其共同特点是滑润，无刺激性，对皮肤有保护、软化作用，能与较多的药物配合，细菌不易生长，但油腻性及疏水性大，不易与水性液体混合，也不易用水洗除。

1. 烃类基质 烃类基质是从石油中得到的高级烃的混合物，其中大部分属饱和烃。

（1）凡士林（vaselin）：又称软石蜡，是液体烃类与固体烃类的半固体混合物，有黄、白两种，后者是漂白而得。本品无臭味，熔程为38~60℃，性质稳定，不会酸败，无刺激性，能与多种药物配伍，特别适于作为遇水不稳定的药物（如抗生素等）的基质。

凡士林有适宜的黏稠性和涂展性，可单独用作软膏基质。由于凡士林油感性大而吸水性差，涂在皮肤上能形成封闭性油膜，可以保护皮肤和损伤面，并能减少皮肤水分的蒸发，促进皮肤水合作用，使皮肤柔润，防止干裂或软化痂皮。但这种封闭性油膜也妨碍水性分泌物的排出和热的发散，故不适用于急性而且有多量渗出液的患处。凡士林仅能吸收约5%的水分，不能与较大量的水性溶液混合均匀，若在其中加入适量的羊毛脂或鲸蜡醇等可增加其吸水性能，例如在凡士林中加入15%羊毛脂可吸收水分达50%。

(2) 固体石蜡（paraffin）：为各种固体烃的混合物，熔程为50~65℃，用于调节软膏的稠度。石蜡与其他基质融合后不会单独析出，故较优于蜂蜡。

(3) 液状石蜡（liquid paraffin）：为各种液体烃的混合物，能与多数脂肪油或挥发油混合，主要用于调节软膏的稠度或用以研磨药物粉末以利于与基质混匀。

2. 油脂类基质 油脂类基质多来源于动、植物的高级脂肪酸甘油酯及其混合物。在贮存过程中易受温度、光线、氧气等影响而引起分解、氧化和酸败，可酌加抗氧剂改善。

植物油常与熔点较高的蜡类熔合而得到适宜稠度的基质，如以花生油或棉子油670g与蜂蜡330g加热熔合而成"单软膏"。植物油长期贮存也可酸败，需注意预防。氢化植物油是植物油在催化作用下加氢而成的饱和或部分饱和的脂肪酸甘油酯，较植物油稳定，不易酸败，亦可作为软膏基质。完全氢化的植物油呈蜡状固体，熔程为34~41℃。豚脂等动物油脂已很少应用。

3. 类脂 类脂多为高级脂肪酸与高级醇化合而成的酯，其物理性质与脂肪有相似之处。

(1) 羊毛脂（wool fat）：淡棕黄色黏稠半固体，熔程为36~42℃，主要成分是胆固醇类的棕榈酸酯及游离的胆固醇类，吸水性强，可吸收其质量约2倍的水并形成W/O型乳剂。羊毛脂性质接近皮脂，利于药物透入皮肤，但过于黏稠，不宜单独用作基质，常与凡士林合用，并可改善凡士林的吸水性。含有30%水分的羊毛脂称含水羊毛脂，其黏性低，便于应用。

羊毛脂经皂化后分离而得的胆固醇与其他固醇的混合物称羊毛醇，如经进一步分离可得纯净的W/O型乳化剂胆固醇。凡士林中加入胆固醇或羊毛醇时可吸收更多的水。

(2) 蜂蜡（beeswax）和鲸蜡（spermaceti）：蜂蜡有黄、白之分，后者由前者精制而得。蜂蜡熔程为62~67℃，其主要成分为棕榈酸蜂蜡醇脂，并含少量的游离醇及游离酸。鲸蜡主要成分为棕榈酸鲸蜡醇脂及少量游离醇类；熔程为42~50℃。蜂蜡和鲸蜡一般用于增加基质的稠度，且有较弱的吸水性，吸水后可形成粗的W/O型乳剂。

4. 硅酮（silicones） 是有机硅氧化物的聚合物，主要含直链二甲基硅氧烷。外观似油性半固体，俗称硅油，疏水性强，故包括在油脂性基质中。药剂中常用二甲聚硅与甲苯聚硅。本品中加入薄膜形成剂，如聚乙烯吡咯烷酮（PVP）、聚乙烯醇（PVA）及纤维素衍生物等，可增强其防护性。本品对皮肤无毒性和刺激性，滑润而易于涂布，不妨碍皮肤的正常功能，是较理想的疏水性基质。常与油脂性基质合用制成防护性软膏，用于防止水性物质及酸、碱液等的刺激或腐蚀，也可制成乳膏剂的基质应用。硅油对药物的释放和穿透皮肤性能较豚脂、羊毛脂及凡士林快，但成本较高。本品对眼有刺激性，不宜作为眼膏剂的基质。

（二）水溶性基质

水溶性基质是由天然或合成的高分子水溶性物质所组成，如甘油明胶、淀粉甘油、纤维素衍生物及聚乙二醇等。本类基质能与水溶液混合并能吸收组织渗出液，一般释放药物较快、无油腻性，易涂展，对皮肤及黏膜无刺激性，多用于湿润、溃烂的创面，有利于分泌物的排除；也常用作腔道黏膜或防油保护性软膏的基质。缺点是滑润作用较差，有些基质中的水分容易蒸发而使稠度改变，需加保湿剂及防腐剂。

1. **甘油明胶**　由明胶、甘油及水加热制成。一般明胶用量1%～3%，甘油10%～30%。本品温热后易涂布，涂后能形成一层保护膜。
2. **淀粉甘油**　一般由淀粉10%、甘油70%及水加热制成，应酌加防腐剂。
3. **纤维素衍生物**　为天然胶的合成代用品，常用的有甲基纤维素及羧甲基纤维素钠两种。前者溶于冷水，后者冷、热水中均溶，浓度较高时呈凝胶。羧甲基纤维素钠是阴离子型化合物，遇酸及汞、铁、锌等重金属离子可生成不溶性物。

例：含纤维素类的水溶性基质。

【处方】羧甲基纤维素钠　　　60g
　　　　三氯叔丁醇　　　　　1g
　　　　甘油　　　　　　　　150g
　　　　纯化水　　　　　　　加至1 000g

【制法】先取甘油与羧甲基纤维素钠研匀，加适量的热纯化水，放置使之溶解，再加入三氯叔丁醇水溶液及纯化水至所需量。

4. **聚乙二醇类**（PEG）　为高分子聚合物，药剂中常用的平均分子质量在300～6 000u之间，通常在名称后附有分子质量数值，以表明品种。此类聚合物随分子质量的增大而由液体逐渐过渡到蜡状固体。实践中多用不同分子质量的聚乙二醇以适当比例配合制成稠度适宜的基质。此类基质易溶于水，能与渗出液混合并易于洗除，化学性质较稳定，也不易霉败。但对皮肤的滑润、保护作用较差，长期应用可引起皮肤干燥。应注意本品可与一些药物（如苯甲酸、水杨酸、鞣酸、苯酚等）络合，能导致基质过度软化，并能降低酚类防腐剂的活性。

例：聚乙二醇类的水溶性基质。

【处方】（1）聚乙二醇4 000　　　400g
　　　　　　聚乙二醇400　　　　600g
　　　　　　共制1 000g
　　　　（2）聚乙二醇4 000　　　500g
　　　　　　聚乙二醇400　　　　500g
　　　　　　共制1 000g

【制法】称取两种成分，在水浴上加热至65℃，搅拌均匀至凝成软膏状。

【注解】聚乙二醇4 000为蜡状固体，溶程为54～58℃，聚乙二醇400为黏稠液体，两种成分用量比例不同可调节软膏的稠度，以适应不同气候和季节的需要。由于该基质水溶性大，与水溶液配合易引起稠度的改变，如需与6%～25%的水溶液配合的，可取50g硬脂醇代替等量的聚乙二醇4 000。

二、软膏剂的附加剂

软膏剂常可根据需要加入保湿剂、防腐剂、增稠剂、抗氧剂及透皮促进剂等附加剂，其中最主要的是抗氧剂和防腐剂。

1. 抗氧剂 在软膏剂的贮藏过程中,微量的氧就会使某些活性成分氧化而变质。因此,常加入一些抗氧剂来保护软膏剂的化学稳定性。常用的抗氧剂分为三种:

(1) 油溶性抗氧剂:如维生素E、没食子酸烷酯、丁羟基茴香醚(BHA)和丁羟基甲苯(BHT)等。

(2) 水溶性抗氧剂:如抗坏血酸、异抗坏血酸和亚硫酸盐等。

(3) 抗氧剂的辅助剂:通常为螯合剂,本身抗氧效果较小,但可通过优先与金属离子反应(因重金属在氧化中起催化作用),从而加强抗氧剂的作用。主要有枸橼酸、酒石酸和乙二胺四乙酸(EDTA)等。

2. 防腐剂 软膏剂的基质中通常有水性、油性物质,甚至蛋白质,这些基质易受细菌和真菌的侵袭,微生物的滋生不仅可以污染制剂,而且有潜在毒性。所以,应保证在制剂及应用器械中不含有致病菌,例如假单孢菌、沙门菌、大肠杆菌、金黄色葡萄球菌。对于破损及炎症皮肤,局部外用制剂不含微生物尤为重要。对防腐剂的要求是:①与处方中组成物无配伍禁忌;②防腐剂要有热稳定性;③在较长的贮藏时间及使用环境中稳定;④对皮肤组织无刺激性、毒性、过敏性。常用的抑菌剂见表7-1。

表7-1 软膏剂中常用的防腐剂

(引自崔福德,药剂学,2003)

种类	举例	使用浓度(%)
醇	乙醇,异丙醇,氯丁醇,三氯甲基叔丁醇,苯基-对-氯苯丙二醇,苯氧乙醇,溴硝基丙二醇(bronopol)	7
酸	苯甲酸,脱氢乙酸,丙酸,山梨酸,肉桂酸	0.1~0.2
芳香酸	茴香醚,香茅醛,丁子香粉,香兰酸酯	0.001~0.002
酚	苯酚,苯甲酚,麝香草酚,卤化衍生物(如对氯邻甲苯酚,对氯-间二甲酚),煤酚,氯代百里酚,水杨酸	0.1~0.2
酯	对羟基苯甲酸(乙酸、丙酸、丁酸)酯	0.01~0.5
季铵盐	苯扎氯铵,溴化烷基三甲基铵	0.002~0.01
其他	葡萄糖酸洗必泰	0.002~0.01

三、软膏剂制备

软膏剂一般采用研和法及熔和法制备。制备方法的选择需根据药物和基质的性质、用量及设备条件而定。

1. 基质的处理 油脂性基质中若混有机械性异物需加热熔融,用细布或120目钢丝筛网趁热过滤,加热至150℃约1h灭菌并除去水分。忌用直火加热以防起火,多用蒸汽加热,夹层中蒸汽压强应达到约4.9×10^5Pa($5 kgf/cm^2$)(150℃左右)。

2. 药物加入的一般方法 为了减少软膏在病患部位的刺激性,制剂必须均匀细腻,且药物粒子要细,以利于发挥药效。因此,制备时常按下法处理:

(1) 可溶于基质中的药物,宜溶解在基质的组分中,制成溶液型软膏。

(2) 不溶性药物应预先用适宜方法制成细粉,并通过6号筛。取药粉先与少量基质或液体成分（如液状石蜡、植物油、甘油等）研匀成糊状，再与其余基质研匀。

（3）少量的水溶性药物（如生物碱盐、蛋白银、碘化钾、硫酸铜等），应先加少量水溶解，再用羊毛脂或其他吸水性基质混匀，然后与其余基质混合。但遇水不稳定的药物则不宜用水溶解。

（4）半固体黏稠性药物（如鱼石脂）中某些极性成分不易与凡士林混匀，可先加等量蓖麻油或羊毛脂混匀，再加入基质中。煤焦油可加少量吐温促使其与基质混匀。中草药煎剂、流浸膏等可先浓缩至糖浆状，再与基质混合。固体浸膏可加少量溶剂如水、稀醇等使之软化或研成糊状，再与基质混匀。

（5）樟脑、薄荷脑、麝香草酚等挥发性共熔成分共存时，可先研磨至共熔后再与基质混匀；单独使用时可用少量适宜溶媒溶解，再加入基质中研匀；或溶于约 40℃ 的熔融油脂性基质中，基质温度不可过高，以免药物挥发损失。

3. 制备方法及设备

（1）研和法：先取药物与部分基质或适宜液体研磨成细腻糊状，再递加其余基质研匀，至取少许涂布于手背上无颗粒感为止。小量生产可用软膏板、软膏刀调制法和研钵、杵棒研磨法（适用于液体与基质的混合）制备。大量生产时可用电动研钵进行，但生产效率较低，不如熔和法方便和节省动力。

（2）熔和法：利用蒸发皿或软膏锅进行，特别适用于蜡、固体醇类等需经熔融而成流动性成分的混合。在熔融过程中一般先加入熔点高的物质熔化，再加熔点较低的药物，最后加入液体成分，并不断搅拌，使成品均匀光滑。大量制备可用电动搅拌混合机混合，并可通过齿轮泵循环数次即可混匀。

含不溶性药物粉末的软膏可通过研磨机进一步研磨使其更细腻、均匀。常用的有三滚筒软膏研磨机等。

（3）中药软膏的制法有三种情况：①有些药物可直接用植物油加热浸取，滤取油浸液再与基质混合；②药材干燥、粉碎成细粉后与基质混合；③制成浸出制剂再与基质混合。

四、软膏剂质量检查

除另有规定外，软膏剂应进行以下质量检查：

1. **粒度检查** 除另有规定外，混悬型软膏剂取适量的供试品，涂成薄层，薄层面积相当于盖玻片面积，共涂 3 片，照《中国兽药典》粒度和粒度分布测定法检查，均不得检出粒径大于 $180\mu m$ 的粒子。
2. **装量检查** 照《中国兽药典》最低装量检查法检查，应符合规定。
3. **无菌检查** 用于烧伤或严重创伤的软膏剂，根据《中国兽药典》的规定应符合无菌要求。
4. **微生物限度检查** 照《中国兽药典》微生物限度检查法检查，应符合规定。

五、软膏剂制备举例

例 1：杆菌肽软膏。

【处方】杆菌肽　　　　　50万IU
　　　　液状石蜡　　　　65g
　　　　凡士林　　　　　适量

【制法】取杆菌肽置灭菌研钵中，加入预先用150℃干热灭菌1h并放冷的凡士林和液状石蜡中混合，共制1 000g，再分装于灭菌的软锡管中，即得。

【作用与用途】多肽类抗生素软膏。用于敏感菌引起的皮肤、伤口感染和口腔、眼部感染等。

例2：氧化锌软膏。

【处方】氧化锌（100目粉）　　150g
　　　　凡士林　　　　　　　　适量

【制法】取氧化锌预先过筛，分次加入熔融的凡士林中，研至均匀细腻，直至冷凝。

【作用与用途】本品有保护、吸湿、收敛等作用，常用于皮疹及创伤等。

【注解】本品含粉末量占50%，故需用熔和法以便于混匀，天冷时可酌加少量液状石蜡以调节稠度。

第三节　乳膏剂

乳膏剂（cream）是指药物溶解或分散于乳状液型基质中制成的均匀的半固体外用制剂，即用乳剂型基质制成的软膏剂。

乳膏剂由于基质不同，可分为水包油型（O/W）乳膏剂和油包水型（W/O）乳膏剂。乳膏剂中药物的释放穿透性较好，能吸收创面渗出液，较软膏剂易涂布，对皮肤有保护作用，可用于亚急性、慢性、无渗出的皮肤疾病和皮肤瘙痒症，忌用于溃疡、糜烂、水疱及化脓性创面。

一、乳膏剂常用基质

乳膏剂基质是由水相、油相借乳化剂的作用在一定温度下乳化而成的半固体基质，可分为O/W型与W/O型两类，但所用油相物质为半固体或固体，故形成半固体状态的乳剂型基质。O/W型乳剂基质水为外相，无油腻性，易用水洗除。W/O型基质较不含水的油脂性基质容易抹布，油腻性小，且水分从皮肤表面蒸发时有和缓的冷却作用。乳膏剂基质对油和水均有一定亲和力，可与创面渗出物或分泌物混合，对皮肤的正常功能影响小。

乳膏剂基质由于乳化剂的表面活性作用，可促进药物与表皮的接触。一般O/W型乳剂基质中药物的释放和穿透皮肤要较其他基质快；但另一方面，O/W型乳剂基质软膏当用于分泌物较多的皮肤病如湿润性湿疹时，可与被吸收的分泌物一同进入皮肤而使炎症恶化（反向吸收），故需注意适应症的选择。

O/W型基质的外相含多量的水，在贮存过程中可能霉坏，常需加入防腐剂；又因水分也易蒸发失散而使乳膏变硬，常加入甘油、丙二醇、山梨醇等保湿剂，一般用量为5%～20%。遇水不稳定的药物（如金霉素、四环素等）不宜制备成乳膏剂。

乳膏剂基质常用的乳化剂及稳定剂有以下几类：

1. O/W 型乳化剂

(1) 一价皂：是用钠、钾、铵的氢氧化物及硼酸盐、碳酸盐或三乙醇胺等有机碱与脂肪酸（如硬脂酸或油酸）相互作用生成的新生皂为乳化剂，与水相、油相混合后形成 O/W 型基质。一般认为皂类的乳化能力随脂肪酸中碳原子数 12 到 18 而递增，但在 18 以上这种性能又降低，故硬脂酸是最常用的脂肪酸，其用量为基质总量的 10%～25%，但硬脂酸的用量中仅一部分（15%～25%）与碱反应成肥皂。未皂化的硬脂酸被乳化分散成小粒形成分散相，并可增加基质的稠度。用硬脂酸制得的 O/W 型基质用于皮肤无油腻感，水分蒸发后留有一层硬脂酸薄膜而有保护作用。但单用硬脂酸为油相制成的乳膏剂基质滑润作用较小，通常加入适当的油脂性基质（如凡士林、液状石蜡等）加以调节。

此类基质的缺点是：易被酸、碱、钙离子、镁离子或电解质等破坏；制备的水宜用纯化水或离子交换水；制成的软膏在 pH5～6 以下时不稳定。

例：一价皂类乳化剂基质。

【处方】
硬脂酸	120g	羊毛脂	50g
单硬脂酸甘油酯	35g	凡士林	10g
三乙醇胺	4g	液状石蜡	60g
纯化水	加至 1 000g		

【注解】处方中三乙醇胺与部分硬脂酸形成 O/W 型乳化剂。三乙醇胺皂的碱性较弱，适于药用制剂。单硬脂酸甘油酯能增加油相的吸水能力，在 O/W 型基质中是有效的乳剂稳定剂。

(2) 脂肪醇硫酸酯与高级脂肪醇类：脂肪醇硫酸酯常用十二烷基硫酸（酯）钠，又称月桂醇硫酸（酯）钠（sodium lauryl sulfate），水溶液呈中性，对皮肤刺激性小，在广泛的 pH 范围内稳定，不受硬水影响，能与肥皂、碱类、钙离子、镁离子配伍，但可与阳离子表面活性剂作用形成沉淀并失效。高级脂肪醇常用的有十六醇（鲸蜡醇）（cetyl alcohol）及十八醇（硬脂醇）（stearyl alcohol），前者熔程为 45～50℃，后者熔程为 56～60℃，均不溶于水，但有一定的吸水能力，加适量于油脂性基质中可增加其吸水性，吸水后形成 W/O 型基质。十八醇与十六醇用于 O/W 型基质的油相中，也可以增加乳剂的稳定性和稠度。

例：脂肪醇硫酸酯与高级脂肪醇类乳化剂基质。

【处方】
硬脂醇	220g	白凡士林	250g
月桂醇硫酸酯钠	15g	丙二醇（或甘油）	120g
尼泊金乙酯	1g	尼泊金丙酯	0.15g
纯化水	加至 1 000g		

【制法】取硬脂醇、白凡士林在水浴中熔化，加热至 70～80℃，将十二烷基硫酸钠、丙二醇、尼泊金乙酯、尼泊金丙酯、纯化水加热至 70～80℃，将水相加至同温度的油相中，搅拌至冷凝。

【注解】处方中月桂醇硫酸酯钠为主要乳化剂，并形成 O/W 型乳剂基质。硬脂醇既是油相，又起辅助乳化及稳定的作用，并可增加基质的稠度。丙二醇为保湿剂，并有助于防腐剂尼泊金酯类的溶解。

(3) 聚山梨酯类（吐温）：为 O/W 型非离子型表面活性剂，对黏膜和皮肤刺激性小，并能与酸性药物或电解质配伍。但吐温能与某些酚类、羧酸类药物（如间苯二酚、麝香草酚、水杨酸、鞣酸等）作用而易使乳剂破坏，故一般宜与其他乳化剂（如司盘类、月桂醇硫酸酯钠）或增稠剂合用，以调整制品的亲水亲油平衡值（HLB）并使之稳定。吐温类也易与某些防腐剂（如尼泊金酯类、洁尔灭、苯甲酸、山梨酸等）络合而使之部分失活，可多加适量防腐剂以补充之。

例：聚山梨酯类乳化剂基质。

【处方】
白凡士林	20g	硬脂酸	150g
单硬脂酸甘油酯	85g	吐温80	30g
甘油	75g	防腐剂	适量
纯化水	加至1 000g		

【注解】此O/W型乳剂基质用于配制10%盐酸甲磺灭脓软膏。因药物呈酸性，用一价金属皂制成的乳剂基质配制不稳定，而用吐温80制成的基质则稳定。

（4）聚氧乙烯醚类：

①平平加O：为脂肪醇聚氧乙烯醚类，是非离子型O/W型乳化剂。本品在冷水中溶解度比热水中大，溶液pH6~7，对皮肤无刺激性，HLB值为16.5，有良好的乳化、分散性能。性质稳定，耐酸、碱、硬水、耐热、耐金属盐，其用量一般为油相质量的5%~10%（一般搅拌）或2%~5%（高速搅拌）。本品与羟基或羧基化合物可形成络合物，可使形成的乳剂型基质破坏，故不宜与苯酚、间苯二酚、麝香草酚、水杨酸等配伍。

②乳化剂OP：亦为非离子型O/W乳化剂，可溶于水，HLB值为14.5，其用量一般为油相总量的2%~10%。本品耐酸、碱、还原剂及氧化剂，对盐类亦很稳定，但水溶液中如有大量金属离子（如铁、锌、铝、铜、铬等）时，其表面活性降低。

③柔软剂SG：为硬脂酸聚氧乙烯酯，属非离子型O/W型乳化剂，可溶于水，因HLB值为10，pH接近中性，渗透性大，常与平平加O等混合应用。

2. W/O型乳化剂

（1）多价皂：由二、三价金属（如钙、镁、锌、铝）的氧化物与硬脂酸作用形成的多价皂，因其在水中溶解度小，HLB值低于6，为W/O型乳化剂。如硬脂酸钙、硬脂酸镁等，在我国均有生产，其制法简便，原料易得，但耐酸性差。

（2）单硬脂酸甘油酯（glyceryl monostearate）：本品是单与双硬脂酸甘油酯的混合物，为白色蜡状固体，熔点不低于55℃，可溶于热乙醇、液状石蜡及脂肪油中。本品乳化能力弱，是W/O型辅助乳化剂，常用作乳膏剂基质的稳定剂或增稠剂，并使产品滑润，用量为3%~15%。本品与少量一价皂或月桂醇硫酸酯钠等合用，可得O/W型乳膏剂基质。

例：单硬脂酸甘油酯类乳化剂基质。

【处方】
硬脂酸	12.5g	单硬脂酸甘油酯	17.0g
蜂蜡	5.0g	石蜡	75g
液状石蜡	410.0g	白凡士林	67.7g
双硬脂酸铝	10.0g	氢氧化钙	1.0g
尼泊金乙酯	1.0g	纯化水	加至1 000g

【制法】取单硬脂酸甘油酯、蜂蜡、石蜡在水浴上加热熔化,再加入液状石蜡、白凡士林、双硬脂酸铝,加热至85℃。另取氢氧化钙、尼泊金乙酯溶于纯化水中,加热至85℃,逐渐加入油相中,边加边搅拌,直至冷凝。

【注解】处方中的双硬脂酸铝及氢氧化钙与硬脂酸作用形成的钙皂为O/W型乳化剂,水相中的氢氧化钙呈过饱和态,应取上清液加至油相中。

(3) 脂肪酸山梨坦类(spans):为脱水山梨醇脂肪酸酯类,W/O型非离子型表面活性剂,HLB值为4.3~8.6。

例:脂肪酸山梨坦类乳化剂基质。

【处方】 白凡士林　　　　　400g　　　　硬脂醇　　　　　180g
　　　　油酸山梨醇酯　　　 5g　　　　 尼泊金乙酯　　　1g
　　　　尼泊金丙酯　　　　 1g　　　　 纯化水　　　　　加至1 000g

【制法】取白凡士林、硬脂醇、油酸山梨醇酯及尼泊金丙酯置蒸发皿中,在水浴上加热至75℃熔化,保温备用。另取尼泊金乙酯置烧杯中,加入适量纯化水(与其他各药共制基质1 000g),加热至80℃,待尼泊金乙酯溶解后,趁热加至上述油相中,不断搅拌至冷凝。

【注解】本品为W/O型乳化剂基质,透皮性良好,涂展性亦佳,可吸收少量分泌液。

(4) 蜂蜡、胆甾醇、硬脂醇等弱W/O乳化剂:

例:蜂蜡、胆甾醇、硬脂醇等弱W/O乳化剂基质。

【处方】 蜂蜡　　　　　30g
　　　　胆甾醇　　　　30g
　　　　硬脂醇　　　　30g
　　　　白凡士林　　　加至1 000g

【制法】将以上4种基质在水浴上加热熔化,混匀,搅拌至冷凝。

【注解】本品为吸水性乳膏"亲水凡士林",加等量水后仍稠度适中。与药物水溶液配伍,成为W/O型乳膏剂,可吸收分泌液。遇水不稳定的药物制成乳膏剂时可用此基质。

二、乳膏剂制备

乳膏剂可采用乳化法制备,即将油溶性物质(如油脂性基质与硬脂酸、高级脂肪醇、单硬脂酸甘油酯等)加热至80℃左右熔化;另将水溶性成分(如硼砂、氢氧化钠、三乙醇胺、月桂醇硫酸酯钠及保湿剂、防腐剂等)溶于水,加热至较油相温度略高时(防止油相中的组分过早析出或凝结),将水溶液逐渐加入油相中,边加边搅,待乳化完全,搅拌至冷凝。大量生产可用有旋转型热交换器的连续式乳膏剂制造装置,进行减压乳化并进一步冷却、混合、分散、挤压成均匀细腻的产品。乳化法中水、油两相的混合有3种方法:

(1) 两相同时掺和:适用于连续或大批量的操作,需输送泵、连续混合装置等设备。

(2) 分散相加到连续相中:适用于含小体积分散相的乳剂系统。

(3) 连续相加到分散相中:适用于多数乳剂系统,在混合过程中引起乳剂的转型,从而产生更为细小的分散相粒子。如制备O/W型乳剂基质时,水相在搅拌下缓缓加到油相内,开始时水相的浓度低于油相，形成 W/O 型乳剂。当更多水加入时，乳剂黏度继续增加，此 W/O 型乳剂的体积也扩大到最大限度。超过此限，乳剂黏度降低，发生乳剂转型而成 O/W 型乳剂，使内相（油相）得以更细地分散。

三、乳膏剂质量检查

除另有规定外，乳膏剂应进行装量、无菌和微生物限度检查（同软膏剂相应检查法），应符合规定。

四、乳膏剂制备举例

例：醋酸氟轻松乳膏。

【处方】
醋酸氟轻松	0.25g	月桂醇硫酸酯钠	10g
二甲基亚砜	15g	甘油	50g
十八醇	90g	尼泊金乙酯	1g
白凡士林	100g	液状石蜡	60g
纯化水	加至1 000g		

【制法】取月桂醇硫酸酯钠、尼泊金乙酯、甘油及水混合，加热至80℃左右，缓缓加入到加热至同温的十八醇、白凡士林及液状石蜡油相中，不断搅拌制成乳剂基质。将醋酸氟轻松溶于二甲基亚砜中，加入乳剂基质中混匀。

【作用与用途】糖皮质激素类药物，用于过敏性皮肤病，如皮炎、湿疹、皮肤瘙痒等。

【注解】醋酸氟轻松不溶于水，可将其溶于二甲基亚砜中，亦可溶于丙二醇中，有利于小量药物的均匀分散和提高疗效。

第四节 凝 胶 剂

凝胶剂（gels）是指药物与能形成凝胶的辅料制成均一、混悬或乳剂型的胶状稠厚液体或半固体制剂，主要供外用。

外用凝胶剂分为水性凝胶剂（hydrogel）和油性凝胶剂。临床应用较多的是水性凝胶剂。水性凝胶剂无油腻感，易涂展，易清除，不妨碍皮肤正常功能，能吸收组织渗出液。由于其黏度小，有利于药物尤其是水溶性药物的释放。缺点是润滑作用差，易失水和霉变，需添加保护剂和防腐剂，且用量较大。

一、凝胶剂常用基质

凝胶剂的基质包括水性凝胶基质和油性凝胶基质。水性凝胶基质常用西黄蓍胶、明胶、淀粉、纤维素衍生物、聚羧乙烯和海藻酸钠等加水、甘油、丙二醇等制成。油性凝胶基质常用液状石蜡和聚氧乙烯或脂肪油与胶体硅或铝皂、锌皂制成。水性凝胶剂基质较为常用，主要介绍以下几种。

1. 卡波姆（Carbomer，Cb） 又称为聚羧乙烯，是丙烯酸与丙烯基蔗糖交联的高分子聚合物，商品名为卡波普（Carbopol，Cp），按分子质量不同有 Cb930、Cb934、Cb940 等规格。本品含 60% 的羧酸基。

本品为白色松散粉末，吸湿性强，可溶于水、稀乙醇和甘油，其 1% 水溶液 pH 为 3.0，为低黏度的酸性溶液。当加入适量碱性溶液中和后，迅速溶胀成高黏度、半透明凝胶或溶解成高黏度溶液，在 pH6～11 有最大的黏度和稠度。中和使用的碱及卡波普的浓度不同，溶液的黏度也有所不同。一般中和卡波普 1g 约消耗三乙醇胺 1.35g 或氢氧化钠 400mg。本品制成的基质不油腻，涂用润滑，特别适用于脂溢性皮肤病。盐类电解质使卡波普凝胶黏性下降，碱土金属离子及阳离子聚合物等可与之结合成不溶性盐，应避免配伍使用。

例：卡波普基质。

【处方】
卡波普 940	10g	乙醇	50g
甘油	50g	聚山梨酯-80	2g
尼泊金乙酯	1g	氢氧化钠	4g
纯化水	加至 1 000mL		

【制法】将卡波普 940 与聚山梨酯-80 及纯化水 300mL 混合；氢氧化钠用适量水溶解后加入上液，搅匀；再将尼泊金乙酯溶于乙醇后逐渐加入搅匀，即得透明凝胶。

2. 纤维素衍生物 纤维素衍生化后成为在水中可溶胀或溶解的胶体物，根据不同规格取用一定量，调节适宜的稠度可形成水溶性软膏基质。常用的品种主要有甲基纤维素（MC）和羧甲基纤维素钠（CMC-Na），两者常用浓度为 2%～6%，1% 溶液均为 pH6～8，pH2～12 时均稳定。甲基纤维素溶于冷水，不溶于热水及有机溶剂。羧甲基纤维素钠在任何温度下均溶于水，但 pH 低于 5 或高于 10 时黏度显著降低，与阳离子药物有配伍禁忌，遇强酸及重金属离子能生成不溶物。本类基质涂布于皮肤有较强黏附性，易失水干燥而有不适感，需加保护剂甘油，用量为 10%～15%。并需加防腐剂，常用尼泊金乙酯，用量为 0.2%～0.5%。

例：纤维素衍生物基质。

【处方】
羧甲基纤维素	60g
三氯叔丁醇	1g
甘油	150g
纯化水	加至 1 000mL

【制法】取甘油与羧甲基纤维素钠研匀，加入热纯化水中，放置数小时后，加三氯叔丁醇水溶液，再加水至 1 000mL，搅匀即得。

3. 甘油明胶 由明胶、甘油及水加热制成，其中明胶用量为 1%～3%，甘油为 10%～30%。

4. 海藻酸钠 为黄白色粉末，缓缓溶于水形成黏稠凝胶，常用浓度为 1%～10%。本品水溶液可热压灭菌，加少量钙盐（如枸橼酸钙）能使溶液变稠，但浓度高时则可沉淀。

二、凝胶剂制备

凝胶剂由于基质不同，制备方法有很多。在制备以卡波普为基质的凝胶剂时，一般采用两种方法：一种是先制成卡波普凝胶剂（在卡波普溶液里缓慢滴加 pH 调节剂，边加边搅拌，即得凝胶剂），再与处方药物溶液研匀而成。另一种方法是先将处方药物和卡波普溶液混合均匀，再加入 pH 调节剂，研匀即得。两种方法比较，后者更加方便，产品质量更佳。

卡波普溶液的制备常用以下三种方法：由于卡波普疏松、质轻、吸湿性强，因此使用时可先将卡波普用少量水、乙醇、甘油或丙二醇等将其湿润，避免粉尘飞扬，然后逐步加水溶胀；也可将卡波普干粉分次撒于水面（40℃以下）上，放置过夜，使其充分溶胀，避免结块；或在搅拌器的高速搅拌下，将卡波普粉末分次撒入水中，继续搅拌直到完全分散。

三、凝胶剂质量检查

（1）装量：照《中国兽药典》最低装量法检查，应符合规定。
（2）微生物限度：照《中国兽药典》微生物限度检查法检查，应符合规定。
此外，局部用凝胶剂应为均匀、细腻、无黏固的块状，在常温时保持胶状，不干涸或液化。

四、凝胶剂制备举例

例1：吲哚美辛凝胶剂。
【处方】吲哚美辛　　　　10g　　　交联型聚丙烯酸钠　　10g
　　　　PEG-4 000　　　 80g　　　甘油　　　　　　　　100g
　　　　苯扎溴铵　　　　10g　　　纯化水　　　　　　　加至1 000g
【制法】称取 PEG-4 000 和甘油，置烧杯中微热至完全溶解，加入吲哚美辛混匀；取交联型聚丙烯酸钠加入水 800mL（60℃）于研钵中研匀。将两种溶液混匀，加水至1 000g，即得。
【作用与用途】消炎止痛，用于风湿性及类风湿性关节炎。
【注解】①交联型聚丙烯酸钠是一种高吸水性树脂材料，粒径在 38~200μm 时 90s 内吸水量为自重的 200~300 倍，膨胀成胶状半固体，具有保湿、增稠、皮肤浸润等作用，用量为 14%。②PEG 为透皮吸收促进剂，其可使经皮渗透作用提高 2.5 倍。

例2：恩诺沙星凝胶剂。
【处方】恩诺沙星　　　　10g　　　卡波普940　　　　　5g
　　　　甘油　　　　　　50mL　　尼泊金乙酯　　　　 0.5g
　　　　乙醇　　　　　　5mL　　 氢氧化钠　　　　　 2g
　　　　月桂氮卓酮　　　5g　　　纯化水　　　　　　　加至500g
【制法】取处方量的卡波普940、甘油与150mL 纯化水混合，溶胀 8h；氢氧化钠溶于 50mL 水后加入上液搅匀，将尼泊金乙酯溶于乙醇后逐渐加入搅匀，再加入月桂氮卓酮，最后加入恩诺沙星，搅匀后加入纯化水至500g。依同一方向不断搅拌进行初混，再转入匀质机中混合即得白色凝胶。

【作用与用途】广谱抗菌药，用于仔猪黄白痢。

【注解】①卡波普在水中溶胀速度较慢，容易结块，温度低时溶胀时间延长。夏季配制时溶胀8h，冬季配制时溶胀48h为宜。②为避免主药浓集或在凝胶剂中分散不均匀，一般在初混后再用匀质机可克服此问题。

第五节 糊　　剂

糊剂（paste）是指大量的固体粉末（一般25%以上）均匀地分散在适宜的基质中所制成的半固体外用制剂。

糊剂外观与软膏剂类似，吸水能力大，不妨碍皮肤的正常排泄，具有收敛、消毒、吸收分泌物的作用。适用于多量渗出的皮肤、慢性皮肤病如亚急性皮炎、湿疹及结痂成疮等轻度渗出性病变。

根据赋形剂的不同，糊剂可分为单相含水凝胶糊剂和脂肪糊剂。

1. **单相含水凝胶糊剂**　是以药汁、醋、蜂蜜、淀粉及水溶性高分子物质为基质调制而成。此类糊剂无油腻感，易清洗，赋形剂本身具有辅助治疗作用，适用于渗出液较多的创面。

2. **脂肪糊剂**　是以凡士林、羊毛脂或其混合物为基质制成。粉末含量较高，常用淀粉、氧化锌、白陶土、滑石粉、碳酸钙等。

一、糊剂制备

糊剂的制备通常是将药物细粉（若为中药则粉碎后过六号筛或采用适当方法提取制得干浸膏，再粉碎成细粉）与基质搅拌均匀，调成糊状。基质需加热，温度不宜过高，一般控制在70℃以下。

二、糊剂质量检查

除另有规定外，糊剂应进行装量、无菌和微生物限度等相应检查，照《中国兽药典》相应检查法检查，应符合规定。

三、糊剂制备举例

例1：氧化锌水杨酸糊剂（拉莎氏糊）。

【处方】氧化锌　　　　240g
　　　　水杨酸　　　　20g
　　　　淀粉　　　　　240g
　　　　凡士林　　　　500g

【制法】取凡士林加热溶化后，先取适量置于研钵中，加氧化锌、水杨酸和淀粉（先研细过100目筛）研匀，再渐加余量的凡士林，搅拌至冷凝即得。

【作用与用途】收敛、止痒、防腐，用于中小动物（犬、猫等）的湿疹等，涂于患处。

例2：樟脑红花糊剂。

【处方】樟脑粉、红花、川军各50g，冰片10g，白酒适量。

【制法】红花、川军各研为末，加入樟脑粉和冰片，再加入白酒研成糊状，备用。

【功能与主治】用于牛、马等动物挫伤、骨折、蜂窝织炎、疖、蹄叶炎、骨膜炎、腱鞘炎等。

第六节 栓 剂

一、概 述

栓剂（suppository）是指药物与基质混合后制成的，专供塞入不同腔道的固体外用制剂。栓剂应具有一定的形状和适宜的硬度，无刺激性，塞入腔道后能迅速熔化、软化或溶胀且易与腔道分泌液混合，药物逐渐被溶出产生局部或全身作用。

栓剂在腔道内可起到润滑、抗菌、消炎、杀虫、收敛、止痛、止痒等局部治疗作用。在兽医临床上，可将广谱高效抗菌药物或其复方制成栓剂，用于奶牛乳房炎或子宫内膜炎的治疗。如在奶牛泌乳期或干奶期，将抗菌性药栓从乳头直接注入乳腺，迅速熔化、软化，药物逐渐被溶出，可持久地、有针对性地抑制或杀灭引起乳头炎和乳房炎的主要致病菌，同时药栓基质能保护乳头皮肤，防止皲裂，避免病原微生物随伤口入侵。尤其在极热或极冷天气、泥泞湿地等条件下使用，能更有效地防止乳房炎的发生和发展。临床治疗子宫及阴道感染以及多种原因引起的母畜不孕症的辅助治疗时，常根据治疗疾病的需要将药物直接投入阴道或子宫腔内，栓剂在母畜特别是奶牛阴道疾病治疗中有重要价值。治疗奶牛子宫内膜炎使用栓剂时，奶牛子宫颈口在产后1周内较松弛时可将药栓直接投入子宫腔内，但产后1周以后子宫颈口闭合很紧，如果强行插入容易造成子宫的损伤，所以选用阴道给药不易造成子宫的损伤。

近年来，栓剂的全身治疗作用越来越受到重视，即栓剂能通过腔道吸收入血而发挥解热、镇痛、镇静、兴奋、扩张血管等全身治疗作用，如阿司匹林栓采用直肠给药可治疗宠物发热、缓解疼痛等。腔道给药较内服吸收干扰因素少，药物不受胃肠道pH或酶的破坏而失去活性，可避免刺激性药物对胃肠道的刺激，减少肝脏的首过效应，同时减少药物对肝脏的毒性作用。

（一）栓剂的分类

1. 按给药途径分类 可分为肛门栓、阴道栓、乳房栓等，每个栓剂的质量一般按不同动物而定。

2. 按制备工艺和释药特点分类

（1）双层栓：双层栓有两种。一种是内外层含不同药物的栓剂；另一种是上下两层分别使用水溶性基质或脂溶性基质，将不同药物分隔在不同层内，控制各层的溶化，使药物具有不同的释放速度；或上半部为空白基质，可阻止药物向上扩散，减少药物经直肠静脉的吸收，提高药物的生物利用度。

(2) 中空栓：中空栓可达到快速释药的目的，中空部分填充各种不同的固体或液体药物，溶出速度比普通栓剂快。

(3) 其他控释、缓释栓：如微囊栓、骨架控释栓、渗透泵栓、凝胶缓释栓等。

(二) 栓剂中药物的吸收途径

全身治疗作用的栓剂通常经直肠给药，药物经直肠吸收的途径主要有几种：①通过门肝系统，即药物被直肠黏膜吸收，经过直肠静脉经门静脉进入肝脏，代谢后运行至全身。②不通过门肝系统，药物通过直肠静脉和肛管静脉，绕过肝脏，从下腔大静脉直接进入血液大循环起全身作用。③药物还可以直肠分泌液为媒介，经直肠黏膜进入淋巴系统而被吸收，因直肠淋巴系统对药物吸收几乎与血液处于相同的地位，所以药物可进入淋巴系统而起全身作用。

阴道栓的作用也较快，由于内阴静脉至下腔静脉直接进入血液大循环，所以塞入阴道的栓剂，其药物的吸收作用较快，且一般不经过门肝系统而能起全身治疗作用。

(三) 影响栓剂中药物吸收的因素

1. **生理因素** 直肠、阴道黏膜的 pH 对药物的吸收速度起重要作用。药物进入直肠后的 pH 取决于溶解的药物，其吸收难易程度视环境 pH 对被溶解药物的影响而定。栓剂在直肠保留的时间越长，吸收越趋于完全。此外，直肠环境如粪便存在，也会影响药物的扩散及药物与吸收表面的接触。一般充有粪便的直肠比空直肠吸收要少。

2. **基质因素** 栓剂纳入腔道后，首先要使药物从溶化的基质中释放出来并溶解于分泌液，或药物从基质中很快释放直接到达肠黏膜而被吸收。因此，对于欲发挥全身作用的栓剂，要求药物能从基质中迅速释放，但由于基质种类和性质的不同，使药物释放的速度也不同。在油脂性基质中，水溶性药物释放较快，而在水溶性基质或在油水分配系数小的油脂性基质中，脂溶性药物更易释放。栓剂基质中加入表面活性剂可增加药物的亲水性，加速药物向分泌液转移，有助于药物的释放吸收，但表面活性剂浓度较大时，产生的胶团可将药物包裹，阻碍药物的释放，反而不利于吸收。

3. **药物因素** 药物的影响因素主要有以下几个方面：

①溶解度：药物水溶性较大时，易溶解于分泌液，增加吸收；溶解度小的药物则吸收也少。对难溶性药物应设法制成溶解度大的盐类或衍生物，选择适宜的基质以利于吸收。

②粒度：以混悬、分散状态存在于栓剂中的药物，其粒度越小，越易溶解吸收。

③脂溶性与解离度：当药物从栓剂基质中释放出来到达肠壁时，非解离型的药物比解离型的药物容易吸收。

(四) 栓剂的质量要求

栓剂应具有一定质量和含有一定的药物，药物与基质混合均匀，外形完整光滑；贮藏时稳定，也需要有一定的硬度和韧性，使用时必须坚实以便塞入腔道，引入腔道后应在一定时间内能融化、软化或溶化，且无刺激性，能按需要起局部的或全身性的治疗作用。

二、栓剂的基质和附加剂

(一) 栓剂的基质

栓剂基质不仅可使药物成形,且可影响药物的局部或全身作用的效果。理想的基质应该符合下列要求:①在室温下应有适宜的硬度,塞入腔道时不致变形或碎裂;在体温下易软化、熔化或溶解。②与药物混合后不起反应,亦不妨碍主药的作用和含量测定。③对黏膜无刺激性、无毒性、无过敏性,其释药速度必须符合治疗要求,欲产生局部作用的栓剂,基质释药应缓慢而持久;欲起全身作用者则要求引入腔道后能迅速释药。④本身稳定,贮藏应不影响生物利用度,不发生理化性质的变化,不易生霉变质等。⑤具有润湿或乳化的能力,能混入较多的水。⑥适用于热熔法及冷压法制备栓剂。⑦若油脂性基质还应要求酸价在0.2以下,皂比价为200~245,碘价低于7,熔点与凝固点之差要小。

但实际使用的基质不可能具有上述所有的条件,且加入药物后也可改变基质特性。但上述要求有助于设计理想处方和选用最好的基质。

1. 油脂性基质

(1) 可可豆脂(cocoa butter):常温下为黄白色固体,无刺激性,可塑性好,密度为 $0.990 \sim 0.998 g/cm^3$,熔程为 30~35℃,加热至25℃时即开始软化,在体内能迅速熔化,在10~20℃时性脆且粉碎成粉末。可以冷压成型,也可搓捏成型。本品可与多数药物配合使用,但挥发油、樟脑、薄荷油、木溜油、酚及水合氯醛等药物可使其熔点显著降低甚至液化。

本品是天然产物,产量少,其化学组成主要是各种脂肪酸(如硬脂酸、棕榈酸、油酸等)的三酸甘油酯,由于所含酸的比例不同,熔点及释放药物速度等均不一致。可可豆脂具有同质多晶的性质(可能为 α、β、β′、γ 等 4 种晶型),当加热至约 36℃,即熔点以上,再迅速冷至 0℃,得到的可可豆脂的熔点为 24℃,比原来的可可豆脂低 12℃,原因是高温引起异构化而使熔点降低,以致难于成型和包装。通常应缓缓升温加热待熔化 2/3 时,停止加热,让余热使其全部熔化,以避免形成不稳定晶型。或在熔化的可可豆脂中加入少量稳定晶型以促使不稳定晶型转变成稳定晶型。也可在熔化时,将温度控制在 28~32℃ 几小时或几天,使不稳定的晶型转变成稳定型。

100g 可可豆脂可吸收 20~30g 水,若加入 5%~10%吐温 60,可增加吸水量,且有助于药物混悬在基质中。加入乳化剂可制成 W/O 或 O/W 型乳剂基质,药物在乳剂基质中释放较快。加入 10%以下的羊毛脂可增加其可塑比。加入单硬脂酸铝、硅胶等可熔化的可可豆脂具有触变性而使混悬栓剂稳定。但含有这些附加剂的栓剂,在贮藏时易变硬,应长时间观察其稳定性。

与可可豆脂类似的有香果脂和乌桕脂,亦可作为栓剂基质。

(2) 脂肪酸甘油酯类:是由脂肪酸与甘油酯化而成的一类基质,采用的油脂要求大部分为十二碳脂肪酸,经酯化后的熔点比较适宜作基质,由于所含的不饱和碳链较少,不易酸败,因此已逐渐代替天然的油脂性基质。目前国产品种有以下几种:

①混合脂肪酸甘油酯:亦称固体脂肪(solid fat),是月桂酸、硬脂酸与甘油酯化而成的脂肪酸甘油酯混合物,为白色或类白色的蜡状固体,具有油脂臭,在水或乙醇中几乎不溶,亦可用山苍子核仁油加硬脂酸与甘油酯化而成。根据熔点等不同有 4 种型号:34 型(熔程为 33~35℃)、36 型(35~37℃)、38 型(37~39℃)和 40 型(39~41℃)。

本品的酸价不大于 1.5;碘价不大于 2;羟值不大于 60;34 型的皂化价为 225~235,36 型为 220~230,38 型和 40 型为 215~230。目前常用的是 38 型。

②椰油酯：是由椰子油加硬脂酸与甘油经酯化而成。为乳白色块状物，制品分为 4 种规格，即 34 型（熔程为 33~35℃）、36 型（35~37℃）、38 型（37~39℃）和 40 型（39~41℃）。最常用的是 36 型。

③棕榈酸酯：是由棕榈仁油加硬脂酸与甘油酯化而成，对直肠和阴道黏膜均无不良影响，抗热性能强，酸价和碘价低，为较好的半合成脂肪酸甘油酯。

④硬脂酸丙二醇酯：是由硬脂酸与丙二醇酯化而成，是硬脂酸丙二醇单酯与双酯的混合物，为乳白或微黄色蜡状固体，略有类似脂肪的臭味。水中不溶，遇热水可膨胀，无明显刺激性，安全无毒。

2. 水溶性基质

（1）甘油明胶：是由明胶、甘油与水制成，有弹性、不易折断，且在体温下不熔化，但塞入腔道后可缓慢溶于分泌液中，延长药物的疗效。其溶出速度可随水、明胶、甘油三者的比例改变而改变，甘油与水的含量越高越易溶解，且甘油能防止栓剂干燥，通常以水∶明胶∶甘油＝1∶2∶7 的配比为宜。

凡与蛋白质能产生配伍禁忌的药物（如鞣酸、重金属等）均不能使用。以此为基质的栓剂在贮存时应注意在干燥环境中的失水性；本品也易滋长霉菌等微生物，需加入抑菌剂（如对羟基苯甲酸酯类）。

（2）聚乙二醇类（PEG）：PEG 不能与银盐、鞣酸、氨替比林、奎宁、鱼石脂、阿司匹林、磺胺类药物配伍。如高浓度的水杨酸能使 PEG 软化成软膏样，阿司匹林能与 PEG 生成复合物，巴比妥钠等许多药物可从 PEG 中析出晶体。PEG 类无生理作用，不易水解或变质。但对直肠黏膜有刺激作用，故有人建议制成的栓剂塞入腔道前先用水润湿或表面涂一层鲸蜡醇或硬脂醇以减小刺激性。本类基质适用于热熔法或冷压法制栓剂，栓模不需用润滑剂涂擦。本品受潮后易变形，应注意包装。

（3）吐温 60：是聚氧乙烯脱水山梨醇单硬脂酸酯，为淡琥珀色可塑性固体，熔程 35~39℃，具有油滑性。本品是非离子型的表面活性剂，与水性溶液可形成稳定的水包油乳剂基质。本品可与多数药物配伍，且无毒性和刺激性，在水中能自行乳化，贮藏时亦不易变质。本品亦可以与其他栓剂基质组合，获得更适宜的熔点和稳定性，在体温下熔化，且很快分散于分泌液中。

其他如聚氧乙烯硬脂酸酯类的 Myri 52，聚乙烯聚丙烯共聚物如布朗尼克（Pluronics）亦可作为水溶性基质使用。

（二）栓剂的附加剂

除基质外，附加剂对栓剂的成型和药物释放也具有重要影响，应在确定基质的种类和用量的同时，选择适宜的附加剂，以外观色泽、光洁度、硬度和稳定性或体外释放试验等为指标，筛选出适宜的基质配方。常用附加剂如下：

1. 吸收促进剂

（1）非离子型表面活性剂：如聚山梨酯-80 等非离子型表面活性剂，能促进药物细粉与基质的混合，改善药物的吸收。

（2）发泡剂：如用碳酸氢钠和己二酸制备成泡腾栓，可增加栓剂的释药速度。

（3）氮酮类：一种高效无毒的透皮吸收促进剂，近年来已开始用于栓剂。

(4) 其他：如胆酸类，也具有促进吸收的作用。

2. 吸收阻滞剂 如海藻酸、羟丙基甲基纤维素（HPMC）、硬脂酸和蜂蜡、磷脂等，可用于缓释栓剂的制备。

3. 增塑剂 如加入少量聚山梨酯-80、脂肪酸甘油酯、蓖麻油、甘油或丙二醇，可使脂肪性基质具有弹性，降低脆性。

4. 抗氧剂 如没食子酸、鞣酸、抗坏血酸等药物具有抗氧化作用，可提高栓剂的稳定性。

三、栓剂制备

（一）一般性栓剂的制备

1. 热熔法工艺流程 熔融基质→加入药物（混匀）→注模→冷却→刮削→取出→成品栓剂

热熔法（fusion method）的制备过程：将计算量的基质挫末加热熔化，加入药物混合均匀后，倾入冷却并涂有润滑剂的栓模中（稍微溢出模口为度）。放冷，待完全凝固后，削去溢出部分，开模取出，即得栓剂。小量加工用手工灌模的方法，工业生产已实现自动化机械操作。

2. 置换价 置换价（displacement value，DV）是指药物的质量与同体积基质的质量的比值。用同一模型所制得的栓剂容积相同，但基质则随基质与药物密度的不同而不同，根据置换价可对药物置换基质的质量进行计算。置换价在栓剂生产中对保证投料的准确性很重要。

置换价（F）的计算公式为：

$$F = W / [G - (M - W)]$$

式中，G 为纯基质栓每粒平均重；M 为含药栓每粒平均重；W 为含药栓中每粒平均含药量；$M-W$ 为含药栓中基质的质量；$G-(M-W)$ 为两种栓中基质的质量之差。

如制备 50 粒栓剂，每粒含药物 0.2g，用可可豆油为基质，模孔质量为 2.0g，假设该药物对可可豆油的置换价为 1.6，则药栓每粒的实际质量 $M=(G+W)-W/F=(2+0.2)-0.2÷1.6=2.075g$。所需基质质量为 $2.075×50-0.2×50=93.75g$。实际生产中还应考虑到操作过程中的损耗。

3. 药物的处理和混合

（1）油溶性药物：如樟脑、中药醇提物等可直接混入已溶化的油脂性基质中，使之溶解。如加入的药物量大，降低基质的熔点或使栓剂过软时，可加适量石蜡或蜂蜡调节硬度。

（2）水溶性药物：如水溶性稠浸膏、生物碱盐等，可以直接加入已熔化的水溶性基质中，或用少量水制成浓溶液，用适量羊毛脂吸收后与油脂性基质混合。

（3）难溶性药物：如中药细粉、某些浸膏粉、矿物药等应制成最细粉，通过 6 号筛，再与基质混合。混合时可采用等量递增法。

（4）含挥发油的中药：量大时可考虑加入适宜的乳化剂，制成乳剂型基质直接加入。

4. 润滑剂

（1）用于油脂性基质的润滑剂：软肥皂、甘油各 1 份与 90% 乙醇 5 份混合制成醇溶液。

（2）用于水溶性基质的润滑剂：液状石蜡或植物油等油类物质。

（二）特殊栓剂的制备

1. 双层栓剂　实验室小量制备内外层含有不同药物的双层栓剂，栓模由圆锥形内模和外套组成。先将内模插入模型外套中固定，将外层的基质和药物熔融混合，注入内模与外套之间，待凝固后，取出内模，再将已熔融的基质和药物注入内层，熔封而成。

2. 中空栓剂　中空栓剂的空心部分可填充药物。先将基质制成栓壳，再将药物封固于栓壳内。实验室小量制备时，可在普通栓模上方插入一个不锈钢管，固定，沿边缘注入熔融的基质，待基质凝固后，拔出钢管，在栓壳的中空部分注入药物；最后用相应的基质封好尾部即得。

四、栓剂的质量检查及包装、贮藏

（一）栓剂的质量检查

1. 外观检查　栓剂的外观应光滑、无裂缝、不起霜或变色，从纵切面观察应是混合均匀的。有适宜的硬度，塞入腔道后能熔化、液化或溶化。贮存期间能保持不变形，无发霉变质。

2. 质量差异　栓剂的质量差异的限度应符合表7-2的规定：

检查法：取药栓10粒，精密称定总质量，求得平均粒重后，再分别精密称定每粒的质量。每粒质量与平均粒重比较，超出质量差异限度的药粒不得多于1粒，并不得超出限度的1倍。

表7-2　栓剂质量差异的限度

平均质量	质量差异限度
1.0g以下至1.0g	±10%
1.0g以上至3.0g	±7.5%
3.0g以上	±5%

3. 融变时限　取药栓3粒，在室温放置1h后，照《中国兽药典》融变时限检查法规定的装置和方法检查。除另有规定外，油脂性基质的栓剂应在30min内全部熔化或软化变形，水溶性基质的栓剂应在60min内全部溶解。

4. 微生物限度　照《中国兽药典》微生物限度检查法检查，应符合规定。

5. 稳定性实验　将栓剂置于25℃和4℃贮存，定期检查外观变化、软化点及主要的含量等。

6. 刺激性检查　将检品粉末施于家兔眼黏膜或纳入动物的直肠、阴道，观察有无异常反应。

（二）栓剂的包装和贮藏

栓剂所用包装材料或容器应无毒性，并不得与药物或基质发生理化作用。小量包装是指将栓剂分别用蜡纸或锡纸包裹后，置于小硬纸盒或塑料盒内，应避免相互粘连和受压。应用栓剂自动化机械包裹设备，可直接将栓剂密封于玻璃纸或塑料泡眼中，每小时可包装上万粒的栓剂。

除另有规定外，栓剂应置于干燥阴凉处30℃以下密闭贮存，防止受热、受潮而变形、发霉、变质。甘油明胶栓剂及聚乙二醇栓应置于密闭容器中，以免吸湿，于室温阴凉处贮藏。

五、栓剂制备举例

例1：甘油栓（肛门栓）。

【处方】甘油　　　　　　　133.3g
　　　　硬脂酸　　　　　　13.4
　　　　无水碳酸钠　　　　3.3g
　　　　纯化水　　　　　　16.7mL

【制法】将无水碳酸钠和纯化水置于蒸发皿内，搅拌溶解后，加甘油混合，置水浴上加热，缓慢加入挫细的硬脂酸，随加随搅拌，待泡沫消失、溶液澄明时，倾入涂有润滑剂的栓模内，冷凝，取出包装，每粒重1.5g，共制成100粒。

【作用与用途】缓泻药，有缓和的通便作用，用于治疗便秘。

【注解】①本品是碳酸氢钠与硬脂酸生成的固体钠肥皂制剂。由于肥皂的刺激性与甘油较高的渗透压而能增加肠的蠕动，呈现泻下作用。②优良的甘油栓应透明而又适宜的硬度。要求皂化必须完全，若留有未皂化的硬脂酸，成品不透明且弹性较差。为皂化完全，可将温度控制在115℃左右，以加速皂化反应完成。另外，水分的含量也不宜过高，以免成品混浊。

例2：益母生化栓（子宫栓）。

【处方】益母草120g，当归75g，川芎30g，桃仁30g，炮干姜15g，炙甘草15g。

【制法】将处方的药物分别粉碎后过8号筛（150目），混合均匀加入水浴溶化的明胶甘油140g，吐温60 4.5g，混匀，倒入栓剂模具中，凝固，刮平，取出包装，制成符合要求的栓剂，每粒10g。

【作用与用途】具有抗菌消炎、活血化瘀、净化子宫、生肌、收敛等作用，用于奶牛子宫内膜炎。

例：氧氟沙星栓（阴道栓）。

【处方】氧氟沙星　　　　　　　　10g
　　　　混合脂肪酸甘油酯　　　　适量

【制法】测定氧氟沙星的混合脂肪酸甘油酯置换价，根据置换价计算出基质用量后，将其水浴熔化，加入研细的氧氟沙星粉，搅匀，注模，冷却后脱模即得。

【作用与用途】氟喹诺酮类抗菌药物，用于奶牛子宫内膜炎。

思 考 题

1. 软膏基质分哪几类？各有何特点？
2. 软膏剂制备时药物的加入方法有哪些？
3. O/W型乳化剂基质常用哪几种乳化剂？乳化法制备乳膏的操作步骤如何？为什么油、水两相混合时要加温至80℃左右？
4. 何谓糊剂？有何特点？
5. 栓剂的基质有哪几类？其适用性如何？

第八章 中兽药制剂

中兽药制剂是以中药材为原料制备的各类动物用制剂的统称。

中兽药剂型种类繁多,除丸剂、散剂、浸膏剂、煎膏剂、汤剂、酒剂、醋剂、酊剂、锭剂、糊剂等传统剂型外,还有颗粒剂、片剂、胶囊剂、合剂、注射剂、灌注剂等现代新剂型。兽医上以散剂、颗粒剂、片剂、合剂、注射剂、灌注剂较常用,某些传统剂型如酒剂、醋剂已很少使用。

第一节 浸提和精制

一、浸 提

浸提(extraction)是指采用适当的溶剂和方法将中药材中所含的有效成分或有效部位浸出的过程。浸提是多数中药制剂的必须操作单元,其目标是尽可能多地浸出中药材中的有效成分或有效部位,最大限度地避免中药材中无效或有害成分的浸出,使后期的分离精制工艺简化,降低药物用量,增加药物的稳定性。

矿物药或经粉碎处理细胞已经破碎的药材,其有效成分可直接溶解或分散于溶剂中,浸提过程比较简单。动植物药材大多具有完整的细胞结构,其有效成分一般不能直接溶解或分散于溶剂中,必须经过一个浸提过程。中药材的浸提过程通常可分为浸润、渗透、解吸附、溶解、扩散等几个相互关联的阶段。

(一)浸提溶剂及辅助剂

用于药材浸出的液体称为浸提溶剂。浸提溶剂浸取药材后得到的液体称为浸出液。在浸出过程中,浸提溶剂起着非常重要的作用,同一种药材采用不同的溶剂,可得到截然不同的浸出液。因此,选用适当的浸提溶剂是非常重要的。理想的浸提溶剂应符合以下要求:①能最大限度地溶解和浸提有效成分,最小限度溶解无效成分和有害物质;②性质稳定,不应与有效成分发生不应有的化学变化,且不影响药物稳定性及药效;③本身没有与疗效无关或不利的药理作用;④价廉易得;⑤使用方便,操作安全。

1. 常用浸提溶剂

(1)水:水为最常用的浸提溶剂。药材中的水溶性有机酸、苷、鞣质、生物碱盐、单糖、低聚糖、氨基酸、黏液质、树胶等均能被水浸出。挥发油微溶于水,也能被水部分地浸出。树脂、油树脂、脂肪油及其他脂溶性成分不溶于水,但在浸出液中共存的高分子多成分体系常有助溶作用,因而水有时也能少量浸出上述物质。

水本身无药理作用,具有价廉易得、溶解范围广泛的优点,但水亦具有能引起某些有效成分水解，促进某些化学变化、酶或微生物的活动或增值，以及选择性浸出作用不佳的缺点，给制剂生产带来诸多困难。

（2）乙醇：乙醇为仅次于水的常用浸出溶剂。乙醇属于一种半极性的溶剂，其溶解性能介于极性和非极性溶剂之间。因而乙醇既可以溶解水溶性的某些成分，如生物碱及其盐、糖、苷等；又可以溶解非极性溶剂所能溶解的部分成分，如挥发油、树脂、芳烃类化合物及少量脂肪。基于乙醇这一特性，可以选择不同浓度的乙醇水溶液作为溶媒，选择性地浸出有效成分。一般 90% 以上的乙醇，适宜浸取挥发油、有机酸、树脂、叶绿素等；50%～70% 的乙醇适宜浸取生物碱、苷类等；50% 以下的乙醇适于浸取苦味质、蒽醌类化合物等。此外，20% 的乙醇即具防腐性，当乙醇含量达 40% 时，可延缓许多药物的水解作用而增加制剂的稳定性。但乙醇具挥发性，易燃，有一定药理作用，所以用量以满足制剂需要为限，生产中应注意安全防护。

作为浸提溶剂的乙醇应是药用规格，酒剂使用的蒸馏酒应符合蒸馏酒的有关规定。

（3）乙醚：乙醚是一种非极性溶剂，可溶于水（1∶12），能与乙醇、苯、氯仿、己烷、不挥发油或挥发油等任意混溶。具有较强的选择性溶解性能，可溶解树脂、游离生物碱、脂肪和某些苷类等。大部分能溶解于水的有效成分在乙醚中均不溶解。

乙醚具有强烈的药理作用，除在特殊情况下，不应存留于制剂中，一般仅用于有效成分的提纯精制。使用时应避光操作，否则可缓慢氧化。

（4）氯仿：氯仿为非极性溶剂，在水中能微溶，与乙醇、乙醚能任意混溶。能够溶解脂肪、树脂、生物碱、苷类、挥发油和碘等。氯仿的饱和水溶液有防腐性，不易燃烧，但有强烈的药理作用，所以不宜以溶剂的形式存在于制剂中，应尽量除去。一般用于提纯精制有效成分。

此外，丙酮和石油醚均是良好的脱脂溶剂。丙酮还具有脱水作用，可用于新鲜药材的脱水或脱脂。丙酮也有防腐作用，但易挥发、易燃，且有一定的毒性，不宜作为溶剂保留在制剂中。

2. 浸提辅助剂 浸提辅助剂是指为了提高浸提效果，增加浸出成分的溶解度以及制剂的稳定性，除去或减少浸出液中的杂质而在浸提溶剂中加入的一些物质。

（1）酸：使用酸的主要目的是促进生物碱的浸出，提高生物碱的稳定性，沉淀部分杂质。常用的酸主要有盐酸、硫酸、醋酸、酒石酸和枸橼酸等。酸的用量不宜过多，以能维持一定的 pH 为宜。过量的酸能引起某些成分的水解或其他不良作用。

（2）碱：碱的应用不如酸普遍。常用的碱为氨溶液（氨水），其优点在于它是一种挥发性弱碱，对成分的破坏作用小，容易控制其用量。此外，还可选用碳酸钠、氢氧化钙、氢氧化钠、碳酸钙和石灰等。用碱水可以提出有机酸、黄酮、蒽醌、香豆精以及酚类成分，碱水还兼有去除杂质的作用。

（3）甘油：甘油为鞣质的良好溶剂，有稳定鞣质的作用，但因黏度过大，常与水或乙醇混合使用，多不单独用作浸出溶媒。

（4）表面活性剂：表面活性剂能够增加药材的浸润性，从而提高浸出溶剂的浸出效能。阳离子型表面活性剂的盐酸盐等有助于生物碱的浸出；阴离子型表面活性剂对生物碱多有沉淀作用，故不适于生物碱的浸出。非离子型表面活性剂一般对药材的有效成分不起作用，它们的毒性较少或无毒。

（二）浸提过程及影响因素

1. 药材的预处理

(1) 药材的来源与品种的鉴定：我国药用植物多达5 000余种，由于各地名称不一，有些同名异物或同物异名，加上应用的代用品等，造成药材品种情况复杂。同一药材由于种属不同，成分各异，其药效也有很大差异。因此，使用药材前应了解其来源，并进行品种鉴定。

(2) 有效成分或总浸出物的测定：同一品种药材因产地、药用部位、采集季节、植株年龄、加工炮制及贮存方法等不同，使药材的质量和有效成分含量发生很大变化，从而影响制剂的质量。因此，必要时需对有效成分已经明确的药材进行化学成分的含量测定。对有效成分尚未明确的药材，可借助测定药材总浸出物量作为参考指标。

(3) 含水量测定：药材含水量关系到有效成分的稳定性和各批投料量的准确性，水分过大药材易发霉变质。药材含水量一般为9%～16%，大量生产时应根据药材的组织和成分的特性，结合实际生产经验，制定含水量的控制标准。

(4) 预处理：原料药材供浸出前，一般需进行挑拣整理，以除去杂质及不需要的部分。必要时可进行水洗、干燥、粉碎至适宜程度供用。制备汤剂等药材，还需按照药典或方剂的要求进行炮制，如切片、蒸、炒、煅等处理以供使用。

2. 浸提过程 浸提过程是指溶剂进入细胞组织溶解其有效成分后变成浸出液的全部过程。一般药材浸提过程包括下列几个阶段：

(1) 润湿、渗透阶段：当药材粉粒与浸提溶剂混合时，浸出溶剂首先附着于粉粒表面使之润湿，然后进入细胞组织中。不能附着于粉粒表面的溶剂无法浸出其有效成分。溶剂能否使药材表面润湿，与溶剂表面张力、药材性质及表面积、其所吸附的气膜有关，其中溶剂表面张力和药材性质起着主导的作用。溶剂与药材间的界面张力越小，药材越易被润湿，反之亦然。一般药材的组成物质大部分带有极性基团，如蛋白质、淀粉、纤维素等，故极性溶剂易于通过细胞壁进入药材内部，药材易于润湿。而非极性溶剂，如石油醚、乙醚、氯仿等则较难润湿药材。当用非极性溶剂浸出时，药材应先行干燥，因为潮湿的药材不易被非极性溶剂所润湿。用醇、水等浸出油脂多的药材时应先脱脂，因为油脂不易被极性溶剂润湿。药材附着较厚气膜，则可通过密闭容器内减压排出空气，以利于溶剂的润湿和向细胞组织内渗透。

(2) 解吸附、溶解阶段：溶剂进入细胞后，即可逐渐溶解可溶性成分，根据溶剂种类不同，溶解的成分也不同。水能溶解晶质，胶体物质因溶胶作用亦溶于水中，故其浸出液多含胶体物质而呈胶体液，但乙醇浸出液中含有较少的胶质，非极性浸出溶剂的浸出液则不含胶质。

药材中有效成分往往被组织吸附，具有一定亲和力，因而浸出时溶剂需对其有更强的吸附力，以使有效成分得以解吸附转入溶剂中而使之溶解。为此，可选用复合溶剂或加入适当的浸出辅助剂，如碱、甘油或表面活性剂以助解吸附。

(3) 扩散阶段：当溶剂在细胞中溶解大量可溶性成分后，细胞内溶液浓度显著增高，从而使细胞内外出现较高的浓度差和渗透压差，这是扩散阶段浸出的推动力。而药材的细胞壁是透性膜，由于浓度差的关系，细胞内高浓度的溶质不断地向低浓度方向扩散，而溶剂为稀溶液，由于渗透压的作用又不断地进入细胞内以平衡渗透压，渗透压平衡时，扩散终止。

(4) 置换阶段：在浸提过程中，用新鲜溶剂或浸出液随时置换药材周围的浸出液以降低浸出液的浓度是保持最大浓度梯度、提高浸出效果和浸出速度的有效措施。

浸提过程是由润湿、渗透、解吸、溶解、扩散及置换等几个相互联系的作用综合组成的，但上述几个阶段并非截然分开，往往是交互进行的。

3. 影响浸提效果的因素

（1）药材的粉碎粒度：药材经粉碎后，粒度愈小，扩散面积愈大，浸出效果愈好。但是，粉碎必须有适当的限度，过度粉碎会使大量细胞破坏，使浸出过程变为"洗涤浸取"为主，胞内大量不溶性高分子物质被洗出，增加成品的杂质含量，增大浸出液的黏度而影响扩散速度，并造成过滤困难。当用渗漉法时，粉粒过细溶剂流通阻力增大，流通不畅甚至会引起堵塞，降低浸出效率。药材粉碎粒度的选择，应综合考虑药材的性质、浸出溶剂的性质及浸出方法等因素。

（2）浸提温度：温度升高，可溶性成分的溶解增加，扩散系数变大，有利于浸提过程。而且温度适当升高，可使细胞蛋白质凝固、酶破坏，有利于浸出制剂的稳定性。但浸出温度高能使某些不耐热成分破坏失效，易挥发性成分挥发损失，还可使无效成分浸出量增加，产生沉淀影响质量。一般药材浸出控制在溶剂沸点温度下或接近于沸点温度进行比较有利，但必须控制在有效成分不被破坏的范围内。

（3）浓度梯度：是指药材块粒组织内的浓溶液与外面周围溶液的浓度差。浓度梯度越大，药物的扩散推动力越大，浸提效率越高。在选择浸提工艺和浸提设备时应以能创造最大的浓度差为基础。一般连续逆流浸取的平均浓度差比一次浸取大些，浸提效率也较高。在浸提过程中不断搅拌或经常更换新鲜溶剂、采取流动浸取溶剂的渗沥法等措施，均为增大扩散层中有效成分的浓度梯度，提高浸提效率的有效方法。

（4）浸提压力：增加浸提压力有利于加速浸润过程，更快地使溶剂充满药材组织内部并形成浓溶液，缩短浸提时间。

（5）药材与溶剂的相对运动速度：在流动的介质中进行浸提时药材与溶剂的相对运动速度加快，能使扩散边界层变薄或边界层更新加快，有利于浸提过程，如煎煮浸渍时的搅拌、渗漉时的流速控制等。需要指出的是，增加溶剂流速只有在扩散还未达到平衡时才有加快扩散浸提速度的作用。但相对运动速度应适当，过快时较易增加溶剂的耗用量。

4. 浸提方法和设备

常用的浸提方法有煎煮法、浸渍法、渗漉法、回流法及超临界流体萃取法等。

（1）煎煮法：是指将药材加水煎煮取汁。它是最早使用的简易传统方法。

煎煮法的一般操作过程如下：取规定的药材，适当地切碎或粉碎，置适宜煎煮器中，加水浸没药材，浸泡适宜时间后加热至沸，保持微沸浸出一定时间，分离煎出液，药渣依法复煎数次，至煎出液味淡薄止。收集各次煎出液，离心分离或沉降滤过后，低温浓缩至规定浓度，再进一步制成所需的制剂。以乙醇为浸出溶剂时，应采用回流提取法以免乙醇损失，同时也有利于安全生产。

浸泡时一般宜用冷水，浸泡时间一般以不少于 20~60min 为宜，以利于药材的润湿、有效成分的溶解和浸出。药材煎煮时间通常以煎煮 2~3 次、每次 1~2h 为宜，但药材质地坚硬及有效成分难于浸出的药材，煎煮次数可以酌情增加。

煎煮器材质不能与药材成分起化学变化。小量煎煮常用陶器或砂锅，药厂多采用敞口倾斜式夹层锅或不锈钢煎煮罐，忌用铜、铁器，因有的中药含有酚羟基化合物，易与金属离子形成络合物，破坏有效成分。目前常用的有中药密闭水提罐（图 8-1）、中药提取锅（图 8-2）和多功能中药提取罐（图8-3）等。其中多功能提取罐应用最广，它是一类可调节温度、压力的密闭间歇式提取或蒸馏多功能设备。可供药材的水提、醇提、提取挥发油、药渣中有机溶剂的回收等，适用于水煎、温浸、热回流、渗漉、强制循环浸渍、加压或减压浸出等浸提工艺。

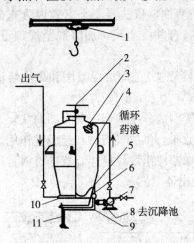

图8-1 中药密闭水提罐
1. 电动葫芦 2. 快开门装置 3. 循环药液喷头 4. 器体 5. 锚 6. 铰链过滤板 7. 泵 8. 过滤器 9. 支臂轴 10. 蒸汽喷头 11. 支架

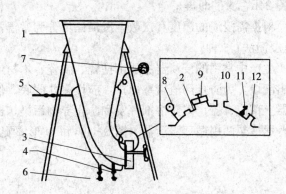

图8-2 中药提取锅
1. 锅身 2. 锅盖 3. 排渣口 4. 放液闸阀 5. 进蒸汽阀 6. 排蒸汽阀 7. 压力表 8. 真空泵 9. 上盖投料口 10. 接回流管或冷凝管 11. 吸液排气阀 12. 视镜

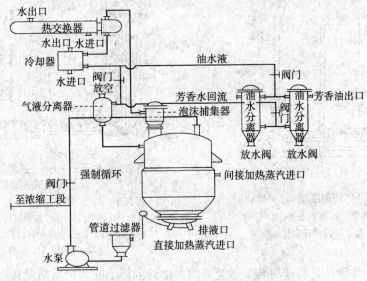

图8-3 多功能中药提取罐

（2）浸渍法：浸渍法是将药材用适当的溶剂在常温或温热条件下浸泡而浸出有效成分的一种方法。

该法在中药制剂生产中较为广泛，其特点是药材可用较多浸出溶剂浸取，适用于黏性药物、新鲜及易于膨胀的药材，价格低廉的芳香性药材，尤其适用于有效成分遇热易挥发或易破坏的药材；但不适用于贵重药材、毒性药材及有效成分含量低的药材或高浓度的制剂浸取。

其一般操作如下：取药材粗粉或碎块，置有盖容器中，加入适量的溶剂，盖严，搅拌或振摇，浸渍 3~5d 或规定的时间，倾出上清液，药渣再加入新溶剂，依法浸渍至有效成分充分浸出，通常重复 2~4 次，残渣用力压榨，使残液尽可能压出，合并浸出液，加溶剂至规定量后，静置 24h，滤过即得。

根据需浸渍的温度和次数，浸渍法可分为常温浸渍法（冷浸法）、加热浸渍法和多次浸渍法（重浸渍法）3 种。

生产中常用的浸渍器主要由搪瓷、陶瓷、木材或不锈钢等制成。浸渍器一般为圆筒状，下部有出液口，为防止药渣堵塞出口，应设多孔假底。假底上铺滤布，供放置药材和起滤过作用。浸渍器上部应有盖，以防溶剂挥发和防止异物污染，也有为了加速浸出增设搅拌装置。目前常用的有普通冷热两用循环浸渍器（图 8-4）和 U 形螺旋式连续浸出器（图 8-5）。

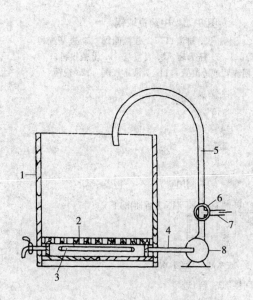

图 8-4 冷热两用浸渍器
1.浸渍桶 2.多孔假底 3.蒸汽盘管 4.导管
5.回流管 6.三通阀 7.浸液排出管 8.泵

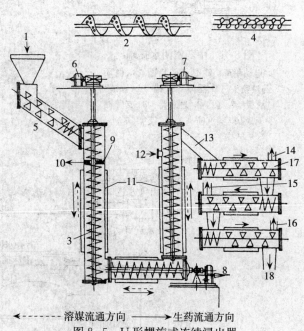

图 8-5 U 形螺旋式连续浸出器
1.生药加料斗 2、3.螺旋输送器 4、5.浆翼搅拌器
6、7、8.马达 9.粗滤器 10.浸出液出口 11.蒸汽夹套
12.溶剂入口 13.药渣出口 14、15、16.接冷凝器
17.溶剂回收器 18.废料出口

（3）渗漉法：渗漉法是将药材装入渗漉筒内，由筒上部不断添加溶剂使其渗过药粉，并由筒底部不断流出渗出液，从而浸提出有效成分的方法，所得浸出液称渗漉液。

渗漉操作法一般分为药材粉碎、润湿、装筒、排气、浸渍、渗漉收集、定性判断等步骤。

该法属动态浸提，溶剂利用率高，有效成分浸提完全，适用于有毒药材、有效成分含量较低或贵重药材的浸出，以及高浓度浸出制剂的制备。但对新鲜及易膨胀的药材，无组织结构的药材不宜应用。渗漉法的主要设备为渗漉筒，一般为圆锥形或圆柱形两种（图8-6），常用搪瓷、陶瓷、玻璃、不锈钢等材料制成。选择渗漉筒的形状主要根据药材的膨胀性及溶剂的特性，易于膨胀的药材选用圆锥形为好，不易膨胀的药材宜选用圆柱形；以水为溶剂的应采用圆锥形渗漉筒，因器壁的倾斜度能较好地适应膨胀变异；而以乙醇为溶剂的宜选用圆柱形。

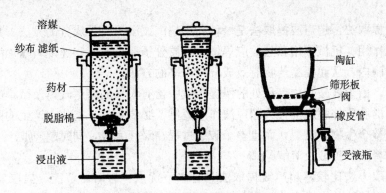

图8-6 各种类型的渗漉筒

（4）回流法：回流法是用乙醇等易挥发的有机溶剂提取药材中有效成分的方法。将浸出液加热蒸馏时，其中挥发性溶剂馏出后又被冷凝，回流至浸出器中浸提药材，这样反复循环直至有效成分提取完全为止。如此一来，溶剂循环使用，利用率高，可减少溶剂的消耗，提高浸出效果。本法提取液浓度逐渐升高，受热时间长，不适于对热不稳定成分的提取。

回流法常用的设备主要有多功能提取罐、索氏提取器等。生产中为了提高提取效果，通常可将回流与渗漉、回流与浸渍、浸渍与渗漉混合使用。

（5）水蒸气蒸馏法：水蒸气蒸馏法是将含有挥发性成分的药材与水或通水蒸气共蒸馏，使挥发性成分随水蒸气一并馏出的方法。

此法适用于具有挥发性，能随水蒸气蒸馏而不被破坏，与水不发生反应，又难溶或不溶于水的化学成分的提取、分离。该法可分为共水蒸馏法（即直接加热法）、通水蒸气蒸馏法及水上蒸馏法3种。为提高馏出液的纯度或浓度，一般需进行重蒸馏，收集重蒸馏液。但蒸馏次数不宜过多，以免挥发性成分的氧化或分解。

多能提取罐为常用水蒸气蒸馏设备，还有 $0.5\sim1m^3$ 的中小型挥发油提取罐。

（6）超临界流体提取技术：超临界流体提取（supercritical fluid extraction，SFE）技术是利用超临界流体（supercritical fluid，SCF）对药材中天然产物具有特殊溶解性来达到分离提纯的技术。SCF是指超过气液两相具有气液两相临界温度和临界压力时的非气、非液流体。SCF的密度接近液体，具有良好的溶解能力，其黏度接近气体，具有较高的扩散系数，兼具二者的优点。SCF对物质的溶解能力与其密度成正比关系，可有选择地溶解目的成分，而不溶解其他成分，从而达到分离纯化所需成分的目的。

在等温下超临界流体提取过程包括压缩、提取、减压和分离4个步骤。超临界提取的主要特点是：①提取速度快，周期短，效率高；②提取温度低，适用于对热敏感以及易氧化成分的提取；③方法选择性好，可通过控制压力和温度，有选择性地提取特定的组分；④操作简便，无传统方法易燃易爆的缺点，并且可以减少传统方法中使用的溶剂产生的污染；⑤提取试剂可循环使用，能够降低生产成本。

可用作 SCF 的气体种类较多，如二氧化碳、乙烯、氨、氧化亚氮等，以二氧化碳最为常用。目前超临界液体提取设备大多以单釜小于1 000L 的中小型提取装置为主，并且可直接与色谱仪联用。

（7）超声波提取法：超声波提取法是一种利用超声波浸提有效成分的方法。其基本原理是利用超声波的空化作用、机械作用和热效应等增大物质分子运动频率和速度，增加溶剂穿透力，使溶剂易于渗入细胞内，从而提高药物有效成分浸出率的方法。

在超声场中，由于被破碎物等所处的浸提介质中含有大量的溶解气体及微小的杂质包围，它们在被破碎物等的胶质外膜周围，为超声波作用提供了必要条件。空化中产生的巨大压力造成被破碎物细胞壁及整个生物体破裂，而且整个破裂过程在瞬间完成，同时超声波产生的振动作用加强了胞内物质的释放、扩散及溶解。

与传统的提取方法比较，超声波提取法具有以下优点：省时、节能、提取效率高和无需加热，是一种高效、快速的提取方法，对一些遇热不稳定成分的提取尤为适宜；提取过程是一个物理过程，无化学反应，被提取的生物活性物质在短时间内保持不变。

二、精　　制

精制（purification）是指采用适当的方法和设备除去中药提取液中的杂质或不必要成分的操作。中药水提液经自然沉降、离心分离或一般过滤，已除去了泥沙、细药渣等固体微粒。但仍体积较大、含量低、杂质多，为提高疗效，减少用量，增加制剂稳定性，需要进一步分离和纯化，即精制。

（一）常用的分离方法和设备

中药提取液的分离是指提取液中固体与液体或液体与液体之间进行分开的操作。常用的分离方法有以下 3 种：

1. 沉降分离法　沉降分离法是指借助固体微粒自身重力在液体介质中自然下沉、聚集，继而用虹吸法吸取上层澄清液而使固体与液体分离的方法。本法适于固体物含量高的水提液的粗分离，简便易行。但该法耗时长、药渣沉淀吸附药液多，对料液中固体物含量少、粒子细而轻，料液易腐败变质者不宜使用。

2. 离心分离法　离心分离法是指通过离心技术使料液中固体与液体或两种不相混溶的液体，产生大小不同的离心力而达到分离的方法。因为离心力可比重力大数千倍，所以离心分离效率高，应用广泛。在制剂生产中含水量较高、含不溶性微粒的粒径很小或黏度很大的滤浆；或需将两种密度不同且不相混溶的液体混合物分开，用沉降分离法和一般的滤过分离难以进行或不易分开时，可考虑选用离心分离法。

常用的离心机有三足式离心机、卧式自动离心机、管式超速离心机、碟式离心机、螺旋卸料沉降离心机、离心萃取机、筒式离心萃取机和旁滤式自动离心机等。

3. 滤过分离法　滤过分离法是指将固-液混悬液（滤浆）通过多孔介质（滤材），使固体微粒截留（滤渣或滤饼），经介质孔道流出液体（滤液），从而达到固液分离的方法。滤过的目的视有效成分的物态而定，若呈溶液状态，则收集滤液；若呈固体状态，则收集滤渣。生产中常用的滤过方法与设备主要有以下几种：

(1) 常压滤过法：常用玻璃漏斗、搪瓷漏斗、金属夹层保温漏斗。此类滤器常用滤纸或脱脂棉作为滤过介质。一般适于小量药液的滤过。

(2) 减压滤过法：常用布氏漏斗、砂滤棒做一般中、大量药液的滤过。垂熔玻璃滤器（包括漏斗、滤球、滤棒）常用于精滤，作为注射剂、口服液的滤过。

(3) 加压滤过法：常用板框滤过机。它是由许多块"滤板"和"滤框"串联组成。适用于黏度较低、含渣较少的液体做密闭滤过；醇沉液、合剂配液多用板框滤过法。

(4) 薄膜滤过法：以薄膜为滤过介质，按所能截留的微粒最小粒径或相对分子质量，其滤过操作可分为微孔滤膜滤过和超滤。

微孔滤膜滤过所截留的粒径范围为 $0.02\sim14\mu m$，用以滤除$\geqslant50nm$ 的细菌和悬浮颗粒。生产中主要用于澄明度要求较高的药液过滤，如水针剂及输液的滤过；热敏性药物的除菌净化。也可用于液体中微粒含量的分析和无菌空气的净化等。

超滤所截留的粒径范围为 $1\sim20nm$，是在纳米数量级选择性滤过的技术。在医药工业，主要用于中药注射剂的精制及除菌；蛋白质、酶、核酸、多糖类药物的超滤浓缩等。

(二) 常用的纯化方法

1. **水提醇沉法**（水醇法） 是指将中药先用水提取，再浓缩至约每毫升相当于原药材 $1\sim2g$，加入适量乙醇，静置冷藏适当时间，分离去除杂质，得到澄清液。该法广泛用于中药水提液的精制，以降低制剂的用量，或增加制剂的稳定性和澄清度，亦可用于制备具有生理活性的多糖和糖蛋白。

2. **醇提水沉法**（醇水法） 醇提水沉法与水提醇沉法的原理及操作大致相同，在中药制药工业中应用也较为普遍。是指先以适宜浓度的乙醇提取药材成分，再用水除去提取液中杂质的方法。适于提取药效物质为醇溶性或在醇中均有较好溶解性的药材，可避免药材中大量的高分子杂质（如淀粉、蛋白质、黏液质等）的浸出；水处理又可较方便地将醇提液中的树脂、油脂、色素等杂质沉淀除去。

3. **盐析法** 是指在含某些高分子物质的溶液中加入大量的无机盐，使其溶解度降低以沉淀析出，从而与其他成分分离的方法。适用于蛋白质的分离纯化，且不至于使其变性。此外，在提取挥发油时，也常用于提高药材蒸馏液中挥发油的含量及蒸馏液中微量挥发油的分离。常用的中性盐有硫酸铵、硫酸钠和氯化钠等，以硫酸铵最为常用。

4. **透析法** 是指利用小分子物质在溶液中可通过半透膜，而大分子物质不能通过的性质，借以达到分离的一种方法。适用于除去中药提取液中的鞣质、蛋白质、树脂等高分子杂质，也常用于某些具有生物活性的植物多糖的纯化。

5. **酸碱法** 是指利用药材单体成分的溶解度与酸碱度有关的性质，在溶液中加入适量的酸或碱，调节 pH 至一定范围，使上述单体成分溶解或析出，以达到提取分离目的的方法。适用于生物碱、有机酸、苷类和蒽醌等化合物的提取。

6. **大孔树脂吸附法** 大孔树脂是一类新型的非离子型高分子吸附剂。是指将中药提取液通过大孔树脂柱,使成分被吸附,再以水或低浓度乙醇洗柱,以洗去盐、小分子糖等杂质,再以适宜中、高浓度乙醇洗脱皂苷等有效成分。该法具有吸附容量大、适用范围广、再生容易、可反复使用等优点,多用于单味药材含皂苷等有效部位纯化,所得样品纯度高。但由于中药特别是复方成分繁多,性质各异,影响树脂吸附的因素十分复杂,对树脂吸附纯化效果、评价标准、安全性问题等尚存在争议,有待于深入研究。

三、浸出液的浓缩和干燥

中药材经过浸提与分离纯化后常得到大量的低浓度浸出液,多数情况下既不能直接应用,亦不利于制备成其他剂型。因此常需通过蒸发和干燥过程等来获得体积较小的浓缩液或固体产物。

(一)浓缩

浓缩(concentration)是通过加热蒸发,将药物溶液中部分溶剂蒸发并除去,从而达到减少药液体积、提高药物溶液浓度的方法。浓缩是中药制剂原料成型前处理的重要操作,蒸发或蒸馏是浓缩的重要手段。

1. 影响浓缩的因素

(1)传热温度差:传热温度差是指加热热源与溶液之间的温度差,它是传热过程的推动力。溶剂汽化是由于获得了足够的热能,使分子摆脱了分子间的内聚力而逸出溶液。故在蒸发过程中必须不断地向溶液供给热能。提高加热蒸气的压力和降低冷凝器中二次蒸气的压力,都有利于提高传热温度差。

(2)总传热系数:一般地说,增大总传热系数是提高蒸发浓缩效率的主要途径,增大传热系数的主要途径是减少热阻,即及时排除受热蒸气侧不凝性气体和溶液侧污垢层。

(3)蒸发面积:溶剂的汽化是在液体表面进行的,增加蒸发面积,如加大蒸发锅的口径,可以使蒸发速度加快。因而在常压蒸发时多采用大口的浅锅。

(4)液体表面的压力:液体表面压力包括大气压以及液体本身的静压。降低蒸发器内的气压和液体静压,都可加快蒸发速度。

2. 浓缩的方法和设备 常用的浓缩方法有以下几种:

(1)常压浓缩:是指溶液在大气压下进行浓缩的操作。常压浓缩具有设备简单、易操作、可保持最大蒸汽压差等优点;但同时具有浓缩慢,浓缩温度高,开放式操作,环境潮湿,极易污染的缺点。本法主要适用于被蒸发液体中有效成分耐热,被蒸发溶剂无燃烧性、无毒无害且无回收经济价值。小量蒸发多选用蒸发皿和搪瓷盆等容器,大量蒸发可选用蒸发锅等容器。

常压浓缩,若以水为溶剂的提取液多采用敞口倾倒式夹层蒸发锅;若是乙醇等有机溶剂的提取液,应采用蒸馏装置,可先采用外循环式蒸发器做常压浓缩,制成流浸膏后,再做减压浓缩,这样较直接用减压浓缩,乙醇的损耗量少。

(2)减压浓缩:是指在密闭的蒸发器中形成一定的真空度,使液体沸点降低进行蒸发的操作。减压蒸发具有蒸发温度低(40~60℃)和速度快等优点,适用于有效成分不耐热的中药浸提液的蒸发。例如含有生物碱、维生素及苷类等成分的浸提液。常用的设备是减压蒸馏器、真空浓缩罐和多效减压蒸发器。

(3) 薄膜浓缩：是指使药液形成薄膜状态而快速进行蒸发浓缩的操作。薄膜蒸发具有可在常压或减压条件下连续操作、浓缩速度快、受热时间短、溶剂可回收等优点，为广泛应用的浓缩方法。常用的设备主要有升膜式蒸发器、降膜式蒸发器、刮板式薄膜蒸发器和离心式薄膜蒸发器等。

(4) 多效浓缩：多效浓缩是将两个或两个以上减压蒸发器串联后进行浓缩的方法，是根据能量守恒定律确认的低温低压（真空）蒸汽含有的热能与高温高压含有的热能相差很小，而汽化热反而高的原理设计的。将前一效所产生的二次蒸气引入后一效作为加热蒸气，组成双效蒸发器。将二效的二次蒸气引入三效供加热用，组成三效蒸发器。同理，组成多效蒸发器。最后一效引出的二次蒸气进入冷凝器。为了维持一定的温度差，多效蒸发器一般在真空下操作。多效蒸发器的类型按加料方式可分为顺流式、逆流式、平流式和错流式 4 种；按热循环方式可分为内热循环式与外热循环式 2 种。

（二）干燥

蒸发浓缩后得到的浸膏需进行干燥，用以制备固体中药制剂如颗粒剂、胶囊剂、片剂等。

干燥（drying）是指通过气化除去湿物料中的湿分（水分或其他溶剂），从而获得干燥物品的工艺操作。在制剂生产中，干燥可用于药物的除湿，新鲜药材的除水，浸膏剂、颗粒剂、丸剂、片剂颗粒等的制备过程。干燥的目的在于提高物品稳定性，使成品或半成品有一定的规格标准，便于进一步处理。常用的干燥方法有以下几种：

1. **常压干燥** 该法简单易行，缺点是干燥时间长，易因过热引起有效成分破坏，干燥后结硬块较难粉碎。

2. **减压干燥** 又称真空干燥，是指在密闭容器中负压条件下干燥的方法。此法减少空气对产品的影响，具有干燥温度低，速度快；产品质地疏松呈海绵状，易于粉碎；密闭操作减少污染等特点。适用于含热敏性成分的浸出物的干燥，也可干燥易受空气氧化、有燃烧危险或含有机溶剂的物料。

3. **流化床干燥** 又称沸腾干燥，是利用热空气流使湿颗粒悬浮，似"沸腾状"，热空气在湿颗粒间通过，在动态下进行交换，湿气被抽走而达到干燥的目的。其特点是适于颗粒剂、片剂制备过程中湿颗粒的干燥和水丸的干燥；物料磨损轻，热利用率高；干燥速度快（一般湿颗粒干燥时间为 20min 左右），产品质量高；适合大规模生产。但热能耗损大。现使用较多的是负压卧式沸腾干燥床。

4. **喷雾干燥** 是将流化技术用于液态物料干燥的一种方法，指经雾化的稀浸出液在与干燥室内的热空气接触过程中，水分迅速气化而产品得到干燥的操作。该方法的最大特点是物料的受热表面积大，传热传质迅速，水分蒸发极快，一般只需零点几秒到几秒内即可完成雾滴的干燥，具有瞬间干燥的特点，干燥制品质量好，特别适用于热敏性物料的干燥。并且，喷雾干燥后的制品，质地松脆，溶解性能好，对改善某些制剂的溶出速率具有良好的作用。

5. **冷冻干燥** 是指将物料冷冻至冰点以下，放置于高度真空的冷冻干燥器内，在低温、低压的条件下，物料中的水分由固体的冰直接升华为气体而被除去的干燥方法。冷冻干燥制品多孔，质地疏松，易于溶解，特别适合于受热易分解破坏的药物，如抗生素、血浆、疫苗等生物制品以及中药粉针剂等，能防止热敏性物料的分解，且有利于药品长期贮存。

第二节 常用中药浸出制剂

一、概　述

(一) 浸出制剂的概念

浸出技术是指用适当的溶剂和方法，从药材（动植物）中浸出其可溶性有效成分的工艺技术。以此有效成分为原料制成的制剂称为浸出制剂，浸出制剂可直接制成供内服或外用的液体药物制剂，如汤剂、酒剂、酊剂、浸膏剂和流浸膏剂，也可把浸出液作为原料制备成其他制剂，如丸剂、片剂、糖浆剂、软膏剂、注射剂等。

浸出制剂是广大劳动人民数千年来广泛医药实践的经验积累。近几十年来，在挖掘、整理浸出制剂的基础上，逐步采用新技术、新工艺和新方法，改革和发展了中兽药新剂型，如颗粒剂（冲剂）、口服液、中药注射剂等剂型，在兽医上的应用日趋广泛。

(二) 浸出制剂的种类

常用浸出制剂可分为以下4类：

1. **水浸出制剂** 指在一定加热条件下用水浸出的含水制剂，如汤剂、中药合剂（浓汤剂）等。

2. **含醇浸出制剂** 指在一定条件下用适当浓度的乙醇或酒浸出的制剂，如酊剂、酒剂、流浸膏剂、浸膏剂。需要指出的是，有些流浸膏虽是用水浸出的，但制成品中一般加有一定浓度的乙醇，故仍属含醇制剂。

3. **含糖浸出制剂** 指在水浸出剂型的基础上，经浓缩等处理后，与适量糖（蜂蜜）或其他赋形剂混合制成的制剂，如内服膏剂（膏滋）、颗粒剂、糖浆剂等。

4. **精制浸出制剂** 指采用适当溶媒浸出后，药材浸出液经过适当精制处理而制成的制剂，如某些口服液、滴剂，以及由中药材提取的有效部位制得的注射剂。

(三) 浸出制剂的特点

浸出制剂的组成成分比较复杂，成品中除含有有效成分和辅助成分外，往往还含有一定量的无效成分。浸出制剂一般具有以下特点：

(1) 具有处方药材各浸出成分的综合作用，有利于发挥某些成分的多效性。浸出制剂所含成分是非单一的，与从同一药材中提出的单体化合物相比，不但疗效好，有时还能呈现单体化合物不能起到的临床治疗效果。例如阿片粉中含有多种生物碱，除具有镇痛作用外，还有较好的止泻功效，但从阿片中提出的吗啡虽有强力的镇痛作用，却无明显的止泻功效。又如仙鹤草水浸膏具有一定的抗癌作用，但若将其分离纯化，则会发现其纯度愈高，其抗癌活性愈低。再如葛根汤具有解热作用，但方中葛根、麻黄、桂枝、生姜、炙甘草、芍药、大枣七味中药，单用均无明显的解热效果。这充分说明药材中多成分固有体系的综合作用。

(2) 作用通常比较缓和持久，毒性作用较低。浸出制剂中含有多种共存的药材成分，它们之间可能相辅相成，也可能相互制约。有时可以增强疗效，有时还可以降低毒性。例如莨菪浸膏中的东莨菪内酯可以提高莨菪碱对肠黏膜组织的亲和性，促进其吸收，同时还能延长莨菪碱在肠管的停留时间，减少莨菪碱向体内的转移过程。因而与莨菪碱比较，浸膏对肠管平滑肌的解痉作用缓和持久，毒性亦较低。再如将洋地黄制成浸提药剂后，强心苷与鞣质结合成盐，其作用缓和，毒性小。但若将其提炼成单体化合物，则洋地黄不再与鞣质结合成盐而单独存在，作用较强烈、毒性大、药效维持时间短。

所以，浸出制剂还不能完全用化学药物制剂来代替。对于有效成分的提取，主要是提取总有效部位。

（3）与原药材相比，浸出制剂除去了部分无效成分和组织物质，提高了有效成分的浓度，减少了用量，便于服用。同时在浸出过程中，处理或去除了酶、脂肪等无效成分，增加制剂的有效性、稳定性和安全性，更好地发挥了中草药的作用。

二、汤　　剂

（一）概述

汤剂（decoction）是指用中药材加水煎煮，去渣取汁制成的液体剂型，亦称为煎剂，供内服或外用。汤剂是我国最早应用的一种剂型。

汤剂的优点是：①处方组成及用量可根据病情变化，适当增减以适应中医辨证论治的需要，灵活应用；②复方汤剂有利于充分发挥药物成分的多效性和综合作用，增强疗效或减轻毒副反应；③汤剂为液体，易于吸收，疗效快；④设备及制备方法简单易行。但汤剂也存在缺点：①汤剂多为临用前煎煮，不宜大量制备，不利于及时抢救危重病畜；②容易霉变；③用量大，味苦，服用和携带不便；④脂溶性成分和难溶性成分不易提取完全，部分有效成分利用率较低。

（二）制备方法

汤剂是按照煎煮法制备。一般先在药材饮片或粗粒中加适量的溶剂浸泡20～60min，然后加热至沸，并维持微沸状态一定的时间，滤取煎出液，药渣再依法重复操作1～2次，合并各次煎液即得。

汤剂的质量与煎器、溶剂、药材品种、药材加工、煎煮时间、煎煮次数以及某些中药的特殊处理等因素密切相关。药材中含有芳香性药物，如薄荷、柴胡等，可先用蒸馏法收集挥发性成分备用，再将其药渣与处方中其他药物一同煎煮。此外，根据药物有效成分的特点，亦可选用不同溶剂，不同浸提方法，如渗漉法、醇提水沉法和水煮醇沉法等。

（三）制备举例

例：四逆汤。

【处方】附子（制）300g，干姜200 g，甘草（炙）300 g。

【制备】以上3味，附子、甘草加水煎煮两次，第一次2h，第二次1.5h，合并煎液，滤过。干姜通水蒸气蒸馏，提取芳香水，另器保存。姜渣再加水煎煮1h，滤过，再与附子、甘草的煎液合并，浓缩至约400mL，放冷，加乙醇1 200mL，搅匀，静置24h，滤过，减压浓缩成稠膏状，加水适量稀释，冷藏24h。滤过，加单糖浆300mL、防腐剂适量和上述芳香水，再加水至1 000mL搅匀，灌封，熔封，即得。

【功能与主治】 本品温中祛寒，回阳救逆。用于四肢厥冷，脉微欲绝，亡阳虚脱。

三、中药合剂（口服液）

（一）概述

合剂（mixture）是指药材用水或其他溶剂，采用适宜方法提取制成的口服液体制剂，又称口服液。

中药合剂是在汤剂基础上改进和发展的，它既是常用汤剂的浓缩制品，也常按照药材成分的性质，综合运用多种浸提方法，故能综合浸出药材中多种有效成分。合剂具有药物浓度高，用量小，能较大量地制备和贮存，便于病畜服用，省去用时煎煮的麻烦，质量易控制，可成批生产的优点。但合剂不能随症加减，且在贮存过程中易发霉变质，故不能代替汤剂。

（二）制备方法

中药合剂的制备工艺与汤剂基本相似，但又不完全与汤剂相同，一般制备工艺流程为：浸提→纯化→浓缩→调配→分装→灭菌。

1. **浸提** 其制法一般多采用煎煮法，由于一次投料较多，故一般煎煮两次，每次1～2h。此外，根据药物有效成分的不同，亦可选用不同浓度的乙醇或其他溶剂，采用不同浸提方法，如渗漉法、回流提取等方法浸提。

2. **纯化** 药材煎煮液中含有淀粉、黏液质、蛋白质、果胶及泥沙、植物组织等，需进一步纯化处理。常用的纯化措施有乙醇沉淀法、吸附澄清法或高速离心法等。

3. **浓缩** 醇沉净化处理的药液应先回收乙醇再浓缩，浓缩应根据药物有效成分的热稳定性，选用恰当的方法，通常选用减压浓缩或薄膜浓缩等方法。同时，可根据需要合理选用矫味剂和防腐剂。常用的甜味剂有蜂蜜、单糖浆、甘草甜素和甜菊苷等；防腐剂有山梨酸、苯甲酸和丙酸等。

4. **分装** 配制好的药液应尽快灌装于洁净干燥灭菌的玻璃瓶中，盖好胶塞，轧盖封口。

5. **灭菌** 灭菌应在封口后立即进行。小包装常用流通蒸汽或煮沸灭菌法，大包装常用热压灭菌法。

（三）质量检查

合剂应澄清，在贮存期间不得有发霉、酸败、异臭、变色、产生气体或其他变质现象，允许有少量轻摇易散的沉淀。除另有规定外，合剂还应进行装量和微生物限度检查。

1. **装量** 按《中国兽药典》附录中的最低装量检查法检查，应符合规定要求。
2. **微生物限度** 按《中国兽药典》附录中的微生物限度检查法检查，应符合规定要求。

（四）制备举例

例：清解合剂。

【处方】石膏670g，金银花140g，玄参100g，黄芩80g，生地黄80g，连翘70g，栀子70g，龙胆60g，甜地丁60g，板蓝根60g，知母60g，麦冬60g。

【制备】以上12味，除金银花、黄芩外，其余10味，加水温浸1h，再煎煮2次，第一次1h（煎煮半小时后加入金银花、黄芩），第二次煎煮40min；滤过，合并滤液，滤液浓缩至相对密度约为 1.17（90℃），加入乙醇，使含醇量达 65%～70%，冷藏静置 48h；滤过，滤液回收乙醇，加水调至 1 000mL，灌装，灭菌，即得。

【功能与主治】清热解毒。用于鸡大肠杆菌引起的热毒症。

四、酊　剂

（一）概述

酊剂（tincture）可供内服和外用。酊剂以不同浓度乙醇为溶剂，浸提成分范围广，药液中杂质少，成分较为纯净，有效成分含量高，剂量减少，使用方便，且不易生霉。但醇本身具有一定的药理作用，临床应用受到一定限制，且用水稀释时，由于溶媒的改变，常有沉淀产生。

（二）制备方法

酊剂可用稀释法、溶解法、浸渍法和渗漉法制备。

1. **稀释法**　是指以流浸膏为原料，加入规定浓度的乙醇稀释至需要量，混合后静置至澄明，收集上清液，残液滤过，合并，即得。

2. **溶解法**　是指将药物直接溶解于乙醇中制备而得的方法，主要适用于化学药物及中药有效部位或有效成分酊剂的制备。

3. **浸渍法**　按浸渍法进行，无组织的药材或不含剧毒成分的药材制备酊剂时多采用浸渍法。

4. **渗漉法**　为制备酊剂常用的方法，按渗漉法进行。若原料为剧毒药品，则应测定渗漉液中有效成分的浓度，再加溶煤调节使符合规定的标准。

制备时要严格控制所用药材的质量，浸出用乙醇的浓度应遵守《中国兽药典》的规定，以保证有效成分的浸出和稳定；在浸渍和渗漉过程中需防止乙醇的挥发，并注意季节温度变化，以免影响浸出效果。近年来，对酊剂制备工艺和质量控制有了较深入的研究，如将乙醇渗漉法改为回流法、恒温强制循环浸渍法等均能提高浸取效率和节约溶剂。

（三）质量检查

酊剂应检查乙醇量。除另有规定外，酊剂还应按《中国兽药典》附录中相应的方法进行甲醇量、装量和微生物限度检查，应符合规定要求。

（四）制备举例

例：复方龙胆酊。

【处方】龙胆 100g，陈皮 40g，草豆蔻 10g，60%乙醇适量。

【制备】取龙胆、陈皮、草豆蔻粉碎成最粗粉，混匀，用 60%乙醇作为溶剂，浸渍 24h 后，以 3～5mL/min 的速度渗漉，收集漉液 1 000mL，静置，待澄清，滤过，即得。

【功能与主治】健脾开胃。用于脾不健运，食欲不振，消化不良。

五、流浸膏剂和浸膏剂

（一）概述

流浸膏剂（liquid extract）、浸膏剂（extract）是指药材用适宜的溶剂提取，蒸去部分或全部溶剂，调整至规定浓度而制成的制剂。二者均需经过浓缩过程，但浓缩的程度不同。除另有规定外，流浸膏剂每 1mL 相当于原有药材 1g。浸膏剂每 1g 相当于原药材 2~5g。

流浸膏剂和浸膏剂直接作为制剂用于兽医临床的品种较少，主要用作配制其他剂型的原料。流浸膏剂常用于配制合剂、酊剂、糖浆剂、丸剂或其他制剂的原料等。浸膏剂不含溶剂，有效成分含量高，体积小，疗效确切。浸膏剂常用于配制酊剂、流浸膏剂、丸剂、片剂、软膏剂、栓剂、颗粒剂等。除另有规定外，应置遮光容器内密封，流浸膏剂应置阴凉处贮存。

（二）制备方法

除另有规定外，流浸膏剂用渗漉法制备，亦可用浸膏剂稀释制成；浸膏剂用煎煮法或渗漉法制备，全部煎煮液或渗漉液应低温浓缩至稠膏状，加稀释剂或继续浓缩至规定的量。流浸膏剂久置后易发生沉淀，可过滤除去，测定有效成分含量，调整至规定标准，仍可使用。

（三）质量检查

流浸膏剂一般应检查乙醇量。久置若产生沉淀时，在乙醇和有效成分含量符合各品种项下规定的情况下，可滤过除去沉淀。除另有规定外，流浸膏剂和浸膏剂还应进行装量和微生物限度检查，应符合规定要求。

（四）制备举例

例1：大黄流浸膏。

【处方】本品为大黄经加工制成的流浸膏。

【制备】取大黄（最粗粉）1 000g，用 60% 乙醇作为溶剂，浸渍 24h 后，以 1~3mL/min 的速度缓慢渗漉，收集初漉液 850mL，另器保存。继续渗漉，至渗漉液色淡为止，收集续漉液，浓缩至稠膏状，加入初漉液，混合后，用 60% 乙醇稀释至 1 000mL，静置，待澄清，滤过，即得。

【功能与主治】健胃通肠。用于食欲不振、便秘。

例2：甘草浸膏。

【处方】本品为甘草经加工制成的浸膏。

【制法】取甘草，润透，切片，加水煎煮 3 次，每次 2h，合并煎液，放置过夜使沉淀，取上清液浓缩至稠膏状，调节使符合规定，即得。

【功能与主治】祛痰止咳。用于咳嗽。

六、煎 膏 剂

（一）概述

煎膏剂（electuary）是指中药材用水煎煮，去渣取液浓缩后，加糖或炼蜜制成的稠厚状半流体制剂，也称膏滋。

煎膏剂经提取浓缩，并含有大量糖或蜜，具有药物浓度高、体积小、味甜、稳定性好、易于使用等优点。但受热易破坏，并且以挥发性成分为主的中药不宜制成煎膏剂。

（二）制备方法

煎膏剂多用煎煮法制备，其工艺过程一般为：药材处理→提取药液→制备清膏→炼糖→收膏→分装。

制备时根据方中药材性质，将其切成片、段或粉碎成粗末，加水煎煮 2~3 次，每次 2~3h，滤过，静置，将上述滤液加热浓缩至规定密度，即得"清膏"，加入规定量的炼糖或炼蜜，收膏即得。煎膏剂收膏时应防止焦化，糖可选用冰糖、白糖、红糖等。胶类药材应在收膏时加入。煎膏剂应密闭阴凉干燥处保存，应防止发霉变质。煎膏剂应无焦屑、异味，无糖的结晶析出。

（三）制备举例

例：养阴清肺膏。

【处方】地黄 100g，麦冬 60g，玄参 80g，川贝母 40g，白芍 40g，牡丹皮 40g，薄荷 25g，甘草 20g。

【制备】以上 8 味，川贝母用 70%乙醇作为溶剂，浸渍 18h 后，以 1~3mL/min 的速度缓缓渗漉，待可溶性成分完全漉出，收集漉液，回收乙醇；牡丹皮与薄荷分别用水蒸气蒸馏，收集蒸馏液，分取挥发性成分，另器保存；药渣与地黄等 5 味药加水煎煮 2 次，每次 2h，合并煎液，静置，滤过，滤液与川贝母提取液合并，浓缩至适量，加炼蜜 500g，混匀，滤过，滤液浓缩至规定的密度，放冷，加入牡丹皮与薄荷的挥发性成分，混匀，即得。

【功能与主治】养阴润燥，清肺利咽。用于阴虚肺燥，咽喉干痛。

第三节　中药注射剂和中药灌注剂

一、中药注射剂

（一）概述

中药注射剂是由中药材中提取的有效成分制成的可供注入动物体内的溶液、乳状液以及供临用前配制成溶液的粉末或浓溶液的无菌制剂。

中药注射剂是在传统中药汤剂基础上，利用现代科学方法加工而成的无菌制剂，中药注射剂的研制与发展是传统中药给药途径的突破。中药注射剂虽有自身独特的优势，但在临床实际应用中也发现不少问题，如制剂澄明度和稳定性差、药液刺激性强、剂量与疗效关系以及中药注射剂的质量标准问题等。这些问题均需深入研究解决，并且中药注射剂的总体质量也有待于进一步提高。

（二）中药注射剂的溶剂和附加剂

1. **溶剂**　一般分为水性溶剂和非水性溶剂。

（1）水性溶剂：最常用的是注射用水，也可用 0.9%氯化钠溶液或其他适宜的水溶液。

（2）非水性溶剂：常用的为植物油（主要为供注射用的大豆油），其他还有乙醇、丙二醇和聚乙二醇等。

2. **附加剂**　配制注射剂时，可根据药物的性质加入适宜的附加剂。如渗透压调节剂、pH 调节剂、增溶剂、助悬剂、抗氧化剂、抑菌剂、乳化剂等。所用附加剂均不应影响药物疗效，避免对检验产生干扰，使用浓度不得引起毒性或过度的刺激。

常用的增溶剂和助溶剂有吐温80（0.5%～1.0%）、胆汁（0.5%～1.0%）、甘油（15%～20%）等。常用的助悬剂有明胶、聚维酮、羧甲基纤维素钠及甲基纤维素等。常用的乳化剂有聚山梨醇-80、油酸山梨坦（司盘-80）、卵磷脂和豆磷脂等，后两者还可用于静脉注射用乳浊液的制备。常用的抗氧化剂有亚硫酸钠、亚硫酸氢钠和焦亚硫酸钠，一般浓度为0.1%～0.2%。常用的抑菌剂有0.5%苯酚、0.3%甲酚和0.5%三氯叔丁醇等。

（三）制备方法

中药注射剂的制备工艺过程，除对中药材进行预处理和有效成分的浸提、精制等工序外，其他步骤与一般注射液生产工艺基本相同。其一般制备过程可分为原料预处理、浸提与精制、配液、灌封、灭菌、质量检查等几个步骤。现就中药注射剂制备中常用的预处理、浸提、精制以及去除鞣质等特有的问题做简要介绍。

1. **中药原药的选择和预处理** 我国中药材种类众多，成分复杂，其有效成分及含量与原料的品种、产地、采集季节和贮藏环境因素等密切相关。在制备过程中，必须对原料进行品种鉴定，确定来源及用药部位，并经含量检查合格后再进行预处理。剔除药材中混有的异物及非用药部位，根据需要进行冲洗、干燥、切片等操作。

2. **浸提与精制** 以药材为原料制备注射剂，浸提和精制是关键工艺。常用的方法有以下几种：

（1）蒸馏法：某些中药材中有效成分为挥发油或其他挥发性成分时，可采用蒸馏法提取、纯化。蒸馏时采用水蒸气蒸馏、直接水上蒸馏或与水共蒸馏，收集馏出液，必要时可重蒸馏一次，以提高馏出液的纯度或浓度。必要时可采用减压蒸馏法。

（2）溶剂沉淀法：又分为水提醇沉法和醇提水沉法，其前提是目标组分既溶于水又溶于醇。对于疗效确切、有效成分不甚明确的中药，为保持原方疗效，通常采用该法。

（3）酸碱沉淀法：利用某些中药有效成分在酸、碱水溶液中溶解度不同的性质，达到提取有效成分而除去杂质的目的。常用的酸碱有盐酸、醋酸、硫酸、氢氧化钙、碳酸钠、氢氧化钠、氨水等，使用浓度一般为0.1%～0.5%，浓度太高易造成有效成分分解。需注意的是，采用酸水提取可能将药材中所含草酸钙变成草酸而被提取。如提取物纯度达不到要求，可再用有机溶剂进一步纯化。

（4）萃取法：是利用与水互不相溶的有机溶剂把有效成分从水提液中分离出来的方法。

此外，还有超滤法、透析法和离子交换法等（详见本章第一节）。

3. **去除鞣质的方法** 鞣质在水和乙醇中均可溶解，用一般中药浸提与精制方法不易除尽，当加热灭菌或久贮后易发生氧化、聚合而逐渐沉出。常用的去鞣质方法有以下几种：

（1）明胶沉淀法：是指利用蛋白质与鞣质在水溶液中形成不溶性鞣酸蛋白而沉淀的方法。也有在加明胶滤过后直接加乙醇处理，这种方法叫改良明胶法。改良法可减少明胶对有效成分的吸附，尤其对含黄酮、蒽酮的中药注射液较为适合。

（2）醇溶液调pH法：利用鞣质可与碱成盐，在高浓度乙醇中难溶而沉淀除去的方法。在中药的水浸液中加入乙醇，使其含量达80%或更高，滤除沉淀后，用40%氢氧化钠调pH为8，此时鞣质生成钠盐且不溶于乙醇而析出，可过滤除去。

（3）聚酰胺除鞣质法：本法是利用聚酰胺分子内存在的酰胺键，可与酚类、酸类、醌类、硝基化合物等形成氢键而吸附，达到除去鞣质的目的。该法除鞣质较彻底，且保留有效成分多。

(四) 质量检查

配制注射剂前的半成品，应检查重金属、砷盐，除有规定外，含重金属不得过 10^{-6}；含砷盐不得过 2×10^{-6}。

溶剂型注射剂应澄明。乳状液型注射剂应稳定，不得有相分离现象；静脉用乳状液型注射液分散相球粒的粒度90%应在 $1\mu m$ 以下，不得有大于 $5\mu m$ 的球粒。静脉输液应尽可能与血液等渗。除另有规定外，中药注射剂还应进行装量、装量差异、澄明度、不溶性微粒、无菌、热原和有关物质的检查。

(五) 制备举例

例1：柴胡注射液。

本品为柴胡制成的注射液。每1mL相当于原生药1g。

【处方】柴胡1 000g，氯化钠9g，聚山梨酯80 3g，注射用水适量。

【制备】 取柴胡1 000g，切断，加水温浸，经水蒸气蒸馏，收集初馏液，再重蒸馏，收集重馏液约1 000mL；加3g聚山梨酯80，搅拌使其完全溶解，再加入9g氯化钠，溶解后，滤过，加注射用水调至1 000mL；调节pH，测定吸光度，精滤，灌封，灭菌，即得。每1mL相当于原生药1g。

【功能与主治】清热。用于感冒发热。

例2：鱼腥草注射液。

本品为鱼腥草经水蒸气蒸馏制成的灭菌水溶液。每1mL相当于原生药2g。

【处方】鱼腥草（鲜）2 000g，氯化钠8g，注射用水适量。

【制备】 取鲜鱼腥草洗净置容器内，按水蒸气法蒸馏。第1次收集蒸馏液约2 000mL。将药渣弃去，蒸馏液再蒸馏1次，第2次收集蒸馏液约950mL。用氢氧化钠溶液调pH为6.5~7。加入氯化钠8g，加注射用水至1 000mL，用3号垂熔玻璃漏斗及其他滤器滤材过滤至澄明。灌封，灭菌，即得。

【功能与主治】清热解毒，消肿排脓，利尿通淋。用于肺痈、痢疾、乳痈、淋浊。

二、中药灌注剂

(一) 概述

灌注剂是指药材提取物、药物以适宜的溶剂制成的供子宫、乳房等灌注的灭菌液体制剂。分为溶液型、混悬型和乳浊型3种。

(二) 制备方法

制备灌注剂时，药材应按《中国兽药典》规定的方法浸提、纯化或用适宜的方法粉碎成规定的粒度要求。灌注剂要求在洁净环境下配制，各种用具及容器均需用适宜的方法清洗干净并进行灭菌，注意避免污染，必要时可加抑菌剂等附加剂。除另有规定外，灌注剂应适当调节pH和渗透压，一般pH应为5.5~7.5。

(三) 质量检查

溶液型灌注剂应澄清，不得有沉淀和异物。混悬型灌注剂中的颗粒应细腻，均匀分散，放置后其沉淀物不得结块，振摇后一般应在数分钟内不分层。乳浊型灌注剂应分布均匀。除另有规定外，灌注剂还应进行装量和无菌检查。

(四) 制备举例

例：促孕灌注液。

【处方】淫羊藿400g，益母草400g，红花200g。

【制备】以上3味，加水煎煮提取后，滤过，滤液浓缩，放冷，分别加入乙醇和明胶溶液除去杂质。药液加注射用水至1 000mL，煮沸，冷藏，滤过。加葡萄糖50g使之溶解，精滤，灌封，灭菌，即得。

【功能与主治】补肾壮阳，活血化瘀，催情促孕。用于卵巢静止和持久黄体性不孕症。

三、注射用无菌粉末

(一) 概述

中药粉针剂是中药注射用无菌粉末的简称，是指将某些对热不稳定或易水解失效的药物按无菌操作制成供注射用的灭菌干燥粉末，临用前用灭菌注射用水或适宜的灭菌溶剂溶解或混悬均匀后注射。

中药粉针剂是在中药注射液的基础上发展起来的，是将冷冻干燥技术、喷雾干燥技术、无菌操作技术应用于中药注射剂的生产中，改善了对热不稳定或在水中易分解失效的注射剂的稳定性，提高了产品的质量。

(二) 制备方法

中药粉针剂的制备方法主要有两种：一种是无菌分装制品，即将原料药精制成无菌粉末，在无菌条件下直接分装在容器中密封；另一种是注射用冷冻干燥制品，即将中药提取物制成无菌水溶液，在无菌条件下立即灌入相应的容器中，经冷冻干燥除去药液中的水分，得干燥粉末，并在无菌条件下密封成注射用粉末。该法制备的粉针剂可避免有效成分受热破坏、分解，制品质地疏松，加水后溶解迅速，但生产成本较高。

(三) 制备举例

例：双黄连粉针剂。

【处方】黄芩250g，金银花250g，连翘500g。

【制备】方法1：取金银花、连翘的提取物（用水提醇沉法制得），用注射用水约800mL处理溶解，冷藏24h，上清液滤过，超滤，超滤液中加入黄芩提取物（用水煎法经酸碱法处理制得），调节pH为7，加热煮沸15min，冷藏48h，上清液滤过，滤液浓缩至相对密度为1.35（热测），分装成100瓶，冷冻干燥，压盖密封即得。

方法2：金银花、连翘用水煮提，用乙醇纯化，调节pH，回收乙醇，浓缩，加水，调pH，热处理，冷藏，得提取液。将黄芩提取物溶于上述提取液中，用活性炭处理，滤除活性炭，调pH，喷雾干燥，测定含量后分装。

【功能与主治】清热解毒,清宣风热。用于外感风热引起的发热、咳嗽、咽喉肿痛。

第四节 常用中药固体制剂

一、中药散剂

(一) 概述

散剂(powders)是指药材或药材提取物经粉碎、均匀混合制成的粉末状制剂,分为内服散剂和外用散剂。散剂除作为药物剂型可直接应用于畜禽外,亦是制备其他许多重要剂型如片剂、颗粒剂、混悬剂和丸剂等的基础。

散剂具有以下特点:
(1) 粉粒的粒径小,具有较大的比表面积,药物的溶出和起效快。
(2) 外用散剂的覆盖面较大,可同时发挥保护和收敛等作用。
(3) 制法相对简单,剂量容易控制,运输、携带和保存比较方便。
(4) 不含液体,相对比较稳定,适宜添加在饲料中使用。
(5) 药物粉碎后表面积增大,其臭味、刺激性等也相应增加;而且某些易挥发性成分易散失。

(二) 制备方法

散剂制备一般的工艺流程为:粉碎→过筛→混合→分剂量→质检包装。粉碎、过筛、混合、分剂量的方法见本书第五章。

(三) 质量检查

除另有规定外,散剂应进行外观均匀度、水分、装量差异检查。

1. **外观均匀度** 取供试品适量,置光滑纸上,平铺约 $5cm^2$,将其表面压平,在明亮处观察,应色泽均匀,无花纹、色斑。
2. **水分** 按《中国兽药典》附录通则中水分测定法测定,除另有规定外,不得过 10.0%。
3. **装量差异** 按《中国兽药典》附录散剂通则该项下检查方法测定,应符合规定要求。

(四) 制备举例

例1:清瘟败毒散。
【处方】石膏 120g,地黄 30g,水牛角 60g,黄连 20g,栀子 30g,牡丹皮 20g,黄芩 25g,赤芍 25g,玄参 25g,知母 30g,连翘 30g,桔梗 25g,甘草 15g,淡竹叶 25g。
【制备】以上 14 味,粉碎,过筛,混匀,即得。
【功能与主治】泻火解毒,凉血。用于热毒发斑,高热神昏。

例2:激蛋散。
【处方】虎杖 100g,丹参 80g,菟丝子 60g,当归 60g,川芎 60g,牡蛎 60g,地榆 50g,肉苁蓉 60g,丁香 20g,白芍 50g。
【制法】以上 10 味,粉碎,过筛,混匀,即得。
【功能与主治】清热解毒,活血祛瘀,补肾强体。用于输卵管炎,产蛋功能低下。

二、中药颗粒剂（冲剂）

（一）概述

中药颗粒剂是指药材提取物与适宜的辅料或药材细粉制成具有一定粒度的颗粒状制剂，分为可溶颗粒、混悬颗粒和泡腾颗粒。

中药颗粒剂是在汤剂等的基础上发展起来的一种新剂型，既保持了汤剂吸收快、显效快等优点，又克服了汤剂服用时临时煎煮、费时耗能、久置易霉变变质等缺点。通过薄膜包衣，可以提高药物稳定性，同时掩盖某些中药的不适气味并达到缓慢释药的目的。

（二）制备方法

其制备方法一般分为浸提、纯化、浓缩、制粒、干燥、整粒、质量检查、包装等步骤。

制粒是颗粒剂制备过程中关键的工艺技术，它直接影响到颗粒剂的质量。目前生产中常用的有挤出制粒、湿法混合制粒、流化喷雾制粒和喷雾干燥制粒等方法。

湿颗粒制成后，应及时干燥。久置，湿粒易结块变形。干燥温度一般以 60~80℃ 为宜。干燥时温度应逐渐上升，否则颗粒的表面干燥过快，易结成一层硬壳而影响内部水分的蒸发。颗粒的干燥程度应适宜，一般含水量控制在 20% 以内。生产中常用的干燥设备有沸腾干燥床、烘箱、烘房等。

颗粒剂中含芳香挥发性成分或加入香料时，一般宜采用 β-环糊精包合或采用其他稳定措施后，与其他颗粒混匀后进行分装。

（三）质量检查

颗粒剂应干燥、颗粒均匀、色泽一致，无吸潮、结块、潮解等现象。除另有规定外，颗粒剂还应进行以下检查：

1. **粒度** 采用双筛分法，不能通过 1 号筛和能通过 5 号筛的总和，不得超过 15%。
2. **水分** 按《中国兽药典》附录颗粒剂通则该项下水分测定法测定，除另有规定外，不得超过 6.0%。
3. **溶化性** 按《中国兽药典》附录颗粒剂通则该项下检查方法测定，可溶颗粒应全部溶化，允许有轻微浑浊；混悬颗粒应能混悬均匀；泡腾颗粒遇水时应能迅速产生气体并呈泡腾状。颗粒剂均不得有胶屑等异物。
4. **装量差异** 按《中国兽药典》附录颗粒剂通则该项下检查方法测定，应符合规定要求。

（四）制备举例

例：板青颗粒。

【处方】板蓝根 600g，大青叶 900g。

【制备】以上 2 味，加水煎煮 2 次，每次 1h，合并煎液，滤过，滤液浓缩至稠膏状，加蔗糖、糖精适量，混匀，制成颗粒，干燥，制成 1500g（使每 1g 颗粒相当于 1g 生药），即得。

【功能与主治】清热解毒，凉血。用于风热感冒，咽喉肿痛、热病发斑等温热性疾病。

三、中药片剂

(一) 概述

中药片剂是指药材提取物、药材提取物加药材细粉或药材细粉与适宜的辅料均匀混合,经压制而成的片状制剂。主要供内服使用,也有作外用或其他特殊用途。按其原料及制法特征,中药片剂分为全浸膏片（如甘草片）、半浸膏片（如杨树花片、鸡痢灵片、板蓝根片）和全粉末片（如麻杏石甘片、大黄碳酸氢钠片、龙胆碳酸氢钠片）等类型。

中药片剂的研究和生产始于20世纪50年代,它是汤剂、丸剂等传统剂型的改革和发展。中药片剂的主要优点是：①剂量准确,片剂内药物含量差异较小；②质量稳定,片剂为干燥固体,光线、空气、水分等对其影响较小；③通常片剂溶出速度及生物利用度较丸剂好；④片剂生产的机械化、自动化程度较高,产量大,成本低,药剂卫生易达标。其缺点是：容易吸潮、霉败,所含挥发性药物久贮后含量容易下降或使药效降低。

(二) 制备方法

中药片剂多属复方片剂,即常含有多种性质的药材,多数药材中常含有较多的植物纤维素,一般不宜采用普通湿法制粒压片的方法,生产中药片剂时一般与化学药物的片剂有所不同。中药片剂的生产一般包括以下几个方面：

1. 中药原料的处理 中药材在制备片剂以前应按处方要求选用合格的药材,并进行洁净、炮制和干燥等处理。

(1) 利用原药材生产时,应先粉碎,过100目筛。

(2) 一般植物药含有较多的无效成分,如纤维素等,体积较大,通常可用水或其他溶媒煎出全部可溶性成分,浓缩成稠膏,经过浸提、分离、精制处理等除去无效成分,以缩小体积,提高其生物利用度。含醇溶性成分如生物碱、苷等的药材,可利用适宜浓度的醇为溶媒提取并制成稠膏（即流浸膏剂）后使用；含挥发性成分的药材,应先将其挥发性成分提取,制成流浸膏剂使用。

(3) 贵重药材及某些矿物药可粉碎成细粉,过5~6号筛后使用。

(4) 含淀粉较多的药材,如其用量不大,可将其粉碎成粉末后加入到其他成分中混合、制粒、压片；如果其用量较多,可将其成分提取后再加入。

2. 湿颗粒制备

(1) 药材细粉制粒（全粉末片的制粒）：本法是将药材粉碎成100目以上的细粉末,再加入适宜的润湿剂、黏合剂制备软材后制备湿颗粒的方法。润湿剂、黏合剂应根据药材的性质而定。如果药材中含有较多的黏性成分,可用水、醇等作为润湿剂和黏合力弱的黏合剂如5%~10%淀粉浆等；如果药材中含有较多的矿物质、纤维素及疏水性成分,则应选用黏合力强的黏合剂,如糖浆或糖浆、糊精、淀粉的混合物等。本法具有简便、快速而经济的特点,兽药生产中应用广泛。

(2) 药材稠浸膏与药材细粉末混合制粒（半浸膏片的制粒）：本法是将处方中部分药材制成流浸膏,另一部分药材粉碎成100~120目粉末,两者混合制备软材后制备湿颗粒的方法。其中细粉的加入量一般为10%～30%，使其与流浸膏混合后正好能制备成软材为宜。若两者混合后黏性不足，则需另加入黏合剂或润湿剂；若混合后黏性太大，则可将混合物干燥后加入润湿剂再制粒。本法具有不加或少加黏合剂和崩解剂的特点，其中药物的流浸膏起黏合作用，药物细粉起崩解作用。如板蓝根片是将处方中茵陈、甘草提取浓缩成稠膏后加入板蓝根细粉均匀混合制成颗粒后进行压片制备而成。

（3）干浸膏制粒（全浸膏片的制粒）：将制剂处方中的药材（含挥发性药材除外）提取并制成干浸膏，再将干浸膏粉碎成40目左右的颗粒，或将干浸膏磨成细粉后加入适宜的润湿剂制备软材后制粒。有时为了改善片剂的崩解度，可在稠浸膏或干浸膏中加入淀粉或其他崩解剂。

（4）含液体和挥发成分制粒：中药处方中某些液体或挥发药物可采用处方中的其他固体粉末或吸收剂将其吸收干燥后粉碎成颗粒。

3. **干燥** 中药湿颗粒的干燥温度一般控制在60～80℃之间，以免颗粒中的淀粉受到湿热而糊化，从而失去崩解作用或使含浸膏的颗粒软化结块；含芳香性挥发油及甙类成分的颗粒应60℃在以下干燥。干颗粒中的含水量控制在3%～5%之间，便于压片。

4. **整粒** 多用2号筛整粒，全浸膏片中的颗粒较硬，可用3号筛整粒。干颗粒中细粉含量不宜过多，以免引起裂片等现象。

5. **压片** 中药片剂在压片时若处方规定了每批药料应制的片数及片重时，制备好的干颗粒质量应等于片数与片重之积，若小于时则加入淀粉等填充剂；若药料的片数与片重未定时，可根据干颗粒中的药材量与服用剂量来确定片重。中药片剂的压制方法与一般片剂相同，但压力要求增大，以免出现松片现象。对于全浸膏片，因含有大量吸湿性物质，在贮存、使用过程中，易引湿受潮、变软、黏结和霉变等，可采用乙醇沉淀法除去引湿性杂质，或在制粒时加入防潮性辅料，如适量的磷酸氢钙、氢氧化铝凝胶、硫酸钙等吸收剂等。

（三）质量检查

片剂外观应完整光洁、色泽均匀，有适宜的硬度，以免在包装、贮运过程中发生磨损或破碎。微生物限度应符合要求，除另有规定外，片剂还应进行质量差异和崩解时限的检查。

（四）制备举例

例1：鸡痢灵片。

【处方】雄黄10g，藿香10g，白头翁15g，滑石10g，马尾连15g，诃子15g，马齿苋15g，黄柏10g。

【制备】以上8味，除雄黄、滑石另研外，其余6味粉碎成细粉，过筛，余渣煎煮滤过，滤液浓缩，加入以上细粉，混匀，制粒，干燥，压制成400片，即得。

【功能与主治】清热解毒，涩肠止痢。用于雏鸡白痢。

例2：杨树花片。

【处方】杨树花。

【制备】将杨树花处方总量的1/2加水煎煮两次，合并煎液，滤过，减压浓缩至稠膏。将杨树花另1/2粉碎成细粉，与稠膏混匀，制粒，干燥，压片即得。

【作用与用途】化湿止痢。

【注解】半浸膏片，药材细粉可作为填充剂与崩解剂，药材浸膏为黏合剂。

四、中药丸剂

(一) 概述

丸剂 (pill)，俗称丸药，是指药材细粉或药材提取物加适宜的黏合剂或辅料制成的球形或类球形制剂，主要供内服。

1. 中药丸剂的特点 中药丸剂是我国传统中药剂型之一。早期的丸剂是在汤剂的基础上发展起来的。

丸剂具有以下特点：①传统的丸剂在胃肠道中缓慢崩解，逐渐释放药物，作用持久，故多用于慢性病的治疗。②丸剂在制备时能容纳固体、半固体的药物，还能容纳黏稠性的液体药物。③通过包衣能掩盖药物的不良气味。④生产技术和设备简单、操作简便。

但丸剂亦存在以下不足之处：①用量较大，使用不便。②制作技术不当则崩解度差，溶解时限难于控制。③由于丸剂是用原药材粉碎加工制成，生产流程长，故易受微生物污染而长菌生霉。

2. 中药丸剂的分类

(1) 按制法分类：

①塑制丸：是指将药材细粉与适宜的黏合剂混合制成软硬适宜具有可塑性的丸块，然后再分割而制成的丸剂。如蜜丸、糊丸、蜡丸、部分浓缩丸等。

②泛制丸：是指药材细粉用适宜的液体黏合剂泛制而成的丸剂。如水丸、水蜜丸、浓缩丸、糊丸、微丸等。

③滴制丸：是指将药材提取物用一种熔点较低的脂肪性或水溶性基质溶解、混悬或乳化后，滴入到一种不相混溶的液体冷却剂中冷凝而制成的丸剂。

(2) 按赋形剂分类：

①水丸：是指将药物细粉用冷开水或按处方规定的黄酒、醋、药材煎液、糖浆等作为黏合剂制成的丸剂。丸剂发挥疗效迅速，适用于解表剂和消导剂。

②蜜丸：是指药物细粉以蜂蜜作为黏合剂制成的丸剂。蜜丸作用持久，适用于治疗慢性疾病和用作滋补药剂。

③糊丸：是指药物细粉以米粉或面粉糊作为黏合剂制成的丸剂。糊剂崩解迟缓，适用于作用剧烈或有刺激性的药物，但糊剂的溶散时限不易控制，现已较少应用。

④蜡丸：是指药物细粉以熔融的蜂蜡为赋形剂制成的丸剂。蜡丸多用于剧毒药物制丸，但现已很少应用。

⑤浓缩丸：是指将药物或部分药物提取清膏或浸膏，与其他药物或适宜的辅料制成的丸剂。

(二) 制备方法

1. 泛制法 是指将药物细粉与水或其他液体黏合剂（如黄酒、醋、药汁、浸膏等）交替润湿及撒布在适宜的容器或机械中，不断翻滚，逐层增大的一种方法。泛制法主要用于水丸的制备，泛制的水丸一般体积较小，服用方便，又不易吸潮，方便保存。由于其黏合剂为水性溶液，丸粒崩解快，显效快。

2. 塑制法 塑制法又称丸块制丸法，是指将药材细粉或药材提取物与适宜的黏合剂混匀，制成软硬适宜的塑性丸块，再依次制成丸条、分粒、搓圆而制成丸剂的一种制丸方法。塑制法主要用于中药蜜丸、浓缩丸、糊丸等的制备。

3. 滴制法 是指将药物溶解、乳化或混悬于适宜的熔融基质中，然后滴入不相混溶的冷却液中，收缩冷凝而制成的制剂。滴制法主要用于滴丸剂的制备。

滴丸的制备工艺流程为：基质和冷却剂的选择→基质的制备和药物的加入→保温脱气→滴制→冷凝成丸→除冷却剂→干燥→质检→包装。

（三）水丸

1. 水丸的特点

（1）优点：①以水或水性液体为赋形剂，服用后较易溶散、吸收，显效较快。②水丸一般不含其他固体赋形剂，故实际含药量高。③制备时，可根据药材性质、气味等不同，将一些易挥发、有刺激气味、性质不稳定的药物分层泛入内层。也可将速释药物泛入外层，缓释药物泛入内层，达到长效的目的。或将药物分别包衣，使之在不同部位释放。④水丸丸粒小，表面致密光滑，既便于吞服，又不易吸潮，利于保管贮存。⑤水丸生产设备简单，可大批量生产，亦可根据临床辨证施治及科研需要，临时少量制备。

（2）缺点：水丸的制备存在操作繁琐、制备时间长、操作过程易引起微生物污染以及丸粒霉变，对主药含量及溶散时限较难控制等缺点，这些问题均有待研究解决。

2. 水丸的赋形剂

（1）水：为水丸中最常用和最主要赋形剂，一般采用蒸馏水、新鲜冷沸水或离子交换水。水本身无黏性，但能润湿或溶解药材中的某些成分如黏液质、胶质、糖、淀粉等使之产生黏性。水泛丸的特点是成丸后经干燥即可将水除去，既不增加处方成分和制剂体积，又有利于药物溶散。但需注意，水无防腐力，成丸后应立即干燥，以防生霉、变质。

（2）酒：主要有黄酒（含醇量为12%~15%）和白酒（含醇量为50%~70%）两种。酒性大热，味甘、辛，具有较强的穿透力，有活血通络、引药上行及降低药物寒性的作用，故舒筋活血之类的处方常以酒作为赋形剂泛制成丸。

酒是一种润湿剂，其中的乙醇能溶解药材中的树脂、油树脂而增加药材的黏性，但酒润湿细粉后产生的黏合力没有水强。此外，酒也是一种优秀的有机溶剂，有助于溶解药粉中的生物碱、苷、挥发油等，提高药物的疗效。含醇量高的酒也有杀菌作用，使药物在泛丸过程中不易霉败。酒易挥发，利于成品的干燥。

（3）醋：常用米醋（含乙酸3%~5%）。醋味酸苦性温。醋能散淤血，具有引药入肝、理气止痛、行水消肿等作用，入肝经散淤止痛的处方常以醋为赋形剂泛丸。同时，醋不仅能润湿药粉产生黏性，还可使药材中生物碱变成盐，从而有助于增加药材中碱性成分的溶解度，利于吸收、提高药效。

（4）药汁：处方中某些不易制粉的药材，可根据其性质制成煎汁或榨汁作为赋形剂，既可以利用药汁诱导其他药材的黏性，利于制丸，又可以减少服用体积，保存药性。

3. 水丸对药粉的要求 丸剂制备的不同环节对药粉的要求不尽相同，对药粉的黏性也应适当选择，其中粉碎细度对丸剂的质量影响最为重要。除另有规定外，一般应用细粉（过5号筛）

或最细粉（过6号筛）。用于起模的药粉，通常过5号筛，黏性应适中。盖面时应用最细粉，或根据处方规定选用方中特定药材的最细粉制丸，则丸粒表面细腻、光滑、圆整。过粗则丸粒表面粗糙，有花斑和纤维毛，甚至会导致其外观质量不合格。但药粉过细也会影响丸剂的溶散时限。

4. 水丸的制备 水丸用泛制法制备，其工艺流程为：原料的准备→起模→成型→盖面→干燥→选丸、包衣→质量检查→包装。泛制法的设备，大量生产多用泛丸锅，小量制备可用涂有桐油或漆的光滑、不漏水的圆竹匾手工泛制。

(1) 原料的准备：按处方要求将药物粉碎，过6号筛或5号筛，备用；若处方中有难粉碎的药材或不适泛丸时，可按规定制成药汁等再做泛丸。

(2) 起模：也叫起母，是指制备丸粒基本母核的操作。泛丸起模是利用水的润湿作用诱导出药粉的黏性，使药粉相互黏着成细小的颗粒，并在此基础上层层增大而成丸模的过程。起模是制备水丸剂的关键环节，也是泛丸成型的基础。起模的方法可分为药物细粉加水起模法和湿粉制粒起模法。起模时应选用方中黏性适中的药物细粉，药粉黏性太大，加入润湿剂后产生黏性太大，易相互黏合成团；药粉黏性太小不宜起模。

(3) 成型：是指将已筛选均匀的球形模子，逐渐加大至接近成品的操作。其具体操作方法和起模一样，即在丸模上加水润湿、撒粉、滚圆、筛选，依次反复操作，直至制成所需大小的丸粒。在成型过程中，应控制丸粒的粒度和圆整度，增大的丸粒如有大小不均时，应及时筛选。每次加水、加粉量要适宜，分布要均匀。处方中若含有芳香挥发性、特殊气味或刺激性极大的药物，最好分别粉碎后，泛于丸粒中层，可避免挥发或掩盖不良气味。

(4) 盖面：是指将已经增大、筛选均匀的丸粒用余粉或特制的盖面用粉继续泛制至成品大小，使丸粒表面致密、光洁、色泽一致的操作。盖面是泛丸成型的最后一个环节。根据盖面的方法不同，盖面又分为干粉盖面、清水盖面、浆头盖面和清浆盖面4种。以上4种盖面方法一般都用于水泛丸，其他泛丸盖面的基本操作过程与水丸相同，但各有特殊要求。

(5) 干燥：泛制丸含水量大（15%~30%），易发霉，应及时干燥，使水丸的含水量控制在10%以内。干燥温度一般控制在80℃左右，若含芳香性挥发性成分或遇热易分解成分时，干燥温度应控制在50~60℃。干燥过程中要经常翻动，以免出现"阴阳面"。

(6) 选丸：泛丸过程中常出现大小不匀和不规则的丸粒，为保证丸粒圆整、大小均匀、剂量准确，除在制备过程中及时过筛分等，再分别加大到大小一致外，在丸粒干燥后，还必须进一步选丸。手工选丸主要采用手摇筛法，大生产主要采用振动筛、滚筒筛、检丸器、立式检丸器及连续成丸机组等筛选分离。

5. 水丸制备举例

例：木香槟榔丸。

【处方】木香、槟榔、枳壳（炒）、陈皮、青皮（醋炒）各50g，三棱、莪术（醋制）、黄连各50g，大黄、香附（醋制）、黄柏（酒炒）各50g，牵牛子（炒）200g，芒硝100g。

【制备】以上13味，研成细粉，过筛，混匀，用水泛丸，干燥。

【功能与主治】行气导滞，泻热通便。用于赤白痢疾、胃肠滞痛、大便不通。

(四) 浓缩丸

1. 浓缩丸的特点 浓缩丸又称药膏丸、浸膏丸。根据所用赋形剂的不同，又分为蜜丸型浓缩丸和水丸型浓缩丸。

浓缩丸是丸剂中较好的一种剂型，其优点是体积小，有效成分含量高、剂量小，易于服用和吸收，发挥药效好，保存贮运方便，不易霉变等。但制备过程中对药材处理不当或技术不当，如在浓缩过程中受热时间较长，就会破坏部分药材的有效成分和影响溶散时间，使药效降低。同时，浓缩丸的吸湿性较强，包装时必须注意密封防潮。

2. 药材处理的原则 应根据处方的功能主治和方药的性质，并结合制备方法的要求，确定提取制膏的药材和粉碎制细粉的药材。恰当适宜的处理使之既能缩小体积，又能增强疗效。通常情况下，处方中质地坚硬、黏性大、体积大、纤维质多的药材宜浸提浓缩成膏；贵重药材，量小、淀粉质多或作用强烈、质地易碎的药材，宜粉碎制成细粉。

浸提浓缩制膏的方法以不损失有效成分为准，应按照处方中药材的性质和临床医疗需要的有效成分性质，采用不同的方法进行浸提。

药物浸提液浓缩成膏时，浓缩的温度不宜过高，以免有效成分分解破坏和膏煎糊；膏的相对密度要控制在1.35~1.40之间。太稀，体积大会影响剂量的准确；太稠，浪费人力物力，混合时难以操作。

用泛制法制备浓缩丸时，需先制备浸膏粉，浸膏粉的质量直接影响成品的疗效。制粉的关键在于浸膏的干燥。

3. 浓缩丸的制备 浓缩丸的制备方法有泛制法和塑制法两种。

（1）泛制法：水丸型浓缩丸采用泛制法制备。取方中部分药材的煎取液或提取浓缩成膏作为黏合剂，与其余药材细粉泛制成丸。或用稠浸膏与细粉均匀混合成块状物，干燥后粉碎成细粉，再用水或不同浓度的乙醇作为润湿剂泛制成丸。一般处方中膏少粉多时宜用前法，膏多粉少时宜用后法。

（2）塑制法：蜜丸型浓缩丸采用塑制法制备。取方中部分药材煎出液或提取浓缩成膏作为黏合剂，按需求加入适量的炼蜜，与其余药材细粉混合均匀，制成软硬适度的丸块，制丸条，分粒，搓圆，干燥，整丸，即得。

4. 浓缩丸制备举例

例：仁丹。

【处方】薄荷脑、桂皮各40g，冰片30g，丁香、干姜、砂仁各25g，茴香、胡椒、木香各15g，儿茶200g，苯甲酸钠5g，甘草、糯米粉、红氧化铁等适量，全量1 000g。

【制法】取薄荷脑和冰片加适量乙醇回流溶解；另将茴香、胡椒等药材细粉混匀；然后将薄荷脑、冰片混合液喷入混匀。同时将儿茶制成流浸膏，糯米粉和苯甲酸钠混合加沸水制浆。然后将儿茶流浸膏与糯米浆加入上述药材的混合粉中，制成适宜软材。按塑制法制成丸粒，每粒重0.04g，在55℃以下干燥，筛选，最后用红氧化铁包衣，即得。

【功能与主治】解暑，消食。

（五）微丸

1. 微丸的特点 微丸是指直径小于2.5mm的各类球形或类球形的药剂。生产中可根据不同需要制成快速、慢速或控释药物的微丸。其主要特点是：①比表面积大，服用后溶出快，生物利用度高，且个体间差异较小。②可由不同释药速度的小丸组成，能根据临床需要制成不同释药过程的缓释、控释制剂。③含药最大，服用剂量小，单个胶囊内装入控释微丸的最大剂量可达600mg。④制备工艺简单。

中药制剂中很早就有微丸制剂，如"六神丸"、"喉症丸"、"牛黄消炎丸"等制剂均具有微丸的基本特征。根据释药速度的不同，可将微丸分为速释微丸、缓释微丸和控释微丸。根据薄膜衣在体内的溶出机制不同，可将微丸分为可溶性薄膜衣微丸、不溶性薄膜衣微丸、有微孔的不溶性薄膜衣微丸。

2. 微丸的制备

（1）微丸的辅料：制备微丸丸心的辅料主要有稀释剂和黏合剂，通常以淀粉、糊精单独或按一定比例制成。此外，大多数微丸需要进行薄膜包衣，通过膜的厚度或微丸增重的方法来控制其溶出速率，达到缓控释目的。用于薄膜衣的材料一般由成膜材料、增塑剂组成，有的还需加入一定量的致孔剂、润滑剂和表面活性剂。

常用作丸心或包衣的辅料有蔗糖、淀粉、糊精、蜂蜡、脂肪酸及聚乙烯醇、聚维酮、甲基纤维素、醋酸纤维素等；常用增塑剂有柠檬酸三乙酯、甘油三醋酸酯、苯二甲酸二乙酯、邻苯二甲酸酯、丙二醇、甘油、蓖麻油、油酸等；常用致孔剂有亲水性液状载体（甘油、乙二醇、PEG）、表面活性剂（十二烷基硫酸钠、聚山梨酯80等）、糖类（乳糖、果糖、蔗糖、甘露糖等）、电解质（氯化钠、氯化钾、硫酸钠）、成泡剂（碳酸盐、碳酸氢盐等）、微晶纤维素等。可生物降解材料如聚乳酸、聚氨基酸、聚羟基乙酸、聚氰基丙烯酸等也已应用。

（2）制备方法：微丸有许多制备方法，我国最早用匾滚丸法制备中药微丸，随后糖衣锅泛制工艺在国内外也广泛用于微丸的生产。

①滚动成丸法：此法是比较传统的制备方法。利用干粉包敷法制造微丸，将预制好的母丸做离心运转，使母丸均匀滚动，喷入润湿剂润湿母丸，滚动母丸的内聚力和结合力使粉料包敷上母丸，丸径增大，反复多次，直至微丸粒径达到要求。

②离心流化造丸法：药物以溶液、混悬液或干燥粉末的形式沉积在预制成型的丸核表面。

③挤压滚圆成丸法：将药物与辅料制成可塑性湿物料，放入挤压机械中挤压成高密度条状物，在滚圆机中打碎成颗粒，逐渐滚成圆球形，即得微丸。该法是国外广泛应用的微丸制备方法，具有制粒效率高、颗粒分布带窄、圆整度高、颗粒表面光滑等优点。

④喷雾干燥成丸法：包括喷雾干燥和喷雾冷冻两种方法。将热融物、溶液或混悬液喷雾形成球形颗粒，即得微丸。其特点是物料高度分散、不易产生粘连、蒸发效率高、生产成本低。

3. 微丸制备举例

例：葛根芩连微丸。

【处方】葛根1 000g，黄芩375g，黄连375g，炙甘草250g。

【制备】以上4味药，取黄芩、黄连，采用渗漉法，用50%乙醇作为溶剂，浸渍24h后进行渗漉，收集渗漉液，回收乙醇，并适当浓缩。葛根加水先煎30min，再加入黄芩、黄连药渣及甘草，继续煎煮2次，每次1.5h，合并煎液，滤过，滤液适当浓缩，继续浓缩成稠膏；减压低温干燥，粉碎成最细粉，以乙醇为润湿剂，机制泛微丸，得300g，过筛；于60℃下干燥，即得。

【功能与主治】解肌清热，止泻止痢，用于泄泻痢疾、身热烦渴、下痢臭秽；菌痢、肠炎。

（六）丸剂的包衣

在丸剂的表面包裹一层物质，使之与外界隔绝的操作称为包衣或上衣。包衣后的丸剂称为包衣丸剂。

1. 丸剂包衣的目的

（1）增加药物的稳定性，防止主药氧化、水解、变质或挥发，防止药物吸潮而发霉或生虫。

（2）掩盖恶臭、异味，并减少药物刺激性，便于服用。

（3）控制丸剂的溶散，根据医疗的需要，将处方中一部分药物作为包衣材料包于丸剂的表面，在服用后首先发挥药效；或者选用不同的包衣，达到控制药物在胃中或肠液中溶散的目的。

（4）改善外观，利于识别，以免误服。

2. 丸剂包衣的种类

丸剂包衣的种类很多，归纳起来主要有以下几类：

（1）药物衣：包衣材料是丸剂处方组成部分，有明显的药理作用，包衣后既可首先发挥药效，又可保护丸粒、增加美观，中药丸剂包衣多属此类。常见的有朱砂衣、甘草衣、黄柏衣、雄黄衣、青黛衣、百草霜衣、滑石衣等。

（2）保护衣：通常选取处方以外，不具明显药理作用且性质稳定的物质作为包衣材料，使主药与外界隔绝而起保护作用，有的还具有协同作用。这一类包衣主要有：糖衣，薄膜衣、有色滑石衣、明胶衣和树脂衣等。

（3）肠溶衣：选用适宜的材料将丸剂包衣后使之在胃液中不崩解而在肠液中溶散，发挥药物的疗效。用于肠溶衣的主要材料有虫胶、苯二甲酸醋酸纤维素（CAP）、甲醛明胶、硬脂酸等。其中以虫胶、苯二甲酸醋酸纤维素最为常用。

3. 丸剂包衣的方法

（1）包衣原材料的准备：

①包衣材料：应粉碎成极细粉（过120～140目筛），包衣时才能均匀包裹在丸药表面，形成一层致密的保护层使丸粒表面光滑。

②待包衣丸剂：丸粒在包衣过程中，需长时间滚动摩擦，故除蜜丸外均应充分干燥，使内外干透并有一定的硬度，以免包衣时碎裂变形，或在包衣干燥时，衣层不致发生皱缩或脱壳。

③黏合剂：除蜜丸借助本身的黏合力上衣，不需要另用黏合剂外，其他丸粒包衣时尚需用适宜的黏合利，使丸粒表面均匀润湿后才能黏着衣粉。常用的黏合剂主要有阿拉伯胶浆、桃胶浆、明胶浆、糯米糊、单糖浆及胶糖混合浆等。

（2）包衣方法：水蜜丸、水丸、浓缩丸及糊丸等包衣时，小量生产在药匾内进行，大量生产在包衣锅进行。包衣时将充分干燥的硬质丸粒放入包衣锅或药匾内，转动锅体，加入适量的黏合剂，搅拌均匀，待丸面呈毛刺状且丸心润透时，加入适量的包衣粉，继续搅拌至均匀，使衣粉全部裹覆于丸表。再加黏合剂，加粉，如此重复5～6次，至包衣粉全部用完为止。取出丸粒低温干燥，然后放入包衣锅内，加入适量的虫蜡粉，转动包衣锅让丸粒互相撞击摩擦，至丸粒表面光亮时，取出分装。

糖衣、薄膜衣、肠溶衣的包衣方法与片剂相同。

（七）丸剂的质量检查

1. 外观检查

丸剂外观应圆整均匀，色泽一致。大蜜丸和小蜜丸应细腻滋润，软硬适中。

蜡丸表面应光滑无裂纹,无可见纤维和变色点,包衣丸的衣料必须包裹全丸。

2. 水分限量 取供试品照水分测定法测定。除另有规定外,大蜜丸、小蜜丸、浓缩蜜丸中所含水分不得超过 15.0%;水蜜丸、浓缩水蜜丸不得超过 12.0%;水丸、糊丸和浓缩水丸不得超过 9.0%;微丸按其所属丸剂类型的规定判断。

3. 质量差异 按丸数服用的丸剂照第一法检查,按质量服用的丸剂照第二法检查。

(1) 第一法:以一次服用量最高丸数为 1 份(丸重 1.5g 以上的丸剂以 1 丸为 1 份),取供试品 10 份,分别称定质量,再与标示总量(一次服用最高丸数×每丸标示量)或标示质量相比较,应符合《中国兽药典》的规定。超出质量差异限度的不得多于 2 份,并不得有 1 份超出限度的 1 倍。

(2) 第二法:取供试品 10 丸为 1 份,共取 10 份,分别称定质量,求得平均质量,每份质量与平均质量相比较(有标示量的与标示量相比较),应符合《中国兽药典》的规定。超出质量差异限度的不得多于 2 份,并不得有 1 份超出限度 1 倍。

包衣丸剂应在包衣前检查丸心的质量差异,符合规定后,方可包衣。包衣后不再检查质量差异。

4. 装量差异 按 1 次(或 1 日)的服用剂量分装的丸剂应做装量差异检查,其装量差异限度应符合《中国兽药典》的规定。

检查法:取供试品 10 袋(瓶),分别称定每袋(瓶)内容物的质量,每袋(瓶)装量与标示装量相比较,应符合《中国兽药典》的规定,超出装量差异限度的不得多于 2 袋(瓶),并不得有 1 袋(瓶)超出装量差异限度 1 倍。

多剂量分装的丸剂,照《中国兽药典》最低装量检查法检查,应符合规定。

5. 溶散时限 除另有规定外,取供试品 6 丸,选择适当孔径筛网的吊篮(丸剂直径在 2.5mm 以下的用孔径约 0.42mm 的筛网,在 2.5～3.5mm 之间的用孔径 1.0mm 的筛网,在 3.5mm 以上的用孔径约 2.0mm 的筛网),照《中国兽药典》附录中的《片剂崩解时限检查法》项下的方法加挡板进行检查。除另有规定外,小蜜丸、水蜜丸和水丸应在 1h 内全部溶散;浓缩丸和糊丸应在 2h 内全部溶散;微丸的溶散时限按所属丸剂类型的规定判定。滴丸应在 30min 内溶散,包衣滴丸应在 1h 内溶散。如操作过程中供试品黏附挡板妨碍检查时,应另取供试品 6 丸,不加挡板进行检查,在规定时间内应全部溶散。

上述检查应在规定时间内全部通过筛网。如有细小颗粒状物未通过筛网,但已软化无硬心者可作为合格论。

大蜜丸不检查溶散时限。

思 考 题

1. 什么是浸出制剂?常用的浸出制剂有哪些种类和特点?
2. 药材浸提包括哪几个步骤?影响药材浸提的因素有哪些?
3. 药材浸提时常用的浸提溶剂和浸提辅助剂有哪些?各有何作用?
4. 什么是中药片剂?有何优点?

5. 什么是丸剂？按其赋形剂的不同可以分为哪几类？各自有何特点？
6. 简述水丸的制作过程。
7. 制备浓缩丸时，药材处理的原则有哪些？
8. 什么是微丸？微丸有何特点？
9. 什么是包衣？试述丸剂包衣的目的、方法及注意事项。

第九章 缓释、控释制剂

第一节 概 述

(一) 缓释、控释制剂的概念

缓释制剂（sustained-release preparation）是指在规定介质中，按要求缓慢地非恒速释放药物，其与相应的普通制剂比较，给药频率比普通制剂有所减少或减少一半，且能显著增加患病动物的顺应性的制剂。缓释制剂用药后能在较长时间内持续释放药物以达到长效作用，其药物释放主要是一级速度过程，对于注射型制剂，药物释放可持续数天至数月；内服剂型的持续时间根据其在消化道的滞留时间，一般以小时或天计。

控释制剂（controlled-release preparation）是指在规定介质中，按要求缓慢地恒速或接近恒速释放药物，其与相应的普通制剂比较，给药频率比普通制剂有所减少或减少一半，血药浓度比缓释制剂更加平稳，且能显著增加患病动物的顺应性的制剂。控释制剂给药后，药物能在预定的时间内自动以预定速度释放，使药物浓度长时间恒定维持在有效浓度范围。

广义地讲，控释制剂包括控释药的速度、方向和时间，靶向制剂、透皮吸收制剂等都属于广义控释制剂的范畴。狭义的控释制剂则一般是指在预定时间内以零级或接近零级速度释放药物的制剂。

(二) 缓释、控释制剂的特点

1. 优点

（1）减少给药次数。对半衰期短的或需要多剂量给药的药物，制成缓释或控释制剂可减少给药次数；集约化养殖场预防或治疗用药，缓释或控释制剂给药可以大大减轻兽医工作人员的劳动强度，同时降低动物应激程度。

（2）使血药浓度平稳，避免峰谷现象，有利于降低药物的毒副作用。如牧区牛、羊驱虫，要达到有效的驱净率，普通制剂一次往往需要给予大剂量的驱虫药，这时药物的峰浓度过高，往往可能造成牛、羊中毒。若制成缓释或控释制剂，给药一次即能较长时间在血液中保持有效的药物浓度，避免峰谷现象，保证药物的安全性和有效性。

（3）可减少用药的总剂量，因此可用最小剂量达到最大药效。

2. 缺点

（1）缓释制剂往往是基于健康动物群的平均动力学参数而设计，当药物在疾病状态的体内药动学特性有所改变时，不能灵活调节给药方案。

（2）制备缓释、控释制剂所涉及的设备和工艺费用较常规制剂昂贵。

（3）作为食品动物来说，缓释、控释制剂有较长的休药期。

(三) 缓释、控释制剂的类型

目前,缓释、控释制剂有多种不同的分类标准,按释药方式可分为一级释药制剂、零级释药制剂、自调式控释给药系统、脉冲式释放系统。按直接供用的药剂形式可分为胶囊剂、片剂、丸剂、项圈、乳剂、注射剂等;按给药途径分为内服缓释、控释给药系统,透皮缓释、控释给药系统,植入缓释、控释给药系统,注射缓释、控释给药系统等。还可以按释药机理分为骨架型缓释、控释制剂,膜控型缓释、控释制剂,渗透泵型缓释、控释制剂等。

第二节 缓释、控释制剂释药原理和方法

缓释、控释制剂所涉及的释药原理主要有溶出、扩散、溶蚀、渗透压原理和离子交换作用。

一、溶出原理和方法

由于药物的缓释受溶出速度的限制,溶出速度慢的药物显示出缓释的性质。根据Noyes-Whitney溶出速度公式,通过减小药物的溶解度,增大药物的粒径,以降低药物的溶出速度,达到缓释作用。

具体方法有下列几种:

1. 制成溶解度小的盐或酯 例如青霉素普鲁卡因盐的药效比青霉素钾(钠)盐显著延长。醇类药物经酯化后水溶性减小,药效延长,如睾丸素丙酸酯、环戊丙酸酯等,一般以油注射液供肌内注射,药物由油相扩散至水相(液体),然后水解为母体药物而产生治疗作用,药效延长2~3倍。

2. 与高分子化合物生成难溶性盐 鞣酸与生物碱类药物可形成难溶性盐,例如N-甲基阿托品鞣酸盐、丙咪嗪鞣酸盐,其药效比母体药显著延长,海藻酸与毛果芸香碱结合的盐在眼用膜剂中的药效比毛果芸香碱盐酸盐显著延长。胰岛素注射液每天需要注射4次,与鱼精蛋白结合成溶解度小的鱼精蛋白胰岛素,加入锌盐成为鱼精蛋白锌胰岛素,药效可维持18~24h或更长。

3. 控制粒子大小 药物的表面积减小,溶出速度减慢,故难溶性药物的颗粒直径增加可使其吸收减慢。

二、扩散原理和方法

以扩散为主的缓释、控释制剂,药物首先溶解成溶液后再从制剂中扩散出来进入体液,其释药受扩散速率的控制。药物的释放以扩散为主的结构有以下几种:

(一) 水不溶性包衣膜

如乙基纤维素包制的微囊或小丸就属这类制剂。其释放速度符合Fick第一定律:

$$\frac{dM}{dt} = \frac{ADK\Delta C}{L}$$

式中,dM/dt为释放速度;A为面积;D为扩散系数;K为药物在膜与囊心之间的分配系

数；L 为包衣层厚度；ΔC 为膜内外药物的浓度差。

若 A、L、D、K 与 ΔC 保持恒定，则释放速度就是常数，系零级释放过程。若其中一个或多个参数改变，就是非零级过程。

(二) 含水性孔道的包衣膜

乙基纤维素与甲基纤维素混合组成的膜材具有这种性质，其中甲基纤维素起致孔作用。其释放速率可用下式表示：

$$\frac{dM}{dt} = \frac{AD\Delta C}{L}$$

式中各项参数的意义同前。与上式比较，本公式少了 K，这类药物制剂的释放接近零级过程。

(三) 骨架型的药物扩散

骨架型缓释、控释制剂中药物的释放符合 Higuchi 方程：

$$Q = [DS(p/\lambda)(2A - SP)t]^{\frac{1}{2}}$$

式中，Q 为单位面积在 t 时间的释放量；D 为扩散系数；P 为骨架中的孔隙率；S 为药物在释放介质中的溶解度；λ 为骨架中的弯曲因素；A 为单位体积骨架中的药物含量。

以上公式基于以下假设：①药物释放时保持伪稳态（pseudo steady state）；②$A \gg S$ 即存在过量的溶质；③理想的漏槽状态（sink condition）；④药物颗粒比骨架小得多；⑤D 保持恒定，药物与骨架材料没有相互作用。

假设方程右边除 t 外都保持恒定，则上式可简化为：

$$Q = k_H t^{1/2}$$

式中，k_H 为常数；t 为时间。则药物的释放量与 $t^{1/2}$ 成正比。

骨架型结构中药物的释放特点是不呈零级释放，药物首先接触介质、溶解，然后从骨架中扩散出来。显然，骨架中药物的溶出速度必须大于药物的扩散速度。这类制剂的优点是制备容易，可用于释放大分子的药物。

利用扩散原理达到缓释、控释作用的方法有下列几种：

1. **包衣** 将药物小丸或片剂用阻滞材料包衣。可以一部分小丸不包衣，作速释部分，另一部分小丸分别包厚度不等的衣层，作缓释部分。包衣小丸的衣层崩解或溶解后，其释药特性与不包衣小丸相同。阻滞材料有肠溶材料和水不溶性高分子材料。

2. **制成微囊** 使用微囊技术制备控释或缓释制剂是较新的方法。微囊是利用药用高分子聚合物包囊后，根据囊材性质不同，微囊膜对药物的释放有不同程度的阻滞作用，从而达到缓释的目的。微囊膜为半透膜，在胃肠道中，水分可渗透进入囊内，溶解药物，形成饱和溶液，然后扩散于囊外的消化液中而被机体吸收。释药的速率取决于囊膜的厚度、微孔的孔径、微孔的弯曲度等。

3. **制成不溶性骨架片剂** 以水不溶性材料，如无毒聚氯乙烯、聚乙烯、聚乙烯乙酸酯、聚甲基丙烯酸酯等为骨架（连续相）制备的缓释骨架片。这种片剂不崩解，具有无数间隙，药物充满间隙，服药后随体液的渗透压而缓慢释放，从而达到缓释长效的目的。水溶性药物较适于制备这类片剂，难溶性药物释放太慢，而使骨架片的生物利用度降低。药物释放完后，骨架随粪便排出体外。

4. 增加黏度以减少扩散速度 增加溶液黏度以延长药物作用的方法主要用于注射液或其他液体制剂。如明胶用于肝素、维生素 B_{12}、促肾上腺皮质激素（ACTH）；聚维酮 PVP 用于肾上腺素、皮质激素、垂体后叶激素、青霉素、局部麻醉剂、水杨酸钠和抗组胺类药物，均有延长药效的作用。CMC（1%）用于盐酸普鲁卡因注射液（3%）可使作用延长至约 24h。

5. 制成植入剂 是将水不溶性药物熔融后倒入模型中形成，一般不加赋型剂，用外科手术埋藏于皮下，药效可长达数月至数年。动物保健领域普遍使用的植入剂为激素植入片，这些植入片用于动物疾病的治疗、避孕、发情期协调、促进或增加体重、提高喂养效果。植入片是骨架型固体制剂，其体内溶出过程服从 Noyes-Whitney 方程。

6. 制成乳剂 对于水溶性的药物，以精制羊毛醇和植物油为油相，临用时加入注射液，猛力振摇，即成 W/O 乳剂型注射剂。肌内注射后，水相中的药物向油相扩散，再由油相分配到体液，因此有长效作用。

三、溶蚀与扩散、溶出结合

溶蚀是限速和扩散限速相结合的过程。严格地讲，释药系统不可能只取决于溶出或扩散，只是因为其释药机制大大超过其他过程，以致可以归类于溶出控制型或扩散控制型。某些骨架型制剂，如生物溶蚀型骨架系统、亲水凝胶骨架系统，不仅药物可从骨架中扩散出来，而且骨架本身也处于溶蚀的过程。当聚合物溶解时，药物扩散的路径长度改变，这一复杂性则形成移动界面扩散系统。此类系统的优点在于材料的生物溶蚀性能不会最后形成空骨架；缺点则是由于影响因素多，其释药动力学较难控制。

通过化学键将药物和聚合物直接结合制成的骨架型缓释制剂，药物通过水解或酶反应从聚合物中释放出来。此类系统载药量很高，而且释药速率较易控制。

结合扩散和溶蚀的第三种情况是采用膨胀型控释骨架。这种类型系统，药物溶于聚合物中，聚合物为膨胀型的。首先水进入骨架，药物溶解，从膨胀的骨架中扩散出来，其释药速度很大程度上取决于聚合物膨胀速率、药物溶解度和骨架中可溶部分的大小。由于药物释放前，聚合物必须先膨胀，这种系统通常可减少突释效应。

四、渗透压原理和方法

利用渗透压原理制成的内服渗透泵片，能长期、匀速向体内释放药物，药效持续发挥，避免多次服药的不便以及药物浓度过高时对机体产生的毒副作用。渗透泵型控释片的结构为一中等水溶性药物及具高渗透压的渗透促进剂或其他辅料压制成一固体片心，外包一层水不溶半透膜（水可透过，但药物不能），然后用激光在片心包衣膜上开一个或一个以上的释药小孔，内服后胃肠道的水分通过半透膜进入片心，使药物溶解成饱和溶液或混悬液，加之具有渗透压辅料的溶胀，故片剂膜内的溶液为高渗溶液。由于膜内外存在一定的渗透压差，药物溶液则通过释药小孔持续泵出。

渗透泵型片剂片心的吸水速度决定于膜的渗透性能和片心的渗透压。从小孔中流出的溶液与通过半透膜的水量相等，片心中药物未被完全溶解，则释药速率按恒速进行；当片心中药物逐渐低于饱和浓度，释药速率逐渐以抛物线式徐徐下降。若 dV/dt 为水渗透进入膜内的流速，K、A 和 L 分别为膜的渗透系数、面积和厚度，$\Delta\pi$ 为渗透压差，ΔP 为流体静压差，则：

$$\frac{dV}{dt}=\frac{KA}{L}(\Delta\pi-\Delta P)$$

若上式右端保持不变，则：

$$\frac{dV}{dt}=K'$$

如以 dm/dt 表示药物通过细孔释放的速率，C_S 为膜内药物饱和溶液浓度，则：

$$\frac{dm}{dt}=C_S\frac{dV}{dt}=K'C_S$$

只要膜内药物维持饱和溶液状态，释药速率恒定，即以零级速率释放药物。

胃肠液中的离子不会渗透进入半透膜，故渗透泵型片剂的释药速率与 pH 无关，在胃中与在肠中的释药速率相等。

五、离子交换作用

由水不溶性交联聚合物组成的树脂，其聚合物链的重复单元上含有成盐基团，带电荷的药物可结合于树脂上。当带有适当电荷的离子与离子交换基团接触时，通过交换将药物游离释放出来。

$$树脂^+\text{-}药物^- + X^- \longrightarrow 树脂^+\text{-}X^- + 药物^-$$
$$树脂^-\text{-}药物^+ + Y^+ \longrightarrow 树脂^-\text{-}Y^+ + 药物^+$$

X^- 与 Y^+ 为消化道中的离子，交换后，游离的药物从树脂中扩散出来。药物从树脂中的扩散速度受扩散面积、扩散路径长度和树脂的钢性的控制。阳离子交换树脂与有机胺类药物的盐交换，或阴离子交换树脂与有机羧酸盐或磺酸盐交换，即成药树脂。干燥的药树脂制成胶囊剂或片剂供内服用，在胃肠液中，药物再被交换而释放于消化液中。只有解离型的药物才适用于制成药树脂。离子交换树脂的交换容量甚少，故剂量大的药物不适于制备药树脂。药树脂外面，还可包衣，最后可制成混悬型缓释制剂。

第三节 缓释、控释制剂的设计

一、影响内服缓释、控释制剂设计的因素

(一) 理化因素

1. **剂量大小** 对单胃动物而言，内服给药系统的剂量大小有一个上限，一般认为 0.5~1.0g 的单剂量是常规制剂的最大剂量。

2. **pK_a、解离度和水溶性** 由于大多数药物是弱酸或弱碱，而非解离型的药物容易通过脂质生物膜，因此了解药物的 pK_a 和吸收环境之间的关系很重要。内服制剂是在消化道 pH 改变的环

境中释放药物，胃中呈酸性，小肠则趋向于中性，结肠呈微碱性，所以必须了解 pH 对释放过程的影响。对溶出型或扩散型缓释、控释制剂，大部分药物以固体形式到达小肠。吸收最多的部位可能是溶解度小的小肠区域。

由于药物制剂在胃肠道的释药受其溶出的限制，所以溶解度很小的药物（<0.01mg/mL）本身具有内在的缓释作用。吸收受溶出速率限制的药物有地高辛、水杨酰胺等。设计缓释制剂时，对药物溶解度要求的下限已有文献报道为 0.1mg/mL。

3. **分配系数**　当药物内服进入胃肠道后，必须穿过各种生物膜才有可能在机体的其他部位产生治疗作用。由于这些膜为脂质膜，药物的分配系数对其能否有效地透过膜起决定性的作用。分配系数过高的药物，其脂溶性太大，药物能与脂质膜产生强结合力而不能进入血液循环中；分配系数过小的药物，透过膜较困难，从而造成其生物利用度较差。因此具有适宜的分配系数的药物不仅能透过脂质膜，而且能进入血液循环中。

4. **稳定性**　内服给药的药物要同时经受酸和碱的水解和酶降解作用。对固体状态药物，其降解速度较慢，因此对于存在这一类稳定性问题的药物选用固体制剂为好。在胃中不稳定的药物，对在小肠中不稳定的药物，服用缓释制剂后，其生物利用度可能降低，这是因为较多的药物在小肠段释放，使降解药量增加所致。

（二）生物因素

1. **动物种属**　禽和鱼类消化道较短，不适宜制成缓释制剂。反刍动物，由于瘤胃的生理特点，适宜制成缓释、控释制剂；影响颗粒在瘤胃、网胃中停留的重要因素有密度、质量和大小，其中密度的影响最重要。理想密度范围临界值为 $2.5g/cm^3$，低于此值的容易被反刍丢失；如果药物及基质具有相对较低的密度，致使制剂密度达不到 $2.5g/cm^3$，则可考虑其体积大小，或在缓释剂中，加入一些物质增加其密度。常用的增加密度的物质有铁粉、硫酸钙二水结合物、硫酸钡、石膏、波特兰黏合剂或它们的混合物，或者使用不锈钢套。

2. **吸收**　制备缓释制剂的目的是对制剂的释药进行控制，以控制药物的吸收。因此，释药速度必须比吸收速度慢。对瘤胃控释制剂来说，主要是控制制剂在瘤胃、网胃中停留的时间，使药物的释放时间延长，从而达到长效的目的。对单胃动物来说，假定药物在整个胃肠道吸收，药物在胃肠道运行的时间是 8～12h，那么要求药物的吸收最大半衰期应近似于 3～4h。否则，药物还没有释放，制剂已离开吸收部位。对于缓释制剂，本身吸收速度常数低的药物，不太适宜制成缓释制剂。但实际情况并非如此。如果药物是通过主动转运吸收，或者吸收局限于小肠的某一特定部位，制成缓释制剂则不利于药物的吸收。例如硫酸亚铁的吸收在十二指肠和空肠上端进行，因此药物应在通过这一区域前释放，否则不利于吸收。对这类药物制剂的设计方法是设法延长其停留在胃中的时间，这样药物可以在胃中缓慢释放，然后到达吸收部位。这类制剂有低密度的小丸、胶囊或片剂，即胃内漂浮制剂，它们可漂浮在胃液上面，延迟其从胃中排出。另一类是生物黏附制剂，其原理是利用黏附性聚合物材料对胃表面的黏蛋白有亲和性，从而增加其在胃中的滞留时间。但当药物在小肠的吸收范围广泛时不适宜采用此种制剂。

对于吸收差的药物，除了延长其在胃肠道的滞留时间，还可以用吸收促进剂，它能改变膜的性能而促进吸收。但是，通常生物膜都具有保护作用，当膜的性能改变时，可能出现毒性问题。这方面问题尚待研究。

3. **代谢** 在吸收前有代谢作用的药物制成缓释剂型,生物利用度都会降低。大多数肠壁酶系统对药物的代谢作用具有饱和性,当药物缓慢地释放到这些部位,由于酶代谢过程没有达到饱和,使较多量的药物转换成代谢物。

4. **生物半衰期** 通常内服缓释制剂的目的是要在较长时间内使血药浓度维持在治疗的有效范围内,因此药物必须以与其消除速度相同的速度进入血液循环。对半衰期短的药物制成缓释制剂后可以减少用药频率,但对半衰期很短的药物,要维持缓释作用,单位药量必须很大,必然使剂型本身增大。一般来说,半衰期<1h 的药物,如呋塞米等不适宜制成缓释制剂。半衰期长的药物(半衰期>24h)不采用缓释制剂,因为其本身已有药效较持久的作用。

二、缓释、控释制剂的设计

(一)内服缓释、控释制剂的设计

1. **药物的选择** 缓释、控释制剂一般适用于半衰期短(2~8h)的药物,半衰期小于 1h 或大于 12h 的药物,一般不宜制成缓释、控释制剂。其他如剂量很大、药效很剧烈以及溶解吸收很差的药物,剂量需要精密调节的药物,一般也不宜制成缓释或控释制剂。

2. **设计要求**

(1) 生物利用度(bioavailability):缓释、控释制剂的相对生物利用度一般应在普通制剂 80%~120%的范围内。为了保证缓释、控释制剂的生物利用度,内服药物除了根据药物在胃肠道中的吸收速度控制适宜的制剂释放速度外,还要在处方设计时选用合适的材料以达到较好的生物利用度。

(2) 峰浓度与谷浓度之比:缓释、控释制剂稳态时峰浓度与谷浓度之比应小于普通制剂,也可用波动百分数表示。根据此项要求,一般半衰期短、治疗指数窄的药物,可设计每 12h 服一次,而半衰期长的或治疗指数宽的药物则可 24h 服一次。若设计零级释放剂型,如渗透泵,其峰谷浓度比显著低于普通制剂,此类制剂血药浓度平稳。

3. **缓释、控释制剂的剂量计算** 一般根据普通制剂的用量,来换算缓释、控释制剂的用量。如某普通制剂每日内服用药 2 次,每次 20mg,若改为缓释、控释制剂,可以每日 1 次,每次 40mg。这是根据经验考虑,也可以采用药物动力学方法进行计算,但涉及因素很多,如动物种属等因素。计算结果仅供参考。

(1) 仅含缓释或控释部分,无速释部分的剂量计算:

①缓释或控释制剂零级释放:在稳态时,为了维持血药浓度稳定,要求体内消除的速度等于药物释放的速度。设零级释放速度常数为 k_{r0},体内药量为 X,消除速度常数为 k,则 $k_{r0}=Xk$,因 $X=CV$,故 $k_{r0}=CVk$,V 为表观分布容积,C 为有效浓度,若要求维持时间为 t_d,则缓释或控释剂量 D_m 可用下式计算:

$$D_m = CVkt_d$$

例:一个药物的动力学参数如下:$k=0.0834h^{-1}$,$V=28.8L$,$C=10\mu g/mL$,$t_d=12h$,则 $D_m=CVkt_d=10\times 28.8\times 0.0834\times 12=288$(mg)

②缓释制剂一级释放:在稳态时 $D_m k_{r1}=CVk$,故

$$D_m = CVk/K_{rl}$$

式中，可 k_{rl} 为一级释放速度常数。

③近似计算：$D_m = X_0 k t_d$，X_0 为普通制剂剂量。

$$D_m = X_0 (0.639/t_{1/2}) t_d$$

由于 $t_{1/2}$ 不同，t_d 不变，则 D_m 也不同。

(2) 既有缓释或控释部分，又有速释部分的剂量计算：以 D_T 代表总剂量，D_T 表速释剂量，则

$$D_T = D_m + D_i$$

若缓释部分没有时滞，即缓释部分与速释部分同时释放，速释部分一般采用普通制剂的剂量 X_0，此时加上缓释部分，则血药浓度势必过高，因此要进行校正。设达峰时为 T_{max}，缓释部分为零级释放时，

$$D_T = D_i + D_m = X_0 - CVkT_{max} + CVkt_d$$

例：某药的缓释胶囊，已知 $X_0 = 20mg$，$k = 0.1386h^{-1}$，$T_{max} = 2h$，$t_d = 24h$，$C = 0.2\mu g/mL$，$V = 48L$

则：$D_i = X_0 - CVkT_{max} = 20 - 0.2 \times 48 \times 0.1386 \times 2 = 17.34$ (mg)

$D_m = kCVt_d = 0.1386 \times 0.2 \times 48 \times 24 = 31.9$ (mg)

故，$D_T = D_i + D_m = 17.34 + 31.9 = 42.24$ (mg)，其中速释部分占 35.2%。

对于缓释部分为一级释放的制剂剂量的计算：

$$D_T = (X_0 - D_m k_{rl} T_{max}) + kCV/K_{rl}$$

近似计算：$D_T = D_i + D_m = X_0 + X_0 k t_d = X_0 [1 + (0.693/t_{1/2}) t_d]$

若 t_d 不变，$t_{1/2}$ 不同，D_T 也不同。

以上关于剂量的计算，可以作为设计时参考，实际应用时，还可以用动力学方法进行模拟设计。

4. 缓释、控释制剂的辅料 辅料是调节药物释放速度的重要物质。缓、控释制剂中多以高分子化合物作为阻滞剂（retardant）控制药物的释放速度。根据其阻滞方式不同，缓释、控释制剂的辅料有骨架型材料、包衣膜型材料和增黏型材料。

(1) 骨架型阻滞材料：又分为溶蚀性骨架材料、亲水性凝胶骨架材料和不溶性骨架材料。

①溶蚀性骨架材料：常用的有动物脂肪、蜂蜡、巴西棕榈蜡、氢化植物油、硬脂醇、单硬脂酸甘油酯等，可延滞水溶性药物的溶解、释放过程。

②亲水性凝胶骨架材料：有甲基纤维素（MC）、羧甲基纤维素钠（CMC-Na）、羟丙甲纤维素（HPMC）、聚维酮（PVP）、卡波普、海藻酸盐、脱乙酰壳多糖（壳聚糖）等。

③不溶性骨架材料：有乙基纤维素（EC）、聚甲基丙烯酸酯、无毒聚氯乙烯、聚乙烯、乙烯-醋酸乙烯共聚物、硅橡胶等。

(2) 包衣膜阻滞材料：分为不溶性高分子材料［如用作不溶性骨架材料的乙基纤维素（EC）等］和肠溶性高分子材料［如纤维醋法酯（CAP）、丙烯酸树脂L和S型、羟丙甲纤维素酞酸酯（HPMCP）和醋酸羟丙甲纤维素琥珀酸酯（HPMCAS）等］。

(3) 增黏型材料：增黏型材料是一类水溶性高分子材料，溶于水后，其溶液黏度随浓度而增

大，根据药物被动扩散吸收规律，增加黏度可以减慢扩散速度，延缓其吸收，主要用于液体药剂。常用的有明胶、PVP、CMC、PVA、右旋糖酐等。

控释或缓释，就材料而言，有许多相同之处，但它们与药物的结合或混合的方式或制备工艺不同，可表现出不同的释药特性。应根据不同给药途径，不同释药要求，选择适宜的阻滞材料和适宜的处方与工艺。

(二) 可注射缓释制剂的设计

设计可注射的缓释制剂一般的方法是在注射部位形成贮库，药物分子在预先设定的时间段内以合适速率释放。在兽用注射剂中，实现药物缓释的方法大多是将处方做物理改性。下面介绍几种用于减慢药物从注射部位释放的方法。

1. 真溶液 对于真溶液，溶剂的改性在注射部位产生黏性溶液或胶体，进而使活性分子能保留在贮库以发挥缓释作用。

(1) 凝胶/增黏溶液：这类缓释制剂可以选择控制剂型黏性的合适凝胶或增黏聚合物来实现，或通过改变这些物质在处方中的浓度来实现。在处方中加入胶凝剂或增黏剂，使药物分子与之形成可生物溶蚀性骨架。肌内注射或皮下注射后，药物从凝胶骨架的释放依赖于贮库中游离药物分子的浓度，一旦游离药物分子从凝胶表面被吸收，就会形成药物浓度梯度，从而使药物分子从凝胶中分离，从而达到长效的目的。这些胶凝剂或增黏剂常用的有：N-甲基-2-吡咯烷酮、N-甲基-α-吡咯烷酮、2-吡咯烷酮、聚乙二醇、丙烯甘醇、N-5-二甲基-2-吡咯烷酮、3-3-二甲基-2-吡咯烷酮、N-乙基-2-吡咯烷酮、1-吡咯烷酮、丙烯醇、聚乙烯醇、海藻酸钠、甲基纤维素、羟丙甲基纤维素、羧甲基纤维素钠或聚维酮（PVP-K17、K25、K30、K90）等。

(2) 形成复合物：将水溶性药物转化为难溶性盐或添加络合剂以形成低水溶性复合物，就可以设计为可注射的缓释剂。如将扑热息痛、茶碱、咖啡因以 1:1:1 的比例形成复合物，比单个药物的水溶性降低，在注射部位降低了药物分子的释放速度，形成缓释注射剂；维生素 B_{12} 与鞣酸锌结合；青霉素 G 与普鲁卡因、二苄基乙二氨结合成难溶的盐等。

(3) 油溶液：对脂水分配系数高的药物，使用注射溶媒为油溶液是兽用注射缓释制剂常用的方法。由于药物从油性贮库分配入组织液中是一个缓慢的过程，故油溶液的延效作用显著，在缓释注射剂中得到广泛应用。

作为注射用油的非水溶剂包括一些合成的有机溶剂和植物油。合成的有机溶剂主要是液态的聚乙二醇（PEG）和油酸乙酯；植物油主要有橄榄油、玉米油、芝麻油、花生油、杏仁油、椰子油、罂粟油、棉籽油、蓖麻油和大豆油。在这些油中，由于芝麻油含天然抗氧化剂成分，在避光的条件下最为稳定，但从价格上考虑，大豆油在国内最为常用。植物油因含游离脂肪酸、各种色素和植物蛋白等，必须加以精制。其精制过程为：中和脱酸（加入氢氧化钠溶液，保湿搅拌，至油皂分开）→脱臭（加活性白陶土及活性炭保湿搅拌，滤过至油液完全澄明）→脱水→灭菌（150～160℃干热灭菌 1～2h）。

表 9-1 列举了一些注射用油的性质。但是请注意，设计这种类型的注射剂时应当在处方中加入适当的表面活性剂或水溶性有机溶剂如丙二醇、甘油甲缩醛等，其目的是一方面有利于油和体液在注射部位能很好地混合，另一方面可以降低注射液的黏度，便于注射和减轻动物疼痛。

表 9-1　一些注射用油溶剂的性质

油	性状	典型性质	黏度	稳定性和贮藏	安全性
芝麻油	透明，淡黄色液体，微有香气，味淡	凝固点约-5℃；不溶于水，为溶于乙醇	43.73mPa·s	稳定，不易酸败；于密封容器中，低于40℃处，避光保存	口服无毒
肉豆蔻酸已丙酯	透明，无色，几乎无味，有流动性，味淡	凝固点3℃；沸点140.2℃；与水不混溶，混溶于脂肪、油	25℃时7mPa·s	耐氧化和水解；不易酸败；室温下密封贮藏。	毒性、刺激性小，家兔和豚鼠无致敏反应
油酸乙酯	淡黄色或几乎无色，有流动性，类似橄榄油味，不酸败	凝固点约-32℃；沸点 205～208℃；与水不混溶，与脂肪油和脂肪混溶	≥5.15mPa·s；黏度小于脂肪油	暴露于空气中易氧化。小型密封容器中，避光保藏	肌肉注射无刺激性
棉籽油	淡黄色或黄色，油状液体，无特臭，味淡似坚果	凝固点0～5℃；低于10℃时，部分固态脂肪可能从油中分离出来	39.19 mPa·s	稳定；低于40℃，于密闭容器中，避光保藏	
玉米油	透明、淡黄色，油状液体，微有特臭和异味		37.36～38.83 mPa·s	稳定；低于40℃，于密闭容器中，避光保藏	口服无毒
蓖麻油	近似于无色或淡黄色，透明、有黏性的油，初有轻微臭，味淡，继而有微辛辣味			低于15℃下贮藏，避光；用于注射产品的油必须于贮藏于玻璃容器中	
花生油	无色或淡黄色液体，微有坚果香味液态 PEG 是透明的、无色或淡黄色黏性液体，微有特臭；苦味，微有灼烧感	大约在3℃，油变浑浊，在更低温度下部分固化；与油可混溶	39.44～42.96 mPa·s	稳定；贮藏于密闭、避光容器中；避免与热接触；暴露于空气中会慢慢变浓并可能酸败；用于注射产品必须贮藏在玻璃容器中	
液态聚乙二醇	无色，带有香气的油状液体	PEG200 过冷至凝固点下不发生相变；凝固点：PEG300 -15～-8℃；PEG400 -4～-8℃；PEG 600 20～25℃；与水以任何比例相溶形成透明溶液；能与其他 PEG 以任何比例相溶		空气中化学性质稳定；PEG 不易染菌或酸败；不锈钢、铝、玻璃或衬钢都是适宜的容器；贮藏于密闭容器；如果 PEG 长时间暴露于50℃以上时可能会氧化	

(续)

油	性状	典型性质	黏度	稳定性和贮藏	安全性
苯甲酸苄酯	浅黄色的澄明液体，无臭或几乎无臭	沸点 323℃；不溶于水，与脂肪油能混溶		低于 40℃密闭保藏，避光	
大豆油		可与乙醚或氯仿混溶，在乙醇中极微溶，在水中几乎不溶；相对密度 0.916～0.922，折光率 1.472～1.476；皂化值为 188～195；碘值为 126～140；酸值不大于 0.1			遮光，密闭，在凉暗处保存

2. 混悬剂 水难溶性药物或注射后要求延长药效的药物，可制成水或油混悬液。这类注射剂一般仅供肌内注射。溶剂可以是水，也可以是油或其他非水溶剂。

研制缓释混悬型注射剂的关键是减少药物在混悬介质中的溶解度，降低药物的溶出速度。目前研究中主要采取以下途径：①改变药物的部分化学结构，如将氨苯砜酰化成双乙酰氨苯砜制成油混悬剂。②将药物与高分子化合物结合使之生成难溶性盐，如将加压素与鞣酸生成鞣酸加压素后制成油混悬剂。③控制药物晶粒大小，如将胰岛素与氯化锌作用生成结晶胰岛素锌，选取 10～40μm 的晶粒制成胰岛素锌混悬液。由于混悬注射剂中分散的固体微粒，与未分散的大颗粒比较，同样具有很大的表面自由能，具有自发的聚集趋向和增长趋向；由于重力作用，悬浮在液体中的固体粒子同样会发生沉降，沉降到安瓿底部的粒子相互接触和挤压导致聚结而不能再分散。所以在混悬注射剂处方设计时需要加入帮助主药混悬的附加剂，常用的助悬剂有羧甲基纤维素、海藻酸钠、聚乙烯吡咯烷酮等。

（1）水性混悬剂：药物粒径、晶型和药物分子在注射部位的扩散系数是设计要考虑的 3 个重要因素。混悬剂中药物粒径的大小不仅关系到水性混悬剂的质量和稳定性，还会影响到注射剂的生物利用度及药效；一般注射用水性混悬剂要严格控制药物颗粒的大小。供一般注射者，颗粒应小于 15μm，15～20μm 者不应超过 10%。但供静脉注射的混悬剂，药物颗粒大小在 2μm 以下者应占 99%，否则会引起静脉栓塞。必须认真选择药物晶型，因为不同晶型会影响药物在注射部位的溶解速率。药物分子在注射部位的扩散系数可以通过选择不同的助悬剂来控制混悬剂的黏度，从而延长药物分子的扩散过程。除此之外，可以考虑将药物制成微囊、微球或脂质体来控制药物的释放速率。

（2）油性混悬剂：设计油性混悬剂除了混悬剂要考虑的因素外，主要是在处方中加入蜡或硬脂酸金属盐来增加油的黏度，从而延长药物的释放时间。

第四节 缓释、控释制剂制备举例

一、内服缓释、控释制剂制备举例

(一) 渗透泵式控释制剂

渗透泵式控释制剂是特殊的薄膜片,其心片外包一层半透膜,膜上有一释药小孔,内服后在消化道内,水分可透过装置的半透膜,与心片药物接触,溶解形成饱和溶液,并因此产生压力使药物通过释药孔向外渗出。单位时间内从小孔中释放出的药物饱和溶液的体积与从半透膜透入的吸收水分的体积恰好相等,故能达到恒速释药目的。

例:维生素C渗透泵片(450mg/片)

1. 片心制备 将维生素C(200g)缓缓加入10%乙基纤维素异丙醇溶液(100g)中,搅拌45min湿法制粒,颗粒经50℃干燥48h后过20目筛,压片。

2. 包衣液制备

(1) 包衣液Ⅰ号:将醋酸纤维素(乙酰基含量为38%)29份、醋酸纤维素(乙酰基含量为32%)61份和PEG400 10份溶于丙酮-水(90:10)中充分搅拌5min,制成5%复合材料包衣液。

(2) 包衣Ⅱ号:将醋酸纤维素(乙酰基含量32%)90份和PEG4000 10份溶于丙酮-水(90:10)中充分搅拌5min,制成5%复合材料包衣液。

3. 片心包衣 采用气流混悬包衣机,第一层以包衣液Ⅰ号包至衣厚为0.076mm,第二层以包衣液Ⅱ号包至衣厚为0.06mm,即制成维生素C渗透片。

(二) 大丸剂

大丸剂(bolus)是一种外形类似球形、圆柱形或椭圆形的内服剂型,是由主药、赋形剂和黏合剂等组成。在动物药品中,反刍动物的抗蠕虫药物、微量元素,单胃动物的微量元素、维生素等都适宜制备大丸剂。这类大丸剂可分普通缓释剂和控释剂。

1. 普通缓释大丸剂 一次投服药丸后在瘤胃中连续不断释放药,开始释放药量大,随着时间推移,药丸变小,释放药量越来越少。普通缓释大丸剂是预防动物感染寄生虫的非常有效的剂型,也称为缓释金属药弹,是用驱虫药、金属粉末、黏合剂和润滑剂用强力冲压成一定大小的丸。黏合剂可用羧甲基纤维素钠、羧甲基右旋糖酐钠、微晶纤维素、阿拉伯胶浆或糖粉,润滑剂可用石蜡油等矿物油,金属粉可用铁粉、铜粉等,以铁粉为好,金属粉可使药丸达到一定的密度,使药丸能沉留于瘤胃中,不致被动物反刍出来,一般密度达2.5g/cm^{3}左右即可。强力冲压成药丸可用药物压丸机,药丸模型可另加工,冲压出半球形或球形药丸,制备较大药丸时可先制成2个半球形药丸,再黏合成更大丸。药丸在瘤胃中释药速度主要靠各制药成分比例和药丸压紧程度决定。

2. 控释大丸剂 根据释药原理不同又分连续释放型和脉冲释放型2种类型。前者几乎在很长日期内连续等量释放药,使动物胃肠中的药物浓度维持在几乎相同的水平,而后者则是每间隔一定天数(多为2周左右)释放一次剂量的药,一般可释放6次以上。

(1) 连续释放型控释大丸剂:这种大丸剂是由外壳、药丸、推动装置和固定装置4个部分构成。外壳分别由塑料或不锈钢两种材料制成，后者因密度大，又可兼作固定装置用。目前国内仅有塑料外壳，这种外壳形如塑料离心管，一端封闭或留有小孔，为便于空气进入，未批量生产时往往用塑料注射器外管或离心管代替，羊用5~10mL管，牛用20mL管。推动装置一般用弹簧，将其压紧于管封闭端内，而将药丸放于管开口端，这样靠弹簧的弹性，可将药丸始终推于开口处，从而一直与瘤胃液接触，不断让药溶解于瘤胃中。为了阻止药丸被弹出管外，于管开口处紧盖一个具大孔的塑料盖，或在管口内横向插一根金属丝。

药丸由驱虫药和基质构成，是由两者混匀后制成圆柱形丸，直径稍小于外壳内径。基质主要由两类试剂组成：一种是易溶于胃液的，如聚乙二醇6 000~10 000；另一种是不易溶于胃液的，如高级醇（十六醇或十八醇）、高级脂肪酸（软脂酸或硬脂酸）或石蜡等，其中以十八醇多用。这些可作为基质的试剂具有几个共同性质：相互间与药物在固体和液体状态下都不会起化学反应和改变它们的性质，熔程在50~80℃之间，对动物无害。药物和基质混合方法如下：先将基质加热熔解，待冷到80℃左右将驱虫药倒入，充分混匀，倒入较外壳内径稍小的圆形不锈钢管或铜管中，冷却后切成所需长度即可。固定装置是为了防止动物反刍时将药吐出，一般用2根小塑料片在壳外与壳呈锐角状态下一头粘于壳上即成，也可在外壳内封闭端与弹簧间加一小块密度较大的金属，使整个丸密度达2.0 g/cm^3以上，利用重力将控释丸沉于瘤胃中，待药释放完后，控释丸密度下降后才可能被动物反刍出来。为了药丸坚固与美观，可加入少量润滑剂（如吐温80和液状石蜡）。

（2）脉冲释放型控释大丸剂：这种大丸剂所用辅料与连续释放型控释大丸剂相同，只是制法不同。其制法是先将驱虫药与基质分别冲压成圆形片状，圆片直径略小于外壳内径，药片的厚度以能包含一次驱虫量的药为宜，基质片的厚度以控制在2周始能被胃液溶解为宜。安装时药片与基质片相间放入，最内近弹簧处先放置一药片，以后再放入基质一片，再放药一片，一般放6片药，可在瘤胃中每隔半个月左右释放药一片，释放完药需3个月。

例1：左旋咪唑大丸剂。

【处方】左旋咪唑　　　　　　22.1g
　　　　铁粉　　　　　　　　95g
　　　　乙酸乙烯共聚物　　　26g
　　　　羧甲基纤维素钠　　　5g

【制备】取适量的纯化水将羧甲基纤维素钠润湿，依次加入左旋咪唑、乙酸乙烯共聚物和铁粉混合，用强力冲压成一定大小的丸。

例2：硒弹丸。

【处方】亚硒酸钠　　　　　　5.06g
　　　　滑石粉　　　　　　　12g
　　　　铁粉　　　　　　　　78g
　　　　甲基纤维素　　　　　5g

【制备】取适量的纯化水将甲基纤维素润湿，依次加入亚硒酸钠、滑石粉和铁粉搓制成丸，烘干后放入直径1cm、长3cm的有推动装置带尾翼的圆柱形塑料管中，用蜡封口即成，共制10粒。

例3：丙硫苯咪唑瘤胃控释剂。

【处方】
丙硫苯咪唑	12%
聚乙二醇6 000	55%
硬脂酸	18%
吐温80	10%
液状石蜡	5%

【制备】

(1) 载药基质的制备：将确定的基质各组分及药物称好，放入50mL烧杯中，置水浴中共溶，搅拌均匀后倒入模器，冷却成形后即得，然后切成49mm长。

(2) 控释装置：取外壳为聚丙烯管的装置（内径16mm，长72mm，壁厚1mm），弹簧由直径为0.9mm的碳素弹簧钢制成，长为150mm。依次把弹簧、小隔垫和成型的载药基质装入管内，开口端用一不锈钢丝挡住，即得控释装置。

(三) 缓释与控释微丸

微丸（micropill）是指直径小于2.5mm的小球状内服剂型，也称为小丸（pellet）。将药与阻滞剂等混合制丸或先制成丸心后包控释膜衣而制备的缓释与控释微丸，由于属剂量分散型制剂，一次剂量由多个单元组成。缓释与控释微丸的优点是：它能提高药物与胃肠道的接触面积，提高生物利用度；通过几种不同释药速率的微丸组合，可获得理想的释药速率，取得预期的血药浓度，并能维持较长的作用时间，避免对胃黏膜的刺激等不良反应；其释药行为是组成一个剂量的多个微丸释药行为的总和；药物在体内很少受到胃排空功能变化的影响，在体内的吸收具有良好的重现性；可由不同药物分别制成微丸组成复方制剂，可增加药物的稳定性，而且也便于质量控制；制成微丸可改变药物的某些性质，如成丸后流动性好、不易碎等，并可作为制备片剂、胶囊剂等的基础；易制成缓释、控释或定位制剂。因此缓释、控释微丸是目前认为较理想的缓释、控释剂型之一。

根据其处方组成、结构不同，缓释、控释微丸分为膜控型微丸、骨架型微丸以及采用骨架和膜控方法相结合制成丸三种类型。膜控微丸是先制成丸心后，再在丸心外包裹控释衣。丸心除含药物外，尚含稀释剂（常用的是蔗糖）、黏合剂（淀粉）等辅料。包衣材料是一些高分子聚合物，如明胶、虫胶、醋酸纤维素、邻苯二甲醋酸纤维素、丙烯酸树脂等。包衣液除包衣材料外，一般加或不加增塑剂、致孔剂、着色剂、抗黏剂等，从而控制药物的释药速率。骨架型微丸是由药物与阻滞剂混合而制成的微丸。骨架微丸辅料有阻滞剂（乙基纤维素、乙烯-醋酸乙烯共聚物）、亲水性凝胶（海藻酸钠、羧丙基甲基纤维素）和生物溶蚀剂（硬脂酸、硬脂醇、单硬脂酸甘油酯）等。采用骨架和膜控法相结合制成的微丸，是在骨架微丸的基础上，进一步包衣制成的，从而获得更好的缓释、控释效果。

例：吲哚美辛控释微丸。

(1) 吲哚美辛速释微丸。

【处方】
吲哚美辛（微粉化）	750g
PVP	150g
空白丸（20～25目）	3 000g

水	1 500mL
乙醇	1 500mL

【制备】将PVP溶解在水-乙醇混合液中（亦可用适量的HPCM等）。加入吲哚美辛分散于其中，将该混悬液喷至丸心上。于60℃以下干燥。

（2）吲哚美辛控释微丸。

【处方】吲哚美辛速释微丸	3 000g
EC（10CPS）	112.5g
HPC（Klucer EF）	37.5g
丙醇	15g
乙醇	3 000mL

【制备】将HPC和EC溶解于乙醇中，加入丙醇，得包衣液，于流化床内将吲哚美辛速释丸包衣即得。将包衣后的微丸干燥。所得微丸装入硬胶囊中。

（四）糊丸

糊丸（paste pill）是将药物细粉用面糊等作为赋形剂制成的微丸，干燥后质地坚硬，在胃内崩解缓慢，对药物有缓释效果。在动物药品中，驱肠道寄生虫的药物可以制成糊丸。糊丸所使用的糊粉可以是面粉、玉米粉、米粉、木薯粉或糯米粉。在制备糊丸时，先将糊粉以适量的冷水或温水调匀，再缓慢加热并不断搅拌使之糊化，呈黏性液体，必要时还可加入酒、醋、药液汁等。制丸时，将药粉与糊粉以3:1混合，制丸。

例：驱绦槟榔丸。

【处方】槟榔	7.5g
淀粉	适量

【制备】先将槟榔粉碎，过40目筛，备用。另取淀粉加水调制成糊状，加入槟榔粉调制成50丸，干燥即得。

（五）控释驱虫药卷

药卷片的两面都被覆有一层不渗透的EVA（乙烯醋酸-乙烯共聚物），药卷中间含药物和EVA的混合物，并穿过完整的药卷片打孔。经口投入牛、羊瘤胃内以后，药卷会自动打开，药物从药卷片的周边及打孔的边缘控制释放到瘤胃内发挥药效。美国pfizer公司制造的1个分层片状控释驱虫药卷含酒石酸甲噻嘧啶19.8g（相当于甲噻嘧啶11.8g）。临床应用表明：在牛羊放牧季节投用，作用可持续98d，能很好地防治奥斯特线虫等引起的寄生虫性胃肠炎，并降低感染性幼虫对牧场的污染。

二、可注射缓释制剂制备举例

（一）真溶液缓释制剂

例：长效土霉素注射液（200mg/mL）。

【处方】土霉素	200g	MgO_2	6g
PEG200	300mL	N-甲基吡咯烷酮	25mL

| 甘油甲缩醛 | 50mL | 甲醛合次硫酸氢钠 | 2g |
| 二乙醇胺 | 45mL | 蒸馏水 | 加至1 000mL |

【制备】(1) 取处方量的二乙醇胺，加入适量的注射用水，逐步加入土霉素，搅拌溶解，作为甲液。

(2) 另取处方量的甘油甲缩醛、N-甲基吡咯烷酮和PEG200加入甲液中。

(3) 另取甲醛合次硫酸氢钠配置成溶液，加入甲液中。

(4) 另取氧化镁，配置成溶液，加入甲液中。

(5) 调节pH为8.0～9.0，测含量定容，滤过灌封，100℃流通蒸汽灭菌30min，灯检包装即得。

(二) 混悬注射缓释制剂

1. 水性混悬注射缓释制剂

例： 醋酸氢化可的松水性混悬注射液（125mg/mL）。

【处方】醋酸氢化可的松	125g	二甲基乙酰胺	650mL
吐温80	3g	PVP	100g
20%乙醇	适量	注射用水	加至1 000mL

【制备】取醋酸氢化可的松125g溶解于二甲基乙酰胺650mL中。过滤后，在搅拌下加入适量20%乙醇水溶液，并加入吐温80，分离微晶（<3μm），后加入10%PVP溶液并定容至1 000mL，分装，灌封。120℃高压蒸汽灭菌20～30min。

2. 油性混悬注射缓释制剂

例1： 油制肾上腺素注射液（2mg/mL）

【处方】肾上腺素	0.2g
二巯基丙醇	0.03g
苯甲酸苄酯	0.06g
注射用大豆油	加至100mL

【制备】取注射用大豆油，过滤，在150℃干热灭菌1h后放冷。于灭菌研钵或其他适宜容器中，加入少量灭菌注射用油，然后加入肾上腺素，经研磨、搅拌、振摇，使混悬均匀。将混悬液转移至适宜容器中，加灭菌注射用油至规定容量，充分混合均匀，边搅拌边分装于灭菌干燥的安瓿中，熔封。100℃流通蒸气灭菌30min，即得。

【注解】本品为油混悬液，为了使产品更稳定，注射用油可能在贮藏过程中氧化酸败，生成过氧化物，促使肾上腺素加速氧化分解，可选用二巯基丙醇作为稳定剂。但二巯基丙醇不溶于植物油中，故必须先用苯甲酸苄酯混合溶解后才能与注射用油均匀混合。

例2： 盐酸头孢噻呋混悬注射液。

【处方】盐酸头孢噻呋	5g
磷脂	0.05g
司盘80	0.15g
注射用棉子油	加至100mL

【制备】取注射用棉子油，过滤，150℃干热灭菌1h后放冷。于灭菌研钵或其他适宜容器中，

加入少量灭菌注射用油,然后加入盐酸头孢噻呋、磷脂,经研磨、搅拌、振摇,使混悬均匀。将混悬液转移至适宜容器中,加适量的灭菌注射用油和司盘 80,边加边用玻棒搅拌溶解,加灭菌注射用油至规定容量,搅拌器中搅拌 30min 左右,充分混合均匀,边搅拌边分装于灭菌干燥的安瓿中,熔封。100℃流通蒸汽灭菌 30min,即得。

三、植 入 剂

(一)植入剂的概念和特点

植入剂(implant agent)是一种由药物与赋形剂借熔融、热压、辐射等方法制成的无菌固体制剂。

植入剂主要通过皮下植入方式给药,因为皮下组织较疏松,富含脂肪,神经分布较少,对外来异物的反应性较低,植入药物后的刺激、疼痛较小。皮下植入方式给药,药物很容易到达体循环,因而其生物利用度高。另外,给药剂量比较小、释药速度慢而均匀,成为吸收的限速过程,故血药水平比较平稳,且持续时间可长达数月甚至数年。

植入剂主要用于动物疾病的治疗、避孕、发情期协调、促进或增加体重、提高喂养效果。

(二)植入剂的缓释装置

供植入用缓释装置设计有很多方法。

1. 骨架型装置 药物分散于骨架载体物质中,这些载体物质为多孔的或无孔的固体或半固体。骨架装置分为可生物降解的和非生物降解的两类。药物从骨架的壁或孔中扩散,释放的速度决定于骨架中药物的溶解、扩散和浓度,呈近一级释放模式。

2. 贮库型装置 这类装置包括药物贮库和控释膜。药物贮库可以是含有药物的溶液、混悬液、凝胶或固体。控释膜为多孔或无孔,能够有一定程度的水合作用,并能保持其完整性,一般是非生物降解的。药物从贮库装置中的释放速度决定于药物在贮库中的溶解、经膜的扩散、膜的厚度以及控释膜的总面积,呈零级释放模式。

3. 渗透压驱动释放型装置 这类装置一般需要以溶液、混悬液、凝胶、半固体或固体形式将贮库充满,而且药物释放需经渗透装置推动。渗透装置是一个由片心组成的隔室,它可在溶解时产生很高的渗透压力;并由半透膜所包围,半透膜可控制水向隔室内的扩散。虽然这种类型的装置能够以零级模式释药,但过于昂贵。

目前,生物降解聚合物作为载体制得的给药系统中研究最多的是制成微粒甚至纳米粒,由于粒子很小,植入时可用普通注射器注入。这样的微粒由于大小不一,在吸收部位的表观释放速率可接近零级模式。

(三)植入剂的制备方法

植入剂制备的基本原理是:将药物与一些用人工合成可生物降解聚合物相混合制成大丸,或将药物置入以能降解和释药的物质为材料制成的囊中,使药物在动物皮下长期缓慢地被动物吸收,从而达到长效的作用。作为植入剂的基质最有实用价值、研究得最多的是聚 α-羟酸(α-聚酯)类的聚乳酸(即 PLA,聚丙交酯)、聚乙醇酸(PGA、聚羟基乙酸、聚乙交酯)及它们的共聚物(PLGA)。

植入剂制备的方法视剂型之不同而异，主要有压缩成型法、溶媒挥发法、相分离（溶媒-非溶媒）法和 W/O/W 复乳-干燥法等。

1. 压缩成型法 一般采用的基质是相对分子质量为 15 000～22 500 的 PLA。将药物与 PLA 一起压制成植入片，或将药物与 PLA 一起压制成载药量为 30% 的圆筒，再在筒外包一层高分子质量的 PLA，将圆筒切成数段，使药物只能在切口处扩散出来，这样就可用所切长度的不同来调节药物释放速度。

2. 溶媒挥发法 是将囊心物质和聚合物一起溶解或分散在某种不能与水混溶的挥发性溶媒中，将此溶液或分散液倒入水介质中，搅拌成乳化液，经蒸发、过滤及干燥后即可得到所需载药微球。本法较适用于水不溶性药物，因亲水性药物易分配于水相而影响产品的载药量。这一方法需要考虑到一系列能影响最终产品的工艺变数，如药物的溶解度、所选溶媒的类型、乳化液系统的相比率、聚合物—溶媒—非溶媒间的相互作用、温度、溶媒扩散速率、乳化剂的种类和浓度、聚合物的组成和黏度、最终产物的球径大小和载药量。

3. 相分离（溶媒-非溶媒）法 将药物的水溶液与 PLGA 共聚物的二氯甲烷溶液一起乳化成 W/O 乳剂，然后加入一种对 PLGA 是非溶媒的液体，使 PLGA 沉淀，形成微囊。再将此悬浮液倒入大量非溶媒中，使微囊变硬并将二氯甲烷全部抽提出来。经过筛、洗涤、干燥后可得内含药物的微囊。

4. W/O/W 复乳-干燥法 对于亲水性的药物，虽可用相分离法制备，但所得产物载药量较低、粒度较大，且有变形。因此，有人对传统的溶剂蒸发法作了改进，即先制成 W/O/W 乳剂后再使溶剂蒸发掉，即所谓 W/O/W 复乳的水包物干燥法（in-water drying）。一般认为，用这种方法制备亲水性药物的 PLA 或 PLGA 微囊，较为可取。

四、项　　圈

（一）项圈的概念和特点

项圈（collar）是一种杀虫药与增塑的固体热塑性树脂通过一定的工艺制成的缓释制剂。这种项圈有一个基质（通常是一个塑料成型片），在其中掺入了 5%～40% 的外用杀虫药物和缓释剂，主要用于犬和猫体外寄生虫的驱杀。当犬、猫带上这种含药项圈后，项圈中的杀虫药物缓慢释放出来，除了能立即通过触杀作用杀灭动物体表的外寄生虫（如蚤、螨）外，药物的有效成分还会在动物体表的皮脂腺集中起来，使动物的皮脂腺变成一个药物的贮存器，药物通过被动扩散，在很长一段时间内产生驱杀体表外寄生虫的效果。

（二）项圈制备所用的材料

项圈的制备通常是选用聚氯乙烯作为基质材料，在聚氯乙烯基质中加入一种（或几种）可塑剂会起到更好的缓释效果，这些可塑剂包括酞酸二乙酯、癸二酸二辛酯、己二酸二辛酯、酞酸盐、枸橼酸三丁酯、二己基酞酸盐、二丁酰酞酸盐、苄基酞酸丁酯、乙酰基柠檬酸三丁酯、磷酸三甲苯酯、二乙基己基联苯磷酸盐等。

（三）项圈制备举例

例 1：犬、猫用 N-苯基吡啶抗蚤、螨项圈。

【处方】聚氯乙烯树脂（PVC）　　　　50%
　　　　稳定剂　　　　　　　　　　0.5%
　　　　大豆油　　　　　　　　　　5%
　　　　己二酸二辛酯　　　　　　　34.5%
　　　　N-苯基吡啶　　　　　　　　10%

【制备】以 PVC 为原材料，加入增塑剂、稳定剂和 N-苯基吡啶的大豆油溶液，经密炼机、开炼机或挤出机塑化，再经四辊压延机成型。

例2：毒死蜱宠物项圈。

【处方】塑性树脂聚氯乙烯　　　　　26%
　　　　毒死蜱　　　　　　　　　　27%
　　　　己二酸二辛酯　　　　　　　36%
　　　　羟基化聚乙烯醇缩丁醛　　　10%

【制备】先将塑性树脂聚氯乙烯、毒死蜱和己二酸二辛酯混合后，在低真空下快速加入羟基化聚乙烯醇缩丁醛，进一步混合。然后把混合物倾入事先准备好的模具中，用电炉或微波辐射，在 150℃下处理 30min 即得成品。

例3：敌敌畏凝胶体项圈。

【处方】敌敌畏　　　　　　　　　　　　　　　　　　　　　　　　　75%
　　　　丙烯酸与聚丙烯丙基蔗糖共聚的羧乙基酸性聚合物　　　　　　10%
　　　　纤维素醋酸酯（平均乙酰量为 39.8%）　　　　　　　　　　　10%
　　　　邻苯二甲酸二丁酯　　　　　　　　　　　　　　　　　　　　5%

【制备】将处方中各种材料充分混合，倒入预先准备好的模具中，慢慢凝胶化，120℃左右处理 25min 即得。

第五节　缓释、控释制剂体内、体外评价

对缓释、控释制剂的体内、体外评价主要参照《中国兽药典》2005 年版"缓释、控释和迟释制剂指导原则"进行。

（一）体外释放度试验

本试验是在模拟体内消化道条件下（如温度、介质的 pH、搅拌速率等），对制剂进行药物释放速率试验，最后制定出合理的体外药物释放度，以监测产品的生产过程，对产品进行质量控制。

1. **仪器装置**　除另有规定外，缓释、控释和迟释制剂的体外药物释放度试验可采用溶出度测定仪。

2. **温度控制**　缓释、控释和迟释制剂模拟体温控制在（37±0.5）℃。

3. **释放介质**　以去空气的新鲜纯化水为最佳的释放介质，或根据药物的溶解特性、处方要求、吸收部位，使用稀盐酸（0.001～0.1mol/L）或 pH3.0～8.0 的磷酸盐缓冲液，对难溶性药物不宜采用有机溶剂，可以加入少量表面活性剂（如十二烷基硫酸钠等）。

4. 释放度取样点的设计 除迟释制剂外,体外释放速率试验应能反映出受试制剂释药速率的变化特征,且能满足统计学处理的需要,释药全过程的时间不应低于给药的时间间隔,且累积释放率要求达到 90% 以上。制剂质量研究中,应将释药全过程的数据做累积释放率-时间的释药速率曲线图,制定出合理的释放度取样时间点。除另有规定外,从释药速率曲线图中至少选出 3 个取样时间点,第一点为开始 0.5~2h 的取样时间点(累积释放率约 30%),用于考察药物是否有突释;第二点为中间的取样时间点(累积释放率约 50%),用于确定释药特性;最后的取样时间点(累积释放率>75%),用于考察释药量是否基本完全。此 3 点可用于表示体外药物释放度。

控释制剂除以上 3 点外,还要增加 2 个取样时间点。此 5 点可用于表征体外控释制剂药物释放度。释放百分率应小于缓释制剂。

5. 重现性和均一性试验 应考察 3 批以上、每批 6 片(粒)产品的批与批间体外药物释放度的重现性,并考察同批 6 片(粒)产品的体外药物释放均一性。

6. 释药模型的拟合 缓释制剂的释药数据可用 2 种常用数学模型拟合,即一级方程和 Higuchi 方程:

$$Ln(1-M_t/M_\infty) = -kt \quad (一级方程)$$
$$M_t/M_\infty = kt^{1/2} \quad (\text{Higuchi 方程})$$

控释制剂的释药数据可用零级方程模拟:

$$M_t/M_\infty = kt \quad (零级方程)$$

式中,M_t 为 t 时间的累积释放量;M_∞ 为 ∞ 时累积释放量;M_t/M_∞ 为 t 时累积释放百分率;t 为时间;k 为释放速度常数。拟合时以相关系数(r)为最大而均方误差(MSE)最小的拟合结果最好。

(二)缓释、控释制剂的体内试验

应通过体内的药效学和药动学试验,对缓释、控释制剂的安全性和有效性进行评价。

首先,对缓释、控释制剂中药物理化性质进行充分了解,包括有关同质多晶、粒径大小及其分布、溶解性、溶出速率、稳定性以及制剂可能遇到的其他生理环境极端条件下控制药物释放的变量。制剂中药物因受到处方因素的影响,溶解度等物理化学性质会发生变化,应测定相关条件下的溶解特性。难溶性药物的制剂处方中含有表面活性剂(如十二烷基硫酸钠等)时,需要了解其溶解特性。

关于受试缓释、控释制剂的药物动力学性质,推荐采用普通制剂(静脉用或内服溶液,或经批准的其他普通制剂)作为参比,对比其中药物的释放、吸收情况,来评价缓释、控释制剂中药物的释放、吸收情况。在评价内服缓释、控释制剂时,测定药物在胃肠道各段(尤其是在测定结肠定位释药时的结肠段)的吸收是很有意义的。内服缓释、控释制剂的体内评价还要注意饲料对药物释放速率和药物吸收的影响。

缓释、控释制剂的药效学评价应该是在足够广泛的剂量范围内,探求药物浓度与临床响应值(治疗效果或副作用)之间的关系。此外,还应对血药浓度和临床响应值之间的平衡时间特性进行研究。如果在药物或其代谢产物与临床响应值之间已经有了很确定的关系,缓释、控释制剂的临床表现可以由血药浓度-时间关系的数据来表示。当无法得到这些数据时,则应进行临床试验和药动学-药效学试验。

对于非内服的缓释、控释制剂还需对其作用部位的刺激性和（或）过敏性等进行测室试验。

(三) 体内外相关性

体内外相关性是指由制剂产生的生物学性质或由生物学性质衍生的参数（如 t_{max}、C_{max} 或 AUC），与同一制剂的物理化学性质（如体外释放行为）之间，建立合理的定量关系。缓释、控释制剂要求进行体内外相关性试验，它应反映整个体外释放曲线与整个血药浓度-时间曲线之间的关系。只有当体内外具有相关性，才能通过体外释放曲线预测体内情况。

缓释、控释制剂体内外相关性是指体内吸收相的吸收曲线与体外释放曲线之间对应的各个时间点回归，得到直线回归相关系数符合要求，即可认为具有相关性。体内－体外相关性的建立、体内－体外相关性检验，按照《中国兽药典》2005年版附录中的《缓释、控释和迟释制剂指导原则》进行。

思 考 题

1. 哪些药物不适宜制成缓释、控释制剂？
2. 制备缓释、控释制剂时常用的辅料有哪些？
3. 影响反刍动物内服控释制剂设计的因素有哪些？
4. 在动物药品中，制备注射用缓释制剂的方法有哪些？

第十章 兽药制剂新技术

增加难溶性药物的溶解度和溶出速度，使之适应动物的群体混饮用药，掩盖某些药物不良气味和味道，增加患病动物的顺应性，提高兽药的稳定性以及作用的靶向性，是兽药研发过程中面对的重要课题。采用兽药制剂新技术是解决上述问题的重要手段之一。兽药制剂新技术涉及的范围广、内容多，本章仅对目前在兽药和饲料工业中几种应用较成熟，且能改变药物的物理性质或释放性能的新技术进行讨论，内容包括固体分散技术、包合技术、脂质体制备技术和微囊技术。

第一节 固体分散技术

一、概　述

固体分散技术是指将药物高度分散于另一种固体载体中的新技术，药物能以微晶态、胶态、无定型态或分子状态均匀地分散在另一种载体中，形成一种固体分散体（solid dispersion）。

固体分散技术是一种制备高效、速效制剂的新技术，其优点在于能将药物高度分散，当载体材料为水溶性时可增加难溶性药物溶解度和溶出速率，促进药物的吸收，提高生物利用度；当将药物采用难溶性高分子材料或肠溶性材料为载体制备固体分散体时，可使药物制成缓释、控释制剂或肠溶制剂；可增加药物的化学稳定性，减缓药物在生产、贮存等过程中的水解和氧化作用；可根据临床需要，将固体分散体进一步制成片剂、颗粒剂等普通剂型。

二、固体分散体的分类

（一）按释药特征分类

1. **速释型**　是利用强亲水性载体材料制备的固体分散体，可以保持药物高度分散的状态，对药物具有良好的润湿性。该类型固体分散体可提高药物的溶解度，溶出快，吸收好，生物利用度高。

2. **缓释、控释型**　是以水不溶性或脂溶性载体材料制备的固体分散体，药物分子或微晶分散于由载体材料形成的网状骨架结构中，药物从网状结构中缓慢的扩散溶出，其机制与缓释、控释制剂类似。

3. **肠溶型**　肠溶型为缓释制剂，是以肠溶性材料为载体，制备的药物能定位于小肠溶解、释放。该类型只有在肠内 pH 环境中通过载体溶解，药物才能溶出。肠溶型固体分散体由于药物高度分散在肠溶材料中，能提高药物在小肠的吸收率。

（二）按分散状态分类

1. **简单低共熔混合物**　将药物与载体材料两种固体以低共熔物的比例混合，共熔后快速冷却可以完全融合而全部形成固体分散体，称为低共熔型固体分散体。

2. **固体溶液**　固体药物以分子状态分散于载体材料中形成的均相体系称为固体溶液（solid solution）。由于固体溶液的药物分散度比低共熔混合物高，因此固体溶液药物的溶出速率极快。

固体溶液按药物与载体的分子大小相近，晶格相似时，二者可以任何比例完全互溶。如果药物与载体可以互溶，但在混合比例相差很大时又不能互溶而形成低共熔混合物，则称之为部分互溶，如水杨酸-PEG 600 固体分散体。根据晶格情况可将固体溶液分为置换型和填充型。当药物与载体材料的分子大小相近时，则药物分子可取代溶剂分子的位置进入载体形成置换型固体溶液；而药物分子小于载体分子达 1/5 时，药物可填充于载体分子的空隙内构成填充型固体溶液。无论是哪种类型的固体溶液，其药物均以分子状态高度分散在载体中，因此药物的溶出速率较低共熔混合物快。

3. **共沉淀物**　也称共蒸发物，是由药物与载体材料以适当比例溶解于有机溶剂后形成的共沉淀无定形物，常用载体材料为多羟基化合物，如 PVP、枸橼酸、蔗糖等。磺胺噻唑与 PVP（1∶2）的共沉淀物，磺胺噻唑分子进入 PVP 分子的网状骨架中（填充型），由于药物晶体受到 PVP 的抑制而形成非结晶性无定形物，也称为玻璃态固熔体。因其如同玻璃，透明而具脆性，无固定熔点，加热只能逐渐软化，熔融后有较大黏性。由于玻璃态固熔体的晶格能很小，其溶出速率大于低共熔混合物，甚至比固体溶液的溶出还快。

三、固体分散体的常用载体及特性

固体分散体的溶出速率在很大程度上取决于所用载体材料的特性。载体材料应具有下列条件：无毒、无致癌性，不与化学药物发生化学变化，不影响主药的化学稳定性，不影响药物的疗效与含量检测，能使药物达到最佳分散状态或缓释效果，价廉易得。常用的载体材料多为水溶性高分子化合物、表面活性剂、有机酸、糖类以及纤维素衍生物等。

（一）水溶性载体

1. **聚乙二醇类**（PEG）　易溶于水，也溶于多种有机溶剂，化学性质稳定。最常用的是 PEG 4000 和 PEG 6000，它们的熔点低（55～60℃），毒性小，在胃肠道内易于吸收，不干扰药物的含量分析，能显著增加药物的溶出速率，提高其生物利用度。宜用熔融法制备固体分散体。如恩诺沙星-PEG 6000（1∶6）固体分散体，其溶出度比普通恩诺沙星片提高 1 倍，其溶解度也显著增加，能有效提高生物利用度。

2. **聚维酮类**（PVP）　聚维酮类（PVP）对热稳定性好（150℃变色），易溶于水和多种有机溶剂，对有些药物有较强的抑晶作用，但成品对湿的稳定性差，易吸湿而析出药物结晶。由于熔点高，宜用溶剂法制备固体分散体，不宜用熔融法。PVP 类的规格有：PVP_{k15}（平均分子质量约 1 000u）、PVP_{k30}（平均分子质量约 4 000u）及 PVP_{k90}（平均分子质量约 360 000u）等。

3. **表面活性剂类**　大多含聚氧乙烯基，其特点是溶于水或有机溶剂，载药量大，在蒸发过程中可阻滞药物产生结晶，是较理想的速效载体材料。常用的有泊洛沙姆-188（Poloxamer-188）聚氧乙烯、聚氧羧烯等。泊洛沙姆-188 为片状固体，毒性小，对黏膜的刺激性极小，可用于静脉注射，增加药物的溶出效果大于 PEG 载体。宜用熔融法或溶剂法制备固体分散剂。

4. 糖类与醇类 糖类常用的有右旋糖酐、半乳糖和蔗糖等；醇类有甘露醇、山梨醇、木糖醇等。特点是水溶性强，毒性小，分子中的多个羟基与药物以氢键结合而成固体分散体，适用于熔点高、剂量小的药物。

5. 有机酸类 分子质量较小，如枸橼酸、酒石酸、琥珀酸、去氧胆酸等，均易溶于水而不溶于有机溶剂。但这些有机酸不适于对酸敏感的药物。

此外，还有联合应用载体的报道，例如糖类与 PEG、表面活性剂与高分子物质联合应用。载体的联合应用对难溶性药物的溶出优于单用。

（二）水不溶性载体

1. 乙基纤维素（EC） 无毒，无药理活性，能溶于有机溶剂，含有羟基，能与药物形成氢键，有很大的黏性，载药量大，稳定性好，不易老化，是一种理想的不溶性载体材料。

2. 聚丙烯酸树脂类 此类产品在胃液中可溶胀，在肠液中不溶，不被吸收，对机体无害，常被用作缓释固体分散体的载体。有时为了调节释放速率，适当加入水溶性载体材料如 PEG 或 PVP 等。

3. 脂质类 常用的有胆固醇、棕榈酸甘油酯、巴西棕榈蜡及蓖麻油蜡等。常采用熔融法制备固体分散体。脂质类载体可降低药物溶出速率，延缓药物释放，药物溶出速率随脂质含量增加而降低。

（三）肠溶性载体

1. 纤维素类 常用的有醋酸纤维素酞酸酯（CAP）、羟丙甲纤维素酞酸酯（HPMCP，有两种规格：HP-50、HP-55）、羧甲乙纤维素（CMEC），均能溶于肠液中，可用于制备胃中不稳定的药物固体分散体，在肠道释放和吸收。将药物及肠溶性材料溶于有机溶剂中，然后将此溶液喷雾于惰性辅料表面，在其表面形成固体分散体。这种固体分散体生物利用度高，药物释放时间延长。

2. 聚丙烯酸树脂类 常用 II 号或 III 号聚丙烯酸树脂，前者在 pH6 以上的介质中溶解，后者在 pH7 以上的介质中溶解。将二者联合使用，可制得较理想的缓释或肠溶固体分散体。

四、固体分散体的制备

固体分散体的常用制备方法有熔融法、溶剂法、溶剂熔融法和研磨法等，近年来还出现了很多新的制备方法，如超临界流体法等。

1. 熔融法 将药物与载体材料混匀，加热至熔融，也可将载体加热熔融后，再加入药物搅熔，然后将熔融物在剧烈搅拌下迅速冷却成固体，或将熔融物倾倒在不锈钢板上成薄膜，在板的另一面吹冷空气或用冰水，使之骤冷成固体。为防止某些药物析出结晶，宜迅速冷却固化，然后将产品干燥，使之变脆，易于粉碎，进一步制成其他剂型。

本方法简单，适用于熔点较低或对热稳定的药物，多采用熔点低或不溶于有机溶剂的载体材料，如 PEG、糖类及有机酸类。该方法的关键是熔融物必须迅速冷却固化，以得到高度分散的固体分散体。

也可将熔融物滴入冷凝液中使之迅速收缩、凝固成丸,这样制成的固体分散体俗称滴丸。常用冷凝液有液体石蜡、植物油、甲基硅油以及水等。在滴制过程中能否成丸,取决于丸滴的内聚力是否大于丸滴与冷凝液的黏附力,冷凝液的表面张力小,丸形就好。

2. 溶剂法 又称共沉淀法或溶剂蒸发法。将药物和载体共同溶于同一有机溶剂中,或分别在有机溶剂中溶解后混匀,蒸去有机溶剂后使药物与载体材料同时析出,干燥后即得共沉淀分散体。蒸去有机溶剂时,宜先用较高温度蒸除至溶液成黏稠状时,迅速冷却固化,或用喷雾干燥、冷冻干燥的方法除去有机溶剂(即溶剂-喷雾干燥法、溶剂-冷冻干燥法)。

常用的有机溶剂有乙醇、氯仿、丙酮、三氯甲烷等,载体材料多采用易溶于水和多种有机溶剂、熔点高或对热不稳定的 PVP、半乳糖、甘露醇、胆酸类等,适用于熔点较高或对热不够稳定的药物和载体固体分散体的制备。本法要求药物与载体材料应溶解于同一有机溶剂中,制备的固体分散体分散性好,但使用有机溶剂,且用量较大,成本较高,且有时难以除尽。

3. 溶剂-熔融法 将药物用适当的溶剂溶解后,与已熔融的载体混合均匀,蒸去有机溶剂,迅速冷却固化而得。适用于维生素 A、维生素 D、维生素 E 等液态或对热不稳定的药物,要求药物的剂量小于 50mg。凡适用于熔融法的载体均可采用。

4. 研磨法 将药物与载体材料混合,强力持久地研磨而得。优点是不需加有机溶剂,仅借机械力降低药物粒度,或使药物与载体以氢键结合,形成低共熔混合物固体分散体。常用的载体材料有 PVP、PEG、乳糖等。

五、固体分散体的质量评价

固体分散体的质量评定,主要是对固体分散体中药物分散状态、固体分散体的稳定性、药物的溶出速率以及生物利用度进行评价。

药物在固体分散体中呈分子状态、亚稳定及无定形状态、胶体状态、微晶或微粉状态。检测方法目前还只有一些粗略方法,例如 X-射线衍射法、红外光谱测定法、差热分析法等等,较粗的分散体系也有用显微镜测试的。固体分散体贮存时间过长,可出现硬度变大、药物溶出度降低等老化现象,所以需注意其稳定性,可以从改善贮存环境,采用联合载体,调整载体理化性质等方面来提高固体分散体的稳定性。

1. 热分析法 分为差示热分析法(DTA)和差示量热扫描法(DSC)。固体分散体中如有药物晶体存在,则有吸热峰存在,药物晶体存在越多,吸热峰面积越大。

2. X 射线衍射法 可以用来了解固体分散体的分散性质。

3. 红外光谱测定法 主要用于确定固体分散体中是否有复合物形成或其他相互作用。

六、固体分散体制备举例

例 1:恩诺沙星的固体分散体(熔融法)。

以 PEG 6000 为载体,制备恩诺沙星的固体分散体。分别称取 3g 恩诺沙星(100 目)、18g PEG 6000(60 目)。PEG 6000 置于 90℃水浴加热至熔融,加入恩诺沙星,同时搅拌均匀,待完全透明迅速倾至经冷却的不锈钢板上涂成薄片,完全凝固后放入-20℃冰箱中固化 3h。在硅胶干燥器中干燥 24h 以上,粉碎,加入辅料压制成片。经溶出度试验,结果显示固体分散体能显著提高恩诺沙星的溶解度、溶出度。

例 2:阿苯达唑固体分散体(溶剂法)。

按主药与载体物质的量比为 1:5 的比例称定阿苯达唑和 PVP_{k30},用适量的 95% 乙醇分别溶解,共置于旋转蒸发仪中,50℃水浴,真空蒸去乙醇,得黏稠状混合物,将其转入温度 50℃ 的电热恒温干燥箱中干燥,干燥后取出粉碎过筛即得。阿苯达唑固体分散物能显著提高药物的溶出速率,和原药相比,10min 溶出量为原药的 15 倍。

例 3:环孢素固体分散体(溶剂熔融法)。

称取一定量的环孢素 A,加入适量无水乙醇溶解;称取 6 倍量的 Poloxamer188,置于蒸发皿中,于 63℃恒温水浴中,待其熔融后,加入环孢素 A 的无水乙醇溶液,迅速搅拌,待乙醇蒸发除尽后,迅速移至-20℃冰箱中,搅拌至固化,继续冷却 30min,取出置 37℃ 电热干燥箱干燥 24h,过 60 目筛,即得。

第二节 包合技术

一、概 述

包合技术是指一种分子被包藏于另一种分子的空穴结构内,形成包合物(inclusion compound)的技术。被包合的物质分子(药物)称为客分子(guest molecule),包合药物的物质分子称为主分子(host molecule),即包合材料。由于主分子具有较大的空穴结构,足以将客分子(药物)容纳在内,形成分子囊(molecular capsule)。药物被包合后,其物理性质产生改变,包括药物的溶解度、溶出速率、内服生物利用度等。

药物经 β-环糊精(β-CD)包合后具有以下优点:

(1)增加药物的稳定性:凡容易氧化、水解、易挥发的药物制成包合物,则可防止其氧化、水解、减少挥发。因为药物分子的不稳定部分被包合在包合材料的空穴中,从而切断了药物分子与周围环境的接触,使药物分子得到保护,增加了稳定性。如维生素 D_3 对光、氧、热均不稳定,将药物和其包合物同时在 60℃下放置 10h,未包合物含量几乎为零,而环糊精包合物的含量仍为 100%。

(2)增加药物的溶解度和生物利用度:难溶性药物与 β-环糊精混合可制成水溶性的包合物。如诺氟沙星难溶于水,内服生物利用度为 40% 左右,将其制成 β-环糊精包合物胶囊剂后,相对生物利用度提高到 141%。

(3)液体药物粉末化:液体药物包合后形成固体粉末,便于加工成其他剂型,例如片剂、散剂等。

(4)掩盖不良气味,减少刺激性及毒副作用:大蒜精油不仅有特异臭味,对胃肠道也有刺激性,应用 β-环糊精包合后,不良臭味消失,刺激减小。

(5)调节释药速度:中药挥发油等用 β-环糊精制成包合物后,可控制包合物内挥发油的释放。

二、β-环糊精的结构和性质

常用包合材料有环糊精、淀粉、胆酸、纤维素、蛋白质、核酸等。环糊精及其衍生物是目前较常用的包合材料。

环糊精（cyclodextrin，CD）是淀粉用嗜碱性芽孢杆菌经培养得到的环糊精葡聚糖转位酶作用形成的产物，是由6～12个D-葡萄糖分子以1,4-糖苷键连接的环状低聚糖化合物，为水溶性、非还原性白色结晶性粉末，常见的环糊精有α、β、γ 3型，分别由6、7、8个葡萄糖分子构成。它们的一般性质见表10-1。

表 10-1 各种环糊精的一般性质

项 目	α-CD	β-CD	γ-CD
葡萄糖单体数	6	7	8
分子质量（u）	972	1 135	1 297
分子空洞内径（nm）	0.47～0.53	0.60～0.65	0.75～0.83
分子空洞外径（nm）	14.6±0.4	15.4±0.4	17.5±0.4
空穴深度（nm）	0.7～0.8	0.7～0.8	0.7～0.8
空洞体积（nm^3）	0.174	0.262	0.427
溶解度（20℃）（g/L）	145	18.5	232
结晶形状	针状	棱柱状	棱柱状

在3种环糊精中，以β-环糊精最为常用，它为7个葡萄糖分子以1,4-糖苷键连接而成。在水中的溶解度最小，易从水中析出结晶。随着温度升高溶解度增大（表10-2）。

表 10-2 β-CD在不同温度的溶解度

温度（℃）	20	40	60	80	100
水溶解度（g/L）	18.5	37	80	183	256

β-CD为白色结晶性粉末，熔点300～305℃，纯度99%，水分8%～10%，灰分0.02以下。β-CD对酸较不稳定，但比淀粉和环状小分子耐酸，对碱、热和机械作用都相当稳定。β-CD与某些有机溶剂共存时，能形成复合物而沉淀。可以利用各种CD在溶剂中的溶解度不同而进行分离。

三、β-环糊精包合物的制备

（一）制备前准备工作

1. **资料调查** 调研药物的理化性质，如分子结构及其大小、分子质量、溶解性、稳定性；确定药物被包合的目的；根据药物性质，分析包合物形成的可能性。

2. **选择包合材料** α-CD在水中的溶解度较大,但分子空洞较小,内径0.45~0.6nm;β-CD在水中的溶解度小,分子空洞适中;γ-CD在水中的溶解度最大,但价格贵,分子空洞内径为0.85~1.0nm。

近年来,国内外文献报道较多的是用β-CD包合物制备内服制剂,用β-CD衍生物如羟丙基-β-CD和磺丁基醚-β-CD环糊精包合物制备注射剂,该系列是首选的包合材料。

3. **包合方法的选择** 包合方法对包合物的形成有影响,要制得含量和收率都高且稳定的包合物,在确定了主客分子药物与材料后,可用实验选择包合方法。首先建立客分子药物含量测定方法,再测定不同制备方法及不同比例的主客分子所形成包合物的产率和含量,以评定包合方法的优劣。

(二) 常用制备方法

1. **饱和水溶液法** 先将CD制成饱和水溶液,加入客分子(药物)溶液,对于难溶性药物可先用异丙醇、二甲基乙酰胺等溶剂溶解,再加入到CD饱和水溶液中,在一定温度搅拌混合30min以上,使药物被包合,但水中溶解度大的药物有一部分仍溶解在溶液中,可加一种有机溶剂使之析出沉淀。将析出的固体包合物滤过,根据药物的性质,再用适当的溶剂洗净、减压干燥,即得环糊精的包合物。包合挥发油时,如该挥发油是用蒸汽蒸馏法提取的,可将挥发油直接加入CD中制成饱和溶液,或将挥发油加少量乙醇稀释后加入CD饱和水溶液中,再搅拌混匀同上法制成包合物。

2. **研磨法** 环糊精中加入2~5倍量的水研匀,加入药物,在研磨机中充分混匀、研磨成糊状,经低温干燥,溶剂洗涤,再干燥,即得包合物。由于研磨法采用手工操作,费时费力,仅适用于小量生产。

3. **超声波法** 将环糊精饱和水溶液中加入药物溶解,混合后用超声波处理,将析出的沉淀经溶剂洗涤、干燥,即得稳定的包合物。

4. **冷冻干燥法和喷雾干燥法** 按饱和水溶液法制得包合物溶液后,不进行沉淀,而直接进行冷冻干燥或者喷雾干燥,以除去溶剂,得粉末状包合物。如果其他方法制得的包合物水溶液在干燥时易分解或变色,但又要求得到包合物,用本法能得到理想的包合物,成品较疏松,溶解度好,多用于制备粉针剂。

四、影响包合工艺的因素

1. **药物与环糊精的比例** 大多数CD包合物,其主、客分子组成的物质的量比为1∶1时形成稳定的单分子化合物。但体积大的客分子比较复杂,当主分子CD用量不合适时,也不易形成包合物,表现为客分子含量很低。

2. **包合方法的选择** 根据设备条件进行试验,饱和水溶液法较常用;研磨法要注意投料比,当CD过量时,包合物的产量低;客分子药物含量低,会有游离的CD存在。超声波法省时收率较高。

3. **其他因素** 包合温度、搅拌速率及时间、干燥过程中的工艺参数(如喷雾干燥的出口温度)等均可能影响包合率。

包合条件各因素可用正交设计选择。

五、β-环糊精包合物的质量评价

包合物的质量研究内容主要包括：药物与环糊精是否形成包合物、包合物是否稳定、包合物药物溶解性能、包合率、收得率等。

β-环糊精与药物是否包合完全，可根据包合物的性质和结构状态，采用下列方法进行验证，必要时可同时用几种方法。

1. **溶出度法** 难溶性药物的包合物有改善药物溶出度的作用，测定包合物与普通混合物的累积溶出百分率可识别包合物的形成与否。根据测定药物在不同浓度环糊精溶液中的溶解度，以药物溶解度为纵坐标，环糊精浓度为横坐标作相溶解图，从图中曲线可判断包合物的形成并获得包合物的溶解度数据。

2. **显微镜法和电镜扫描法** 在显微镜下观察含药包合物与不含药包合物的形状差别，这种差别是晶格排列发生变化所致，电镜扫描也可观察包合物和混合物的形态差别。

3. **X射线衍射法** 由于晶体物质在相同角度处有不同晶面间距，从而在用X射线衍射时显示不同的衍射峰。

4. **热分析法** 差示热分析法（differential thermal analysis，DTA）和差示扫描量热法（differential scanning calorimetry，DSC）较为常用。例如，陈皮挥发油用β-环糊精包合，若二者的配比为1∶1、1∶2、1∶4、1∶6时，形成的包合物均具一个峰，峰温为317℃，表明形成了包合物。而混合物则具有2个峰，即107℃和317℃，因此包合物与混合物有明显区别。

5. **薄层色谱法** 通过观察色谱展开后斑点是否存在，斑点的位置及R_f值来判断包合物的形成。在相同的色谱条件下，由于被包合药物物理性质发生改变，导致薄层色谱带位置的位移，甚至无展开斑点。

6. **荧光光谱法** 通过比较药物与包合物的荧光光谱曲线与吸收峰的位置、高度，判别是否形成了包合物。

7. **紫外分光光度法** 从紫外吸收曲线吸收峰的位置和峰高可以推断是否形成了包合物。

此外，还可以采用核磁共振谱法、圆二色谱法、红外光谱法等方法验证是否形成了包合物。

六、环糊精包合技术应用举例

例1：甲砜霉素β-环糊精包合物（饱和水溶液法）。

称取甲砜霉素1.780g，加入适量N,N-二甲基乙酰胺使其溶解。另称取β-环糊精5.675g，加蒸馏水在60℃恒温水浴中制成饱和溶液。在电动搅拌下，将甲砜霉素的N,N-二甲基乙酰胺溶液缓缓加入到β-环糊精饱和溶液中，恒温搅拌。待反应液呈均相、折光率恒定时为包合物形成终点，停止加热，继续搅拌至室温，置冰箱中冷藏12h，抽滤，沉淀物60℃真空干燥，过80目筛，即得。用紫外光谱法及相溶解度图法进行鉴定，结果是甲砜霉素β-环糊精包合物可以提高甲砜霉素的溶解度2.84倍，30min的溶出度由7.37%提高到35.02%。

例2：维生素Aβ-CD包合物的制备（研磨法）。

维生素 A 易氧化，制成包合物可提高稳定性。维生素 A 与 β-CD 按 1∶5（物质的量比）称量，将 β-CD 于 50℃水浴中用适量蒸馏水研成糊状，维生素 A 用适量乙醚溶解加入上述糊状液中，充分研磨，挥去乙醚后糊状物成半固体物，将此物置于遮光干燥器中进行减压干燥数日，即得。

第三节　脂质体技术

一、概　　述

脂质体（liposome）是一种类似生物膜结构的双分子层小囊泡。脂质体是由磷脂、胆固醇等为膜材包合而成，这两种成分不但是形成脂质体双分子层的基础物质，而且本身也具有极为重要的生理功能。脂质体制备技术，是将药物包封于类脂质双分子层形成的薄膜中，制得超微型球状载体的技术。在兽药上主要包合一些抗寄生虫药物，具有一定的靶向作用。

（一）分类

按结构和粒径分，脂质体可分为单室脂质体、多室脂质体、含有表面活性剂的脂质体。按性能分，脂质体可分为一般脂质体（包括上述单室脂质体、多室脂质体和多相脂质体等）、特殊性能脂质体、热敏脂质体、pH 敏感脂质体、超声波敏感脂质体、光敏脂质体和磁性脂质体等。按荷电性分，脂质体可分为中性脂质体、负电性脂质体、正电性脂质体。

小单室脂质体一般粒径小于 200nm，大单室脂质体粒径在 200～1 000nm 之间，多室脂质体的粒径在 1～5μm 之间。

（二）脂质体的组成和结构

脂质体的结构与由表面活性剂构成的胶束（micelle）不同，后者是由单分子层所组成，而脂质体由双分子层所组成。脂质体的组成成分是磷脂、胆固醇及附加剂。如果把类脂质的醇溶液倒入水中，醇很快地溶于水，而类脂分子则排列在空气-水的界面，极性部分在水中，而非极性部分则伸向空气中，空气-水界面布满了类脂分子后，则转入水中，被水完全包围时，其极性基团面向两侧水相，而非极性的烃链彼此面对面缔合成板状双分子层或球状。磷脂为两性物质，其结构中含有磷酸基团和含氮的碱基（均亲水）及两个较长的烃链为疏水链。

胆固醇亦属于两亲物质，其结构中亦具有疏水与亲水两种基团，但疏水性较亲水性强。用磷脂和胆固醇作为脂质体的膜材时，必须先将二者溶于有机溶剂，然后蒸发除去有机溶剂，在器壁上形成均匀的类脂质薄膜，此薄膜是由磷脂与胆固醇混合分子相互间隔定向排列的双分子层所组成。磷脂分子的极性端与胆固醇分子的极性基团相结合，故亲水基团上接有两个疏水链，其中之一是磷脂分子中的两个烃基，另一个是胆固醇结构中的疏水链。

磷脂分子形成脂质体时，有两条疏水链指向内部，亲水基在膜的内外两个表面上，磷脂双层构成一个封闭小室，内部包含水溶液，小室中水溶液被磷脂双层包围而独立，磷脂双层形成囊泡又被水相介质分开。脂质体可以是单层的封闭双层结构，也可以是多层的封闭双层结构。在电镜下脂质体常见的是球形或类球形。

（三）脂质体的性质

1. 相变温度　脂质体膜的物理性质与介质温度有密切关系。当升高温度时，脂质双分子层中酰基侧链从有序排列变为无序排列，这种变化会引起脂膜物理性质的一系列变化，可由"胶晶"态变为"液晶"态，膜的横切面增加，双分子层厚度减小，膜流动性增加，这种转变时的温度称为相变温度（phase transition temperature）。

2. 脂质体荷电性　含酸性脂质，如磷脂酸（PA）和磷脂酰丝氨酸（PS）等的脂质体荷负电，含碱基（氨基）脂质体，例如十八胺等的脂质体荷正电，不含离子的脂质体显电中性。脂质体表面电性对其包封率、稳定性、靶器官分布及对靶细胞作用影响较大。

3. 粒径　粒径大小和分布均匀程度与其包封率和稳定性有关，其直接影响脂质体在机体组织的配置和行为，一般情况下以粒径均匀为好。凡影响脂质体稳定的因素，都与脂质体的粒径和分布有关。

(四) 脂质体的特点

1. 剂型特点

（1）脂质体的膜材多用磷脂，其生物相容性好，可血管内给药。

（2）制备工艺简单，易于大规模生产。

（3）同一脂质体中可以包裹脂溶性和水溶性两种类型的药物，药物的包封率主要取决于药物本身的油水分配系数及膜材性质。

（4）脂质体以非共价结合方式包裹药物，有利于药物在体内的释放，有利于保持药物本身的药理效应。

（5）物理和化学稳定性较差，这主要是由于磷脂分子的氧化所造成，可以通过改变磷脂分子的结构或加入附加剂来提高其稳定性。

2. 作用特点

（1）具有靶向性：脂质体通过静脉给药进入动物体内即被巨噬细胞作为外界异物而吞噬，从而主要分布于肝脏和脾脏，是治疗肝寄生虫病等疾病的理想药物载体。

（2）具有长效作用（缓释性）：许多药物在体内由于被迅速代谢或排泄而使其体内作用时间短。将药物包封成脂质体，可减少肾排泄和代谢而延长药物在血液中的滞留时间，从而延长药物的作用时间。

（3）能降低药物毒性：药物被脂质体包封后，主要被单核-巨噬细胞系统的巨噬细胞所吞噬而摄取，且在肝、脾和骨髓等单核-巨噬细胞较丰富的器官中浓集，而使药物在心、肾中累积量比游离药物低很多。

（4）提高药物稳定性：一些不稳定的药物被脂质体包封后可受到脂质体双层膜的保护。

（5）具有细胞亲和性与组织相容性：因脂质体是类似生物膜结构的泡囊，具有很好的细胞亲和性与组织相容性。它可长时间吸附于靶细胞周围，使药物能充分向靶细胞渗透。

二、脂质体的制备

(一) 薄膜分散法

薄膜分散法（thin-film dispersion method）又称干膜（分散）法，是将磷脂、胆固醇等膜材及脂溶性药物共溶于适量的氯仿或其他有机溶剂中，然后在减压旋转下除去溶剂，使脂质在内壁形成薄膜后,加入含有水溶性药物的缓冲溶液,进行振摇,则可制成大多室(large multilamellar)脂质体,其粒径较大(范围为 $1\sim5\mu m$)且粒径分布不均匀。

分散所形成的脂质体可用各种机械方法进一步分散,以下为通过薄膜法制成的大多室脂质体再分散成各种脂质体的方法:

1. **干膜超声法** 将薄膜法制成的大多室脂质体用超声波仪超声处理,则根据所采用超声的时间长短而获得 $0.25\sim1\mu m$ 的小单室(small unilamellar)脂质体。

2. **薄膜-振荡分散法** 将制备的脂质体干膜加入缓冲溶液后,用液体快速混合器振荡 12min (25℃)则形成脂质体。

3. **薄膜-匀化法** 将用薄膜-搅拌分散法制备的较大粒径脂质体通过组织捣碎机或高压乳匀机匀化成较小粒径的脂质体。

4. **薄膜-挤压法** 当把薄膜法制备的大小不一的脂质体连续通过孔径 $0.1\sim1.0\mu m$ 的聚碳酸纤维膜后,发现不但脂质体的大小分布趋于均一,且单层脂质体的比例也有增多。

(二) 逆相蒸发法

逆相蒸发法(reverse-phase evaporation method, REV)是将磷脂等膜材溶于有机溶剂,如氯仿、乙醚等,加入待包封药物的水溶液(水溶液:有机溶剂=1:3~6)进行短时超声,直至形成稳定的 W/O 乳剂;然后减压蒸发除去有机溶剂,达到胶态后,滴加缓冲液,通过旋转帮助器壁上的凝胶脱落;接着在减压下继续蒸发,制得水性混悬液;再利用超速离心法或凝胶色谱法,除去未包封的药物,即得大单室脂质体。本法可包封的药物量大,适合于水溶性药物及大分子活性物质,如抗生素等。

(三) 复乳法

复乳法(multiple emulsion method)又称二次乳化法(double emulsion method),指将少量水相与较大量的磷脂油相进行乳化(第1次),形成 W/O 的反相胶束,减压除去部分溶剂,然后加较大量的水相进行乳化(第2次),形成 W/O/W 复乳,减压蒸发除去有机溶剂,即得脂质体。

(四) 熔融法

熔融法是将磷脂和表面活性剂加少量水相溶解,胆固醇熔融后与之混合,然后滴入 65℃ 左右的水相溶液中保温制得。本法不加有机溶剂,较适合于工业化生产。

(五) 注入法

注入法(injection method)是将磷脂、胆固醇等类脂质和脂溶性药物共溶于有机溶剂中(油相),然后把油相均速注射到高于有机溶剂沸点的恒温水相(如 $50\sim60℃$ 的磷酸盐缓冲液,可含有水溶性药物)中,搅拌蒸发有机溶剂,再乳匀或超声得到脂质体。注入法常用溶剂有乙醚、乙醇等。根据溶剂不同可分为乙醚注入法和乙醇注入法,一般来说,在相同条件下,乙醚注入法形成的脂质体大于乙醇注入法。

该法的优点是类脂质在乙醚中的浓度不影响脂质体大小。缺点是使用有机溶剂和高温,会使大分子物质变性和对热敏感的物质灭活,脂质体粒度不均匀。

(六) 冷冻干燥法

冷冻干燥法(freeze-drying method)是将类脂质高度分散在磷酸盐缓冲液中,加入冻干保护剂（如甘露醇、蔗糖、葡萄糖等）冷冻干燥后，再分散到含药的水性介质中，形成脂质体。冻干温度、速度及时间等因素对形成脂质体的包封率和稳定性都有影响。冻干保护剂的选择是成功制备脂质体的关键因素。冻干保护剂能降低冷冻和融化过程对脂质体的损害，用量多为 2%～5%。

三、影响脂质体载药量的因素

载药量为脂质体中药物量与脂质体总量（脂质体中药物和载体总量之和）的比值，载药量的大小直接影响到药物的临床应用剂量，故载药量愈大，愈易满足临床需要。载药量与药物的性质有关，通常亲脂性药物或亲水性药物较易制成脂质体。影响载药量的因素有以下几方面：

1. **类脂质膜材料的投料比**　增加胆固醇含量可提高水溶性药物的载药量。
2. **脂质体电荷的影响**　当相同电荷的药物包封于脂质体双层膜中，同电相斥致使双层膜之间的距离增大，可包封更多亲水性药物。
3. **脂质体粒径大小的影响**　当类脂质的量不变，类脂质双分子层的空间体积愈大，所载药物量就愈多。
4. **药物溶解度的影响**　极性药物在水中溶解度愈大，在脂质体水层中的浓度愈高。水层空间愈大能包封的极性药物愈多，多室脂质体的体积包封率远比单室的大。非极性药物的脂溶性愈大，体积包封率愈高，水溶性与脂溶性均小的药物体积包封率也低。

四、脂质体的质量评价

1. **粒径大小及形态**　脂质体为封闭的多层囊状或多层圆球，可用高倍显微镜观察其粒径大小和形态，小于 $2\mu m$ 时需用扫描电镜或透射电镜观察。也可用激光散射法、离心沉降法等测定脂质体粒径及其分布。脂质体在体内到达靶区前应保持其形态的完整性。可根据给药途径的不同，将脂质体置于不同的介质中，温育一定时间，观察其形态完整的变化。
2. **包封率**　对处于液体介质中的脂质体制剂，可通过适当的方法分离脂质体，分别测定脂质体和介质中的药量。按下式计算包封率：

包封率＝[脂质体药量÷（介质中的药量＋脂质体中的药量）]×100%

包封率一般不得低于 80%。分离脂质体可采用超速离心法、透析法、超滤膜滤过法、葡聚糖凝胶滤过法等。

3. **渗漏率**　脂质体不稳定的主要表现为渗漏。渗漏率表示脂质体在液态介质中贮存期间包封率的变化。根据给药途径的不同，将脂质体分散贮存在一定的介质中，保持一定的温度，于不同时间进行分离处理，测定介质中的药量，按下式计算渗漏率：

渗漏率＝（贮存一定时间后渗漏到介质中的药量÷贮存前包封的药量）×100%

4. **释放度**　体外释放度是脂质体制剂的一项重要质量指标。通过测其体外释药速率可初步了解其通透性的大小，以便调整释药速率，达到预期要求。
5. **药物体内分布的测定**　必要时还可做药物体内分布的测定。将脂质体静注给药，测定动物不同时间的血药浓度，并定时将动物处死，取脏器组织，捣碎分离取样，以同剂量药物作为对照，比较各组织的滞留量。

五、脂质体制备举例

例 1：双氯芬酸钠脂质体的制备（逆相蒸发法）。

采用逆相蒸发法制备双氯芬酸钠脂质体。称取大豆磷脂、胆固醇和硬脂酰胺适量，溶于无水乙醚，加入含双氯芬酸钠的磷酸盐缓冲液（PBS），超声 10min，使之成为稳定的 W/O 型乳剂，25℃减压蒸发除去乙醚，得到乳白色混悬液，过 0.45μm 的微孔滤膜后，即得双氯芬酸钠脂质体。

例 2：维生素 C 脂质体的制备（薄膜分散法）。

将卵磷脂、胆固醇和十八胺用适量氯仿不断震荡溶解，得到黄色透明液体。将混合液体置于茄形烧瓶中，在旋转蒸发仪上进行减压蒸馏，直到在瓶壁上形成均匀膜层。缓缓加入维生素 C 的 PBS 溶液溶解膜层，再加入适量稳定剂，经超声波处理器处理和离心分离后，得到乳白色悬浊液，即为维生素 C 脂质体。

例 3：吡喹酮脂质体的制备（薄膜分散、逆相蒸发结合法）。

按物质的量比 55∶45 精密称取氢化豆磷脂和胆固醇，并以此膜材质量的 10% 精密称取吡喹酮，置 100mL 茄形瓶中，加氯仿 6mL 超声使之溶解，50℃水浴上旋转减压蒸馏除去氯仿，制成脂质体膜；加入 PBS 缓冲液（pH7.4）适量使膜脱离瓶壁，按 PBS 缓冲液∶氯仿=1∶4.5 比例加入氯仿，超声处理 10min，使其形成稳定的 W/O 型乳剂；然后再减压蒸馏除尽氯仿，达到胶态样后用 PBS 缓冲液稀释至需要量（磷脂浓度为 12μmol/L），摇匀，充氮气，密封包装即得。

第四节 微囊技术

一、概　述

微囊（microcapsule）是一种利用天然的或合成的高分子成膜材料为囊壳，把液体或固体药物包裹而成的药库型微型胶囊。制备微囊的过程称为微囊技术或包囊术，简称微囊化。通常微囊的粒径为 5~250μm。

包裹药物用的材料称为包囊材料，简称囊材。被包在微型胶囊中的物质称为囊心物，又称囊心物质，包括固体或液体。除主药外，还可以加入稳定剂、稀释剂以及控释药物的阻滞剂、促进剂等。

囊膜具有透膜或半透膜性质，囊心物可借压力、pH、温度或提取等方法释出。根据包囊技术和囊心物、囊材的性质不同，微囊的囊粒可以是囊心物外包囊材的膜壳型，或囊心物与囊材镶嵌在一起的镶嵌型。囊粒可以是球形、葡萄串形、表面平滑或折叠而不规则等各种形状。目前制药工业中常采用各种药物的微囊制成各种剂型，如散剂、注射剂、混悬剂等。

药物微囊化后具有许多优点：①提高药物的稳定性，保护药物，如易氧化、易水解等药物；

使液态或挥发性药物成为稳定的粉末；更利于药物的贮存。②能减少复方制剂中药物之间的配伍禁忌，隔绝药物组分间的反应。③遮蔽药物的苦味或异味，如磺胺类药物。④控制药物的释放。控释或缓释药物，可采用惰性薄膜、可生物降解的材料等来达到控释或缓释的作用；使药物在特定的部位释放，对于治疗指数比较低的药物可制成靶向制剂，提高药物的疗效。⑤降低药物的毒性。⑥可将活细胞或生物活性物质包裹，如酶、胰岛素、血红蛋白等。

二、常用囊材

囊材可分为天然高分子囊材、半合成高分子囊材和合成高分子囊材 3 类。

1. **天然高分子** 天然高分子材料因其稳定性好、无毒、成膜性好而成为最为常用的包囊材料。

(1) 明胶（gelatin）：明胶是氨基酸根与肽交联形成的直链聚合物，相对分子质量一般在 15 000～25 000 之间。因制备时水解方法不同，可分为酸法水解明胶（A 型）和碱法水解明胶（B 型）。A 型明胶的 1‰溶液常温下（25℃）时 pH 为 3.8～6.0，其等电点为 7～9，稳定而不易长菌。B 型明胶的 1‰溶液常温下（25℃）时 pH 为 5～7.4，其等电点为 4.7～5。二者的黏度均为 0.2～0.75cPa·s。在生产上可单独或混合使用，但二者混合使用较好，用于微囊的用量为 20～100g/L。

明胶质量的优劣常按其在溶胶（明胶在水温约 35℃以上溶解成溶胶）状态时黏度大小和在凝胶（溶胶降温后为凝胶）状态时冻力（凝胶强度）大小来判断。溶胶黏度用来表示分子链的长短，凝胶冻力用来表示网状结构分子质量的大小，二者对微囊成型质量影响很大。

(2) 阿拉伯胶（acacia gum）：亦称金合欢胶，含有较多的阿拉伯酸钙盐（arabin），水解后生成阿拉伯糖、半乳糖、鼠李糖、糖醛酸等。胶体带有负电荷。不溶于醇，在室温下可溶解于两倍量的水中，溶液呈酸性。阿拉伯胶中含有过氧化酶，易与安替比林、苯酚、香草醛、鞣酸、氨基比林以及生物碱等反应变色，可将胶液在 100℃加热数分钟破坏氧化酶避免此反应。阿拉伯胶常与明胶等量配合使用，作囊材的用量为 20～100g/L。也可以与白蛋白配合作复合材料。

(3) 桃胶（prunus gum）：桃胶为蔷薇科植物 Prunus persica 或其他同属植物茎破裂处渗出的一种黏稠物，干燥形成的半透明的淡黄色、无色或红棕色固体胶块，俗称桃凝。遇水膨胀。在加压、加热的条件下水解可得到水溶性的桃胶。桃胶含有糖、有机酸等，带负电荷，黏度在 1 500mPa·s（30‰20℃）以下的适于包囊。桃胶易溶于水，不溶于有机溶剂。

(4) 海藻酸钠（sodium alginate）：海藻酸钠是多糖类化合物，用稀碱从褐藻中提取而得。在 pH4.5～10 之间较稳定。不同分子质量的产品黏度有差异。海藻酸钠能溶于不同温度的水中，不溶于乙醇、乙醚等有机溶剂。可与甲壳素或聚赖氨酸合用作复合材料。

(5) 蛋白类（albumin）：常用作载体材料的有白蛋白、玉米蛋白、卵蛋白等，可生物降解。

(6) 淀粉（starch）：有小麦淀粉、玉米淀粉、马铃薯淀粉等，分子结构有直链和支链之分，不溶于冷水、乙醇。常用的是淀粉的衍生物，如羟乙基淀粉、羟甲基淀粉等。

(7) 壳聚糖（chitin）：从甲壳类动物（虾、蟹等）的壳中提取。属含氮多糖类物质，具纤维素结构，为白色无定形固体。不溶于水、稀酸、碱、醇及其他有机溶剂，溶于浓盐酸、硫酸、冰醋酸。因来源和制法不同,溶解度、分子质量、比旋度也不相同。为天然多糖,无毒。

2. 半合成高分子 多系纤维素衍生物,其特点为毒性小,黏度大,成盐后溶解度增加。由于易溶于水,不宜高温处理,需要使用时新鲜配制。

(1) 羧甲基纤维素钠(carboxymethylcellulose sodium, CMC-Na):是一种高分子阴离子型的电解质,为白色纤维状或颗粒状粉末,无臭无味,具吸湿性,易溶于水溶胀而形成胶体溶液,不溶于乙醇、乙醚、丙酮等大多数有机溶剂,也不溶于酸性溶液中。水溶液黏度大,有抗盐能力和热稳定性。常与明胶搭配用做复合囊材,一般使用的浓度为0.1%~0.5%,明胶为3%,两者按体积比2:1的比例配合使用。

(2) 邻苯二甲酸醋酸纤维素(cellulose acetate phthalate, CAP):其分子中含苯二甲酰基31%~39%,不溶于强酸,但pH大于6时水溶液中可因游离羧基离解而溶解。用作囊材时浓度为3%左右,可以单独使用也可以与明胶配合使用。由于本品在十二指肠末端溶解,因此在制备肠溶性微囊时应与增塑剂合用。

(3) 乙基纤维素(ethylcellulose, EC):分子中含有乙氧基48%,化学稳定性好,不同程度地溶于有机溶剂,不溶于水、甘油、丙二醇。适于多种药物的微囊化,由于遇酸易水解,不适合于强酸性药物。

(4) 甲基纤维素(methylcellulose, MC):作为囊材的浓度通常是1%~3%,可以单独使用,也可以与明胶、羧甲基纤维素钠、聚乙烯吡咯烷酮等一起使用。

(5) 羟丙基甲基纤维素(hydoxypropylmethylcellulose, HPMC):分子中含羟丙氧基4%~12%,甲氧基27%~29%,能溶于冷水成为黏性胶体溶液,具有一定的表面活性,长期保存有良好的黏度。

(6) 羟丙基甲基纤维素邻苯二甲酸酯(hydoxypropyl methyl cellulose phathalate, HPM-CP):为白色至类白色无臭无味的颗粒。易溶于丙酮-甲醇、丙酮-乙醇、甲醇-二氯甲烷和碱性水溶液,不溶于水、酸溶液和己烷。化学和物理性质稳定。具成膜性,无毒副作用。

3. 合成高分子 常用的有两类:体内可生物降解的和体内不可生物降解的。不可生物降解且不受pH影响的有聚酰胺、硅橡胶等。不可生物降解但受pH影响的有聚丙烯酸树脂、聚乙烯醇等。可生物降解的囊材越来越受到重视,主要有聚酯类、聚酯聚醚类、聚氨基酸类、聚乳酸类、乙交酯丙交酯共聚物等,其特点是无毒、成膜性好、化学性质稳定,目前已用于注射和植入。

三、微囊的制备

(一) 相分离法

在药物和囊材的混合溶液中,加入另一种物质或溶剂,或采用其他手段使囊材的溶解度降低,自溶液中产生一个新凝聚相,这种制备微囊的方法称为相分离法。该方法微囊化在液相中进行,囊心物和囊材在一定条件下可形成新凝聚相析出。相分离法可分为单凝聚法、复凝聚法、溶剂-非溶剂法以及液中干燥法。

相分离法制得的微囊粒径范围为$1\sim5\,000\mu m$,主要决定于囊心物的粒径及其分布情况和所用的工艺。相分离法主要分三步进行：首先将囊心物乳化或混悬在囊材溶液中；然后依靠加入脱水剂、非溶液等凝聚剂、调节 pH、降低温度等方法使包囊材料浓缩液滴沉积在囊心物质微粒的周围形成囊膜；最后进行囊膜的固化。

相分离工艺是药物微囊化的主要工艺之一。其主要优点为设备简单，高分子材料来源广泛，适用于多种药物的微囊化。缺点是微囊粘连、聚集的问题，工艺过程中条件很难控制等。

1. 单凝聚法 是在高分子囊材溶液（如明胶水溶液，有已乳化或混悬的囊心物）中，加入凝聚剂（强亲水性的无机盐水溶液或乙醇），造成相分离，使囊材凝聚成囊膜而制成微囊，再用甲醛溶液固化。

单凝聚法工艺中将囊心物分散成混悬或乳化状态的囊材主要有明胶、CAP、CMC、EC、海藻酸钠等，加入凝聚剂后使高分子囊材形成凝聚相后，其对囊心物应该有适当的附着力，否则药物的微囊化将难以实现。

在药物微囊化时，药物如果有很强的亲水性，则很容易被水包裹，很难混悬于凝聚相中而成微囊，比如淀粉、硅胶。但如果药物有很强的疏水性，既不能混悬于水中又不能混悬于凝聚相中，也很难成微囊，比如双炔失碳酯。加入适当的表面活性剂后可以改善药物的亲水特性。

凝聚相和水相之间的界面张力应较小，这样形成的微囊微粒近似球形。若张力较大则囊形不好，需要加温或加入降低界面张力的物质来改善微囊外形。同时降低界面张力也增大了凝聚相的流动性，对囊形的改善提供了良好的条件。

2. 复凝聚法 是利用两种相反的电荷高分子为复合囊材，在一定条件下交联并与囊心物成囊的方法。常选用的囊材有明胶-阿拉伯胶、明胶-桃胶-杏胶等天然植物胶等。本法适合难溶性药物的微囊化。

以明胶与阿拉伯胶作囊材为例，制备过程是：将明胶水溶液 pH 自等电点以上调至等电点以下，使之带正电（pH4.0～4.5），而阿拉伯胶仍带负电，由于正负电荷互相吸引交联形成正、负离子的络合物，溶解度降低而凝聚成囊，加水稀释，加甲醛交联固化，用水洗去甲醛，即得微囊。

3. 溶剂-非溶剂法 是将囊材溶于某种溶剂中（作为溶剂），然后加入一种对囊材不溶的溶剂（作为非溶剂），使囊材溶解度降低，引起相分离，从而将囊心物包裹成囊的方法。囊心物（药物）可以是固体或液体，可混悬或乳化于囊材溶液中，但必须对溶剂与非溶剂均不溶解，也不起反应。

4. 液中干燥法 是从药物与囊材的乳浊液中除去分散相的挥发性溶剂以制备微囊的方法，也称乳化溶剂挥发法。该法包括乳化和干燥两个工艺，干燥工艺包括溶剂萃取过程和除去溶剂过程。按照操作可以分为连续干燥法、间歇干燥法及复乳法，前两种干燥方法用 O/W 型、W/O 型和 O/O 型乳状液，而复乳法则用 W/O/W 型和 O/W/O 型复乳。

（1）连续干燥法：将囊材溶解在易挥发的溶剂中，然后将药物溶解或分散在囊材溶剂中，加连续相和乳化剂制成乳状液，连续蒸发除去成囊材料的溶剂，分离得到微囊。如果囊材的溶剂与水不混溶，则一般用水做连续相，加入亲水性的乳化剂，制成 O/W 型的乳状液；如果囊材的溶剂与水混溶，则一般可用液状石蜡做连续相，加入油溶性的乳化剂，制成 W/O 型的乳状液。根据连续相的不同，连续干燥法分为水中干燥法和油中干燥法。但 O/W 型的乳状液连续干燥后微囊表面常含有微晶体，需要控制干燥时的速度，这样才能得到较好的微囊。

(2) 间歇干燥法：将囊材溶解在易挥发的溶剂中，然后将药物溶解或分散在囊材溶剂中，加连续相和乳化剂制成乳状液，当连续相为水时，首先蒸发除去部分囊材的溶剂，用水代替乳状液中的连续相以进一步去除囊材的溶剂，分离得到微囊。这种干燥法可以明显的减少微囊表面含有微晶体的出现。

(3) 复乳法（以 W/O/W 型为例）：将囊材的油溶液（含亲油性的乳化剂）和药物水溶液（含增稠剂）混合成 W/O 型的乳状液，冷却至 15℃ 左右，再加入含亲水性乳化剂的水作连续相制备 W/O/W 型复乳，最后蒸发掉囊材中的溶剂，通过分离干燥得到微囊。复乳法也适用于水溶性囊材和油溶性药物的制备。复乳法能克服连续干燥法和间歇干燥法所具有的在微囊表面形成微晶体、药物进入连续相、微囊的微粒流动性欠佳等缺点。

(二) 界面缩聚法

是将两种以上不相溶的单体（亲水性单体和亲脂性单体）分别溶解在分散相（水相）和连续相（有机相）中，通过在分散相与连续相的界面上发生单体缩聚反应而生成囊膜，从而包裹药物形成微囊。

(三) 喷雾干燥法

喷雾干燥法是将囊心物分散在囊材溶液中形成乳状液或混悬液，在惰性的热气流中喷雾、干燥，使溶解在囊材中的溶液迅速蒸发，囊材收缩成壳，将囊心物包裹。喷雾干燥包括流化床喷雾干燥法和液滴喷雾干燥法。

四、微囊的质量评价

1. 微囊的囊形与大小 不同微囊制剂其囊的大小不同，如注射剂，微囊的大小应能符合《中国兽药典》中混悬型注射剂的规定。以微囊为原料做成的各种剂型，都应符合该剂型的有关规定。可用带目镜测微仪的光学显微镜测定微囊的大小。亦可用库尔特计数器测定微囊的大小和粒度分布。

2. 微囊中药物的溶出速度测定 为了有效地控制微囊释放、作用时间，需对微囊进行溶出速度的测定。微囊试样应置薄膜透析管内，然后进行测定。

3. 微囊的药物含量测定 微囊囊心物的含量，取决于采用的工艺。喷雾干燥法和空气悬浮法可制得含 95% 以上囊心物的微囊，但是用相分离法制得的微囊，其囊心物常为 20%～80%。微囊与微囊之间，所含的囊心物亦有差异。即使用一批样品其结果也不同。微囊中主药含量测定，一般都采用溶剂提取法，溶剂的选择原则，主要应使主药最大限度溶出而不溶解囊材，溶剂本身也不干扰测定。

五、微囊制备技术应用举例

例1：阿维菌素微囊的制备（复凝聚法）。

取阿维菌素原料药 500mg，用 10 mL 95% 乙醇 50℃ 水浴超声溶解；加入 3% 的阿拉伯胶水溶液于50℃水浴超声10min；再加入与阿拉伯胶等量的3%明胶水溶液，置于50℃水浴中以中速搅拌5min，使囊心物与囊材质量比为1:4；在搅拌过程中缓慢滴加5%的冰醋酸将pH调至4.0左右（以在显微镜下观察到形成满意的微囊为准）；从水浴中取出加入35℃纯化水80mL，高速搅拌，待溶液自然降温至28℃时，置冰浴急速降至10℃后，加入37%甲醛2mL，固化0.5h；用20%NaOH调至pH8～9，在5℃及600r/min条件下搅拌，固化3h，离心，用水洗净至无甲醛，冷冻减压干燥，即得类似白色粉末状阿维菌素微囊。

例2：维生素C微囊的制备（溶剂-非溶剂法）。

精密称取维生素C 0.2g，研细备用。称取乙基纤维素0.8g置于三角瓶中，加入二甲苯16mL与乙醇3.2mL的混合溶剂，搅拌使充分溶解。将维生素C细粉混悬于上述溶液中，搅拌混匀，置冰水浴中，缓缓滴入正己烷，至沉淀完全为止（约滴加正己烷2mL，沉淀约20min）。于离心机上离心（2 000r/min）20min后，除去上层有机层，加入少量纯化水，混悬，再次离心20min，重复操作至除尽有机溶媒，得白色固状物，45℃干燥12h，即得。

思 考 题

1. 固体分散技术提高药物溶解度和加快药物溶出速度的机理是什么？
2. β-环糊精包合技术在兽药生产上有哪些应用？
3. 脂质体的靶向性与哪些因素有关？
4. 你所了解的哪些兽药已经使用微囊技术和包合技术？

第十一章 兽药制剂稳定性

兽药制剂稳定性是指兽药制剂从制备到使用期间保持稳定的程度，一般包括化学、物理和生物学三方面。化学稳定性是指药物由于水解、氧化等化学降解反应，使药物含量（或效价）、色泽产生变化。物理稳定性主要指制剂的物理性能发生变化，如混悬剂中药物颗粒结块，结晶生长，乳剂的分层、破裂，片剂崩解度、溶出速度的改变等。生物学稳定性一般指药物制剂由于受微生物的污染而使产品变质、腐败。

兽药制剂稳定性研究的任务是提高产品的内在质量，其内容主要是考察环境因素（如湿度、温度、光线、包装材料等）和处方因素（如辅料、pH、离子强度等）对兽药稳定性的影响，从而筛选出最佳处方，为兽医临床提供安全、稳定、有效的兽药制剂。

对兽药制剂的基本要求应该是安全、有效、稳定。兽药制剂的稳定性是指兽药在体外的稳定性。兽药若分解变质，不仅使药效降低，而且有些变质的物质甚至可产生毒副作用，故兽药制剂稳定性对保证制剂安全是非常重要的，兽药制剂的稳定性研究对于保证产品质量以及安全有效具有重要意义。

我国兽药注册管理法规规定，新兽药申请注册必须呈报有关稳定性试验资料。因此，为了合理地进行兽药制剂的处方设计，提高制剂质量，保证动物药品药效与安全，提高经济效益，必须重视和研究兽药制剂的稳定性。

第一节 兽药制剂的稳定性影响因素和稳定化方法

一、处方因素和稳定化方法

制备任何一种制剂，首先要进行处方设计，因处方的组成对制剂稳定性影响很大。pH、广义的酸碱催化、溶剂、离子强度、表面活性剂等因素，均可影响易于水解药物的稳定性。溶液pH与药物氧化反应也有密切关系。半固体、固体制剂的某些赋形剂或附加剂对主药的稳定性也有影响，都应加以考虑。

（一）pH

许多酯类、酰胺类药物常受 H^+ 或 OH^- 催化而水解，这些催化作用也叫专属酸碱催化（specific acid-base catalysis）。此类药物的水解速度，主要由pH决定，溶液pH变化一个单位甚至可使药物的降解速度变化超过10倍。pH对速度常数 k 的影响可用下式表示：

$$k = k_0 + k_{H^+} [H^+] + k_{OH^-} [OH^-]$$

式中，k_0 为参与反应的水分子的催化速度常数；k_{H^+} 和 k_{OH^-} 分别为 H^+ 和 OH^- 的催化速度常数。

在 pH 很低时主要是酸催化，则上式可表示为：

$$\lg k = \lg k_{H^+} - pH$$

以 $\lg k$ 对 pH 作图得一直线，斜率为 -1。设 k_w 为水的离子积，即 $k_w = [H^+][OH^-]$。

在 pH 较高时主要是碱催化，则：

$$\lg k = \lg k_{OH^-} + \lg k_w + pH$$

以 $\lg k$ 对 pH 作图得一直线，斜率为 $+1$，在此范围内主要由 OH^- 催化。

根据上述动力学方程可以得到反应速度常数与 pH 关系的图形，称为 pH-速度图（图 11-1）。在 pH-速度曲线图最低点对应的横坐标，即为最稳定 pH，以 pH_m 表示。

pH-速度图有各种形状，一种是 V 型图，如图 11-1。药物水解的典型 V 型图是不多见的。硫酸阿托品、青霉素 G 在一定 pH 范围内的 pH-速度图与 V 型相似。硫酸阿托品水溶液最稳定 pH 为 3.7，因其 k_{OH^-} 比 k_{H^+} 大，故 pH_m 出现在酸性的一侧。本品 0.05%、pH6.45 的水溶液 120℃ 30min 分解 3.4%，而在 pH 为 7.3 的磷酸缓冲液 120℃ 同样时间则分解达 51.8%。《中国兽药典》2005 年版规定硫酸阿托品注射液的 pH 为 3.5~5.5，实际生产控制在 4.0~4.5。青霉素 G pH_m 为 6.5，因 k_{OH^-} 与 k_{H^+} 相差不多。

某些药物的 pH-速度图呈 S 型，如乙酰水杨酸 pH-速度图、盐酸普鲁卡因 pH-速度图有一部分呈 S 型（图 11-2）。这是因为 pH 不同，普鲁卡因以不同形式（即质子型和游离碱型）存在，在 pH12 以上是游离碱的专属碱催化。如果 pH 在 4，可按一级反应处理。在其他 pH 范围内，若用缓冲控制其 pH，也符合一级反应（伪一级反应）。这样可以对整个曲线做出合理解释。

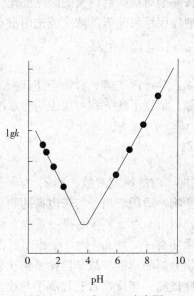
图 11-1　37℃ pH-速度图

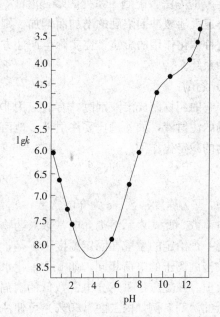
图 11-2　37℃ 盐酸普鲁卡因 pH-速度图

确定最稳定的 pH 是溶液型制剂的处方设计中首先要解决的问题。将药物制成溶液剂时，可通过试验建立 pH-速度图，从而选择药物稳定的 pH 条件。pH_m 可以通过下式计算：

$$pH_m = \frac{1}{2}pK_w - \frac{1}{2}\lg\frac{K_{OH^-}}{K_{H^+}}$$

一般是通过实验求得，方法如下：保持处方中其他成分不变，配制一系列不同 pH 的溶液，在较高温度下（恒温，例如 60℃）进行加速实验。求出各种 pH 溶液中药物的水解速度常数（k），然后以 $\lg k$ 对 pH 作图，就可求出最稳定的 pH。在较高恒温下所得到的 pH_m 一般可适用于室温，不致产生很大误差。三磷酸腺苷注射液最稳定的 pH 为 9，就是用这种方法确定的。

pH 调节要同时考虑稳定性、溶解度和药效三个方面。如大部分生物碱在偏酸性溶液中比较稳定，故注射剂常调节在偏酸范围。但将它们制成滴眼剂时，就应调节在偏中性范围，以减少刺激性，提高疗效。如氨苄西林在水溶液中最稳定时的 pH 为 5.8，pH 为 6.0 时半衰期为 29d，故氨苄西林只宜制成可溶性粉、注射用无菌粉末等固体制剂。

（二）广义酸碱催化

按照 Brosted-Lowry 酸碱理论，给出质子的物质叫广义的酸，接受质子的物质叫广义的碱。有些药物也可被广义的酸碱催化水解，这种催化作用称为广义的酸碱催化（general acid-basecatalysis）或一般酸碱催化。许多药物处方中，往往需要加入缓冲剂。常用的缓冲剂如醋酸盐、磷酸盐、枸橼酸盐、硼酸盐均为广义的酸碱。HPO_4^{2-} 对青霉素 G 钾盐、苯氧乙基青霉素也有催化作用。

为了观察缓冲液对药物的催化作用，可用增加缓冲剂的浓度，但保持酸与碱的比例不变（pH 恒定）的方法，配制一系列的缓冲溶液，然后观察药物在这一系列缓冲溶液中的分解情况。如果分解速度随缓冲剂浓度的增加而增加，则可确定该缓冲剂对药物有广义的酸碱催化作用。为了减少这种催化作用的影响，在实际生产处方中，缓冲剂应用尽可能低的浓度或选用没有催化作用的缓冲系统。

（三）溶剂

易水解的药物制成溶液剂时，有时采用非水溶剂，如乙醇、丙二醇、甘油等使其稳定。含有非水溶剂的注射液，如苯巴比妥注射液、地西泮注射液等。根据下述方程可以说明非水溶剂对易水解药物的稳定化作用：

$$\lg k = \lg k_\infty - \frac{k' Z_A Z_B}{\varepsilon}$$

式中，k 为速度常数；ε 为介电常数；k_∞ 为溶剂 ε 趋向 ∞ 时的速度常数；$Z_A Z_B$ 为离子或药物所带的电荷数。此式表示溶剂介电常数对药物稳定性的影响，适用于离子与带电荷药物之间的反应。对于一个给定的系统在固定温度下 k 是常数。因此，以 $\lg k$ 对 $1/\varepsilon$ 作图得一直线。如果药物离子与攻击的离子的电荷相同，如 pH-催化水解苯巴比妥阴离子，则 $\lg k$ 对 $1/\varepsilon$ 作图所得直线的斜率为负值。在处方中采用介电常数低的溶剂以降低药物分解的速度。故苯巴比妥钠注射液用介电常数低的溶剂，例如丙二醇（60%）可使注射液稳定性提高。相反，若药物离子与攻击离子电荷相反，如专属碱对带正电荷的药物催化，若采取介电常数低的溶剂就不能达到稳定药物制剂的目的。

（四）离子强度

在制剂处方中，往往加入电解质调节等渗，或加入盐（如一些抗氧剂）防止氧化，加入缓冲剂调节 pH。因而存在离子强度对降解速度的影响，这种影响可用下式说明：

$$\lg k = \lg k_0 + 1.02 Z_A Z_B \sqrt{\mu}$$

式中，k 为降解速度常数；k_0 为溶液无限稀释（$\mu=0$）时的速度常数；μ 为离子强度；$Z_A Z_B$ 为溶液中药物所带的电荷。

以 $\lg k$ 对 $\sqrt{\mu}$ 作图可得一直线，其斜率为 $1.02 Z_A Z_B$，外推到 $\mu=0$ 可求得 k_0。当药物离子与催化离子所带电荷电性相同，即 $Z_A Z_B > 0$ 时，μ 越大，则降解速度越快；当药物离子与催化离子所带电荷电性相反，即 $Z_A Z_B < 0$ 时，μ 越小，则降解速度越慢。

（五）表面活性剂

加入表面活性剂可增加或降低药物的降解速度。如聚山梨酯 80 使维生素 D 稳定性下降。一些容易水解的药物，加入表面活性剂可使稳定性增加。如苯佐卡因易受碱催化水解，在 5% 的十二烷基硫酸钠溶液中，30℃时的 $t_{1/2}$ 增加到 19.2h，不加十二烷基硫酸钠时则为 64min。这是因为表面活性剂在溶液中形成胶束，苯佐卡因增溶在胶束周围形成一层所谓"屏障"，阻碍 OH^- 进入胶束，而减少其对酯键的攻击，因而增加苯佐卡因的稳定性。但要注意，表面活性剂有时反而使某些药物分解速度加快，如聚山梨酯 80 使维生素 D 稳定性下降。

（六）处方中的基质或赋形剂

一些半固体制剂中药物的稳定性与制剂处方的基质有关。已发现聚乙二醇能促进氢化可的松和乙酰水杨酸的分解。维生素 U 片采用糖粉和淀粉为赋形剂，则产品变色，若应用磷酸氢钙，再辅以其他措施，产品质量则有所提高。一些片剂的润滑剂对乙酰水杨酸的稳定性有一定影响，硬脂酸钙、硬脂酸镁可能与乙酰水杨酸反应形成相应的乙酰水杨酸钙及乙酰水杨酸镁，提高了系统的 pH，使乙酰水杨酸溶解度增加，分解速度加快，因此生产乙酰水杨酸片时不应使用硬脂酸镁这类润滑剂，而必须用影响较小的滑石粉或硬脂酸。

二、非处方因素和稳定化方法

非处方因素包括温度、光线、空气（氧）、金属离子、湿度和水分、包装材料等外界因素。这些因素对于产品的生产工艺条件和包装设计是十分重要的。其中温度对各种降解途径（如水解、氧化等）均有较大影响，而光线、空气（氧）、金属离子对易氧化药物影响较大，湿度、水分主要影响固体药物的稳定性，包装材料是各种产品都必须考虑的问题。

（一）温度

一般来说，温度升高，反应速度加快。根据 Van't Hoff 经验规则，温度每升高 10℃，反应速度增加 2~4 倍。温度对于反应速度常数的影响，Arrhenius 提出如下方程：

$$K = Ae^{-\frac{E}{RT}}$$

式中，K 为速度常数；A 为频率因子；E 为活化能；R 为气体常数；T 为绝对温度。这就是著名的 Arrhenius 指数定律，它定量的描述了温度与反应速度之间的关系，是预测药物稳定性的主要理论依据。

兽药制剂在制备过程中，往往需要加热溶解、灭菌等操作，此时应考虑温度对兽药制剂的影响，制订合理的工艺条件。有些产品在保证完全灭菌的前提下，可降低灭菌温度，缩短灭菌时间。那些对热特别敏感的药物，如某些抗生素、生物制品，要根据药物性质，设计合理的剂型（如固体制剂），生产中采取如冷冻干燥、无菌操作等特殊工艺，同时产品要低温贮存，以保证质量。

（二）光线

光是一种辐射能，辐射能量的单位是光子。光子的能量与波长成反比，光线波长越短，能量越大，故紫外线更易激发化学反应。光能激发氧化反应，加速药物分解。故在制剂生产和产品贮存过程中，必须考虑光线的影响。有些药物受辐射（光线）作用使分子活化而产生分解，此种反应叫光化降解（photodegradation），其速度与系统的温度无关。这种易被光降解的物质叫光敏感物质。光敏感的药物有氯丙嗪、异丙嗪、核黄素、氢化可的松、泼尼松、叶酸、维生素 A 等。药物结构与光敏感性可能有一定的关系，如酚类和分子中有双键的药物，一般对光敏感。

光敏感的兽药制剂，在制备过程中要避光操作，其包装宜采用棕色玻璃瓶包装或容器内衬垫黑纸，避光贮存。

（三）空气（氧）

大气中的氧是引起兽药制剂氧化的主要因素。大气中的氧进入制剂的主要途径有：①氧溶解于水中，在平衡时，0℃为 10.19mol/L，50℃为 3.85mol/L，100℃水中几乎没有氧；②在药物容器空间的空气中也存在着一定量的氧。各种兽药制剂几乎都有与氧接触的机会，因此除去氧气是防止氧化的根本途径。对于液体制剂，一般在溶液中和容器空间通入惰性气体如二氧化碳或氮气，置换其中的空气。在水中通二氧化碳至饱和时，残存氧气仅为 0.05mol/L，通氮气至饱和时约为 0.36mol/L。若通氮气不够充分，则对成品质量影响很大，有时同一批号注射液，其色泽深浅不同，可能是由于通入气体有多有少的缘故。对于固体制剂，也可采取真空包装等。

为了防止易氧化药物的自动氧化，在制剂中常须加入抗氧剂（antioxidant）。一些抗氧剂本身为强还原剂，它首先被氧化而保护主药免遭氧化，在此过程中抗氧剂逐渐被消耗（如亚硫酸盐类），也被称为除氧剂。另一类抗氧剂是链反应的阻化剂，能与游离基结合，中断链反应进行，在此过程中其本身不被消耗。抗氧剂可分为水溶性抗氧剂和油溶性抗氧剂两大类，其中油溶性抗氧剂具有阻化剂的作用。此外，还有些药物能显著增强抗氧剂的效果，通常称之为协同剂（synergist），如枸橼酸、酒石酸、磷酸等。

水溶性抗氧剂，如焦亚硫酸钠和亚硫酸氢钠常用于弱酸性药液；亚硫酸钠常用于偏碱性药液；硫代硫酸钠在偏酸性药液中可析出硫的细粒，故只能用于碱性药液中，如磺胺类注射液。近几年，氨基酸抗氧剂已引起药剂工作者的重视，有人用半胱氨酸配合焦亚硫酸钠使 25% 的维生素 C 注射液贮存期得以延长。此类抗氧剂的优点是毒性小，本身不易变色，但价格稍贵。

油溶性抗氧剂，如叔丁基对羟基茴香醚（BHA）、二丁甲苯酚（BHT）等，用于油溶性维生素类（如维生素 A、D）制剂有较好效果。另外，维生素 E、卵磷脂为油脂的天然抗氧剂，精制油脂时若将其除去，就不易保存。

使用抗氧剂时，应注意主药是否与其发生相互作用。如肾上腺素与亚硫酸氢钠在水溶液中可形成无光学与生理活性的硫酸盐化合物。

常用抗氧剂及使用浓度见表 11-1。

表 11-1 常用抗氧剂及使用浓度

抗 氧 剂	常用浓度（%）
水溶性抗氧剂：	
亚硫酸钠	0.1～0.2
亚硫酸氢钠	0.1～0.2
焦亚硫酸钠	0.1～0.2
甲醛合亚硫酸氢钠	0.1
硫代硫酸钠	0.1
硫脲	0.05～0.1
维生素 C	0.2
半胱氨酸	0.000 15～0.05
蛋氨酸	0.05～0.1
硫代乙酸	0.005
硫代甘油	0.005
油溶性抗氧剂：	
叔丁基对羟基茴香醚（BHA）	0.005～0.02
二丁甲苯酚（BHT）	0.005～0.02
棓酸丙酯（PG）	0.05～0.1

（四）金属离子

制剂中微量金属离子主要来自原辅料、溶剂、容器以及操作过程中使用的工具等。微量金属离子对自动氧化反应有显著的催化作用，如 0.000 2mol/L 的铜能使维生素 C 氧化速度增大 1 万倍。铜、铁、钴、铅、锌等离子都有促进氧化的作用。

要避免金属离子的影响，应选用纯度较高的原辅料，操作工程中不要使用金属器皿，同时还可加入螯合剂，如依地酸盐或枸橼酸、酒石酸、磷酸、二巯基乙基甘氨酸等附加剂，有时螯合剂与亚硫酸盐类抗氧剂联合应用，效果较佳。依地酸二钠常用量为 0.005%～0.05%。

（五）湿度和水分

空气中湿度与物料中含水量对固体制剂的稳定性影响特别重要。水是化学反应的媒介，固体药物吸附了水分以后，在表面形成一层液膜，分解反应就在液膜中进行。无论是水解反应，还是氧化反应，微量的水分均能加速乙酰水杨酸、青霉素 G 钠盐、氨苄西林钠、硫酸亚铁等药物的分解。药物是否容易吸湿，取决于其临界相对湿度（CRH）的大小。氨苄西林极易吸湿，经实验测定其临界相对湿度仅为 47%，如果在相对湿度为 75% 的条件下，放置 24h，可吸收水分 20%，同时粉末溶解。这些原料药物的水分含量必须特别注意，一般水分含量在 1% 左右比较稳定，水分含量越高分解越快。

（六）包装材料

药物贮存在室温环境中，主要受热、光、水及空气（氧）的影响。包装设计的目的就是排出这些因素的影响，同时也要考虑材料与兽药制剂的相互作用，包装容器材料通常使用的有玻璃、塑料、橡胶及一些金属等。

1. **玻璃** 玻璃的理化性能稳定，不易与药物相互作用，气体不能透过，为目前应用最多的一类容器。但有些玻璃释放碱性物质，或脱落不溶性玻璃碎片等。棕色玻璃能阻挡波长小于470nm的光线透过，故光敏感的药物可用棕色玻璃瓶包装。

2. **塑料** 塑料是聚氯乙烯、聚苯乙烯、聚乙烯、聚丙烯、聚酯、聚碳酸酯等一类高分子聚合物的总称。为了便于成形或防止老化等原因，常常在塑料中加入增塑剂、防老剂等附加剂。有些附加剂具有毒性，药用包装塑料应选用无毒塑料制品。但塑料容器也存在3个问题：

(1) 有透气性：制剂中的气体可以与大气中的气体交换，致使盛于聚乙烯瓶中的某些药物混悬剂变色、变味。

(2) 有透湿性：如聚氯乙烯膜膜厚度为0.03mm时，在40℃、相对湿度90%条件下透湿速度为100g/（m^2·d）。

(3) 有吸附性：塑料中的物质可以迁徙进入溶液，而溶液的物质（如防腐剂）也可被塑料吸附，如尼龙就能吸附多种防腐剂。

包装材料的选择十分重要，与兽药制剂稳定性关系较大。因此，在产品试制过程中要进行"装样试验"，对各种不同包装材料进行认真选择。

三、制剂稳定化的其他方法

(一) 改进兽药制剂或生产工艺

1. **制成固体制剂** 凡是在水溶液中证明是不稳定的药物，一般可制成固体制剂。供内服的制成粉（散）剂、片剂、颗粒剂等。供注射的则制成注射用无菌粉末，可使稳定性大大提高。

2. **制成微囊或包合物** 某些药物制成微囊可增加药物的稳定性。如维生素A制成微囊稳定性有很大提高。也有将维生素C制成微囊，防止氧化。有些药物可制成环糊精包合物。

3. **采用粉末直接压片或包衣工艺** 一些对湿热不稳定的药物，可以采用粉末直接压片或干法制粒。包衣是解决颗粒剂、片剂稳定性的常规方法之一。个别对光、热、水很敏感的药物，制成包衣片或包衣颗粒，可收到良好效果。

(二) 制成难溶性盐

一般药物混悬液的降解仅取决于其在溶液中的浓度，而不是产品中的总浓度。所以将容易水解的药物制成难溶性盐或难溶性酯类衍生物，可增加其稳定性。水溶性越低，稳定性越好。例如青霉素G钾盐，可制成溶解度小的普鲁卡因青霉素G（水中溶解度为1∶250），稳定性显著提高。青霉素G还可以与N,N-双苄乙二胺生成苄星青霉素G（长效西林），其溶解度进一步减小（1∶6 000），故稳定性更佳。

第二节 兽药制剂稳定性试验

一、兽药制剂稳定性试验内容

兽药制剂稳定性试验，首先要查阅所用原料药物稳定性有关研究资料，特别要了解温度、湿度、光线对原料药物稳定性的影响，并在处方筛选与工艺设计过程中，根据主药与辅料的性质，参考原料药稳定性试验的方法，进行必要的稳定性影响因素试验，同时考察包装条件，在此基础上进行试验。

（一）加速试验

加速试验（accelerated testing）是在加速条件下进行，其目的是通过加速药物制剂的化学或物理变化，探讨兽药制剂的稳定性，为处方设计、工艺改进、质量研究、包装改进、运输及贮藏提供必要的研究资料。取供试品3批，市售包装，在温度40℃±2℃、相对湿度75%±5%的条件下放置6个月。所用设备应能控制温度±2℃、相对湿度±5%，并能进行真实温度及湿度的监测。在试验期间第1、2、3、6个月的月末分别取样一次，按稳定性考察项目进行检测。在上述试验条件下，如6个月内供试品经检察不符合制定的质量标准，则应在中间条件下，即温度30℃±2℃、相对湿度60%±5%的条件下再放置6个月。溶液剂、混悬剂、乳剂、注射液等含水介质的制剂可以不要求相对湿度。对温度特别敏感的兽药制剂，预计只能在冰箱（4~8℃）内保存的，此类制剂的加速试验，可在温度25℃±2℃、相对湿度60%±10%的条件下进行，时间为6个月。可采用隔水式电热恒温恒湿培养箱或恒湿恒温箱进行加速试验。

乳剂、混悬剂、软膏剂、眼膏剂、栓剂、气雾剂、乳膏剂、糊剂、凝胶剂、泡腾片及泡腾颗粒宜直接在温度30℃±2℃、相对湿度60%±5%的条件下进行试验，其他要求与上述相同。

对于包装在半透明性容器的兽药制剂，如塑料袋装溶液，塑料瓶装滴眼剂、滴鼻剂等，则应在温度40℃±2℃、相对湿度20%±2%的条件（可用$CH_3COOK·1.5H_2O$饱和溶液）下进行试验。

（二）长期试验

长期试验（long-time testing）又称留样观察法，是指药品在接近药物的实际贮存条件下进行，其目的是为制定药物的有效期提供依据。取供试品3批，市售包装，在温度25℃±2℃、相对湿度60%±10%的条件下放置12个月。每3个月取样一次，分别于0、3、6、9、12个月取样，按稳定性重点考察项目进行检测。12个月以后，仍需继续考察，分别于18、24、36个月取样进行检测。将结果与0月比较以确定兽药的有效期。由于实测数据的分散性，一般应按95%可信限进行统计分析，得出合理的有效期。如3批统计分析结果差别较小，则取其平均值为有效期；若差别较大，则取其最短的为有效期。数据表明很稳定的药物，不做统计分析。

对温度特别敏感的药物，长期试验可在6℃±2℃的条件下放置12个月，按上述时间要求进行检测。12个月以后，仍需按规定继续考察，制定在低温贮存条件下的有效期。此外，有些药物制剂还应考察临时配制和使用过程中的稳定性。

二、兽药制剂稳定性重点考察项目

药物制剂稳定性重点考察项目见表11-2。

表11-2 兽药制剂稳定性重点考察项目表

剂　　型	稳定性重点考察项目
片剂	性状，如为包衣片应同时考查片心、含量、有关物质、溶解时限或溶出度

(续)

剂　型	稳定性重点考察项目
胶囊	性状、内容物色泽、含量、降解物质、溶出度、水分、软胶囊需要检查内容物有无沉淀
注射液	外观色泽、含量、pH、澄明度、有关物质、无菌检查；输液还应检查热原、不溶性颗粒；塑料瓶容器还应检查可抽提物
栓剂	性状、含量、软化、融变时限、有关物质
软膏	性状、含量、均匀性、粒度、有关物质，如为乳膏还应检查有无分层现象
眼膏	性状、含量、均匀性、粒度、有关物质
滴眼剂	如为澄清液，应考察性状、澄明度、含量、pH、有关物质、无菌检查、致病菌；如为混悬液，不检查澄明度、检查再悬浮性、粒度
丸剂	性状、含量、色泽、有关物质、溶散时限
糖浆剂	性状、含量、澄明度、相对密度、有关物质、卫生学检查、pH
口服溶液剂	性状、含量、色泽、澄明度、有关物质
乳剂	性状、含量、分层速度、有关物质
混悬剂	性状、含量、再悬性、粒度、有关物质
酊剂	性状、含量、有关物质、含醇量
散剂	性状、含量、粒度、外观均匀度、有关物质
计量吸入气雾剂	容器严密性、含量、有关物质、每掀动一次释放剂量、有效部位药物沉积量
膜剂	性状、含量、溶化时限、有关物质、眼用膜剂应做无菌检查
颗粒剂	性状、含量、粒度、溶化性
透皮贴片	性状、含量、有关物质、释放度
搽剂	性状、含量、有关物质

注：有关物质（含降解产物及其他变化所生成的产物）应说明其生成产物的数目及量的变化；如有可能应说明有关物质中哪个为原料中间体，哪个为降解产物，稳定性试验中重点考察降解产物。

思　考　题

1. 兽药制剂的稳定性包括哪些内容？
2. 影响兽药制剂稳定性的因素有哪些？应采取的哪些措施来解决？
3. 兽药新制剂申报需要提供哪些稳定性研究资料？
4. 如何进行兽药制剂的稳定性试验？

第十二章

生物药剂学

第一节 概 述

一、生物药剂学概述

(一) 生物药剂学的概念

生物药剂学（biopharmaceutics）是研究药物及其剂型在体内的吸收、分布、代谢和排泄过程，阐明药物的剂型因素、用药对象的生物因素与药效（包括疗效、副作用与毒性）三者之间相互关系的一门学科。

生物药剂学是于20世纪60年代开始迅速发展起来的一门药剂学新分支，是药物动力学与药剂学相结合的产物。生物药剂学主要是研究药理上已证明有效的药物，当制成某种剂型并以某种途径给药后在体内的过程，其研究目的是为了正确评价药物制剂质量、设计合理的剂型和制备工艺以及指导临床合理用药，以确保用药的有效性与安全性。

(二) 生物药剂学的研究内容

生物药剂学的研究内容包括以下3个方面：

1. **探讨药物剂型因素、生物因素与药物作用之间的关系** 用药对象的生物因素主要包括种属、性别、年龄、生理与病理条件的差异等。这里的剂型因素不仅仅是指注射剂、片剂、散剂等狭义的概念，而是一个广义的概念，包括与剂型有关下列因素：①药物化学结构的改变（如形成酯、盐和络合物等）。②药物理化性质的改变（如粒径、晶型、溶解度、溶出速度等）。③处方中所用赋形剂和附加剂的性质、用量及其生物效应。④药物的剂型和给药方法。⑤药剂的制备工艺过程、操作条件及贮存条件。

2. **药物动力学的研究** 通过实验，取得各种参数，经数学处理，求得药物在体内吸收、分布、代谢、排泄的规律，最终获得药物在体内的半衰期、药物制剂的生物利用度，研究各种剂型因素和生物因素与疗效之间的关系，为选择最佳剂型、处方组成、生产工艺、剂量、给药方法等提供参考依据，以控制药物制剂的内在质量，确保兽药安全有效，为新兽药开发和临床用药提供严格的评价指标。

3. **实验设计** 包括实验方法的特点、要求、程序、实验动物的选取、数据的取舍与处理等。

(三) 生物药剂学的试验方法

生物药剂学的主要试验方法是通过血药浓度、尿药浓度以及动物体内的微量代谢产物或某些组织、器官、体液中药物浓度的测定，探讨剂型因素、生物因素对药效的影响，并确定药物制剂的生物利用度，作为判断药剂内在质量的指标之一。

由于动物体内各部分或排泄物中药物浓度均较低,一般在 $1\sim100\mu g/mL$ 的数量级范围内,所以应选用灵敏度高、精确度高、专属性好、尽可能方便快速的方法。已报道的方法大致有普通分光光度法、荧光分光光度法、薄层色谱法、气相色谱法、高效液相色谱法、质谱法、核磁共振法、同位素法等。其中高效液相色谱法运用范围比较广。

已报道的生物药剂学的实验对象除人体外,有鼠、兔、犬、猴、猪、牛、羊等哺乳类动物和禽类。一般选择健康对象若干,测定给药后不同时间的血药浓度、尿药量或某些组织器官中的浓度等。试验中个体差异较大。为克服对象间的个体差异,往往需选取较多的对象,在同等条件下进行试验,最后将用药组与对照组进行对照数学处理(方差分析)或其他的显著性试验以获得较可靠的结论。同时为克服用药对象在间断性的多次性试验时其生理状况造成的药效指标的差异(一般称作"自体差异"),应该在每一个用药对象上交叉性的先后试完各种受制试剂,不允许遗漏,最后的数据可进行总的方差分析。

还应提及,生物药剂学测出的任何指标不能单独用来判断某药在临床上"有效"或"无效",要对某药的"优劣"做出全面的判断,还必须有临床疗效的依据为后盾。往往在药理工作者通过大量的动物试验并经临床观察,确已证明某药基本上有效、安全无毒后,才进一步进行生物药剂学的研究,以确定适合该药的最合理剂型的处方组成、用药剂量和方法等。

二、药物动力学概述

(一)药物动力学的概念

药物动力学(pharmacokinetics)亦称药动学,是采用数学的方法,研究药物及其制剂在体内吸收、分布、生物转化(代谢)、排泄等体内过程的动态规律。药物在体内的过程如图 12-1 所示。

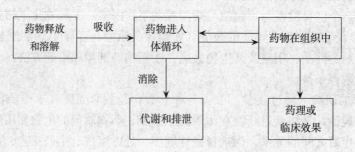

图 12-1 药物的体内过程

药物吸收进入体循环,随即分布到机体各组织而发挥药理作用,同时发生消除。药物消除可以通过排泄或生物转化,亦可两者同时进行。药物动力学就是研究药物在体内存在的部位、浓度和时间的关系,阐明药物在体内量变规律,为新药、新剂型、新制剂的研究及药物临床应用提供科学依据。

(二)药物动力学的研究内容

(1)建立药物动力学数学模型并探讨求出模型解的各种简便实用的方法,找出药物浓度与时间的关系，测求有关药物动力学参数，从而把握这些药物在体内量变过程的规律。

（2）新药或新剂型、新制剂在靶动物的药物动力学研究，提供有关药物动力学参数，指导与评价药物剂型设计与生产，改进药物剂型，研制新产品，指导临床合理安全用药。

（3）研究药物制剂的"生物利用度"等体内的质量指标的测定原理与计算方法，给出药剂内在质量较为客观的评价指标。

（4）应用药物动力学参数设计给药方案，并进行治疗药物监测，以达到最有效的药物治疗作用，为开展临床药学提供基础理论和科学依据。

（5）研究药物及其制剂在体外的物理动力学特征（如崩解速度、溶出速度等）与体内的药物动力学之间的关系，寻找比较便捷的体外方法来合理地反映药物及其制剂的体内质量。

（三）药物动力学研究方法

药物动力学研究大体可分为血药浓度法和生物效应法两大类。

1. **血药浓度法**　根据多数药物的血药浓度与其药理效应成平行关系，通过测定给药后体内的血药浓度，了解体内的变化规律，建立药物动力学模型，计算药物动力学参数，是研究药物动力学的经典方法。血药浓度法源自化学药物的研究，其关键是建立目标药物的检测方法。

除测定药物在血液样品中浓度的方法以外，目前常用的生物样品还有乳汁、尿样、胆汁及其他各种组织或接近有关药物作用点的检体。尿液测定主要用于药物剂量回收、药物肾清除率及代谢物类型等研究，也可用于乙酰化代谢和氧化代谢多态性等研究。

2. **生物效应法**　由于药效的变化取决于体内药量的变化，故可通过测定药效的经时过程来反映体内药量的动态变化。基于此原理，20世纪80年代出现了通过生物效应法进行药物动力学研究的方法。

（1）药理效应法：根据药物的药理作用与其作用部位的浓度相关这一原理，已提出以药理效应为指标测定药动学参数的方法。首先建立时效曲线和量效曲线，经一定变换后得出"药物浓度-时间"曲线，据此分析药物的动力学特征，求算药物动力学参数。此外，尚有效量半衰期法和效应半衰期法。

（2）药物累积法：又称毒理学方法，是将药物动力学中血药浓度多点动态测定的原理与动物急性死亡率测定蓄积性的方法相结合，以估测药动学参数的动力学过程。该法是在用药后不同时间间隔对多组动物重复用药，从而求出体存率，并据此进行药动学计算。和药理效应法相比，药物累积法的测定指标是药物的毒性作用，最常用者为动物的死亡率，多数情况下，只要能使动物急性死亡的药物都可以采用该法估计药动学参数。

（3）微生物法：是对具有抗菌活性的药物，选择适宜试验的菌株，利用微生物法测定生物样品浓度，然后拟和模型计算药动学参数。该法已广泛用于抗菌药物的效价测定，其原理主要是含有试验菌株的琼脂平板中抗菌药扩散产生的抑菌圈直径大小与抗菌药物浓度的对数呈线性关系。微生物指标法简单，指标明确，操作容易，重复性好，有较高的灵敏度。

血药浓度法与生物效应法相比较，血药浓度法比较精确、严谨，其理论体系很成熟，以某药某成分为代表，可进行系统的药物代谢动力学的研究，在定性、定量、定分布脏器、定代谢途径方面，有可精确数字化的优势。

三、生物药剂学与药物动力学的关系

生物药剂学作为药剂学的一门分支学科，与药物动力学的关系十分密切。药物动力学的原理和方法，已作为生物药剂学的理论基础和研究手段，药物动力学与药剂学相结合，产生了生物药剂学。生物药剂学要向纵深发展，必须借助于药物动力学提供的理论与方法，而生物药剂学又为药物动力学开辟了广泛的实际应用领域。生物药剂学与药物动力学的发展共同为新剂型的开发提供了理论依据。

第二节 药物的体内过程

一、药物的吸收

吸收（absorption）是指药物从给药部位进入血液循环的过程。除静脉注射药物直接进入血液循环外，其他给药方法均有吸收过程。

（一）胃肠道吸收

药物的吸收可以在胃、小肠、大肠、直肠、口腔、皮肤及注射部位、肺等处进行，但以小肠的吸收最为重要。小肠的生理结构适宜于药物的吸收。同时，在动物的各种给药途径中，内服给药占大多数。因此，这里重点讨论胃肠道吸收。

1. 药物的转运方式 药物从给药部位进入全身血液循环，分布到各种器官、组织，经过生物转化，最后由体内排出要经过一系列的生物膜（细胞膜和细胞器膜的统称），这一过程称为跨膜转运。药物的胃肠道吸收过程也是一个跨膜转运过程。药物通过生物膜进行跨膜转运的方式，大致可分为被动转运（包括滤过和简单扩散）、主动转运、易化扩散、胞饮/吞噬作用和离子对转运几种。

2. 畜禽的胃肠道结构与药物吸收 动物的消化系统由一条长的消化道和与其相连的一些消化腺组成。消化道起始于口腔，向后依次为咽、食管、胃、小肠、大肠（包括盲肠、结肠和直肠），最后终止于肛门。内服给药的吸收部位是消化道，消化道不同部位的吸收能力差异很大，吸收能力与其结构有密切的关系。

（1）胃：不同动物胃的结构不完全相同，大多数动物与人相似，而反刍动物如牛、羊、骆驼、鹿等的胃为复胃，由瘤胃、网胃、瓣胃、皱胃构成。另外，禽类的胃分为腺胃和肌胃，腺胃主要功能是分泌胃液和推移食团与胃液进入肌胃，肌胃主要功能为机械性消化。

胃的结构中具有吸收功能的部分主要为胃黏膜，胃黏膜底部的胃腺分泌胃液。胃黏膜具有脂质屏障的特性，其吸收上皮细胞膜具有一般生物膜的基本特性，药物在胃的吸收大多属于被动转运过程。不同动物胃液的 pH 有较大差别，但一般说来，胃内液体呈酸性，如马 5.5，猪、犬 3～4，牛前胃 5.5～6.5，真胃约 3.0，鸡嗉囊 3.17。因此，弱酸性药物在酸性胃液中多不解离。脂溶性较大，在胃中吸收良好。但胃黏膜上皮细胞没有绒毛，有效吸收表面积较小，药物在胃内滞留时间也较短，所以多数药物通过胃黏膜吸收进入血液的量较少。即使是在胃内吸收好的药

物，在胃内吸收也只占整个消化道吸收总量的 10%～30%。

(2) 小肠：小肠是消化道中最长的一部分，分为十二指肠、空肠和回肠。不同动物小肠的长度均不相同，与哺乳动物相比，禽类的小肠较短。小肠在结构上最大的特征是黏膜上有绒毛，绒毛在小肠黏膜表面的环状皱襞上。如果将单个绒毛放大，可见绒毛表面为一层圆柱状的上皮细胞，每一个上皮细胞在面向肠腔的一侧具有很多的微绒毛，微绒毛表面覆盖有带负电荷的多糖-蛋白质复合体，有利于药物的吸附、吸收。绒毛以十二指肠分布最密，其次是空肠，到回肠就逐渐减少。绒毛的长度，各种动物差异较大，肉食动物的最长，单蹄动物较短，反刍动物和猪最短。由于小肠具有皱襞、绒毛和微绒毛的特殊构造，有效吸收面积远大于胃，因此小肠（特别是十二指肠）是内服药物吸收的主要部位。另外，肠内容物的 pH 为 5～7，弱酸和弱碱类药物均易吸收，而高度解离的药物如季铵盐则难以吸收。

(3) 大肠：除家禽没有结肠外，其他动物的大肠均分为盲肠、结肠和直肠 3 部分。大肠黏膜中分布有较大血管，血液供应较充分，但与小肠黏膜相比，直肠黏膜上没有皱襞、绒毛，液体容量小，吸收面积较小，药物吸收比较缓慢，故直肠不是药物吸收的主要部位。但有的药物也能在直肠较多吸收，如镇静药、安定药、抗菌药等。另外，经大肠下部和直肠处吸收的药物不经肝脏即可进入体循环，能够避开肝脏的首过效应。大肠也可作为缓释或长效剂型的吸收部位。

(二) 影响胃肠道吸收的因素

药物在胃肠道的吸收受到机体的生物因素和药物本身的物理化学因素的影响。

1. 机体的生物因素 主要包括动物的种属、年龄、个体及生理、病理条件的差异等。

(1) 种属、年龄、个体差异：动物品种繁多，解剖、生理特点各异，不同种属动物对同一药物的药动学往往有很大的差异。如许多内服剂型的吸收在单胃动物和反刍动物之间存在相当大的种属差异。对于胃肠道易吸收的磺胺药，内服后其生物利用度往往由于动物种类的不同而有差异。各种动物对磺胺药的平均吸收率，以家禽最高，因此也最易中毒，其次为犬、猪、马、羊、牛。吸收速率依次为：肉食动物（3～4h 达 C_{max}）＞草食动物（4～6h 达 C_{max}）＞反刍动物（12～24h 达 C_{max}）。

此外，动物种属不同，小肠的长度也有不同（表 12-1）。小肠长度不同影响到药物的吸收面积，因而可能会影响药物的吸收程度和速度。

表 12-1 正常成年动物肠长度（m）

器官	牛	马	羊	猪	犬
小肠	40	22	25	17～21	4
十二指肠	1	1	0.5	0.4～0.9	—
空肠	—	20		0.15～0.2	—
回肠	0.5	0.7	0.3	0.1	—
大肠	6.4～10		7.8～10	4～4.5	0.6～0.75
盲肠	0.5～0.7	1.25	0.37	0.2～0.3	0.125～0.15
结肠	10	3～3.7	4～5	3～4	—

处于不同发育阶段动物的胃肠道结构与功能会影响药物在胃肠道内的吸收。如青霉素 G，在

成年动物内服易被胃酸和消化酶破坏，仅少量吸收，但新生仔猪和鸡内服大剂量（8万～10万 IU/kg）青霉素吸收较多，能达到有效血药浓度。小肠长度增加就会延长药物在小肠内的停留时间，提高药物吸收率。如猪的一生中，小肠的长度和猪体重的比例变化很大，出生时为 2.1～2.9m/kg，21 日龄时为 0.9m/kg，随着体重增加，这一比例逐渐下降。

相同种属、性别、年龄、生理状况的不同动物个体内服同一药物，有时会出现对药物反应的个体差异，这也是生物体基本特征之一。其中原因可能与不同个体对药物吸收程度的差异有关。

（2）生理因素：内服药物的吸收在胃肠道的上皮细胞进行，胃肠道生理环境的变化对药物吸收可产生较显著影响。

①胃肠液成分与性质对吸收的影响：胃液 pH 变化，可使弱酸性药物在胃中吸收发生变化。药物吸收部位的 pH 对很多药物，特别是有机弱酸或弱碱类药物的吸收至关重要。大多数有机药物都是弱酸性或弱碱性物质，消化道中的不同 pH 或其变化，都会影响药物的解离状态，从而影响药物制剂的吸收和生物利用度。主动转运吸收的药物是在特定部位由载体或酶促系统进行的，一般不受消化道 pH 变化的影响。胆汁中的的胆酸盐对难溶性药物有增溶作用，可促进吸收，但与新霉素和卡那霉素等生成不溶性物质而影响吸收。

②胃排空速率：胃排空的快慢，对药物在消化道中的吸收有一定影响。由于大多数药物在小肠中吸收好，胃排空加快，药物到达小肠部位时间缩短，吸收快，生物利用度提高，出现药效时间也快。少数主动吸收药物如核黄素等在十二指肠由载体转运吸收，胃排空速率快，大量的核黄素同时到达吸收部位，吸收达到饱和，因而只有一小部分药物被吸收。

③胃肠道蠕动对吸收的影响：胃蠕动可使食物与药物充分混合，有利于胃中药物的吸收，小肠的固有运动可促进固体制剂的进一步崩解，使之与肠液充分混合溶解，增加药物与吸收黏膜表面的接触，有利于药物的吸收。

④循环系统对吸收的影响：在胃、小肠和大肠吸收的药物都经门静脉进入肝脏。肝脏中丰富的酶系统对经过的药物具有强烈的代谢作用，即所谓的药物"首过效应"。药物的首过效应愈大，药物被代谢的越多，其有效血药浓度下降也愈大，药效受到明显的影响。

在胃的吸收中，血流量可影响胃的吸收速度。药物从消化道向淋巴系统中的转运，也是药物吸收转运的重要途径之一。经淋巴系统吸收的药物不经肝脏，不受肝脏首过作用的影响，因而对在肝脏中首过作用强药物的吸收和转运有较大的临床意义。

⑤食物对吸收的影响：食物通常能够减慢药物的胃排空速率，故主要在小肠吸收的药物多半会推迟吸收；当食物中含有较多脂肪时，由于能够促进胆汁分泌，增加血液循环，特别是能增加淋巴液的流速，有时对溶解度特别小的药物（如灰黄霉素）能增加其吸收量。

（3）病理状态：疾病对药物吸收的影响机制较复杂，主要是造成生理功能紊乱，大面积影响药物的吸收；疾病引起胃肠道 pH 的改变会干扰药物吸收。动物发生感染性疾病，特别是发热性疾病时也会影响药物的吸收，因此时动物的食欲减退，通过混饲给药很难达到理想的预防和治疗效果。但是在动物发热时，其饮水量通常不会下降，通过饮水添加给药可达到预期的用药效果。动物发生腹泻时，肠内容物快速通过小肠而能降低药物的吸收，或改变绒毛生理功能而干扰吸收。

2. 药物的物理化学因素

(1) 药物的解离度和脂溶性：胃黏膜可以看作是单纯的脂质膜。在胃内 pH 条件下非解离型的物质和脂溶性高的物质吸收较容易。这种以油/水分配系数和解离状况决定药物吸收的概念，叫做 pH 分配假说。由于多数药物为弱的有机酸或碱，故药物的解离状况、油/水分配系数与药物的 pK_a 和环境的 pH 密切相关。酸性药物从酸性溶液中（pH＜pK_a）吸收好，碱性药物从碱性溶液中（pH＞pK_a）吸收好。弱酸性药物在胃中主要以非离子形式存在，故吸收较好，而碱性药物在 pH 较高的小肠中更有利于吸收。

药物的解离度与脂溶性既然有如此大的影响，所以对某些吸收差的药物，可以在不改变药理作用情况下，通过改变分子结构来增加吸收。如红霉素制成丙酸酯后油/水分配系数增大了 180倍，使血药浓度增加数倍。

(2) 溶出速度：固体制剂如片剂、散剂、胶囊剂等，在药物吸收前，首先要经过崩解、分散、溶解或溶出过程才能为机体吸收。尤其对难溶性药物或溶出速度很慢的药物及其制剂，药物从固体制剂中的释放溶出很慢，其溶出过程往往成为吸收过程的限速阶段。所以溶出是固体制剂吸收的重要前提，溶出快慢直接影响到药物吸收的起始时间，并最终影响药效。药物的溶出速度与药物本身的溶解度、盐型、粒径及颗粒的表面积等密切相关（见本书第二章）。

(3) 药物在胃肠道中的稳定性：药物不仅在贮藏期应有足够的稳定性，且应在胃肠道中保持稳定。但很多药物在胃肠道内不稳定。一方面是由于胃肠道中不适的 pH 条件或消化道菌丛的作用，导致一些药物在吸收前产生降解或失去活性。如青霉素 G、红霉素；另一方面是由于药物不能耐受胃肠道中的各种酶，出现酶解反应使药物失活，结果使药物吸收大大减少。前者可改变母体分子结构，使产生新的衍生物或前体药物，如青霉素 V 钾与青霉素 G 相比具有较大的酸稳定性。另外，制成肠溶制剂或采用制剂包衣技术，也是防止药物在胃酸中不稳定的有效措施。

（三）注射给药吸收

1. 注射部位的吸收

(1) 静脉注射（intravenous injection，i.v.）：静脉注射给药实际上在注射结束的同时，血药浓度已达高峰，其生物利用度可以认为是 100％；在吸收过程中与胃肠道相比没有那么多影响吸收的因素，药物迅速进入血液循环。

(2) 肌内注射（intramuscular injection，i.m.）：肌内注射时，药物先经结缔组织扩散，再经毛细血管和淋巴进入血液循环。肌肉结缔组织中分布有细密的毛细血管网与淋巴管网，毛细血管壁具有小孔道，药物可以通过简单扩散及滤过两种方式转运，通过速度比其他生物膜快。一般认为脂溶性药物可直接通过毛细血管的内皮细胞膜吸收，而水溶性药物主要通过毛细血管壁上的孔道进入毛细血管。

影响肌内注射药物吸收的因素有注射部位的血流状况、药物的脂溶性与解离程度、注射液体与溶液的渗透压。大多数药物肌内注射吸收程度与静脉注射相当。但也有部分药物肌内注射后吸收缓慢而不完全，如四环素。

肌内注射还可引起缓慢吸收，它被利用在控制吸收的给药途径。各种长效、缓释注射剂，以及溶解度极小的水混悬液、油混悬液等，注射后在局部形成贮库，缓慢释放药物达到长效目的。

(3) 皮下注射（subcutaneous injection，s.c.）：皮下结缔组织内间隙多，药物注射后扩散进入毛细血管吸收。由于皮下组织毛细血管分布较少，血流速度亦比肌肉组织慢，所以皮下注射的药物吸收较肌内注射慢。但此种给药方法通常可以延长作用时间,避免反应太强。一些作用于注射部位的药物如局部麻醉药,可与血管收缩剂如肾上腺素合用,可进一步延长作用时间。

(4) 腹腔内注射:以门静脉为主要吸收途径,药物在向组织分布前首先通过肝脏后才转运至全身,因此药物的生物利用度受到影响。

2. 影响注射部位吸收的因素 一般认为注射给药吸收迅速而完全,但近年人们发现,血管外注射的药物吸收受药物的理化性质、制剂处方组成及机体的生理因素影响。它们主要影响药物的被动扩散速度与注射部位的血流。

(1) 药物的理化因素:药物分子本身以及注射剂剂型本身的理化性质常常影响药物的吸收。药物分子质量越大吸收愈慢。分子质量较大的药物,很难通过毛细血管的内皮细胞膜或毛细血管壁的孔道,只能以淋巴系统作为主要吸收途径,而淋巴循环比血液循环慢得多。

药物的油/水分配系数是胃肠道吸收的主要影响因素,但对注射剂吸收速度影响不是很大,而难溶药物的溶解度能影响吸收。如混悬型注射液中药物的溶解度可能是药物吸收的限速因素,非水溶媒注射液的溶媒被吸收或遇水性组织液析出沉淀时,药物的溶解度亦是影响吸收的主要因素。注射液的渗透压或pH,除低渗或遇酸性环境时吸收降低的情况外,其他影响不大。另外,体液中含有的蛋白质等大分子可能会与药物产生吸附或结合作用,使扩散通过生物膜的游离药物浓度降低,从而影响药物的吸收。

(2) 生物学因素:血管外注射给药时,注射部位的血流状态影响药物的吸收速度,血液丰富的部位药物吸收快。前述理化性质的影响,大多是血流维持恒定的情况下所体现的。如果某些原因引起血流变化时,则理化因素被掩盖。血流与吸收的关系是在血流量大时吸收速度基本固定,吸收的限速过程不是血流速度,而是药物的扩散。但当血流慢时,则血流速度变为主要因素。

(四) 呼吸道给药吸收

呼吸道给药能产生局部或全身治疗作用,气体、可挥发性固体或液体的蒸气、各种气溶胶以及较为细微的颗粒物质可通过呼吸道吸收,涉及的剂型有气雾剂、粉雾剂和粉末吸入剂。肺脏是由气管、支气管、终末细支气管、呼吸细支气管、肺泡管及肺泡组成,肺泡距血管很近,数目也多,一般动物估计达3亿~4亿个,总面积与小肠黏膜微绒毛大致相等,且肺泡细胞结构较薄。此外,气管、支气管和终末细支气管等也有一定的吸收能力。通过肺部的血液循环量很大,为全身的10%~12%,且到肺泡的毛细血管具有很大的吸收表面,这些都是呼吸道吸收迅速的主要原因。

影响药物呼吸道吸收的因素包括以下几方面:

(1) 生物因素:动物种属、病理状态、呼吸道的纤毛运动、呼吸道直径、呼吸道黏膜的代谢酶及用药动物的呼吸量、呼吸频率等均会影响药物粒子到达吸收迅速的肺泡的速度和程度。如禽类的呼吸系统中具有哺乳动物所没有的气囊,可增加肺通气量和增强肺的气体交换。同时,鸡的肺不像哺乳动物肺那样扩张和收缩,而是气体经过肺运行并随肺内管道进出气囊。这种呼吸系统结构特点,可扩大药物扩散面积,增加药物吸收量。

(2) 药物的理化性质:呼吸道上皮细胞为类脂膜,药物从呼吸道吸收是被动扩散过程。药物的脂溶性和油/水分配系数影响药物的吸收。此外,药物的分子质量、粒子大小亦影响药物从呼吸道吸收,小分子药物吸收快,大分子药物吸收相对慢。药物粒子较粗,大部分落在上呼吸道黏膜上，因而呼吸较慢，如粒子太细则进入细胞后，大部分由呼气排出。一般认为，粒径大于 10μm 者差不多完全停留在鼻道中；大于 6μm 可能到不了肺泡管；大于 2μm 者可达不到肺泡；而以 1μm 大小粒子为好，但有被呼出的可能。综合研究结果认为，进入肺部的粒子粒径以 0.5～5μm 为最适宜。另外，药物的吸湿性也能影响粒子的大小，吸湿性大的药物通过湿度很大的呼吸道时，粒子就能逐渐增大，使其易在上呼吸道截留。

(3) 剂型因素：制剂的处方组成，吸入装置的结构影响药物雾粒或粒子的大小和性质、粒子的喷出速度等，因而影响药物的吸收。通过制剂新技术，如制备脂质体或微球给药，可以增加药物在肺部的停留时间或延缓药物的释放。

（五）药物剂型与吸收

现代药物剂型被视为一种药物释放系统，通常不同剂型都是为不同的临床治疗方案设计的，可以有不同的用药部位和吸收途径，有不同的处方组成、理化性质和释药性能，这些均可影响药物的体内过程及生物利用度。图 12-2 为常用剂型中药物体内过程的示意图。

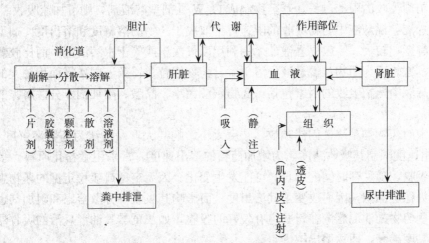

图 12-2 常用剂型药物体内过程示意图

剂型中药物在体内的吸收通常分为两个阶段，即药物从剂型中释放溶出和药物透过生物膜吸收。前一阶段以制剂因素为主，后一阶段则以生理因素为主。剂型因素的差异可使药物制剂具有不同的释药特性，从而影响药物的吸收和药效。

1. 固体制剂的崩解与溶出 崩解是指固体制剂在检查时限内全部崩解或溶散成碎粒的过程。崩解是药物从固体制剂中释放和吸收的前提，特别是难溶性药物的固体制剂在崩解成碎粒后，其有效面积增加，有利于药物的溶解与释放。制剂崩解的快慢及崩解后颗粒的大小，均有可能影响药物的疗效。但固体制剂的崩解时限不能反映其内在质量。

溶出度 (dissolution rate) 是指药物从片剂、散剂、胶囊剂或颗粒剂等固体制剂在规定溶剂中溶出的速度和程度。对固体制剂而言，溶出是影响药物吸收的重要因素。如果某些难溶性药物不易从制剂中释放、溶出，则该药物制剂的生物利用度很低；对于药理作用强烈、安全指数很小的药物，若制剂溶出速度太快，则极易发生不良反应。固体制剂的溶出速度能够在一定程度上反映药物的吸收情况，可以作为考察固体制剂内在质量的指标。

2. 剂型对药物吸收的影响 药物给药途径不同，其剂型及其吸收速度亦不同。以内服剂型为例，吸收速度的大致顺序为：水溶液＞混悬液＞散剂＞胶囊剂＞片剂。

（1）溶液剂：一般内服药物的溶液剂在胃肠中吸收较其他剂型快而全。影响内服溶液剂中药物吸收的因素主要包括：胃排空、络合作用、胃液 pH、溶液黏度、渗透压、溶剂、药物的理化性质等。

对于水溶液剂而言，药物从溶液剂中吸收的限速过程很可能在于胃排空速率，特别是在饲后用药的情况下。弱酸性药物以其盐制备的内服溶液，内服后可能会在胃内发生沉淀析出。增加溶液的黏度可使药物的吸收减慢；相反，对于主动转运吸收的药物，增加水溶液的黏度有时可增加药物在吸收部位的滞留时间而利于吸收。此外，某些溶液剂采用混合溶剂或加入助溶剂或增溶剂，当服用这类溶液时，由于胃肠液的稀释或胃酸的影响，有些药物可能有药物沉淀析出。一般沉淀粒子较细时仍可较快溶解，若沉淀粒子较大，则可能延缓药物吸收。

内服药物油溶液的吸收速率受药物从油相到水相体液中的分布速率的影响，这种分配过程通常是该药物制剂吸收的限速过程。若药物制成 O/W 乳剂型溶液剂，则可加速吸收。

（2）混悬液：混悬液中药物吸收的限速过程取决于药物的溶解度和溶出度，剂型中的附加剂对药物的溶解影响较大。一般混悬液的生物利用度仅次于或等于水溶液剂，而比胶囊剂、片剂等固体制剂高。这是因为药物从混悬液中溶出时，药物细粒在胃肠液中暴露面积较大的原因。

影响混悬液中药物吸收的因素包括：药物颗粒大小、晶型、附加剂、分散溶媒的种类、黏度以及络合等。

混悬剂中的药物是难溶性固体颗粒，粒度大小影响甚大，一般认为药物溶解度小于 0.1mg/mL 时，溶出速度限制其吸收速度。为增加药物的溶出速度，常采用微粉化原料。多晶型药物混悬液的药物吸收，随贮存时间的延长，可能发生变化。因无定型或亚稳定型的药物颗粒，可缓缓自发的转变为稳定晶型，因而改变了其溶出度，而影响其吸收。分散溶媒和附加剂也可改变其吸收情况，有些药物的油混悬液在胃肠道有较好的吸收，如灰黄霉素油混悬液的吸收略高于水混悬液。混悬液黏度越高，药物溶出越慢。

（3）粉剂、预混剂、散剂：粉剂、预混剂、散剂比表面积大，易分散，服用后不经崩解过程，属于吸收较快的固体制剂。影响其吸收的因素包括：药物颗粒大小、溶出速度、成分间可能的相互作用以及贮存的变化等。颗粒越小，溶出越快，吸收越好。稀释剂对粉剂、预混剂、散剂的生物利用度也有很大影响，有些稀释剂能帮助药物分散，有些可能吸附药物，使药物不能很快溶解吸收。

（4）胶囊剂：硬胶囊剂的吸收比片剂稍佳或相同，因胶囊剂中的药粒未受到黏合和冲压，其表面积未减小，因此服后在胃中崩解快，囊壳破裂后，药物可迅速分散，故药物释放、溶出、吸收较好。胶囊中药物的溶解度、粒径、晶型、分散状态以及应用的附加剂、填充密度可影响药物的释放与吸收。囊壳对吸收影响不大，仅延缓 10%～20%，对大多数药物并不重要，但对需要迅速吸收的药物要引起注意。在其他因素都相同的前提下，不同的填充机制或方法生产的胶囊剂的生物效应可能会不同，主要表现在填充密度不同，溶出度改变，对药物吸收产生较大影响。

（5）片剂：因加入黏合剂，使药物固结于颗粒中并经过加压作用，所以片剂中药物较难释放，内服后首先要经过润湿、膨胀、崩解直至药物溶出过程后药物才能吸收。难溶性药物制成片剂，药物溶出是吸收的限速过程。影响片剂崩解时限和溶出度的因素包括：颗粒大小、硬度，辅料的亲水性、疏水性、处方组成，压片时的压力，工艺过程与贮存条件和时间等。

（6）缓释、控释制剂：主要是通过延缓药物从剂型中释放速度以延缓药物的吸收速率或使药物从制剂中以受控制的形式恒速地释放到作用器官，以达到特定的治疗目的。缓释、控释制剂吸收的限速过程主要是药物从制剂中的释放，缓释、控释制剂在胃肠道释药速度受制剂特性、胃排空速率、pH等多种因素的影响。

3. 制剂处方对药物吸收的影响

（1）辅料的影响：主要表现在两个方面：一是辅料可以影响药物剂型的理化性状，从而影响到药物在体内的释放、溶解、扩散、渗透以及吸收等过程；二是辅料与药物之间可能产生某些物理、化学或生物学方面的作用。

①稀释剂：内服固体制剂的稀释剂种类不同，会影响药物的吸收。疏水性稀释剂能阻碍水和吸收部位体液对药物的润湿；不溶性稀释剂可能会吸附药物而妨碍释药和吸收；水溶性稀释剂则可能提高药物的亲水性而对药物释放、吸收有利。稀释剂量的多少（浓度）也会影响药物的吸收。对于溶解度小的药物粉末填充胶囊，内加稀释剂量的多少可影响胶囊的崩解；若加入稀释剂兼具崩解性能，则加入稀释剂的量越多越易崩解；若加入稀释剂不具崩解性，则可能随着加入的稀释剂量增多，反而降低药物从胶囊中释放。

②润滑剂：硬脂酸镁与滑石粉为常用润湿剂。前者具有疏水性，后者具有亲水性。硬脂酸镁量的多少可影响药物的释放，加入硬脂酸镁量越多，溶出度越小。此外，滑石粉也能影响许多药物的吸收，如四环素、B族维生素等的体内吸收。

③崩解剂与润湿剂：崩解剂对于固体制剂的影响较大，对于易溶于水的药物制成片剂时，崩解剂的影响似不明显；对于难溶性药物，崩解剂的种类与量的多少则对药物从剂型中释放起关键作用。难溶性药物、粉末填充胶囊时，也需加一定量的崩解剂，以利于胶壳中药物粉块迅速分散、溶出、吸收。为增加难溶性药物的吸收，有时也会加入一些表面活性剂作润湿剂，以利于水分在药物粒子表面展开，帮助溶出，但当表面活性剂的加入量超过临界胶团浓度（CMC）时，脂溶性药物溶入或包入胶团中，从而减少了游离药物浓度，而使吸收量与速度降低。

（2）药物间及药物与辅料间的相互作用：

①胃肠道pH的改变：合并用药时，如引起胃肠道pH的改变会明显干扰药物的吸收。

②络合作用：有些药物在制剂中可能与辅料形成络合物，其药物络合物的性质，如溶解度、分子大小、扩散性及油/水分配系数等物理特性可能与原药有很大的差别，但制剂中广泛使用的大分子化合物如树胶、纤维素衍生物等与药物间的络合作用一般是可逆的，所以当药物制剂服用后，胃肠液对络合物的稀释作用常会使其解离，对吸收的影响不是很大。但当药物形成不能被吸收的络合物时，络合作用对药物的吸收影响较显著。

③吸附作用：分为物理吸附和化学吸附。物理吸附指从溶液中将药物分子除去并转移到活性固体表面，溶液中药物与被吸附药物间常存在平衡关系。如果药物与"活性"固体表面存在很强的键合作用，吸附是不可逆的，则为化学吸附。化学吸附对药物吸收产生显著影响。许多辅料具有"活性"固体表面或吸附剂的作用，因而可能会影响药物的吸收；若吸附物的解离趋势大，可能不影响药物的吸收，有的可能只是影响药物吸收的快慢，而不影响药物吸收的总量；吸附解离

趋势小的吸附剂如药用炭,对某些药物(抗生素、生物碱类等)有很强的吸附作用,可使药物的生物利用度减少。

④固体分散作用:固体分散作用既可加快药物的溶出,也能延缓药物的释放。使用水溶性载体材料如聚乙二醇类、表面活性剂类制成固体分散体后能使药物以分子状态分散,从而加快药物的溶出速度。而使用难溶性载体材料如纤维素类、聚丙烯酸树脂类及脂质类时,可以延缓药物的释放,起到调节释药速度作用,获得理想的缓控释效果。

⑤包合作用:形成包合物后,通常药物的溶解度、溶出度得到改善,生物利用率提高。

4. 制备工艺对药物吸收的影响 制剂工艺对成品的药效有较大影响,如片剂的制备,需混合、制粒、压片等过程,释药过程又需崩解、分散、溶解,比其他剂型长。混合中,混合的方式、混合时间、操作条件、混合机械及粉体性质等均会影响混合效果,尤其对于小剂量的药物影响较大。制粒中即使是同样的处方,制粒方法不同所得颗粒的形状、大小、密度和强度均不同,其崩解时限、溶解性能可能有较大的差别,将影响药物的疗效。在湿法制粒过程中,湿混时间、湿粒干燥时间的长短,也均对疗效有所影响。另外,在制粒过程中,黏合剂、崩解剂的品种、用量以及制粒方法等也可以影响片剂的崩解、溶解和药效。压片时,所加压力的大小对溶出度的影响更复杂,因压力能使物料结成片,增加密度,减小颗粒的总面积,通常随着压力的增加,使溶出速度减慢。但另一方面,在较高压力时颗粒也可能被压碎成更小颗粒,甚至暴露出药物结晶,导致表面积增加及溶出度增加。

5. 促进药物吸收的方法

(1) 提高药物溶出度:改善药物的溶出是增加药物生物利用度的主要方法。增加药物溶出度的方法主要有两种:一种是增加药物的溶解度,增加溶解度可加速药物在胃肠液中的溶解和释放,则药物吸收增加。具体方法包括加入增溶剂、助溶剂,使用混合溶剂,制成可溶性盐或引入亲水基团。第二种方法是增加药物的表面积,通过减小药物颗粒粒径使药物的表面积增大,药物与胃肠液的接触面也增大,则可提高药物的溶出度,尤其是对提高脂溶性药物的吸收有显著意义。通常采用微粉技术、固体分散技术减小药物粒径。

(2) 加入内服吸收促进剂:通常大分子、极性药物很难透过生物膜,可使用一些特异或非特异地增强胃肠道透过性的物质来促进药物的吸收,这类物质称为吸收促进剂。吸收促进剂能可逆地、特异或非特异地显著增强药物经胃肠道吸收,进而起到提高血药浓度和生物利用度作用。常用的有胆酸及胆酸盐类、表面活性剂、水杨酸及其盐类、螯合剂以及某些新的药用辅料等。

二、药物的分布、代谢和排泄

(一)分布

药物从血液向各器官、组织的转运过程称为分布(distribution)。药物在动物体内的分布多呈不均匀性,而且经常处于动态平衡状态中,即随药物的吸收与排泄不断变化。药物作用的发生常依赖于药物分子到达作用的部位,分布过程对药物作用的开始及作用强度都起着重要作用。药物分布不仅与疗效密切相关,同时也与药物在组织内的蓄积程度和副作用大小等安全性问题有关。

（二）代谢

药物在体内经化学反应生成有利于排泄的代谢产物的过程称为代谢（metabolism），也称为生物转化。生物转化的主要器官为肝脏，血浆、肾、肺、皮肤黏膜、胃肠微生物也能进行部分药物的生物转化。大多数脂溶性的药物经过代谢后，形成水溶性的、解离的代谢物，这些代谢物常失去药理活性，也不易被肾小管再吸收，故可自肾脏排出体外。

代谢通常分两步进行：第一步通常是药物被氧化、羟基化、开环、还原或水解，结果使药物结构中增加了一些极性基团，如—OH、—COOH 和—NH$_2$ 等。第二步为结合反应，即上述的极性基团与内源性化合物如葡萄糖醛酸、醋酸、硫酸和氨基酸等结合，生成极性更强、更易溶于水、更利于从尿液或胆汁排出的代谢产物。

各种药物在体内的代谢过程不尽相同，有的只经过第一步或第二步反应，有的则有多步反应过程。内服药物从胃肠道吸收经门静脉系统进入肝脏，在肝药酶和胃肠道上皮酶的联合作用下进行首次代谢，使进入全身循环的药量减少药效下降的现象称为首过效应，又称首过消除（first pass elimination）。不同药物的首过效应强度不同，首过效应强的药物可使生物利用度明显降低，若治疗全身疾病，则不宜内服给药。

（三）排泄

排泄（excretion）是指药物的代谢产物或原形通过各种途径从体内排出的过程。药物排泄最主要的器官是肾脏，也有某些药物主要由胆汁排出。此外，乳腺、肺、唾液、汗腺也可排泄少部分药物。

1. 肾排泄　肾排泄（renal excretion）是极性高的代谢产物或原形药的主要排泄途径，排泄方式包括肾小球滤过、肾小管分泌和肾小管重吸收。

（1）肾小球滤过：药物在肾小球的滤过速度取决于药物的分子质量与药物和血浆蛋白的结合率。药物在血浆中的浓度也决定肾小球滤过的药物数量。分子质量小于 68 000u 则可滤过，如和血浆蛋白结合者则不能滤过。因此，只有游离的、未与蛋白结合的药物可经肾小球滤过。

（2）肾小管分泌：肾小管分泌药物是一个主动转运过程。有些药物（如青霉素和头孢菌素类）均可经近曲小管大量分泌而排泄。如果两药是通过同一载体转运，则合并用药时可发生竞争性抑制作用。例如丙磺舒与青霉素合用时，由于二者竞争同一载体转运，故丙磺舒可使青霉素的排泄速度减慢，作用延长。

（3）肾小管重吸收：随着原尿液的水分在肾小管（主要是远曲小管）内逐渐再吸收，药物的浓度也逐渐增加，直至远远高于血浆浓度，此时药物在肾小管内被动扩散，从而再被吸收重新进入血液循环。那些极性高，水溶性大，不易穿透小管的药物则能顺利通过肾小管，排泄就快。否则在肾小管内部被回收，排泄就慢。重吸收的程度取决于药物的浓度和在小管液中的解离程度。尿液 pH 决定药物的解离程度，影响药物在远曲小管的再吸收，从而影响其排泄。弱酸性药物在碱性尿液中解离多，重吸收少，排泄快；在酸性尿液中解离少，重吸收多，排泄慢。反之，弱碱性药物在酸性尿中重吸收少，排泄快，在碱性尿中重吸收多，排泄慢。一般肉食动物尿液呈酸性，如犬、猫尿液 pH 为 5.0～7.0；草食动物呈碱性，如马、牛、绵羊尿液 pH 为 7.2～8.0。因此，同一药物在不同种属动物的排泄速率往往有很大的区别。临床上可通过调节尿液的 pH 来加速或延缓药物的排泄，用于解毒急救或增强药效。

2. 胆汁排泄 许多药物及其代谢产物可经肝实质细胞主动排泄进入胆汁，随后即随胆汁进入胆囊和小肠，称为胆汁排泄（biliary excretion）。药物进入胆汁后，由于水溶性增强，不能通过扩散被重吸收到血浆中去，故易随胆汁分泌排泄。其速度和程度主要受药物分子大小、脂溶性及动物种属等因素影响。胆汁主要是分泌排泄分子质量 300u 以上并有极性基团的药物。不同种属动物从胆汁排泄药物的能力存在差异，较强的是犬、鸡，中等的是猫、绵羊，较差的是兔和恒河猴。红霉素、林可霉素、头孢三嗪等主要或部分由肝胆系统排出体外，因此胆汁浓度高，可达血液浓度的数倍或数十倍。

某些药物或代谢物经胆汁排泄进入肠道崩解后，再吸收入血，这种胆汁排泄后又重吸收的现象称肝肠循环（enterohepatic circulation）。有肝肠循环的药物在体内停留较长时间。当联合用药、变更制剂工艺或因病理原因而使肝肠循环发生变化时，会影响该类药物的药效或产生毒副作用。当药物剂量的大部分可进入肝肠循环时，便会延缓药物的消除，延长半衰期。

3. 乳腺排泄 大部分药物均可从乳汁排泄（mammary gland excretion），一般为被动扩散。由于乳汁的 pH 较血浆低，故碱性药物在乳中的浓度高于血浆，酸性药物则相反，药物的 pK_a 越小，乳汁中浓度越低。在犬和羊的研究发现，静注碱性药物易从乳汁排泄，如红霉素、TMP 的乳汁浓度高于血浆浓度；酸性药物如青霉素、SM_2 等则较难从乳汁中排泄，乳汁中浓度均低于血浆。

第三节 生物利用度和生物等效性

体外评价药物剂型只能间接地证明药物治疗的有效性，不能直接来肯定药物的某一剂型的有效性。为此，需要一种体内方法来反映某种剂型的真正安全性与有效性。而对药物的某一剂型的生物利用度的估计，是一种直接证明其有效性的方法。

一、生物利用度概述

（一）生物利用度的概念

生物利用度（bioavailability）是指药物以一定的剂型从给药部位吸收进入全身循环的速度和程度，常以 F 表示。药物制剂的生物利用度是评价药物制剂质量的重要指标之一，也是新药研究的一项重要内容。生物利用度是一个相对概念，与疗效的意义并不相等，它仅仅是比较各种制剂之间利用度的尺度。

因为生物利用度是相对值，测定时需要与吸收比较完全的制剂作比较。根据选择标准制剂的不同，生物利用度一般分为绝对生物利用度（absolute bioavailability）和相对生物利用度（relative bioavailability）。若用静脉注射剂为参比制剂获得的药物活性成分吸收进入体内循环的相对量，因静脉注射的药物 100% 进入血液循环，所求得的是绝对生物利用度，其反映给药途径对吸收程度的影响，主要取决于药物的结构特性。如一药物的绝对生物利用度很低，反映该药不宜采用血管外给药。当药物无静脉注射剂型或不宜制成静脉注射剂时，可用吸收较好的制剂为参比制剂（如片剂和内服溶液）获得药物活性成分吸收进入体循环的相对量，所求得的是相对生物利用度，其主要反映某种固定给药途径下，被研究的制剂的剂型、处方和工艺设计所表现的血管外给药的吸收程度，集中体现了受试制剂的体内质量。

（二）生物利用度的指标

在描述血药浓度-时间曲线时，有 3 项参数对于评定制剂的生物利用度相当重要，即血药浓度-时间曲线下面积（AUC）、血药浓度-时间曲线上的峰浓度（C_{max}）和峰时（t_{max}）。

AUC 指以血药浓度为纵坐标、时间为横坐标作图，所得曲线下的面积，理论上反映到达全身循环的药物总量，与药物吸收总量成正比，因此它代表药物被吸收的程度。AUC 常用作计算生物利用度和其他参数的基础参数。C_{max} 是指给药后达到的最高血药浓度，取决于药物吸收的程度和速度，是与治疗效果及毒性水平有关的参数。若 C_{max} 超过最低中毒浓度，则能导致中毒；若 C_{max} 达不到有效浓度，则治疗无效。t_{max} 则是指给药后达到最高血药浓度所需的时间，与药物吸收的速度紧密关联。

因为药效是吸收速度和吸收程度二者之间的函数，因此两种制剂仅吸收程度相等尚不能保证具有生物等效性，因为吸收速度可能不一样。因此，至少要通过 AUC、C_{max}、t_{max} 3 项指标来评定制剂的生物利用度才是较全面的。

（三）生物利用度的意义

生物利用度相对地反映出同种药物不同制剂为机体吸收的优劣，是衡量制剂内在质量的一种重要指标。剂型设计不合理，会使生物利用度下降。许多研究表明，同一药物的不同制剂在作用上的某些差异，可能是由于从给药部位吸收的药量或吸收速度上有差别，即制剂的生物利用度不同。

将生物利用度作为参数值用于选择剂型和处方已被公认是一种较好的方法。而且生物利用度能够定量的表示各种剂型或制剂的吸收速度和吸收程度，有助于从量的方面来分析药物剂型或制剂对药效的影响，因此可以为临床确定药物用法用量时提供参考。

综上所述，生物利用度的研究将成为新药和新剂型设计，市售药品质量控制，以及临床有效、安全、合理用药方面不可缺少的工作环节。其意义在于：评价药物制剂的生物等效性、评价药物的首过效应与作用强度、衡量制剂疗效差异的重要指标、指导临床合理用药、查明药物无效或中毒的原因。

二、生物利用度的测定方法

生物利用度的测定有直接和间接的方法。药物的体内生物利用度可用药物吸收的速度和程度来确定，如通过比较测定的参数，像活性药物成分的血药浓度、累积尿排泄速度或药理作用等。对于不吸收入血的药物，可通过其活性成分或治疗组分在起作用的部位作用速度和强度的测量来确定。方法的选择取决于研究目的、体液中药物的测定能力、药物的药效动力学、给药途径及药物的性质。实际中常应用的方法包括尿药浓度法、血药浓度法和药理效应法，本节仅介绍后两种方法。

（一）血药浓度法

血药浓度法是通过测定单剂量服用标准制剂后的血药浓度和服用供试制剂后的血药浓度，对时间作图，各得一条血药浓度-时间曲线，求出该曲线下面积并进行比较而求得生物利用度。该法是确定药物全身利用度最直接客观的方法，可表示为：

$$F=\frac{AUC_{(供试制剂)}}{AUC_{(标准制剂)}}\times 100\%$$

业已证明，血药浓度-时间曲线下面积与吸收总量成正比。故只要求出相同剂量供试制剂与标准制剂服用后曲线下面积的比值，就求出了生物利用度。需注意的是，以上式求出的 F 称为相对生物利用度，特别适用于内服给药的情况。而标准制剂的质量直接影响生物利用度试验结果的可靠性，应按以下原则选定：

（1）同途径给药的最易完全吸收的剂型（如水溶液剂、胶囊剂等）。

（2）或同途径给药、同种剂型，但需获得广泛声誉、临床确实有效的市售产品。

如果设血管外给药时，测得血药浓度-时间曲线下面积为 AUC_{PO}，平行条件下，静注给药时测得血药浓度-时间曲线下面积为 AUC_{IV}，则血管外给药时的总吸收分数，即绝对生物利用度为：

$$F=\frac{AUC_{PO}}{AUC_{IV}}\times 100\%$$

以上式计算绝对生物利用度时，分母基准均采用静注给药。

以血药浓度法计算生物利用度时，AUC 可由梯形法、数值积分或直接利用面积仪测定。但最简单且常用的方法是梯形法，即借助一种把曲线画成一组直线的函数来表征已知的血药浓度-时间曲线，从而把该曲线下面积分成若干个梯形，每一梯形的面积易算出，而各梯形面积之和就代表被研究的曲线下面积的近似值，即：

$$AUC_{0\to\infty}=AUC_{0\to t}+AUC_{t\to\infty}$$

式中，$AUC_{0\to\infty}$ 为时间从 0 到 ∞ 整个血药浓度-时间曲线下的面积；$AUC_{0\to t}$ 为时间从 0 到试验最后一个采样点所对应的时间 t 的血药浓度-时间曲线下的面积，可用梯形法求得；$AUC_{t\to\infty}$ 表示时间从 t 到 ∞ 整个血药浓度-时间曲线下的面积，即剩余面积或校下面积，可用下式计算：

$$AUC_{t\to\infty}=\frac{C_n}{K}$$

式中，C_n 为最后一次测得的血药浓度值（即 t 时的血药浓度值）；K 为消除速率常数，可从曲线求得，也可从文献中查到。

由上两式可得：

$$AUC_{0\to\infty}=AUC_{0\to t}+\frac{C_n}{K}$$

（二）药理效应法

在某些情况下，由于精密度不够、重现性差或其他原因，无法对血样或尿样中药物进行定量测定。对于局部作用、不进入全身循环的药物，如局部用甾体抗炎药，血药浓度不能反映药物在作用部位的生物利用度，而药理效应可作为药物生物利用度的指标。在此情况下，药理效应要在给药后进行一段时间的测量，并且要有足够的药理效应测定次数，测定时间至少为药物半衰期的 3 倍。这种方法对活性成分不进入血浆和全身分布的药物剂型尤为适用。

三、体外溶出度和生物利用度

(一) 溶出度测定的原理和范围

由于药物的溶出直接影响药物在体内的吸收和利用,因而是评价内服固体制剂质量的一个重要指标。测定固体制剂溶出度的过程称为溶出度试验(dissolution test),它既是一种模拟内服固体制剂在胃肠道中崩解和溶出的体外简易试验方法,也是一种控制药物制剂质量的体外检测方法。药物溶出度检查是评价制剂品质和工艺水平的一种有效手段,可以在一定程度上反映固体制剂以及半固体制剂所含主药的晶型、粒度、处方组成、辅料性质、生产工艺等的差异,也是评价制剂活性成分生物利用度和制剂均匀度的一种有效标准,能有效区分同一种药物生物利用度的差异,因此是药品质量控制必检项目之一。

溶出度测定的范围:①重点用于难溶性药物品种。②用于因制剂处方与生产工艺造成临床疗效不稳定的品种,这类品种的确定需经长期的临床用药疗效观察,考察同一制剂不同处方及不同厂家、不同生产工艺对药物疗效的影响,筛选出来对其进行溶出度研究。③用于治疗量与中毒量相接近的内服固体制剂(包括易溶性药物)。对此类药物品种进行溶出度研究,以确保临床用药安全。另外,固体制剂的处方筛选及生产工艺流程制订过程中,也需对所开发剂型的溶出度做全面考察。

凡检查溶出度的制剂,不再进行崩解时限的检查。

(二) 溶出度测定的目的、方法

1. 溶出度测定的目的 ①研究药物粒经与溶出度的关系。②考察制剂中的赋形剂、制备工艺过程对主药成分溶出度的影响。③比较有效成分在不同固体剂型中的溶出度,建立制剂的质量控制指标。④探索制剂体外溶出度与体内生物利用度的关系。

2. 溶出度测定的方法 根据药物与介质混合的类型,溶出度试验主要分为两类:一类是由于搅拌或旋转而在介质中产生的强制对流导致混合,如转篮法、桨法等;另一类是由于介质的自然对流导致混合,如循环法、流室法。《中国兽药典》2005年版的溶出度测定法中规定了3种检测方法:第一种为转篮法,第二种为桨法,第三种为小杯法,采用溶出度仪,实际上属桨法,需要时只是在原仪器上调换小杯小桨。另外,流室法(也称流通池法)和转瓶法(也称往复圆筒法)在 USP 作为法定方法加以收载。一般情况下,片剂多选择桨法,转篮法多用于胶囊剂或漂浮的制剂。

转篮法的缺点为篮网眼有可能被堵塞或样品可能黏附于网壁上;桨法的缺点是药品可能上浮,尤其是胶囊;而小杯法只适用于小剂量的样品;流通池法适合于小剂量、难溶性药物的缓、控释制剂,尤其是肠溶制剂,它比转篮法和桨法更能模拟药物在体内的转运过程,更接近于体内层流流动的情况。

(三) 溶出度参数

在固体制剂溶出度研究中,常每隔一定时间取样一次,测定一系列时间药物溶出百分数,对实验数据进行处理,求算若干溶出度参数,其目的为:①由体外实验测定若干参数,用以描述药物或药物制剂在体外溶出或释放的规律。②以体外参数为指标,比较不同原料(粒径、晶型等的不同）、处方、工艺过程、剂型等制剂质量的影响关系。③寻求能与体内参数密切相关的体外参数，作为制剂质量的控制标准。

溶出度常用参数如下：①累积溶出最大量 Y_∞，为溶出操作经历相当长时间后，有效成分、指标成分，或有效成分和指标成分累积溶出的最大量，通常为100%或接近100%。②出现累积溶出百分比最高的时间 t_{max}；③溶出50%的时间 $t_{0.5}$ 或 $t_{50\%}$。④溶出某百分比时间 t_d。⑤累积溶出百分比-时间曲线下的面积 AUC。

上述溶出度参数，可通过单指数模型、对数正态分布模型、威布尔分布模型等拟合方程寻求参数。

四、生物等效性概述

（一）生物等效性的概念

生物等效性（bioequivalence）是指一种药物的不同制剂在相同实验条件下，以相同的剂量用于动物机体，其吸收速度和程度没有明显差异，即指药物临床疗效、不良反应与毒性的一致性。生物利用度和生物等效性均是评价制剂质量的重要指标，生物利用度强调反映药物活性成分到达体内循环的相对量和速度，是新药研究过程中选择合适给药途径和确定用药方案（如给药剂量和给药间隔）的重要依据之一。生物等效性则重点在于以预先确定的等效标准和限度进行的比较，是保证含同一药物活性成分的不同制剂体内行为一致性的依据，是判断后研发产品是否可替换已上市药品使用的依据。

生物等效性概念的提出与应用为药物应用于临床的有效性与安全性提供了较体外质量控制更进一步的保证。对于两种制剂，一般存在五级意义上的等效性，即化学等效、生物利用度等效、药动学等效、血药浓度-时间曲线的等效、药效学等效。

（二）生物等效性的研究方法

生物等效性研究是在试验制剂和参比制剂生物利用度比较基础上建立等效性，生物利用度研究多数也是比较性研究，两者的研究方法与步骤基本一致，只是研究目的不同，导致在某些设计和评价上有一些不同。

目前推荐的生物等效性研究方法包括体内和体外的方法。按方法的优先考虑程度，从高到低排列为：药动学研究方法、药效学研究方法、临床比较试验方法、体外研究方法。

1. 药动学研究 即采用生物利用度比较研究的方法。通过测量不同时间点的生物样本（如全血、血浆、血清或尿液）中药物浓度，获得药物浓度-时间曲线，来反映药物从制剂中释放吸收到体循环中的动态过程。并经过适当的数据处理，得出与吸收程度和速度有关的药物动力学参数，如药时曲线下面积（AUC）、达峰浓度（C_{max}）、达峰时间（T_{max}）等，通过统计学比较以上参数，判断两制剂是否生物等效。

2. 药效动力学研究 在无可行的药动学研究方法建立生物等效性研究时（如无灵敏的血药浓度检测方法、浓度和效应之间不存在线性相关），可以考虑用明确的可分级定量的动物体药效学指标通过效应-时间曲线（effect-time curve）与参比制剂比较来确定生物等效性。

3. 临床比较试验 当无适宜的药物浓度检测方法，也缺乏明确的药效学指标时，也可通过以参比制剂为对照的临床比较试验,以综合的疗效终点指标来验证两制剂的等效性。然而,作为生物等效性研究方法,对照的临床试验可能因为样本量不足或检测指标不灵敏而缺乏足够的把握度去检验差异,故应尽量采用药物动力学研究方法。通过增加样本量或严格的临床研究实施在一定程度上可以克服以上局限。

4. 体外研究 一般不提倡用体外的方法来确定生物等效性,因为体外并不能完全代替体内行为,但在某些情况下,如能提供充分依据,也可以采用体外的方法来证实生物等效性。根据生物药剂学分类证明属于高溶解度、高渗透性,快速溶出的内服制剂可以采用体外溶出度比较研究的方法验证生物等效,因为该类药物的溶出、吸收已经不是药物进入体内的限速步骤。对于难溶性但高渗透性的药物,如已建立良好的体内外相关关系,也可用体外溶出的研究来替代体内研究。

(三) 生物等效性的评价

对受试制剂与参比制剂的生物等效性评价,应从药物吸收程度和吸收速度两方面进行,评价反映这两方面的 3 个药物动力学参数(即 $AUC_{0 \to t}$、C_{max} 和 T_{max})是否符合前述等效标准。

目前比较肯定 AUC 对药物吸收程度的衡量作用,而 C_{max}、T_{max} 依赖取样时间的安排,用它们衡量吸收速率有时是不够准确的,不适合用于具有多峰现象的制剂及个体差异大的试验。故在评价时,若出现某些不等效特殊情况,需具体问题加以具体分析。

对于受试制剂的 AUC,一般要求 90% 可信限在参比制剂 80%～125% 范围内。对于治疗窗窄的药物,这个范围可能应适当缩小。而在极少数情况下,如果经临床证实合理的情况下,也可以适当放宽范围。对 C_{max} 也是如此。而对于 T_{max},一般在释放快慢与临床疗效和安全性密切相关时需要统计评价,其等效范围可根据临床要求来确定。

对于出现受试制剂生物利用度高于参比制剂的情况,即所谓超生物利用(suprabioavailability),可以考虑两种情况:①参比制剂是否为本身生物利用度低的产品,因而受试制剂表现出生物利用度相对较高。②参比制剂质量符合要求,受试制剂确实超生物利用度。

思 考 题

1. 何谓生物药剂学?研究它有什么意义?
2. 简述影响药物吸收的因素。
3. 药物的解离度与脂溶性对药物透过生物膜有何影响?
4. 何谓生物利用度?研究生物利用度有什么意义?
5. 什么是生物等效性?试述其研究方法。

第十三章
兽药制剂产品的包装

第一节 概 述

一、兽药包装的概念和分类

兽药制剂产品包装简称兽药包装或药品包装，是指选用适宜的材料或容器，利用包装技术对兽药制剂的半成品或成品进行分（灌）、封、装、贴签等加工过程的总称。在贮存与应用中，兽药包装起到了为兽药制剂产品提供品质保护、签定商标与介绍说明的作用。兽药品包装是以安全、有效为重心，同时兼顾兽药的保护功能和携带、使用的便利性。对兽药制剂产品来说，经过生产及质量检验后，无论在贮存、运输以及分发使用过程中，都必须有适当而完好的包装。

从静态看，兽药包装是用有关材料或容器等将兽药制剂产品包装起来。而从动态看，兽药包装是用有关材料或容器等将兽药制剂产品包装起来的技术、方法，是工艺和操作过程。

兽药包装主要分内包装和外包装两类。

内包装是指直接与兽药接触的包装（如铝箔、安瓿、注射剂瓶等），按照用途和给药途径对药物制剂进行分剂量的包装，如注射剂的玻璃安瓿包装，片剂、胶囊剂装入泡罩式铝塑材料中的分装过程。内包装必须能保证兽药在生产、运输、贮存及使用过程中的质量，并便于医疗使用。兽药内包装材料、容器（药包材）的选用或更改，应根据所选用兽药包材的材质，做稳定性试验，考察药包材与兽药的相容性。

外包装是指内包装以外的包装，按由里向外又分为中包装和大包装。中包装是将一定数量的内包装药品集中于一个容器或材料内的包装过程。如将数粒胶囊，分装入泡罩式铝塑材料后，再装入纸盒或塑料袋。大包装是指中包装以外的更大包装，即将已完成中包装的兽药制剂产品装入箱、袋、桶和罐等较大容器中的过程。外包装能防止潮气、光、微生物、外力撞击等因素对兽药造成的破坏影响。外包装应根据兽药的特性选用不易破损的包装，以保证兽药在运输、贮存、使用过程中的质量。

二、兽药包装的作用

一种兽药制剂产品，从原料、中间体、成品、制剂、包装到使用，一般要经过生产和流通两个过程。在整个转化过程中，兽药包装起着重要的桥梁作用，有其特殊的功能。兽药包装是兽药生产的继续，是对兽药施加的最后一道工序。对大多数兽药制剂产品来说，只有进行了包装，生产过程才算完成。

(一)保护功能

兽药属于特殊商品,在生产、运输、贮存和使用过程常经历较长时间,由于包装不当,可能出现氧化、潮解、分解反应,导致兽药制剂产品的物理性状或化学性质发生改变,引起减效、失效,产生不良反应。兽药包装应将保护功能作为首要因素考虑。合适的包装对兽药的质量起到关键性的保护作用,主要体现在以下两方面:

1. **阻隔作用** 视包装材质和方法不同,包装层使内含药物制剂中的药物成分与外界隔离,既能保证容器内的药物活性成分不挥发、不逸出及不泄漏,又能防止外界的空气、光、水分、热、异物和微生物等与容器内的兽药接触,以提高稳定性,延缓变质。

2. **缓冲作用** 兽药包装具有缓冲作用,可防止兽药在运输、贮存过程中,免受各种外力的振动、冲击和挤压。如单个包装的内外都要使用衬垫防震;在注射剂内包装的容器之间多使用槽板固定;外包装选用抗机械强度的材料,以防震、耐压和封闭。

(二)方便应用

兽药包装应能方便临床使用,能帮助兽医师和畜主科学而安全地用药。

1. **标签、说明书和包装标志** 标签是兽药包装的重要组成部分,而且每个单剂量包装上都应标贴标签,内包装中应当有单独的药品说明书。标签、说明书的目的是科学准确地介绍具体兽药品种的基本内容、商品特性。对兽用麻醉药品、毒、剧、易燃及放射性药品等特殊管理的药品及外用药品、兽用非处方药等,在其内包装、外包装和标签、说明书上必须印有符合规定的特殊而鲜明的标志,以防误用;对贮存有特殊要求的药品,必须在包装、标签的醒目位置和说明书中注明。在包装容器的特定部位或封口处贴有特殊的封口签或喷墨数码,配合商标以防掺伪和造假,保护品牌形象。兽用非处方药药品标签、使用说明书、内包装、外包装上必须印有非处方药专有标志。

2. **便于取用和分剂量** 随着包装材料和包装技术的发展,兽药包装结构呈多样化,使用方便。如100g雏禽开口灵可溶性粉,采用小剂量化包装,内分10袋10g小包,每小包兑水5~10L,即方便单次使用,又不浪费药品。

(三)商品宣传

兽药制剂产品首先应重视其质量和应用。但从其商品性看,兽药包装的科学化、现代化程度,一定程度上有助于显示产品的质量、生产水平,有助于营销宣传。某种程度上,兽药制剂产品竞争,除其品质外,就是包装、营销宣传的竞争。

包装问题往往被人们所忽视,实际上若药物制剂不考虑包装,则可能是最稳定的处方也不能得到优质的成品。药物贮存于室温环境中,主要受热、光、水汽及空气(氧)的影响,包装设计就是要排除这些因素的干扰。同时也要考虑包装材料与药物制剂的相互作用。

第二节 药包材

一、药包材的种类

兽药的包装材料和容器简称药包材(materials of package for medicine)。兽药包装常用的药包材可按使用方式、形状及材料的类别进行分类。

1. 按使用方式分类 分为Ⅰ、Ⅱ、Ⅲ三类。Ⅰ类药包材是直接接触药品且直接使用的包装用材料和容器（如固体或液体药用塑料瓶等）；Ⅱ类药包材是直接接触药品，但便于清洗，经清洗需要并可以灭菌的包装用材料和容器（如玻璃输液瓶、玻璃口服液瓶等）；Ⅲ类药包材是Ⅰ类、Ⅱ类以外的可能影响产品质量的包装用材料和容器（如输液瓶铝盖等）。

2. 按形状分类 分为容器（如玻璃输液瓶）、片材（如药用聚氯乙烯硬片）、膜、袋、塞、盖等。

3. 按材料的类别分类 分为塑料、玻璃、橡胶、金属及复合材料。

药包材的选择取决于兽药的物理化学性质，制品需要的保护情况，以及应用与市场需要等的要求。

二、常用药包材

（一）玻璃包装材料和容器

1. 药用玻璃 药用玻璃是玻璃制品的一个重要组成部分，该类产品因具有良好的化学稳定性、耐热稳定性和一定的机械强度，光洁、透明、易清洗消毒，密封性能好等一系列优异的物理、化学性质，加之价廉、美观，配上合适的塞子和盖衬可以不受外界任何物质的入侵，被大量、广泛用作各种针剂（粉针剂、小容量水针剂、大容量水针剂、冻干粉针剂）、口服液、片剂和胶囊等各类不同剂型的包装。但玻璃质重而易碎。

玻璃是硅酸盐混合物，主要成分是二氧化硅、碳酸钠、碳酸钙等，并含有多种金属元素如硅、铝、硼、钠、钾、钙、镁、锌与钡等阳离子，不同金属阳离子的含量决定玻璃具有不同的性质。由于兽药属特殊商品，作为其包装容器的各类药用玻璃制品，其化学成分、性能及质量要求都优于普通的玻璃制品。

国际标准ISO12775—1997《正常大规模生产的玻璃按成分分类及其试验方法》规定了3种药用玻璃成分，即一种钠钙玻璃和两种硼硅玻璃（3.3硼硅玻璃和中性玻璃）。玻璃牌号及性能见表13-1。受技术水平所限，我国一直不能规模生产国际中性玻璃，只能通过降低氧化硼和氧化硅含量，增加氧化钾和氧化钠含量，生产出中性玻璃2，而将ISO12775—1997中的中性玻璃称为中性玻璃1。

表13-1 玻璃牌号及性能

性能	玻璃牌号			
	硼硅玻璃		低硼硅玻璃	钠钙玻璃
	3.3硼硅玻璃	中性玻璃1	中性玻璃2	
颗粒法耐水的性能	很强	很强	强	中等或弱
耐酸性能	很强	很强	很强	很强
耐碱性能	中等	中等	中等	中等
主要应用领域	管制冻干粉针玻璃瓶	安瓿、管制冻干粉针玻璃瓶、管制注射剂玻璃瓶	管制注射剂玻璃瓶及其他管制瓶	管制注射剂玻璃瓶、模制抗生素瓶、输液瓶、其他模制瓶

普通的无色玻璃具有透光性,光敏感的兽药,必须采用黑纸或纸盒外套遮光,以避免药物分解、变质而失效,或采用棕色玻璃容器(若药物中含有成分能被铁催化时不宜使用)。蓝色和绿色的玻璃容器因能透过很强的紫外光,故不能避免光敏药物的光化学降解。玻璃容器耐水性和耐酸性较强,但耐碱性较差。贮存在玻璃容器中的溶液,有时可能发现有不溶性的脱片。如非硼硅酸盐玻璃容器,热压灭菌后,立刻就可能产生脱片,硼硅酸盐玻璃容器要在比正常热压灭菌高得多的温度时,才会出现脱片。

2. 玻璃瓶　药用玻璃按其制造工艺方法的不同可以分为模制瓶和管制瓶两大类。模制瓶是以不同形状的各种玻璃模具成型制造的产品,包括模制抗生素玻璃瓶、玻璃输液瓶、玻璃药瓶等。管制瓶是用已拉制成型的各类玻璃管二次加工成型制造的产品。一般采用安瓿机和管瓶机,用火焰对玻管进行切割、拉丝、烤口、封底成型,包括安瓿、管制抗生素玻璃瓶、管制口服液瓶、药用玻璃管等。

管制瓶壁薄量轻,外观透明度、光洁度好,规格尺寸稳定等,但强度远远不如模制瓶,在装卸运输及兽药生产企业的使用过程中破碎率较高。

(二) 塑料包装材料和容器

1. 塑料包装材料　塑料是一种合成的高分子化合物。塑料依受热变化分成两类:一类是热塑性塑料,它受热后熔融塑化,冷却后变硬成形,但其分子结构和性能无显著变化,如聚氯乙烯(PVC)、聚乙烯(PE)、聚丙烯(PP)、聚酰胺(PA,尼龙)等。另一类是热固性塑料,它受热后,分子结构被破坏,不能回收再次成型,如酚醛塑料、环氧树脂塑料等。以热塑性塑料较常用。近年来,各种新材料如铝塑、纸塑等与塑料形成的复合材料也广泛用于兽药包装,拓宽了塑料包装材料在兽药包装领域中的应用。

塑料具有许多优越的性能,是常用的药用包装材料,可用来生产刚性或柔软容器,如膜、袋、瓶、桶等。塑料化学性质稳定,耐腐蚀;质轻,强度和韧性好,结实耐用,不易破碎,即使碎裂也不会造成伤害性危害;阻隔性能良好,耐水、耐油;加工成型性能好,易热封和复合。但塑料包装材料也有许多缺点,如耐热性差,废弃物不易分解或处理,易对环境造成危害;所有塑料都能透气、透湿,遇热易软化,还可能受溶剂的影响;塑料组成成分中的一些添加剂,如稳定剂、增塑剂、抗氧剂、润滑剂、填充剂、着色剂等,可以迁移进入溶液,而溶液中的物质如防腐剂也可以被塑料吸附,从而影响制剂的稳定性和药物的有效性。塑料容器因受热挤压的影响可发生变形,影响容器的紧密性。

(1) 聚乙烯(PE):由乙烯单体聚合而成,分低密度聚乙烯和高密度聚乙烯两种。PE化学稳定性好,不受强酸、强碱和大多数有机溶剂的影响,抗湿性良好,但对香味、气体或氧有较高的渗透率,缺少透明性能,一定程度上制约了它的应用。高密度聚乙烯可作为大部分塑料包装用瓶的主要原料。

(2) 聚氯乙烯(PVC):透明、坚硬,阻隔性(阻水、阻氧、阻油)好,热封性和印刷性优良。硬质PVC主要用于制作周转箱、瓶等;软质PVC制作薄膜、袋,可用于粉、散剂、输液剂包装容器等;半硬质PVC片材,用作片剂、胶囊剂的铝塑泡罩包装的泡罩材料。

(3) 聚丙烯(PP):密度低,不受强酸、强碱和大多数有机溶剂的影响,耐热性高,可在沸水中蒸煮。但其透明性、耐寒性、热黏合性、印刷性均较差。多用作溶液剂药用塑料瓶原料。

（4）聚酯（PET）：通常指聚对苯二甲酸乙二醇酯。具有透明性好、强度高、耐热性和耐低温性好、化学稳定性优良、阻隔性好、添加剂用量少等优点。PET常用作兽药包装瓶、泡罩包装成型材料、条型包装用复合膜的外层单膜等。以PET为主要原料制成的药用塑料瓶常用来代替玻璃容器或金属容器，用于溶液剂、片剂、胶囊剂、中药饮片等制剂的包装。其最大缺点是不能经受高温蒸汽消毒。

兽药包装中，可使用的塑料原料还有聚酰胺（PA）、聚偏氯乙烯（PVDC）、聚氨酯（PUR）、聚苯乙烯（PS）、双向拉伸聚丙烯（BOPP）、流延聚丙烯（CPP）、乙烯/乙烯醇共聚物（EVOH）、乙烯/乙酸乙烯酯共聚物（E/VAC）、聚四氟乙烯（PTFE）、聚碳酸酯（PC）、聚氟乙烯（PVE）等，其用途大都是发挥这些塑料所具有的防潮、遮光、阻气、印刷性好等优点。部分材料制作的薄膜的特性见表13-2。

表13-2 薄膜的特性

种类	薄膜形态	黏合工艺	耐热性	耐寒性	透明度	光泽	挺力	光滑性	防止透过性			
									水蒸气	氧气	氮气	异味
LDPE	I	H.I	85～95 90以下	优	稍差	良	差～一般	一般	一般～良	稍差～一般	一般	差
MDPE	S.I	H.I	115～120 110以下	良	差	良	差～一般	一般	优	一般～良	一般～良	稍差
HDPE	I	H.I	115～120 110以下	良	差	一般～良	良	良	优	一般～良	一般～良	稍差
PVC	S.I	I	60～100 100以下	差～一般	良	优	软-差～一般	一般～良	稍差	一般	稍差	一般～良
PVDC	I	I	60～100 110以下	差～一般	一般～良	优	一般～差	稍差～一般	良～优	良～优	良～优	良
PP	S.I	H.I	96～105 115以下	稍差～一般	一般～良	良～优	良～优	一般～良	良～优	良～优	良	一般～良
聚酯	S	I	150 115以下	良	良～优	优	良	优	一般～良	良	良	优
聚碳酸酯	S.I	I	130～150 115以下	良	良～优	优	良	一般～良	稍差	一般～良	一般～良	良
尼龙	S.I	I	110～190 115以下	良	稍差～一般	良	优	一般～优	一般～优	差	良～优	一般～良
盐酸橡胶	成形	无	80～105 90以下	差～稍差	差～稍差	一般	良	良	良～优	优	一般	
玻璃纸			优	良	优	优	差	差	优	优	优	一般
铝箔			优	优	不透	良	良	优	优	优	优	优
PS			良	良	优	优	良	良	一般	差	差	良

说明：薄膜的形态：S，平膜；I，吹塑薄膜。黏合工艺：H，热合；I，脉冲热合。耐热性：上行，软化点（℃）；下行，蒸煮杀菌温度（℃）。

2. 塑料袋 软性塑料如聚烯烃类、增塑的 PVC 等常用来制备袋、软膏管、输液袋等。塑料袋具有柔软性与收缩性，不易破碎。在用作输液袋时，可防止未灭菌的空气进入成品中。但所有塑料都有透气、透湿、高温软化的弱点。塑料中的附加剂，如增塑剂、成形剂、稳定剂、填料、着色剂、抗静电剂、润滑剂、抗氧化剂及残留单体等，均可能迁移进入包装的制品中，影响制剂的品质。尤其是聚氯乙烯塑料，因残留单体氯乙烯和增塑剂邻苯二甲酸酯，燃烧时产生有害的氯和盐酸气体，不符合安全卫生的要求，应禁止使用。

3. 塑料瓶（盖） 塑料瓶（盖）是由主要原料 PE、PP、PET 聚合物加少量着色剂、润滑剂组成。钛白粉着色剂使塑料瓶呈乳白色，起到避光、防紫外线作用。塑料瓶色泽应均匀一致，不得有明显的色差；瓶表面应光洁、平整，不许有变形和明显的擦痕；不允许有砂眼、油污、气泡；瓶口应平整、光滑。

（三）橡胶包装材料

橡胶弹性好、耐灭菌、相容性良好。橡胶包材一般常用作医药产品包装的密封件，即药用瓶塞，如输液瓶塞、冻干剂瓶塞、血液试管胶塞、预装注射针筒活塞等。以丁基橡胶、卤化丁基橡胶、天然橡胶等使用最广泛。需注意的是，针头穿刺橡胶瓶塞时产生橡胶屑或异物，橡胶瓶塞可能含有害物质，渗漏进药品溶液中，产生沉淀、微粒超标、pH 改变、变色等。

1. 天然橡胶 物理性能和耐落屑性能优秀，但有高含量的硫化剂、防老剂，天然胶塞已被列入淘汰的行列。

2. 丁基橡胶 是异丁烯和少量异戊二烯共聚而成。耐老化、热、低温、化学、臭氧、水及蒸汽、油的性能优异，回弹性较强，用于生产特殊橡胶瓶塞。

3. 卤化丁基橡胶 系丁基橡胶的改性产品，保留了丁基橡胶的原有特性。卤化氯或溴的存在，提高了自黏性和互黏性以及硫化交联能力，使其在医药包装领域得到广泛应用。目前，药用胶塞都采用药用级可剥离型丁基橡胶或卤化丁基橡胶为原料制成。卤化丁基橡胶瓶塞分溴化丁基橡胶瓶塞和氯化丁基橡胶瓶塞。

（四）金属包装材料和容器

金属成型性能好、强度高、阻隔性优良，适合危险品的包装，但价格较高、耐腐蚀性能低。在制剂包装材料中锡、铝、铁与铅应用较多，制成刚性容器，如筒、桶、软管、金属箔等。为防止内外腐蚀或发生化学作用，器内外壁往往需要涂保护层。现以铝及其制品为例对金属包装材料做简要介绍。

铝质轻，具有延展性、可锻性，可制成铝制软膏管、片剂容器、螺旋盖帽、小药袋与铝箔等，在药剂包装中被广泛应用。铝盖基材为铝材，有纯铝、合金铝及铝塑组合盖等，并分为开花铝盖、易插型铝盖、拉环式铝盖、普通型铝塑组合盖、撕拉型铝盖、铝塑组合盖、扭断式防盗螺旋铝盖等。铝箔具有包装加工性良好、防潮性好、气体透过性小，近年来在兽药包装中应用越来越广，主要包装形式有泡罩包装、条形包装等。

（五）复合包装材料

1. 复合膜包材 复合膜是由各种塑料与纸、金属或其他材料通过层合挤出贴面、共挤塑等工艺技术将基材结合在一起而形成的多层结构的膜。复合膜具有较理想的拉伸强度、耐撕裂、冲击、磨损及穿刺；通过改变基材的种类和层合的数量能制造出具有高度防潮、隔氧、保香、避光的复合材料，保护性能强；易印刷、造型；包装加工适应性强，易热封、成型，满足大批量生产需求；使用方便，质轻、易携带、规格变化多、费用低等。复合膜改进了单层薄膜的缺点，基本上可以满足兽药包装所需的各种要求，是较理想的包装材料。

复合膜一般由基材、层合黏合剂、阻隔材料、热封材料、印刷与保护层涂料等组成。典型复合膜结构可表示为：表层/黏合层1/中间阻隔层/黏合层2/内层热封层（图13-1）。主要基材为聚酯（PET）、玻璃纸（PT）、聚丙烯（PP）、双向拉伸聚丙烯（BOPP）、聚酰胺、纸、铝箔等。复合膜中每一层膜可提供一种或多种功能，如机械强度、屏障性能、热封闭性、外观（包括颜色）、光泽、透明、不透光、半透明或不透明与可印刷性等。

2. 复合膜（袋）包装 目前，已有各类不同特性的复合膜出现，主要以纸、铝箔、玻璃纸、尼龙、聚酯、拉伸聚丙烯等非热塑性高熔点材料为外层，以未拉伸聚丙烯、聚乙烯、聚偏二氯乙烯、离子交联聚合物等热塑性材料为内层。复合膜已广泛应用于动物用药剂如粉剂、预混剂、颗粒剂、胶囊剂、片剂与液体制剂等的包装。

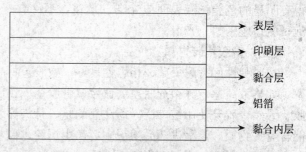

图 13-1 典型结构复合膜剖面示意图

复合膜包装的封闭方法有热封合、冷封合、胶黏剂封合等。热封合是指利用复合膜结构中的热塑性内层组分，加热时软化封口，移掉热源就固化。热封合牢固，被封合的材料没有变薄或减少。冷封合是指不用加热只要加压就能封合。

3. 铝塑泡罩包装 又称水泡眼包装，简称 PTP（press through packaging），是先将透明塑料硬片吸塑成型后，片剂、胶囊、丸剂或栓剂等固体制剂填充在凹槽内，再与涂有黏合剂的铝箔片加热黏合在一起，形成独立的密封包装。PTP包装，内容物清晰可见，且铝箔表面可以印上图案、商标、说明文字等。与瓶装相比，PTP包装阻隔性、防潮性好；轻巧便于携带，减少兽药流通过程中的污染；取药方便、安全性、生产效率、剂量准确性等优势明显；机械化程度高，已成为固体兽药包装的主流包装形式之一。

PTP包装的成泡基材多为药用聚氯乙烯（PVC）硬片，覆盖材料基本都是铝箔。全自动泡罩包装机包括泡罩的成型、药品填充、封合、外包装纸盒的成型、说明书的折叠与插入、泡罩板的入盒以及纸盒的闭合，全部过程一次完成，最大程度地提高了剂量准确性和生产效率。

4. 条形包装（strip packaging，SP） 是利用两层药用条形包装膜（SP膜）把药品夹于中间，单位药品之间隔开一定距离，在条形包装机上把药物周围的两层SP膜内侧热合密封，药物之间压上齿痕，形成一种单位包装形式（单片包装或成排组成小包装）。取用药物时，沿齿痕撕开SP膜即可。条形包装适用于包装剂量大、吸湿性强、对紫外线敏感的药物。主要用于片剂、胶囊剂、小量颗粒剂、粉剂、预混剂等的包装。条形包装机连续作业，特别适合大批量自动包装。

5. 输液软袋包装 近年来，聚烯烃多层共挤膜软袋（非PVC软袋）已广泛取代玻璃瓶用于输液包装。由于该软袋透水性、透气性及迁移性很低，软袋成型在100级洁净厂房中完成，无热原、无微粒、不需清洗，材料质量符合欧洲药典、日本药典及美国药典的标准，故适用于绝大多数药物的液体制剂包装。

第三节 不同兽药制剂产品的包装

(一) 药包材的选择原则

玻璃、塑料、橡胶、金属及复合材料是常用的药包材,瓶(安瓿、玻璃瓶、塑料瓶)、袋(塑料袋、复合膜袋)、片材(药用聚氯乙烯硬片)、塞(丁基橡胶输液瓶塞)、盖(口服液撕拉铝盖)及其组合物是常用的兽药包装容器。药包材的选择取决于药物的物理、化学性质,生产过程与流通的方便,制品需要的保护情况,以及应用与市场需要等的要求。药包材的选择原则包括以下几方面:

1. **协调性原则** 兽药包装应与该包装所承担的功能相协调,根据药物的性能、制剂的剂型来选择。

2. **适应性原则** 兽药包装材料的选用应与流通条件相适应。流通条件包括气候、运输方式、流通对象和流通周期等。药包材必须保证兽药制剂产品在贮存、使用过程中不受周围环境的影响,保持原有属性,确保在有效期内质量稳定。

3. **安全性原则** 药包材应与所包装药物间不能有相互迁移或化学、生物意义上的反应。

4. **美观经济性原则** 在确保兽药安全的基础上,药包材的选用要兼顾美观和经济。药包材的种类,材料的颜色、挺度、透明度不同,效果会大不一样。兽药包装是否美观和经济,甚至在一定程度上会左右一个兽药制剂产品的命运。但对价格较低的兽药制剂产品,更应注重实惠性,选用价格较低的包材。

兽药制剂产品常用的各类包装材料及容器见表13-3。

表13-3 各类兽药制剂常选用的包装材料及容器

常用制剂形式	常用药用包材或容器名称	备 注
注射剂≥50mL	玻璃输液瓶,塑料输液瓶,输液膜、袋,冻干注射剂瓶	塑料输液瓶材料有聚丙烯、低密度聚乙烯,输液膜材料有PVC、共挤膜袋等
50mL≤注射剂<50mL	药用丁基橡胶,药用铝盖,药用铝塑组合盖	材料有溴化丁基橡胶、氯化丁基橡胶
注射剂<50mL	模制、管制玻璃注射剂瓶,冻干注射剂瓶,预罐封注射器	
片剂、胶囊剂、丸剂	玻璃药瓶,口服固体药用塑料瓶	
片剂、胶囊剂	聚氯乙烯固体药用硬片,聚氯乙烯/聚乙烯/聚偏二氯乙烯固体药用复合硬片,双铝包装,药品包装用铝箔	
粉剂、预混剂、颗粒剂	药品包装用复合膜、袋	
粉剂、预混剂、颗粒剂、片剂	口服液体药用塑料瓶	
气雾剂、喷雾剂	气雾(喷雾)罐,气雾(喷雾)阀门	
滴眼液	药用滴眼剂瓶,药用滴眼液塑料瓶	
滴耳剂	药用滴耳剂塑料瓶	
溶液剂、酊剂、洗剂、擦剂	外用液体药用塑料瓶	
软膏、眼膏、散剂	药用软膏铝管,药用铝塑管	
原料药	药用铝瓶,药用包装用聚乙烯膜、袋	

(二) 液体制剂的包装

液体制剂体积大，稳定性较其他制剂差，其包装必须考虑包装材料的成分、药物的特性以及使用方式，选择适当的包装材料。液体制剂的主要包材是玻璃瓶。近年来，由于塑料瓶体轻，不易碎裂，使用聚丙烯瓶和聚乙烯瓶的越来越多。喷雾罐、塑料铝箔复合袋、输液软袋等也逐渐用于液体制剂的包装。

内服液体制剂的包装，多选用玻璃瓶或塑料瓶。琥珀色玻璃瓶包装，可避光；无水乙醇制剂，一般用塑料容器；因为塑料有一定的渗透性，导致碘的透损，碘酊不能使用；低密度聚乙烯瓶，必须注意薄壁透油的问题。

非内服液体制剂的包装，多采用玻璃瓶包装。在确保安全的前提下，滴眼剂、滴鼻剂、滴耳剂已开始使用塑料容器包装。

(三) 注射液的包装

分为大容量（$\geqslant 50\text{mL}$）和小容量（$< 50\text{mL}$）注射剂。小容量注射剂，大多采用安瓿。大容量注射剂（输液）包装，一般采用玻璃瓶。目前，已开发出多种塑料容器、聚氯乙烯输液袋、聚丙烯输液瓶或袋，逐步应用于注射液包装。

(四) 固体制剂的包装

粉剂、散剂、预混剂、冲剂、颗粒剂的包装，可选用的包材有纸、铝箔袋、薄膜袋、塑料瓶、玻璃瓶、金属罐、条形包装、复合膜袋以及复合包装等。该类制剂选择包材，注意防止药品吸湿潮解变质或结块，尤其是吸湿性强药物的粉、散剂、颗粒剂或冲剂，防潮是首先考虑的因素。聚乙烯塑料袋，因透气、透湿问题，应用受到了限制。复合膜袋包装以其良好的防潮性能和外观，得到了越来越广泛的使用。复合包装是先用薄膜或铝箔袋装，再装入塑料瓶、罐中，发挥各自包材的优点，并增加了药品的商品特征。采用自动包装机，提高了包装效率。

片剂、丸剂与胶囊剂的包装，传统上多使用玻璃瓶包装，现大多采用铝塑泡罩包装、双铝箔包装、冷冲压成型包装及用复合膜袋、薄膜袋、塑料瓶（聚乙烯、聚丙烯、聚酯）、金属罐包装等。为了提高瓶、罐包装的防潮性能，可根据需要加聚乙烯薄膜衬垫等。无论是硬胶囊或软胶囊，包装时均需考虑防机械冲击。

(五) 半固体制剂的包装

软膏剂的传统包装多采用铝罐、铝管、铁盒。近年来，复合软管包装日趋增多。

第四节 兽药包装及标签、说明书的相关法规

(一)《兽药管理条例》

《兽药管理条例》（2004年11月1日起施行）健全了兽药包装、标签和说明书制度。第二十条规定：兽药包装应当按照规定印有或者贴有标签，附具说明书，并在显著位置注明"兽用"字样。兽药的标签和说明书经国务院兽医行政管理部门批准并公布后，方可使用。

兽药的标签或者说明书，应当以中文注明兽药的通用名称、成分及其含量、规格、生产企业、产品批准文号（进口兽药注册号）、产品批号、生产日期、有效期、适应症或者功能主治、用法、用量、休药期、禁忌、不良反应、注意事项、运输贮存保管条件及其他应当说明的内容。

有商品名称的，还应当注明商品名称。

除前款规定的内容外，兽用处方药的标签或者说明书还应当印有国务院兽医行政管理部门规定的警示内容，其中兽用麻醉药品、精神药品、毒性药品和放射性药品还应当印有国务院兽医行政管理部门规定的特殊标志；兽用非处方药的标签或者说明书还应当印有国务院兽医行政管理部门规定的非处方药标志。

（二）《兽药标签和说明书管理办法》

标签是兽药包装的重要组成部分，而且每个单剂量包装上都应标贴标签，内包装中应当有单独的说明书。标签、说明书的目的是科学准确地介绍具体兽药品种的基本内容、商品特性。

《兽药标签和说明书管理办法》（2003年3月1号施行）对标签、说明书和包装标志做了明确的规定：规定内包装标签必须注明兽用标志、兽药名称、适应症（或功能与主治）、含量/包装规格、批准文号（或进口兽药许可证号）、生产日期、生产批号、有效期、生产企业信息等内容。安瓿、西林瓶等注射或内服产品由于包装尺寸的限制而无法注明上述全部内容的，可适当减少项目，但至少必须标明兽药名称、含量规格、生产批号。

外包装标签除必须注明内包装标签内容外，还应注明主要成分、用法与用量、停药期、贮存、包装数量等内容。

兽用原料药的标签必须注明兽药名称、包装规格、生产批号、生产日期、有效期、贮存、批准文号、运输注意事项或其他标记、生产企业信息等内容。对贮存有特殊要求的必须在标签的醒目位置标明。

兽用化学药品、抗生素产品的单方、复方及中西复方制剂的说明书必须注明以下内容：兽用标志、兽药名称、主要成分、性状、药理作用、适应症（或功能与主治）、用法与用量、不良反应、注意事项、停药期、废弃包装的处理措施、有效期、含量/包装规格、贮存、批准文号、生产企业信息等。

中兽药说明书必须注明以下内容：兽用标志、兽药名称、主要成分、性状、功能与主治、用法与用量、不良反应、注意事项、有效期、规格、贮存、批准文号、生产企业信息等。

兽用生物制品说明书必须注明以下内容：兽用标志、兽药名称、主要成分及含量（型、株及活疫苗的最低活菌数或病毒滴度）、性状、接种对象、用法与用量（冻干疫苗必须标明稀释方法）、注意事项（包括不良反应与急救措施）、有效期、规格（容量和头份）、包装、贮存、废弃包装处理措施、批准文号、生产企业信息等。

兽药标签和说明书的内容必须真实、准确，不得虚假和夸大。兽药标签和说明书内容对产品作用与用途项目的表述不得违反法定兽药标准的规定，并不得有扩大疗效和应用范围的内容；其用法与用量、停药期、有效期等项目内容必须与法定兽药标准一致，并使用符合兽药国家标准要求的规范性用语。根据需要，兽药标签上可使用条形码；已获批准的专利产品，可标注专利标记和专利号，并标明专利许可种类；注册商标应印制在标签和说明书的左上角或右上角；已获兽药GMP合格证的，必须按照兽药GMP标志使用有关规定正确地使用兽药GMP标志。兽药最小销售单元的包装必须印有或贴有符合外包装标签规定内容的标签并附有说明书。兽药外包装箱上必须印有或粘贴有外包装标签。

包装标志是帮助识别药品而设的特殊标志。对兽用麻醉药品，毒、剧、易燃及放射性药品等特殊管理的药品及外用药品、兽用非处方药品等，在其内包装、外包装和标签、说明书上必须印有符合规定的特殊而鲜明的标志，以防误用；对贮存有特殊要求的药品，必须在包装、标签的醒目位置和说明书中注明。在包装容器的特定部位或封口处贴有特殊的封口签或喷墨数码，配合商标以防掺伪和造假，保护品种。非处方药药品标签、使用说明书、内包装、外包装上必须印有非处方药专有标志。

思 考 题

1. 兽药包装的作用有哪些？
2. 简述玻璃瓶在兽药制剂产品包装中的应用。
3. 简述复合膜在兽药制剂产品包装中的应用。
4. 常用液体制剂的药包材有哪些？
5. 常用固体制剂的药包材有哪些？
6. 我国对兽药标签、说明书和包装标志有哪些规定？

第十四章

兽药制剂的配伍变化

第一节 概 述

一、兽药或其制剂配伍使用的目的

在处方设计、制剂生产、饲料添加药物预混剂的配制及临床治疗过程中,常将两种或两种以上的药物或其制剂合用或序贯(先后顺序)使用,称为兽药或兽药制剂的配伍使用。其目的是为了使用方便、提高疗效、减少不良反应,减少或延缓耐药性的产生等,如用磺胺对甲氧嘧啶和甲氧苄啶配伍制成抗菌作用增强,且可减少耐药菌株出现的复方磺胺对甲氧嘧啶注射液;预期某些药物间产生协同作用,以增强疗效,共同发挥病因、症状兼治的功效;利用药物间的拮抗作用以克服某些副作用;为了预防或治疗合并症而加用其他药物。

二、兽药制剂的配伍变化

(一)配伍变化的概念和研究目的

1. 概念 当多种兽药制剂配伍时发生的理化性质或药理效应变化,统称为兽药制剂的配伍变化,简称配伍变化。

2. 研究配伍变化的目的 近年来,药物相互作用主要偏重于讨论体内的相互影响,这当然是重要一方面。但在药剂的应用和生产工作中,经常遇到由于成分配伍不当而造成严重的制品质量事故。研究兽药制剂配伍变化的目的是:研究药物配伍使用及产生配伍变化的原因、原理与防止及克服配伍禁忌的方法,合理设计处方,提高药剂生产质量,以保证动物用药的安全、有效,防止生产质量事故、临床医疗事故的发生。

(二)配伍变化的分类

1. 根据产生配伍变化的原因分类 根据产生的原因,可将配伍变化分为 3 类。

(1) 物理性配伍变化:当多种药物配伍时发生物质形态改变,如溶解性能、物理状态、物理稳定性的变化。

(2) 化学性配伍变化:药物之间由于化学反应的发生,使药物产生不同程度的质变而减效或失效的,如产生沉淀或气体,发生变色、爆炸或燃烧等现象。

(3) 药理性配伍变化:当药物配伍时或使用后在体内过程的相互影响,包括药动学或药效学的相互作用,引起药物作用性质、强度、作用持续时间、作用性质或副作用及毒性等发生变化。

2. 根据配伍变化产生的后果分类 根据配伍变化的后果分为配伍合理和配伍不合理。

(1) 配伍合理:是指两种以上药物或制剂配伍,能出现预期治疗目的。如青霉素与卡那霉素配合使用可作用于不同结合点，使细菌细胞壁或细胞膜通透性发生改变而达到杀菌的协同作用。

(2) 配伍不合理：包括配伍禁忌和配伍困难。配伍禁忌（incompatibility）是指在一定条件下产生的不利于生产、应用和治疗，而又不能通过调剂操作克服的不合理配伍变化（如产生减效、失效、毒性增强、生成有害物质或影响制剂质量与稳定性等）。当药物配伍时发生的配伍变化不符合用药目的，但经过调剂过程的特殊操作或处理后，可以克服或避免的不合理配伍变化，则称为配伍困难。如制备复方樟脑酊时，处方中有56%乙醇，但樟脑不溶于56%乙醇中，故可先将樟脑溶于95%的乙醇中，再加水稀释至含乙醇56%，即得。

3. 将配伍变化的原因与后果结合分类　主要用于配伍不合理的分类，如物理性配伍禁忌、化学性配伍禁忌和药理性配伍禁忌，物理性配伍困难、化学性配伍困难等。

第二节　物理性和化学性配伍变化

物理性和化学性配伍变化亦可称为药剂学的相互作用。这种相互作用与药物的理化状态及剂型有关。

一、常见的物理性和化学性配伍变化的类别

（一）潮解、液化和结块

当外界条件（温度、湿度）变动时，某些固体药物的混合物会因理化性质及含量比例的关系，其原有的聚集状态有所改变，导致在制备、应用或贮存过程中发生潮解和液化，给制备带来困难，并影响产品质量。

粉（散）剂、颗粒剂、胶囊内容物等由于吸湿后又逐渐干燥引起结块，使这类剂型性状不符合质量要求，影响应用，有时可能导致药物分解失效。

（二）分层、浑浊和沉淀

液体制剂配伍应用时发生分层、浑浊和沉淀的原因可能有以下几方面：

1. 互不相溶产生沉淀　常见的是改变溶剂的性质时发生浑浊或液体呈现分层。如将酊剂与水性制剂混合时或制备过程中与水接触，因乙醇浓度降低可发生浑浊。

2. pH改变产生沉淀　由难溶性碱或难溶性酸制成的可溶性盐，它们的水溶性常因pH的改变而析出沉淀。如乳糖酸红霉素的水溶液与氯化钠或氯化钙溶液混合后产生混浊或沉淀，与碳酸氢钠注射液混合时则析出游离碱溶液沉淀；氯化钙溶液遇碳酸氢钠溶液时生成碳酸钙沉淀；磺胺类药物的注射液遇酸性药物（如维生素C注射液、硫酸黄连素注射液）时，会析出沉淀。

3. 水解产生沉淀　如硫酸锌溶液在中性或弱碱性溶液中易水解生成氢氧化锌的沉淀，所以硫酸锌滴眼液中常加入少量硼酸使溶液呈弱酸性，可防止硫酸锌水解。

4. 生物碱盐溶液的沉淀　生物碱盐溶液与鞣酸、碘化钾配伍能产生沉淀。

5. 复分解产生沉淀　无机药物间可由复分解产生沉淀。故在配制0.5%硝酸银滴眼液时，用硝酸钾或硝酸钠调整渗透压，而不能用氯化钠，因硝酸银遇含氯化物的水溶液时即产生沉淀。

(三) 变色现象

有些药物制剂配伍可能会引起氧化、还原、聚合、分解等反应，产生有色化合物或发生颜色上的变化。如碳酸氢钠粉末能使大黄末变为粉红色；氨基比林与安钠咖或安乃近混合经1周后会发生变色（但加入稳定剂后可以避免）；盐酸肾上腺素与盐酸普鲁卡因两种溶液混合时能产生变色反应。有些药物的变色现象在光照、高温及潮湿环境下反应加速。变色可导致药剂外观变化，甚至药效减低或失效。

(四) 产生气体

产生气体是药物发生化学反应的结果，是在有水分存在条件下，一种较强的酸（如盐酸、硫酸）和一种弱酸盐（如碳酸盐、碳酸氢盐、亚硝酸钠），或一种较强的碱（如氢氧化钠）和一种弱碱盐（如铵盐）相配合而发生的。如碱式硝酸铋与碳酸氢钠溶液配伍时，碱式硝酸铋水解产生的硝酸，与碳酸氢钠反应而产生二氧化碳。又如溴化铵与强碱性药物配伍可分解产生氨气。

(五) 发生燃烧或爆炸

大多是由强氧化剂与强还原剂配伍时发生的，如氯化钾与硫、高锰酸钾与甘油、高锰酸钾与药用炭等药物混合物研磨时，可能发生燃烧或爆炸。一般应避免配合，以免发生危险。

(六) 不易见性配伍变化

有些变化如分解破坏、效价下降等，均为不易见性的，特别是某些溶液剂型的配伍变化，虽然化学成分或分子结构已发生了变化，但外观不易观察到，而有被忽略的可能。如维生素 B_{12} 与维生素 C 混合制成溶液时，维生素 B_{12} 的效价显著降低；维生素 B_{12} 与维生素 B_1 或烟酰胺配伍，维生素 B_{12} 也易被破坏。化学性质不稳定的青霉素水溶液，与酸、碱、醇、氧化剂等接触易发生水解，使分子中的 β-内酰胺环破裂而失效。将强碱性的磺胺类注射液与青霉素混合使用，青霉素则先分解为青霉素酸，而后变为青霉酸而失去抗菌活性。所以无外观变化并不能说明无潜在的配伍变化，由此带来的危害更为严重，易影响药效甚至造成医疗事故，所以应引起注意。

二、影响物理性和化学性配伍变化的主要因素

兽药制剂发生的物理性和化学性配伍变化受各种内在和外界的因素影响。

(一) 药物性质及其质量的影响

1. **溶解性** 成分不能溶解及由于产生沉淀而引起的配伍变化，就是由于药物成分及生成物的溶解度改变所决定的。

2. **稳定性** 部分药物其本身稳定性就差，当与其他药物配伍时，改变环境的条件如 pH 等更易发生变化。如烟酰胺与维生素 C 即使是干燥粉末混合时亦会产生橙红色。

3. **反应性** 指药物具有的特殊反应。如 0.5% 盐酸普鲁卡因同 5% 葡萄糖配制成注射剂，放置后普鲁卡因的含量降低。

4. **纯度** 有些药物制剂在配制时所发生的异常现象，是因为其原料所含有的杂质所引起的。如氯化钠原料中含有微量的钙盐，当与 2.5% 枸橼酸钠注射液配合时往往产生枸橼酸钙的悬浮微粒而混浊。中草药注射液中未除尽的高分子杂质也能在长久贮存过程中或与输液配伍时出现混浊或沉淀。

（二）配伍兽药制剂间的影响

不同液体兽药制剂配伍时，会因 pH、溶剂组成的改变，出现结晶、沉淀、产气、变色或加速分解等变化；配伍时的配合比例、配合顺序不当，也会产生沉淀；溶液剂或注射剂中常加的各种附加剂也会对兽药制剂配伍后的稳定性产生影响。

三、物理性和化学性配伍变化的处理原则和方法

（一）处理原则

处理配伍变化的一般原则是首先了解用药意图，发挥制剂应有疗效，保证用药安全。在明确用药意图和病畜具体情况后，再结合药物的物理、化学和药理等性质分析可能产生的不利因素和作用，对制剂成分的剂量、用量、使用方法等做全面审查，确定克服不利因素的方法，使兽药制剂能更好地发挥疗效，并方便病畜使用。

（二）不合理配伍变化的处理方法

不合理配伍变化涉及合理用药的问题。在用药时必须做到药物选择正确，剂量恰当，给药途径适宜，合并用药合理等。而对于不合理的物理性或化学性配伍变化，一般可在上述原则下按照以下几种方法处理。

1. **改变包装和贮存条件** 制剂在使用过程中，由于贮存条件（如温度、空气、光线、水、二氧化碳等）的影响会加速沉淀、变色或分解，故应在密闭及避光的条件下贮存，如见光易分解的安乃近、复方氨基比林、磺胺类、维生素 B_2、四环素类、两性霉素 B 等制剂。

2. **改变混合顺序** 改变混合顺序往往可以克服一些不应产生的配伍禁忌。在很多溶液的调配过程中，混合顺序对产品的质量影响较大。例如，配制任氏液时，将配方中的碳酸氢钠与氯化钙分别溶解，然后混入药剂中，可避免产生沉淀而制得均匀溶液。

3. **改变溶剂或使用附加剂** 改变溶剂是指改变溶剂容量或改变成混合溶剂。此法常用于防止或延缓溶液剂析出沉淀或分层。药物如因超过溶解度而析出沉淀时，增加溶剂量并相应增加制品用量或添加溶剂可有效克服。可使用的附加剂包括助溶剂、增溶剂、乳化剂、抗氧剂。如配制碘酊时用碘化钾作为抗碘氧化剂和碘助溶剂，盐酸氯丙嗪注射液中加入维生素 C 和亚硫酸氢钠作为抗氧剂。粉剂则可添加吸湿剂、抗黏结剂等。

4. **调整 pH** pH 的改变能影响很多微溶性药物溶液的稳定性。通过适当调整 pH，是防止解离度较小的药物产生沉淀的重要手段，同时 pH 的改变亦可使一些药物的氧化（如维生素 C）、水解或降解的作用加速或缓解。

5. **改变成分** 在不影响药效的前提下，可改换其有关成分（包括主药和赋形剂）。如用干燥品代替含结晶水的成分以防止潮解、液化。若注射液间产生配伍变化，通常不可配伍使用，可分别注射或换用其他给药途径的剂型。当内服发生配伍禁忌时，可分开服用、先后混饮或改用其他剂型（如注射剂等）。

6. **改变剂型** 有的药物配伍制成液体制剂时能发生沉淀，但改为固体制剂则无变化。而有的配伍变化，无法避免时，可将某种成分分别包装。矿物元素（铁、锌、锰等）能加速预混剂中多种维生素的破坏，若将矿物元素和多种维生素分别制成颗粒剂后，再混入预混剂便可减少相互

的影响，或将维生素制成微囊剂后使用。

第三节 药理性配伍变化

药理性配伍变化不仅发生在药物与药物之间，而且也会发生在药物与代谢产物、内源性物质及饲料等之间，实际上是药物之间在动物机体内的相互作用，习惯上称为药物的相互作用。这些相互作用表现为一种药物改变其他药物的理化性质、体内过程和组织对药物的敏感性，从而改变药物的药理或毒性效应。

药物相互作用对临床的影响有正负两方面。有些药物相互作用利于临床，可使疗效增加或降低毒性，如磺胺类药物和甲氧苄啶合用制成复方制剂治疗细菌感染，效果优于单用。但有些药物相互作用不利于临床，使疗效降低，出现副作用或毒性增强，甚至带来严重的危及生命的后果。如钙制剂与洋地黄毒苷合用易使心肌中毒，华法林与保泰松合用可能发生出血。

一、药物动力学方面的相互作用

指联合用药时药物在体内的吸收、分布、代谢和排泄过程中，均可能发生药动学的相互作用。

（一）吸收过程中的相互作用

主要发生在内服药物时在胃肠道的相互作用。具体表现为以下几方面：

1. 物理化学的相互作用 如 pH 的改变，影响药物的溶解度和解离度而影响药物吸收，如阿司匹林与抗酸剂（如碳酸钠、氧化镁）合用时，抗酸剂提高了胃肠道的 pH，增加阿司匹林的溶解度而提高其吸收。又如碳酸钠能显著地降低四环素的吸收，因为四环素在 pH5 左右溶解度小，当与碳酸钠配伍时胃液 pH 升高，使四环素溶解度下降及溶解度速度变慢，从而使四环素吸收率下降。发生络合反应，如含二价或三价金属离子的化合物与四环素类抗生素合用，将在胃肠道中发生相互作用形成难溶性的络合物，使抗生素在胃肠道中的吸收减小。

2. 胃肠道的运动功能改变 如拟胆碱药可加速排空和肠蠕动，使药物迅速排出，吸收不完全。而抗胆碱药可减缓排空和肠蠕动，使药物在胃肠道内停留时间延长，增加吸收量。

3. 吸附作用 如活性炭、白陶土等有较强的吸附作用，在胃肠道中可吸附抗生素、维生素及生物碱类物质，影响药物的吸收和疗效。

（二）分布过程中的相互作用

一方面，影响血流量的药物可影响药物的分布，如心得安可使心输出量明显减少，使高首过效应药物的肝清除率减少。另一方面与血浆蛋白的竞争结合也可影响药物的分布，如前述抗凝血药双香豆素与保泰松合用时，竞争结合血浆蛋白，可能导致出血。同时，阿司匹林、氨基比林、保泰松、羟基保泰松均能置换与血浆蛋白结合的青霉素，使血中青霉素浓度增加。

（三）代谢过程中的相互作用

药物代谢过程中的相互作用主要表现为酶的抑制和诱导。酶的抑制可使其自身或其他药物的作用增强或毒性增加，如糖皮质激素能抑制药酶，使药物代谢减慢，药效增强。而酶的诱导作用可加速药物本身或其他药物的代谢，降低药效，如苯巴比妥。

（四）排泄过程中的相互作用

当药物或其活性代谢产物的排泄受到影响时，则会影响药物或其活性代谢产物在体内的滞留时间，即影响药效持续时间的长短。如与血浆蛋白的竞争结合、影响尿液 pH、主动分泌中的竞争性抑制等均可影响到药物在肾脏的排泄。

二、药效学方面的相互作用

药效学方面的相互作用有 3 种情况：协同作用（synergism），即两药合用的效应大于单药效应的代数和，如磺胺类药物与抗菌增效剂甲氧苄啶合用，其抗菌作用大大超过各药单用时的总和。相加作用（additive effect），指两药合用的效应等于它们分别作用的代数和，如三溴合剂的总药效等于溴化钠、溴化钾、溴化钙三药相加的总和。拮抗作用（antagonism），指两药合用的效应小于它们分别作用的代数和，如盐酸普鲁卡因与磺胺类药物合用，普鲁卡因在动物体内水解后能释放出对氨基苯甲酸，可降低磺胺药的药效。

第四节　固体制剂的配伍变化

固体制剂中的粉（散）剂、片剂、预混剂等比起溶液剂虽较稳定，但在贮存过程中药物成分之间、药物与辅料之间也会出现各种配伍变化，直接或间接影响到制剂的稳定性。

一、固体制剂配伍变化的种类及产生原因

常见固体制剂的配伍变化包括潮解、液化、硬结、变色、产生气体、燃烧或爆炸、稳定性下降、形成络合物、作用相互拮抗等现象。固体制剂中药物配伍变化特别是化学变化比在液体制剂中慢。在空气干燥的情况下反应可能变得更慢些。

1. **潮解与液化**　制造固体制剂时为了有利于成型，大多数成分保持固态，但有时两种或两种以上的固体药物配伍时，在制造或贮存过程中发生润湿和液化，给制造上带来困难和影响产品质量。造成润湿与液化的原因主要以下 4 方面：

（1）药物间反应生成水分：固体的酸性与碱性物质间反应能形成水。如制造泡腾固体制剂时常用碳酸氢钠和有机酸（如枸橼酸），两者混合时在稍高湿度下会较快产生中和反应放出水分，使混合物润湿。

（2）含结晶水药物与其他药物发生作用：含结晶水多的盐与其他药物发生反应后形成含结晶水少的盐而放出结晶水。如醋酸铅与明矾混合则放出结晶水。

（3）混合物的临界相对湿度下降而吸湿：固体药物的吸湿性与温度及空气相对湿度有关。一些水溶性药物在室温下其临界相对湿度高时则会出现润湿甚至液化。两种以上的引湿性药物混合后，混合物的吸湿性增强，当其临界相对湿度低于空气中相对湿度时，则会出现潮解甚至液化。

（4）形成低共熔混合物：一些醇类、酚类、酮类、酯类药物如薄荷脑、樟脑、香、草酚、苯

酚、水合氯醛等，在一定温度下可形成低共熔混合物，其能否液化或润湿除与混合物中的药物本身熔点等性质有关外，还与混合物的质量比有关。药物的粒径越细产生润湿或液化的速度越快，研磨也能加快润湿。

2. **结块** 粉（散）剂、预混剂、颗粒剂由于药物吸湿而后又逐渐干燥会引起结块。结块会使这类剂型的质量变坏，有时会同导致药物分解失效。

3. **变色** 主要由于药物间发生化学变化或受光、空气影响而引起，变色可影响药效，甚至完全失效。如含酚基化合物与铁盐间相互作用使混合物颜色有变化。有些药物容易氧化变色，而与另一药物配伍时则反应加速，如水杨酸盐与碱性药物配伍。有些药物在光线照射，高温及高湿下反应更快。

易引起变色的药物有碱类、亚硝酸盐类和高铁盐类，如碱类药物可使芦荟产生绿色或红色荧光，可使大黄变成深红色；碘及其制剂与鞣酸配合会发生脱色，与淀粉类药物配合则呈蓝色；高铁盐可使鞣酸变成蓝色。

4. **产生气体** 产生气体也是药物发生化学反应的结果。如碳酸盐、碳酸氢盐与酸类药物，铵盐及乌洛托品与碱类药物混合时也可能产生气体。中药散剂配伍小苏打时，因中药粉含有水分，放置过程中常会产气。

5. **燃烧或爆炸** 多由强氧化剂与强还原剂配伍所引起。常用的强氧化剂有高锰酸钾、过氧化氢、漂白粉、氯化钾、浓硫酸、浓硝酸等。常用的还原剂有各种有机物、活性炭、硫化物、碘化物、磷、甘油、蔗糖等。

6. **稳定性下降** 复合预混剂生产中常使用的维生素制剂，如维生素 A、维生素 D、维生素 K_3、维生素 C、叶酸、类胡萝卜素等，遇光、热时，吸湿和与铁、铜、锌、锰等矿物元素混合都会加速其破坏。因此，要避免维生素与矿物质共存，特别要避免与吸湿性强的氯化胆碱共存。另外，维生素 B_1、维生素 B_2、维生素 B_6、维生素 B_{12} 等与还原剂（如硫酸亚铁）混合也易分解失效。

7. **形成络合物** 饲料药物预混粉剂中的钙、铁、镁离子可与土霉素、四环素及氟喹诺酮类（诺氟沙星、恩诺沙星、环丙沙星）形成络合物，妨碍其吸收，使药效降低。

8. **作用相互拮抗** 制备预混粉（散）剂时，有些抗菌药或抗寄生虫药之间可能会产生相互拮抗作用，如喹乙醇、杆菌肽锌、北里霉素、维吉尼霉素各药之间有配伍禁忌，不能同时配伍。氨丙啉与维生素 B_1 二者之间可产生拮抗作用。

二、避免固体制剂发生配伍变化的方法

1. **原料的干燥** 对含水量高的原料必须进行干燥，除去游离水及部分结晶水。如日本大部分使用干燥硫酸盐微量元素添加剂。

2. **加入吸湿剂** 将氯化镁、碳酸镁、硅酸铝等粉末与药物混合，可延缓药物的吸湿。

3. **包被处理** 进行包被处理可建立"隔水屏障"，可采用的方法包括：以矿物油包被、以石蜡包被、制成多糖复合物、以硬脂酸盐包被、制成络合物等。

4. **制成低水溶性化合物** 例如将青霉素作成青霉素普鲁卡因盐，抗坏血酸作成抗坏血酸钙

类，则其吸湿性降低。

5. 使用防湿包装 常用的塑料包装是聚氯乙烯、聚苯乙烯、聚乙烯、聚丙烯等一类高分子聚合物材料，因其价廉，比纸质包装防湿性好且轻便而常被采用。但由于塑料仍可以透过空气与水分，所以不是理想的防湿包装材料。防湿包装，以玻璃及机械铝箔封口包装为佳。

6. 分开调剂 调剂中要防止共熔对药剂质量的影响，可采用分开研磨或粉碎来避免。例如制备复方阿司匹林片时，原料（每1 000片用量）为：阿司匹林（226.8g）、非那西丁（162.0g）、咖啡因（34.4g），若将3种原料混合，其熔点下降，发生共熔现象，可分别制粒，然后压片。若只能在混合后用湿法制粒，则干燥时用的温度不得超过40℃，否则即熔化成块，造成压片困难。又如硫酸亚铁、硫酸铜、硫酸锌、硫酸锰、氯化钴等，都是含结晶水的化合物，不但在制剂中易吸湿或潮解，相互混合起来研磨或粉碎，而且还可发生共熔而湿润的现象。若采用分开研磨或粉碎，或加入吸湿剂（如加适量碳酸钙同时粉碎）便可克服。

7. 避免同时使用有拮抗作用的药物 如制备预混粉剂时，需避免同时使用有拮抗作用的药物。表14-1中同一栏内两种或两种以上品种不能同时使用。

表14-1 部分抗菌、抗寄生虫药物配伍禁忌表

第一类	盐酸氨丙啉，盐酸氨丙啉+乙氧酰胺苯甲脂，盐酸氨内啉+乙氧酰胺苯甲脂+磺胺喹恶啉，硝酸二甲硫胺，氯羟吡啶，尼卡巴嗪，尼卡巴嗪+乙氧酰胺苯甲脂，氢溴酸常山酮，盐酸氯苯胍，盐霉素钠，莫能菌素钠，拉沙洛西钠，甲基盐霉素钠，甲基盐霉素钠+尼卡巴嗪，马杜霉素铵，二硝托胺，海南霉素钠
第二类	越霉素A、潮霉素B
第三类	杆菌肽锌，恩拉霉素，北里霉素，吉它霉素，黄霉素，磷酸泰乐菌素，金霉素，土霉素，杆菌肽锌+硫酸黏杆菌素，喹乙醇
第四类	硫酸黏杆菌素，金霉素，土霉素，杆菌肽锌+硫酸黏杆菌素，喹乙醇

第五节 溶液剂和注射剂的配伍变化

在家畜及宠物疾病的治疗过程中，为了获得更好的疗效或便于使用药物，常将数种注射液配合在一个处方中注射使用，在家禽饮水用药时，也常将数种可混饮制剂（如溶液、可溶性粉、可溶性颗粒等）在水中混合使用，兽药制剂配伍联用的机会越来越多，品种也越来越广，情况极为复杂。多种注射剂或溶液剂配伍使用时，既要保持多种药物的有效和稳定，又要防止配伍禁忌的发生。

一、溶液剂和注射剂配伍变化的种类

各种液体剂型的药物配伍变化问题虽然各有些差别，但大致相同。可混饮固体制剂混合于水中供动物饮用时，其配伍变化与溶液剂相似，只是溶液中的药物浓度较低，但药物之间的作用时间较长。本节主要介绍溶液剂和注射剂的配伍变化。

溶液剂和注射剂的配伍变化一般可分为可见性配伍变化和不可见性配伍变化。前者指混合后可出现混浊、沉淀、产气、结晶、变色等肉眼可以观察到的配伍变化。后者虽无以上可见性的变化，但仍可有药物分解、药效降低、毒副作用增加等情况发生。两者间也无明显的界限可以区

别，如注射剂间配伍时，由于溶液浓度过稀，配合量相差悬殊，观察方法不当，观察时间过短等因素的影响，则可见性配伍变化往往被掩盖，而变成不可见配伍变化。

二、影响溶液剂和注射剂配伍变化的主要因素

影响注射剂或溶液剂配伍变化的因素很多，主要包括以下几个方面：

（一）制剂间配伍的影响

1. **溶剂组成改变**　使用不同性质溶剂的几种制剂配伍时，常会出现结晶或沉淀。溶液剂或注射剂有时为了有利于药物溶解、稳定而采用非水性溶媒如乙醇、丙二醇、甘油等。当这些含非水性溶媒的注射剂或溶液剂与以水为溶剂的其他注射剂或溶液剂配伍时，由于溶剂组成的改变而析出结晶或沉淀。如氢化可的松注射液（溶剂为50%灭菌稀乙醇溶液）与止血芳酸注射液（溶剂为水）于同一容器混合时，因溶媒改变将产生混浊或沉淀。

2. **pH的改变**　pH改变可使药物析出结晶、沉淀，变色、产气或加速分解等变化。溶液剂或注射液pH是一个重要因素，在不适当的pH下，有些药物会产生沉淀或加速分解。如5%硫喷妥钠10mL加于5%葡萄糖500mL中则产生沉淀。输液本身pH是直接影响混合后pH的因素之一。而各种输液有不同的pH范围，而且所规定的pH范围较大。例如，葡萄糖注射液的pH为3.2~5.5，如pH为3.2则与酸不稳定的抗生素配伍时会引起分解失效的百分数较大。如青霉素G在混合后pH为4.5的溶液中，4h内损失10%，而在pH3.6时，1h即损失10%，4h损失40%。

3. **离子作用**　有些离子能加速某些药物的水解反应。如乳酸根离子能加速氨苄青霉素的水解。若氨苄青霉素在含乳酸的复方氯化钠注射液中4h后可损失20%，而在同样pH的等渗复方氯化钠注射中24h内没有变化。乳酸根还能加速青霉素G的分解，pH为6.4时青霉素G的分解速度与乳酸根离子浓度在一定范围内成正比，且其作用比枸橼酸根离子强。

4. **盐析作用**　凡属于胶体溶液型的注射剂，如两性霉素、血浆蛋白和右旋糖酐注射剂若与含有强电解质的注射剂，如含有氯化钠、氯化钾、乳酸钠和葡萄糖酸钙等注射剂混合时，由于盐析作用，中和了胶粒中的双电层，使胶体凝集而析出沉淀。

5. **化学反应**　某些药物可直接与输液中一种成分反应。如四环素与含钙盐的输液在中性或碱性下，由于形成络合物而产生沉淀。但此络合物在酸性下有一定的溶解度，故在一般情况下与复方氯化钠配伍时不至于出现沉淀。除Ca^{2+}外，四环素还能与Fe^{2+}形成红色、Al^{3+}形成黄色、Mg^{2+}形成绿色的络合物。有的是两种注射剂中的药物配伍后发生化学反应而导致外观或药效的改变。如碳酸氢钠、硫酸镁注射液与复方氯化钠、氯化钙等注射液混合时，常易产生难溶性的碳酸钙、硫酸钙而出现沉淀。又如氨基糖苷类与羧苄西林钠两药混合静脉滴注时，可因氨基糖苷类的氨基与羧苄西林的β-内酰胺环之间发生化学性相互作用而灭活。

（二）影响注射剂或溶液剂配伍变化的其他因素

1. **配合量**　配合量的多少影响到浓度，药物在一定浓度下才出现沉淀。大多数药物在溶液中降解属一级反应速率过程，浓度愈高反应速度愈快。

2. **反应时间**　许多药物在溶液中的反应有时很慢，在几小时后才出现沉淀等反应变化。如

磺胺嘧啶钠注射液和5%葡萄糖注射液等量混合后，在2h左右才出现沉淀。所以在短时间内用完是可以的。如需输入的量较大时，可分为几次输入，每次重新配合。

3. **温度** 反应速度受温度影响很大，一般每升高10℃反应速度增快2~3倍。通常输液过程中温度波动不大，但需注意注射液混合后注射（输入）前这段时间要短，如将粉末或冻干的安瓿剂制成贮备溶液时，此浓溶液应贮存于冷暗处，以防止因温度过高或时间过长而变质。

4. **氧与二氧化碳** 有些易氧化药物制成注射液必须在安瓿内充填惰性气体如N_2、CO_2等，以防止药物被氧化。当与受CO_2影响的药物如苯妥英钠、硫喷妥钠等注射液配伍时，因吸收空气中的CO_2使溶液的pH下降，故亦能析出沉淀的可能。

5. **混合的顺序** 溶液剂或注射剂配伍时混合的先后次序不同，对配伍变化的影响也不同。如氢化可的松注射液与注射用青霉素钠和0.9%氯化钠注射液混合合用时，由于氢化可的松注射液是以稀乙醇作溶剂，若按顺序配伍，则可使青霉素因醇解而失效；若先用0.9%氯化钠注射液稀释氢化可的松，再与青霉素注射剂混合，则可避免青霉素醇解而失效。又如1g氨茶碱与300mg烟酸配合，先将氨茶碱用输液稀释至1 000mL，再缓慢加入烟酸，可得到澄清的溶液；若先将两种药液混合，再加入输液中，则会析出沉淀。

6. **附加剂** 溶液剂或注射剂中常常加有各种附加剂（如抗氧化、缓冲剂、增溶剂、助溶剂等），它们之间或它们与药物之间往往会发生反应而出现配伍变化。油性溶液或混悬液剂型由于油水不相混溶，所以通常不宜与水性溶液配伍使用。

三、避免溶液剂和注射剂发生配伍变化的方法

为了防止溶液剂或注射剂配伍变化的发生，除对药物性质、已报道的配伍资料、影响药物稳定性的因素有深入了解外，一般可采取以下方法加以克服：

（1）凡混合后要析出结晶、沉淀、产气和变色者，应分别注射或先后混饮。

（2）根据药物性质选择适宜的载体溶剂。

（3）在多种溶液剂或注射剂的配伍过程中，混合时一次只加一种药物制剂，充分混匀后，检查有无可见的配伍禁忌，若无可见变化，再加入另一种药物制剂，重复相同的检查和操作。

（4）两种浓度不同的注射药物在同一输液中配伍时，应先加浓度较高者，后加浓度较低者，以降低发生反应的速度。

（5）有色的注射剂应最后加入输液中，以防有细小沉淀时不易被发现。

（6）注射用药物配制结束后应尽快使用，以缩短药物间的反应时间。如果配伍禁忌情况不清，也可将注射药物配伍后仔细观察15min，确认无变化后再输入。

第六节 配伍变化的研究方法

目前，虽然有药物配伍变化的报道及各种配伍变化表，但注射或混饮药物的配伍问题仍很突出。随着新兽药被不断引入兽医临床，有必要对新兽药的配伍变化进行研究，以指导药物调剂与

临床应用。

判断药物或制剂是否产生配伍变化，首先应根据药物的理化性质、药理作用，制剂的配方、工艺、附加剂，剂量、浓度、临床用药对象，以及产生配伍变化的各种因素、规律等方面知识加以综合判断。然后通过研究方法，包括理化的、药理的、毒理的、药效的、药动的、微生物的以及紫外光谱、薄层层析、气相层析等手段进行实验和分析而得到结果。

通过药物制剂的配伍实验需解决以下几个方面的问题：①是否发生外观上的变化及其变化产物；②稳定性如何，有无新物质生成及潜在变化；③对机体的毒性、药理学效应及药动学参数有无影响；④分析产生原因及其影响因素；⑤寻找解决配伍困难的方法。

（一）物理化学实验法

对于溶液剂，可将处方药物成分直接混合配伍后，于室温下（或特定温度下）放置一定时间（临床注射或输液剂可为 10min、30min、2h、6h、24h），然后用肉眼或取出少量药液置显微镜下，或用紫外分光光度计扫描，或用气相色谱仪观察有无变色、沉淀或新物质产生，也可用薄层色谱法点样、展开后，与对照物所得色谱图做对比。对于可混饮制剂，可将处方药物成分溶解于 2 倍、4 倍于混饮水量的水中，于室温下放置一定时间（12h、24h），同上进行观察。

（二）药动学和药效学实验方法

对于兽药制剂是否产生体内的药物相互作用，常需进行药动学或药效学的实验，即用药效学分析或测定药动学参数以明示药物的配伍变化。例如，用 500mg 四环素、500mg 土霉素、300mg 甲烯土霉素或 200mg 盐酸多西环素与 200mg 硫酸亚铁同时服用后，测定这些抗生素的最高血药浓度。结果，四环素及土霉素下降 50%，甲烯土霉素及盐酸多西环素下降超过 80%，说明四环素族抗生素在胃肠道中与 Fe^{2+}（以及 Ca^{2+}、Mg^{2+}、Al^{3+}）等金属离子形成的络合物能影响抗生素的吸收利用。如 Ca^{2+} 可提高洋地黄毒甙对离体蛙心的毒性，使心跳停于收缩期（药理性配伍禁忌）。

（三）稳定性实验方法

有些注射药物的水溶液往往不稳定，在输液中遇到的较多，这是因为输液的时间较长，而且注射药物加入输液后的 pH 并非是最合适的，同时往往含有催化作用的离子等，可使一些药物的含量或效价降低。如果在规定的时间内（如 6h、24h）药物含量或效价的降低不超过 10%者，一般认为是允许的。此法可得知药物配伍后的反应速度常数，了解各种因素（溶媒、pH、温度、离子强度、添加物等）与药物在调剂和贮存期中稳定性的关系。一般包括化学测定法和微生物检定法。

1. 化学测定法　最常用的方法是将配伍注射药物与输液剂混合后，测定刚配好时及在 2h、4h、6h、8h、10h、12h 等时间点的 pH 及含量，以了解主药的降解情况。

2. 微生物检定法　测定输液中的抗生素的效价常采用微生物法，以了解抗生素在输液中的降解反应。

（四）测定变化点的 pH

许多溶液剂、注射液的配伍变化是由于 pH 的改变引起，所以可用药液变化点的 pH 作为预报药液配伍的参考。方法是取 10mL 药液，先测定其 pH，主药是有机酸盐的用 0.1mol/L 盐酸（pH 为 1），主药是有机碱的则用 0.1mol/L 氢氧化钠（pH 为 13），缓缓滴入药液中，直至出现混浊或变化为止,再测定其混合液的 pH 并计算所消耗酸液或碱液的量,所得 pH 即为变化点的 pH。一般认为,酸或碱的用量达到 10mL 也没有出现变化,则认为酸或碱对该溶液剂或注射液无反应。pH 移动范围大,或用酸或碱量大的一般不易产生可见的配伍变化;pH 移动范围小,或用酸或碱量甚小就能产生变化的药液,则易产生可见的配伍变化。如配伍后药液的 pH 落入变化区的 pH,则可能出现配伍变化。

思 考 题

1. 什么是合理的配伍变化和不合理的配伍变化?什么是配伍禁忌和配伍困难?
2. 了解兽药制剂配伍变化的目的是什么?
3. 根据产生的原因,可将配伍变化分为哪几类?
4. 常见的物理性和化学性配伍变化有哪些?影响物理性和化学性配伍变化有哪些因素?
5. 影响注射药物配伍变化的因素有哪些?
6. 简述不合理配伍变化的处理原则和方法。

第十五章

兽药新制剂的研发和注册

第一节 概　述

兽药新制剂的设计是新兽药研究和开发的起点，是影响药物的安全性、有效性、质量可控性、稳定性以及兽药残留的重要环节。兽药新制剂的设计应根据药物本身的理化性质及兽医临床不同动物用药的要求等方面综合考虑，其目的是确定合适的给药途径和剂型，选择合适的辅料、制备工艺，筛选制剂的最佳处方和工艺条件，确定包装，最终形成适合于生产和临床应用的制剂产品。

（一）兽药新制剂设计的内容

药物新制剂的设计贯穿于制剂研发的整个过程，其内容主要包括以下几方面：

1. **处方设计前工作**　包括通过实验研究或从文献中得到所需要的资料，如药物的理化性质、药理学、药动学特点。

2. **选择合适的剂型**　根据药物的理化性质和治疗需要，结合各项临床前研究工作，确定给药的最佳途径，并综合各方面因素，选择合适的剂型。

3. **处方和制备工艺优化**　根据所确定的剂型特点，选择适合于该剂型的辅料或添加剂，通过各种测定方法考察制剂的各项指标，采用实验设计优化法对处方和制备工艺进行优选。

（二）兽药新制剂设计的基本原则

兽药新制剂设计要从原料来源、市场需求和临床需要 3 个方面来进行考虑，其基本原则主要是安全性、有效性、合理性、质量可控性、稳定性和经济性等几个方面。

1. **安全性**（safety）　药物新制剂的设计应能提高药物的安全性，降低刺激性或毒副作用。药物的毒副反应主要来源于药物本身，也与制剂的设计有关。如硫酸新霉素在氨基糖苷类抗生素中肾脏毒性最大，一般禁用于注射给药，其制剂只能设计为内服的片剂、可溶性粉、溶液剂或乳头、子宫灌注剂。一般来讲，吸收迅速的药物，在体内的药理作用强，同时产生的毒副作用也大。对于治疗指数低的药物，宜设计成缓控释制剂，以减小峰谷波动，维持较稳定的血药浓度水平，降低毒副作用。对机体本身具有较强刺激性的，可通过调整制剂处方和设计合适的剂型降低刺激性。

2. **有效性**（effectiveness）　有效性是药品的前提，尽管化学原料药物被认为是药品中发挥疗效的最主要因素，但其作用往往受到剂型因素的限制。生理活性很高的药物，如果制剂设计不当，有可能在体内无效。药物的有效性不仅跟给药途径有关，也与剂型及剂量等有关。如吉他霉素制成猪用的预混剂，由于吉他霉素属于碱性抗生素，内服容易受到胃酸的破坏，所以在实际生产中应先将吉他霉素用 β-环糊精进行包合，再制备成预混剂，才能保证抗菌促生长的效果。同一给药途径，如果选用不同剂型，其作用亦会有很大的不同。如鸡用的片剂，普通片剂和泡腾片剂药效就有一定的差异。

药物制剂的设计应增强药物治疗的有效性，至少不能减弱药物的效果。增强药物的治疗作用可从药物本身特点或治疗目的出发，采用制剂的手段克服其弱点，充分发挥其作用。如对于在水中难溶的药物制备内服制剂时，可采用处方中加入增/助溶剂或微乳剂等方法增加其溶解度和溶解速度，促进吸收，提高其生物利用度。

3. **可控性**（controllability） 药物制剂的质量是决定药品有效性和安全性的基本要求之一。因此制剂设计必须做到质量可控，这也是药物制剂在审批过程中的基本要求之一。可控性主要体现在制剂质量的可预知性和重现性。按已建立的工艺技术制备的合格制剂，应完全符合质量标准的要求。重现性指的是质量的稳定性，即不同批次生产的制剂均应达到质量标准的要求，不应有大的变异。质量可控要求在制剂设计时应选择较成熟的剂型、给药途径和制备工艺，以确保制剂质量符合标准的规定。

4. **稳定性**（stability） 药物新制剂的设计应使药物具有足够的稳定性。稳定性也是有效性和安全性的保证。药物制剂的稳定性包括物理、化学和生物学稳定性。在处方设计的开始就要把稳定性纳入考虑范围，在组方时不可选用有处方配伍禁忌或在制备过程中对药物稳定性有影响的工艺。在新制剂的制备工艺研究过程中要进行为期 10d 的影响因素考察，即在高温、高湿和强光照射条件下考察处方及制备工艺对药物稳定性的影响，用以筛选更为稳定的处方与制备工艺。另外，还要考察制剂在贮藏和使用期间的稳定性。药物的不稳定性可能导致药物含量降低，产生有毒副作用的物质，液体制剂产生沉淀、分层等，固体制剂发生形变、破裂等现象。出现上述问题时，可采用调整处方，优化制备工艺，或改变包装等方法来解决。

5. **合理性**（rationality） 应根据施药对象来设计合理的剂型。如对驱虫药来说，牛、羊用应设计为瘤胃缓释剂，猪用应设计为注射剂、颗粒剂或预混剂，禽用多设计为散剂、可溶性粉或内服溶液，鱼用多设计为浮性药物颗粒等。

6. **经济性**（economics） 兽药制剂的价格必须符合经济效益的要求。目前，许多新剂型如脂质体、微乳、微球等由于药用辅料多为高分子材料价格较高，尚不能在兽医药剂学上得到广泛的应用。

第二节　兽药新制剂研发前的准备工作

兽药新制剂处方前的准备工作包括通过试验研究或从文献资料中获得所需科学情报资料（如药物的物理化学性质等）和稳定性试验。这些可作为研究人员在处方设计和生产开发中选择最佳剂型、工艺和质量控制的依据，使药物不但能保持物理化学和生物学的稳定性，而且使药物制剂用于兽医临床时，能获得较高的生物利用度和最佳药效。处方前工作关系到药物制剂的安全性、有效性、稳定性和可控性。

（一）熟悉药物的理化性质

熟悉药物的理化性质是兽药制剂设计的关键。药物的这些理化性质主要包括药物的物理性状、pK_a、溶解度、溶出速度、熔点、沸点、多晶型、分配系数、表面特性以及吸湿性等。

1. **溶解度和 pK_a**　无论何种性质的药物，也无论通过何种途径给药，都必须具有一定的溶解度，药物必须处于溶解状态才能被吸收；所以进行处方前工作开始时，必须首先熟悉溶解度。

如果一个药物的溶解度不清楚，那么必须事先进行测定。溶解度的测定一般测定平衡溶解度和 pH-溶解度曲线，可将过量药物置于欲测定的溶剂内测定平衡溶解度，一般可比较一下在水、0.9% NaCl、0.1mol/L 盐酸和 pH 为 7.4 的缓冲液中的溶解度。在一定温度下测定出达到平衡后的药物浓度即为其溶解度。通常需 60~72h 才能达到平衡。测定中要注意同离子效应对溶解度的影响。测定药物的 pH-溶解度曲线时，可加过量药物（如酸，HA）于溶剂中溶解，测定低 pH 时 HA 的溶解度和高 pH 时 A^- 的溶解度。注意，对某一定 pH，溶液的溶解度 $S=S_{HA}+S_{A^-}$，其最后一项可通过 Handerson-Hasselbach 公式求得。对非解离型物质，可加入非极性溶剂改善其溶解度。在处方前工作中，常采用半经验性方法。此类溶解度绝大多数随非极性溶剂的增加而改变。溶解度与介电常数有关，如图 15-1 的曲线 A 是简单的增加函数形式。有时溶解度曲线有最大值，如图 15-1 的曲线 B 所示。任何情况下都可用介电常数选择溶剂系统，调节溶解度。一旦曲线建立后，可从已知的介电常数关系中求得溶剂系统中水和有机溶剂的最佳比例。

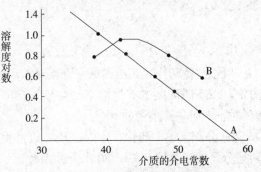

图 15-1 两种化合物的溶解度与介电常数的关系

同样，解离常数对药物的溶解性和吸收性也很重要，因为大多数药物是有机的弱酸和弱碱，在不同的 pH 介质中的溶解度不同。通常用 Handerson-Hasselbach 公式来说明药物的解离状态，pK_a 和 pH 的关系如下：

对弱碱性药物：$pH=pK_a+\log\dfrac{[B]}{[BH^+]}$

对弱酸性药物：$pH=pK_a+\log\dfrac{[A^-]}{[HA]}$

在实际工作中，如果已熟悉一个药物的解离常数，可以由药物的 pK_a 与吸收部位的 pH 的差值可以估算解离药物的百分比（表 15-1）；如果不了解药物的解离常数，可以采用滴定法进行测定。如测定某酸的 pK_a，可用碱滴定，将结果以被中和的酸的分数（X）对 pH 作图，同时还需滴定水，得到两条曲线，每一点时两者的差值也得一曲线，为校正曲线（图 15-2）。pK_a 即为 50% 的酸被中和时的 pH。

表 15-1 (pK_a-pH) 与药物解离（%）关系

pK_a	弱有机酸解离（%）	弱有机碱解离（%）
−3	99.9	0.10
−2	99.01	0.99
−1	90.91	9.01
0	50	50
1	9.09	90.91
2	0.99	99.01
3	0.10	99.9

水的曲线表示滴定水所需的碱量，酸的曲线为一般的滴定曲线，差值为校正曲线，即在水平线时（纵坐标相同时），酸的曲线和水的曲线之间的差值，如图中 b 点等于 c 减去 a 值。

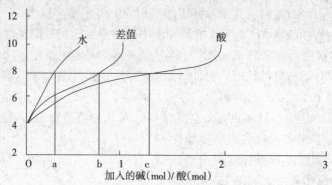

图 15-2 典型的滴定曲线

对于胺类药物，其游离碱常常很难溶，pK_a 的测定可在含有机容积（如乙醇）的溶剂中进行测定，以不同浓度的有机溶剂（如 5%、10%、15%、20%）进行，将结果外推至有机溶剂为 0% 时，即可估算出水的 pK_a。

2. 分配系数 药物在体内运转要通过生物膜。生物膜相当于类脂屏障，这种屏障作用与被转运分子的亲脂性有关。油/水分配系数（例如辛醇/水、氯仿/水）是分子亲脂特性的度量。

分配系数（partition coefficient，P）代表药物分配在油相和水相中的比例。

$$分配系数 = \frac{在油相中药物的质量浓度}{在水相中药物的质量浓度}$$

分配系数的测定可有许多用处，如测定药物在水和混合溶剂中的溶解度，预测同系列药物的体内吸收，有助于药物从样品中特别是生物样品（血、尿）中的提取。

测定分配系数最容易的方法是：使用一定体积的有机溶剂（V_2）提取一定体积的药物饱和水溶液（V_1），测得平衡时 V_2 的浓度为 C_2，水相中的剩余药量 $M = C_1V_1 - C_2V_2$，则分配系数可用下式求得：

$$P = \frac{C_2 V_2}{M}$$

如果药物在两相中都是以单体存在，则分配系数变成药物在两相中的溶解度之比，只要测定两个溶剂中药物的溶解度即可求得分配系数。

测定油/水分配系数时，有很多有机溶剂可用，其中 n-辛醇用得最多。其主要原因是由于辛醇的极性和溶解性能比其他惰性溶剂好，因此药物分配进入辛醇比分配进入惰性溶剂（如烃类）容易，则容易测得结果。注意测定方法或溶剂不同，P 差别很大。

3. 熔点和多晶型 药物常存在有一种以上的晶型，称为多晶型（polymorphism），是药物的重要物理性质之一。多晶型物的化学成分相同，晶型结构不同，某些物理性质，如密度、熔点、溶解度、溶出速度等不同。如一个化合物具有多晶型，其中只有一种晶型是稳定的，其他的晶型都不太稳定，为亚稳型或不稳定型，它们最终都会转变成稳定型，这种转变可能需要几分钟到几年的时间。亚稳型实际上是药物存在的一种高能状态，通常熔点低，溶解度大，因此药物的晶型往往可以决定其吸收速度和临床药效。其制剂学的意义在于转变到稳定型的快慢及转变后的物理性质。因此,处方前工作要研究药物是否存在多晶型,有多少种晶型,稳定性如何,能否存在无定型,每一种晶型的溶解度如何等。

研究多晶型药物常用的方法有:溶出速度法、X射线衍射法、红外分析法、差示扫描量热法和差示热分析法、热台显微镜法。如果一个药物的某一种晶型物显示出所需的药学与生理学特征,进一步的开发工作应集中在这一种晶型上。如果对药物的多晶型研究不得当,在制剂工作中可能引起的问题有:结晶析出、晶型转变、稳定性差、生物利用度低等。

4. 吸湿性　能从周围环境空气中吸收水分的药物称具有吸湿性(hygroscopicity)。一般来说,吸湿程度多取决于周围空气的相对湿度(relative humidity,RH)。空气的RH越大,露置于空气中的物料越易吸湿。但药物的水溶性不同,有不同的吸湿规律,水溶性药物在大于其临界相对湿度的环境中吸湿量突然增加,而水不溶性药物随空气中RH的增加缓缓吸湿,有关内容详见本书第二章。

绝大多数药物在RH为30%～45%(室温)时与空气相平衡的水分含量很低,在此条件下贮存的物质较稳定,因此药物最好置于RH为50%以下的条件。此外,采用合适的包装也可在一定程度上防止水分的影响。

测定吸湿性时可将药物置于已知相对湿度的环境中(贮于具有饱和盐溶液的干燥器中)进行吸湿性实验,以一定的时间间隔称重,测定吸水量(增重)。

5. 粉体学性质　药物的粉体学性质(如粒子形状、大小、粒度分布、粉体密度、附着性、流动性、润湿性和吸湿性等)对兽药新制剂的处方设计、制剂工艺和制剂产品产生很大影响。如流动性、含量、均匀度、稳定性、颜色、味道、溶出速度和吸收速度等都受药物粉体学性质的影响。用于固体制剂的辅料如填充剂、崩解剂、润滑剂等的粉体性质也可改变或改善主药的粉体性质,以提高药物制剂的质量,如果选择不当,也可能影响药物的质量。粉体的性质详见本书第二章。

6. 药物的生物利用度和体内动力学参数　药物制剂的剂型因素可大大影响药物的吸收,从而影响药物的生物利用度和药效。有些药物即使是同一药物、同一剂量、同一种剂型,药效也不一定完全一样。在兽药新剂型、新制剂的设计过程中,都必须进行生物利用度和体内动力学的研究,以保证用药的安全性和有效性。作为处方前工作,主要涉及药物本身的体内动力学性质和参数的测定,以便以后针对药物本身体内分布、消除特性,结合其物理化学性质,设计合适的给药途径和剂型。药物动力学参数可参考相关文献。

(二)稳定性研究

1. 药物的稳定性与剂型设计　处方设计前工作的一个重要内容是对新兽药的理化稳定性及其影响因素进行测定。热、光、氧气、水分、pH及辅料等对药物的稳定性都可能产生重大影响。任何一个兽药制剂产品,在其有效期和所要求的贮藏条件下,药物含量或效价都应符合质量标准要求。药物稳定性研究对处方设计、剂型选择、工艺确定和包装设计有重要的指导作用。

稳定性的常用测定方法有高效液相色谱法(HPLC)、薄层色谱法(TLC)、热分析法及漫反射光谱法。HPLC和TLC法能定量地测定分解产物、杂质和降解产物上的官能团。热分析法主要探测熔融吸热的变化,对研究多晶型物、溶剂化物及药物与辅料的相互作用有重要意义。漫反射分光光度法在一定程度上可用于检测药物与辅料的相互作用。

药物的稳定性实验是研究热、氧气、水分及光线对药物稳定性的影响，同时也可用来确定合适的保管和贮存药物的技术和方法。稳定性的实验方法详见第十一章。

药物不同的晶型和不同的溶剂化的稳定性不同。对具有多晶型药物的稳定性研究还涉及晶型转变的速度。对于液体药物制剂，可采用加速实验法进行动力学研究。光敏性药物可放置在强光下以测定光敏感性。口服液、注射剂等液体制剂可从实验数据估算出最适 pH，决定是否需要抗氧剂或需要避光保存。

2. 固体制剂的配伍研究 通常将少量药物和辅料混合，放入小瓶中，胶塞封蜡密闭（可阻止水汽进入），贮存于室温以及 55℃（硬脂酸、磷酸二氢钙一般用 40℃），然后于一定时间检查其物理性质，如结块、液化、变色、臭味等，同时用差示热分析法（DSC）、差示量热扫描法（DTA）、TLC 或 HPLC 进行分析。除了以上样品外，还需要对药物和辅料在相同条件下单独进行对比实验。因为刚开始进行处方前工作时，有时候药物还不纯，进行 TLC 分析时，可能出现杂质斑点，遇到这种情况，在选择与药物配伍的辅料时，通常以在相同条件贮存后（一般 55℃，2 周）没有新的斑点出现或斑点的强度不变为标准。磷酸二氢钙常应用于直接压片，因为它在温度较高时（超过 70℃）会自动转化成无水物，其配伍实验的温度一般不超过 40℃。

热分析方法可比较药物与辅料的混合物、药物、辅料的热分析曲线，通过熔点、峰形和峰面积、峰位移等变化，可了解药物与辅料间的相互作用。

3. 液体制剂的配伍研究

(1) pH-反应速度图：对液体进行配伍研究最重要的是建立 pH-反应速度关系图，以便在配制注射液或内服液体制剂时，选择其最稳定的 pH 和缓冲液。

大多数药物的降解是水解和氧化反应，水解反应一般为伪一级反应，即浓度对时间的半对数图为直线。从斜率可求得一级速度常数 K。但大多数反应受缓冲液、H^+、OH^- 的催化作用的影响，详见本书第十一章。

对药物溶液和悬浊液，应研究其在酸性、碱性、高氧、高氮环境以及加入螯合剂和稳定剂时，不同温度条件下的稳定性。

(2) 液体制剂：对注射剂的配伍，一般是将药物置于含有附加剂的溶液中进行研究，通常是含重金属（同时含有或不含螯合剂）或抗氧剂（在含氧或氮的环境中）的条件下研究，目的是了解药物和附加剂对氧化、暴光和接触重金属时的稳定性，为注射剂处方的初步设计提供依据。对内服液体制剂，常研究药物与乙醇、甘油、糖浆、防腐剂和缓冲液的配伍。通过这类研究可测得溶液中主药降解反应的活化能。

第三节 兽药新制剂设计的基本要素

(一) 配方（处方）

处方是兽药新制剂研究的基础，也是整个制剂研究的核心。处方研究应该包括主药确定、主药量的确定和辅料筛选 3 个方面。

1. 主药的确定 处方中的主药是决定药物制剂发挥药理作用的关键因素。化学药物的制剂生产处方分为单方（是一个主药）和复方（两个或以上主药）。主药的确定，首先应根据现代药理学研究和现代病理学研究的成果,再结合兽医临床用药目的,合理选择药物。如设计一个内服治疗仔猪白痢的处方,一方面要考虑临床大肠杆菌的耐药情况,另一方面考虑白痢对仔猪的病理危害,这时候考虑对症和对因相结合,所以可以选择硫酸新霉素和氢溴酸山莨菪碱做为主药。注意,如果主药是一个以上的药物,必须检查药物与药物之间有无物理性、化学性以及药理性配伍禁忌,一般情况下坚决杜绝处方中有配伍禁忌的存在。但在某些特殊情况下,也可将有拮抗作用的药物配伍使用,以突出主药的主要作用而矫正其副作用,如苯甲酸钠咖啡因与溴化物制成合剂,能很好地调整机体兴奋与抑制的平衡。

中兽药制剂处方的设计,组方必须符合中兽医辨证论治的特点;如果处方来源于古方、验方,要结合现代中药药理学研究的成果对其处方组成进行方解和现代药理分析,有必要时还应当进行拆方研究,减去可不用的药物。

2. 剂量的确定 在处方主药确定以后,最重要的问题是确定药物的剂量。理想的剂量要求符合临床药效最好,不良反应最小;处方中的药物剂量是药性和药效的基础,如果少于这个剂量,一般就不能产生治疗效果;如果剂量加大到一定程度时就可能出现中毒。对于选择兽药典中已经载明的毒药和剧药,其剂量一定要遵循规定,并从严掌握。处方中药物剂量的确定除了参考现代药理学研究的成果外还要考虑到动物种属、年龄、性别和机体的状态等有关因素。

3. 辅料的筛选 辅料是制剂的重要组成部分。一般而言,治病是靠制剂中所含药物而起作用,辅料与疗效无直接关系,但辅料却对制剂的生产、质量、使用以及显效快慢、作用强弱起着至关重要的作用。因此,在制剂处方设计中必须使用一定量的恰当的辅料,药物方可制成一定的形式、规格,才能达到合格的质量要求,具备特定的疗效。

设计不同的剂型所需要的辅料不同。在处方设计中要根据主药的理化性质和剂型要求,反复进行多次的试验筛选才可能将制剂中所需要的辅料品种和用量确定下来。

(二)给药途径和剂型的确定

1. 临床用药目的与给药途径和剂型的确定 兽药新制剂的设计目的是为了满足防治动物疾病的需要;兽医临床用药涉及的动物和疾病种类繁多,不同的动物和疾病要求的给药途径不一样,有的要求全身用药,而有的要求局部用药,避免全身吸收;有的要求快速吸收,而有的要求缓慢吸收。因此,针对动物种类特点疾病的不同,要求有不同的给药途径和相应的剂型和制剂。不同的给药部位的生理及解剖特点不同,给药后在体内的转运过程有很大差异。适宜的剂型和制剂,对发挥药效、减少药物的毒副作用以及降低药物残留具有重要意义。

(1)内服给药:内服给药是在兽医临床常用给药途径之一,特别适合群体动物给药。其中粉(散)剂、可溶性粉、可溶性颗粒、预混剂是最为广泛的内服剂型。内服给药虽然方便、安全,但易受胃肠生理因素的影响,临床疗效常有较大的波动。内服剂型设计时一般要求:①在动物胃肠道内吸收良好,良好的崩解、分散、溶出性能以及吸收是发挥疗效的重要保证;②避免对胃肠道的刺激作用;③具有良好的适口性;④适于群体给药。

(2)注射给药:注射给药的特点是起效快,可迅速地通过体循环将药物运送至全身各处,发挥药理作用。尤其适用于急救或快速给药的情况或无法采用其他方式给药的情况。另外注射给药后,药物瞬间到达体内,产生的血药浓度高,有可能超过其治疗窗,造成毒副反应。

设计注射剂型时,根据药物的性质与临床要求可选用溶液剂、混悬剂、乳剂等,并要求无菌、无热源、刺激性小等。需减少注射次数的给药时，可采用缓释注射剂。对于在溶液中不稳定的药物，可考虑制成冻干制剂或无菌粉末，临用时溶解。

（3）其他给药途径：皮肤、黏膜或腔道部位给药也是兽医临床给药的有用途径。皮肤给药的透皮（浇注）制剂可以节约人力，还可以避免有些药物吸收后受肝"首关效应"的影响。应用于黏膜或腔道部位给药的剂型在兽医临床有直肠灌注剂、阴道灌注剂、子宫灌注剂和乳房注入剂，这些制剂既可以是以发挥局部治疗作用为目的的剂型，也可以是以发挥全身治疗作用为目的的剂型。

2. 药物的理化性质与给药途径和剂型的确定 药物的理化性质是药物制剂设计中的基本要素之一。全面地把握药物的理化性质，找出该药物在制剂研发中重点解决的难点，有目的地选择适宜的剂型、辅料、制剂技术或工艺。药物的某些理化性质在某种程度上限制了其给药途径和剂型的选择。因此在进行药物的制剂设计时，应充分考虑理化性质的影响，其中最重要的是溶解度和稳定性。

（1）溶解度：溶解度是药物的最基本性质之一。对于易溶于水的药物，可以制成各种固体或液体剂型，适合于各种给药途径。对于难溶性药物，其溶出是吸收的限速过程，常常是影响生物利用度的最主要因素。对难溶性药物如果要制成液体制剂，可以在处方中加入增溶剂，或者通过微粉化制剂技术来提高内服给药的生物利用度。

（2）稳定性：药物由于受到外界因素如空气、光、热、氧化、金属离子等的作用，常常发生分解，使药物疗效降低，甚至产生未知的毒性物质。因此进行剂型设计时，必须将稳定性作为考察的主要内容之一。如遇稳定性较差的药物，可以选择比较稳定的剂型，如固体剂型或隔离层、薄膜衣片、包衣颗粒可减少与外界的接触，减少分解。

（三）工艺流程

工艺是将药物加工成制剂的各种手段，任何一个制剂的制备都有其特定的工艺，所以工艺是制剂生产的重要因素。一旦剂型确定以后，工艺流程自然就定下来了。但是，在制剂放大到工业化大生产时，还需要对工艺进行细化。

不同的剂型有不同的工艺流程，但都包括前处理、药物配制、半成品质量检查、分装、包装等几个环节。前处理环节包括主药的前处理、辅料的前处理两个方面；主药的前处理是按工艺要求对处方中的主药进行加工处理，特别是散剂、可溶性粉、丸剂、片剂、软膏剂、糊剂、膏剂等固体和半固体制剂的原料药，在制剂成形前都需要根据剂型设计要求和目的对其进行前处理，包括干燥、粉碎、过筛、混合等环节。如果原料药是中药，其前处理过程还会包括有效成分浸提、精制、浓缩与干燥等环节。

辅料前处理是根据剂型设计要求和目的对其进行制剂成形前的处理，例如片剂中淀粉的煮浆；油溶性注射液油的前处理；散剂中填充辅料的粉碎等。辅料的前处理对制剂的质量、稳定性以及药物药效的发挥都会产生很大的影响。下面以固体制剂举例来说明制剂的工艺流程：

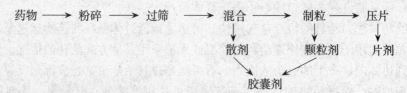

(四) 制剂的评价

根据兽药新制剂的设计原则,一个成功的制剂应能保证药物的安全、有效、稳定、质量可控,且成本低廉,适于大批量生产。在制剂的制造过程中,必须对制剂的质量进行评价,以确保应用于临床后尽可能发挥疗效,降低毒性。

1. 毒理学评价　兽药新制剂的毒理学评价应根据农业部《兽药注册管理法规》所要求的内容进行毒理学研究,包括急性毒理学试验、蓄积毒性试验、遗传毒理学试验、亚慢性毒性试验等,有时还要进行慢性毒性试验(包括致癌试验)。第三类、第四类和第五类兽药新制剂,如果可检索到原料药的毒理学资料,可免做部分试验。但对于局部用药的制剂、注射制剂必须进行刺激性试验。对于静脉注射用制剂,除进行刺激性试验外,还要进行溶血试验及热原检查。

对于申请用于食品动物的所有兽药新制剂,应当根据临床试验确定的有效使用剂量进行在靶动物体内的残留评价。残留试验主要是研究药物在组织中的代谢规律,确定残留标示物和残留检测靶组织,明确药物在靶组织中的残留消除,确定临床用药休药期。

2. 药效学评价　根据新制剂的适应证进行相应的药效学评价,以证明该制剂有效。临床前研究要求在靶动物体内进行。

3. 药物动力学与生物利用度评价　药物动力学与生物利用度研究是药物制剂评价的一个重要方面。对属于兽药第一、第二、第三、第四类的新制剂应进行靶动物的药代动力学试验。对内服制剂可仅进行血药生物等效性试验;而对难以进行血药生物等效性试验的口服制剂可进行临床生物等效性试验;对于速释、缓释、控释制剂应当进行与普通制剂单次和多次给药的比较。

第四节　兽药新制剂处方的优化设计

通过适当的预实验先选择一定的辅料和制备工艺后,再采用优化技术对处方和工艺进行优化设计,以达到制剂处方和工艺的最佳化。优化过程包括:①选择可靠的优化设计方案以适应线性模型拟合;②建立效应与因素之间的数学关系式,并通过统计学检验确保模型的可信度;③优选最佳工艺条件。

兽药新制剂的优化方法主要有单纯形优化法和拉氏优化法。

(一) 单纯形优化法

单纯形优化法(simplex method)是一种多因素动态调优的方法,方法易懂,计算简便,不需要建立数学模型,并且不受因素个数的限制。其基本原理是:若有 n 个需要优化设计的因素,单纯形则由 $n+1$ 维空间多面体所构成,空间多面体的各顶点就是试验点。比较各实验点的结果,去掉最坏的试验点,取其对称点作为新的试验点,该点称为"反射点"。新试验点与剩下的几个实验点又构成新的单纯形,新单纯形向最佳目标点更靠近。如此不断地向最优方向调整,最后找出最佳目标点。若单纯形中 j 点为最坏点,反射点的计算方法为:

$$反射点 = \frac{2}{n}\sum_{j=1(i\neq j)}^{n+1}(单纯形各点) - 最坏点$$

如果单纯形中最好点和最坏点的指标值分别为 $R(B)$ 和 $R(W)$,当

$$\left|\frac{R(B) - R(W)}{R(B)}\right| < E$$ 时,单纯形就停止推进,此时单纯形中的最好点就是所要寻找的最

佳条件，E 为约定的收敛系数。

在单纯形推进过程中，有时出现新试验点的结果最坏的情况。如果取其反射点，就又回到以前的单纯形，这样就出现单纯形的来回"摆动"，无法继续推进的现象。在这种情况下，应去掉单纯形的次坏点，使单纯形继续推进。

在上述基本单纯形法的基础上进一步改进，即根据实验结果，调整反射的距离，用"反射"、"扩大"、"收缩"的方法，加速优化过程，同时又满足一定的精度要求。

改进单纯形新试验点的计算方法为：

$$新试验点 = \frac{1+G}{n}\sum_{i=1(i\neq j)}^{n+1}（单纯形各点）- G（最坏点 j）$$

式中，G 为单纯形推进系数；j 为单纯形中的最坏点；n 为优化的因素数。

若反射点的结果优于先前单纯形中各点的数值，则取 $G=2$ 进行"扩大"，若"扩大"点的结果并不优于最好点，但优于其他各点，则认为"扩大"失败，取反射点组成新的单纯形。如果反射点的结果优于最坏点，但不如其余各点，取 $G=0.5$ 进行"收缩"。

（二）拉氏优化法

拉氏优化法（Lagrangian）是一种数学技术。对于有限制的优化问题，其函数关系必须在服从对自变量的约束条件下进行优化。此法是把约束不等式转化为等式，下列数学例子说明其优化方法：

寻找 $y=x_1^2+x_2^2$ 的 x_1、x_2 值，使 y 值最小，同时符合 $x_1+x_2 \geqslant 4$，首先必须引入松弛变量 q（必须是非负数）转化成约束等式：$x_1+x_2-q^2=4$，然后可建立拉氏函数式 F，F 等于目标函数式（$y=x_1^2+x_2^2$）加上拉氏系数 λ 和约束等式的乘积，即

$$F = x_1^2 + x_2^2 + \lambda（x_1^2+x_2^2-q^2-4）$$

对上式取一阶偏导数，并设置为零，求得 $x_1=2$，$x_2=2$，$q=0$，$\lambda=-4$，则 $y=8$。

此法具有以下特点：①直接确定为最佳值，不需要搜索不可行的试验点；②只产生可行的可控变量值；③能有效地处理等式和不等式表示的限制条件；④可处理线形和非线形关系。

（三）试验设计

1. 析因设计 析因设计（factorial design）又称析因试验，是一种多因素的交叉分组试验，它不仅可以检验每个因素各水平间的差异，更主要的是检验各因素之间有无交互作用的一种有效手段。如果两个或多个因素之间有交互作用，表示这些因素不是各自独立发挥作用，而是互相影响，即一个因素的水平改变时，另一个或几个因素的效应也相应有所改变。反之，如果无交互作用，表示各因素有独立性，即一个因素水平的改变并不影响其他因素的效应。通过研究各因素的所有组合下的试验结果（效应），可判断哪个因素对结果的影响最大，以及哪些因素之间有交互作用。

2. 正交设计 正交设计（orthogonal design）是一种用正交表安排多因素多水平的试验，并用普通的统计分析方法分析试验结果，推断各因素的最佳水平（最优方案）的科学方法。用正交表安排多因素多水平的试验，因素间搭配均匀，不仅能把每个因素的作用分清，找出最优水平搭配，而且还可考虑到因素的联合作用，并可大大减少试验次数。

3. 均匀设计 均匀设计（uniform design）也是一种多因素试验设计方法，它具有比正交试

验设计法试验次数更少的优点。进行均匀设计必须采用均匀设计表和均匀设计使用表。每个均匀设计表都配有一个使用表,指出不同因素数应选择哪几列以保证试验点分布均匀。例如 2 因素 11 水平的试验应选用 U^{11}（11^{10}）表,表中共有 10 列,根据 U^{11}（11^{10}）的使用表,应取 1,7 两列安排试验。若有 4 因素应取 1,2,5,7 列进行试验。其试验结果采用多元回归分析、逐步回归分析法得多元回归方程,通过求出多元回归方程的极值即可求得多因素的优化条件。目前已有均匀设计计算机程序,进行试验设计和计算更快捷和方便。

除上述试验设计方法外,星点设计（centrai composite design, CCD）也可用于处方的优化设计。

第五节　兽药新制剂的注册和申报

我国农业部于 1989 年 9 月 2 日曾发布《新兽药及兽药新制剂管理办法》,为我国的动物药品的研发和畜牧业发展起到了重要作用。随着动物保健品行业的发展,特别是 GMP 制度的推行,新的《兽药管理条例》于 2004 年 11 月 1 日施行。《兽药注册办法》于 2005 年 1 月 1 日施行,该办法的目的是保证动物药品的安全、有效和质量可控,规范兽药注册行为,适用于在中华人民共和国境内从事兽药研制和临床研究,申请兽药临床研究、兽药生产或者进口,以及进行相关的兽药注册检验、监督管理。

(一) 注册申请

兽药注册是指依照《兽药注册办法》中的法定程序,对拟上市销售的动物药品的安全性、有效性、质量可控性等进行系统评价,并做出是否同意进行兽药临床研究、生产兽药或者进口兽药而决定的审批过程。兽药注册申请包括新兽药注册申请、已有国家标准兽药的注册申请、进口兽药注册申请和兽药变更注册申请。

新兽药申请是指未曾在中国境内上市销售兽药的注册申请。已上市兽药改变剂型、改变给药途径的,按照新兽药管理。已有国家标准兽药的申请是指在国内已经生产由农业部颁布标准的兽药注册申请。进口兽药申请是指在境外生产的兽药在中国上市销售的注册申请。兽药变更注册申请是指已经注册的兽药改变原批准事项的注册申请。

农业部兽药审评委员会负责新兽药和进口兽药注册资料的评审工作。中国兽医药品监察所和农业部指定的其他兽药检验机构承担兽药注册的复核检验工作。新兽药注册申请人在完成临床试验后向农业部提出,并按《兽药注册办法》报送有关资料。

(二) 新兽药注册分类

1. 化学药品注册分类　兽用化学药品在《兽药注册办法》中共分为 5 类新兽药。

第一类是指未在国内外上市销售的原料及其制剂,包括通过合成或者半合成的方法制得的原料药及其制剂,天然物质中提取或者通过发酵提取的新的有效单体及其制剂,用拆分或者合成等方法制得的已知药物中的光学异构体及其制剂,由已上市销售的多组分药物制备为较少组分的药物和新的复方制剂。

第二类是指改变给药途径且尚未在国内外上市销售的制剂。

第三类是指改变国内外已上市销售的原料及其制剂,包括改变药物的酸根、碱基（或者金属元素），但不改变其药理作用的原料药及其制剂、改变药物的成盐、成酯和人用药转为兽药。

第四类是指国内外未上市销售的制剂，包括以西药为主的中、西兽药复方制剂和单方制剂。

第五类是指国外已上市销售但在国内未上市销售的制剂，主要是包括以西药为主的中、西兽药复方制剂和单方制剂。

2. 中兽药、天然药物注册分类　中兽药、天然药物在《兽药注册办法》中共分 4 类。

第一类是指未在国内上市销售的原料及其制剂。包括从中药、天然药物中提取的有效成分及其制剂，来源于植物、动物、矿物等药用物质及其制剂和中药材的代用品。

第二类是指未在国内上市销售的部位及其制剂，包括中药材新的药用部位制成的制剂和从中药、天然药物中提取的有效部位制成的制剂。

第三类是指未在国内上市销售制剂，包括传统的中兽药复方制剂、现代中兽药复方制剂，包括以中药为主的中、西兽药复方制剂、兽用天然药物复方制剂和由中药、天然药物制成的注射剂。

第四类　改变国内已上市销售产品的制剂，包括改变剂型的制剂和改变工艺的制剂。

3. 兽用消毒剂注册分类　兽用消毒剂在《兽药注册办法》中共分 3 类。

第一类是指未在国内外上市销售的兽用消毒剂，包括通过合成或者半合成的方法制得的原料药及其制剂、天然物质中提取的新的有效单体及其制剂和新的复方消毒剂。

第二类是指已在国外上市销售但未在国内上市销售的兽用消毒剂，包括通过合成或者半合成的方法制得的原料药及其制剂、天然物质中提取的新的有效单体及其制剂和新的复方消毒剂。

第三类是指改变已在国内外上市销售的处方、剂型等的消毒剂。

（三）申请新兽药需上报的项目

1. 化学药品申请需上报的项目　化学药品兽药新制剂需上报的项目包括综述资料、药学研究资料、药理毒理研究资料、临床试验研究资料、残留试验资料和生态毒理研究资料。根据不同类新兽药申请注册的要求不同，所提供的资料见表 15-2。

（1）综述资料：①兽药名称。②证明性文件。③立题目的与依据。④对主要研究结果的总结及评价。⑤兽药说明书样稿、起草说明及最新参考文献。⑥包装、标签设计样稿。

（2）药学研究资料：①药学研究资料综述。②确证化学结构或者组分的试验资料及文献资料。③原料药生产工艺的研究资料及文献资料。④制剂处方、工艺的研究资料及文献资料；辅料的来源及质量标准。⑤质量研究工作的试验资料及文献资料。⑥兽药标准草案及起草说明。⑦兽药标准品或对照物质的制备及考核材料。⑧药物稳定性研究的试验资料及文献资料。⑨直接接触兽药的包装材料和容器的选择依据及质量标准。⑩样品的检验报告书。

（3）药理毒理研究资料：①药理毒理研究资料综述。②主要药效学试验资料（药理研究试验资料及文献资料）。③安全药理学研究的试验资料及文献资料。④微生物敏感性试验资料及文献资料。⑤药代动力学试验资料及文献资料。⑥急性毒性试验资料及文献资料。⑦亚慢性毒性试验资料及文献资料。⑧致突变试验资料及文献资料。⑨生殖毒性试验（含致畸试验）资料及文献资料。⑩慢性毒性（含致癌试验）资料及文献资料。⑪过敏性（局部、全身和光敏毒性）、溶血性和局部（血管、皮肤、黏膜、肌肉等）刺激性等主要与局部、全身给药相关的特殊安全性试验资料。

（4）临床试验资料：①国内外相关的临床试验资料综述。②临床试验批准文件、试验方案、临床试验资料。③靶动物安全性试验资料。

（5）残留试验资料：①国内外残留试验资料综述。②残留检测方法及文献资料。③残留消除试验研究资料包括试验方案。

（6）生态毒性试验资料。

表 15-2　化学药品注册分类及资料项目要求

资料分类	资料项目	注册分类及资料项目要求				
		第一类	第二类	第三类	第四类	第五类
综述资料	1	+	+	+	+	+
	2	+	+	+	+	+
	3	+	+	+	+	+
	4	+	+	+	+	+
	5	+	+	+	+	+
	6	+	+	+	+	+
药学研究资料	7	+	+	+	+	+
	8	+	+	+	−	−
	9	+	+	+	+	−
	10	+	+	+	+	+
	11	+	+	+	+	+
	12	+	+	+	+	+
	13	+	+	+	+	+
	14	+	+	+	+	+
	15	+	+	+	+	+
	16	+	+	+	+	+
药理毒理研究资料	17	+	+	+	+	+
	18	+	±	* 8	* 9	* 9
	19	+	±	* 8	* 9	* 9
	20	+	±	* 8	* 9	* 9
	21	+	±	+	* 11	* 11
	22	+	±	* 8	−	−
	23	+	±	±		
	24	+	±	±		
	25	+	±	±		
	26	* 5	* 5	* 5	−	−
	27	* 10	* 10	* 10	* 10	* 10
临床试验资料	28	+	+	+	+	+
	29	+	5-3	5-3	5-4	5-4
	30	+	5-3	5-3	5-4	5-4
残留试验资料	31	+	+	+	+	+
	32	+	+	* 12	* 13	* 13
	33	+	+	* 12	* 13	* 13
生态毒性试验资料	34	+	+	±	±	±

注：（1）+，指必须报送的资料。（2）±，指可以用文献综述代替试验资料。（3）−，指可以免报的资料。（4）*，指按照《兽药注册办法》说明的要求报送资料，如*4，指见说明之第4条。（5）5-3 或 5-4，指按照《兽药注册办法》资料要求"五、临床试验要求"中第3条或第4条执行。

2. 中兽药、天然药物申请需上报的项目 中兽药、天然药物新兽药需上报的项目包括综述资料、药学研究资料、药理毒理研究资料、临床试验研究资料。根据不同类新兽药申请注册的要求不同，所提供的资料见表 15-3。

（1）综述资料：①兽药名称。②证明性文件。③立题目的与依据。④对主要研究结果的总结及评价。⑤兽药说明书样稿、起草说明及最新参考文献。⑥包装、标签设计样稿。

（2）药学研究资料：①药学研究资料综述。②药材来源及鉴定依据。③药材生态环境、生长特征、形态描述、栽培或培植（培育）技术、产地加工和炮制方法等。④药材性状、组织特征、理化鉴别等研究资料（方法、数据、图片和结论）及文献资料。⑤提供植、矿物标本，植物标本应当包括花、果实、种子等。⑥生产工艺的研究资料及文献资料，辅料来源及质量标准。⑦确证化学结构或组分的试验资料及文献资料。⑧质量研究工作的试验资料及文献资料。⑨兽药质量标准草案及起草说明，并提供兽药标准物质的有关资料。⑩样品及检验报告书。⑪药物稳定性研究的试验资料及文献资料。⑫直接接触兽药的包装材料和容器的选择依据及质量标准。

（3）药理毒理研究资料：①药理毒理研究资料综述。②主要药效学试验资料及文献资料。③安全药理研究的试验资料及文献资料。④急性毒性试验资料及文献资料。⑤长期毒性试验资料及文献资料。⑥致突变试验资料及文献资料。⑦生殖毒性试验资料及文献资料。⑧致癌试验资料及文献资料。⑨过敏性（局部、全身和光敏毒性）、溶血性和局部（血管、皮肤、黏膜、肌肉等）刺激性等主要与局部、全身给药相关的特殊安全性试验资料和文献资料。

（4）临床研究资料：①临床研究资料综述。②临床研究计划与研究方案。③临床研究及试验报告。④靶动物药代动力学和残留试验资料及文献资料。

表 15-3 中兽药、天然药物注册资料项目表

资料分类	资料项目	第一类 (1)	第一类 (2)	第一类 (3)	第二类 (1)	第二类 (2)	第三类 (1)	第三类 (2)	第三类 (3)	第三类 (4)	第四类
综述资料	1	+	+	+	+	+	+	+	+	+	+
	2	+	+	+	+	+	+	+	+	+	+
	3	+	+	+	+	+	+	+	+	+	+
	4	+	+	+	+	+	+	+	+	+	+
	5	+	+	+	+	+	+	+	+	+	+
	6	+	+	+	+	+	+	+	+	+	+
药学资料	7	+	+	+	+	+	+	+	+	+	+
	8	+	+	+	+	+	+	+	+	+	+
	9	−	+	▲	−	+	−	▲	▲	▲	−
	10	−	+	▲	+	+	−	▲	▲	▲	−
	11	−	+	▲	−	+	−	▲	▲	▲	−
	12	+	+	▲	+	+	+	+	+	+	+
	13	+	+	±	+	+	−	*6	*7	±	±
	14	+	+	±	+	+	+	+	±	±	±
	15	+	+	▲	+	+	+	+	+	+	+
	16	+	+	+	+	+	+	+	+	+	+
	17	+	+	▲	+	+	+	+	+	+	+
	18	+	+	+	+	+	+	+	+	+	+

(续)

资料分类	资料项目	注册分类及资料项目要求									第四类
		第一类			第二类			第三类				
		(1)	(2)	(3)	(1)	(2)	(1)	(2)	(3)	(4)	
药理毒理资料	19	+	+	*2	+	+	*5	+	+	+	*11
	20	+	+	*2	+	+	+	+	+	+	*11
	21	+	+	*2	+	+	+	*6	*7	+	—
	22	+	+	*2	+	+	*5	+	+	+	*11
	23	+	+	*2	+	+	*5	+	+	+	*11
	24	+	+	▲	+	+	▲	*6	*7	▲	—
	25	+	+	▲	+	+	▲	*6	*7	▲	—
	26♯	+	+	▲	+	+	▲	*6	*7	▲	—
	27	*9	*9	*9	*9	*9	*9	*9	*9	+	*9
临床资料	28	+	+	+	+	+	+	+	+	+	+
	29	+	+	+	+	+	+	+	+	+	*11
	30	+	+	+	+	+	+	+	+	+	*11
	31	+	+	—	*2	+	+		*6	*7	—

注：(1) ＋，指必须报送的资料。(2) ±，指可以用文献综述代替试验研究的资料。(3) 一，指可以免报的资料。(4) ＊，按照《兽药注册办法》说明的要求报送的资料，如＊7，指见说明之第7条。(5) 26♯，与已知致癌物质有关、代谢产物与已知致癌物质相似的新兽药，在长期毒性试验中发现有细胞毒作用或对某些脏器、组织细胞有异常显著促进作用的新兽药，致突变试验阳性的新兽药，均需报送致癌试验资料。(6) ▲，具有兽药国家标准的中药材、天然药物（除"♯"所标示的情况外）可以不提供，否则必须提供资料。

3. 兽用消毒剂注册资料项目 兽用消毒剂注册需上报的项目包括综述资料、药学研究资料、药理毒理研究资料、消毒试验和残留试验资料。根据不同类新兽药申请注册的要求不同，所提供的资料见表15-4。

(1) 综述资料：①消毒剂名称。②证明性文件。③立题目的与依据。④对主要研究结果的总结及评价。⑤消毒剂说明书样稿、起草说明及最新参考文献。⑥包装、标签设计样稿。

(2) 药学研究资料：①消毒剂生产工艺的研究资料及文献资料。②确证化学结构或者组分的试验资料及文献资料。③质量研究工作的试验资料及文献资料。④兽药标准草案及起草说明，并提供兽药标准品或对照物质。⑤辅料的来源及质量标准。⑥样品的理化指标检验报告书。⑦药物稳定性研究的试验资料及文献资料。⑧直接接触兽药的包装材料和容器的选择依据。

(3) 毒理研究资料：①毒理研究综述资料及文献资料。②急性毒性研究的试验资料及文献资料。③长期毒性试验资料及文献资料。④致突变试验资料及文献资料。⑤生殖毒性试验资料及文献资料。⑥致癌试验资料及文献资料。⑦过敏性（局部和全身）和局部（皮肤、黏膜等）刺激性等主要与局部消毒相关的特殊安全性试验研究及文献资料。⑧复方消毒剂中多种成分消毒效果、毒性相互影响的试验资料及文献资料。

(4) 消毒试验和残留研究资料：①样品杀灭微生物效果试验资料。②环境毒性试验资料及文献资料。③残留研究资料。

表 15-4 环境消毒剂注册资料项目表

资料分类	资料项目	环境消毒剂注册分类			食品动物体表或带畜消毒剂注册分类及资料项目要求		
		1	2	3	1	2	3
综述资料	1	＋	＋	＋	＋	＋	＋
	2	＋	＋	＋	＋	＋	＋
	3	＋	＋	＋	＋	＋	＋
	4	＋	＋	＋	＋	＋	＋
	5	＋	＋	＋	＋	＋	＋
	6	＋	＋	＋	＋	＋	＋
药学研究资料	7	＋	＋	＋	＋	＋	＋
	8	＋	＋	＋	＋	＋	＋
	9	＋	＋	＋	＋	＋	＋
	10	＋	＋	＋	＋	＋	＋
	11	＋	＋	＋	＋	＋	＋
	12	＋	＋	＋	＋	＋	＋
	13	＋	＋	＋	＋	＋	＋
	14	＋	＋	＋	＋	＋	＋
毒理研究资料	15	＋	＋	＋	＋	＋	＋
	16	＋	±	－	＋	±	－
	17	＋	±	－	＋	±	－
	18	＋	±	－	＋	±	－
	19	＋	±	－	＋	±	－
	20	＋	±	－	＋	±	－
	21	－	－	－	＊5	＊5	＊5
	22	＊4	＊4	－	＊4	＊4	－
消毒试验和残留研究资料	23	＋	＋	＋	＋	＋	＋
	24	＋	±	－	＋	±	－
	25	－	－	－	＋	±	－

注：（1）＋，指必须报送的资料。（2）±，指可以用文献综述代替试验资料。（3）－，指可以免报的资料。（4）＊，按照《兽药注册办法》说明的要求报送资料，如＊5，指见说明之第5条。

第六节 兽药新制剂的研制程序

药物制剂是药物进入临床的最终形式，一个良好的药物制剂必须具备良好的外观特性和优良的内在质量。良好的外在特性是指制剂的稳定性和方便性，稳定性包括制剂本身的物理稳定性和化学稳定性；方便性是指兽医临床给药方便和携带完整性。内在质量是指药物从到体内以至排出体外全过程的作用质量，包括有效、副作用小、低毒性和低残留。兽药新制剂的研究开发是一个系统性工作，其整个过程除了处方设计外，还涉及药理学评价、毒理学评价、兽医临床试验以及兽药申请、注册等一系列的内容，需要有多学科相互协作才能完成。

现以治疗猪附红细胞体病为例，设计一个中药复方注射液，将兽药制剂的设计与研究程序分5个阶段分述于下（图 15-3）。

1. 第一阶段——处方设计

（1）剂型选择：猪附红细胞体病发病后都表现为食欲不振，内服给药显然不现实，因而注射给药是理想、实用的剂型。

（2）药物信息：根据中兽医"卫气营血"辨证将猪附红细胞体病辨为"热入血分"，再根据现代中药药理研究的成果，选择以水牛角、茵陈、丹皮三味药物为主方。

2. 第二阶段——剂型确定

（1）原药准备和有效成分提取：根据文献资料和试验确定每味中药有效成分的提取工艺和技术路线。

（2）注射液试配。

（3）稳定性试验，确定附加剂。

（4）注射液制备。

（5）留样观察。

3. 第三阶段——临床前试验

（1）局部刺激性试验（家兔腿肌注射法观察）。

（2）体外抑菌试验。

（3）解热试验（人工致热家兔退热试验和自然发热病猪退热试验）。

（4）抗炎试验。

（5）对小鼠的急性毒性试验（LD_{50}的测定）。

（6）对临床适应症疗效的观察。

（7）适用性与安全性综合评价。

4. 第四阶段——中试生产

（1）扩大临床试验（选择多个不同地区的县、市畜牧场、兽医站进行）。

（2）质量标准的制定。

（3）编制产品说明书。

（4）完备技术资料。

（5）进行技术成果鉴定。

（6）产品报批。

5. 第五阶段——工厂化生产

（1）设计并确定工厂化生产工艺流程。

（2）设计产品包装与价位。

（3）申报科技进步奖。

6. 第六阶段——投产后科技深开发

（1）收集投放市场后用户信息反馈。

（2）投产后产品深开发。

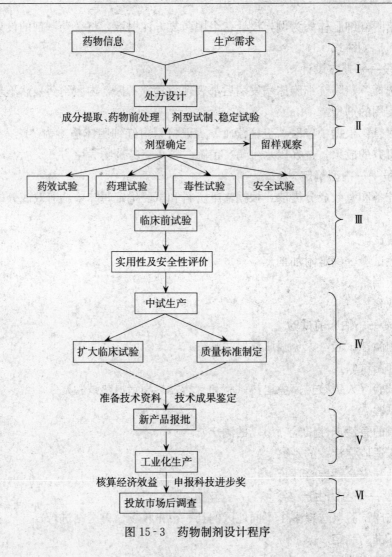

图 15-3 药物制剂设计程序

思 考 题

1. 兽药新制剂设计的主要内容和遵循的原则是什么？
2. 一个原料药物要设计为制剂应考虑的因素有哪些？
3. 怎样评价一个兽药新制剂？
4. 一个中西结合的水针制剂注册需要提供哪些研究或文献资料？
5. 制剂处方设计优化常用的试验设计有哪些？

实 验 指 导

兽医药剂学是一门应用及实验性很强的学科，因此在整个教学过程中，实验课是其中的重要组成部分。其目的在于印证、巩固和扩大课堂教学的基本理论与知识，掌握主要剂型的特点、制备方法、处方设计原理；了解主要剂型的质量影响及考查方法；通过典型制剂的制备，了解常用的制剂机械，掌握各类剂型的基本操作方法和技能，掌握不同剂型在动物体内的吸收、分布、消除过程的实验方法及生物利用度的测定；培养学生独立进行试验和分析问题及解决问题的能力，为创造新品种、新工艺、新剂型打下良好的基础。

实验一 溶液剂的制备

（一）实验目的和要求
（1）掌握溶液剂的制备方法及操作要点。
（2）掌握溶液剂的质量控制及检查方法。

（二）实验提要
溶液剂是指药物溶于适当溶媒中制成的外观均匀、澄明的液体制剂，供内服或外用。常用溶媒如水、乙醇、丙二醇、液状石蜡、植物油等。溶液剂的制备方法有溶解法、稀释法和化学反应法，其制备过程大体为：称量→溶解→混合→（过滤）→加溶媒至足量→检查→包装→贴标签。

溶解法适用于易溶性药物，取处方总量3/4量的溶剂，加入称好的药物，搅拌使其溶解，滤过，并自滤器加溶剂至全量。稀释法是先将药物制成高浓度溶液或易溶性药物制成贮备液，再用溶剂稀释至需要浓度即得；化学反应法是指将两种或两种以上的药物，通过化学反应而制成新的药物溶液的制备方法，待化学反应完成后，滤过，自滤器上添加纯化水至全量即得。

（三）材料和仪器
【材料】碘、碘化钾、三氯甲烷、淀粉指示液、稀盐酸、硫代硫酸钠、水杨酸钠、碳酸氢钠、焦亚硫酸钠、乙二胺四乙酸二钠、橙皮酊、亚硫酸钠、尼泊金、四苯硼钠、醋酸、硝酸银、纯化水等。

【仪器】烧杯（50mL、250mL）、具塞锥形瓶、滴定管、玻璃漏斗（6cm、10cm）、量筒（100mL）、普通天平、玻棒、电热板（或电炉）、酒精灯、铂丝等。

（四）实验内容
1. 基本操作练习
（1）称量：掌握天平的正确使用方法，并做称量练习。
（2）量取：掌握量筒、量杯的正确使用方法并做量取液体药物练习。掌握标准滴管的使用方法，并用滴管测量液体药物 1mL、1g 的滴数。
（3）从试药瓶中取药练习：正确地从试药瓶中称取固体药物，量取液体药物。

2. 复方碘溶液的制备

【处方】碘　　　　　　　5.0g
　　　　碘化钾　　　　　10.0g
　　　　纯化水　　　　　加至 100.0mL

【制法】取碘化钾置适宜容器内,加适量纯化水,振摇使溶解,再加入碘,振摇溶解后,加纯化水至100mL,即得。

【作用与用途】本品外用为消毒杀菌剂,用于皮肤感染及消毒、种蛋消毒;通过子宫腔注入,治疗猪、牛的慢性子宫内膜炎、子宫颈炎、阴道炎等;也可用于成猪直肠脱出。

【质量检查】对外观、含量进行质量检查。

(1) 外观：本品为红棕色澄明液体。

(2) 鉴别：① 在三氯甲烷中显紫堇色。② 加淀粉指示液,溶液显蓝色;煮沸,色即消失,放冷,仍显蓝色;但经较长时间煮沸,蓝色即不重显。

(3) 含量测定：精密称取本品8mL(相当于0.4g碘),置具塞锥形瓶中,加水稀释使成50mL,加稀盐酸1mL,用硫代硫酸钠滴定液（0.1mol/L）滴定至近终点时,加淀粉指示剂2mL,继续滴定至溶液显蓝色消失。每1mL 硫代硫酸钠滴定液（0.1mol/L）相当于12.69mg的碘。

【注解】① 碘在水中的溶解度为1∶2950,加碘化钾可与碘生成易溶于水的络合物,同时使碘稳定不易挥发,并减少其刺激性。碘化钾作为助溶剂,溶解时尽量少用水,使其浓度大,以使碘易于形成络合物而溶解。② 碘具有腐蚀性、挥发性,在称量、制备时应加以注意。碘溶液为氧化剂,应贮存于密闭玻璃塞瓶内,不得直接与木塞、橡皮塞及金属塞接触。为避免被碘腐蚀,可加一层玻璃纸衬垫。③ 本品内服时可用水稀释5～10倍,以减少其对黏膜的刺激性。

3. 水杨酸钠溶液的制备

【处方】水杨酸钠　　　　　10.0g　　　乙二胺四乙酸二钠　　　0.02g
　　　　碳酸氢钠　　　　　5.0g　　　橙皮酊　　　　　　　　4.0mL
　　　　焦亚硫酸钠　　　　0.1g　　　纯化水　　　　　　　　加至 100.0mL

【制法】取碳酸氢钠、焦亚硫酸钠、乙二胺四乙酸二钠溶于适量纯化水中,加水杨酸钠溶解,边搅拌边加入橙皮酊,过滤,加纯化水至足量,搅匀即得。

【作用与用途】解热镇痛抗风湿药,用于治疗风湿症、关节痛和肌肉痛等。

【注解】水杨酸钠的水溶液易氧化,尤其在碱性情况下更不稳定。

实验时分成两种情况进行：A, 照处方配制; B, 不加稳定剂。室内放置1周后, 试比较A、B两组的变化情况, 填入表实-1, 并说明原因及生成物：

表实-1　A、B两种情况下水杨酸钠合剂的变化

组别	变化情况	生成物
A		
B		

4. 5%碘化钾溶液的制备

【处方】碘化钾　　　　　　　　5.0g

硫代硫酸钠	0.1g
5%尼泊金醇溶液	10.0mL
纯化水	加至100.0mL

【制法】取硫代硫酸钠溶于少量纯化水中，取碘化钾溶于70mL水中，过滤，加入硫代硫酸钠溶液，缓缓加入尼泊金醇溶液，加适量纯化水使成足量，搅匀即得。

【作用与用途】本品为祛痰药，用于亚急性或慢性支气管炎的治疗。

【质量检查】对外观、含量进行质量检查。

(1) 外观：本品为无色澄明液体。

(2) 鉴别：显钾盐与碘化物的鉴别反应。

钾盐：① 取铂丝，用盐酸湿润后，蘸取本品，在无色火焰中燃烧，火焰即显紫色；但有少量的钠盐混存时，必须隔蓝色玻璃透视，方能辨认。② 取本品，加热炽灼除去可能杂有的铵盐，放冷后，加水溶解，再加0.1%四苯硼钠溶液与醋酸，即生成白色沉淀。

碘化物：① 取本品，滴加硝酸银溶液，即生成黄色凝乳状沉淀；分离，沉淀在硝酸或铵试液中均不溶解。② 取本品，加少量的氯试液，碘即游离；如加三氯甲烷振摇，三氯甲烷层显紫色；如加淀粉指示液，溶液显蓝色。

(3) 含量测定：精密称取本品6mL（相当于0.3g碘化钾），置碘瓶中，加盐酸35mL，用碘酸钾滴定液（0.05mol/L）滴定至黄色，加三氯甲烷5mL，继续滴定，同时强烈振摇，直至三氯甲烷层的颜色消失。每1mL碘酸钾滴定液（0.05mol/L）相当于16.60mg的碘化钾。

【注解】硫代硫酸钠为稳定剂，使游离的碘生成碘化钠。

(五) 思考题

(1) 碘化钾在复方碘溶液处方中起什么作用？碘溶液应如何贮存，为什么？

(2) 在水杨酸钠溶液的制备处方中亚硫酸钠、乙二胺四乙酸二钠各起何作用？

(3) 5%碘化钾溶液的制备处方中硫代硫酸钠及尼泊金醇溶液各起何作用？

实验二　胶体溶液的制备

(一) 实验目的和要求

(1) 掌握胶体型液体药物的溶解特性及制备方法。

(2) 了解胶体型液体药物的质量检查方法。

(二) 实验提要

胶体型液体药剂是指某些固体药物以1~500nm大小的质点分散于适当的分散媒中，呈多相或单相分散的药剂，具有胶体溶液特有的性质。它不同于低分子分散系——真溶液（分散相质点小于1nm），也不同于粗分散系——混悬液。胶体型液体药剂所用的分散媒大多为水，少数为非水溶媒，如乙醇、乙酸、丙酮等。

胶体溶液按胶体与分散媒之间的亲和力不同，分为亲液胶体和疏液胶体。亲水胶体溶液配制时，药物溶解首先要经过溶胀过程，宜采用分次撒于水面上，或将药物黏附于湿润的器壁上，使之自然膨胀而胶溶。疏液胶体的制备采用分散法或凝聚法。胶体溶液处方中遇有电解质时，需制成保护胶体防止凝聚沉淀,遇有浓醇、糖浆、甘油等具有脱水作用的液体时,需用溶媒稀释后加入。如需过滤时,所用滤材应与胶体溶液荷电性相适应,最好采用不带电荷的滤器,以免凝聚。

胶体溶液以新鲜配制为佳,以免吸附细菌、杂质等发生陈化,也可加入适宜的防腐剂。

(三) 材料和仪器

【材料】甲酚、植物油、氢氧化钠、甲紫、乙醇、胃蛋白酶、稀盐酸、甘油、纯化水、酚酞指示液、硫酸、标准硫酸钾溶液、(比色用)氯化钴液、浓焦糖液、25%氯化钡溶液、邻位甲酚对照品、乙醚、鞣酸等。

【仪器】量筒、量杯、玻璃棒、天平、烧杯(250mL)、电炉(或加热板)、气相色谱仪、蒸发皿、水浴锅等。

(四) 实验内容

1. 甲酚皂溶液的制备

【处方】甲酚　　　　　50.0mL

　　　　植物油　　　　17.3g

　　　　氢氧化钠　　　适量(约2.7g)

　　　　水　　　　　　加至100.0mL

【制法】取氢氧化钠,加水10mL溶解后,放冷,不断搅拌下加入植物油中,使均匀乳化,放置30min,慢慢加热(间接蒸汽或水浴),当皂体颜色加深,呈透明状时再进行搅拌;并可按比例配成小样,检查未皂化物,如合格则认为皂化完成;趁热加甲酚搅拌至皂块全溶,放冷,再添加水适量,使总量成100mL,即得。

【作用与用途】防腐消毒药,用于器械、厩舍、场地、排泄物的消毒。

【质量检查】

(1) 性状:本品为黄棕色至红棕色的黏稠液体;带甲酚的臭气。

(2) 检查:

① 碱度:取本品1.0mL,加中性乙醇(对酚酞指示液显中性)20mL稀释后,加酚酞指示液1mL,如显红色,用硫酸滴定液(0.05mol/L)滴定,消耗硫酸滴定液不得超过1.0mL。

② 未皂化物:取本品5mL,加水95mL,混匀,溶液应澄清;如显混浊,与对照液(取标准硫酸钾溶液6mL,加水80mL和稀盐酸1mL,用比色用氯化钴液和浓焦糖液调色,待色调与供试品溶液近似后,加25%氯化钡溶液3mL,并加水至100mL,摇匀,放置10min后比较,不得更浓。

③ 装量:取本品,按照《中国兽药典》最低装量检查法检查,应符合规定。

(3) 含量测定:按照《中国兽药典》气相色谱法测定。

① 色谱条件与系统适用性试验:以含2%磷酸的己二酸乙二醇聚酯为固定相,涂布浓度为4%~10%,柱温为145℃。理论板数按邻位甲酚峰计算不低于400,邻位甲酚峰与内标物质峰的分离度应符合要求。

② 校正因子测定:精密称取邻位甲酚对照品约0.65g,置25mL量瓶中,加乙醚使溶解并稀释至刻度,摇匀,作为对照品溶液。精密量取对照品溶液和内标溶液各5mL,置具塞试管中,密塞,摇匀。取1μl注入气相色谱仪,计算邻位甲酚的校正因子,再乘以1.042,即得间、对位

甲酚的校正因子。

③ 测定方法：用内容量移液管，精密量取本品 2mL，置分液漏斗中，加盐酸 0.1mL，摇匀，加水 3mL，摇匀，精密加乙醚 20mL，轻轻分层，弃去水层，加水 5mL，轻轻振摇，分层，弃去水层。精密量取乙醚提取液 5mL 与内标液 5mL，置具塞试管中，摇匀。取 1μl 注入气相色谱仪，测定，按下式计算：

$$标示百分含量 = \frac{(A_1 f_1 + A_2 f_2)\,W}{A \times 5 \times 0.52} \times 100\%$$

式中，A 为内标物质峰面积；A_1 为邻位甲酚峰面积；A_2 为间、对位甲酚峰面积；f_1 为邻位甲酚校正因子；f_2 为间、对位甲酚校正因子；W 为内标物质质量；0.52 为每 1mL 甲酚皂溶液中含甲酚的量。

【注解】① 甲酚又称煤酚，全称煤馏油酚，其在水中溶解度仅为 1∶50，采用新生皂增溶，则可制成 50% 甲酚皂溶液，即来苏儿。② 皂化反应是否完全与本品质量密切相关，可加入少量乙醇（约为制品全量的 5.5%）加速皂化反应的进行，待反应完全后再加热除去乙醇。③ 甲酚有特臭，不宜在肉联厂、乳牛厩舍、牛乳加工车间和食品加工厂等应用，以免影响食品质量。

2. 甲紫溶液的制备

【处方】甲紫　　　　1.0g
　　　　乙醇　　　　10.0mL
　　　　纯化水　　　加至 100.0mL

【制法】称取 1g 甲紫置于小量杯中，加入乙醇 10mL 搅拌溶解，取纯化水 60mL，缓缓加入甲紫的乙醇溶液中，边加边搅拌，用余下的纯化水分次冲洗小量杯，洗液并入甲紫溶液中，添加纯化水至 100mL，即得。

【作用与用途】外用防腐消毒药，用于黏膜、皮肤的创伤、烧伤和溃疡。

【质量检查】

（1）性状：本品为紫色液体。

（2）鉴别：① 取本品 5mL，加盐酸 2 滴，滴加鞣酸试液，即生成深蓝色的沉淀。② 取本品 2mL，置水浴上蒸干后，取残渣少许，撒于 1mL 硫酸的液面上，即溶解成橙黄色或棕红色的溶液，注意加水稀释，即变成棕色，渐转为绿色，最后变成蓝色。

（3）装量检查：取本品，按照《中国兽药典》最低装量检查法检查，应符合规定。

（4）含量测定：精密量取本品 10mL，置 105℃ 恒重的蒸发皿中，水浴上蒸干，在 105℃ 干燥至恒重，计算，即得。

【注解】① 甲紫在水中溶解度为 1∶30～40，在乙醇中为 1∶10。② 配制时搅拌不宜剧烈；配制完毕后容器的洗刷可用稀盐酸或 1.25% 漂白粉溶液浸泡。③ 本品对皮肤、黏膜有着色作用，宠物脸面部创伤慎用。

3. 胃蛋白酶合剂的制备

【处方】胃蛋白酶　　1.8g
　　　　稀盐酸　　　1.2mL
　　　　甘油　　　　12.0mL

纯化水　　加至 60.0mL

【制法】取稀盐酸与处方量约 2/3 的纯化水混合后，将胃蛋白酶撒在液面使膨胀溶解，加甘油混匀，并加适量水至足量。

【作用与用途】助消化药，用于胃蛋白酶缺乏或病后消化机能减退引起的消化不良。

【质量检查】

(1) 性状：本品为乳白色胶体溶液，味酸。

(2) 鉴别：采用显色反应鉴别胃蛋白酶。

(3) 检查：

① 最低装量检查：按照《中国兽药典》最低装量检查法检查，应符合规定。

② 微生物限度检查：按照《中国兽药典》微生物限度检查法检查，应符合规定。

③ 含量测定：1mL 胃蛋白酶不得低于 20 个活力单位。

【注解】① 胃蛋白酶极易吸潮，称取宜迅速。胃蛋白酶的消化力为 1∶3 000，若用其他规格的胃蛋白酶时应按规定折算。② 胃蛋白酶要求 pH 在 1.5～2.0 之间，活性最强，故处方中用稀盐酸调节 pH。需注意胃蛋白酶不得与稀盐酸直接混合，应用纯化水稀释后配制，盐酸含量不应超过 0.5%，以免破坏活性。③ 处方中的甘油起助悬、矫味作用，同时增加胃蛋白酶的稳定性。④ 强力搅拌，用棉花、滤纸过滤，对其活性和稳定性有影响，故应注意操作，其活性通过蛋白消化力测定，可作比较。

(五) 思考题

(1) 甲酚皂溶液的制备原理是什么？制备中应注意哪些问题？

(2) 哪些因素可能影响胃蛋白酶合剂中胃蛋白酶的活力？

(3) 如何增加甲紫在水中的溶解度？配制甲紫溶液时应注意哪些问题？

实验三　混悬剂的制备

(一) 实验目的和要求

(1) 掌握混悬剂的制备方法。

(2) 熟悉助悬剂、润湿剂、絮凝剂及反絮凝剂在混悬剂中的应用。

(二) 实验提要

混悬液是指难溶性固体药物以较大的微粒分散在液体介质中形成的多相分散体系，属于粗分散系，分散相质点大于 0.1μm，一般在 10μm 以下，但凝聚体的粒子可达 50μm 或更大。混悬液的分散媒多数为水，也有用植物油制备的。

混悬剂的制备原则是：首先使药物粉粒润湿并在液体分散介质中均匀分散，保持一定条件使其尽量不聚集，然后采取措施防止结块。其制备方法可分为分散法和凝聚法。分散法为亲水性药物研磨加其他药物混合，逐渐加分散媒至足量，不加或加适量助悬剂溶液，大量生产用胶体磨或气流粉碎；疏水性药物加亲液胶体或表面活性剂，药物颗粒表面形成吸附膜加其他药物混合，加分散媒至足量。凝聚法制备混悬剂是将两种药物分别制成稀溶液混合或发生化学反应生成沉淀，再加分散媒至足量。助悬剂、亲液胶体应先配成一定浓度的稠性液供用，并注意温度的影响。固体药物必要时可研碎过细筛。处方中遇有盐类应先制成稀溶液加入，以防可能发生的脱水作用。

(三) 材料和仪器

【材料】羧甲基纤维素钠、吐温80、六偏磷酸钠、枸橼酸钠、磺胺嘧啶、尼泊金乙酯、氢氧化钠、糖精钠、苯甲酸钠、枸橼酸、硫酸铜、亚硝酸钠、纯化水等。

【仪器】离心机、乳钵、量筒、药典筛、天平、刻度管（15~20mL）、烧杯、滴定管、细玻棒等。

(四) 实验内容

磺胺嘧啶混悬液的制备

【处方1】
磺胺嘧啶　　　　　　10.0g
尼泊金乙酯　　　　　0.004g
羧甲基纤维素钠　　　1~1.2g
纯化水　　　　　　　加至100mL

【制法】加助悬剂法：取羧甲基纤维素钠加入2/3量纯化水，待溶解后，与磺胺嘧啶在乳体中充分研磨，然后加入尼泊金乙酯，并添加纯化水至全量。

【处方2】
磺胺嘧啶　　10.0g　　　枸橼酸钠　　6.5g
氢氧化钠　　1.6g　　　　苯甲酸钠　　0.2g
枸橼酸　　　2.9g　　　　1% 糖精钠　适量
纯化水　　　加至100mL

【制法】微粒结晶法：

(1) 将氢氧化钠分次加入煮沸放冷的纯化水（约25mL）中，搅拌溶解，趁热加入磺胺嘧啶，不断搅拌溶解，放冷，得淡黄色液体，称为甲液。

(2) 取枸橼酸加纯化水至10mL，搅拌使溶解，得乙液。

(3) 取枸橼酸钠、苯甲酸钠及糖精钠依次加入纯化水（约30mL）中，搅拌溶解，加入糖浆，混合均匀，得丙液。

(4) 将甲液与乙液按3∶1比例，分次交替地加入丙液中，边加边搅，直至加完为止，并继续搅拌片刻，此时磺胺嘧啶即以微粒结晶的状态混悬于水中，最后添加适量纯化水至100mL，搅拌均匀即得。

【作用与用途】磺胺类药物，具有抑制细菌生长繁殖的作用，用于防治鸡大肠杆菌、沙门菌感染。

【质量检查】

(1) 性状：本品为白色混悬液，放置有经振摇能均匀分散的沉淀；无臭，味甜，微苦。

(2) 定性鉴别：取本品0.5mL，加0.1mol/L氢氧化钠液0.5mL，加硫酸铜试液1滴，即发生黄绿色沉淀，随即变为淡灰褐色。

(3) 检查：沉降体积比、微生物限度等应符合《中国兽药典》的有关规定。

(4) 含量测定：精密量取本品1mL，加稀盐酸3mL，溶解后，加水5mL，用0.1mol/L亚硝酸钠液滴定，将滴定管尖插入液面下2/3处，迅速滴定至用细玻棒蘸取少许溶液，划过碘化钾淀粉试纸，即显蓝色的条痕，停止滴定1min后，再蘸取少许划过一次，仍显蓝色条痕，即为终点。1mL 0.1mol/L 亚硝酸钠液相当于 0.025 03g 磺胺嘧啶。本品 1mL 含 0.1g 磺胺嘧啶，应消耗 0.1mol/L 亚硝酸钠 3.8~4.2mL。

【注解】① 难溶性固体药物的粒子大小，对溶解、吸收有一定影响，一般粒子愈细则愈有利于溶解和吸收。② 磺胺类药物不溶于水，可溶于碱液形成盐，但钠盐水溶液不稳定，极易吸收空气中的二氧化碳而析出沉淀，同时也易受光线和重金属离子的催化而氧化变色，所以一般不用其钠盐制成溶液剂供内服。但在磺胺钠盐（碱性溶液）中用酸调节时即转变成磺胺类微粒结晶析出，利用此微晶直接配成分散均匀的混悬液，因制成品中混悬粒子的直径（比原粉减小 4~5 倍）通常可得到 10μm 以下的晶体，故混悬微粒沉降缓慢，克服了用分散法制备磺胺类混悬液所常出现的易分层、粘瓶、不易摇匀和吸收性差等缺点。③ 磺胺嘧啶在体内排泄较慢，其生物半衰期为 17h，在体内乙酰化后产生乙酰磺胺，在酸性尿液中易析出结晶，故处方中加入适量的枸橼酸钠起碱化尿液的作用。④ 尼泊金乙酯为防腐剂，单糖浆为矫味剂，兼有增稠作用。⑤ 磺胺嘧啶遇光易变色，应密闭避光保存。

对用这两种方法制得的制品进行比较，结果填入表实 – 2：

表实 – 2　混悬剂制品比较

比较项目	制法 1	制法 2
外观		
流动性		
黏度		

（五）思考题
(1) 影响混悬剂稳定性的因素有哪些？
(2) 分析处方中各组分的作用。
(3) 试比较磺胺嘧啶混悬液制备中的两种制法，哪种方法更好？

实验四　乳剂的制备

（一）实验目的和要求
掌握乳剂的一般制备方法及各种类型的鉴别方法。

（二）实验提要
乳剂是两种互不相溶的液相经乳化而形成的非均相分散体系，通常是由一种液体的小滴分散在另一种液体中而形成的。分散的液滴称为分散相、内相或不连续相，包在液滴外面的液相称之为分散介质、外相或连续相。分散相液滴直径一般在 0.1~100μm。

乳剂的类型有油包水（W/O）和水包油（O/W）型等，主要取决于乳化剂的种类及两相的比例。乳剂的形成借助于乳化剂的乳化作用，并通过外力搅拌制得比较稳定的乳剂。小量乳剂可在乳钵中手工研磨或在瓶中振摇而得，大量生产则用搅拌器或乳匀机制备。制得的乳剂类型属于哪种类型，可用稀释法或染色法进行鉴别。一般供内服及注射用的乳浊液均为 O/W 型，外用乳浊液为 O/W 或 W/O 型。静脉注射用乳剂采用二步匀化机进行制备。

（三）材料和仪器

【材料】豆油、阿拉伯胶（细粉）、吐温80、豆磷脂、甘油、亚硒酸钠、维生素E、乙醇、鱼肝油、西黄蓍胶（细粉）、挥发杏仁油、糖精钠、氯仿、苏丹红、亚甲蓝、软皂、松节油、樟脑、氢氧化钾、2, 2'-联吡啶的乙醇溶液、乙醚、三氯化铁、硫酸铜、乙炔气体、醋酐、硫酸、三氯化锑等。

【仪器】乳钵、烧杯（100mL）、显微镜、恒温水浴锅、组织捣碎机、高压乳匀机（或胶体磨）、具塞玻璃瓶、量瓶（100mL）、原子吸收分光光度计、分光光度计、高压液相色谱仪等。

（四）实验内容

1. 手工法制备乳剂

（1）干胶法制备乳剂：

【处方】 豆油（d=0.91）　　　　12.5g
　　　　阿拉伯胶（细粉）　　　　3.1g
　　　　纯化水　　　　　　　　　加至50.0mL

【制法】将阿拉伯胶与豆油置于干燥的乳钵中研磨均匀后，按油∶水∶胶为4∶2∶1的比例，一次加入纯化水6.3mL，迅速向同一方向研磨直至产生特殊的劈裂乳化声，即成初乳。加水稀释后转移至100mL烧杯中，加水至50mL即得。取样，镜检，检查乳剂的类型，观察分散相粒度，记录最大和多数粒子的粒径（表实-3）。

【注解】乳剂类型的鉴别。

①稀释法：取试管1支，加入所制得的乳剂1滴，再加入纯化水约5mL，振摇、翻转数次，观察混合情况，能与水均匀混合者为O/W型乳剂，反之为W/O型乳剂。

②染色镜检法：将所制得的乳剂涂在载玻片上，用苏丹红溶液（油溶性染料）和亚甲蓝溶液（水溶性染料）各染色一次，在显微镜下观察，苏丹红均匀分散者为W/O型乳剂，亚甲蓝均匀分散者为O/W型乳剂。

（2）用吐温80为乳化剂制备乳剂

【处方】 豆油（d=0.91）　　　　　　10.0g
　　　　吐温80（d=1.03～1.10）　　3.1g
　　　　纯化水　　　　　　　　　　加至100.0mL

【制法】取吐温80与豆油于乳钵中研磨均匀，加入6～10mL纯化水研磨，制成乳剂，再加水稀释至100mL。镜检，观察分散相粒度，并记录最大和多数粒子的粒径（实-3）。

2. 机械分散法制备乳剂

【处方1】豆油　　　10.0g
　　　　豆磷脂　　　1.1g
　　　　甘油　　　　2.5g
　　　　纯化水　　　加至100.0 mL

【制法】取豆磷脂及甘油共置烧杯中搅拌，必要时置水浴上加热使分散均匀后，加入水及豆油，共置组织捣碎机中，以8 000～12 000r/min搅拌匀化3min，即成乳剂。取样，镜检，测定粒度，记录最大和最多的粒子粒径（表实-3）。

将制得的乳剂再置于高压乳匀机（或胶体磨）中匀化3次。取样稀释后镜检，记录最大粒子的粒径及多数粒子的粒径（表实-3）。

【处方2】豆油　　　　　10.0g
　　　　　吐温80　　　　5.0g
　　　　　水　　　　　　加至100.0mL

【制法】取吐温80置组织捣碎机中，加入适量温水（40℃）搅拌均匀，加入油及剩余的水，搅拌3min。取样，镜检，记录观察到的最大粒子及多数粒子的粒径。并将制得的乳剂置乳匀机（或胶体磨）中使其匀化3次，镜检，检查粒度并记录。

3. **鱼肝油乳剂**

【处方】鱼肝油　　　　　50.0mL　　　挥发杏仁油　　0.1mL
　　　　阿拉伯胶（细粉）　12.5g　　　 糖精钠　　　　0.01g
　　　　西黄蓍胶（细粉）　0.7g　　　　氯仿　　　　　0.2mL
　　　　纯化水　　　　　　加至100.0mL

【制法】取鱼肝油与阿拉伯胶置于干燥研钵中，研匀后，一次加入纯化水25mL，不断研磨至成浓厚的乳状液（初乳），加糖精钠的水溶液（取糖精钠，加纯化水2mL溶解制成）、挥发杏仁油、氯仿后，缓缓加入西黄蓍胶浆（取西黄蓍胶置于干燥瓶中，加醇1mL，摇匀后，一次加入纯化水20mL，用力摇匀制成），并加适量纯化水使成100mL，研匀，即得。

【作用和用途】本品含维生素A、维生素D，可用于佝偻病、软骨症及其他维生素A、维生素D缺乏的患畜。

【质量检查】

(1) 性状：本品为白色乳状液体；分散均匀；不分层，或稍加摇动后能重新分散均匀。

(2) 定性鉴别：

① 维生素D：取本品2mL，加氯仿5mL，振摇后，加醋酐0.3mL和硫酸0.1mL，振摇，氯仿层初显黄色，渐变红色，迅速变为紫色、蓝绿色，最后变为绿色。

② 维生素A：取本品0.5mL，加三氯化锑的氯仿溶液（1→4）1mL，即显蓝色至蓝紫色，放置后，色渐消退。

(3) 检查：装量、微生物限度等应符合《中国兽药典》有关规定。

(4) 含量测定：采用分光光度法测定本品中维生素A的含量，高压液相色谱法测定本品中维生素D的含量。

【注解】① 鱼肝油系从鲛类动物或其他水产动物的新鲜肝脏中得到的一种脂肪油，每1g中含维生素A 850IU以上，含维生素D 85IU以上。② 本品采用干胶法制成的O/W型乳剂，制备初乳时，油、水、胶的比例为4∶2∶1。在制初乳时添加的水量不足或加水过慢，极易形成W/O型初乳；若在初乳中添加水量过多，因外相水液的黏度降低过甚，以致不能将油很好地分散成球粒，制成的乳剂亦多不稳定或容易破裂。③ 本品制备也可采用湿胶法，即将油相加到含乳化剂的水相中，大生产时在电动乳化机中进行。乳化剂可采用胶块以节省成本。用机械乳化所得的成品极为洁白细腻，油滴直径可达1~5μm。④ 处方中挥发杏仁油为芳香除臭剂，可用其他芳香剂代替，但不能超过1%。氯仿为防腐剂，也可采用6mL醇或6mL橙皮酊代替部分纯化水，使用 0.2％苯甲酸亦可。甲醇或酊剂时必须在最后分次加入，以免乳剂破裂。⑤ 本品用吐温类作乳化剂，制成的鱼肝油能减少油腻感，并能用 2 倍量的水稀释，不产生乳析现象。阿拉伯胶与西黄蓍胶均为进口，工业生产成本高，有人用白芨胶代替，对脂肪油的乳化作用稳定，其分散能力虽稍逊于阿拉伯胶，但因黏度较大，对乳剂的稳定性有利，且其用量较阿拉伯胶小 1～4 倍，并可单独使用，无需再加西黄蓍胶。

4. 亚硒酸钠维生素 E 乳剂的制备

【处方】亚硒酸钠　　　　0.1g
　　　　维生素 E　　　　5.0g
　　　　乙醇　　　　　　适量
　　　　吐温 80　　　　　适量
　　　　纯化水　　　　　加至 100mL

【制法】取亚硒酸钠加适量纯化水溶解。另取维生素 E 溶于适量乙醇中，搅拌后加入吐温 80 搅匀，搅拌下加入亚硒酸钠溶液，再添加纯化水至全量，即得。

【作用和用途】硒和维生素 E 的补充药，用于治疗幼畜白肌病。

【质量检查】

（1）性状：本品为乳白色液体。

（2）鉴别：① 取本品 1mL，加乙醇制氢氧化钾试液 2mL，煮沸，放冷，加水 4mL 与乙醚 10mL，振摇后，静置使分层；取乙醚液 2mL，加 0.5％ 2,2′-联吡啶的乙醇溶液数滴和 0.2％三氯化铁的乙醇溶液数滴，应显血红色。② 取本品 1mL，加乙醇 6mL，摇匀，澄清后，加硫酸铜试液 1mL，即生成蓝绿色结晶性沉淀。③ 在维生素 E 含量测定项下记录的色谱图中，供试品溶液主峰的保留时间应与对照品溶液主峰的保留时间一致。

（3）检查：pH 应为 5.0～7.0。

（4）亚硒酸钠含量测定：精密量取本品 2mL，置 100mL 量瓶中，加水稀释至刻度，摇匀，作为供试品溶液。另取经 105℃ 干燥至恒重的分析纯亚硒酸钠适量（约相当于硒 0.1g），置 100mL 量瓶中，加水溶解并稀释至刻度，摇匀；然后精密量取 10mL，置 100mL 量瓶中，用水稀释至刻度，摇匀；精密量取 5mL、10mL 和 20mL，分别置 100mL 量瓶中，用水稀释至刻度，摇匀，作为对照品溶液。取对照品溶液与供试品溶液，按照原子吸收分光光度法，用乙炔-空气（1.0～1.2：6）火焰，在 196.0nm 波长处测定吸光度，代入标准曲线计算，即得。

【注解】维生素 E 难溶于水，用乙醇溶解后方能与水混合。

5. 松节油搽剂的制备

【处方】松节油　　　　32.5mL
　　　　樟脑　　　　　2.5g
　　　　软皂　　　　　3.75g
　　　　纯化水　　　　加至 50.0mL

【制法】取软皂与樟脑置乳钵中研磨至液化，缓缓加入松节油继续研匀后，分次注入贮有 12.5mL 纯化水的具塞玻璃瓶中，随加随用力振摇，使完全乳化，并添加纯化水至 50mL，摇匀即得。

【作用和用途】皮肤刺激药，外用于肌肉风湿、腱鞘炎、各种关节炎、肌腱炎、周围神经炎、挫伤等。

【注解】① 本品属 O/W 型乳剂，方中樟脑为局部刺激药，与松节油具有协同作用；软皂为乳化剂，便于制备，并有利成品稳定。② 松节油宜用新鲜蒸馏者，应为无色澄明，否则制成的乳剂不稳定，且具有异臭。③ 松节油的密度较一般脂肪油的密度小，且易挥发，流动性大；加之处方中油相含量较高，故制成的乳剂易分层，用前应摇匀。

（五）思考题

（1）一水溶性药物，当制备成 W/O 型乳浊型注射剂时，其药物在体内的释放、吸收过程与水针相比有何特点？

（2）制备乳剂时如何选择乳化剂？

（3）鱼肝油乳剂和松节油搽剂属于哪种类型的乳剂？处方中各物质的作用分别是什么？影响乳剂稳定性的因素有哪些？

实验五　注射液的制备

（一）实验目的和要求

（1）掌握注射液的生产工艺过程和操作重点。

（2）掌握注射液成品质量检查的标准和方法。

（3）了解提高易氧化药物稳定性的基本方法及处方设计。

（4）通过鱼腥草注射液的制备，掌握中草药注射液的一般制法及影响中草药注射液质量的主要因素。

（二）实验提要

注射液是指专供注入体内的无菌溶液、乳状液或混悬液。注射液生产工艺流程为：原辅料的准备→配液→滤过→灌注→熔封→灭菌质量检查→印字包装→成品。

注射液的操作要点是配制药液的一切容器、用具均需保持清洁，避免热原污染，原辅料必须符合规定，一般配液有稀配法和浓配法两种。药液配好后，要进行注射液半成品的测定，主要包括 pH、含量等项，合格后方能滤过、灌封。主药易氧化变质的注射液，除加入抗氧化剂外，最有效的方法是在配液和灌注时通入惰性气体，常用高纯度的氮气和二氧化碳。灌注药液时应确保药液不碰安瓿颈口，以减少封口时炭化和白点，装量要准确，灌装后随即封口。手工熔封火焰应调节至细而呈蓝色，待玻璃烧红后用镊子夹去顶部并在火焰上断丝。熔封后按规定及时灭菌，取出放入 1‰ 亚甲蓝溶液中检漏。成品质量检查包括装置检查、澄明度、pH、色泽检查、含量测定及热原、无菌检查等，各项检查均应按照《中国兽药典》进行。

（三）材料和仪器

【材料】维生素 C、碳酸氢钠、亚硫酸氢钠、依地酸二钠、亚甲蓝、鱼腥草、针剂活性炭、氢氧化钠、注射用水、硝酸银、二氯靛酚钠、丙酮、稀盐酸、淀粉指示液、碘滴定液（0.05mol/L）、聚山梨酯-80、氯化钠、三氯甲烷、二硝基苯肼等。

【仪器】烧杯（100mL）、量筒（100mL）、垂熔玻璃漏斗、滤纸、恒温水浴锅、蒸馏装置、电炉、酸度计、熔封灯、热压灭菌器、澄明度检测仪、灌注器、循环水泵、安瓿、二氧化碳气体罐、紫外-可见分光光度计等。

（四）实验内容

1. 维生素C注射液的处方设计及制备　处方设计应从制剂的稳定性（物理、化学及生物学稳定性）、安全性（毒副作用）和有效性方面考虑，进行原辅料的选择。针对维生素C易于氧化的特点，在处方设计时应重点考虑怎样延缓药物的氧化分解，通常采取除氧、加抗氧剂、金属络合剂及调节pH等措施。

（1）处方：维生素C 12.5g，加抗氧剂、金属络合剂及pH调节剂（由学生拟定，实验指导教师审核），注射用水加至100mL。

（2）工艺流程：由学生拟定，实验指导教师审核。

（3）物料准备：由学生按需要列出清单，实验指导教师审核。

（4）制法：取配制量80%的新鲜注射用水，通入二氧化碳使饱和，加入维生素C使溶解，分次少量加入稳定剂，随加随搅拌，使完全溶解，添加以二氧化碳饱和的注射用水至全量，测定药液pH为5.5～6.0，用3号垂熔玻璃漏斗过滤，滤液中通二氧化碳，并在二氧化碳气流下灌封，最后用100℃流通蒸汽灭菌15min，取出趁热放入1‰亚甲蓝溶液中检漏，再擦瓶灯检。

（5）澄明度检查：按照《中国兽药典》规定检查，灯检结果记录到表实-3。

表实-3　维生素C注射液澄明度检查表

检查总支数	废品支数					成品数	灯检成品率
	玻璃	纤维	焦点	白点	总数		

（6）印字：用刻字蜡纸手工印字。

【作用和用途】维生素类药物，用于治疗维生素C缺乏症、发热、慢性消耗性疾病。还可用于治疗各种出血症及砷、汞、铅和某些化学药品中毒等。

【质量检查】

（1）性状：本品为无色至微黄色的澄明液体。

（2）鉴别：取本品适量（约相当于维生素C 0.2g）分成两等份，在一份中加硝酸银试液0.5mL，即生成银的黑色沉淀。在另一份中加二氯靛酚钠试液1～2滴，试液的颜色即消失。

（3）检查：

① pH：应为5.0～7.0。

② 颜色：取本品，加水稀释成每1mL中含维生素C 50mg的溶液，照紫外-可见分光光度法，在420nm波长处测定，吸光度不得超过0.06。

③ 细菌内毒素：取本品，依法检查，每1mL中含内毒素的量应小于2.5内毒素单位（EU）。

（4）含量测定：精密量取本品适量（约相当于维生素C 0.2g），加水15mL和丙酮2mL，摇匀，放置5min，加稀盐酸4mL和淀粉指示液1mL，用碘滴定液（0.05mol/L）滴定至溶液显蓝色并持续 30min 不消退。每 1mL 碘滴定液（0.05mol/L）相当于 8.806mg 的维生素 C。

【注解】① 维生素 C 呈强酸性，加入碳酸氢钠可部分中和成钠盐，可避免其酸性太强，又能够调节至稳定的 pH。但加入时宜慢，以防溶液溢出，同时搅拌以免局部过碱。② 维生素 C 易氧化变质，使含量下降，颜色变黄，尤其当金属离子存在时变化更快，故在处方中加入亚硫酸氢钠及 EDTA-Na_2 作稳定剂，并在药液内和灌注时均通入惰性气体，以减少氧化。③ 避免与铁、铜等金属物接触。④ 为减少维生素 C 氧化变色，灭菌时间控制在 100℃、15min。

2. 鱼腥草注射液的制备 中草药注射液是从中药材中提取纯化其中药理作用明确的有效成分或有效部位而制成。主要的提取纯化方法有水提醇沉法、醇提水沉法、蒸馏法、超临界萃取法及超滤法等。鱼腥草注射液是鱼腥草经水蒸气蒸馏制成的灭菌注射液，每 1mL 相当于原生药 2g。

【处方】鱼腥草　　　　　400.0g
　　　　氯化钠　　　　　1.4g
　　　　聚山梨酯-80　　　1.0g
　　　　注射用水　　　　加至 200.0mL

【制法】称取 400g 鱼腥草进行水蒸气蒸馏，收集初馏液 400mL，再进行重蒸馏，收集重蒸馏液约 200mL，加入氯化钠、聚山梨酯-80，混匀，加注射用水至 200mL，滤过，灌封，以流通蒸汽灭菌 30min，经澄明度检查后印字、包装。

【功能与主治】清热解毒，消肿排脓，利尿通淋。用于肺痈、痢疾、乳痈、淋浊。

【质量检查】
（1）性状：本品为无色或微黄色的澄明液体；有鱼腥味。
（2）鉴别：取本品 5mL，置分液漏斗中，加稀盐酸 1mL，用三氯甲烷提取 2 次，每次 5mL，分取三氯甲烷液，置水浴上蒸干，残渣加氢氧化钠试液 3mL 使溶解，加二硝基苯肼试液 1mL，振摇，即生成橙红色沉淀。
（3）检查：
① pH：应为 4.5～6.5。
② 装量：取供试品 3 支，开启时注意避免损失，将内容物分别用相应体积的干燥注射器及注射针头抽尽，注入经标化的量具内（量具的大小应使待测体积至少占其额定体积的 40%），在室温下检视。每支的装量均不得少于其标示量。
③ 不溶性微粒：按照《中国兽药典》不溶性微粒检查法检查，应符合规定。
④ 无菌：按照《中国兽药典》无菌检查法检查，应符合规定。
⑤ 热原：按照《中国兽药典》热原检查法检查，应符合规定。

【注解】① 鱼腥草含挥发油约 0.05%，主要成分为癸酰乙醛、月桂烯、甲基正壬酮等，采用水蒸气蒸馏法制备。成品用气相色谱法测定甲基正壬酮含量进行质量控制。② 方中氯化钠为等渗调节剂，聚山梨酯-80 为增溶剂。③ 含聚山梨酯的水溶液有起浊现象，灭菌后应及时振摇，以保持溶液澄明。

（五）思考题
（1）用碳酸氢钠调节维生素 C 注射液的 pH 时，应注意什么问题？为什么？

(2) 影响药物氧化的因素有哪些？如何防止？
(3) 简要说明鱼腥草注射液制备中每一步操作的目的。
(4) 中草药注射剂存在的主要问题是什么？简要说明如何解决。

实验六 粉剂及颗粒剂的制备

(一) 实验目的和要求

(1) 掌握固体粉末药物的研磨、过筛等基本操作及常用器具的正确使用。
(2) 掌握各类型粉剂和颗粒剂的制备方法及操作要点，熟悉"等量递增混合法"。
(3) 了解粉剂和颗粒剂的常规质量检查和包装方法。

(二) 实验提要

粉剂是指药物与适宜的辅料经粉碎、过筛、均匀混合制成的干燥粉末状制剂，分为内服粉剂和外用粉剂；颗粒剂是将药物与适宜的辅料制成的具有一定粒度的干燥颗粒状制剂，可分为可溶性颗粒（通称为颗粒）、混悬颗粒、泡腾颗粒、肠溶颗粒、缓释颗粒和控释颗粒等，供内服用。它是在散剂基础上发展的一种新剂型，既有较大的比表面积，溶出速度较快，又有易分散或溶解、奏效快的特点，且剂量易于控制，使用方便。

粉剂的制备工艺流程为：处方拟定→物料准备→粉碎→过筛→混合→分剂量→质量检查→包装。混合操作是制备散剂的关键，药物混合的均匀度与各组分的比例量、粉碎度、颗粒大小、混合时间及混合方法等有关。常用的混合方法有研磨混合法、搅拌混合法和过筛混合法。

可溶性颗粒剂是以蔗糖粉为主要辅料与主药或中草药浸膏制成，在水中几乎全部溶解。混悬性颗粒剂主要以淀粉、糊精等为辅料，加入矫味剂和主药或中草药浸膏制成，临用前加水或适宜的液体振摇即可分散成混悬液供内服。泡腾颗粒剂是指含有碳酸氢钠和有机酸，遇水可放出大量气体而呈泡腾状的颗粒剂，其中药物应是可溶性的，加水产生气泡后应能溶解。有机酸一般为枸橼酸、酒石酸等。

颗粒剂的制备工艺流程为：处方拟定→物料准备→制颗粒→干燥→整粒→质量检查→包装。原材料一般采用煎煮提取法、渗漉法、浸渍法及回流提取法等方法进行浸提。浸提液的纯化常用乙醇沉淀法，目前已采用高速离心、微孔滤膜滤过、絮凝沉淀、大孔树脂吸附等除杂新技术。颗粒剂常用辅料有糖粉、糊精、β-CD 和泡腾崩解剂等。干浸膏粉制颗粒所加的辅料一般不超过浸膏粉的2倍，稠膏制颗粒所加的辅料一般不超过浸膏量的5倍。常用挤出制粒、湿法制粒和喷雾干燥制粒等方法。挤出制粒，软材的软硬应适当，以"手握成团，轻压即散"为宜；喷雾干燥粉加用适量的干燥黏合剂干法制粒。

(三) 材料和仪器

【材料】磺胺对甲氧嘧啶、甲氧苄啶、氢氧化钠、硫酸铜、碘试液、稀硫酸、亚硝酸钠、板蓝根、大青叶、蔗糖、糊精、精氨酸、正丁醇、冰醋酸、茚三酮等。

【仪器】研钵、方盘、药匙、烧杯、摇摆式颗粒机、药典筛、称量纸、薄膜、薄膜封口机、普通天平、分析天平、煎药锅、纱布、光滑纸、紫外光灯、硅胶 G 薄层板、吹风机等。

(四) 实验内容

1. 复方磺胺对甲氧嘧啶粉

【处方】 磺胺对甲氧嘧啶　　　　100g
　　　　甲氧苄啶　　　　　　　20g

【制法】先取约 20g 的磺胺对甲氧嘧啶置于研钵内研细后,加入 20g 甲氧苄啶研合均匀,再按"等容积递增混合法"逐渐加入磺胺对甲氧嘧啶,研匀。

【作用和用途】磺胺类抗菌药,临床用于防治畜禽肠道感染和球虫病。

【质量检查】

(1) 性状:本品为白色或微黄色粉末,无臭,味微苦。

(2) 鉴别:① 取本品适量(约相当于磺胺对甲氧嘧啶 0.1g),加水和 0.4%氢氧化钠溶液各 3mL,振摇使溶解,滤过,滤液加硫酸铜试液 1 滴,即生成紫灰色沉淀,放置后变为紫红色。② 取本品适量(约相当于甲氧苄啶 25mg),加稀硫酸 10mL,振摇使溶解,滤过,滤液加碘试液,即生成棕褐色沉淀。

(3) 检查:

① 外观均匀度:取本品适量置光滑纸上,平铺约 $5cm^2$,将其表面压平,在亮处观察,应呈现均匀的色泽,无花纹、色斑。

② 干燥失重:取本品,按照《中国兽药典》干燥失重测定法测定,在 105℃干燥至恒重,减失质量不得超过 2.0%。

③ 装量:取本品,按照《中国兽药典》最低装量检查法检查,应符合规定。

④ 含量均匀度:按照《中国兽药典》含量均匀度检查法检查,应符合规定。

(4) 含量测定:取本品适量(约相当于磺胺对甲氧嘧啶 0.5g),精密称定,加盐酸溶液(1→2) 20mL 溶解后(必要时加热),加水 50mL,放冷,按照《中国兽药典》永停滴定法,用亚硝酸钠滴定液(0.1mol/L)滴定。每 1mL 亚硝酸钠滴定液(0.1mol/L)相当于 28.03mg 的磺胺对甲氧嘧啶。

2. 板青颗粒

【处方】 板蓝根　　　　60g
　　　　大青叶　　　　90g

【制法】称取以上 2 味药材,洗净,用适量水浸泡 0.5h,煎煮 2 次,每次 1h,合并煎液,用纱布过滤,滤液浓缩(药材与浓缩液质量比为 3∶1 左右),加适量蔗糖、糊精(浸膏∶糖粉或糊精=1∶3~1∶4),用 70%乙醇制成软材,加入摇摆式颗粒机中或用 12~16 目筛制成颗粒,50℃左右干燥,整粒,用塑料密封包装,制成 150g(使 1g 颗粒相当于 1g 生药)。

【主治】风热感冒、咽喉肿痛、热病发斑等温热性疾病。

【质量检查】

(1) 性状:本品为浅黄色或黄褐色颗粒;味甜,微苦。

(2) 鉴别:① 取本品 0.5g,加水 5mL,使溶解,静置,取上清液点于滤纸上,晾干,置紫外光灯(365nm)下观察,显蓝色荧光。② 取本品适量,研细,取细粉 0.5g,加稀乙醇 20mL,超声处理 10min,滤过,滤液蒸干,残渣加稀乙醇 1mL 使溶解,作为供试品溶液。另取精氨酸对照品,加稀乙醇制成每 1mL 含 0.5mg 的溶液,作为对照品溶液。按照《中国兽药典》薄层色谱法试验,吸取上述两种溶液各 2μl,分别点于同一以羧甲基纤维素钠为黏合剂的硅胶 G 薄层板上,以正丁醇-冰醋酸-水(15∶7∶7)为展开剂展开,取出,热风吹干,喷以茚三酮试液,在 105℃加热至斑点显色清晰。供试品色谱中,在与对照品色谱相应的位置上,显相同颜色的斑点。

(3) 检查:

① 粒度:按照《中国兽药典》粒度测定法测定,不能通过一号筛和能通过五号筛的总和,不得超过 15%。

② 水分:按照《中国兽药典》水分测定法测定,除另有规定外,不得过 6.0%。

③ 溶化性:取供试品 10g,加热水 200mL,搅拌 5min,立即观察,应全部溶化或呈混悬状。

④ 装量差异:取供试品 10 袋,分别称定每袋内容物的质量,每袋内容物的质量与标示量相比较,超出限度的不得多于 2 袋,并不得有 1 袋超出限度 1 倍。

【注解】① 处方中板蓝根、大青叶为清热解毒药,现代药理研究表明,其水浸出物均具有抗病原微生物、抗炎和解热作用。② 由于药材中除含有效成分外,还含有淀粉、蛋白质、糖等杂质,煎煮加水量可略大。煎煮液浓缩时黏度大,不宜直火浓缩。由于仅以水为浸出溶媒,本颗粒剂保留了汤剂的特点,较水提醇沉法所得浸出制剂的总固体量多,浓缩液较稠厚。在用糊精、糖粉作为赋形剂时,若用水为湿润剂,黏性较大,不易制粒,故以 70%乙醇为湿润剂制软材。③ 稠膏与糖粉的比例应视稠膏水分而定,一般为 1∶2.5~1∶4,也可用部分糊精代替糖粉。④ 颗粒剂应均匀,色泽一致,无结块、潮解现象。单剂量包装的颗粒剂的质量差异应按照《中国兽药典》规定检查。

(五) 思考题

(1)"等量递增混合法"的原则是什么?

(2)常用的粉碎方法有哪些?如果要获得 10μm 以下的微粉,可采用哪些方法?

(3)如何制备水溶性颗粒剂?

实验七　片剂的制备

(一) 实验目的和要求

(1)通过碳酸氢钠片的制备,掌握湿法制粒法生产片剂的工艺过程。

(2)掌握片剂质量检查的方法。

(二) 实验提要

片剂是将药物与适宜的辅料混匀压制而成的圆片状或异形状的固体制剂。其制备流程为:处方拟定→物料的准备与处理→湿法制粒(或干法制粒)及质量检查(制粒、干燥、整粒混合等检查)→压片(必要时包衣)→片剂质量检查→包装。

片剂制备要点是制备片剂的药物和辅料在使用前需经过鉴定、含量测定、粉碎过筛、混合等操作。向已混合均匀的物料中加入适量的润湿剂或黏合剂胶浆,用手工或混合机混合均匀而制成软材。其干湿程度应适宜,除用微机自动控制外,也可凭经验掌握,即用手捏成团块,手指轻压时又能裂散而不成粉状为度。用手挤压过筛,所得颗粒应无长条、块状物及细粉。大量生产时通过颗粒机滚筒（或刮板）和挤压。湿粒制成后应根据药物和赋形剂的性质选择适宜的温度进行干燥。一般为50～60℃。小量制备时可用电热烘箱等干燥，大量生产时可用蒸汽烘房干燥。湿粒干燥后，需过筛整粒以使黏结成块的颗粒散开，同时加入润滑剂和外加法所需的崩解剂与颗粒混匀。压片前必须对干颗粒及粉末的混合物进行药物含量测定，然后根据颗粒所含主药的量再进行片重计算：

$$片重 = 每片应含主药量 / 干燥颗粒中主药百分含量的测定值$$

（三）材料和仪器

【材料】碳酸氢钠、薄荷油、淀粉、乙醇、硬脂酸镁、醋酸氧铀锌、稀盐酸、二氧化碳、氢氧化钙、硫酸镁、酚酞指示液、甲基红-溴甲酚绿混合指示剂等。

【仪器】研钵、烧杯、普通天平、电炉、搪瓷盘、标准药筛、烘箱、单冲压片机、水分快速测定仪、分析天平、滴定管等。

（四）实验内容

碳酸氢钠片的制备。

【处方】

	每片用量（g）	50片用量（g）
碳酸氢钠	0.3	15.0
薄荷油	0.002	0.1
淀粉	0.015	0.75
淀粉浆（10%）	适量	适量
乙醇（95%）	0.002	0.1
硬脂酸镁	0.0015	0.075

【制法】取碳酸氢钠置研钵中，分次加入10%淀粉浆适量，用手均匀混合制成干湿适宜的软材（记录淀粉浆用量），将软材挤过16～18目筛网制成颗粒，60℃以下干燥，用20目筛整粒。另取95%乙醇与薄荷油混溶，均匀喷在制成的干颗粒上（或取出适量颗粒将薄荷油吸收，再与其余颗粒拌和均匀），加入干淀粉和硬脂酸镁，置密闭容器中放置后供压片。

【作用和用途】酸碱平衡药，用于调节酸碱平衡；内服治疗胃肠卡他；碱化尿液，防止磺胺类药物对肾脏的损害。

【质量检查】

(1) 性状：本品为白色片。片剂外观应完整光洁、色泽均匀，硬度适宜。

(2) 鉴别：取本品的细粉适量，加水振摇，滤过，滤液显钠盐与碳酸氢盐的鉴别反应。

钠盐：① 取铂丝，用盐酸湿润后，蘸取本品，在无色火焰中燃烧，火焰即显鲜黄色。② 取本品的中性溶液，加醋酸氧铀锌试液，即生成黄色沉淀。

碳酸氢盐：① 取本品溶液，加稀盐酸，即泡沸，产生二氧化碳，导入氢氧化钙试液中，即生成白色沉淀。② 取本品溶液，加硫酸镁试液，煮沸，生成白色沉淀。③ 取本品溶液，加酚酞指示液，不变色或仅显微红色。

(3) 含量测定：取本品10片，精密称定，研细，精密称取适量（约相当于碳酸氢钠1g），加水50mL，振摇使碳酸氢钠溶解，加甲基红-溴甲酚绿混合指示剂10滴，用盐酸滴定液（0.5mol/L）滴定至溶液由绿色变为紫红色，煮沸2min，放冷，继续滴定至溶液由绿色变为暗紫色。每1mL盐酸滴定液（0.5mol/L）相当于42.00mg的碳酸氢钠。

(4) 质量差异：取供试品20片，精密称定总质量，求得平均片重后，再分别精密称定每片的质量，每片质量与平均质量相比较（凡无含量测定的片剂，每片质量应与标示片重比较）。按照规定，超出质量差异限度的不得多于2片，并不得有1片超出限度1倍。

$$片重差异 = \frac{平均片重 - 单个片重}{平均片重} \times 100\%$$

【注解】① 干颗粒的含水量对片剂成型及质量均有很大影响，通常所含水分为1‰~3‰，可用水分快速测定仪进行测定。② 碳酸氢钠在潮湿、高温时易分解，生成碳酸钠，使颗粒表面带有黄色。为使颗粒快速干燥，制软材时黏合剂淀粉用量不宜过多，软材不宜太湿，同时在干燥时烘箱有较好的通风设备，开始时在50℃以下干燥，将大部分水分除去，再逐渐升高至65℃左右。③ 本品干粒中加有薄荷油，压片时常易造成裂片等现象，故湿粒应制备均匀，干粒中60目以下细粉不得超过1/3。加入薄荷油除采用与细粉混合方法外，也可将薄荷油用少量乙醇溶解后，均匀喷于颗粒上，混合均匀后置密闭容器中，使其吸收在颗粒中。

(五) 思考题
(1) 薄荷油在碳酸氢钠片中起何作用？怎样加入干颗粒中较好？
(2) 分析影响片剂崩解的因素及原理。
(3) 片剂的质量检查项目主要包括哪些？

实验八 浸出制剂的制备

(一) 实验目的和要求
(1) 掌握浸渍法、渗漉法操作及酊剂、流浸膏的制备。
(2) 掌握含醇制剂的含醇量测定方法。

(二) 实验提要
浸出制剂常用煎煮法、浸渍法和渗漉法制备。煎煮法是将药材饮片或粗粉置煎煮器中，加水使浸没药材，浸泡适宜时间，加热至沸并保持微沸一定时间，用筛或纱布滤过，滤液保存，药渣再依法煎煮至煎出液味淡为止。合并各次煎出液，供进一步制成所需制剂。浸渍法是取适当粉碎的药材，置有盖容器中，加入定量的溶剂，密盖，时常振摇或搅拌，在室温、阴凉处浸渍3~5d或至规定的时间，使有效成分浸出，倾取上层液，用布滤过，残渣用力压榨，使残液尽可能压出，与滤液合并，静置24h，滤过。渗漉法是在药粉上添加浸出溶剂使其渗过药粉，自下部流出浸出液的一种浸出法，适用于高浓度浸出制剂的制备，也可用于药材含量较低的有效成分的提取。

酊剂、流浸膏或浸膏为常见的浸出制剂。酊剂指药品用规定浓度的乙醇浸出或溶解而制得的澄清液体剂型，也可用流浸膏稀释制成。流浸膏或浸膏是指药材用适宜的溶剂浸出有效成分，蒸去部分或全部溶剂，并调整浓度至规定标准而制成的两种剂型。蒸去部分溶剂呈液体状者为流浸膏剂，每1mL相当于原药材1g；蒸去全部溶剂呈粉状或膏状者为浸膏剂，每1g相当于原药材2~5g。

（三）材料和仪器

【材料】干橙皮、桔梗、乙醇、颠茄草。

【仪器】中草药粉碎机、药典筛（2号、5号筛）、广口瓶（500mL）、纱布、烧杯（500mL）、渗漉筒（500mL）、接收瓶（250mL）、蒸馏瓶（250mL）、冷凝管（25cm）、酒精温度计、电炉、石棉网、普通天平、量杯、循环水泵等。

（四）实验内容

1. 橙皮酊的制备

【处方】橙皮（二号粉）　　　　20g
　　　　70％乙醇　　　　　　加至100mL

【制法】用浸渍法制备。称取干燥橙皮粗粉20g，放入广口瓶中，加70％乙醇至100mL，置30℃处，时加振摇，浸渍3d，倾取上层液，用纱布过滤，残渣用力压榨，使残液完全压出，与滤液合并，静置24h，滤过，即得。含醇量为48％～54％。

【作用和用途】芳香，苦味健胃药。内服用。

【注解】① 橙皮中含有挥发油及黄酮类成分，用70％乙醇能使其中的挥发油全部提取出来，且防止苦味树脂等杂质溶入。② 新鲜橙皮与干燥橙皮的挥发油含量相差较大，故规定用干橙皮投料。

表实-4　醇含量（体积分数）与沸点对照表（大气压力为$1.013×10^5$Pa）

沸点（℃）	醇含量（％）	沸点（℃）	醇含量（％）	沸点（℃）	醇含量（％）	沸点（℃）	醇含量（％）
99.3°	1	87.1°	25	82.9°	49	80.5°	73
98.3°	2	86.8°	26	82.8°	50	80.4°	74
97.4°	3	86.6°	27	82.7°	51	80.3°	75
96.6°	4	86.4°	28	82.5°	52	80.2°	76
96.0°	5	86.1°	29	82.5°	53	80.1°	77
95.1°	6	85.9°	30	82.4°	54	80.0°	78
94.3°	7	85.6°	31	82.3°	55	79.9°	79
93.7°	8	85.4°	32	82.2°	56	79.8°	80
93.0°	9	85.2°	33	82.1°	57	79.7°	81
92.5°	10	85.0°	34	82.0°	58	79.6°	82
92.0°	11	84.9°	35	81.9°	59	79.5°	83
91.5°	12	84.6°	36	81.8°	60	79.4°	84
91.1°	13	84.4°	37	81.7°	61	79.3°	85
90.7°	14	84.3°	38	81.6°	62	79.2°	86
90.5°	15	84.2°	39	81.5°	63	79.1°	87
90.0°	16	84.1°	40	81.4°	64	79.0°	88
89.0°	17	83.9°	41	81.3°	65	78.85°	89
89.1°	18	83.8°	42	81.2°	66	78.8°	90
88.8°	19	83.7°	43	81.1°	67	78.7°	91
88.5°	20	83.5°	44	81.0°	68	78.6°	92
88.1°	21	83.3°	45	80.9°	69	78.5°	93
87.8°	22	83.2°	46	80.8°	70	78.4°	94
87.5°	23	83.1°	47	80.7°	71	78.3°	95
87.2°	24	83.0°	48	80.6°	72		

【质量检查】沸点法测定含醇量。浸出制剂含醇量的测定是为了保证浸出制剂主药含量及稳定性。测定沸点时，如果环境气压非标准大气压，应予以校正。即大气压每相差360Pa（2.7mmHg）时沸点相差0.1℃，在高于标准大气压时，应从表值减去校正值；若低于标准大气压时则加上校正值。

量取酊剂样品50mL，置附有冷凝管和温度计的蒸馏瓶内，加入少量止爆剂，在石棉网上加热，当样品升至60～70℃时继续缓慢加热至沸腾状态，从样品开始沸腾，经过5～10min准确测量沸点，并由表实-4查出样品的含醇量。

2. 桔梗流浸膏的制备

【处方】桔梗（五号粉）　　　　60g
　　　　70％乙醇　　　　　　加至60mL

【制法】用渗漉法制备，称取桔梗粗粉60g，浸渍48h，流速1～3mL/min，先吸集药材量85％的初漉液另器保存。继续渗漉，待可溶性成分完全漉出，将续漉液在60℃下减压蒸馏，回收乙醇浓缩至稠膏状，与初漉液合并，添加适量溶剂使成60mL，静置12h，滤过即得。含醇量为50％～60％。

【作用和用途】祛痰镇咳剂，常用于制备镇咳液体制剂等。

【注解】① 桔梗的有效成分为皂苷，在酸性水溶液中煮沸会生成桔梗皂苷元及半乳糖，故桔梗不宜使用低浓度乙醇作溶媒，以避免苷类分解，且浓缩时温度不宜过高。如果必须用稀醇（55％）浸出时，应加入氨溶液调整至微碱性，以延缓苷的水解。② 药材的粉碎程度可影响浸出效率，对组织较疏松的药材如橙皮，选用粗粉浸出较好，对组织相对致密的桔梗则选用中等粉或粗粉。粉末过细可使较多量的树胶、鞣质、植物蛋白等黏稠物质被浸出，影响主药成分的浸出。③ 药粉装入渗漉筒前应先用溶媒将药粉湿润。装筒时应注意分次投入，逐层压平，使之松紧均匀。投料完毕用滤纸或纱布覆盖，加少量干净碎石以防止药材松动。加溶媒时宜缓慢并使药粉间隙不留空气，渗漉速度为1～3mL/min。

3. 颠茄浸膏的制备

【处方】颠茄草（粗粉）　　　　1 000g
　　　　85％乙醇、稀释剂　　　各适量

【制法】取颠茄草按渗漉法用85％乙醇（适量）作溶剂，浸渍48h，以每1～3mL/min速度渗漉，收集最初渗漉液约3倍于原草量，另器保存。继续渗漉，待生物碱完全漉出，收集漉液作下一缸的渗漉溶剂。初漉液60℃减压蒸馏，除去溶剂，放冷至室温，滤过，滤液在60～70℃蒸发至稠膏状，再加10倍量乙醇，搅拌均匀，静置，待沉淀完全吸取上清液于60℃减压蒸馏，除去溶剂，浓缩至稠膏状，加适量稀释剂至规定标准，研细、过筛。

【作用和用途】颠茄为抗胆碱药，解除平滑肌痉挛，抑制腺体分泌，用于胃肠道疾病等。颠茄浸膏常作制备片剂、丸剂的原料。

（五）思考题

（1）在橙皮酊制备过程中置30℃处，时加振摇，浸渍3d，残渣用力压榨，静置24h后过滤等步骤各有何目的和意义？

(2) 酊剂、流浸膏可用哪些方法方法制备？
(3) 简述浸渍法和渗漉法的特点及适用范围。
(4) 渗漉筒装药不均匀，对渗漉有何影响？如何防止？

实验九　栓剂的制备

（一）实验目的和要求
(1) 掌握制备栓剂的各类基质的特点及适用情况。
(2) 掌握热熔法制备栓剂的操作过程。

（二）实验提要
栓剂是由药物和适宜基质制成供腔道给药的固体制剂，通常用于直肠给药做全身治疗或局部治疗用。栓剂通常采用体温时可熔的或可软化的基质制成。栓剂的制备分为搓捏法、冷压法和热熔法3种，此3种方法均适用于脂肪性基质，而水溶性基质如甘油明胶采用热熔法。

（三）材料和仪器
【材料】醋酸洗必泰、吐温80、冰片、乙醇、甘油、明胶、纯化水、益母草、当归、川芎、桃仁、炮干姜、炙甘草、吐温60、混合脂肪酸甘油酯、氧氟沙星、醋酐、乙醚、盐酸等。

【仪器】蒸发皿、玻璃棒、电炉、栓剂模型、恒温水浴锅、天平、8号药筛、分光光度计、分液漏斗等。

（四）实验内容
1. 洗必泰栓的制备

【处方】
醋酸洗必泰	0.25g	乙醇	2.5g
吐温80	1.0g	甘油	32g
冰片	0.05g	明胶	9.0g
纯化水	50.0g		

【制法】取处方量的明胶，置称重的蒸发皿中（连同使用的玻璃棒一起称重），加入相当明胶量2倍左右的纯化水浸泡，使之溶胀变软，于水溶上加热，使充分熔融制得明胶溶液。再加入处方量的甘油，轻轻搅拌使之混匀，继续加热，搅拌，使水分蒸发至处方量为止（称重）。另取醋酸洗必泰和吐温80，混匀，将冰片溶于乙醇中，在搅拌下与醋酸洗必泰混合均匀，将其加入上述的甘油明胶溶液中，搅匀，趁热灌入已涂好润滑剂的模型内，冷却，削去模口上的溢出部分，取出包装即得。

【作用和用途】通过子宫腔投入，治疗猪、牛慢性子宫内膜炎、子宫颈炎、阴道炎等。

【质量检查】
(1) 性状：完整光滑，无裂缝，不起"霜"或变色，从纵切面观察应是混合均匀的。本品为棕黄色，透明，有一定硬度和弹性。
(2) 鉴别：采用显色反应鉴别醋酸洗必泰。

(3) 检查：

① 质量差异：取供试品 10 粒，精密称定总质量，求得平均粒重后，再分别精密称定每粒的质量，每粒质量与平均质量相比较（凡标示粒重的栓剂，每粒质量应与标示粒重比较）。按照规定，超出质量差异限度的不得多于 1 粒，并不得有超出限度 1 倍。

② 融变时限：取本品 3 粒，在室温放置 1h 后，（37±0.5）℃，进行融变时限测定，结果在 60min 内 3 粒栓剂全部融化。如有 1 粒不合格，应另取 3 粒复试，均应符合规定。

③ 微生物限度检查：按照《中国兽药典》微生物限度检查法检查，每粒栓剂中含细菌数不得超过 100 个，含霉菌和酵母菌数不得超过 10 个。

【注解】① 甘油明胶由甘油、明胶、水按一定比例组成，其比例不同，可得到不同软硬度的透明基质，具有弹性，在体温时不熔融，但能缓缓溶于体液中，释放药物。溶解速度与甘油、明胶、水比例有关，且甘油同时起保湿作用。水分含量应控制适当，水分过多则栓剂太软，反之太硬。② 明胶在制备时应经过溶胀过程，为缩短试验时间，片状明胶应先剪成小块，再用水浸泡，使之膨胀变软，最后加热溶解。加热时应不断轻轻搅拌，切勿剧烈搅拌，以免胶液中产生气泡，影响成品外观。③ 醋酸洗必泰，又称醋酸氯己定，在水中略溶（1.9∶100）。吐温 80 为表面活性剂，可使醋酸洗必泰均匀分散于甘油明胶基质中。但应注意洗必泰与阳离子型表面活性剂有对抗作用，且不宜与甲酸、碘、高锰酸钾等药物同用。另外，用乙醇溶解冰片有利于与其他药物混合均匀。

2. 益母生化栓

【处方】益母草 120g，当归 75g，川芎 30g，桃仁 30g，炮干姜 15g，炙甘草 15g。

【制法】将处方的药物分别粉碎后过 8 号药筛（150 目），混合均匀加入水浴溶化的明胶甘油 140g，吐温 60 4.5g，混匀，倒入栓剂模具中，凝固，刮平，取出包装，制成符合要求的栓剂，每粒 10g。

【作用和用途】具有抗菌消炎、活血化瘀、清热燥湿、净化子宫、生肌、腐蚀、收敛等作用，用于治疗奶牛子宫内膜炎。

3. 氧氟沙星栓的制备（阴道栓）

【处方】氧氟沙星　　　　　　　　10g
　　　　混合脂肪酸甘油酯基质　　适量

【制法】测定氧氟沙星的混合脂肪酸甘油酯置换价，根据置换价计算出基质用量后，将其水浴熔化，加入研细的氧氟沙星粉，搅匀，注模，冷却后脱模即得。

【作用和用途】氟喹诺酮类抗菌药物，用于治疗奶牛子宫内膜炎。

【质量检查】

(1) 性状：本品为白色栓剂

(2) 鉴别：① 取含量测定项下的供试品溶液，按照《中国兽药典》分光光度法测定，在 (293±1) nm 波长处有最大吸收。② 取本品适量（约相当于氧氟沙星 30mg），加温热的 0.1mol/L 盐酸溶液 10mL，置水浴上加热使熔融，冰浴 20min，滤过，滤液置水浴上蒸干，残渣加丙二酸约 10mg，醋酐 10 滴，置水浴上加热，即显红棕色。③ 本品显有机氟化物的鉴别反应。

(3) 检查：取本品3粒，在室温放置1h后，（37±0.5）℃，进行融变时限测定，结果在30min内3粒栓剂全部熔化。

(4) 含量测定：

① 测定波长的确定：精密称取本品适量，置分液漏斗中，加乙醚和0.1mol/L盐酸溶液溶解，取盐酸层，续取乙醚和盐酸溶液适量分3次冲洗，合并盐酸层加0.1mol/L盐酸溶液适量，使成6μg/mL。空白辅料同法操作，用分光光度计在波长220～400nm范围内扫描。另取氧氟沙星标准品，加0.1mol/L盐酸，使成6μg/mL，同法扫描。本品与氧氟沙星标准品220～380nm波长范围内具相同的紫外光谱，其最大吸收波长为294nm。

② 标准曲线的制备：精密称取干燥至恒重的氧氟沙星标准品20mg，置100mL量瓶中。加0.1mol/L盐酸溶液适量溶解后，加盐酸溶液至刻度，摇匀，分别精密吸取1.0、2.0、3.0、4.0、5.0、6.0mL至100mL量瓶中，加0.1mol/L盐酸溶液至刻度，摇匀。在294nm波长处测定吸收度，得回归方程$C=10.98A-0.04$，$r=1.00$，表明氧氟沙星浓度在2.0～12.0μg/mL范围内与吸收度呈线性关系。

③ 样品含量测定：取本品5粒，精密称重，求出平均粒重后，微温使熔化，混匀，冷凝后，精密称取适量（约相当于氧氟沙星30mg），置分液漏斗中，加乙醚和0.1mol/L盐酸溶液适量溶解，分取盐酸层置100mL量瓶中，用0.1mol/L盐酸溶液适量冲洗分液漏斗3次，分取盐酸层至上述100mL量瓶中，加0.1mol/L盐酸溶液至刻度，摇匀，精密吸取2.0mL至100mL容量瓶中加0.1mol/L盐酸溶液至刻度，摇匀，按照《中国兽药典》分光光度法测定，在294nm波长处测定吸收度，按回归方程计算即得。

(五) 思考题

(1) 中药栓剂在制备时对药粉细度有何要求？
(2) 洗必泰栓为何选用甘油明胶基质？操作时应注意什么？
(3) 洗必泰栓剂中各成分的作用是什么？
(4) 为什么栓剂要测定融变时限？

实验十 膏剂的制备

(一) 实验目的和要求

(1) 掌握不同类型膏剂（软膏剂、乳膏剂、眼膏剂）的制备方法。
(2) 了解药物加入到基质中的方法及制备工艺。
(3) 了解不同类型基质对软膏中药物释放的影响。
(4) 了解几种膏剂的质量检查方法。

(二) 实验提要

(1) 软膏剂是药物与适宜基质均匀混合制成的外用半固体剂型，常用的软膏基质可分为油脂性基质和水溶性基质。软膏剂的制备，可根据药物及基质的性质选用研和法、熔和法或乳化法。药物加入方法分为可溶于基质中的药物、不溶性药物、半黏稠性药物、共熔成分药物及中草药软膏剂等的加入方法。本实验将水杨酸制成不同类型的软膏，以评价药物的释放性能。

(2) 乳膏剂是指药物溶解或分散于乳状液型基质中制成的均匀的半固体外用制剂。乳膏剂由于基质不同,可分为水包油型(O/W)乳膏剂和油包水型(W/O)乳膏剂。O/W型乳化剂:一价皂、高级脂肪醇与脂肪醇硫酸酯类、聚山梨酯类与脂肪醇聚氧乙烯醚类;W/O型乳化剂:多价皂、单硬脂酸甘油酯、脂肪酸山梨坦类、蜂蜡、胆甾醇、硬脂醇等弱W/O乳化剂。乳膏剂可采用乳化法制备,即将油溶性物质加热到70~80℃,另将水溶性成分溶于水,加热至与油相成分相同或略高的温度时,将水相溶液在搅拌下加热至油相中,边加边搅,至冷凝。

(3) 眼膏剂是指由药物与适宜基质均匀混合,制成无菌溶液型或混悬型膏状的眼用半固体制剂。常用基质有油脂型、乳剂型及凝胶型基质。眼膏剂的制备与一般软膏剂制法基本相同,但必须在净化条件下进行,一般可在净化操作室或净化操作台中配制。

(三) 材料和仪器

【材料】蜂蜡、花生油或棉子油、十八醇、白凡士林、液体石蜡、月桂醇硫酸钠、尼泊金乙酯、甘油、甲基纤维素、苯甲酸钠、淀粉、水杨酸、醋酸氟轻松、二甲基亚砜、醋酸波尼松、无水羊毛脂、黄凡士林、苏旦(红)、亚甲蓝等。

【仪器】天平、蒸发皿、研钵、恒温水浴锅、电炉、温度计、显微镜、六号筛、玻璃管(内径、管高约2cm)、玻璃纸、线绳、试管、紫外分光光度计、烘箱、冰箱等。

(四) 实验内容

1. 10%水杨酸软膏的制备

【处方】 水杨酸　　1.0g
　　　　 凡士林　　9.0g

【制法】取水杨酸约5g置研钵中研细。称取研好的水杨酸1.0g于研钵中,分次加入凡士林9.0g,研匀,即得凡士林软膏。按以上操作,再分别制备单软膏、乳剂型基质及水溶性基质的10%水杨酸软膏。

【作用和用途】抗真菌药,用于皮肤真菌感染。

【注解】

① 单软膏的制备:取蜂蜡3.3g置水浴上加热,熔化后缓缓加入花生油或棉子油6.7g,不断搅拌至冷凝,即得。

② 水溶性软膏基质的制备:纤维素类基质的制备是先将甲基纤维素0.7g与甘油1.0g在研钵中研匀,然后边研边加入溶有0.01g苯甲酸钠的8.3g水溶液,研匀即得。甘油淀粉基质的制备是取淀粉1g,加溶有0.02g苯甲酸钠的纯化水2mL,混匀,再加入7g甘油于水浴上加热使充分糊化,即得。

③ 乳膏剂基质的制备:取油相成分(十八醇1.8g、白凡士林2.0g、液体石蜡1.2g)置蒸发皿中,于水浴上加热至70~80℃,取水相成分(月桂醇硫酸钠0.2g、尼泊金乙酯0.02g、甘油0.1g和纯化水加至20.0g)于蒸发皿或小烧杯中,置水浴上加热至70~80℃,在等温下将水相成分以细流状加入油相成分中,在水浴上继续加热搅拌几分钟,然后在室温下继续搅拌至冷凝,即得。

2. 水杨酸软膏药物释放试验

(1) 取上面制得的水杨酸软膏，分别置于内径约 2cm 的短玻璃管内（管高约 2cm），管的一端用玻璃纸封贴上并用线绳扎紧，玻璃纸与软膏之间密贴，无气泡。

(2) 将上述短玻璃管按封贴玻璃纸面向下置于装有 100mL、37℃纯化水的大试管中（大试管置于 37±1℃的恒温水浴中）定时取样，每次 5mL，并同时补加 5mL 纯化水，测定样品中水杨酸含量。

(3) 水杨酸的含量测定：其原理为，水杨酸含量与其在 530nm 波长下的吸收值成正比，故本实验不采用常规的标准曲线法，以求得水杨酸实际的释放量，而是以其在 530nm 波长下的吸收度表示其累积释放量的多少。测定时将各时间的样品液 5mL 加入显色剂 1mL，另取纯化水 5mL，加显色剂 1mL 作为空白对照，在 530nm 波长下测其光密度，以光密度对时间作图即得不同基质的水杨酸软膏的释放曲线，试验结果填入表实 – 5。

表实 – 5　不同基质、不同时间水杨酸的光密度

取样时间（min）	凡士林基质	花生油基质	乳剂型基质	纤维素类基质	甘油淀粉基质
30					
60					
90					
120					
150					

3. 醋酸氟轻松乳膏的制备

【处方】
醋酸氟轻松	0.25g	十八醇	90.0g
月桂醇硫酸酯钠	10.0g	尼泊金乙酯	1.0g
二甲基亚砜	15.0g	白凡士林	100.0g
甘油	50.0g	液状石蜡	60.0g
纯化水	加至 1 000.0g		

【制法】取月桂醇硫酸酯钠、尼泊金乙酯、甘油及水混合，加热至 80℃左右，缓缓加入到加热至同温的十八醇、白凡士林及液状石蜡油相中，不断搅拌制成乳剂基质。将醋酸氟轻松溶于二甲基亚砜中，加入乳剂基质中混匀。

【作用和用途】糖皮质激素类药，用于过敏性皮肤病、皮炎、湿疹、皮肤和黏膜瘙痒等症。

【注解】醋酸氟轻松不溶于水，可将其溶于二甲基亚砜中，亦可溶于丙二醇中有利于小量药物的均匀分散和提高疗效。

4. 醋酸波尼松眼膏

【处方】
醋酸波尼松	0.5g
无水羊毛脂	10.0g
液体石蜡	9.5g
黄凡士林	加至 100.0g

【制法】将醋酸波尼松粉末置研钵中，加入适量液体石蜡（经灭菌、冷却），研磨成细糊状后过六号筛，逐渐加入羊毛脂（经灭菌并过滤）、凡士林混合物，研匀，即得。

【作用和用途】糖皮质激素类药物，用于结膜炎、虹膜炎、角膜炎、巩膜炎等。

5. 基质质量评定

(1) 乳剂基质类型鉴别：染色法、显微镜观察。① 加苏旦（红）Ⅲ油溶液1滴，W/O型乳剂时，连续相染红色。② 加亚甲蓝水溶液1滴，O/W型乳剂时，连续相染蓝色。

(2) 稳定性试验：将各基质均匀装入密闭容器中，编号，分别置烘箱（39℃±1℃）、室温（25℃±3℃），冰箱（5℃±2℃）中1个月，检查其稠度、失水、pH、色泽、均匀性以及霉败等现象。

(3) 基质配伍试验：将5g基质与主药按常用浓度制成膏剂后，置密闭容器中贮放一定时间，观察基质是否破坏。

（五）思考题

(1) O/W型乳化剂基质常用哪几种乳化剂？
(2) 试分析各种基质影响水杨酸释放的因素。
(3) 试比较软膏剂、乳膏剂、眼膏剂的制备方法有何不同。

实验十一　水杨酸的透皮渗透试验

（一）实验目的和要求

(1) 了解药物在皮肤内渗透的过程，研究影响经皮渗透的因素。
(2) 掌握药物通过皮肤渗透的体外研究方法。

（二）实验提要

经皮给药是药物通过皮肤吸收的一种给药方法，药物应用于皮肤后，穿过角质层扩散，通过皮肤由毛细血管吸收进入体循环的过程称为经皮吸收或透皮吸收。经皮给药制剂包括软膏、硬膏、涂剂和气雾剂等。药物经皮渗透率的研究是经皮给药系统开发的关键，经皮渗透研究的方法、试验装置与材料多种多样，药物经皮渗透过程是一个复杂的过程，影响因素较多，掌握正确的研究方法、使用合适的实验装置与材料，才能保证研究结果的意义。

角质层是大部分药物经皮渗透的主要屏障，而角质层是由死亡的角化细胞组成，因此离体经皮渗透研究的结果可反映药物在体内的经皮吸收。此试验是将剥离的皮肤夹在扩散池中，药物应用于皮肤的角质层面，在一定时间间隔测定皮肤另一面接受介质中的药物浓度，分析药物通过皮肤的动力学。实验所需主要装置为扩散池，可设计或选用单室、双室和流通扩散池。Franz扩散池是垂直的单室扩散池，常用于药物制剂的透皮率测定。实验所需要的皮肤根据药物所应用的对象来选择。人或贵重动物的皮肤不易得到，且很难使条件保持一致，因此常用实验动物的皮肤代替，如无毛小鼠、裸鼠、大鼠、豚鼠、兔、犬、猪等，有毛动物的皮肤用前需去毛。

（三）材料和仪器

【材料】水杨酸、乙醚、硫酸酰胺显色剂、雄性大鼠（150～180g）、生理盐水、乙醇、纯化水、盐酸。

【仪器】紫外分光光度计、电子天平、容量瓶（10mL、50mL）、恒温水浴锅、手术剪刀、电须刀（或手术刀片）、药物透皮扩散仪。

(四) 实验内容

1. 水杨酸的经皮渗透试验 取体重 150~180g 的雄性大鼠，用乙醚麻醉后先用剪刀剪去腹部的毛，再用电须刀（或手术刀片）去净该部位毛。处死大鼠，剥离去毛部位的皮肤，去皮下组织后置于生理盐水中浸洗 30min，取出置于扩散池口，角质层向上，真皮面向下，接受池中加满生理盐水，样品室加入水杨酸的饱和水溶液或 30% 乙醇中的饱和溶液使能淹没皮肤，夹层通 37℃ 的水。在持续搅拌下，于 0.5、1.0、1.5、2.0、2.5、3.0、3.5h 取出全部接受介质测定水杨酸浓度，并立即加入新的生理盐水。

2. 水杨酸浓度的测定

(1) 标准曲线的绘制：精密称取水杨酸 100mg 置 50mL 容量瓶中，用纯化水溶解并定容、摇匀，精密量取该溶液 1、2、3、4、5mL 置 10mL 容量瓶中，以纯化水定容并摇匀，分别精密量取 5mL，加硫酸酰胺显色剂 1mL，以纯化水 5mL 加硫酸酰胺显色剂 1mL 作为空白对照，于 530nm 处测定吸收度，将吸收度值对水杨酸浓度回归得标准曲线回归方程。

(2) 硫酸酰胺显色剂的配制：称取 8g 硫酸酰胺溶于 100mL 纯化水中，取 2mL 加 1mol/L 盐酸溶液 1mL，加纯化水至 100mL 即得（本品需新鲜配制）。

(3) 水杨酸浓度的测定：取接受介质 5mL 加硫酸酰胺显色剂 1mL，于 530nm 波长处测定吸收度 A，用标准曲线回归方程计算水杨酸浓度。取 32℃ 恒温水杨酸饱和水溶液和 30% 乙醇饱和溶液用纯化水稀释 100 倍，取稀释液 5mL，加硫酸酰胺显色剂 1mL，于 530nm 处测定吸收度值，用标准曲线计算水杨酸浓度，乘以稀释倍数即得水杨酸在 32℃ 的溶解度。

3. 累积渗透量的计算 将各个时间接受介质中的水杨酸浓度 (C) 乘以接受室内介质的体积得每个时间间隔透皮渗透量 (Q)，计算各个时间的累积渗透量并除以扩散池有效表面积，得单位面积累积渗透量 (M)，结果记入表实-6。

表实-6 不同时间取样的数据记录表

t (h)	0.5	1.0	1.5	2.0	2.5	3.0	3.5
A							
C (μg/mL)							
Q (μg)							
M (μg/cm^2)							

4. 透皮渗透曲线的绘制 以单位面积累积渗透量为纵坐标，时间为横坐标，绘制水杨酸透皮曲线。曲线尾部的直线部分外推与横坐标相交，求得时滞。

5. 渗透速度与渗透系数的计算 将渗透曲线尾部直线部分的 $M-t$ 数据进行线性回归，求得直线斜率即为渗透速度 J [μg/(cm^2·h)]。将渗透速度除以样品室药物浓度得渗透系数 P (cm/h)。

【注解】① 实验用皮肤最好新鲜取用，如需保存应置于含抗生素的生理盐水或组织培养液中于 4℃ 保存，也可用低温冷冻贮存或冷冻干燥贮存；皮肤用前需去毛，否则影响固体制剂与皮肤接触或液体药物与皮肤接触面的搅拌。常用的硫酸钠等脱毛剂具有较强的碱性，能影响皮肤的渗透性，不能用于经皮渗透实验，故用电须刀或手术刀片刮毛。另外剥离皮肤的皮下组织时应注意不要剪破皮肤。② 接受液应具有接受通过皮肤的药物的能力，能够提供漏槽条件，故应有适宜的 pH（7.2～7.3）和一定的渗透压。常用的接受液有生理盐水、林格氏液和等渗磷酸盐缓冲液等。每次抽取接受介质后应立即加入新的接受介质，并排尽与皮肤接触面的气泡。③ 为了减少药物经皮渗透实验的差异，控制温度十分重要。大部分体外经皮渗透实验用的扩散池有水夹层，水浴温度的选择在文献中有不同报道。有的考虑与体温一样，将接收液温度维持在37℃；有的选择水浴温度为32℃，使接近于皮肤表面的温度。有些实验室在室温下进行，一般认为单室扩散池水浴温度维持在37℃。④ 应用水杨酸在30%乙醇中的饱和溶液作为样品室的药物溶液能在4h 的实验时间内得到较好的渗透曲线，而作为对照的水杨酸饱和水溶液渗透速度小，如要得到理想的渗透曲线需延长取样时间间隔和实验持续时间。⑤ 测定接受介质中水杨酸浓度时，如溶液浑浊需过滤。

（五）思考题

（1）讨论水杨酸饱和水溶液和30%乙醇溶液的渗透速度和渗透系数的差异。
（2）影响药物渗透速度和渗透系数的因素有哪些。

实验十二 脂质体的制备

（一）实验目的和要求

（1）掌握脂质体的制备方法。
（2）了解脂质体的形成原理、作用特点及质量检查方法。

（二）实验提要

脂质体是将药物包封于类脂质双分子层所构成的薄膜中所制成的超微型球状载体制剂。按其结构分为单室脂质体和多室脂质体两大类。常用制备方法有注入法、薄膜法、逆相蒸发法、乳化法和冷冻干燥法等。注入法有乙醚注入法和乙醇注入法两种，是将磷脂等溶于醚或醇中，在搅拌下慢慢滴于55～65℃含药或不含药的磷酸缓冲液构成的水性介质中，蒸去醚或醇，可制得脂质体。薄膜分散法可形成多室脂质体，经超声处理后可得到小单室脂质体，此法操作简单，但包封率较低。逆相蒸发法是将磷脂等脂溶性成分溶于有机溶剂，再与含药的缓冲液混合、乳化，然后减压蒸去有机溶剂而形成脂质体，适合于水溶性大分子活性物质，包封率高。冷冻干燥法适于水中不稳定药物脂质体的制备。

对所制备的脂质体进行粒径、粒径分布和包封率等指标的质量评价，粒径检查一般可用显微镜观察粒子的外形及大小，更精密的检查方法如扫描（或透射）电子显微镜、库尔特计数仪、激光粒度测定仪、多功能图像分析仪等。包封率是衡量脂质体内在质量的重要指标之一，常用分子筛法、超速离心法、超滤膜法和阳离子交换树脂法。

制备脂质体的原料常用磷脂和胆固醇。磷脂有天然磷脂（豆磷脂、卵磷脂等）和合成磷脂（二棕榈酰磷脂酰胆碱、二硬脂酰磷脂酰胆碱等）。胆固醇为两亲性物质，与磷脂混合使用，其作用是调节双分子层的流动性，减低脂质体膜的通透性。其他附加剂如十八胺、磷脂酸等，具有改变脂质体表面电荷的性质。

（三）材料和仪器

【材料】豆磷脂、乙醚、胆固醇、盐酸小檗碱、磷酸二氢钠、磷酸氢二钠、药用甘油、阳离子交换树脂。

【仪器】电炉（或电热板、电热套）、酸度计、磁力搅拌器、烧杯、天平、吸耳球、试管、容量瓶（10mL、50mL）、分离柱、紫外分光光度计、光学显微镜、毛细管、载玻片、盖玻片、高压乳匀机、高压灭菌锅等。

（四）实验内容

1. 磷酸盐缓冲液（PBS）的配制 称取磷酸氢二钠（$Na_2HPO_4 \cdot 12H_2O$）3.7g 与磷酸二氢钠（$NaH_2PO_4 \cdot 2H_2O$）20g，加纯化水适量，加热溶解，稀释成 1000mL 即得 0.067mol/L 的磷酸盐缓冲液（pH 约为 5.7）。

2. 盐酸小檗碱溶液的配制 称取适量的盐酸小檗碱，用 0.067mol/L 磷酸盐缓冲液配成 1mg/mL 和 3mg/mL 的两种浓度药液。

3. 盐酸小檗碱脂质体的制备 称取豆磷脂 0.75g，胆固醇 0.25g 置于 150mL 烧杯中，加入 35mL 乙醚，在磁力搅拌器上搅拌溶解，加入盐酸小檗碱溶液（1mg/mL）25mL，继续搅拌，乳化，直到乙醚挥尽成为黄色的乳状液，即为小檗碱脂质体。

4. 形态和粒度检查 使用光学显微镜的油镜进行形态和粒度大小的检查。取制得的脂质体溶液 1mL，加 5%纯净的药用甘油 3mL，于试管中摇匀后，以毛细管点样于洁净的载玻片上，盖上盖玻片，仔细镜检每个视野中的粒子（每个视野有 500～1000 粒）和形态及大小，记录并计算平均粒径（同时报告最大粒径）。

另将所制得的脂质体溶液通过高压乳匀机 2 次，过滤，灌封于 10mL 安瓿中，用 100℃流通蒸汽灭菌 30min，放冷，剧烈振摇。再用显微镜检查灭菌后的脂质体形态和大小，将结果填入表实-7 中：

表实-7 灭菌前后及高压乳匀后脂质体粒径的变化

粒径（μm）	灭菌前	高压乳匀后	灭菌后
最大粒径			
最多粒径			
平均粒径			

5. 包封率的测定

(1) 阳离子交换树脂分离柱的制备：称取已处理好的阳离子交换树脂约 1.5g，装于底部已垫有少量玻璃棉的 5mL 注射器筒中，加入磷酸盐缓冲液水化阳离子交换树脂，自然滴尽磷酸盐缓冲液，即得。

(2) 柱分离度考察：

① 空白脂质制备：称取豆磷脂 0.9g，胆固醇 0.3g 于小烧杯中，加乙醚 10mL，搅拌使溶解，旋转该小烧杯使乙醚液在杯壁成膜，用吸耳球吹风，将乙醚挥去。另取磷酸盐缓冲液 30mL 于小烧杯中，置磁力搅拌器上，加热至 55～65℃备用。取预热的磷酸盐缓冲液 20mL 加至含有磷脂和胆固醇成膜的小烧杯中，搅拌 30～60min（溶液体积减少，补加 PBS），即得。

② 盐酸小檗碱与空白脂质体混合液的制备：精密量取 3mg/mL 盐酸小檗碱溶液 0.1mL，置小试管中，加入 0.2mL 空白脂质体，混匀，即得。

③ 对照品溶液的制备：取②中混合液 0.1mL 置 10mL 容量瓶内，加入 95％乙醇 6mL，振摇使之溶解，再加磷酸盐缓冲液至刻度，摇匀，得对照品溶液。

④ 样品溶液的制备：取②中混合液 0.1mL 加至分离柱顶部，待柱顶部的液体消失后，放置 5min，仔细加入磷酸盐缓冲液（注意不要将柱顶部离子交换树脂冲散），进行洗脱（需 1.5～2mL 磷酸盐缓冲液），同时收集洗脱液于 10mL 容量瓶中，加入 95％乙醇 6mL 振摇使之溶解，再加磷酸盐缓冲液至刻度，摇匀，过滤，弃去初滤液，取续滤液为样品溶液。

⑤ 空白溶剂的配制：取 95％乙醇 30mL，置 50mL 容量瓶中，加磷酸盐缓冲液至刻度，摇匀，即得。

⑥ 吸收度的测定：以空白溶剂为对照，在 345nm 波长处分别测定样品溶液与对照品溶液的吸收度，按下式计算柱分离度（分离度要求大于 0.95）：

$$柱分离度 = 1 - A_{样}/2.5A_{对}$$

式中，$A_{样}$ 为样品溶液的吸收度；$A_{对}$ 为对照品溶液的吸收度；2.5 为对照品溶液的稀释倍数。

(3) 供试品的测定：精密量取盐酸小檗碱脂质体 0.1mL 两份，一份置 10mL 容量瓶中，按"柱分离度考察"项下②～③进行操作；另一份置于分离柱顶部，按"柱分离度考察"项下④进行操作，所得溶液于 345nm 波长处分别测定吸收度，按下式计算包封率：

$$包封率 = A_L/A_r \times 100\%$$

式中，A_L 为柱分离后（脂质体中）药物的吸收度；A_r 为供试品（脂质体中外）药物总的吸收度。

【作用和用途】制成多种制剂作为抗菌药使用。

【注解】① 制备用磷脂和胆固醇溶液应澄清，若有杂质应滤过除去。② 如果室温较低，可用吸耳球轻吹乙醚液面，加速乙醚挥法，制备过程中禁止用明火。③ 如果所制得的脂质体体积少于 5mL，加纯化水调整至 5mL。

(五) 思考题
(1) 脂质体在结构上有什么突出的特点？
(2) 影响脂质体形成的因素有哪些？

实验十三　微囊的制备

(一) 实验目的和要求
(1) 掌握复凝聚法制备微囊的基本原理、工艺及操作要点。
(2) 了解微囊的成囊条件、影响因素及控制方法。

(二) 实验提要

微囊剂是利用天然的或合成的高分子材料（囊材）将固体或液体药物（囊心物）包裹而成的直径 1～5 000μm 的微小胶囊。通常可根据临床需要将微囊制成散剂、胶囊剂、片剂、注射剂及软膏剂等。目前制备微囊的方法可归纳为物理化学法、化学法和物理机械法三大类。其中物理化学法中的凝聚法是当前水不溶性固体或液体药物微囊化最常用的方法之一，有单凝聚法和复凝聚法之分，而复凝聚法更为多用：其制备微囊的工艺流程为：

$$\left.\begin{array}{l}\text{药物} \longrightarrow \\ \text{囊材溶液} \longrightarrow\end{array}\right\} \text{混悬液（或 O/W 型乳状液）} \xrightarrow{\text{包裹}} \text{凝聚囊} \xrightarrow{\text{稀释}} \text{沉降囊}$$

$$\xrightarrow{\text{固化}} \text{固化囊} \xrightarrow{\text{洗涤}} \text{微囊} \xrightarrow{\text{干燥}} \text{制剂}$$

本实验采用复凝聚法制备磺胺二甲嘧啶微囊，以阿拉伯胶（带负电荷）和明胶（带正电荷）作为包囊材料。

囊材的品种、胶液浓度、成囊温度、搅拌速度及 pH 等因素对成囊过程和成品质量均有重要影响，制备时应从严把握成囊条件。最常用的囊材有明胶、阿拉伯胶、桃胶、聚乙烯醇、聚乙二醇等。囊心物与囊材的比例应恰当。为使微囊具有一定的可塑性，通常在囊材中加入适量的增塑剂，如明胶作为囊材时可加入明胶体积 10%～20% 的甘油或丙二醇。而固化剂的品种、用量及 pH 等因素对囊膜的固化程度和强度也有很大影响，操作时也应很好控制。搅拌速度应以产生泡沫最少为佳，必要时可加入几滴戊醇或辛醇消泡，可提高收率。固化前切勿停止搅拌，以免微囊粘连成团。

（三）材料和仪器

【材料】明胶、阿拉伯胶、鱼肝油、醋酸、甲醛、磺胺二甲嘧啶、氢氧化钠等。

【仪器】研钵、恒温搅拌器、烧杯、显微镜、盖玻片、恒温水浴锅、循环水泵等。

（四）实验内容

磺胺二甲嘧啶复凝聚微囊的制备。

【处方】
磺胺二甲嘧啶	1.2g
3%阿拉伯胶溶液	20.0mL
10%醋酸溶液	适量
37%甲醛溶液	3.0mL
3%明胶溶液	20.0mL

【制法】

（1）溶胶的制备：称取明胶和阿拉伯胶，分别配制 3%明胶溶液和 3%阿拉伯胶溶液各 50mL，明胶用 20%氢氧化钠溶液调节 pH 至 7～8，备用。

（2）混悬：称取磺胺二甲嘧啶，置研钵中，加入 3%阿拉伯胶溶液 20mL，置 45℃水浴中，磁力搅拌直至取样在显微镜下观察磺胺二甲嘧啶无大结晶，并分散均匀，再加入等温的 3%明胶溶液 20mL，不断搅拌。

（3）凝聚及固化：在不断搅拌下，滴加 10%醋酸溶液适量，调节 pH 至 3.8～4.1 即产生凝聚，于显微镜下观察。凝聚后继续搅拌 5min，加入约 37℃纯化水 80mL 稀释，取出，使微囊混悬液的温度降至 25～28℃后，移入冰浴中，待温度降至 10℃以下后，加入 37%甲醛溶液 1.6mL，固化 0.5～1h，然后加 20%氢氧化钠溶液调节 pH 至 9.0 左右。

（4）制粒及干燥：倾去上清液，微囊过滤，用纯化水洗至无甲醛气味，抽干，加适量淀粉制成颗粒，置 70℃以下干燥，即得。

（5）微囊大小的测定：此微囊为圆球形，可用光学显微镜测定微囊体的粒径。取少许湿微囊，加纯化水分散，盖上盖玻片（注意除尽气泡），用有刻度尺（刻度已校正其每格的微米数）的接目镜的显微镜，测量600个微囊，按不同大小计数。也可将视野内的微囊进行显微照相后再测量和计数。

（6）分别绘制复凝聚工艺形成的微囊形态图，并讨论制备过程的现象与问题；分别将制得的微囊大小记录于表实-8中。

表实-8 微囊的体积径（总个数：　　　　）

微囊直径（μm）	<10	10~20	20~30	30~40	40~50	50~60	60~70	70~80	80
数（个）									
频率（%）									

【作用和用途】抗微生物药，用于敏感菌感染，主要用于治疗家畜的巴氏杆菌病、乳腺炎、子宫炎、呼吸道及消化道感染，也可用于治疗球虫和弓形虫感染。

【注解】① 复凝聚法制备微囊，操作简单，适于难溶性药物的微囊包裹。② 囊材明胶、阿拉伯胶的浓度可在10%以下调整，pH在4.5以下；而温度应控制在35℃（明胶溶液的胶凝点）以上。③ 滴加醋酸调节pH时，应逐滴加入，特别是当pH接近4时，应随时取样在显微镜下观察微囊的形成。④ 甲醛可使囊膜的明胶变性固化，其用量能影响明胶的变性程度，也影响药物的释放快慢。⑤ 当温度接近凝聚点时，微囊易粘连，故应不断搅拌并用适量水稀释。⑥ 固化时用氢氧化钠调节pH至7~8时，可增强甲醛与明胶的交联作用，使凝胶的网状结构孔隙缩小而提高热稳定性。

（五）思考题
（1）试述药物制成微囊的目的是什么？制备的方法有哪些？
（2）复凝聚法制备微囊时各步骤操作的目的及要点分别有哪些？

实验十四　磺胺甲基异噁唑的在体小肠吸收实验

（一）实验目的和要求
（1）掌握大鼠在体小肠吸收的实验方法。
（2）掌握药物吸速度常数（K）、半衰期（$t_{1/2}$）及每小时吸收率的计算方法。

（二）实验提要
被动扩散是消化道吸收的最重要途径，它是药物分子通过胃肠屏障从浓度高的区域（吸收部位）经浓度转低的区域（血液）扩散，电动势高的向电动势低的区域移动，不消耗生物体的能量，只与浓度有关。其扩散速率与膜两侧的浓度差成正比，Fick方程式定量地描述了这一过程：

$$-\frac{dQ}{dt}=DK \cdot S\frac{C-C_b}{X}=PS\frac{C-C_b}{X}$$

式中，dQ/dt 为分子型药物的透过速度；S 为膜的面积；D 为膜内的扩散速度常数；K 为膜物质/水溶液的分配系数；C 为消化液中药物浓度（外部浓度）；C_b 为在血液中药物浓度（内部浓度）；X 为膜的厚度。$P=D \cdot K$，称为透过常数。

一般药物进入循环系统后立即转运至全身,所以药物在吸收部位循环液中的浓度相当低,可忽略不计,因此透过速度与消化液中的药物浓度成正比。如果设 $PS/X=K$,则上式可简化为:

$$-\frac{dQ}{dt}=\frac{PS}{X}\cdot C=KC$$

由上式可看出药物的透过速度属于表现一级速度过程。如果以消化液中药物量的变化 dX/dt 表示透过速度,则:

$$\frac{dX}{dt}=-KX$$

将上式积分,则

$$\ln X=\ln X_0-K_t$$

以时间对小肠残存的 $\ln X$ 作图应为一直线,其直线斜率即为药物在小肠中的吸收速度常数 K。

(三)材料和仪器

【材料】磺胺甲基异噁唑(SMZ)、酚红、$NaHCO_3$、0.2% $NaNO_2$、1.0% $NH_2SO_3NH_4$、0.2%二盐酸萘乙二胺(以上置冰箱保存)、1mol/L HCl、1.0mol/L NaOH、生理盐水、Krebs-Ringer 试液(每 1 000 mL 含 NaCl 7.8g,KCl 0.35g,$CaCl_2$ 0.37g,$NaHCO_3$ 1.37g,NaH_2PO_4 0.32g,$MgCl_2$ 0.02g,葡萄糖 1.4g)、戊巴比妥钠溶液(10mg/mL,大鼠每100g腹腔注射0.4mL麻醉)。

【实验动物】雄性大鼠,体重200g左右。

【仪器】蠕动泵(或微量输液器)、721型比色计、红外线灯、分析天平、恒温水浴、搪瓷盘、离心管、移液管(50、5、2、1、0.5mL)、烧杯(75mL、50mL)、100mL锥形瓶、注射器(20mL、1mL)、眼科剪、镊子、小剪刀、刀片、坐标纸等。

(四)实验内容

1. 供试溶液的配制

(1)供试液(1μg/mL SMZ 溶液):溶媒组成同 Krebs-Ringer 缓冲液。称取 SMZ 10mg 和酚红 20mg 后,加入少量纯化水混悬,加入碳酸氢钠并微热使之溶解(必要时滴加数滴 1mol/L NaOH 溶液),得甲液;另将缓冲液的其他成分用纯化水溶解,得乙液。将甲液缓缓加入乙液中,添加适量纯化水至1 000mL,即得。

(2)酚红液(20μg/mL):溶媒组成同 Krebs-Ringer 缓冲液。称取酚红 20mg,加少量纯化水混悬,加入碳酸氢钠并微热使溶解(必要时滴加数滴 1 mol/L NaOH 溶液),得甲液;另将缓冲液的其他成分用纯化水溶解得乙液,将甲液缓缓加入乙液中,并添加适量纯化水至1 000mL,即得。

2. 定量方法

(1)SMZ 的检测操作流程如下:样品 1.0mL $\xrightarrow[\text{摇匀,置冰水浴}]{+1\text{mol/L HCl5mL}}$ $\xrightarrow[\text{摇匀,置冰水浴}]{+0.2\%NaNO_2 0.5\text{mL}}$ →放置 3min $\xrightarrow[\text{摇匀}]{+1.0\%NH_2SO_3NH_4 0.5\text{mL}}$ →放置 3min $\xrightarrow[\text{摇匀}]{+0.2\%萘乙二胺 0.3\text{mL}}$ →放置

20min→550nm 波长处测定吸收度。

(2) 酚红的定量检测：样品 0.5mL $\xrightarrow[\text{摇匀}]{+1\text{mol/L NaOH 5mL}}$ →550nm 波长处测吸收度

3. 标准曲线的绘制

(1) SMZ 标准曲线的绘制：精密称取 SMZ 10mg 溶解在 Krebs-Ringer 缓冲液中，配制成 20μg/mL 的 SMZ 贮备液。吸取该溶液 0、1、2、3、4、5mL，分别加入 200μg 酚红，用 Krebs-Ringer 缓冲液稀释至 10mL，则分别配成浓度为 0、2、4、6、8、10μg/mL 的标准溶液。分别吸取以上各溶液 1mL（作为样品），按上面的定量法使显色后，在 550nm 波长处测定吸收度，并以"吸收度-浓度"作图，得 SMZ 标准曲线。

(2) 酚红标准曲线的绘制：吸取 200μg/mL 的酚红溶液 0.5、1、2、4mL，用缓冲溶液稀释至 10mL。分别吸取 0.5mL（即分别为 10、20、40、60 和 80μg/mL），加入 1mol/L NaOH 5mL 显色后，在 550nm 波长处测定吸收度，以"吸收度-浓度"作图，即得酚红标准曲线。

4. 大鼠在体肠管回流操作方法：操作装置如图实-1 所示。

(1) 大鼠麻醉：实验前大鼠禁食一夜，腹腔注射戊巴比妥钠（30mg/kg）麻醉，并背位固定于固定台上。

(2) 小肠两端插管：沿腹中线切开腹腔（约 3cm 长），自十二指肠上部及回肠下部各插入直径为 0.5cm 的玻璃管并用线扎紧，缝合切口。

(3) 洗涤肠管：用 37℃ 缓冲液或生理盐水缓缓注入肠管，将其内容物冲洗干净，充分洗净后送入空气使洗涤液尽量流尽。

(4) 作成回路：吸取供试液 50mL，从十二指肠上部进入肠管并流入贮液瓶中，按图实-1 所示作成回路，开动微量输液器记录开始回流时间。

(5) 取样：回流开始后 10min，取样 2 份，一份 1mL，另一份 0.5 mL，分别作为药物和酚红的零时间样品，其后每隔 10min 也同样取样 2 份，每次取样后立即补加酚红溶液（20μm/mL）1.5mL，取样至 120min 后停止回流。

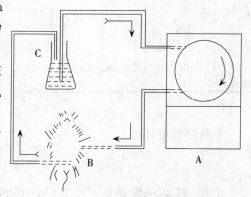

图实-1 大鼠在体小肠回流实验装置
A. 微量输液器　B. 大鼠
C. 贮液瓶（置 37℃ 水浴中）

(6) 样液定量：以上的各次样液，分别参照 SMZ 和酚红的定量法进行测定，并根据标准曲线分别算出浓度。供试药液应测定 SMZ 和酚红的初浓度，补加用酚红溶液应测定纯酚红浓度。

SMZ 比色时的空白液的制备是用供试药液（或者实验结束后的循环药液）1mL，按照 SMZ 定量法操作，但不加萘乙二胺显色剂。酚红比色时的空白液是用 1mol/L NaOH 溶液。

(7) 计算小肠面积：取出小肠，冲洗后剖开，摊于坐标纸上，沿小肠边剪下坐标纸，冲洗后晾干，烘干称重。剪取 10 格（10cm^2）坐标纸称重后，可得到单位面积坐标纸的质量，然后由坐标纸的总质量可以求得坐标纸的总面积，即小肠的面积（cm^2）。

(8) 数据处理（表实-9）。

表实-9 SMZ小肠吸收试验数据处理

大鼠体重：　　g（雄性）；供试液 pH：　　；酚红浓度：　　μg/mL；小肠面积：　　cm²

编号	取样时间 (min)	SMZ 吸收值	SMZ 浓度 (μg/mL)	酚红 吸收值	酚红 浓度 (μg/mL)	循环体积 (mL)	现存药量 (μg)	循环液中药量 (μg)	吸收药量 (μg)	剩余量 (μg)	lg 剩余量
初浓度											
0	0										
1	10										
2	20										
3	30										
4	40										
5	50										
6	60										
7	70										
8	80										
9	90										
10	100										
11	110										
12	120										
备注											

① SMZ 浓度计算：

$$C\ (\mu g/mL) = \frac{E - 0.0037}{0.01395}$$

式中，C 为 SMZ 浓度；E 为 SMZ 吸收度。

② 酚红浓度计算：

$$C'\ (\mu g/mL) = \frac{E' - 0.0066524}{0.0067226}$$

式中，C' 为酚红浓度；E' 为酚红吸收度。

③ 根据"lg 剩余量－时间"作图，得一直线，从直线斜率求出吸收速度常数、半衰期等。

④ 每小时吸收率 = $\dfrac{0 \text{时间剩余量} - 60 \text{min 剩余量}}{0 \text{时间剩余量}} \times 100\%$

剩余药量（μg）：$P_n = C_n V_n + 1.5 \sum_{i=1}^{n-1} C_i$

供试液体积（mL）：$V_n = \dfrac{(V_1 - 1.5)\ C'_1 + 40}{C'_n}$

式中，V_1 为 0 时供试液体积；C'_n 为酚红浓度。

⑤ 根据小肠面积计算单位时间内（h）单位面积（cm²）的吸收率。

【注解】① 小肠分十二指肠、空肠和回肠,其表面有环轮状皱襞和绒毛突起,绒毛上还有许多微绒毛,有效吸收面积很大。由于被动转运速度与表面积成正比,故小肠既是药物吸收的主要部位(尤其是十二指肠),又是药物主动吸收的特殊部位。② 小肠插管时,将十二指肠上部剪一小缺口,插入直径为7mm的玻璃管,回肠下部插入直径为5mm的玻璃管。插管后在腹部切口部位覆盖生理盐水纱布。③ 清洗肠管时,用约200mL生理盐水(预热37℃)沿十二指肠插管缓缓注入肠管,缓慢冲洗去掉肠内容物。④ 将微量输液器先开到10档(流速5mL/min),待回流后10min取样,作为药物和酚红零小时样品(此时肠管内充盈供试液),然后改为8档(流速为2.5mL/min)。⑤ 显色反应需置冰浴中进行,反应过程中要不断振摇,并严格控制反应时间。⑥ 在SMZ溶液中加入一定浓度的酚红是因为它是大分子络合物,不被小肠吸收,而SMZ可被小肠吸收,同时小肠能吸收或排泄水分子等特点,可根据酚红浓度的变化求出供试液体积的变化,从而计算出不同时间的SMZ浓度或含量。

(五)思考题
(1)酚红在此试验中起何作用?本法可否用于其他药物的小肠吸收研究?
(2)试述本试验设计的基本思路。

实验十五 维生素C注射液的稳定性实验

(一)实验目的和要求
通过实验,掌握制备维生素C注射液时应控制的几项主要质量指标,进一步理解制备注射液时严格按工艺条件操作的必要性。

(二)实验提要
稳定性实验方法分为单项因素考察法和综合考察法两类。其中单项因素考察法又称比较实验法,实验中固定其他因素,仅改变一个因素,观察该因素对制剂稳定性的影响,然后再逐个改变另外因素进行实验,从而确定最优条件。此法主要用于设计制剂的处方组成和制备工艺。影响药物稳定性的因素分为外界因素和处方因素两种,其中外界因素包括温度、光线、空气、金属离子、湿度和水分;处方因素为pH、广义的酸碱催化、溶剂、离子强度、表面活性剂等。通过比较实验法,考察影响稳定性的主要因素,从而确定处方的组成和生产工艺。综合考察法是对于制剂成品进行实验,以预测其有效期,因实验条件不同又分为留样观察法和加速实验法。

维生素C在干燥状态下较稳定,但在潮湿或溶液中则很快变色,并降低含量。维生素C分子结构中,在羰基毗邻的位置上有2个烯醇基,易被氧化,生成呋喃糖醛,呋喃糖醛进一步聚合,生成的聚合物带有黄色。在维生素C的氧化过程中,受外界温度、溶液的pH、重金属离子、空气中的氧等因素影响。本实验主要以pH、空气中的氧、抗氧剂、金属离子等几项因素进行实验,考查这些因素对维生素C注射液稳定性的影响。

(三)材料和仪器
【材料】维生素C注射液、维生素C粉、丙酮、醋酸、淀粉指示剂、碘标准液、碳酸氢钠、纯化水、盐酸半胱氨酸、焦亚硫酸钠、亚硫酸氢钠、硫酸铜、EDTANa$_2$。
【仪器】pH试纸、酸度计、注射器、安瓿(2mL)、熔封灯、CO_2气体罐、电炉子、容量瓶

(50mL)、恒温水浴锅、751 分光光度计。

(四) 实验内容

1. 维生素 C 含量测定方法 精密吸取维生素 C 注射液适量,加纯化水 15mL 及丙酮 2mL,摇匀,放置 5min,加稀醋酸 4mL 和淀粉指示剂 1mL,用 0.1mol/L 碘标准液滴定至溶液显持续的蓝色,记录消耗碘液的量 (mL)(每 1mL 0.1mol/L 碘液相当于 8.806mg 的维生素 C)。

2. pH 对维生素 C 注射液质量的影响 取维生素 C 粉 10g,配成 5% 溶液 200mL,取样作含量测定后,将溶液分成 4 份,分别用 $NaHCO_3$ 溶液调节 pH 至 4.0、5.0、6.0、7.0(先用 pH 试纸、后用 pH 计测定)。用注射器将溶液分别灌入 2mL 安瓿中,封口,作标记后于沸水浴中煮沸,观察不同时间颜色的变化,测定含量并记录于表实 – 10,以 pH 为横坐标,60min 的透光率及含量为纵坐标,分别作图,并讨论实验结果。

表实 – 10 pH 对维生素 C 注射液质量的影响

样品号	pH	煮沸时间（min）和颜色变化					消耗碘液量（mL）	
		5	10	15	30	60	0min	60 min
1	4.0							
2	5.0							
3	6.0							
4	7.0							
结论								

3. 空气中的氧对维生素 C 注射液质量的影响 称取维生素 C 0.5g,用煮沸放冷的纯化水配成 5% 溶液 100mL,用 $NaHCO_3$ 溶液调节 pH 至 5.8~6.2。取样测定含量后,将溶液分为 2 份,一份于 2mL 安瓿中灌装 2mL 和 1mL,封口,标记。另一份于 2mL 安瓿中灌装 2mL,通入 CO_2 约 5s 后,立即封口。将上述三个样品,煮沸 1h,观察不同时间颜色变化,并测定含量,结果记录于表实 – 11 中。

表实 – 11 空气中的氧对维生素 C 注射液质量的影响

样品号	条件	煮沸时间（min）和颜色变化					消耗碘液量（mL）	
		10	20	30	45	60	0min	60min
1	2mL 灌装,不通 CO_2							
2	1mL 灌装,不通 CO_2							
3	2mL 灌装,通 CO_2							
结论								

4. 抗氧化剂的作用 取维生素 C 粉 7.5g,加纯化水溶解使成 150mL,用 $NaHCO_3$ 溶液调 pH 至 5.8~6.2。含量测定后,分为 3 份,第一份加 0.1g 焦亚硫酸钠,第二份加 0.1g 盐酸半胱氨酸,第三份加 0.1g 亚硫酸氢钠,第四份作为对照(不加任何抗氧剂)。上述溶液分别灌服于 2mL 安瓿中,标记样品号,煮沸,观察颜色变化,并测定含量,结果记录于表实 – 12 中。

表实-12　抗氧化剂的作用

样品号	条件	煮沸时间（min）和颜色变化					消耗碘液量（mL）	
		10	20	30	45	60	0min	60 min
1	加0.1g焦亚硫酸钠							
2	加0.1g盐酸半胱氨酸							
3	加0.1g亚硫酸钠							
4	不加抗氧剂，对照							
结论								

5. **金属离子的影响及络合剂的使用**　取维生素C粉12.5g，加注射用水适量，搅拌使溶解，加注射用水至100mL，得甲液；再配制0.0001mol/L硫酸铜溶液（B液）及5％ EDTANa$_2$ 溶液（C液），按表实-13用量制备实验液。实验液先用50mL容量瓶配制，配好后分别测定含量，并取40mL在430nm波长处测定透光率，剩余样品灌封于2mL安瓿中，标记样品号，放入沸水浴中加速实验，定时取样测定，将结果记录于表实-13中。

表实-13　金属离子的影响及络合剂的作用

编号	实验液组成	煮沸时间（min）和颜色变化			维生素C含量（％）	
		1	60	180	1min	180 min
1	A液20mL，纯化水加至50mL					
2	A液20mL，B液5mL，纯化水加至50mL					
3	A液20mL，C液1mL，B液5mL，纯化水加至50mL					

【注解】① 测定维生素C含量时，所用碘溶液的浓度应前后一致（宜用同一瓶的碘液），否则含量难以准确测定。因各次测定所用的是同一碘液，故其浓度不必精确标定，注射液含量也可不必计算，只比较各次消耗的碘液量即可。② 测定维生素C含量时，加丙酮是因维生素C注射液中加有亚硫酸氢钠等抗氧剂，其还原性比烯二醇基更强，需要消耗碘；加丙酮后可避免这一作用的发生（因为丙酮能与亚硫酸氢钠反应）。③ 测定维生素C含量时需加入稀醋酸，因为维生素C分子中的烯二醇基具有还原性，能被碘定量地氧化成二酮基，在碱性条件下更有利于反应的进行。但维生素C还原性很强，在空气中极易被氧化，特别是在碱性条件下，所以加入适量稀醋酸保持一定酸性，以减少维生素C以外的其他氧化剂的影响。④ 预测药物的稳定性，实验设计中需确定加速温度3～5个，每个温度点需做5次以上的取样分析，否则增加实验误差，且应注意每个温度点的温度不得过高。否则加大实验平均温度与外推室温的距离，加大有效期的置信区间，降低实验结果的准确性。

（五）思考题

维生素C注射液的质量主要受哪些因素的影响？

实验十六　兽药制剂的配伍变化与相互作用

（一）实验目的和要求

(1) 掌握几种药物配合时的物理外观和pH变化的观察方法。
(2) 了解发生配伍变化的原因及处理的方法。

(二)实验提要

注射剂的配伍变化发生速度快,现象明显。另外,各种注射剂中因加入不同的附加剂,使配伍变化更为复杂。注射剂的配伍变化一般分为可见性和不可见性配伍变化两类。可见性配伍变化有结晶析出、沉淀产生、溶液浑浊和色泽变化等现象;不可见性配伍变化则使效价降低、毒性增加等。

大多数注射剂为有机弱酸盐或有机弱碱盐,其水溶液在某一 pH 较稳定,当两种不同 pH 的注射剂混合后,因 pH 的改变而可能析出结晶、沉淀或氧化变色,出现物理性或化学性配伍变化。其次,有的注射剂是以有机溶剂作溶媒的,遇水溶液时析出沉淀。另外,盐离子效应也可破坏胶体溶液的稳定性。

(三)材料和仪器

【材料】碳酸氢钠注射液、青霉素 G 钾注射液、强力霉素注射液、硫酸庆大霉素注射液、磺胺嘧啶钠注射液、磺胺间甲氧嘧啶钠注射液、维生素 C 注射液、葡萄糖注射液、注射用水、0.1mol/L 盐酸溶液、0.1mol/L 氢氧化钠溶液等。

【仪器】酸度计、澄明度测定仪、滴定管(酸式和碱式,25mL)。

(四)实验内容

1. 物理性配伍禁忌变化实验 表实-15 中的粉针剂用注射用水溶解,除碳酸氢钠注射液用原药液浓度外,其他各种药物用 5% 葡萄糖注射液稀释,使浓度达到表实-16 中所示浓度。当与其他注射液配伍时,取稀释液 50mL,其余各药取原液适量,使配伍后浓度仍如表实-16 所示,配制方法如表实-14。配伍后,取未配伍的单一药液 50mL 作为对照,立即在检查灯下仔细对比观察有无沉淀、浑浊、变色、乳光、气体等现象产生,3h 后再如法检查。若两次检查均无上述变化产生,则认为基本上无可见的配伍变化,并将结果以"+"、"-"符号填入表实-15 中。

表实-14 药液的配制方法

药物	规格	浓溶液配制方法	稀溶液配制方法	实验时取浓溶液的量
碳酸氢钠	5%/10mL	原液	原液	
青霉素 G 钾	80 万 IU/支	加注射用水 5mL 溶解	浓溶液 11.5mL 加 5% 葡萄糖至 370mL	1.65mL
强力霉素	0.1g/支	加注射用水 5mL 溶解	浓溶液 7mL 加 5% 葡萄糖至 350mL	1.0mL
硫酸庆大霉素	0.2g/5mL	原液	原液 2.5mL 加 5% 葡萄糖至 250mL	0.4mL
磺胺嘧啶钠	1g/5mL	原液	原液 4mL 加 5% 葡萄糖至 200mL	1.0mL
磺胺间甲氧嘧啶钠	1g/10mL	原液	原液 5mL 加 5% 葡萄糖至 250mL	1.0mL
维生素 C	0.5g/5mL	原液	原液	1.0mL

表实-15 各种药物配伍结果

碳酸氢钠(5%,m/V)						
	青霉素 G 钾(5 000IU/mL)					
		强力霉素(0.4g/mL)				
			硫酸庆大霉素(0.4g/mL)			
				磺胺嘧啶钠(1mg/mL)		
					磺胺间甲氧嘧啶钠(2mg/mL)	
						维生素 C(0.1g/mL)

2. 测定变化点的 pH 许多注射液的配伍变化往往是因为 pH 变化引起的，所以药液变化点的 pH 可作为预测药物配伍的参考。

取上述 6 种注射剂的单一稀释液 20mL，先用酸度计测定其 pH，然后用 0.1mol/L 盐酸滴定有机酸的盐，用 0.1mol/L 氢氧化钠滴定有机碱的盐，滴定至溶液发生外观变化（如沉淀、浑浊、变色、乳光等），记录所用酸和碱的量，并测其 pH，此即该药液的变化点 pH。若酸或碱使 pH 低于 2 或高于 11 后药液仍无变化，则认为该药液对酸或碱较稳定，将所测数据和观察到的现象填入表实 - 16。

表实 - 16 pH 变化对药物配伍的影响

	酸碱浓度用量	药液 pH	变化点 pH	变化情况
碳酸氢钠				
青霉素 G 钾				
强力霉素				
硫酸庆大霉素				
磺胺嘧啶钠				
磺胺间甲氧嘧啶钠				
维生素 C				

3. 测定配伍后药液的 pH 将上述配伍后的药液 20mL 测定 pH，将结果记入表实 - 17 中，并与单一药液的 pH 及变化点 pH 比较，说明测定该 pH 的实际意义。

pH 变化关系可用图实-2 表示。

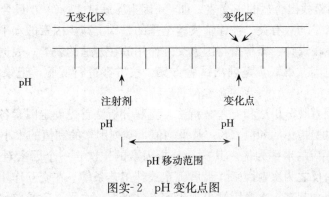

图实-2 pH 变化点图

【注解】各种药液的 pH 范围：碳酸氢钠注射液为 7.5～8.5；青霉素 G 钾为有机酸盐，溶解后 pH 为 5.0～7.5；强力霉素粉针为盐酸盐，其 10% 水溶液的 pH 为 2.0～3.0；硫酸庆大霉素注射液为水性溶液，pH 为 3.5～6.0；磺胺嘧啶钠注射液以水作为溶媒，pH 为 9.5～11.0，因其在水中不溶（1∶13 000），制备注射液时用其钠盐。若长时间暴露于空气中会吸收二氧化碳并游离出不溶性的磺胺嘧啶；磺胺间甲氧嘧啶钠注射液，溶媒为水，pH 为 9.5～11.0；维生素 C 呈强酸性。

(五) 思考题

(1) 试举例说明注射液配伍中因附加剂之间或附加剂与药物之间发生的配伍变化。

(2) 为什么非离子型药物的注射液的配伍变化较少，而离子型药物注射剂的配伍变化较多？

实验十七　制剂制备的综合设计实验

(一) 实验目的和要求

(1) 掌握制剂工艺设计的原则及步骤。

(2) 熟悉正交设计在制剂工艺研究中的应用及工艺优选的常用实验设计方法。

(二) 实验提要

正交设计又称为多因素正交优选法，是一种应用数学原理进行多因素试验的设计方法。它根据试验因素随机组合的各种形式加以合理安排，以用最少的实验次数能均衡地代表全部组合这一要求出发，设计出规范化的表格，即所谓正交设计表。其中的任何两列中，各种位级字码搭配的出现次数都一样多，所以叫正交性。

正交试验，首先明确试验目的，确立考核指标，挑选影响考核指标的试验及水平数。重要因素的水平数可多些，次要因素的水平数可少些，即制定因素水平表。所谓因素是指完成一次研究，或一个产品的条件；水平即是指因素所处的不同状态，即试验点。因素的选择常根据现有的知识、经验或做必要的预试验后确定。其次是确定因素是否存在交互作用及观察的交互作用项。所谓交互作用是指因素间的联合作用。第三是挑选因素水平选择合适的正交表。一般根据两条原则选择正交表：一是由水平数找同水平数的正交表。如"3 水平"有 $L_9(3^4)$，$L_{27}(3^{13})$，$L_{18}(2^1 \times 3^7)$；二是由因素找出合适的正交表。如"4 因素"就选 $L_9(3^4)$ 最合适。实际上正交表的选择与决定因素的水平均数有关，在保证实验结果的基础上减少因素的水平数即可相应地减少试验次数。第四步为表头设计，即是指将因素交互作用放在合适的表上。表选得合适，表头设计得好，可节省人力和时间。第五步是列出试验方案，按方案进行实验，记录实验结果并对其进行分析。

分析结果常采用直观分析法和方差分析法。直观分析法首先确定因素各水平的优劣，计算每一因素同一水平下试验指标的和值（K）及平均值，某列因素的和值的大小用来衡量该因素各水平的优劣，K 大的相应的水平为优。其次是分析因素的主次。一个因素对试验结果影响大，通常称之为主要因素，反之为次要因素。最后确定最佳工艺条件。在交互作用可忽略不计时，把主要因素的最优水平组合起来，次要因素可视生产条件来取一水平，就是较佳工艺条件并进行验证试验。方差分析法能够把因素水平（或交互作用）的变化所引起的试验结果的差异和由于试验误差的波动所引起的试验结果的差异区分开来。

衡量试验效果的指标只有一个，即单指标试验。在实际生产中，用来衡量试验效果的指标常不止一个，称为多指标试验。在多指标试验中，有时一项指标好了，另一项指标却差了。通常采用综合评分法和综合平衡法进行分析。综合评分法是多指标试验中，根据具体情况和要求，对每项试验评出各项指标的得分，然后计算综合得分，将每个试验号的综合分数作为单一试验指标进行分析;综合平衡法分别把各项指标按单一指标进行分析,然后再把对各项指标计算分析的结果进行综合平衡,从而确定各个因素的最优或较优的组合。

(三)材料和仪器

【材料】1,8-二羟基蒽醌标准品、甲醇、氢氧化钠、氢氧化铵、冰醋酸、乙醚、氢氧化钠。

【仪器】烧杯、电炉(电热板)、容量瓶(10mL、50mL)、恒温水浴锅、751分光光度计、圆底烧瓶、分液漏斗等。

(四)实验内容

1. 大黄汤提取条件的优选 采用正交试验法,以大黄汤中有效成分总蒽醌类化合物的煎出量为指标。

(1)选表:首先确定考察因素和水平,在本实验中影响大黄汤有效成分浸出的主要因素是提取时间、加水量,每个因素选择3个水平(表实-17),选择用 $L_9(3^4)$ 正交试验表。

表实-17 因素水平表

水平	因素	
	A 提取时间(h)	B 加水量(mL)
1	0.5	200
2	1.0	400
3	1.5	600

(2)表头设计:在 $L_9(3^4)$ 中,将 A、B、A×B 三个因素依次放在表中的前三列,如第1、2、3列上,见表实-18。

表实-18 正交试验设计表

试验号	1 (A)	2 (B)	3 (A×B)	4 空白	结果 总蒽醌的含量(mg/mL)
1	1	1	1	1	y^1
2	1	2	2	2	y^2
3	1	3	3	3	y^3
4	2	1	2	3	y^4
5	2	2	3	1	y^5
6	2	3	1	2	y^6
7	3	1	3	2	y^7
8	3	2	1	3	y^8
9	3	3	2	1	y^9
I_j					
II_j					
III_j					
I_j^2					
II_j^2					$G=\sum x_j$
III_j^2					$CD=G^2/9$
R					
Q					
S					

注:$R=I_j^2+II_j^2+III_j^2$;$S=Q-CD$。

2. 大黄汤的制备 取大黄 50g，按正交表 $L_9(3^4)$ 要求的条件用烧杯提取，滤取药液，使得含生药量每 1g/mL，备用。

3. 含量测定

(1) 标准溶液的配制：精密称取在 105℃ 干燥 2h 的 1,8-二羟基蒽醌 20mg，置 50mL 容量瓶中，加甲醇于水浴上加热使溶解，用甲醇调至刻度，精密吸取甲醇溶液 5.0mL，置 25mL 容量瓶中，加甲醇至刻度（80mg/mL）。

(2) 标准曲线的制备：精密吸取标准溶液 0.5、1.0、2.0、3.0、4.0mL，分别置于 10mL 量瓶中，在水浴上蒸去甲醇，加 5％氢氧化钠-2％氢氧化铵混合液至刻度，摇匀后放置 30min，在 535nm 处测定光密度，以光密度为纵坐标，浓度为横坐标，绘制标准曲线，并求出回归方程。

含量测定：精密吸取汤剂上清液 2.0mL，置圆底烧瓶中，加冰醋酸 8.0mL，在沸水浴上回流 30min。以棉花过滤至分液漏斗中，并以 20mL 乙醚分 2 次洗涤，与滤液合并。在冷却情况下向分液漏斗中加 6mol/L 氢氧化钠 25mL 和 5％氢氧化钠-2％氢氧化铵混合液 5mL，振摇提取。以冷水冷却放置分层，分出红色的碱水层，乙醚液再用混合碱液（每次 20mL），提取 2 次。将提取的碱水液置 100mL 容量瓶中在沸水浴中加热 30min，冷至室温后加混合碱液至刻度，混匀。精密吸取上述液体 5.0mL 置 25mL 容量瓶中加混合碱液至刻度，混匀。在 535nm 处测定光密度，由标准曲线查出相应浓度并按下式计算出汤剂中总蒽醌的含量（A）：

$$A \text{（mg/mL）} = \frac{M \times 5 \times 50}{1\,000}$$

式中，M 为由标准曲线求得相应浓度。

将各次试验的大黄游离蒽醌收率填入表实-18 中。

4. 结果分析

(1) 计算综合平均值和极差：以因素 A 为例，将包括 A 的 1 水平的 3 次试验结果归为第一组，同法将 A 的 2 水平和 A 的 3 水平的 3 次试验结果归为第二组和第三组，分别计算各组试验结果（蒽醌含量）的总和及其综合平均值，求出极差 K，填于表实-18。

(2) 因素对蒽醌含量影响程序：极差大的因素是影响大黄游离蒽醌收率的主要因素，故收率主次关系为：主→次_____。

(3) 最优水平的组合：某列因素的某一组水平的大小用来衡量该因素各水平的优势，即 K_i 大的相应水平为优，确定各因素的优水平为：A 与 B 的交互作用选区列出二元表，见表实-19。

表实-19　最优水平的组合二元表

因素 A	因素 B		
	B_1	B_2	B_3
A_1			
A_2			
A_3			

(4) 最优组合的验证：按最优水平组合进行实验，考察结果。

(5) 实验结果进行方差分析：方差分析结果填于表实-20。

表实-20　方差分析结果

变异来源(1)	离均差平方和(I)(2)	自由度(n)(3)	均方(MS)(4)=(2)÷(3)	F(5)	P(6)
A因素		2			
B因素		2			
A×B因素		2			
误差(e)		2			
总计					

注：$F_{0.05}(2,2) = 19.00$

由方差结果找出，对实验结果有显著影响的因素。

【注解】①大黄是临床常用中药，主要功效是泻下、清热解毒。其有效成分主要是蒽醌类化合物，为不稳定物质，久煎后易破坏，使疗效降低。故大黄汤中以蒽醌类化合物的提取量为指标，探讨大黄的提取条件很有意义。②大黄在提取前浸泡与不浸泡意义不大，因为二者提取的总蒽醌含量相差不大，故提取前不必浸泡。

（五）思考题

(1) 正交实验设计的意义是什么？正交实验设计与全面试验法相比有什么优点？

(2) 什么是试验因素、水平、指标？什么是因素间的交互作用？

主要专业名词英汉对照

A

absolute bioavailability,绝对生物利用度
absorbent,吸收剂
absorption,吸收
acacia gum,阿拉伯胶
accelerated testing,加速试验
acidifying agent,酸味剂
additive effect,相加作用
adhesion,黏附性
adhesive,黏合剂
adjuvant,辅料
aethylis oleas,油酸乙酯
albumin,蛋白类
alcohol,乙醇
ampoule,安瓿
angle of repose,休止角
antagonism,拮抗作用
antiadherent,抗黏着剂
antifoaming agent,消泡剂
antioxidant,抗氧剂
antisepsis,防腐
ampoules,安瓿
apparent solubility,表观溶解度
apparent viscosity,表观黏度
apparent volume of distribution,V_d,表观分布容积
area of hysteresis,滞后面积
area under curve,AUC,血药浓度-时间曲线下面积
ascabin,苯甲酸苄酯
aseptic technique,无菌操作法
axial point,轴点

B

bactericidal agent,杀菌剂
bases,基质
bathing preparation,浸洗剂
beeswax,蜂蜡
benzalkonium bromid,苯扎溴铵
benzoic acid,苯甲酸
biliary excretion,胆汁排泄
bioavailability,生物利用度
bioequivalence,生物等效性
biological half-life,$t_{1/2}$,生物半衰期
biopharmaceutics,生物药剂学
body clearance,Cl_B,体消除率
bolus,大丸剂
Brij,苄泽
bulk density,松密度

C

capsule,胶囊剂
Carbomer,Cb,卡波姆
Carbopol,Cp,卡波普
carboxymethylcellulose sodium,CMC-Na,羧甲基纤维素钠
carrying agents,载体
cellulose acetate phthalate,CAP,邻苯二甲酸醋酸纤维素
central composite design,CCD,星点设计
Cetomacrogol,西土马哥
cetyl alcohol,十六醇,鲸蜡醇,
chitin,壳聚糖
chorhexide acetate,醋酸氯己定
cloud point,浊点或昙点
clouding formation,起昙
coated tablet,包衣片
cocoa butter,可可豆脂
cohesion,黏着性或凝聚性
collar,项圈
colloidal silicon,硅胶
colouring agent,着色剂

主要专业名词英汉对照

comminute,粉碎
comminution degree,粉碎度,粉碎比
compactibility,成形性
compound iodine solution,复方碘溶液
compressed tablet,压制片
compressibility,压缩度,压缩性
concencration,浓缩
controllability,可控性
controlled release tablet,控释片
controlled-release preparation,控释制剂
coordination number,配位数
cosolvency,潜溶
cosolvent,潜溶剂
Coulter counter,库尔特计数法
creaming,分层
cream,乳膏剂
critical micell concentration,CMC,临界胶束浓度
critical relative humidity,CRH,临界相对湿度
croscarmellose sodium,CCNa,交联羧甲基纤维素钠
cross-linked polyvinyl pyrrolidone,亦称交联PVPP,交联羧聚维酮
cyclodextrin,CD,环糊精

D

decoction,汤剂
deflocculating agent,反絮凝剂
detergent,去垢剂
dextrin,糊精
differential scanning calorimetry,DSC,差示扫描量热法
differential thermal analysis,DTA,差示热分析法
dilatant flow,胀性流动
diluent,稀释剂
disinfectant,消毒剂
disinfection,消毒
disintegrant,崩解剂
dispersible tablet,分散片
dispersing agent,分散剂
displacement value,DV,置换价
dissolution rate,溶出度

dissolution rate,溶解速度
dissolution test,溶出度试验
distribution 分布
dosage form,剂型
double compression,重压法
double emulsion method,二次乳化法
drops,滴剂
drug delivery system,DDS,药物传递系统
drying,干燥

E

economics,经济性
effect diameter,有效粒径
effectiveness,有效性
effect-time curve,效应-时间曲线
effervescent disintegrant,泡腾崩解剂
effervescent tablet,泡腾片
elastic deformation,弹性形变
electuary,煎膏剂
elimination rate constant,K,消除速率常数
Emlphor,埃莫尔弗
emulsification,乳化作用
emulsifier,乳化剂
emulsifing layer,乳化膜
emulsion,普通乳
emulsion,乳剂
enrofloxacin solution,恩诺沙星溶液
enteric capsule,肠溶胶囊剂
enteric coated tablet,肠溶衣片
enterohepatic circulation,肝肠循环
enzoic acid,苯甲酸
equilibrium solubility,平衡溶解度
equivalent specific surface diameter,比表面积径
ethanol,乙醇
ethyl acetate,乙酸乙酯
ethylcellulose,EC,乙基纤维素
eucalyptus oil,桉叶油
evaporation,蒸发
excretion,排泄
extraction,浸提
extract,浸膏剂

F

factorial design, 析因设计
fatty oil, 脂肪油
feeding promoting agent, 诱食剂
filler, 填充剂
film coated tablet, 薄膜衣片
filtration, 滤过
first pass elimination, 首过消除
first-order rate process, 一级速率过程
flavor agent, 香味剂
flavor enhance, 鲜味剂
flavoring agent, 矫味剂
flocculating agent, 絮凝剂
flocculation value, 絮凝度
flow curve, 流动曲线
flow velocity, 流出速度
flowability, 流动性
fluidity, 流度
foaming agent, 起泡剂
freeze-drying method, 冷冻干燥法
fusion method, 热熔法

G

gels, 凝胶剂
gelatin, 明胶
general acid-basecatalysis, 广义的酸碱催化
geometric diameter, 几何学粒径
glidant, 助流剂
glucose injection, 葡萄糖注射液
glycerin, 甘油
glycerol formal, 甘油缩甲醛
glyceryl monostearate, 单硬脂酸甘油酯
glycolic acid, 羟基乙酸
Good Clinical Practice for Veterinary Drugs, GCP, 兽药临床试验管理规范
Good Laboratory Practice for Non-clinical Laboratory in respect of veterinary drugs, GLP, 兽药非临床研究质量管理规范
Good Manufacturing Practice for Veterinary Drugs, GMP, 兽药生产质量管理规范
Good Sale Practice for Veterinary Drugs, GSP, 兽药经营质量管理规范
granule density, 粒密度
granule, 颗粒剂
guest molecule, 客分子

H

hard capsule, 硬胶囊剂
hibetane, 醋酸洗必泰
host molecule, 主分子
hydoxypropyl methyl cellulose phathalate, HPMCP, 羟丙基甲基纤维素邻苯二甲酸酯
hydoxypropylmethylcellulose, HPMC, 羟丙基甲基纤维素
hydrogel, 水性凝胶
hydrophile-lipophile balance, HLB, 亲水亲油平衡值
hydrotropy agent, 助溶剂
hydroxypropylcellulose, HPC, 羟丙基纤维素
hygroscopicity, 吸湿性
hypodermic tablet, 皮下注射用片

I

implant agents, 植入剂
implant tablet, 植入片
inclusion compound, 包合物
incompatibility, 配伍禁忌
infusion solution, 大容量注射液, 输液剂
initial burst, 释药初期突发
injection method, 注入法
injection, 注射剂
insoluble powder, 不可溶性粉
inorganic calcium salt, 无机钙盐
interfacial phenomenon, 界面现象
intramuscular injection, i.m., 肌内注射
intravenous injection, i.v., 静脉注射
intrinsic dissolution rate, 溶出速率
intrinsic solubility, 特性溶解度
iodine tincture, 碘酊

K

krafft, 克氏点

L

lactic acid，乳酸
lactose，乳糖
Lagrangian，拉氏优化法
large multilamellar，大多室
large volume injection，大容量注射剂，大体积注射剂
liposome，脂质体
liquid extracts，流浸膏剂
liquid paraffin，液状石蜡，液体石蜡
long-time testing，长期试验
lubricant，润滑剂
Lugol's solution，鲁格氏液

M

mammary gland excretion，乳腺排泄
materials of package for medicine，药包材
maximum additive concentration，MAC，最大增溶浓度
metabolism，代谢
metaminzole sodium injection，安乃近注射液
methylcellulose，MC，甲基纤维素
micellar emulsion，胶团乳
micelle，胶束
michaelis-Menten rate process，米-曼氏速率过程
microcapsule tablet，微囊片
microcapsule，微囊
microcrystalline cellulose，MCC，微晶纤维素
microemulsion，微乳
microencapsulation，微囊术
micromeritics，粉体学
micronization，超细粉碎
micropill，微丸
mixedness，混合度
mixing，混合
mixture，合剂
moistening agent，润湿剂
moisture absorption，吸湿性
molecular capsule，分子囊
mucilage，胶浆剂
multilayer tablet，多层片
multiple emulsion method，复乳法
Myrij，卖泽，聚氧乙烯脂肪酸酯类

N

N，N-dimethylacetamine，DMAC，二甲基乙酰胺
N，N-dimethylformamide，DMF，二甲基甲酰胺
nanoemulsion，纳米乳
national standards of veterinary drug，兽药国家标准
new veterinary drug，新兽药
newtonian equation，牛顿黏性定律
newtonian fluid，牛顿流体
nipple infusion，乳头浸剂
non-Newtonian fluid，非牛顿液体
normal strain，常规应变

O

odium benzoate，苯甲酸钠
ointment，软膏剂
one compartment model，一室模型
ophenylphenol，邻苯基苯酚
oral powder，内服粉剂
oral solution，内服溶液剂
orthogonal design，正交设计
over the counter，OTC，可在柜台上买到的药物，非处方药

P

packing fraction，充填率
parabens，羟苯烷基酯类
paraffin，固体石蜡
Peregal O，平平加 O
partition coefficient，P，分配系数
paste pill，糊丸
paste，糊剂
peak concentration，C_{max}，峰浓度
peak time，t_{max}，峰时
pellet，小丸
penetrometer，插度计
pepsin mixture，胃蛋白酶合剂
pharmaceutical engineering，制剂学

pharmaceutical preparation，制剂
pharmacokinetics，药物动力学
phase inversion，转型或转相
phase transition temperature，相变温度
photodegradation，光化降解
phthalic acid gelatin，苯二甲酸明胶
pigmentum，涂剂
pill，丸剂
plastic deformation，塑性形变
plastic flow，塑性流动
plastic viscosity，塑性黏度
Pluronic，普郎尼克
Pluronics，布朗尼克
Poloxamer，泊洛沙姆
Poloxamer-188，泊洛沙姆-188
polyamide，nylon，聚酰胺
polyethylene glycol，PEG，聚乙二醇
polylactic acid，poly-lactide，P-LA，聚乳酸
polymorphism，多晶型
polyoxyl 40 stearate，聚氧乙烯40硬脂酸酯
polysorbate，聚山梨酯
polyvinylpyrrolidine，PVP，聚乙烯吡咯烷酮
porosity，空隙率
pour-on solution，浇泼剂
powders，散剂，粉剂
pregelatinized starch，预胶化淀粉
premix，预混剂
prescription，处方
preservative，防腐剂
press through packaging，水泡眼包装
pressure roll process，滚压法
procaine benzylpenicillin injection，普鲁卡因青霉素注射液
propylene glycol，PG，丙二醇
Protirelin，普罗瑞林
prunus gum，桃胶
pseudo steady state，伪稳态
pseudoplastic flow，假塑性流动
pungent agent，辣味剂
purification，精制
purified water，纯化水
pyrogens，热原

Q

quality standards of veterinary drugs，兽药质量标准

R

random floc，聚集体
rate of shear，剪切速度或切变速度
rationality，合理性
relative bioavailability，相对生物利用度
relative humidity，RH，相对湿度
renal excretion，肾排泄
response surface methodology，效应面优化法
retardant，阻滞剂
reverse-phase evaporation method，REV，逆相蒸发法
rheological equation，流动方程式
rheology，流变学

S

safety，安全性
sedimentation rate，沉降容积比
shear strain，剪切应变
shear thickening flow，切变稠化
sieving，过筛
sieving diameter，筛分径
silicones，硅酮
simplex method，单纯形优化法
sink condition，漏槽条件，漏槽状态
small unilamellar，小单室
small volume injection，小容量注射剂，小体积注射剂
smelling 矫臭
solubility，溶解度
sodium alginate，海藻酸钠
sodium benzoate，苯甲酸钠
sodium lauryl sulfate，十二烷基硫酸（酯）钠[月桂醇硫酸（酯）钠]
sodium saccharin，糖精钠
soft capsule，软胶囊剂
solid dispersion，固体分散体
solid solution，固体溶液

sols，溶胶剂
solubility，溶解度
solubilizate，增溶质
solubilization，增溶
solubilizing agent，增溶剂
soluble powder，可溶性粉
solution adjuvant，助溶剂
solution tablet，溶液片
solution，溶液剂
sorbic acid，山梨酸
Span，司盘
specific acid-base catalysis，专属酸碱催化
specific surface area，比表面积
specific volume，松比容
spermaceti，鲸蜡
spice，香味剂
spirits，醑剂
stability，稳定性
standard sieve 标准筛
star point，星点
starch，淀粉
stearyl alcohol，十八醇（硬脂醇）
sterility，无菌
sterilization，灭菌
sterilize preparation，灭菌制剂
stikiness，黏着性
strain，应变
streptomycin syrup，链霉素糖浆
strip packing，条形包装
subcutaneous injection，s.c.，皮下注射
sugar coated tablet，糖衣片
sugar，糖粉
sulfadiazine suspension，磺胺嘧啶混悬剂
supercritical fluid extraction，SFE，超临界流体萃取
supercritical fluid，SCF，超临界流体
superfine powder，超微粉
suppository，栓剂
suprabioavailability，超生物利用
surface active agent，表面活性剂
surface phenomenon，表面现象
surface tension，表面张力
surfactant，表面活性剂

suspending agent，助悬剂
suspension，混悬剂
sustained release tablet，缓释片
sustained release preparation，缓释制剂
sweetener，甜味剂
synergism，协同作用
synergist，协同剂
syrups，糖浆剂

T

tablet，片剂
talc，滑石粉
tegoMHC，dodecin HCL，十二烷基双（氨乙基）-甘氨酸盐
The Chinese Veterinary Pharmacopoeia，《中华人民共和国兽药典》
the technique of sterilization，灭菌法
thin-film dispersion method，薄膜分散法
thixotropic flow，触变流动
thixotropy，触变性
tincture，酊剂
traditional chinese veterinary drug，中兽药
transfersome，传递体
true density，真密度
Tween，吐温，聚山梨酯类
two compartment model，二室模型
Tyndall effect，丁达尔效应

U

uniform design，均匀设计法

V

vaselin，凡士林
vesicle，双分子小囊
veterinary drug，兽药
veterinary non-prescription drug，兽用非处方药
veterinary pharmaceutics，兽医药物制剂学
veterinary prescription drug，兽用处方药
viscosity，黏性
viscosty curve，黏度曲线
void ration，空隙比

W

water，水
wetting agent，润湿剂
wetting，润湿作用，润湿性
wool fat，羊毛脂

Y

yield value，屈服值

Z

zero-order rate process，零级速率过程

主要参考文献

中华人民共和国兽药典委员会.2006.《兽药使用指南》(化学药品卷)(2005年版).北京：中国农业出版社

中华人民共和国兽药典委员会.2006.《中华人民共和国兽药典》(一部)(2005年版).北京：中国农业出版社

中华人民共和国兽药典委员会.2006.《中华人民共和国兽药典》(二部)(2005年版).北京：中国农业出版社

刘蜀宝主编.2004.药剂学.郑州：郑州大学出版社

周建平主编.2004.药剂学.北京：化学工业出版社

Aurora Arrioja. 2001. Compendium of Veterinary Products. Sixth Edition. North American Compendiums, Ltd.

Kim k Holt. 1998. Veterinary Pharmaceuticals and Biologicals. tenth Edition. Veterinary medicine publishing group

崔福德.2003.药剂学.第五版.北京：人民卫生出版社

毕殿洲.2002.药剂学.第四版.北京：人民卫生出版社

平其能.1998.现代药剂学.北京：中国医药科技出版社

王世荣,李祥高,刘东志等.2005.表面活性剂化学.北京：化学工业出版社

周光坰,严宗毅,许世雄等.2000.流体力学.第二版.北京：高等教育出版社

侯新朴,武凤兰,刘艳等.2006.药学中的胶体化学.北京：化学工业出版社

殷恭宽.1993.物理药剂学.北京：北京医科大学 中国协和医科大学联合出版社

奚念朱.1994.药剂学.第三版.北京：人民卫生出版社

张兆旺.2003.中药药剂学.北京：中国中医药出版社

陆彬.2003.药剂学.北京：中国医药科技出版社

钟静芬.1996.表面活性剂在药学中的应用.北京：人民卫生出版社

罗明生,高天惠主编.1993.药剂辅料大全.成都：四川科学技术出版社

上海医药工业研究院药物制剂研究室.1991.药用辅料应用技术.第二版.北京：中国医药科技出版社

R C 罗,P J 舍斯基,P J 韦勒编.2005.药用辅料手册.郑俊民主译.北京：化学工业出版社

罗明生,高天惠,宋民宪主编.2006.中国药用辅料.北京：化学工业出版社

屠锡德,张钧寿,朱家璧主编.2002.药剂学.第三版.北京：人民卫生出版社

顾学裘主编.1981.药物制剂注解.北京：人民卫生出版社

上海医药工业研究院药物制剂部和药物制剂国家工程研究中心编著.2002.药用辅料应用技术.第二版.北京：中国医药科技出版社

罗明生,高天惠.2006.药剂辅料大全.第二版.成都：四川科学技术出版社

沈宝亨,李良铸,李明晔等.2000.应用药物制剂技术.北京：中国医药科技出版社

闫丽霞主编.2004.中药制剂技术.北京：化学工业出版社

陈俊琪主编.2003.中药药剂.北京：中国中医药出版社

邹立家主编.1966.药剂学.北京：中国医药科技出版社

毕殿洲主编.2000.药剂学.北京：中国医药科技出版社

许剑琴等编著.2001.中兽医方剂学精华.北京：中国农业出版社
庄越，曹宝成，萧瑞祥.1998.实用药物制剂技术.北京：人民卫生出版社
西尼尔 J，多拉米斯基 M 主编.2005.可注射缓释制剂.郑俊民等译.北京：化学工业出版社
袁其朋，赵会英.2005.现代药物制剂技术.北京：化学工业出版社
陆彬主编.1998.药物新剂型与新技术.北京：人民卫生出版社
朱盛山主编.2003.药物新剂型.北京：化学工业出版社
毕殿洲主编.2002.药剂学.第四版.北京：人民卫生出版社
贺生中.1999.兽药制剂学.北京：中国农业出版社
L 夏盖尔，吴幼玲，余炳灼著.2006.应用生物药剂学与药物动力学.第五版.北京：化学工业出版社
梁文权主编.2003.生物药剂学与药物动力学.北京：人民卫生出版社
魏树礼主编.2001.生物药剂学和药物动力学.北京：北京医科大学出版社
袁宗辉.2001.饲料药物学.北京：中国农业出版社
孙智慧.2005.药品包装实用技术.北京：化学工业出版社
李永安.2003.药品包装实用手册.北京：化学工业出版社
王志祥.2005.制药工程学.北京：化学工业出版社
方晓玲主编.2007.药剂学.北京：人民卫生出版社

图书在版编目（CIP）数据

兽医药剂学/胡功政主编．—北京：中国农业出版社，
2008.4（2014.6 重印）
全国高等农林院校"十一五"规划教材
ISBN 978-7-109-12053-2

Ⅰ.兽… Ⅱ.胡… Ⅲ.兽医学：药剂学－高等学校－教材　Ⅳ.S859.5

中国版本图书馆 CIP 数据核字（2008）第 033338 号

中国农业出版社出版
（北京市朝阳区农展馆北路 2 号）
（邮政编码 100125）
责任编辑　武旭峰

北京通州皇家印刷厂印刷　新华书店北京发行所发行
2008 年 5 月第 1 版　2014 年 6 月北京第 2 次印刷

开本：820mm×1080mm 1/16　印张：24.5
字数：585 千字
定价：37.00 元
（凡本版图书出现印刷、装订错误，请向出版社发行部调换）